I0044002

NOUVEAU COURS

COMPLET

D'AGRICULTURE

THÉORIQUE ET PRATIQUE.

NAI $=$ PER.

———

TOME NEUVIÈME.

NOMS DES AUTEURS.

MESSIEURS:

THOUIN, Professeur d'Agriculture au Muséum d'Histoire Naturelle.

PARMENTIER, Inspecteur général du Service de Santé.

TESSIER, Inspecteur des Établissemens ruraux appartenant au Gouvernement.

HUZARD, Inspecteur des Écoles Vétérinaires de France.

SILVESTRE, Chef du Bureau d'Agriculture au Ministère de l'Intérieur.

BOSC, Inspecteur des Pépinières Impériales et de celles du Gouvernement.

Composant la Section d'Agriculture de l'Institut de France.

CHASSIRON, Président de la Société d'Agriculture de Paris.

CHAPTAL, Membre de la Section de Chimie de l'Institut.

LACROIX, Membre de la Section de Géométrie de l'Institut.

DE PERTHUIS, Membre de la Société d'Agriculture de Paris.

YVART, Professeur d'Agriculture et d'Économie rurale à l'École Impériale d'Alfort; Membre de la Société d'Agriculture; etc.

DECANDOLLE, Professeur de Botanique et Membre de la Société d'Agriculture.

DU TOUR, Propriétaire-Cultivateur à Saint-Domingue, et l'un des auteurs du Nouveau Dictionnaire d'Histoire Naturelle. Les articles signés (R.) sont de ROZIER.

~~~~~~~~~~~~~~~~~~~~~~~

DE L'IMPRIMERIE DE MAME FRÈRES.

~~~~~~~~~~~~~~~~~~~~~~~

Cet Ouvrage se trouve aussi,

A PARIS, chez LE NORMANT, libraire, rue des Prêtres Saint-Germain-l'Auxerrois, n° 17.

A BRESLAU, chez G. THÉOPHILE KORN, imprimeur-libraire.

A BRUXELLES, chez { LECHARLIER, libraire. P. J. DE MAT, libraire.

A LIÈGE, chez DESOER, imprimeur-libraire.

A LYON, chez YVERNAULT et CABIN, libraires.

A MANHEIM, chez FONTAINE, libraire.

NOUVEAU COURS

COMPLET

D'AGRICULTURE

THÉORIQUE ET PRATIQUE,

Contenant la grande et la petite Culture, l'Économie Rurale
et Domestique, la Médecine vétérinaire, etc. ;

OU

DICTIONNAIRE RAISONNÉ

ET UNIVERSEL

D'AGRICULTURE.

Ouvrage rédigé sur le plan de celui de feu l'abbé ROZIER, duquel on a conservé
tous les articles dont la bonté a été prouvée par l'expérience ;

PAR LES MEMBRES DE LA SECTION D'AGRICULTURE
DE L'INSTITUT DE FRANCE, etc.

AVEC DES FIGURES EN TAILLE-DOUCE.

———————

A PARIS,

CHEZ DÉTERVILLE, LIBRAIRE ET ÉDITEUR,

RUE HAUTEFEUILLE, N° 8.

———

M. DCCC. IX.

NOUVEAU
COURS COMPLET
D'AGRICULTURE.

N A I

NAIN. Individu qui est d'une beaucoup plus petite taille que celle propre à son espèce. Il y a des hommes, des quadrupèdes et des oiseaux domestiques nains. Les animaux sauvages en offrent rarement. Il y a aussi des arbres nains, des plantes naines.

Les nains parmi les animaux sont des espèces de monstres, c'est-à-dire des individus qui sortent des lois de la nature et qui presque toujours ne servent qu'à satisfaire une stérile curiosité. Ils se propagent dans certains cas par la génération, lorsqu'ils s'accouplent entre eux. Rarement il est avantageux aux agriculteurs d'avoir des animaux nains, au contraire une de leurs principales sollicitudes c'est d'augmenter la grosseur de leurs chevaux, de leurs vaches, de leurs moutons, de leurs oies, de leurs poules, etc. Je ne parlerai donc pas plus au long des nains du règne animal.

Mais il n'en est pas de même dans le règne végétal, où l'utilité, l'agrément ou le caprice font rechercher et propager les nains dans un grand nombre de circonstances, engagent à chercher les moyens d'augmenter la petitesse de ceux qui existent et d'en produire de nouveaux dans les espèces qui n'en ont pas encore.

Il y a trois sortes bien distinctes de nains parmi les arbres.

1º Les espèces à qui la nature a donné une taille plus petite que les autres du même genre, comme l'amandier nain, le chêne nain.

Ce ne sont point des nains dans l'acception propre du mot, mais on leur en a donné le nom par comparaison à d'autres espèces de leur genre, et il faut se conformer à l'usage.

2º Ceux que l'art du jardinier empêche de prendre tous les développemens dont ils sont susceptibles. Rendus à eux-mêmes, à quelque époque que ce soit de leur vie, ils se rapprocheroient, autant que possible, de leur grandeur naturelle.

3° Ceux que le hasard a fait naître plus petits et qui se conservent naturellement tels par des causes, à nous inconnues, lorsqu'on les multiplie par bouture, par marcotte ou par greffe, quelquefois même par semence. Ce sont les véritables nains du règne végétal, c'est-à-dire que leur manière d'être peut se comparer, quelquefois même rigoureusement, à celle des nains du règne animal.

Je ne dois point parler ici des nains de la première série, puisque l'homme n'a aucune influence sur leur grandeur, qu'ils sont ce qu'ils doivent être. Seulement je dirai qu'il en est beaucoup dont on peut utiliser la petitesse sous plusieurs rapports, et qu'on en trouvera le mode à leur article.

Parmi les nains de la seconde série, il en est qui appartiennent en même temps à la troisième, et qui par conséquent doivent être considérés séparément.

Quand on plante un arbre dans un terrain de très mauvaise nature, relativement à son espèce, on doit être assuré qu'il ne parviendra pas, dans le même temps, à la même grandeur que s'il eût été planté dans un meilleur. Il sera donc plus ou moins rapproché des nains.

Toutes les fois qu'on s'oppose à la multiplication des racines, soit en les retranchant à mesure qu'elles se développent, soit en gênant leur développement (celles qui sont en caisse ou en pot), il y a diminution de croissance dans l'arbre.

Comme les plantes vivent autant par leurs feuilles que par leurs racines, lorsqu'on supprime ces dernières ou qu'on les empêche de se multiplier (par la taille rigoureuse des branches), on produit le même effet que lorsqu'on agit sur les racines.

Ces trois moyens réunis peuvent réduire un arbre de la plus haute taille aux dimensions les plus exiguës. Qui n'a pas vu, dans les jardins, restes du goût de nos pères, de ces ormes, de ces tilleuls taillés en boule, qui, quoiqu'âgés de cinquante, de cent ans même, n'avoient que quelques pouces de diamètre? Qui n'a pas vu de ces charmilles de même âge avoir l'apparence de plant de cinq à six ans? La plupart des arbres soumis habituellement à la culture présentent des exemples analogues, tels que l'if, le buis, l'épine blanche, etc.; tous en peuvent présenter si on les soumettoit aux mêmes circonstances. Il est probable que c'est par des moyens analogues que les Chinois parviennent à donner à des arbres de quelques années d'âge et de quelques pieds de hauteur l'apparence de la décrépitude.

Des arbres ainsi conduits dès leur jeunesse peuvent bien, comme je l'ai déjà observé, lorsqu'on cesse d'agir sur eux, reprendre de la vigueur, mais ils ne parviendront jamais à égaler ceux de leur espèce qui n'ont été contrariés pendant aucune époque de leur vie, sans doute parceque leurs vaisseaux n'ont pas pris, dès leur origine, l'amplitude qui leur est naturelle.

L'influence des circonstances sur la croissance future des arbres, soit avant, soit pendant, soit après leur germination, est extrêmement puissante. De deux glands semés dans le même terrain, l'un fera naturellement un arbre superbe, et l'autre un arbre rabougri, sans qu'il y ait eu de causes apparentes de cette différence.

Presque toujours il est possible à l'homme d'influer sur la germination de manière à former des arbres plus vigoureux qu'à l'ordinaire; cependant jamais il ne peut dire je vais faire un nain. Quel que soit le mauvais terrain dans lequel il placera un pepin de pomme, ce pepin produira un arbre qui, transplanté ailleurs, deviendra aussi gros que les autres. C'est peut-être dans un excellent sol que sont nées les deux variétés de pommiers qu'on appelle *doucin* et *paradis*, variétés sur lesquelles on greffe aujourd'hui toutes celles du même genre qui sont destinées à être tenues naines. Toutes les variétés des arbres d'agrément qui sont naines ont été trouvées par hasard dans des semis, comme je l'ai dit plus haut. De temps en temps il en paroît de nouvelles, sans qu'il ait encore été possible de remonter à la cause de leur formation. Il n'est pas vrai que la suppression des cotylédons fasse devenir un arbre nain; elle ne fait qu'affoiblir plus ou moins sa végétation.

Quoi qu'il en arrive, nous jouissons et jouirons des arbres nains qui se sont produits et qui se produiront. En effet, un arbre nain par variation est presque une espèce; il peut se placer dans les jardins aux lieux où son type n'est pas susceptible de croître.

Non seulement la greffe peut propager des variétés naines, mais elle peut encore en former d'individuelles. Ainsi une pomme calville, greffée sur paradis, ne s'élève pas autant qu'une calville greffée sur franc, et encore moins qu'une calville greffée sur sauvageon. On peut par conséquent plus facilement la régler, par la taille, à la hauteur convenable.

Une espèce plus petite, du même genre, peut produire le même effet sur les greffes qu'on lui confie. Ainsi une greffe de poirier, placée sur cognassier, deviendra un arbre de bien moins haute stature que pareille greffe placée sur franc ou sur sauvageon.

C'est sur ces deux observations qu'est fondée toute la théorie de la perpétuité des nains parmi les arbres fruitiers à pepins.

A force de multiplier les variétés naines dans de bons terrains on finit par les perdre. Autrefois le *doucin*, qui est le plus ancien nain connu dans l'espèce du pommier, ne devenoit pas plus haut qu'aujourd'hui le *paradis*. Les pépiniéristes observateurs se plaignent que ce dernier n'est plus si nain qu'il l'étoit il y a cinquante ans. Probablement on gagneroit des poiriers plus nains, si, au lieu de les greffer sur des cognassiers cultivés depuis plusieurs siècles, on recherchoit des sujets foibles dans des semis de ce dernier arbre.

L'avantage des pommiers et des poiriers nains (ces derniers s'appellent quenouilles, de la forme qu'on leur donne communément), c'est de donner plus tôt du fruit, et du fruit plus gros. Leur désavantage, c'est de vivre peu de temps, et de donner peu de fruits. Je suis loin de blâmer l'introduction dans le jardinage des arbres à fruits nains, mais je ne puis m'empêcher d'observer qu'ils sont un peu trop multipliés en ce moment comparativement aux arbres en plein vent. Si quelques pépiniéristes y gagnent, si quelques gens riches s'en applaudissent, la masse du peuple y perd, et les pauvres en gémissent. Qu'est-ce que douze ou quinze pommes rainettes d'Angleterre, grosses comme les deux poings, que fourniront cinq à six pommiers nains, en comparaison des deux à trois mille pommes rainettes franches qui se trouveront annuellement sur un plein vent qui occupera le même espace ?

Pour la conduite des arbres nains, *voyez* au mot TAILLE DES ARBRES. (B.)

NAOU. Auge dans le département du Var.

NAPEL. Espèce d'ACONIT. *Voyez* ce mot.

NARCISSE, *Narcissus*. Genre de plantes de l'hexandrie monogynie et de la famille des narcissoïdes, qui renferme une vingtaine d'espèces, toutes d'un aspect agréable, la plupart à fleurs très odorantes, et qui se cultivent habituellement dans nos jardins.

Les racines des narcisses sont surmontées d'un bulbe d'où sort un petit nombre de feuilles longues, étroites, aplaties, épaisses, et une hampe qui porte à son sommet une ou plusieurs fleurs renfermées avant leur épanouissement dans une spathe monophyle.

Le NARCISSE DES POETES a les feuilles ensiformes; les tiges comprimées, striées, hautes d'un pied, et terminées par une seule fleur blanche, large de plus d'un pouce, avec la corolle intérieure courte, bordée de pourpre. Il croît naturellement dans les parties moyennes et méridionales de la France, dans les prés, sur le bord des bois, et fleurit au commencement du printemps. C'est une très belle plante, qui exhale une odeur agréable, et qui est aussi propre à orner les parterres que les jardins paysagers. Dans les premiers, on en fait des touffes, des bordures ; dans les seconds, on la place sur le bord des massifs, au milieu des gazons, etc. Une terre douce et fraîche est celle qui lui convient le mieux. On le multiplie par ses caïeux, qu'on lève à la fin de l'été, et qu'on replante à la fin de l'automne. Une seule touffe en fournit souvent des centaines. Ces caïeux ne fleurissent que la seconde, et même quelquefois la troisième année ; mais ensuite, devenus oignons, ils produisent tous les ans. On peut laisser ces oignons en place un grand nombre d'années ; cependant il est mieux de les relever la quatrième ou la cinquième, et de les changer de place, parcequ'ils épuisent le terrain. D'ailleurs une trop grosse touffe fait moins d'effet qu'une moyenne. Les plus fortes gelées ne lui font aucun tort. Il y en a une variété à fleurs doubles.

Le NARCISSE DES BOIS, *Narcissus pseudo narcissus*, Lin., appelé *aïau* dans quelques endroits, a les feuilles ensiformes ; la tige comprimée, striée, haute d'un pied et demi ; une seule fleur grande, jaune pâle, dont la corolle intérieure est aussi longue que l'extérieure, et tubuleuse. Il croît naturellement dans les bois un peu humides de presque toute l'Europe, et n'a point d'odeur. C'est une plante très remarquable par la forme et l'éclat de sa fleur, qui s'épanouit en mars et en avril. J'en ai vu des lieux si peuplés que ses fleurs couvroient le sol. On le cultive comme le précédent, mais plus rarement dans les parterres, et plus communément dans les jardins paysagers, attendu qu'il fleurit sous les massifs, pourvu qu'ils ne soient pas formés de grands arbres. On en connoît plusieurs variétés, dont une à fleur double, et une dont la corolle extérieure est blanche. Cette dernière a aussi une sous-variété à fleurs doubles. A mon avis, l'espèce simple leur est préférable.

Le NARCISSE A BOUQUET, *Narcissus tazetta*, Lin., a les feuilles planes ; la tige aplatie, d'un pied de haut, et portant à son sommet plusieurs fleurs dont la corolle intérieure est trois fois plus courte que l'extérieure. Il croît naturellement dans les prés couverts des parties méridionales de l'Europe, sur les côtes de Syrie et de Barbarie, et se cultive très fréquemment dans les jardins pour la beauté, la bonne odeur et la précocité de ses fleurs. C'est lui qu'on voit si souvent orner les cheminées dans des carafes pleines d'eau, et embaumer nos appartemens pendant l'hiver, d'où le nom de *narcisse d'hiver* qu'il porte aussi. Les variétés qu'il fournit sont très nombreuses, et s'augmentent chaque jour par le semis de ses graines, que font principalement les Hollandais. Parmi ses variétés il faut remarquer comme types d'une série de sous-variétés qui portent des noms amphatiques dans les catalogues des marchands, le *grand soleil d'or*, qui s'élève de plus d'un pied, qui porte un grand nombre de fleurs (douze ou quinze et quelquefois le double), dont la corolle extérieure est d'un jaune plus pâle que l'intérieure ; le *narcisse de Constantinople*, qui s'élève un peu moins que le précédent, et dont les fleurs sont doubles ; le *narcisse de Chypre*, qui a les fleurs plus petites, et dont l'odeur est plus suave. En général, ces variétés portent sur la grandeur, le nombre des fleurs, et sur la nuance du jaune des diverses parties qui les composent. Leurs oignons, assez semblables pour la couleur à ceux de la tulipe, sont ordinairement deux fois plus gros. Plusieurs variétés, telles que le narcisse de Constantinople et celui de Chypre, craignent les gelées du climat de Paris, et ne peuvent y réussir qu'en les couvrant l'hiver de châssis ; aussi les y cultive-t-on rarement en pleine terre. Généralement on les place, en automne, dans des pots qu'on rentre dans la serre sous une bâche, dans l'orangerie, et même dans les appartemens aux approches de l'hiver. Dans l'un et l'autre cas on jouit de leurs fleurs pendant la saison des frimas, lorsque toute la nature est engourdie. Ils sont l'objet d'un commerce d'une assez grande importance dans les grandes villes. On en consomme pour plus de cent mille francs à Paris seulement, presque tous fournis par les Hollandais pour les variétés simples, et par les Provençaux et les Génois pour les doubles, trop sensibles aux gelées, comme je l'ai dit plus haut, pour être cultivées en grand dans la Hollande.

Lorsqu'on cultive les narcisses à bouquets dans des carafes, on doit, si on veut conserver l'oignon, le mettre en terre aussitôt que la fleur est passée. Il y végète encore et perfectionne ses caïeux, mais jamais il ne donne de fleur l'année suivante. Il faut dans ce cas le traiter comme un caïeux, c'est-à-dire le mettre dans un pot sur couche et sous châssis pour qu'il puisse reprendre la surabondance de vie qui sert d'aliment à la fructification.

Quoique j'aie dit qu'on cultivoit rarement les variétés doubles de ce narcisse en pleine terre dans le climat de Paris, il est cependant des amateurs qui en plantent dans des expositions méridionales et abritées, et qui, au moyen de quelques paillassons, parviennent à les voir fleurir ; mais ils courent toujours risque de perdre en une seule nuit le fruit de leurs soins. Le moment de mettre en terre leurs oignons est celui où les feuilles commencent à se montrer, qu'ils percent leur dard, comme disent les jardiniers.

L'oignon du narcisse à bouquets et celui des autres espèces est probablement sujet aux mêmes maladies que celui de la Tulipe (*voyez* ce mot). Il est de plus dévoré par la larve d'un Syrphe. (*Voyez* ce mot.) Cette larve laisse ordinairement intacts les caïeux et force même leur production ; de sorte qu'elle ne fait que retarder d'un à deux ans la jouissance des fleurs. Il n'y a d'autre moyen à employer que de visiter exactement tous les oignons avant de les mettre en terre et de détruire ceux qui sont percés de trous d'où sortent des grains noirs, excrémens de la larve.

La culture de ce narcisse est fort simple. Une terre potagère plus légère que forte, un peu amendée avec des engrais très consommés, est celle qui lui convient le mieux. On place les oignons à cinq ou six pouces, et on les y laisse deux ou trois ans, suivant la quantité plus grande des caïeux et leur force. La température détermine l'époque de la plantation. On reconnoît la nécessité de la plantation par la pousse des racines, et le moment de tirer les oignons de terre par le dessèchement des feuilles. On peut les remettre de suite en terre, après en avoir séparé les caïeux, en ayant l'attention de lui donner une terre nouvelle. Mais il vaut mieux attendre l'époque où la nature indique la nécessité de la plantation. L'expérience a prouvé que toutes les bulbes, griffes ou pattes, dont les fleurs ont été perfectionnées par la culture, étoient moins sujettes à dégénérer, quand elles avoient été quelques mois exposées à l'air, que quand elles étoient toujours en terre.

Les amateurs, qui sont jaloux de se procurer de nouvelles variétés, doivent avoir l'attention de rapprocher dans leurs planches les oignons des fleurs dont ils désirent des intermédiaires. Le moment de la récolte des graines est indiqué par l'ouverture de la capsule qui les contient. Si on ne désire que des variétés à fleurs simples il faut semer de suite ; mais si on recherche des variétés à fleurs doubles, il faut retarder le semis. On sème dans des terrines remplies d'une terre légère, et on recouvre peu. Les jeunes plants peuvent y rester deux ans s'ils n'y sont pas trop serrés.

Le narcisse blanc, *Narcissus dubius*, Wild, a la tige haute d'un demi-pied, terminée par deux ou trois fleurs blanches ; les pétales extérieurs ovales et trois fois plus longs que le pétale intérieur. Il est originaire des parties méridionales de l'Europe, et principalement des Pyrénées orientales. Son odeur est des plus suave. On le confond généralement avec le précédent comme variété ; mais c'est une espèce bien caractérisée par la forme, la couleur, l'odeur et l'époque du développement de ses fleurs. Cette époque est plus tardive d'environ un mois ; aussi peut-on avec beaucoup plus d'assurance la cultiver en pleine terre que la précédente.

Le narcisse odorant a les feuilles demi-cylindriques ; la tige haute d'un pied, terminée par une, deux ou trois fleurs jaunes, dont les pétales extérieurs sont lancéolés et deux fois plus longs que l'intérieur. Il est originaire des parties méridionales de l'Europe, et se cultive ou comme variété de *narcisse à bou-*

quet, ou sous le nom de *grande jonquille*. Il ressemble en effet beaucoup à la jonquille, mais il est deux fois plus grand ; ses pétales sont d'une forme différente, et son odeur bien plus foible. Il se rapproche aussi du narcisse des bois par la longueur de son pétale intérieur. On le cultive fréquemment en pleine terre parcequ'il ne craint point les gelées, qu'il fleurit au commencement d'avril, et qu'il est d'un bel aspect ; cependant il est peu estimé par les fleuristes, à raison de son odeur. Il y a une variété à fleurs doubles.

Le narcisse jonquille a les feuilles presque cylindriques, subulées, lisses ; la tige d'un pied de haut terminée par une, deux et jusqu'à six à sept fleurs jaunes, dont les pétales extérieurs sont ovales et l'intérieur très court. Il est originaire des parties méridionales de l'Europe, et se cultive fréquemment dans les jardins, à raison de l'excellente odeur de ses fleurs, odeur très forte et qu'on ne peut comparer à aucune autre. C'est en avril qu'il les développe dans le climat de Paris. Du reste, sa tige grêle, ses feuilles jonciformes et ses fleurs de moins d'un pouce de diamètre lui donnent un aspect moins remarquable que celui des précédentes espèces. Il aime comme elles une terre légère et substantielle, et une exposition chaude, mais ne craint point les gelées ordinaires. C'est l'excès d'humidité qu'il redoute le plus. Comme son bulbe tend à s'enfoncer, et que, lorsqu'il l'est trop, il ne fleurit pas, il est bon, quand on le plante, de le mettre un peu de côté. On le multiplie par ses caïeux, qu'il fournit abondamment, lorsqu'on le laisse, comme on le doit, trois ou quatre ans en terre avant de le relever. Ces caïeux se plantent à trois ou quatre pouces les uns des autres et fleurissent ordinairement la seconde ou la troisième année.

Les oignons de la jonquille se conservent depuis le milieu de l'été, époque où les feuilles fanées indiquent qu'ils sont dans le cas d'être arrachés, jusqu'à la fin de l'automne dans un lieu sec et aéré ; on les remet en terre, dans un endroit autre que celui où ils étoient, par la considération qu'ils sont soumis, comme les autres, aux lois de l'assolement. Quelques fleuristes les replantent sur-le-champ ; mais quoique cela soit sans grave inconvénient, il est mieux d'attendre, puisqu'ils ne commencent à végéter que lorsque les pluies de l'automne les ont ranimés.

On voit rarement la jonquille dans les jardins paysagers. On la cultive plus communément dans les plates-bandes des parterres. C'est dans des pots, des caisses placées sur des fenêtres, des terrasses, des gradins, etc., qu'elle se fait le plus remarquer. On la fait fleurir deux fois lorsqu'on la rentre de bonne heure dans la serre chaude, et qu'on l'en sort après l'hiver. Elle produit une variété à fleurs doubles que beaucoup de personnes préfèrent, parcequ'elle dure plus long-temps ; mais il m'a paru que son odeur étoit moins suave.

Quelques autres espèces de narcisses se cultivent encore dans les jardins des amateurs ; elles ne sont pas assez communes pour être citées ici. (Tн.)

NARCISSE D'AUTOMNE. C'est l'AMARYLLIS JAUNE.

NATURALISATION DES ANIMAUX ET DES PLANTES. On dit qu'un animal, qu'une plante se sont naturalisés, lorsqu'ils vivent et se propagent dans un pays où ils ne se trouvoient pas, et où ils ont été portés par l'homme ou par quelque circonstance extraordinaire.

Il y a deux sortes de naturalisation. L'une complète, c'est celle où un animal, une plante se multiplient sans le secours de l'homme, comme les animaux et les plantes sauvages. L'autre incomplète, c'est celle où un animal, une plante ont besoin du secours de l'homme pour se propager et se conserver dans une contrée quelconque.

On dit qu'une plante des environs de Montpellier s'est naturalisée aux environs de Paris, comme on le dit d'une plante du Pérou ou de la Chine ; ainsi la distance n'influe en rien sur la valeur de ce mot.

Les animaux et les plantes étrangers naturalisés dans le premier sens sont en très petit nombre. Parmi les animaux, je ne me rappelle que le lapin, originaire d'Espagne, et le surmulot, originaire de l'Inde. Parmi les plantes, je ne vois que l'onagre bienne, le phytolaca décandre, la vergerolle du Canada, l'argemone du Mexique et quelques autres.

Ceux et celles qui sont naturalisés dans le second sens sont au contraire en grande quantité. Tous les quadrupèdes domestiques, excepté le chat, tous les oiseaux de basse-cour, excepté l'oie et le canard, sont étrangers à l'Europe. Le froment, le seigle, l'orge, l'avoine, le riz, le maïs, le sorgho, le chanvre, le lin, la plupart de nos légumes, de nos arbres fruitiers le sont également. J'ai fait voir dans les notes du septième livre de l'édition d'Olivier de Serres, donnée chez madame Huzard, ouvrage qui doit être entre les mains des cultivateurs, que, si nous étions privés de tous les articles de nos cultures qui ne sont pas naturels à la France, la population diminueroit de quatre-vingt dix centièmes, et retomberoit dans l'état sauvage où étoient les Celtes avant qu'ils les connussent. Je renvoie à ces notes, vol. 2, pag. 597, ceux qui voudront avoir connoissance du détail de mes preuves.

Mais pourquoi le froment, pourquoi le noyer, etc., qui se cultivent en France depuis tant de siècles, ne se sont-ils pas naturalisés au premier degré ? Pourquoi ne voyons-nous pas

nos champs se semer d'eux-mêmes de blé, comme ils se sèment d'ivraie ? Pourquoi ne voyons-nous pas nos bois remplis
de noyers, lorsque la noix lève si facilement dans nos jardins ?
C'est un mystère qui ne nous sera probablement pas dévoilé
de long-temps.

Le siècle dernier a plus fait pour la naturalisation des plantes, au second degré, que tous les autres ensemble. Le goût
des voyages et de la culture s'est joint au perfectionnement
de la botanique pour nous enrichir de quantité d'arbres et de
plantes utiles ou agréables qui étoient inconnues à nos grands
pères, et qui se voient aujourd'hui très communément dans
nos jardins. Je crois qu'on peut dire, sans trop s'éloigner de
la vérité, que le nombre des espèces ainsi naturalisées s'élève
à plus de deux mille.

Des naturalistes dignes d'estime ont avancé qu'il étoit nécessaire d'accoutumer petit à petit les plantes à changer de
température, pour les naturaliser avec plus de succès, qu'ainsi,
une plante du Mexique devoit d'abord être cultivée en Espagne, puis à Montpellier, ensuite à Lyon, à Paris, à Bruxelles,
etc. Ils ont assuré que les graines d'une plante de la Chine,
récoltées à Paris, donnoient des produits plus robustes, plus
susceptibles d'être naturalisés que celles venant directement
de son pays natal. Je crois qu'ils se sont trop pressés de transformer en principe général des faits particuliers. Je n'ai pu
voir de différence entre les semis de graines provenant des
jardins de Versailles et ceux de celles que j'avois reçues directement d'Amérique; cependant je répète tous les ans mes expériences sur des centaines d'espèces et des millions d'individus.
Je sais que quelques arbres ou plantes qui étoient jadis cultivées
dans les serres ne craignent plus aujourd'hui, ou craignent
peu la rigueur de nos hivers (il suffit de citer le catalpa); mais
c'est l'ignorance de leur culture qui les avoit ainsi fait tenir à
une haute température, et non leur nature, que personne n'o-
sera dire être changée.

Je suis du nombre de ceux qui désireroient voir naturaliser
en France toutes les plantes susceptibles d'y croître en pleine
terre, et toutes celles qui peuvent y être cultivées dans des
serres, baches, etc., ou autres moyens artificiels, avec une utilité quelconque. J'ai toujours fait des efforts pour ajouter quelques unes à la liste de celles que nous possédons déjà, et j'en
ferai tant que je me sentirai en position de réussir; car telle
qui n'est que d'un très médiocre intérêt aujourd'hui, peut devenir d'une importance majeure demain.

C'est en cultivant les plantes provenant de graines apportées pour la première fois en Europe, dans les principes d'une
théorie éclairée, en multipliant les chances à leur égard, qu'on

peut se flatter d'arriver au but. Entrer ici dans des détails à cet égard seroit chose superflue. Honneur à celui qui naturalisera un nouvel animal ou un nouveau végétal en France! (B.)

NAUCADE. Son, eau et herbes qu'on donne pour nourriture aux cochons dans le département de Lot-et-Garonne.

NAUSE. Large et profond fossé qu'on creuse dans le département de la Haute-Garonne pour servir de supplément à un ruisseau dans le cas d'une grande crue d'eau. Il seroit fort à désirer que cet usage fût plus général, car il offre des avantages sans nombre à l'agriculture.

NAVEAU, NAVIAU. *Voyez* RAVE.

NAVET. Variété de RAVE dont la forme est allongée. On donne aussi quelquefois ce nom aux RADIS. *Voyez* ces mots et le mot CHOU.

NAVETTE, ou RABIOLLE. Espèce du genre des choux, *Brassica napus*, Lin., qu'on cultive en grand pour sa graine dans toute la partie septentrionale et moyenne de l'Europe, et qui, à raison de ses produits et du peu de main-d'œuvre qu'elle exige, devroit l'être encore plus.

Quelques auteurs ont confondu la navette avec le COLSAT (*voyez* ce mot); mais elle en diffère beaucoup, quoiqu'il soit difficile d'établir ses caractères distinctifs d'une manière bien positive. Sa racine est fusiforme, comme la rave; sa tige très rameuse, haute de deux à trois pieds; ses feuilles glabres, glauques, les inférieures pétiolées, en lyre et dentées, les supérieures amplexicaules, lancéolées, cordiformes, souvent entières; ses fleurs jaunes, très ouvertes et odorantes; ses siliques allongées et presque rondes. Elle est originaire de la partie maritime de l'Allemagne.

On ne connoît que deux variétés de cette plante, que plusieurs cultivateurs regardent comme la même, mais qui certainement peuvent être distinguées lorsqu'elles sont semées à côté l'une de l'autre, la *navette d'automne* et *la navette d'été*, ou *navette de mai*. Cette dernière est moins connue dans le nord de la France; mais on la préfère dans les départemens intermédiaires, où elle est regardée comme une culture très productive.

Au contraire des choux, la navette demande un sol léger, mais, ainsi qu'eux et la rave, de la fraîcheur et d'abondans engrais. Les sols calcaires lui conviennent extrêmement. J'en ai vu de superbes champs dans des cantons où il n'y avoit pas plus de six pouces de profondeur de terre. Des labours multipliés, et, comme je l'ai déjà observé, des engrais abondans, assurent par-tout son succès. Jamais on ne la sème qu'à la volée, mais toujours peu épais, pour que les plants ne se gênent point dans le développement de leurs racines et de leurs rameaux. Il seroit cependant possible de lui appliquer la culture par rangées, aujourd'hui si en faveur en Angleterre, et qui paroît réellement avoir des avantages si marqués, sur-tout quand, au lieu de biner à la houe, on bine avec une charrue légère ou une HOUE A CHEVAL. *V.* au mot RAVE, où cette culture est détaillée. J'observe en passant que la navette est peu connue en Angleterre, ou qu'elle y est confondue avec le Colsat, car Arthur Young n'en parle dans aucun de ses ouvrages.

On sème presque toujours la navette d'hiver après un, deux et même trois labours et un fumage, sur les chaumes, c'est-à-dire après la récolte du blé, même dans les pays où les jachères sont encore en recommandation ; ce qui est un tacite aveu qu'elles peuvent y être supprimées avec profit. Pour peu qu'il pleuve, la graine, dont on répand trois livres par arpent, ne tarde pas à lever, et le plant acquiert huit à dix pouces et même plus de hauteur avant les grands froids. On l'éclaircit lorsqu'il est trop épais. Il est rare que les gelées, quelque violentes qu'elles soient, lui fassent du tort ; mais il n'en est pas de même des pluies abondantes, qui la font souvent périr. Aussi ne doit-on jamais manquer, dans les lieux où cela est à craindre, de faire des raies ou même des fossés d'écoulement. *Voyez* ÉGOUT.

Le seul travail à faire, c'est un sarclage un peu avant l'époque de la floraison. Il faut aussi empêcher les bestiaux d'entrer dans le champ par une surveillance active.

La récolte de cette navette se fait en mai ou en juin, selon le climat, l'exposition et la nature du sol. Les précautions à prendre sont les mêmes que celles indiquées pour le COLSAT, tant pour cette récolte que pour les opérations qui en sont la suite. *Voyez* ce mot.

Il est des lieux où on cultive la navette d'hiver pour engraisser le sol, en l'enterrant au printemps. Cette pratique est bonne, mais le semis des raves, dans la même intention, est préférable ; c'est pourquoi je ne conseillerai pas de l'employer pour cet objet. *Voyez* au mot RAVE.

Il en est d'autres où la navette est destinée à la nourriture des bestiaux pendant et après l'hiver. Comme elle est moins abondante en feuilles et moins haute que le colsat, ses avantages, sous ce rapport, sont donc inférieurs aux siens : or, j'ai fait voir que les choux verts, les choux-pommes, et le chou-navet de Laponie, méritoient de beaucoup la préférence. Je crois donc qu'à moins de circonstances impérieuses, on ne doit pas la cultiver sous ce rapport.

Depuis le milieu d'avril jusqu'au milieu de juin, plus tôt ou plus tard selon le climat, on sème la navette du printemps après avoir préparé la terre positivement comme pour celle d'hiver. On lui donne un sarclage un mois après que le plant est levé. Ordinairement, si le temps est favorable, il ne lui faut qu'environ deux mois (dans la ci-devant Bourgogne, où j'ai suivi sa culture) pour amener ses graines à maturité. Les précautions à prendre pour assurer sa récolte ne diffèrent pas de celles employées pour la récolte d'hiver, et par conséquent de celles indiquées pour celle du Colsat. *Voyez* ce mot.

Les oiseaux du genre de la linotte sont très avides des graines de la navette, soit d'hiver, soit d'été. On est presque toujours obligé, si on ne veut pas en perdre une grande partie, de faire garder le champ par des enfans pendant la dernière quinzaine où elle reste sur pied, ou d'y mettre des épouvantails, qui ne remplissent pas toujours bien leur objet. C'est cette graine qu'on vend dans les villes pour la nourriture des sereins et autres petits oiseaux tenus en cage.

Les deux sortes de navettes dont il vient d'être question sont ordinairement récoltées d'assez bonne heure pour donner le temps de faire les labours précurseurs des semailles du blé. On peut donc les introduire dans la série des assolemens sans nuire aux rotations usitées.

Comme plantes oléifères, les navettes d'hiver et d'été effritent le terrain. Elles ne doivent être remises dans le même champ qu'au bout de cinq à six ans d'après les principes d'une bonne culture, et on doit fumer après sa récolte, quelle que soit la graine qu'on lui substitue; mais il n'en est pas moins vrai qu'elles améliorent le sol. Je le dis d'après le rapport des cultivateurs mêmes.

L'huile de navette entre dans la préparation des alimens des habitans des campagnes. On s'en sert pour brûler, pour préparer les cuirs et les draps, pour faire du savon noir, etc. La mauvaise odeur qu'on lui connoît est très peu sensible, lorsqu'elle a été préparée avec de la graine suffisamment mûre et non altérée, et avec les précautions convenables. Le commerce dont elle est l'objet ne laisse pas que d'être considérable. *Voyez* au mot Huile et au mot Moulin a huile. (B.)

NEBLE. Nom qu'on donne dans le département du Var à un brouillard qui passe pour faire beaucoup de mal aux blés au commencement de l'été.

NECTAIRE. Petites fossettes rondes ou allongées qui se remarquent sur ou autour du germe de certaines fleurs, et qui distillent une liqueur miellée, limpide ou colorée, fluide ou épaisse.

Les nectaires semblent être destinés à servir de décharge à l'excédant du miel qui doit humecter le sommet du pistil, c'est-à-dire le stigmate, et favoriser la Fécondation. *Voyez* ce mot et le mot Pistil.

Linnæus avoit étendu outre mesure la signification de ce mot, en l'appliquant à tout ce qui, dans une fleur, n'étoit ni calice, ni corolle, ni pistil, ni étamine, lors même qu'il n'offroit point de sécrétion mielleuse. Les botanistes modernes ont rejeté avec raison sa définition; mais quelques uns d'eux, par un défaut contraire, n'emploient jamais le mot nectaire, quoiqu'il soit évident qu'il en existe dans un grand nombre de plantes, telles que l'impériale, la scrophulaire, etc. (B.)

NÉFLIER, *Mespilus*. Genre de plantes de l'icosandrie pentagynie et de la famille des rosacées, qui a beaucoup varié dans le nombre de ses espèces, plusieurs botanistes lui ayant réuni les aubépines, d'autres les alisiers, d'autres enfin les sorbiers. *Voyez* ces différens mots. Ici je le considère, avec Wildenow, comme ne renfermant que six espèces, dont cinq qui sont des arbustes à feuilles alternes, pétiolées, entières, à fleurs solitaires dans les aisselles des feuilles ou disposées en corymbes à l'extrémité des rameaux, se cultivent dans nos jardins.

Ce qui a causé les variations des botanistes, c'est que le nombre des pistils et par conséquent des semences varie dans les espèces de ce genre et autres précitées. Ainsi lorsqu'il n'y en a que deux, cette espèce devient aubépine; lorsqu'il n'y en a que trois, elle est sorbier; et de même un sorbier ou un aubépine peuvent devenir un néflier par l'augmentation du nombre de leurs pistils. Mais on sera facilement ramené à rectifier une erreur de la nature par la considération des feuilles qui sont toujours entières dans le genre dont je m'occupe en ce moment, tandis qu'elles sont lobées et même ailées dans les deux autres.

Le néflier commun, *Mespilus germanica*, Lin., a un tronc rarement droit, de quinze à vingt pieds au plus; des rameaux terminés par des épines dans l'état sauvage; des feuilles ovales, lancéolées, légèrement dentées, vertes en dessus, velues et blanches en dessous; des fleurs blanches, grandes, solitaires et sessiles dans les aisselles des feuilles; des fruits presque ronds, gris-jaunâtres, d'un pouce de diamètre. Il croît naturellement dans les bois des parties moyennes et méridionales de l'Europe. Il n'est pas rare dans ceux de France, où il fleurit en juin. On le cultive depuis long-temps pour ses fruits connus sous le nom de *nèfles* ou de *mesles*. Ses épines disparoissent dans nos jardins. Il présente plusieurs variétés plus avantageuses à multiplier que l'espèce même. Les principales sont, le *néflier à gros fruit*, le *néflier à fruit sans noyau*, le *néflier à fruit précoce*, le *néflier à fruit allongé*.

Les nèfles sont d'une saveur tellement acerbe et astringente, avant leur maturité, qu'elles ne sont pas mangeables; aussi n'est-ce que lorsqu'elles sont parvenues à cet état voisin de la pourriture, qu'on appelle *blossissement*, qu'on les sert sur les tables, et cet état n'arrive sur les arbres qu'au commencement de l'hiver. Pour l'accélérer on cueille les nèfles en automne lorsque leur couleur commence à pâlir, et on les met sur la paille dans un grenier. Il ne faut quelquefois que peu de jours à certaines pour blossir, d'autres ne blossissent qu'au bout d'un mois et plus. Les meurtrissures les font blossir plus vite, mais en même temps favorisent la véritable pourriture. On reconnoît qu'elles sont arrivées au point désirable à la couleur brune et à la mollesse qu'elles prennent. Au reste, quelque blosses qu'elles soient, elles sont fort indigestes, causent des coliques venteuses, resserrent les premières voies et occasionnent souvent le ténesme. Il ne faut jamais en trop manger à la fois. On en fait en les écrasant et en les mettant dans l'eau avec des poires, des pommes sauvages et autres fruits des bois, une boisson très astringente et peu agréable au goût, mais qui est saine quand elle est foible et qu'on n'en use pas fréquemment. *V*. Boisson.

Les feuilles et l'écorce du néflier sont également fort astringentes et s'emploient dans la médecine pour guérir les cours de ventre et déterger les ulcères.

Le bois du néflier est très dur, a le grain fin et égal; sa couleur est grise avec des veines rougeâtres. Il se tourmente et se fendille beaucoup, ce qui ne permet pas de l'employer pour le tour. Il pèse environ cinquante-cinq livres par pied cube. On le recherche pour armer les fléaux, pour faire des manches d'outils, de fouets, etc., car il ne casse jamais.

On place quelquefois le néflier dans les jardins paysagers, parcequ'il forme d'agréables buissons lorsqu'il est en fleur. Une variété à larges fleurs est préférée pour cet objet. C'est isolé au milieu des gazons, ou sur le bord des massifs qu'il produit le plus d'effet. On en fait aussi d'excellentes haies; mais comme il croît lentement et qu'il est difficile à multiplier, on ne l'emploie pas aussi souvent à cet objet qu'il seroit à désirer.

Toute espèce de terre, pourvu qu'elle ne soit pas trop aquatique, et toute exposition convient au néflier; cependant il croît mieux et plus vite dans un sol substantiel et léger et à une exposition chaude. Il se multiplie de graines, de marcottes, et par la greffe sur le poirier, le cognassier, l'aubépine, etc.

Sa graine doit être mise en terre avant l'hiver, sans quoi elle reste deux ans sans lever, et même avec cette précaution, si le sol n'est pas frais et chaud en même temps, ne lève-t-elle qu'en partie la première. Le plant levé se repique la seconde année à un pied de distance, et la quatrième ou cinquième à deux pieds. Il s'élève très lentement, comme je l'ai déjà observé, même dans ses premières années. Ce n'est qu'à sept ou huit ans qu'il commence à être propre à planter. Cette lenteur fait qu'on emploie très rarement ce moyen de multi-plication.

Les marcottes se font en automne après la chute des feuilles. Lorsque le terrain est frais elles prennent racines dans le cou-rant de l'année suivante, mais il est prudent de ne les relever que la seconde ; alors elles peuvent, pour la plupart, être mises directement en place ; aussi est-ce ainsi qu'on se procure dans les pépinières les individus qu'on veut avoir francs de pied pour les jardins paysagers, les haies, etc.

Mais lorsqu'il s'agit d'avoir des néfliers pour le fruit, on ne les obtient généralement que par la greffe en écusson et à œil dormant sur les arbres cités plus haut et principalement sur le cognassier. Ces greffes manquent rarement, et les bourgeons qu'elles produisent poussent bien plus rapidement que les pieds francs. Aussi la presque totalité des pieds qu'on voit dans les jardins des environs de Paris et autres villes où il y a des pé-pinières est-elle greffée. On conduit ces greffes comme celles des autres arbres fruitiers destinés à faire des pleins vents, car rarement place-t-on les néfliers à fruits en espaliers ou contre-espaliers; on les plante seulement dans un lieu abrité des vents froids du printemps, vents qui font souvent avorter leurs fleurs.

Néflier buisson ardent, *Mespilus pyracantha*, Lin., ou simplement le *buisson ardent*, est un arbrisseau de dix à douze pieds de haut, très rameux, très garni d'épines, dont les feuilles sont ovales, légèrement crénelées, lisses et d'un beau vert ; les fleurs blanches, très nombreuses, disposées en co-rymbes axillaires, et les fruits d'un rouge écarlate. Il est ori-ginaire des parties méridionales de l'Europe, fleurit au milieu du printemps et conserve ses feuilles pendant tout l'hiver. C'est un charmant arbrisseau qu'on ne sauroit trop multiplier dans les jardins, où il se place également ou dans les plates-bandes des parterres, ou sur le bord des massifs, ou en pa-lissade, etc. L'effet qu'il produit lorsqu'il est couvert de fleurs est presque aussi brillant que celui qu'il présente lorsqu'il est couvert de fruits mûrs, en ajoutant à ces avantages l'épais-seur et la permanence de son feuillage, ainsi que la facilité avec laquelle il se prête à tous les caprices du jardinier, à la taille la plus rigide, on pourra juger combien il est précieux pour les amateurs.

Les haies faites avec le buisson ardent seul sont aussi défensa-bles que celles d'aubépine et plus fourrées. On en voit quelque-fois dans les parties méridionales de la France, et on pourroit en fabriquer également dans le climat de Paris, car cet arbris-seau n'y craint pas les gelées. Les plus mauvais terrains lui suffisent ; il n'y a que ceux qui sont aquatiques qu'il redoute.

Il vient plus beau au nord et fournit plus de fruits au midi ; aussi, à moins que ce ne soit pour cacher un mur ou pour d'autres causes de cette nature, doit-on toujours l'exposer au soleil.

On multiplie le buisson ardent par le semis de ses graines, par marcottes et par boutures.

Ses graines doivent être mises en terre avant l'hiver, si on ne veut pas risquer de ne les voir lever qu'au bout de deux ans, et encore, malgré cette précaution, en est-il beaucoup qui ne lèvent pas la première année. Le plant qu'elles donnent est d'abord foible et doit être laissé deux ans en place ; après quoi, au printemps, on le repique à six ou huit pouces de distance dans une autre localité bien préparée et même un peu fumée. Ce n'est qu'alors qu'il commence à s'élever rapidement. On le transplante définitivement à cinq ou six ans. Il n'est point difficile à la reprise.

Les marcottes faites en automne, si le terrain n'est pas trop sec, seront assez enracinées pour être levées au bout d'un an, cependant il est bon d'attendre la fin de la seconde année, parcequ'on a des pieds plus vigoureux et dont la reprise est plus assurée.

Les boutures se font au printemps et dans un terrain frais et ombragé. Elles s'enracinent assez rapidement quand elles doivent le faire, mais elles manquent fréquemment, sans qu'on puisse toujours dire pourquoi.

Le NÉFLIER NAIN, *Mespilus chamæ mespilus*, Lin., est un arbuste de trois ou quatre pieds de haut, très rameux, dont les feuilles sont ovales, très glabres, plus pâles en dessous; les fleurs rougeâtres disposées en corymbes terminaux. Il croît naturellement sur les Alpes et autres montagnes élevées de l'Europe, où il forme de petits buissons très touffus et d'un vert luisant très agréable. On le cultive dans quelques jardins paysagers, où il se place sur le premier ou sur le second rang des massifs. Il se multiplie presque exclusivement par la greffe sur l'aubépine, quoiqu'il ne soit pas difficile de le faire reprendre de marcottes. Ses feuilles sont velues dans leur jeunesse.

Le NÉFLIER COTONNIER, *Mespilus cotoneaster*, Lin., est un arbuste de deux à trois pieds de haut, dont les rameaux sont couchés ; l'écorce noirâtre ; les feuilles ovales, très entières, d'un vert noir en dessus et cotonneuses en dessous ; les fleurs blanchâtres, petites et disposées en corymbes axillaires ; les fruits rouges. On le trouve sur les montagnes élevées et arides des parties méridionales de l'Europe où il fleurit au milieu du printemps. Il se cultive dans quelques jardins d'agrément, et on le multiplie presque exclusivement de marcottes, parceque la demande en est peu considérable, car il peut l'être également de semences et peut-être de boutures. L'effet qu'il produit n'est pas très remarquable, ses feuilles et ses fleurs étant petites et peu nombreuses; cependant il contraste avec les autres arbustes lorsqu'il est placé convenablement.

Le NÉFLIER DU JAPON est un arbuste sans épines, dont les feuilles sont longues d'un pied, ovales, lancéolées, dentées à leur extrémité, velues en dessous; les fleurs d'un blanc sale et disposées en panicules terminales. Il est originaire du Japon, où on le cultive pour ses fruits, que Kempfer dit être agréables au goût. On commence à le voir dans nos jardins, où il a déjà fleuri plusieurs fois, mais sans donner de fruits. Il exige l'orangerie; cependant des expériences nouvellement faites tendent à faire croire qu'il sera possible de lui faire passer les hivers en pleine terre. (TH.)

NEIGE. Eau glacée dans l'atmosphère l'instant avant celui où les nuages devoient se résoudre en pluie. Elle diffère donc de la grêle, parceque cette dernière ne s'est glacée qu'après que les gouttes de pluie ont été formées, c'est-à-dire lorsque dans leur chute ces gouttes rencontrent un courant d'air subitement refroidi par une commotion électrique.

Chaque glaçon de neige n'est et ne peut être plus gros que les vésicules creuses qui composent les NUAGES (*voy*. ce mot); mais en se réunissant, soit au moment de leur congellation, soit en tombant, ils forment ces masses irrégulières, plus ou moins grosses, qu'on appelle *flocons*.

Les flocons de neige sont d'autant plus gros qu'il fait moins froid, probablement parceque dans ce cas l'attraction des petits glaçons est plus puissante. Je pourrois même le dire affirmativement, car il est connu que cette neige à gros flocons se tasse très facilement lorsqu'on la comprime, tandis que celle si fine qui tombe pendant les fortes gelées se réunit difficilement en masse et reste exposée à tous les caprices des vents.

La véritable forme de l'eau congelée est l'octaèdre (*voyez* mon mémoire sur la cristallisation de la grêle dans le Journal de physique de juillet 1788). C'est donc par suite d'une illusion qu'on a dit que la neige présentoit des lames hexaèdres, puisque cette figure est celle que présente la coupe de tout octaèdre lorsqu'elle est parallèle aux faces.

Il ne peut tomber de la neige que lorsque les couches inférieures de l'atmosphère sont à une température au-dessous de celle de zéro, parcequ'elle fond, quelle que soit la rapidité de sa chute (rapidité qui n'est cependant jamais bien grande à raison de sa légèreté), avant d'être arrivée à la surface de la terre, toutes les fois que cette température est plus élevée que zéro. C'est cette cause qui fait qu'il tombe plus de neige dans le nord que dans le midi de l'Europe, plus sur le sommet des hautes montagnes que dans les plaines.

Il tombe de la neige par tous les vents, parcequ'il pleut par tous les vents; mais il est dans chaque pays des vents qui l'amènent plus souvent que d'autres. *Voyez* au mot PLUIE.

De tout temps on a remarqué que l'abondance et la longue durée de la neige, pourvu qu'elles ne passassent pas certaines bornes, étoient les signes certains de récoltes avantageuses. Nos pères ont expliqué ce phénomène en supposant qu'elle apportoit des nitres, des sels, des huiles, etc., propres à engraisser la terre. Aujourd'hui qu'on sait qu'elle ne contient que de l'eau, et de l'eau extrêmement pure, on dit qu'elle produit cet effet, 1° parcequ'elle garantit les plantes, et surtout les jeunes, des effets des gelées, et concentre la chaleur autour de leurs racines; 2° parcequ'elle empêche l'évaporation des GAZ (*voyez* ce mot), et les force de s'accumuler dans la couche supérieure de la terre, pour, en s'y décomposant, fournir au printemps une surabondance de nourriture aux plantes. Cela est si vrai, que lorsque la terre, a été gelée à une certaine profondeur, six pouces par exemple, avant la chute de la neige, l'effet ou les effets ci-dessus sont bien moins marqués.

On peut encore regarder la neige comme un moyen de défendre les graines des plantes et les jeunes plantes même des ravages des quadrupèdes, des oiseaux et des insectes qui s'en nourrissent. La quantité de ces ennemis des récoltes qui meurent de faim dans les hivers longs et abondans en neige assure, souvent pour plusieurs années, la sécurité des cultivateurs.

Il est rare que dans les plaines des parties moyennes de l'Europe la neige soit assez épaisse pour que la température de sa surface inférieure soit fort différente de celle de sa surface supérieure; mais sur les hautes montagnes des Alpes (et probablement vers le cercle polaire) elle est toujours un peu au-dessus de zéro, de sorte qu'elle fond continuellement, comme le prouvent les torrens qui sortent des glaciers même dans le fort de l'hiver, comme le prouvent les plantes alpines, à qui il ne faut que quelques jours, après la fonte de ces neiges, pour acquérir toute leur grandeur, donner des fleurs et des fruits.

La neige dispense, dans les pépinières et les jardins où on cultive des plantes étrangères, de ces couvertures de litière, de fougère ou autres, destinées à garantir les semis ou les jeunes plantes des gelées. Il en est de même dans les jardins potagers pour quelques semis et quelques plantes, entre autres les artichauts.

Comme mauvais conducteur de la chaleur, la neige prend très difficilement une température inférieure à celle qu'elle avoit en tombant, de là vient que dans les plus grands froids les voyageurs qui craignent de passer la nuit en plein air peuvent dormir sans danger dans des trous faits dans son épaisseur, s'en couvrir même entièrement; de là vient l'utilité dont elle est pour rappeler à la vie un membre gelé. Il ne s'agit, dans ce dernier cas, que d'en frotter ce membre.

Généralement on dit que le *vent mange la neige*, et en effet, comme présentant, par ses inégalités, plus de prise aux vents avides d'humidité, elle s'évapore beaucoup plus promptement que l'eau. Pour concevoir ce phénomène, il faut savoir que ce n'est pas seulement la chaleur qui cause l'évaporation, mais encore le plus ou moins d'aptitude qu'a l'air d'absorber l'eau, de sorte qu'un air chaud d'été qui en est déjà surchargé en prend moins qu'un vent froid d'hiver qui n'en contient pas du tout.

Si une couche épaisse et permanente de neige est utile, ses chutes et ses fontes fréquentes sont très nuisibles, en ce qu'elles font varier trop rapidement la température des plantes et amènent une surabondance d'eau qui les fait périr.

Au reste, le cultivateur n'a aucune influence sur le gel ou le dégel. Il faut qu'il reçoive avec courage les pertes qu'ils peuvent lui faire éprouver, et se tenir toujours prêt à en diminuer l'étendue en semant d'autres graines, en plantant d'autres plantes dans les champs qui ont été dégradés.

Il est beaucoup de pays où on dit qu'il est très utile de labourer la terre lorsqu'elle est couverte de neige, et où on donne des raisons de cette pratique. Toutes celles de ces raisons dont j'ai connoissance ne sont pas admissibles; cependant je crois qu'il y en a une bonne, et c'est justement celle à laquelle on ne pense pas. En effet, il est probable que la neige, enfouie et mélangée avec la terre, laisse, en fondant, des vides, au moyen desquels les racines des plantes pénètrent plus facilement et peuvent par conséquent fournir plus de sève à leur tige, au moyen desquels l'air atmosphérique pénètre dans son intérieur et s'y décompose. Elle devient dans ce cas un supplément utile dans les labours des terres fortes, ou dans les mauvais labours.

On calcule qu'une masse de neige donne environ un douzième d'eau. La connoissance de ce fait peut avoir des applications dans la pratique de l'agriculture et de l'économie rurale.

Si la neige a des avantages pour l'habitant des champs, elle a aussi des inconvéniens; 1° son abondance rend les communications difficiles et même dangereuses, retient trop long-temps les bestiaux à l'étable, rend plus avides les loups et autres animaux carnivores, occasionne, lors de la fonte, des débordemens désastreux. Souvent en s'accumulant sur les branches des arbres elle les fait casser sous son poids. Sa longue durée retarde les travaux des champs, cause des maladies d'yeux, etc.

Les cultivateurs des hautes vallées des Alpes, qui n'ont que trois ou quatre mois d'été, et par conséquent pour qui un jour de moins de neige est une conquête importante, ont trouvé un ingénieux moyen d'accélérer sa fonte dans les lieux exposés au soleil. Ils sèment des terres noires (du terreau ou du schiste pourri) sur cette neige. La couleur de ces terres fait qu'elles s'imprègnent mieux que la neige des rayons du soleil, et qu'elles prennent par conséquent un degré de chaleur plus considérable; de là la fonte de la neige qui les entoure immédiatement et par suite de toute la masse. Il est des cas, même dans les plaines, où ce moyen simple et peu coûteux pourroit aussi être employé avec avantage.

Les montagnes chargées de neige pendant toute l'année ont une grande influence sur l'état de l'atmosphère à une distance souvent fort éloignée ; aussi les vallées des Alpes éprouvent-elles des variations de température si subites et si fortes, qu'elles causent de grandes pertes aux cultures; aussi le vent du sud-est est-il beaucoup plus froid, pour les deux tiers de la France, qu'il ne le seroit si les Alpes n'existoient pas.

On conserve la neige, comme la glace, pendant l'été, dans des souterrains privés de communication avec l'air extérieur. Elle se conserve même mieux, à raison de ce qu'on peut la tasser, en former une seule masse, qui prête moins de surface à cet air extérieur. *Voyez* GLACIÈRE. (B.)

NÉNUPHAR, *Nymphœa*. Genre de plantes de la polyandrie monogynie, et de la famille des renonculacées, qui renferme une demi-douzaine d'espèces, dont deux sont assez communes en Europe pour mériter d'être mentionnées ici.

Le NENUPHAR JAUNE a la racine vivace, traçante, grosse comme le bras, charnue, couverte en dessus de nœuds, et en dessous de fibrilles simples ; les feuilles toutes radicales, longuement pétiolées, en cœur arrondi, charnues, glabres, larges de plus d'un demi-pied et nageantes ; les fleurs jaunes, de plus d'un pouce de diamètre, et solitaires au sommet d'une hampe en tout semblable au pétiole des feuilles ; les fruits ovales. On le trouve très abondamment dans les étangs, les fossés, les mares, dans les rivières dont le cours est lent et le fond vaseux. Il fleurit à la fin du printemps. Ses fleurs ont une odeur désagréable, et ne s'épanouissent jamais qu'à la surface de l'eau; ses racines ont un goût fade et visqueux. On a beaucoup préconisé les qualités rafraîchissantes de ces dernières, sur-tout dans les cas où il s'agissoit d'affoiblir les désirs amoureux; mais elles agissent comme narcotique, et leur usage n'est pas sans dangers pour l'estomac. On en trouve dans les pharmacies plusieurs préparations dont les vertus ont été, avec raison, contestées.

Le NÉNUPHAR BLANC a les racines et les feuilles presque semblables à celles du précédent. Ses fleurs sont blanches, légèrement odorantes, larges d'environ deux pouces, et ses fruits globuleux. Il croît dans les mêmes lieux que le précédent, mais moins communément. Ses qualités médicinales sont les mêmes. Ses fleurs s'épanouissent au milieu de l'été.

Cette plante, qu'on appelle aussi *lis des étangs*, *volant d'eau*, produit un très bel effet, lorsqu'elle est en fleur, dans les pièces d'eau des jardins paysagers, et on ne doit jamais manquer d'y en placer quelques pieds. Ses larges feuilles fournissent aux poissons un salutaire abri contre les chaleurs du soleil de l'été. On la multiplie par ses graines, qui doivent être semées en sortant de leur enveloppe, ou par la section de ses racines. Ce dernier moyen est le plus sûr et le plus prompt. (B.)

NÉPHRÉTIQUE (BOIS) C'est le bois du BEN. *Voy.* ce mot.

NERF-FÉRURE. MÉDECINE VÉTÉRINAIRE. Un coup quelconque, donné sur le tendon fléchisseur du pied de devant, donne lieu à ce qu'on appelle nerf-férure, ou nerf-féru, ou tendon féru. Cet accident, selon le degré de ses effets, peut être plus ou moins dangereux. Le cheval commence à boîter; il survient au canon et aux parties voisines un engorgement qui, après avoir duré quelques jours, diminue insensiblement; quelquefois la peau se trouve coupée, et bien souvent à la suite de la résolution il paroît sur la peau une grosseur ressemblant à un GANGLION (*voyez* ce mot), dont le siége est dans la peau ou le tissu cellulaire.

L'inflammation dissipée par l'usage des fomentations émollientes, et les cataplasmes de même nature, il faut terminer la cure par les bains et les frictions aromatiques faites d'une décoction de sauge, de thym, de romarin, etc. Mais si, malgré ces remèdes, l'enflure ne paroît point diminuée, et qu'il y ait un ganglion, il faut employer les topiques décrits à ce mot. (R.)

NERPRUN, *Rhamnus*. Genre de plantes de la pentandrie monogynie et de la famille des rhamnoïdes, qui renferme une trentaine d'espèces d'arbrisseaux ou de sous-arbrisseaux dont plusieurs sont communs dans nos forêts, ou se cultivent dans nos jardins, et sont par conséquent dans le cas d'être mentionnés ici.

Parmi eux se trouvent,

Le NERPRUN PURGATIF, *Rhamnus catharticus*, Lin. C'est un

arbrisseau de huit à dix pieds de hauteur, très abondamment garni de rameaux piquans à leur extrémité, dont les feuilles sont alternes, pétiolées, ovales, finement dentées, d'un vert noir ; les fleurs verdâtres, petites, disposées en bouquets dans les aisselles des feuilles supérieures; les fruits jaunes. Il croît dans presque toute l'Europe, dans les haies et les bois, et fleurit en mai ; ses fleurs le plus souvent sont dioïques par avortement, et n'ont que quatre parties. Son écorce, ses feuilles et ses fruits ont une odeur particulière désagréable, une saveur nauséeuse un peu âpre et amère. Ses fruits sont fréquemment employés en médecine comme altérans, purgatifs et hydragogues. On en fait un sirop qu'on trouve dans toutes les pharmacies.

L'écorce de cet arbuste donne une mauvaise teinture jaune. Ses fruits lorsqu'ils sont mûrs en fournissent une verte, qui rapprochée par l'évaporation en forme d'extrait, et mise dans des vessies avec une certaine quantité d'alun, forme ce que les peintres appellent *vert de vessie*, vert dont ils font un fréquent usage dans la peinture en détrempe et dans le lavis. Cette couleur est l'objet d'un petit commerce pour quelques cantons de la France.

On forme de très bonnes haies avec le nerprun catartique, et on le place dans les jardins paysagers, où le vert foncé de ses feuilles contraste avec le vert clair de la plupart des autres arbustes. On le multiplie par ses semences, qu'on sème aussitôt qu'elles sont mûres dans un terrain bien préparé. Si on attendoit après l'hiver, la plupart de ces semences ne lèveroient que la seconde année, ou même point du tout. Le plant qui en provient se repique la seconde année dans une autre place à un pied de distance, et se conduit comme les autres arbustes des pépinières, selon la destination qu'on veut lui donner. On peut aussi le multiplier par marcottes, qui reprennent ordinairement la même année. Une terre forte et humide est celle qui lui convient le mieux. Tous les bestiaux, excepté les vaches, mangent ses feuilles. Son bois pèse cinquante-quatre livres quatre onces par pied cube.

Le NERPRUN DES TEINTURIERS, *Rhamnus infectorius*, Lin., est un arbrisseau des parties méridionales de la France, qui s'élève à trois ou quatre pieds de haut seulement, dont les rameaux sont terminés en épines ; les feuilles alternes, pétiolées, dentées, légèrement velues; les fleurs verdâtres, en petits bouquets axillaires, et les fruits jaunes. Il croît dans les haies, sur le bord des rivières et fleurit au milieu de l'été. Ses rapports avec le précédent sont nombreux. Il est encore plus propre que lui pour former des haies d'une bonne défense. Ses fruits sont également purgatifs et fournissent une couleur jaune que les teinturiers du petit teint emploient beaucoup sous le nom de *graine d'Avignon*, mais qui n'a aucune solidité. En unissant cependant cette couleur à l'argile, on en fait une couleur jaune verdâtre, qui s'altère rapidement à l'air et dont les peintres en détrempe font usage sous le nom de *stil de grain*.

Cet arbuste se cultive comme le précédent. Il ne craint point les hivers ordinaires du climat de Paris. On peut le placer dans les jardins paysagers au second rang des arbustes.

Le NERPRUN DES ROCHERS, *Rhamnus saxatilis*, Lin., s'élève au plus à deux pieds, a les rameaux terminés par des épines; ses feuilles alternes, pétiolées, ovales, dentées, glabres; ses fleurs ordinairement solitaires dans les aisselles des feuilles, et ses fruits noirs. Il croît sur les montagnes de la Suisse et sur le mont Baldo où je l'ai observé. Ses fruits ont les mêmes propriétés que ceux du précédent.

Les autres espèces du genre qu'il est important de connoître sont mentionnées aux mots BOURGÈNE, ALATERNE, JUJUBIER et PALIURE. *Voyez* ces mots. (B.)

NERTE. Nom du myrte dans le département du Var.

NEUBLE. C'est la carie des grains dans le département des Deux-Sèvres.

NEUF (CHEVAL). C'est celui qui n'a pas encore été employé au service pour lequel on l'a acheté, et qu'il faut y façonner.

Comme les chevaux véritablement neufs, c'est-à-dire qui n'ont jamais travaillé, sont souvent revêches, les *nourrisseurs* (c'est-à-dire ceux qui font des élèves de chevaux pour les vendre) ont soin de les façonner d'avance au tirer ou au porter. Pour aller plus vite, ils leur font porter des poids exagérés, leur font traîner des voitures très pesantes, etc., ce qui souvent les rebute et les gâte. C'est toujours petit à petit, et sans employer les coups, qu'il faut éduquer les animaux. *Voyez* CHEVAL.

NEZ COUPÉ. *Voyez* STAPHYLIER.

NICOTIANE, *Nicotiana*, Lin. Genre de plantes exotiques de la pentandrie monogynie de Linnæus, et de la famille des solanées, qui comprend neuf à dix espèces, les unes vivaces, les autres annuelles, toutes originaires de l'Amérique, à l'exception d'une seule. Parmi ces espèces, il en est une très connue, et qu'on cultive dans les quatre parties du monde sous le nom de TABAC. *Voyez* ce mot. (D.)

NICTAGE, *Mirabilis.* Genre de plantes de la pentandrie monogynie, et de la famille des nictaginées, qui renferme trois espèces, toutes originaires de l'Amérique méridionale, et cultivées dans les jardins en Europe, à raison de la beauté ou de la bonne odeur de leurs fleurs.

Le NICTAGE DU PÉROU, *Mirabilis jalapa*, Lin. a la racine épaisse, en forme de navet, noire; la tige rameuse, dichotome, haute d'environ deux pieds ; les feuilles opposées, les unes sessiles, les autres pétiolées, presque en cœur, pointues, glabres, et d'un vert foncé ; les fleurs rouges, jaunes, blanches ou panachées de ces trois couleurs, et disposées en bouquets axillaires et terminaux. Il est originaire du Pérou. On le cultive très fréquemment dans nos jardins sous le nom de *belle de nuit*, ou de *merveille du Pérou*. Ses fleurs ne s'ouvrent que le soir, cependant, lorsque le temps reste couvert, elles subsistent trente-six heures épanouies. Leur nombre est considérable, et elles se succèdent depuis le commencement de l'été jusqu'aux gelées. L'éclat de leurs couleurs et les variations qu'elles présentent ne permettent pas de la regarder avec indifférence, mais elles n'ont point d'odeur.

Cette plante est vivace ; cependant comme elle est très sensible à la gelée, ses tiges et ses racines même périssent si on les laisse en terre pendant l'hiver. Il faut donc lever ces racines et les conserver dans une cave ou une orangerie, ou semer des graines toutes les années. C'est ce dernier parti qu'on prend le plus communément, quoiqu'en suivant le premier on obtienne des fleurs bien plus tôt. Ces graines se mettent en terre, lorsqu'il n'y a plus de gelée à craindre, dans une planche bien préparée et bien abritée, qu'on couvre même de paillassons pendant la nuit, pour plus de sûreté. Lorsque les plants qui en sont provenus ont acquis six à huit pouces, on les plante à demeure, deux ou trois ensemble, soit dans les plates-bandes des parterres, soit dans les corbeilles ou petites planches qui entourent les bosquets ou accompagnent les fabriques dans les jardins paysagers. Ils demandent de forts arrosemens dans les chaleurs de l'été. Les touffes qui en résultent sont naturellement arrondies, et décorent plus d'un mois avant que les premières fleurs paroissent. Une terre légère et substantielle convient mieux qu'aucune autre à cette plante ; mais elle s'accommode de toutes celles qui ne sont pas trop froides et trop humides.

Dans les parties méridionales de la France, la belle de nuit dure plusieurs années, et dans les climats plus septentrionaux que celui de Paris on est obligé de semer ses graines dans des pots sur couches et sous châssis pour accélérer et activer leur germination, sans quoi les pieds n'auroient pas le temps d'amener leurs graines à maturité.

Linnæus, trompé par de faux rapports, a, pendant long-temps, cru que la racine du nictage du Pérou étoit le véritable jalap du commerce, et en effet elle est purgative comme lui ; mais on sait aujourd'hui que cette drogue est la racine d'un LISERON. *Voyez* ce mot. On ne se sert guère de la racine du nictage que pour les animaux, à cause du danger de son usage.

Les graines de cette plante contiennent une grande quantité d'amidon qu'on obtient en les faisant sécher, puis en les réduisant en poudre et les lavant à grande eau. On en pourroit tirer un parti utile sous ce rapport. Il est possible que la racine, qui dans les pays chauds est souvent plus grosse que la cuisse, en contienne également; mais j'ignore si on a tenté de s'en assurer.

Le NICTAGE DICHOTOME ressemble beaucoup au précédent, mais il a les tiges noueuses, les fleurs toujours rouges, plus petites et odorantes. Il est originaire du Mexique. On l'appelle *fleur de quatre heures*, parceque c'est vers cette époque de la journée que ses fleurs s'épanouissent. Sa culture ne diffère pas de celle qui vient d'être indiquée.

Le NICTAGE A LONGUE FLEUR a les racines épaisses; les tiges fistuleuses, épaisses, velues; les feuilles opposées, petiolées, lancéolées, cordiformes, velues, visqueuses, les fleurs blanches avec une teinte rouge à leur fond, très longues, fort odorantes, visqueuses, et réunies en paquets terminaux. Il croît naturellement au Mexique, et se cultive dans nos jardins, où il fleurit depuis le mois de juillet jusqu'aux gelées. La foiblesse et la nudité de ses tiges en rendent l'aspect moins agréable que celui des précédens; mais l'excellente odeur de ses fleurs en dédommage complètement; sa culture est positivement la même que celle indiquée plus haut, si ce n'est que, comme il est plus sensible aux gelées, il demande à être semé, même dans le climat de Paris, sur couche et sous châssis, pour être repiqué ensuite en pleine terre; cependant il est plus rustique que les autres.

M. Amédé Lepelletier a vu former sous ses yeux une hibride de cette espèce avec la première. Cette hibride est odorante et velue comme elle; mais ses fleurs sont moins longues, plus colorées, et ses feuilles plus arrondies. Les graines qu'il en a répandues, et dont j'ai eu une part, la reproduisent annuellement. *Voyez* les Annales du Muséum d'histoire naturelle, où elle est décrite et dessinée. (B.)

NIELLE. On a donné ce nom à différentes maladies des plantes, et on l'a appliqué diversement dans chaque pays, de manière que ce seroit chose difficile et même impossible pour moi de débrouiller le chaos des idées qu'il peut présenter dans toute l'étendue de la France et pays voisins. Je dirai donc seulement que c'est tantôt le CHARBON, tantôt la CARIE, tantôt l'ERGOT, tantôt la ROUILLE, tantôt le BLANC, tantôt la BRULURE. *Voyez* ces différens mots, et les mots ÆCIDIE, URÉDO et ERYSIPHÉ.

NIELLE. Nom vulgaire de la NIGELLE. *Voyez* ce mot.

NIELLE DES BLÉS. C'est L'AGROSTÈME GITAGE.

NIGELLE , *Nigella.* Genre de plantes de la polyandrie pentagynie et de la famille des renonculacées, qui réunit quatre espèces, dont trois sont dans le cas d'être citées ici , parceque l'une est très commune dans les champs , que l'autre se cultive fréquemment dans les jardins pour l'ornement, et la troisième est employée en médecine.

La NIGELLE DES CHAMPS a les racines annuelles ; la tige grêle, rameuse ; les feuilles alternes , sessiles, très profondément découpées, à folioles linéaires et velues ; les fleurs grandes , d'un bleu pâle, et solitaires à l'extrémité des rameaux. Elle croît naturellement dans les blés des parties méridionales de l'Europe, et est connue sous les noms de *barbiche* , *barbe de capucin*, ou *toute épice.* Ses fleurs s'épanouissent au milieu de l'été, et se font remarquer par leur singulière conformation. Souvent elle est abondante ; cependant on ne dit pas qu'elle nuise aux récoltes. Ses semences ont une odeur aromatique , douce et une saveur âcre. On les emploie dans les offices pour suppléer aux épices. On les regarde comme diurétiques , incisives, antispasmodiques et résolutives.

La NIGELLE CULTIVÉE a la racine annuelle ; les feuilles alternes, découpées très finement, un peu velues ; les fleurs blanches et solitaires à l'extrémité des tiges. Elle est originaire de Crète, se cultive pour ses semences, dont on fait dans cette île et dans tout l'Orient une grande consommation pour assaisonner les viandes et autres mets ; c'est principalement elle qu'on doit appeler *toute épice* ; car ce sont ses semences qu'on trouve le plus communément chez les droguistes sous ce nom ; et, en effet, elles sont plus fortement odorantes que celles de la précédente. Nous n'avons pas de renseignemens positifs sur la culture qu'elle exige ; mais il est très probable qu'elle n'est pas très compliquée. Sans doute on la sème avant l'hiver sur un seul labour , et on en recueille la graine à la fin du printemps.

La NIGELLE DE DAMAS a la racine annuelle ; la tige haute d'un pied, striée, plus ou moins rameuse ; les feuilles alternes , sessiles, encore plus finement découpées que celles des précédentes ; les fleurs plus grandes , d'un bleu pâle , ou blanches , terminales, et entourées d'une collerette multifide ; les capsules presque rondes. Elle est originaire de l'Orient et se cultive dans les jardins préférablement aux précédentes, qui s'y voient cependant aussi quelquefois , à raison de la plus grande beauté de ses fleurs. Une terre légère et bien amendée, et une exposition chaude, sont ce qui lui convient le mieux. On sème sa graine en automne ou au printemps, et sur place, parcequ'elle ne réussit pas bien à la transplantation. On a de plus beaux pieds et des fleurs plus hâtives lorsqu'on préfère la première époque. Le plant levé ne demande d'autre soin que d'être éclairci, sarclé, et arrosé au besoin. On en fait des touffes ou des bordures, qui, de loin ou de près, produisent toujours un fort agréable effet. Rarement on la place dans les jardins paysagers, où elle ne se fait pas suffisamment remarquer. Ses semences sont également odorantes. Il y en a une variété à fleurs doubles, qui a des agrémens particuliers, mais qui, à mon avis, ne vaut pas l'espèce simple. (B.)

NITRE. Sel neutre composé d'acide nitrique et de potasse, qui se forme sur la surface de certaines roches calcaires et sur les murs des habitations autour desquelles il y a des matières animales ou végétales en décomposition, sur-tout sur ceux des caves, des écuries, etc. Lorsqu'il est impur on l'appelle *salpêtre*.

On a fait jouer un grand rôle au nitre dans l'agriculture. C'étoit le nitre de la terre, le nitre de la neige, le nitre de l'air, des fumiers, etc. qui fertilisoit les terres. Tous les phénomènes des engrais et des amendemens qu'on ne pouvoit expliquer étoient dus au nitre; cependant ce sel purifié n'est pas un amendement, et si le salpêtre produit quelquefois de bons effets momentanés sur les terres où on le répand, c'est qu'il contient du nitre à base de chaux, qui, en attirant et conservant l'humidité de l'air, donne momentanément à ces terres celle qui est nécessaire à toute végétation.

Il est possible que ce soit l'observation des excellens effets des décombres de maison sur les terres, décombres qui contiennent, comme je viens de le dire, beaucoup de salpêtre, qui ait amené à la supposition de l'influence du nitre sur la végétation. Il est possible aussi que ce soit le *sentiment*, si je puis employer ce terme, de ce qui se passoit dans l'air, lorsque le nitre se forme; je dis le sentiment, car il y a très peu de temps qu'on connoît les véritables élémens dont il est composé. *Voyez* AIR, AZOTE, OXYGÈNE et CARBONE.

On ne peut juger de la quantité de nitre que l'air peut déposer dans un canton et pendant un temps donné, parceque beaucoup de causes influent sur sa production; mais les nitrières artificielles et le sol des pays, où, comme en Égypte et au Pérou, il ne pleut jamais, prouvent que cette quantité doit être considérable. Que devient ce nitre? Sans doute il se décompose à son tour, car on n'en voit que de très légers vestiges dans les terres arables, et les eaux de sources n'en contiennent, même très rarement, que lorsqu'elles sont superficielles.

C'est le nitre qui fait la base de la poudre à canon; et, en conséquence, les gouvernemens non seulement s'en sont réservé la fabrication et la vente exclusive en grand, mais ils ont établi des lois pour empêcher la perte de celui qui s'est formé dans les habitations. Par-tout donc leurs agens peuvent venir fouiller les écuries, les celliers, et autres lieux où il s'en trouve, sous la seule conditon de rétablir les choses comme elles étoient. Cette servitude, qui ne laisse pas que d'être, dans certains cas, préjudiciable aux cultivateurs, peut être évitée par eux en construisant des nitrières artificielles, c'est-à-dire des murs de terre mélangée de cendre, de chaux, de fumier, de matières animales quelconques, qu'on élève de trois à quatre pieds, et près à près, dans une écurie ou autre lieu peu aéré, et qu'on arrose légèrement de temps en temps. Le nitre s'effleurit sur la surface de ces murs. On le gratte tous les quinze jours en été, et tous les mois en hiver. Il est quelques localités basses et humides, dans les pays calcaires, où il peut être très fructueux aux cultivateurs de spéculer sur des nitirières artificielles, lorsqu'ils ont de vieux bâtimens inutiles.

Je ne m'étendrai pas plus sur cet objet, qui devient étranger à l'agriculture, et en conséquence je renvoie aux instructions publiées par le gouvernement, pour la suite des opérations que nécessite une nitrière artificielle. (B.)

NIVEOLE, *Leucoium*. Genre de plantes de l'hexandrie monogynie et de la famille des narcissoïdes, qui renferme quatre espèces, dont une est fréquemment cultivée dans nos jardins à cause de la précocité de sa floraison.

La NIVÉOLE PRINTANIÈRE a la racine bulbeuse ; les feuilles toutes radicales, engaînantes, linéaires, planes ; la tige haute de cinq à six pouces, ne portant qu'une seule fleur de médiocre grandeur, blanche, bordée de vert, et penchée. Elle croît, dans presque toute l'Europe, dans les prés, les bois, sur le bord des ruisseaux, et fleurit aussitôt que les neiges sont fondues ; d'où lui est venu le nom de *perce-neige* qu'elle porte vulgairement. J'en ai vu des terrains si abondamment pourvus, que de loin ils paroissoient couverts d'un tapis blanc. On aime à voir cette plante parcequ'elle annonce la fin des frimas. Dans les parterres on la met en touffes ou en bordures ; dans les jardins paysagers on la place çà et là en masses, car elle ne fait pas bien isolément au milieu des gazons, sur le bord des massifs. Une terre fraîche et légère est celle qui lui convient. On la multiplie par caïeux, qu'elle fournit abondamment. Il faut relever, tous les trois ou quatre ans, les touffes qui sont dans les parterres pour les changer de place et les débarrasser de la surabondance de leurs caïeux ; mais celles des jardins paysagers peuvent être sans inconvénient complètement abandonnées à elles-mêmes. C'est à la fin de l'été, lorsque leurs feuilles sont fanées, qu'il convient de se livrer à cette opération. On pourroit aussi la multiplier par graines, mais ce moyen seroit long, et je ne sache pas qu'on l'emploie nulle part.

Il y a une variété de cette plante à fleurs doubles, qui, à mon avis, est moins agréable que la simple.

Quelques personnes confondent la nivéole avec la GALANTINE. *Voyez* ce mot.

Il y a encore trois espèces de nivéoles, dont une fleurit en été et une autre en automne. On les voit rarement dans les jardins d'agrément. Elles diffèrent peu, au premier coup d'œil, de celle dont il vient d'être question. (B.)

NOCTUELLE, *Noctua*. Genre d'insectes de l'ordre des lépidoptères, qui renferme plus de quatre cents espèces, la plus grande partie propre à l'Europe, et dont les chenilles de quelques unes, quoique généralement moins nuisibles que celles des bombices et des phalènes, causent quelquefois de grands dommages aux cultivateurs. Il est donc bon de signaler ces espèces, afin qu'on puisse connoître les moyens et saisir les occasions de leur faire utilement la guerre.

Les noctuelles faisoient partie des phalènes dans les ouvrages de Linnæus, et c'est à Fabricius qu'on doit d'en avoir fait un genre particulier suffisamment caractérisé, non seulement par les organes extérieurs de l'insecte parfait, mais encore la forme et les mœurs de la chenille. En effet, presque toutes ces chenilles ont seize pattes, vivent solitairement, sont, comme celles des autres genres, rases ou velues, mais d'une manière particulière et telle qu'on les distingue facilement. Il en est peu qui fassent des cocons de pure soie, c'est-à-dire que les unes se renferment entre des feuilles qu'elles lient, les autres se cachent sous les pierres, et le plus grand nombre dans la terre pour subir leur transformation en nymphe. Un petit nombre reste peu de jours sous cet état, plusieurs quelques mois, et la majorité jusqu'après l'hiver.

Les chenilles des noctuelles se trouvent sur les arbres et les plantes, aux dépens des feuilles desquelles elles vivent. Certaines se cachent dans la terre pendant le jour. Il en est qui sont carnassières et courent après les autres chenilles, les vers de terre, etc., ou se tiennent sous les cadavres.

Les insectes parfaits de ce genre restent pendant le jour cachés et immobiles sous les feuilles, contre le tronc des arbres, les murs, etc. Ce n'est qu'un peu avant la nuit qu'ils volent, soit sur les fleurs pour en sucer le miel et s'en nourrir, soit çà et là pour trouver à s'accoupler. La durée de leur vie est généralement plus longue que celle des BOMBICES et des PHALÈNES (*voyez* ces mots); mais, comme ces dernières, elles meurent peu après avoir propagé leur espèce. Leur grosseur est rarement considérable, et leur couleur presque toujours terne.

Les espèces qui se font le plus remarquer par leurs dégâts sont,

La noctuelle de la cardère, *Noctua dipsacea*, Fab., Elle a le corcelet sans crête ; les ailes en toit, pâles, avec une large bande brune tachée de blanc et de noir vers leur extrémité. Elle paroît en mai. Sa longueur surpasse rarement un demi-pouce. Sa chenille est rougeatre, avec des lignes blanches interrompues. Elle vit dans l'intérieur des têtes de la cardère, des artichauts, du scorsonère, etc., et empêche souvent leurs fleurs de se développer.

La noctuelle hibou, *Noctua pronuba*, Fab. Elle a une crête sur le corcelet ; ses ailes se recouvrent en partie, les supérieures sont d'un gris nébuleux, avec deux taches noires, et les inférieures d'un jaune doré, avec une large bande noire sur le bord postérieur. Elle a plus d'un pouce de long, et se montre à la fin du printemps. Sa chenille, qui est verte, avec deux lignes noires interrompues sur le dos, vit sur les plantes crucifères, et dévore quelquefois les juliennes, les giroflées, les thlaspi des fleuristes, comme les raves, les choux. Lorsqu'une de ces chenilles se jette sur un semis de ces derniers, elle le détruit souvent en une nuit. Il est difficile de la surprendre sur le fait, parcequ'elle se cache dans la terre pendant le jour, et ne mange que la nuit.

La noctuelle du seigle a une crête sur le corcelet ; les ailes en partie recouvertes, les antérieures couleur de rouille, avec des lignes ondulées plus obscures, les postérieures blanchâtres. Sa chenille est grise, avec quatre points noirs sur chaque anneau, et deux striés sur la tête. Elle vit dans la terre aux dépens des racines du seigle, et cause de grands dommages aux cultivateurs des parties septentrionales de l'Europe, où elle est fort commune. Je ne l'ai jamais trouvée en France.

La noctuelle C noir a le corcelet pourvu d'une crête de poils ; les ailes planes, les supérieures cendrées, avec une tache noire en forme de C, extrèmement blanches sur leur bord extérieur, et une ligne noire à l'angle postérieur : sa longueur est de huit lignes. Sa chenille est variée de gris et de brun, avec des lignes latérales, transverses, noires et blanches. Elle vit sur les épinards, dont elle dévore quelquefois assez de feuilles pour que sa présence soit remarquée par les jardiniers.

La noctuelle du chou a une crête sur le corcelet ; les ailes en recouvrement, variées de gris, de brun et de roux, et avec un crochet noir au-dessus d'une tache grise et ronde. Elle a huit lignes de long. Sa chenille est verte ou brune, avec une ligne dorsale plus obscure, et des points blancs sur les stigmates. Elle vit sur les choux, les raves et autres crucifères, et cause quelquefois de grands dégâts dans les jardins. Pendant le jour, elle est toujours cachée ou entre les feuilles, ou en terre.

La NOCTUELLE GAMMA a une crête sur le corcelet; les ailes en toit et dentées, les supérieures brunes avec des taches plus foncées et un *L* jaune au milieu. Elle a huit lignes de long, et se voit pendant une partie de l'été. C'est une de celles, en petit nombre, qui volent pendant le jour pour sucer le miel des fleurs. Sa chenille est à demi arpenteuse, c'est-à-dire qu'elle n'a que douze pattes, et marche en relevant le milieu de son corps pour rapprocher sa partie postérieure de l'antérieure. Sa couleur est verte, avec deux lignes dorsales blanches, et une latérale jaune. Elle vit sur presque tous les légumes et sur beaucoup d'autres plantes. Généralement elle est très commune, et cause annuellement de grands dommages dans les jardins; cependant, comme elle se tient cachée pendant le jour, on la remarque peu. Mais Réaumur rapporte qu'elle a paru, de son temps, en si grande abondance, qu'elle a tout dévoré, est devenue un vrai fléau pour une partie de la France.

La NOCTUELLE DU PIED D'ALOUETTE, *Noctua delphini*, Fab., a une crête sur le corcelet; les ailes en toit, les antérieures rouge pourpre, avec deux lignes irrégulières, et l'extrémité blanche. Sa longueur est de six lignes. Elle paroît à la fin du printemps. Sa chenille est jaunâtre, ponctuée de noir, avec deux lignes plus jaunes. Elle vit aux dépens des feuilles du pied d'alouette des jardins, qu'elle dépouille quelquefois entièrement. Souvent elle se jette même sur les capsules, et s'oppose par-là à ce qu'on puisse recueillir de la graine.

La NOCTUELLE DES POIS a une crête sur le corcelet; les ailes en toit, les antérieures couleur de rouille, avec deux taches et une bande postérieure en zigzag blanches. Sa longueur est de six à sept lignes. On la voit à la fin du printemps. Sa chenille est couleur de rouille, avec quatre lignes longitudinales blanches, et la tête rouge. Elle vit sur les pois, les gesses et autres légumineuses dont elle dévore les feuilles, et même quelquefois les fruits. Je l'ai vue assez commune pour que ses ravages fussent remarqués.

La NOCTUELLE DES LÉGUMES a une crête sur le corcelet; les ailes en toit, les antérieures couleur de rouille, avec un croissant jaune et une ligne blanche bidentée. Elle a six lignes de long, et se montre presque pendant tout l'été. Sa chenille est grise, ponctuée de noir, avec une ligne dorsale brune et une latérale blanchâtre. Elle vit aux dépens de presque tous les légumes, principalement des salades, et cause souvent de grands dégâts dans les jardins. C'est elle qui est connue sous le nom de *ver gris*. Ordinairement elle se tient cachée dans la terre, et préfère aux feuilles le collet des racines, ou le cœur des plantes.

La NOCTUELLE DE LA PERSICAIRE a le corcelet orné d'une crête ; les ailes en toit, les supérieures d'un brun obscur de diverses nuances, avec une tache réniforme blanche, au milieu de laquelle est une autre tache jaune en croissant. Sa longueur est de huit lignes. On la trouve à la fin de l'été. Sa chenille est verte, avec une ligne dorsale blanche, quelques taches obscures sur les anneaux, et la queue conique. Elle vit sur beaucoup de plantes des jardins potagers, et y cause les mêmes dégâts que la précédente.

La NOCTUELLE DU SALSIFIS a le corcelet orné d'une crête ; les ailes en toit, les antérieures brunes, avec trois points noirs rapprochés dans leur milieu. On la trouve en automne. Sa longueur est de six lignes. La chenille d'où elle provient est verte ou brune, avec six lignes et les stigmates blancs. Elle vit sur les salsifis, les épinards et autres légumes, et cause souvent de grands dommages en dévorant ces plantes. Ses mœurs sont entièrement semblables à celles des deux dernières avec lesquelles elle est généralement confondue par les jardiniers sous le nom de *ver gris*.

La NOCTUELLE DE L'OSEILLE a une crête sur le corcelet ; les ailes en toit, les supérieures variées de brun et de cendré avec le bord du côté intérieur blanc. Sa chenille est velue, ponctuée de blanc et de rouge, avec une ligne latérale jaune. Elle vit sur l'oseille et autres plantes potagères.

La NOCTUELLE EXOLÈTE a une crête sur le corcelet ; les ailes allongées, contournées autour du corps, brunes au milieu et cendrées sur les bords, avec quatre points blancs sur les mêmes bords. Sa longueur est de plus d'un pouce. Sa chenille est verte, ponctuée, avec une ligne latérale blanche. Elle vit sur les plantes légumières, et ses mœurs diffèrent peu de celles des précédentes.

La NOCTUELLE DE LA LAITUE a une crête sur le corcelet ; les ailes allongées, d'un blanc vergeté de fauve, sur-tout à l'extrémité. Sa longueur est de huit lignes. Sa chenille vit sur la laitue dont elle dévore le cœur. Ce que j'ai dit des précédentes lui convient encore presque complètement.

La NOCTUELLE PSY a une crête sur le corcelet ; les ailes en toit, cendrées avec des lignes et des caractères noirs vers leur base. Sa longueur est de six lignes. On la voit au commencement de l'été. Sa chenille est velue, a le dos jaune, les côtés noirs tâchetés de rouge, et elle a vers le tiers de son dos une corne droite et noire. Elle vit sur tous les arbres fruitiers et sur diverses plantes. C'est presque la seule de ce genre dont les cultivateurs de pommiers aient à se plaindre, mais elle leur cause quelquefois de grands dommages.

On voit par ce peu d'exemples qu'il n'est pas aussi facile de s'opposer aux ravages des chenilles des noctuelles qu'à ceux de celles des Bombices (*voyez* ce mot); mais aussi que ces ravages s'étendent très rarement, au point d'être remarqués par la généralité des cultivateurs. La principale cause du défaut de succès dans leur recherche vient de ce qu'elles vivent isolées et presque toujours cachées pendant le jour. C'est donc aux insectes parfaits qu'on doit surtout faire la chasse, et c'est pour les reconnoître que je les ai tous exactement décrits. Une femelle tuée avant sa ponte diminue souvent de plusieurs centaines le nombre des ennemis que sa fécondité auroit fait naître.

Les ennemis des chenilles des noctuelles sont les mêmes que ceux de celles des bombices et des phalènes, c'est-à-dire les ichneumons et les oiseaux. Les uns et les autres en font périr bien des millions chaque année. Ces chenilles sont également sujettes aux mêmes maladies, principalement à cette diarrhée, suite des pluies froides, qui les fait fondre en deux ou trois jours. (B.)

NOISETIER, *Corylus*. Genre de plantes de la monœcie polyandrie, et de la famille des amentacées, qui renferme quatre à cinq espèces dont une est fort commune dans les forêts, et donne un fruit d'un goût fort agréable, connu de tout le monde sous le nom de *noisette*.

Le noisetier commun, *Corylus avellana*, Lin., est un grand arbrisseau dont les racines sont rampantes; les tiges rameuses, droites; l'écorce velue dans sa jeunesse, ensuite tachetée, et enfin gercée; les feuilles alternes, pétiolées, assez grandes, ovales, dentées, pointues, pubescentes, nervées, et accompagnées de stipules ovales; les fleurs mâles en chatons solitaires ou fasciculés et pendans; les fruits ordinairement groupés plusieurs ensemble, et de trois ou quatre lignes de diamètre transversal.

Cet arbuste croît naturellement dans toute l'Europe, dans les bois, les buissons et les haies; il en fait même souvent le fond principal. Tout terrain et toute exposition lui conviennent; cependant dans ceux qui sont secs et arides, il s'élève à peine à cinq à six pieds, tandis que dans ceux qui sont légers, humides et chauds, il parvient à vingt ou trente : sa croissance est rapide dans sa jeunesse. J'ai vu des gourmands, poussant des racines, s'élever à dix et douze pieds dans une seule année. Sa grosseur arrive rarement à plus de six pouces de diamètre. Son bois est très élastique et flexible; on en fait des cerceaux, des échalas, des claies, des harts, des étuis et autres petits articles de tour. Sa couleur de chair pâle est assez jolie, et son grain est assez égal; mais comme il est tendre, il reçoit difficilement le poli. Il s'altère très facilement dans l'air et dans l'eau, pèse quarante-neuf livres un gros par pied cube, et brûle rapidement quand il est sec, mais donne peu de chaleur. Son charbon est fort léger et très propre à faire de la poudre. On voit d'après cela combien peu le noisetier mérite d'être conservé dans les forêts, dont, je le répète, il fait la masse dans beaucoup d'endroits. Son abondance indique toujours un défaut d'intelligence agricole, ou de soin de la part du propriétaire; car tout terrain où il croît peut nourrir des chênes. Il ne s'agit pour, avec le temps, le remplacer, presque sans dépenses par ces derniers, que de semer des glands entre l'intervalle de leurs trochées l'année qui précède celle de la coupe. Ces glands germent à la faveur de leur ombre tutélaire, et le plant qui en provient acquiert assez de force après la première coupe pour qu'après la suivante il puisse prendre le dessus.

Généralement on coupe les taillis de noisetiers à sept, dix ou quatorze ans; au premier de ces âges, il ne sert qu'à faire des fagots; au second on en fabrique des échalas, et au troisième des cerceaux. Il y a un tiers plus de profit à le couper deux fois en quatorze ans qu'une fois, sur-tout quand il est en mauvais terrain; ainsi dans tout pays où on peut avoir des cerceaux de bouleau, de châtaignier ou autres de meilleure qualité que ceux de son bois, il faut le couper toujours à sept ans, et en faire des fagots qu'on emploie soit à chauffer le four, soit à cuire la chaux, le plâtre ou les tuiles.

La noisette est un des fruits les plus agréables de ceux qui sont propres à l'Europe; aussi tout le monde, et sur-tout les enfans, l'aiment avec passion; mais elle se digère difficilement, et quand elle est sèche, la pellicule qui la recouvre excite un picotement dans le gosier. On en retire une huile très douce, et qu'on peut employer aux mêmes usages que celle des amandes.

Le noisetier se cultive, soit pour son ombre, soit pour son fruit. Il figure fort bien dans les massifs des jardins paysagers, où tantôt on le laisse en buisson, ce qui est sa forme naturelle, tantôt on le met sur un brin et on en fait un arbre: c'est au troisième ou quatrième rang qu'il se place ordinairement. Comme il ne craint point l'ombre, il est souvent employé à cacher les murs exposés au nord, à garnir des clairières, etc. Outre son ombre, il présente encore en automne aux promeneurs l'agrément de ses fruits, qui ne sont jamais meilleurs que quand on les cueille soi-même et qu'on en mange peu: il est intéressant pendant l'hiver même, car ses chatons pendans lui donnent alors une apparence très pittoresque. La culture lui a fait fournir plusieurs variétés, toutes plus belles ou meilleures que l'espèce des bois. Les principales d'entre elles sont,

Le *noisetier à fruit blanc* et coque tendre.

Le *noisetier à fruit rouge oblong* et coque tendre. On l'appelle aussi *noisette de St. Gratien.*

Le *noisetier à gros fruit rond* et coque dure. C'est l'*aveline* du commerce; cependant dans quelques cantons on appelle de ce nom la variété précédente.

Le *noisetier d'Espagne* à gros fruit anguleux. J'en ai vu de près d'un pouce de diamètre, mais qui le plus souvent ne contenoient pas d'amande.

Le *noisetier à grappe*, sous-variété peu intéressante.

Les deux variétés à préférer sont la seconde et la troisième. L'espèce des bois, quoi qu'on en dise, est aussi quelquefois excellente, et même a souvent la coque aussi tendre que celle de la première variété; ses bonnes ou mauvaises qualités dépendent du sol et de l'exposition autant que du pied même, ainsi que j'ai eu fréquemment l'occasion de m'en assurer.

Lorsqu'on veut garder les noisettes pendant l'hiver, il faut les cueillir complètement mûres, ce qu'on reconnoît à leur couleur brune et à la facilité avec laquelle elles se séparent de leur cupule, et les conserver dans du sable qu'on laisse exposé à l'air, ou qu'on place dans une cave aérée; car quand elles sont desséchées, non seulement elles prennent un goût âcre, ainsi que je l'ai déjà dit, mais encore elles rancissent, ce qui les rend impropres à tout usage. Ordinairement cependant cette dernière altération ne se développe en elles qu'au retour des chaleurs.

On retire au milieu de l'hiver l'huile de la noisette; plus tôt elle en fourniroit moins; plus tard elle risqueroit d'être gâtée par celles qui seroient rances. Les procédés à suivre sont les mêmes que ceux employés pour l'huile de noix. *Voyez* HUILE.

C'est à la fin de l'hiver, souvent pendant l'hiver même que les noisetiers fleurissent. J'ai déjà dit que leurs fleurs mâles, c'est-à-dire leurs chatons, étoient très visibles; mais leurs fleurs femelles ne se reconnoissent qu'aux pistils rouges qui sortent des boutons. C'est de la plus ou moins grande constance du temps à cette époque que dépend l'abondance ou la nullité de la récolte; en effet, un air froid ou brumeux pendant quinze jours suffit pour la faire manquer; ainsi dans un jardin, le véritable moyen de l'assurer, c'est d'envelopper alors les noisetiers de toiles. Les feuilles ne commencent à se développer qu'un mois après que la fécondation est opérée.

On multiplie le noisetier par le semis de ses graines, par les rejetons qu'il pousse toujours en abondance de ses vieux pieds, par ses marcottes, par la greffe, et, dit Olivier de Serres et autres anciens cultivateurs, par ses boutures.

Le semis s'effectue aussitôt la chute des fruits ou au printemps, avec des fruits conservés tout l'hiver dans de la terre. Peu lèveroient si on employoit ceux qui ont été desséchés. On enfonce ces fruits de deux ou trois pouces au plus, et on les espace de quatre ou six. Une exposition fraîche est très favorable dans ce cas. Le plant levé est sarclé et biné, selon le besoin, et généralement laissé deux ans en place; alors il a ordinairement un pied de haut si l'été a été chaud. On le repique à quinze ou dix-huit pouces dans un autre terrain bien préparé, où il reste jusqu'à quatre à cinq ans, époque où il doit être mis définitivement en place; car plus tard on risqueroit de ne pas le voir reprendre à la transplantation.

Ces semis faits avec les fruits des variétés cultivées ne rendent jamais exactement la variété, de sorte qu'on n'emploie ce moyen, préférable sous plusieurs rapports, que lorsqu'on veut planter des massifs, ou avoir des sujets pour la greffe.

La multiplication par rejetons est la plus facile et la plus communément employée. On l'effectue en automne. Les plants qui en proviennent doivent être mis en place sur-le-champ, après avoir raccourci les branches à cinq à six pouces. Assez communément ces plants poussent foiblement la première année; mais la seconde ils prennent de la force et s'élèvent rapidement.

Les marcottes se font en automne avec du bois de deux ans au plus et après avoir tordu la branche. Elles reprennent souvent la première année, sur-tout si le terrain est humide ou l'année pluvieuse; mais en général il faut attendre deux ans. Ce moyen s'emploie avec succès pour conserver les variétés les plus importantes et pour peupler, je ne dirai pas les bois, mais les pentes de montagnes où il n'y a pas d'autre arbre.

La greffe par approche est la seule qui réussisse constamment sur le noisetier, et c'est par conséquent la seule qu'on pratique. Elle se fait au commencement du printemps, et on attend ordinairement la seconde année pour séparer le sujet de l'arbre qui est greffé, afin que la réunion soit complète et bien assurée. La difficulté de réunir les circonstances propres à cette sorte de greffe fait qu'on n'y a recours qu'à la dernière extrémité.

J'ai essayé des boutures de noisetier en les faisant avant l'hiver; car j'avois lieu de croire que si les modernes ne reussissoient pas, c'est qu'ils les exécutoient lorsque l'arbre avoit déjà effectué sa fécondation, et que par conséquent il étoit en pleine végétation. Je n'ai pas été plus heureux que d'autres, cependant il ne faut pas désespérer, et mon projet est de recommencer en variant les chances.

Le NOISETIER DE CONSTANTINOPLE, *Corylus colurna*, Lin., est un arbre de cinquante à soixante pieds de haut, dont l'écorce est blanchâtre et se lève par lanières; les feuilles plus anguleuses et plus velues que celles de l'espèce commune; les stipules linéaires; les fruits gros, ronds et entièrement couverts par le calice. Il croît dans la Grèce et l'Asie-Mineure. C'est un superbe arbre qui pousse avec une grande rapidité, et dont le bois est un de ceux qu'on emploie le plus généralement pour la construction des maisons et des vaisseaux à Constantinople. Il vient fort bien dans le climat de Paris et n'y craint aucunement les gelées; je l'y ai vu même pousser de six pieds en un an. C'est donc un arbre des plus utiles à y multiplier; mais il y est encore rare, quoique depuis long-temps cultivé dans quelques jardins. Son fruit m'a paru un peu inférieur au goût à celui de l'espèce commune, et il avorte fréquemment, mais cela tient peut-être à la jeunesse de l'arbre. Ses moyens de multiplication sont les mêmes que ceux du précédent, sur lequel il se greffe fort bien.

On cultive au Jardin des Plantes une autre espèce de noisetier qui vient du même pays et qui a l'écorce grise. Il s'élève beaucoup plus que l'espèce commune, mais moins que celleci. Il est regardé par Thouin comme en formant une distincte.

Le NOISETIER A BEC, *Corylus rostrata*, a les rameaux glabres et grisâtres; les feuilles oblongues, cordiformes, pointues; les stipules lancéolées; le calice très velu et prolongé en forme de bec bien au-delà du fruit qui est presque rond. Il croît en Amérique dans les lieux élevés. On le cultive dans les jardins des environs de Paris. Rarement il s'élève à plus de quatre pieds. Ses fruits sont inférieurs et en goût et en grosseur à l'espèce commune.

Le NOISETIER D'AMÉRIQUE, *Corylus Americana*, Mich., a les feuilles en cœur; le calice plus large à son extrémité, inégalement découpé et hérissé de poils glanduleux. Sa noix est presque globuleuse, mais plus large à sa base. Il se trouve dans l'Amérique septentrionale où je l'ai observé. On le cultive dans les jardins des environs de Paris. Son fruit est également d'un goût médiocre.

Ces deux espèces qui sont très voisines, mais distinctes, se multiplient comme l'espèce commune. Elles n'ont d'autre mérite que de faire variété dans les jardins. (B.)

NOIX. Fruit du NOYER. *Voyez* ce mot.

NOIX DE GALLE. Excroissance produite par un insecte sur un Chêne du Levant. *Voyez* ce mot et le mot Galle.

NOIX MUSCADE. C'est le fruit du Muscadier. *Voyez* ce mot.

NOMBRIL DE VÉNUS. *Voyez* au mot Cotylet.

NONAIN. Nom vulgaire de l'asphodèle rameux dans les environs de Tours.

NONNE. Truie coupée.

NOPAL. Plante du genre *cactier* cultivée au Mexique, et qui donne la cochenille qu'on trouve aussi sur quelques autres espèces du même genre, connues en général sous le nom d'opuntia.

Les cactiers sont des plantes vivaces et grasses, indigènes de l'Amérique méridionale, et qui appartiennent à la famille du même nom. Il en existe un grand nombre d'espèces. Toutes ont un port qui leur est propre; toutes présentent des formes singulières très variées. Mais la plupart ne sont d'aucune utilité; celles même qu'on voit en Europe dans les jardins de botanique, et dans les serres de quelques curieux, ne peuvent pas êtres regardées comme des plantes d'ornement. Par ces raisons, on n'a pas dû en faire mention dans ce dictionnaire. Mais il n'en est pas ainsi du nopal et de plusieurs opuntia dont on ne pouvoit se dispenser de parler. La culture du nopal fait une des richesses de l'Amérique espagnole; et l'insecte précieux qu'on élève sur cette plante, ayant été introduit avec elle à Saint-Domingue où il sera aisé de le propager, peut devenir à la paix une des branches les plus importantes du commerce des colonies.

C'est à Thiéry de Menonville qu'on doit cette conquête. On peut regarder son entreprise comme la plus hardie et la plus intéressante de toutes celles qui, dans le dernier siècle, ont été faites par des particuliers. Lorsque Poivre conquit les arbres à épiceries sur les Hollandais, il étoit dans les Indes à la tête d'une grande administration, et pouvoit disposer à son gré des vaisseaux et des officiers du prince. Mais quand Thiéry quitte la France pour aller enlever la cochenille au Mexique, c'est avec ses seuls moyens et à ses périls et risques.

Depuis plus de deux cent cinquante ans les Espagnols du nouveau continent possédoient exclusivement la cochenille. Quoiqu'elle fût devenue nécessaire aux arts et au luxe de l'Europe, et quoiqu'elle y fût toujours à un très haut prix, aucune puissance maritime de cette partie du monde n'avoit encore songé à l'introduire dans ses colonies d'Amérique qui jouissoient de la même température que le Mexique. Réaumur, au commencement du dix-septième siècle, en avoit fait inutilement la proposition au régent. Les Français et les autres Européens continuèrent d'acheter fort chèrement à l'Espagne cette précieuse denrée. Thiéry conçoit le projet d'affranchir sa patrie de ce tribut. Il communique ses vues au ministère qui lui fait des promesses encourageantes, mais ne lui donne aucun moyen d'exécution. Il n'entroit point dans la politique du gouvernement français d'avouer une entreprise aussi téméraire ; il ne pouvoit qu'en désirer le succès. Thiéry part donc seul d'abord pour Saint-Domingue, en 1776, d'où il se rend à la Havane et ensuite au Mexique. Réduit en quelque sorte au rôle d'aventurier, il poursuit son projet avec constance. Il falloit tromper la vigilance d'une nation jalouse, former des liaisons, inspirer de la confiance, observer en secret la culture de la cochenille, se procurer cet insecte avec la plante et enlever furtivement l'un et l'autre. Tout cela étoit difficile et périlleux. Il falloit encore, après le départ, pouvoir conserver la cochenille pendant un long trajet de mer ; et enfin, pour mériter la gloire d'une telle entreprise, il étoit nécessaire d'intéresser la France et ses colonies à la propagation de l'insecte qui en avoit été l'objet.

Le courageux naturaliste a l'adresse et le bonheur de réussir. Il gagne la bienveillance de quelques Indiens, de quelques noirs qui cultivent la cochenille. Au risque de perdre ou sa vie ou sa liberté, il parvient à connoître les différens cactiers propres à l'éducation de cet insecte. Il se procure, avec plusieurs échantillons de plantes, les deux espèces de cochenille les plus précieuses, et dont il avoit appris à distinguer la nature, les habitudes et les produits. Muni de ces connoissances et de ces provisions, il s'embarque pour retourner à Saint-Domingue ; mais contrarié par une navigation longue et orageuse, il se voit exposé à perdre entièrement le fruit de son pénible voyage. Pour sortir de la Nouvelle-Espagne, il avoit été obligé d'enfermer les nopals et la cochenille dans des coffres, qu'il osoit à peine ouvrir dans la traversée. Ses plantes privées d'air périssoient les unes après les autres, et il en jetoit chaque jour à la mer. Heureusement le vaisseau est forcé de relâcher à Campêche. Thiéry trouve dans cette partie du continent un cactier qui a la plus grande analogie avec ceux qui composent sa riche pacotille. Il en nourrit ses insectes ; et bientôt après il arrive à Saint-Domingue avec sa petite colonie.

A peine est-il rendu au Port-au-Prince qu'il s'occupe de multiplier le nopal du Mexique ; il en forme une plantation assez étendue ; et pour pouvoir conserver et propager la cochenille, il étudie l'influence du nouveau climat sur sa constitution, il suit les révolutions qu'elle peu éprouver dans les différentes saisons, il cherche à connoître celles qui lui sont les plus favorables, non seulement au Port-au-Prince, mais dans toute la colonie; enfin il tache de distinguer les époques auxquelles il doit être plus avantageux de la semer. Tous ces essais demandent beaucoup d'observations, d'expériences et de peines. Aucun obstacle n'arrête Thiéry; ceux qu'il rencontre ne servent qu'à ranimer son ardeur. Malheureusement une mort prématurée l'enlève au milieu de ses travaux et laisse à d'autres le soin de les continuer.

Après lui ses expériences ont été répétées avec succès par le cercle des philadelphes du Cap, et, sans la révolution française, il est vraisemblable que l'île Saint-Domingue seroit aujourd'hui en pleine possession de la cochenille. On peut espérer de la recouvrer à la paix et se flatter de faire revivre dans cette colonie une culture qui seroit alors d'autant plus convenable, qu'elle exige très peu de bras et de fonds. C'est le vœu que je forme. Puisse-t-il être bientôt accompli! Pour concourir d'avance et autant qu'il est en moi à l'établissement de cette nouvelle branche d'industrie, je vais présenter aux colons une analyse courte et raisonnée des principes qu'ils devront suivre dans la culture du nopal et dans l'éducation de la cochenille. Je les ai puisés dans les écrits de Thiéry; je ne pouvois choisir un meilleur guide.

Ce botaniste reconnoît six principales espèces ou variétés de cactiers propres à nourrir la cochenille; savoir,

Le CACTIER PATTE DE TORTUE, *Cactus testudineus*, Th. Il est formé d'articulations plates et armé d'épines blanches très longues et très nombreuses. Il végète avec tant de vigueur qu'une seule de ses articulations étant plantée parvient en trois ou quatre ans à la hauteur d'un arbre. Il a l'épiderme tuberculeux, les fleurs de couleur aurore, et il porte des fruits ronds, d'un vert clair, gros comme une pomme d'api et dont la pulpe, d'un blanc grisâtre, est acide et peu agréable au goût; il croît naturellement dans les lieux stériles de Saint-Domingue et il est habité par la cochenille sylvestre.

Le CACTIER SYLVESTRE, *Cactus sylvestris*, Th. Il ne s'élève pas au-delà de vingt pieds. Ses articulations sont aplaties, larges, rétrécies à leur base, et armées à leur surface de faisceaux d'épines blanches très poignantes; ses fleurs sont rouges avec des pétales très ouverts. Le fruit est gros comme une noix et de couleur de sang. Cette plante, dit Thiéry, croît dans les terres arides de l'intérieur du Mexique. La cochenille sylvestre y fait sa demeure et la préfère à toutes les autres plantes non cultivées. Elle s'y trouve en telle abondance, qu'elle en fait périr continuellement quantité d'articulations, qui tombent en pourriture avec les insectes qui les couvrent; ce qui, suivant ce naturaliste, empêche cette espèce de s'élever en arbre comme la précédente.

Le CACTIER DE CAMPÊCHE, *Cactus Campechianus*, Th. Il est peu épineux, vient très haut, et produit des fleurs et des fruits rouges, dont la pulpe a la même couleur. On peut, suivant Thiéry, élever sur ce cactier la cochenille sylvestre, et y nourrir une petite quantité de cochenille fine. C'est avec des plantes de cette espèce, prises à Campêche même, que ce botaniste a sauvé la cochenille qu'il a apportée de la Vera-Cruz à Saint-Domingue.

Le CACTIER JAUNE, *Cactus luteus*, Th., vulgairement RAQUETTE ESPAGNOLE. C'est une belle espèce, peu épineuse, et qui s'élève promptement en arbre. Sa fleur a les pétales ouverts; elle est jaune ainsi que le fruit, dont la pulpe est d'une saveur assez agréable. Thiéry a découvert et éprouvé que ce cactier peut être employé à l'éducation de la cochenille sylvestre.

Le CACTIER A COCHENILLES, *Cactus cochenillifer*, Lin., appelé au Mexique NOPAL DES JARDINS. Il a les articulations ovales, oblongues, comprimées, épaisses, et presque entièrement dépourvues d'épines; ses fleurs sont petites et d'un rouge de sang.

Enfin, le CACTIER NOPAL DE CASTILLE, qui est peut-être une variété du précédent. C'est le plus beau de tous les opuntia; il n'a presque point d'épines. Ses articles ont jusqu'à trente pouces de haut sur une largeur de vingt.

C'est de la culture des deux dernières espèces dont il va être question, parceque ce sont les seules qui nourrissent la cochenille fine, et sur lesquelles on puisse cultiver avec profit la cochenille sylvestre. Cependant, dans les pays où ces deux nopals manquent, ou ne sont point encore communs, on peut, au commencement d'un établissement, leur substituer le cactier de Campêche, ou la raquette espagnole. Mais le cactier à patte de tortue et le cactier sylvestre, quoique propres à la cochenille, sont trop épineux pour être jamais cultivés avec avantage.

I. CULTURE DU NOPAL.

Le terrain sur lequel on cultive les nopals, pour y recueillir de la cochenille fine ou sylvestre, s'appelle au Mexique *nopalerie*.

§. 1. *Disposition et exposition d'une nopalerie : sol, abris, température*. Une nopalerie doit être bien fermée de murailles, s'il se peut, sinon d'une bonne palissade ou d'une haie vive, afin que les chiens, qui mangent le nopal, ne puissent pas s'y introduire, et afin qu'elle soit en même temps garantie de l'incursion des autres quadrupèdes, qui, quoique n'ayant aucun goût pour ce végétal, pourroient, en entrant par hasard dans une nopalerie, en fouler les jeunes plants, ou renverser les anciens, ce qui ne seroit pas moins dommageable, ou faire crouler une récolte de cochenilles dans leurs courses, par des mouvemens violens communiqués aux nopals.

Une nopalerie d'un arpent ou d'un arpent et demi suffit pour occuper un seul Indien pendant six mois de l'année, et il peut faire le travail qu'elle exige. Dans une étendue de quarante lieues consacrée à cette culture, M. Thiéry n'a pas vu une nopalerie qui eût plus de deux arpens.

Si la nopalerie est fermée de murailles, comme cette clôture recèle moins d'insectes que les haies, il suffira de tenir les plants éloignés de quatre pieds de la muraille; mais, si elle est entourée de haies, il faudra disposer entre la haie et les nopals une allée de dix pieds de largeur.

La plantation doit être dirigée *est* et *ouest* par des lignes tirées du nord au sud, sur lesquelles on plantera les nopals, de manière qu'une de leurs faces ait l'exposition du soleil levant des équinoxes, et l'autre l'exposition du même soleil couchant.

On plante les nopals en pépinière ou à demeure. Dans le premier cas, on donne une distance de deux pieds à chaque plant. Dans l'autre cas, on les plante à six pieds de distance les uns des autres sur des lignes parallèles, éloignées aussi de six pieds. On peut planter en quinconce ou en carré simple.

On ne doit laisser aucun arbre à l'est d'une nopalerie, afin qu'elle reçoive tous les premiers rayons du soleil levant, ce qui est d'une grande importance pour la marche des petites cochenilles, qui aiment à sortir du nid à cette heure pour aller se fixer sur la plante, parceque ordinairement le vent n'est pas encore levé, ou n'est pas encore fort. Les arbres qui se trouveront au sud, à l'ouest et au nord de la nopalerie doivent être également abattus, à la distance de vingt toises environ, mais non pas au-delà, parcequ'il est certain que l'ombre de l'après-midi et l'abri du vent d'ouest sont favorables à la cochenille. Cependant, comme les immondices des feuilles des branches sèches, et tous les insectes nuisibles qui habitent les grands arbres, gênent une nopalerie, la salissent, et font tort aux cochenilles, dont elles attirent et recèlent les ennemis, il faut avoir soin d'en écarter tous débris d'animaux et de végétaux, tant pour éloigner les fourmis et les rats qui en vivent, que pour ne laisser aucune place commode à certaines mouches ou phalènes pour y déposer leurs œufs. Enfin, une nopalerie doit être encore plus propre qu'un jardin d'indigo, et pour la tenir ainsi, il faut la sarcler souvent; alors les ennemis de la cochenille, n'y trouvant aucune retraite pour se soustraire à l'œil vigilant du maître, se logeront ailleurs ; ou, s'ils ne le font pas, il sera aisé de les exterminer.

On ne fera pourtant point la guerre aux araignées qui courent sans tendre de toiles, ni à celles qui tendent des filets autour des nopals Au contraire, quoique le tissu formé par ces insectes présente un coup d'œil désagréable, il est avantageux de les conserver par les raisons suivantes : aucune araignée ne mange la cochenille ; les grosses araignées mangent les ravets ennemis des nopals ; celles qui tendent des filets y prennent les papillons, les phalènes, les teignes, les mouches et d'autres insectes nuisibles par leurs vers ou chenilles ; les fils d'araignées, tendus d'une branche à l'autre, servent de route aux petites cochenilles pour se porter de leurs nids, par le chemin le plus court, à l'endroit qui leur convient le mieux, et souvent sur un nopal voisin où il n'y en a pas assez. Enfin les toiles d'araignées empêchent aussi les fourmis de passer outre, de molester les grosses cochenilles, de dévorer les petites, et quelquefois de manger les mères dans leurs nids aussitôt qu'elles sont mortes ; car il y a une espèce de fourmi qui dévore ces insectes vivans.

Le terrain d'une nopalerie doit être sec naturellement. Un sol marécageux, plein d'eaux croupissantes ou d'eaux vives qui sourdent, ne convient nullement à ces sortes de plantations. Par cette raison le terrain doit être disposé et nivelé de manière que les eaux n'y séjournent pas, ou qu'elles n'en entraînent pas les terres. Telles sont les belles nopaleries de la plaine de Guaxaca.

Si on établissoit une nopalerie sur la pente d'un coteau, il faudroit que les terres fussent mêlées d'une certaine quantité de pierres ou de cailloux qui pussent les retenir, et entre lesquels les nopals pussent jeter de fortes racines pour résister aux vents.

Toutes sortes de terres substantielles ou maigres, argileuses, gravelcuses ou remplies de cailloux, conviennent à une nopalerie ; le nopal y réussit à peu près également. Cependant il fera plus de progrès dans une bonne terre, et par conséquent il sera plus tôt en état de nourrir les cochenilles. Les terres des environs de Guaxaca sont excellentes, et c'est une des causes du grand succès de cette culture dans cette contrée.

Les nopaleries qui ont de grands abris naturels contre la violence des vents sont dans la situation la plus favorable. Ainsi les gorges des montagnes, les vallons, les culs-de-sac sont des places excellentes pour ces sortes de plantations. Comme dans ces lieux le vent ne peut pas exercer aisément sa furie, les petites cochenilles qui sortent du nid ne sont point emportées de dessus le nopal avant qu'elles aient pu s'y fixer, et les cochenilles déjà avancées en âge ne sont point tourmentées.

Après l'avantage de l'abri on doit chercher celui de la température. La plus convenable est celle qui présente seize degrés au dessus de la congélation (*therm. de Réaumur*), à quatre heures du matin dans le mois de mai. C'est la température qui a été observée par M. Thiéry pendant huit jours dans les gorges et dans les plaines de Guaxaca. Ainsi on ne peut douter qu'elle ne soit préférable à toute autre, puisque c'est de cette province que l'on tire la plus belle cochenille de tout le Mexique.

Il importe aussi qu'une nopalerie soit placée sous un ciel parfaitement sec en hiver, ou s'il est alors pluvieux et que les pluies soient périodiques, il est avantageux de connoître le retour de ces périodes et leur fin. Si entre chaque période de pluie il y a deux mois de sécheresse, le territoire situé sous un tel ciel sera propre à cette plantation; mais dans les lieux où les pluies d'hiver sont irrégulières et d'une irrégularité constante, il faut renoncer à la culture du nopal, à moins que ces pluies ne soient de petites pluies douces et passagères; car si ce sont des pluies d'orage et qui tombent par torrens, elles endommageront beaucoup la nopalerie, et rendront la récolte de la cochenille très incertaine.

Voici donc l'ordre de sécheresse du ciel sous lequel on doit choisir le territoire propre à assurer la culture des nopals. On doit regarder comme le plus bas degré d'aptitude un ciel qui verse irrégulièrement des pluies, même légères et peu durables, depuis le mois d'octobre jusqu'au mois de mai; on peut y faire de la cochenille; mais si ces pluies tombent au moment des semailles, il est dangereux qu'elles ne fassent périr un tiers ou moitié des nouvelles cochenilles. Vient ensuite le ciel nébuleux ou sujet aux brouillards; il vaut mieux que le précédent, parceque les gouttes d'eau qu'il répand ne peuvent tuer par leur poids les cochenilles encore jeunes. Après un ciel brumeux on doit préférer celui qui est régulièrement pluvieux, et qui de la fin des pluies à leur retour reste serein au moins deux mois de suite. A ce dernier on préfèrera encore celui qui pendant l'hiver donne deux intervalles de sécheresse au lieu d'un. Enfin le ciel le plus favorable au succès des nopals et à l'éducation de la cochenille est celui qui depuis octobre jusqu'en mai ne répand aucune pluie, si ce n'est un ou deux petits grains en janvier. Telle est constamment le ciel de toutes les provinces de Guaxaca et celui de plusieurs vastes plaines ou cantons de l'île de Saint-Domingue.

§. 2. *Préparation du terrain : manière de planter les no-*

pals : *choix, conservation et renouvellement des plants.* Les nopals, ainsi que tous les cactiers, se multiplient de boutures avec une extrême facilité ; un tronçon de leur tige, un article ou feuille mis en terre prennent racine et donnent bientôt un nouvel individu. Il n'est guère de plantes qui exigent moins de culture. Cependant quand on a fait le choix du sol et du climat, il faut donner à la terre certaines préparations avant de planter les nopals, et ne les planter que dans une saison convenable, relativement au lieu qu'on habite. Le terrain doit être préparé pendant les sécheresses qui précèdent les pluies du printemps ou de l'automne. S'il est couvert d'arbres et de buissons, on ne doit pas se contenter de les couper : il faut les déraciner et emporter troncs, branches et feuilles hors de la nopalerie, pour les brûler ou les laisser pourrir. Si le terrain n'est rempli que d'herbes, on les arrachera toutes au couteau, en déracinant les plus petites et coupant les plus grandes entre deux terres ; on les étendra pour les faire sécher au soleil, et on y mettra ensuite le feu ; les cendres des légers débris de ces plantes ne peuvent que bonifier le sol, qu'on défonce ensuite à la bêche ou de toute autre manière, avec l'attention d'en ôter toutes les pierres un peu grosses.

Le terrain, ayant été nettoyé et labouré, est dressé et rendu uni avec le râteau. On dispose alors autour de la nopalerie les allées qui la séparent des clôtures, et on la partage en deux ou quatre carreaux par une ou trois allées transversales qui, en facilitant le passage, forment tout naturellement des divisions de travail. Dans chaque carreau on trace des lignes du nord au sud à diverses distances, selon qu'on a l'intention de planter en pépinière ou à demeure, et sur chaque ligne on creuse un fossé d'un demi-pied de profondeur et d'un pied de largeur. Toutes les terres du fossé sont rejetées du côté de l'est. On y plante alors les nopals en carré ou en quinconce, et aux distances dont j'ai déjà parlé. A Guaxaca on fait toujours cette opération un mois et demi ou environ avant les solstices d'été et d'hiver. Il est désavantageux de planter dans le temps de la floraison, parceque les plantes fleurissent avant de donner des bourgeons, et cela retarde leur développement.

Pour les nopaleries à demeure on choisit des plants composés de deux articles, jamais de trois : le troisième tomberoit et pourriroit. Ils peuvent être pris depuis le haut de la tige jusqu'aux racines ; les plus voisins des racines sont préférables, parcequ'ils poussent plus vigoureusement en terre, et donnent des bourgeons plus grands et plus promptement. On ne doit pas rompre, casser, ni arracher les articles destinés au plant, mais les couper avec un couteau au point d'intersection qui les sépare des articles voisins ; il en résulte deux bons effets. Eu détachant ainsi le plant , sa blessure et celle de la plante restante se cicatrisent mieux et plus tôt, et on évite par-là les maladies que le tiraillement des nervures et la lacération de la substance causeroient infailliblement. D'ailleurs le nopal qui a fourni le plant ne présente alors , après sa séparation , rien de défectueux ni de choquant à l'œil.

Il est d'expérience constante que plus les articles que l'on plante sont grands , plus ils donnent de bourgeons et de beaux articles , de manière que si un article étoit coupé en quatre parties , dont on mettroit chacune en terre , ceux qui en naîtroient ne seroient jamais moitié de sa grandeur ; il est vrai que les articles produits par les sèves suivantes sont toujours de plus en plus gros jusqu'à ce qu'ils aient atteint le terme de grandeur constante assigné à leur espèce ; mais cela même est un inconvénient , car alors les tiges étant trop fortes pour le tronc sont déracinées par le moindre coup de vent , et il faut replanter. Ainsi un cultivateur qui, certain et prévenu que chaque gemme ou œil de la plante peut fournir une bouture , et qui , impatient de jouir , diviseroit chaque article en autant de plants qu'il s'y trouve de gemmes , afin de multiplier tout à coup ses nopals, feroit une mauvaise opération. Il obtiendroit, il est vrai , des bourgeons de la majeure partie de ces plants ; mais ces bourgeons seroient petits , cylindriques , spatulés, et ordinairement chétifs jusqu'à la sève suivante ; ce n'est qu'alors qu'ils donneroient des articles d'une forme régulière , mais d'une grandeur au-dessous de l'ordinaire. Enfin il n'obtiendroit qu'à la troisième sève des plantes analogues pour la grandeur et la forme à celle sur laquelle il auroit pris le plant ; mais ces plantes, ayant leurs articles supérieurs beaucoup trop forts relativement aux inférieurs et au tronc , seroient exposées aux accidens dont j'ai parlé. Quand on veut établir ou agrandir une nopalerie, quelque petit nombre de sujets qu'on ait , il vaut mieux consacrer pour chaque plant un article entier qui , dès sa première sève, en donnera deux ou trois semblables à lui ; à la seconde, ceux qui naîtront de ceux-ci auront acquis la grandeur qu'ils doivent naturellement avoir. Cette manière d'opérer est plus sage que la précédente, et promet des succès plus certains. On ne doit point oublier qu'en agriculture , ainsi que dans la médecine , tout l'art consiste à seconder la marche de la nature, et non point à la contrarier pour satisfaire une avidité ou une impatience déraisonnable.

Quand l'Indien de Guaxaca plante une nopalerie à demeure, il met ordinairement dans chaque fosse deux plants , et quelquefois trois, composés de deux articles chacun ; par ce moyen la plantation est plus assurée , parceque , en cas d'accident , les plants qui ont manqué sont aisément remplacés par les superflus qu'on arrache dans la suite.

Le plant doit être placé obliquement dans la fosse, de manière que l'un des articles soit tout entier à plat sur la terre, et que l'autre en sorte à moitié, formant avec le sol un angle très aigu à l'ouest.

Si cet article, au lieu d'être couché, étoit posé de champ, il pousseroit des pivots latéraux à droite et à gauche, mais toujours horizontalement, et qui, par cette raison, seroient peu propres à affermir la nouvelle plante au sol ; au lieu que, lorsque l'article est couché, il sort de sa surface inférieure un fort pivot perpendiculaire, qui, joint aux racines horizontales, donne au jeune nopal une assiette inébranlable et le rend capable de braver les vents et les pluies d'avalasse. En plantant, on remet à fur et à mesure dans les fossés la terre qui en a été tirée, et on en recouvre de deux pouces la partie du plant qui est couchée. Si on le couvroit davantage il pourriroit ou languiroit long-temps.

On ne doit point employer pour plants les articles qui ont porté et nourri récemment de la cochenille, parcequ'ils sont épuisés de sève, en partie vides ou remplis d'air qui, par son action, en corrompt les parois et amène insensiblement la pourriture. Lorsque M. Thiéry arriva du Mexique à Saint-Domingue avec sa petite cargaison de nopals, les colons français, trop impatiens de les multiplier, les plantèrent sans choix, et tous les articles sur lesquels la cochenille avoit vécu pendant le voyage et qui furent imprudemment plantés pourrirent.

Lorsqu'on élève les nopals en pépinière, on ne plante qu'un article au lieu de deux ; on le pose à plat dans un fossé de trois pouces de profondeur et on jette une poignée de terre sur le milieu de la feuille. Pour se procurer de beaux nopals, on fume quelquefois la pépinière avec du fumier de bœuf et de cheval, mis l'un et l'autre par moitié ; il doit être parfaitement consommé, réduit en pur terreau, et bien mêlé avec la terre. A toute autre époque de cette culture, et après la transplantation des nopals, les Indiens ne mettent jamais de fumier dans les nopaleries, parcequ'il y attireroit trop d'animaux, tels que les souris, les lézards, les scarabées, les fourmis, les ravets et beaucoup d'autres.

Les sarclaisons sont indispensables dans une nopalerie ; si elle n'est pas tenue proprement, les herbes étrangères étoufferont les jeunes nopals, gêneront les grands, et serviront de retraite et de pâture à mille insectes pernicieux. Il ne doit y avoir qu'un insecte dans ces plantations, c'est la cochenille ; tous les autres, quelqu'innocens qu'ils soient, y sont suspects, l'araignée exceptée. Les nopals nouvellement plantés demandent à être sarclés à la main, ou avec une faucille ou un petit couteau ; on ne doit point se servir de la bêche ni de la houe, parceque ces instrumens pourroient mutiler le plant ou couper les racines qui s'étendent assez loin. Une nopalerie doit être sarclée trois ou quatre fois par an, toujours après les pluies, et jusqu'à ce que les nopals soient assez grands pour être semés en cochenille ; mais il faut bien se garder de sarcler lorsque la cochenille est prête d'être récoltée, parceque le moindre mouvement peut la faire crouler ; ou s'il est nécessaire de le faire, il faut sarcler alors avec le couteau.

Quoique les nopals s'accommodent très bien des températures et des terrains secs, cependant les sécheresses trop prolongées leur sont nuisibles ; pendant celles de Guaxaca qui durent jusqu'à six mois, les articles supérieurs de ces plantes sont quelquefois flétris, et les cochenilles qu'elles nourrissent ridées et épuisées. Un arrosage fait à propos est donc avantageux aux nopals. Dans la pépinière, il suffit de tremper la terre, seulement de six à huit lignes, et l'on peut verser l'eau sur la plante avec la pomme de l'arrosoir ; ses tiges humectées et rafraîchies poussent alors leurs bourgeons, et ceux qui sont sortis croissent plus vite. Dans la grande plantation l'arrosage doit être plus abondant ; mais il seroit convenable de n'arroser que les racines ; car les pluies et les eaux versées sur les tiges des nopals leur font tort, lorsqu'ils sont semés et couverts de cochenilles.

Les nopals croissent promptement. On les laisse parvenir à la hauteur de quatre à cinq pieds, six pieds au plus ; ils y arrivent en deux ans. Mais dix-huit mois après qu'ils ont été plantés, ils sont déjà en état de recevoir la cochenille, et on les sème. On continuera à les semer pendant six ans. Après ce temps, on les coupe à un pied et demi de terre, ou on renouvelle tout-à-fait la plantation. De ces deux méthodes la première est la plus expéditive, mais elle est désavantageuse à beaucoup d'égards. Une nopalerie recépée en entier a toujours mauvaise grace : elle est plus malpropre ; elle recèle beaucoup d'insectes dans ses vieilles souches ; et les nopals abandonnés à eux-mêmes redeviennent pour ainsi dire agrestes, et conservent toutes leurs épines. Le renouvellement de la plantation présente les avantages opposés. Il éloigne de plus en plus les nopals de leur état sauvage ; il leur fait perdre avec le temps une partie de leurs épines, et il procure en outre de jeunes sujets pleins de vigueur et de sève, et dont le suc plus substantiel est plus propre à nourrir l'insecte précieux destiné à vivre sur cette plante.

§. 3. *Maladies du nopal : ses ennemis : accidens qu'il peut éprouver.* Le nopal est sujet à des maladies ; il a des ennemis à redouter et des accidens à craindre ; mais une nopalerie bien établie n'en peut jamais éprouver un trop grand dommage. Si quelques plants eu souffrent, si d'autres périssent, la perte n'est pas complète comme dans les cotonneries et les indigoteries, dont les chenilles dévorent quelquefois en une nuit ou deux toute la récolte.

Les maladies du nopal sont la pourriture ou gangrène, la dissolution et la gourme. Toutes sont locales; aucune n'est contagieuse. En retranchant jusqu'au-delà du vif les parties qui ont souffert, on sauve la plante et on peut en profiter.

La pourriture ou gangrène se manifeste du soir au lendemain par une tache noire et ronde à la surface des articles. Si on enlève cette tache, la substance intérieure pourrit quelquefois, et la pourriture s'étend et corrompt le reste de l'article. Quelquefois aussi il s'y forme une escarre naturellement, et la pourriture tombe d'elle-même. Il ne faut pas attendre l'évènement ; il faut scarifier tout de suite la partie malade. Le vrai nopal du Mexique est souvent attaqué de cette maladie.

La dissolution est une décomposition subite de toute la substance intérieure de la plante. Un article, une branche entière, quelquefois le tronc seul, d'un état de santé apparent, passe dans une heure à la putréfaction. L'écorce perd son éclat et devient d'un jaune sordide. Si on sonde la plante avec une épingle, l'eau en coule abondamment; si on la coupe avec un couteau, on voit tout le parenchyme pourri. Il n'y a point alors d'autre remède que la scarification ; on doit même enlever le tronc et les racines, s'ils sont affectés, changer la terre, et remplacer ce plant par un autre. L'opuntia de campêche est particulièrement sujet à cette maladie.

La gomme est produite par une sève trop abondante. Dans cette maladie la substance et la couleur de la plante ne sont point altérées; mais la partie affectée se tuméfie, et il s'y forme une crevasse par où découle une liqueur qui se fige en larmes, et qui devient une gomme farineuse et opaque, jaune dans les nopals, blanche dans le nopal de Castille. On arrête le mal en scarifiant les canaux où cette liqueur se laisse apercevoir.

Les principaux ennemis du nopal sont les rats, les ravets et deux chenilles d'une espèce particulière. Les rats attaquent rarement le nopal en plein champ, et ailleurs ils ne le rongent que lorsqu'ils sont affamés. On les écarte par les moyens connus. Le ravet, *Blatta Americana*, Lin., ronge les jeunes bourgeons des articles et laisse les adultes. Cet insecte est communément dévoré par une araignée qui lui fait une guerre active ; on peut aussi le détruire en plaçant sous quelques nopals des vases à orifice étroit, à moitié remplis de sirop ; le ravet s'y jette et s'y noie.

Un troisième ennemi du nopal, plus nuisible que les deux précédens, est la larve d'une phalène qu'on n'a point encore vue. C'est une petite chenille jaune, transparente et sans poil, de la grosseur d'une plume de perdrix; elle se place toujours au milieu à peu près du bourgeon de l'article naissant, à couvert d'une galerie de toile qu'elle file à mesure qu'elle paît la surface tendre du bourgeon quand il est développé. Elle creuse un trou à travers l'écorce, qu'elle conserve comme paroi de son logement, pénètre dans la substance charnue et la dévore. Une seule de ces chenilles détruit la moitié d'un article avant qu'il ait pu recevoir tout son accroissement. On la reconnoît à sa toile, à ses excrémens en bouillie jaune, et à la transparence de l'article, dont elle ne blesse pas l'épiderme. Il ne faut pas négliger de la chercher soir et matin, et de l'écraser en la tirant de son trou. Dans une pépinière qui est en sève, elle se trouve très communément sur tous les opuntias et les nopals.

Enfin le quatrième ennemi du nopal est un insecte particulier, qu'on ne peut distinguer à la vue simple, mais que plusieurs indices décèlent. Les articles de ce cactier sont quelquefois couverts de petits points jaunes, qui prennent en croissant une forme orbiculaire, dont le centre est élevé en pointes noires. Sous cette pointe on aperçoit une petite masse de matière verte, informe en apparence, mais qui vue à la loupe présente la femelle de l'insecte dont il s'agit. Le mâle est niché dans de petits cylindres jaunes dont il sort revêtu de deux ailes jaunâtres élevées. On n'aperçoit rien de plus sans microscope. Le cultivateur n'a pas besoin d'en savoir davantage. Le nombre de ces insectes étonne l'imagination. Sur une surface d'une demi-ligne on en a compté huit cents. Ils font souffrir tellement la plante, que l'écorce passe d'un vert vif à un jaune pâle ; cette écorce disparoît quelquefois sous leur nombre, et les cochenilles n'y peuvent trouver place pour y insérer leur trompe. Heureusement ces insectes n'attaquent jamais que quelques nopals. N'importe, dès qu'on en aperçoit la plus petite quantité dans une nopalerie, on doit les détruire sur-le-champ. Pour cela on frotte fortement les articles avec une éponge imbibée d'eau, pour écraser et faire tomber les points noirs et les cylindres, et ce qui est dedans et dessous ; on lave ensuite la plante avec une autre éponge et de nouvelle eau. Alors les progrès ne sont jamais grands, et on s'épargne beaucop d'ouvrage ; car si on négligeoit pendant un mois cette opération, le nopal se trouveroit à la fin dévoré par cet insecte depuis les racines jusqu'aux extrémités des tiges.

Les nopals sont exposés à être renversés ou déracinés par les vents et les pluies. Quand un nopal provient d'un article trop petit ou trop foible, les premiers articles qu'il pousse sont tous cylindriques ; sur ces cylindres s'élèvent d'autres articles qui reprennent la forme de leur espèce ; ils croissent toujours de grandeur les uns sur les autres, jusqu'à ce qu'ils aient acquis celle qui leur est affectée ; mais le tronc n'en reste pas moins foible, et s'il survient un grand vent il est déraciné. On remédie à ce malheur en replantant les plus grands articles du nopal renversé ; et on le prévient en s'astreignant scrupuleusement à planter comme nous l'avons prescrit.

Cependant, quoiqu'un nopal ait été planté dans toutes les règles, il peut être renversé par une autre cause ; ainsi lorsqu'il tombe une de ces pluies d'avalasse, si fréquentes en Amérique, et que la terre se trouve détrempée en bouillie à un pied de profondeur, si les nopals alors ne sont pas déjà pourvus d'un fort pivot et de racines horizontales, si leurs tiges sont trop diffuses, le vent qui accompagne ces pluies les renverse promptement. Cela arrive plutôt sur les coteaux que dans les plaines ; mais ce malheur est rare, et le remède est simple. Il n'est pas nécessaire de replanter le nopal, on doit même s'en garder ; mais dès que l'orage cesse on prend deux pieux dépouillés de leur écorce, et beaucoup plus longs que les sujets renversés ; pendant qu'on fait soutenir le nopal redressé, on engage dans ses branches la tête d'un pieu, on écarte sa pointe des racines, et on l'enfonce d'un pied et demi en terre. On fait de même de l'autre côté de la plante. Au bout de six mois ce nopal est plus solidement enraciné qu'aucun autre, et on peut lui ôter ses tuteurs.

Après avoir parlé de la culture du nopal ou des nopals, il est indispensable de faire connoître la manière d'élever et de multiplier la cochenille ; car c'est la reproduction sûre et abondante de cet insecte précieux qui doit être l'unique objet des soins qu'on donne à la plante.

II. ÉDUCATION DE LA COCHENILLE.

On élève et on cultive au Mexique deux sortes de cochenilles, la sylvestre et la fine. La cochenille sylvestre ou sauvage s'appelle en espagnol *grana sylvestra*. Elle habite naturellement sur le cactier sylvestre. On la trouve dans l'intérieur des terres et sur les côtes, dans les clairières des forêts, sur le bord des chemins ou dans les savannes sèches.

La cochenille fine se nomme *grana fina*, c'est-à-dire graine fine ; on ne la voit nulle part dans les campagnes et les forêts du Mexique ; elle n'habite que les cases et les jardins des Indiens qui la récoltent. Elle est aussi connue sous le nom de *mestèque*, parcequ'on la cultive à Métèque, dans la province de Honduras. Cette cochenille est plus grosse que la sylvestre, dont elle est peut-être une variété perfectionnée, et elle n'est point revêtue d'un duvet cotonneux ; mais à ces deux différences près, elle est conformée et organisée comme elle : elle naît et se perpétue de la même manière, croît dans les mêmes périodes, et achève son cours dans les mêmes termes.

Les femelles des cochenilles, dit M. Latreille, vivent environ deux mois, et les mâles la moitié moins ; les uns et les autres restent dix jours sous la forme de larves, quinze sous celle de nymphes, et ensuite deviennent insectes parfaits propres à se reproduire. Les femelles, en changeant d'état, ne changent pas de forme ; elles quittent seulement leur peau pour en prendre une autre, au lieu que les mâles sortent de leur dépouille de nymphe avec des ailes. Jusqu'à cette époque rien ne les distingue des femelles, si ce n'est qu'ils sont de moitié plus petits. Devenus insectes ailés, ils s'accouplent et meurent. Les femelles, qui vivent encore un mois après avoir été fécondées, prennent de l'accroissement pendant ce temps, et elles périssent après avoir donné naissance à leurs petits. *Nouv. Dict. d'Hist. nat.*

La nature a couvert la cochenille fine d'une poudre blanche et grasse, comme pour la préserver de l'humidité d'une petite pluie ordinaire, dont les gouttes roulent sur cette poudre sans pouvoir mouiller l'insecte ; et elle a armé la cochenille sylvestre d'un coton épais, tenace et fin, contre les chocs d'une pluie plus violente ; aussi celle-ci résiste-t-elle plus que l'autre aux intempéries des saisons, et son éducation demande-t-elle moins de soins.

La grande différence extérieure entre la cochenille sylvestre et la cochenille fine, qui paroissent également blanches, c'est que le corps de celle-ci, malgré la poudre dont il est couvert, s'aperçoit parfaitement bien, au lieu que l'on voit à peine la sylvestre qui est enveloppée de coton. La cochenille sylvestre est donc cotonneuse, et la cochenille fine farineuse ou poudreuse, mais toujours deux fois plus grosse environ que l'autre.

Toutes choses égales, la récolte de la cochenille sylvestre est plus sûre, et celle de la cochenille fine plus abondante. De deux nopals de pareille grandeur et également chargés de l'une ou l'autre espèce, celui qui aura nourri la cochenille fine donnera toujours un tiers plus de poids de cette denrée ; elle est plus chère aussi d'un tiers que l'autre à Guaxaca même. Ainsi son produit est plus considérable : comparé à celui de la cochenille sylvestre, il présente à peu près un rapport de douze à cinq. Cependant la couleur que donne la sylvestre est meilleure et plus solide, mais elle a moins de brillant et d'é-

clat; d'ailleurs on n'a pas le même profit à l'employer; il en
faut quatre parties, et quelquefois davantage, pour tenir lieu
d'une seule partie de cochenille fine; cela vient, selon Thiéry,
de ce que la matière cotonneuse qui la couvre, en augmentant son poids, absorbe une partie de sa couleur.

Néanmoins l'éducation de la cochenille sylvestre doit être
regardée comme très avantageuse, parceque ses récoltes se
font toute l'année, parcequ'elles sont toujours certaines, et
que leur produit suppléé au défaut de la récolte de la cochenille fine. La cochenille sylvestre est pour le cultivateur une
ressource, une indemnité : d'ailleurs elle est essentiellement
utile et même nécessaire aux manufactures de l'Europe, qui
l'emploient au grand et bon teint. Enfin c'est celle qu'on peut
se promettre le plus tôt de multiplier à Saint-Domingue, parcequ'on la trouve sur quelques cactiers de cette île. Je vais
donc faire connoître d'abord la manière de l'élever; et comme
l'éducation de la cochenille fine est à peu près la même, en
parlant après de celle-ci, je ne présenterai que les différences
ou les exceptions.

§. 1. *De la cochenille sylvestre.* Cette cochenille ne peut être
récoltée avec profit sur les opuntias épineux, parcequ'il est
très difficile de l'ôter d'entre les épines; le plus habile ouvrier
n'en peut recueillir par jour que deux onces séchées, tandis
que sur le nopal des jardins il en recueille trois livres dans
le même temps. Aussi l'Indien a-t-il abandonné la cochenille
sylvestre des cactiers épineux pour la nourrir sur le nopal,
où elle s'est perfectionnée par la multiplication des récoltes
et des nouvelles semailles. Non seulement elle perd sur cette
plante une partie de son coton, mais elle y est plus grosse
de moitié que dans l'état sauvage; elle y forme des groupes
moins gros; elle se répand plus également, plus distinctement, et trouve par conséquent plus de place propre à la
nourrir.

Cette cochenille une fois posée sur le nopal s'y multiplieroit
sans aucun autre soin, et jusqu'à fatiguer la plante si on ne
s'occupoit pas de la recueillir tous les deux mois. Quand
même, après l'avoir recueillie, on ne la sèmeroit pas de nouveau, les premiers nés des petits s'élèveroient d'eux-mêmes en
nombre suffisant pour y perpétuer l'espèce de manière à donner, quatre mois après, une récolte abondante; mais le nopal
seroit alors épuisé. D'ailleurs la cochenille qui se propage
d'elle-même est toujours plus petite que celle qu'on sème,
parceque, dans le premier cas, les petits ne s'écartent guère
de la mère, se gênent les uns les autres, et sont obligés de
se contenter d'une place épuisée de substance par le long séjour de la mère. Cet épuisement est tel que la place où a vécu

une cochenille mère se cave d'une ligne de profondeur, et du diamètre d'un demi-pouce. L'impression qu'elle y laisse est jaune : la plante souffre dans cette partie, et il en résulte la perte d'une récolte de petites cochenilles qui, en périssant, ôtent encore au planteur l'espérance de la récolte suivante.

Pour prévenir donc la dégénération de cet insecte, pour en perfectionner l'espèce et éviter la ruine de la plante, il faut semer tous les deux mois, en proportionnant la quantité de cochenille qu'on sème à la force du nopal, et récolter toujours à pareil terme. Mais la récolte doit être entière et parfaite, c'est-à-dire qu'il faut enlever non seulement toute la cochenille, mais encore tout le coton qu'elle laisse attaché au nopal ; pour cela on frotte fortement la plante avec un linge. Par ce moyen on enlève en même temps la partie colorante de quelques cochenilles écrasées, qui pourroient attirer les fourmis, et on purge enfin le nopal des œufs et des chrysalides des insectes destructeurs qui restent quelquefois cachés dans le coton de la cochenille. C'est en prenant tous ces soins qu'on peut semer avec succès, et se promettre, avec la conservation des nopals, de belles générations d'insectes.

Mais quand et comment doit-on semer la cochenille ? et qu'est-ce que semer un insecte ? Cette expression qui semble impropre, et qui vient peut-être de l'erreur qui a fait regarder long-temps la cochenille comme une graine, est pourtant la seule convenable pour énoncer l'opération dont il s'agit. Semer la cochenille, c'est mettre des mères dans des nids qu'on place sur un nopal, afin que la génération qui en doit provenir se répande, se fixe et croisse sur cette plante. Les nids sont faits ordinairement avec une espèce de filasse tirée des pétioles des feuilles de palmier : on peut y employer toute autre matière cotonneuse, toute étoffe de paille ou de fil, pourvu qu'elle soit d'un tissu lâche, et qu'elle permette aux petites cochenilles de s'échapper pour se rendre sur le nopal.

On peut semer la cochenille sylvestre dix-huit mois après que la nopalerie a été plantée. Lorsqu'on se propose de semer, il faut avoir des nids préparés d'avance. Le jour même où l'on sème, on y place les mères qui accouchent et celles qui sont les plus près d'accoucher ; on reconnoît les premières à un ou deux petits pendants à leur abdomen, et les secondes à leur extrême grosseur. On met dans chaque nid quatre, huit, douze ou seize mères, selon la quantité qu'on en a, selon leur fécondité, selon le nombre de nids à placer et celui des nopals ou des articles de nopal qu'on a à semer. Ainsi un nopal composé seulement de deux articles ne peut recevoir que deux ou quatre mères au plus ; si on y en mettoit davantage, il seroit fatigué par leur trop nombreuse génération.

Mais dans l'extrême opposé, un nopal qui, par exemple, seroit composé de cent articles (et il y en a qui en ont cent
cinquante) peut comporter deux ou trois ou quatre cents
mères distribuées par quatre en cent nids, ou par huit en cinquante nids, ou par seize en vingt-cinq nids; de manière
qu'un nid de seize soit placé à l'aisselle d'une branche de huit
articles, un nid de huit, à une branche composée au moins
de quatre articles, et un nid de quatre, sous une branche de
deux articles. En général, pour que les insectes soient répartis sur le nopal le plus également possible, on doit toujours
considérer le nombre de ses articles, et y proportionner celui
des nids et des mères dans chaque nid, sans cependant trop
diminuer le nombre de celles-ci, ni trop multiplier les nids,
parceque l'opération deviendroit alors minutieuse et difficile.

Pour peupler les nids, on doit préférer les cochenilles les
plus grosses; l'expérience a prouvé que leurs petits étoient
plus forts, et la récolte plus certaine et plus avantageuse.

Quand on a rempli un nombre suffisant de nids pour les
semailles du moment, on les place de grand matin et au premier rayon du jour. Chaque nid est inséré de force aux aisselles des branches, et fixé avec une ou deux épines : on a
soin de tourner le fond du nid du côté du soleil levant, pour
faire éclore promptement la petite famille. On commence à
les placer à un pied et demi de terre, à la naissance de toutes
les branches, montant toujours et finissant à l'article pénul-
tième ou antépénultième de chaque branche.

Il faut, s'il est possible, qu'une nopalerie soit semée en
deux ou trois jours, afin que toute la récolte puisse être faite
à la fois, ce qui diminue alors la répétition des mêmes opérations; car il n'en coûte pas plus de temps et de soins pour
préparer et sécher cent livres de cochenille que pour en préparer une seule.

Aussitôt que les cochenilles ont été semées, l'accouchement
des mères a lieu.

Leurs petits sortent alors sous la forme d'animaux vivans
parfaitement bien organisés; ils ont la grosseur de la tête
d'un camion : les mâles sont moins gros d'un tiers que
les femelles, et paroissent plus allongés. Dans ce premier
état ils restent tous, pendant quelques jours, sous le ventre
de la mère, comme sous un abri qui les protège contre les pluies
et les orages. Elle les réchauffe de sa chaleur et les nourrit de
sa substance. Dès qu'ils peuvent marcher, ils la quittent pour
se répandre sur la plante. C'est la seule fois que les femelles
marchent pendant tout le cours de leur vie, et c'est la première pour le mâle, qui ne marche une seconde fois qu'au
moment de son accouplement avec la femelle. Arrivés sur les

articles du nopal le même jour de leur départ, ou le suivant au plus tard, ces insectes se fixent sur les revers des articles qui leur conviennent le mieux. Ils préfèrent à tous les autres articles ceux des deux sèves précédentes, et ils se placent sur celle de leurs surfaces qui regarde l'ouest-sud-ouest, afin de se garantir par-là des vents de nord-est, et sur-tout de la brise d'est, toujours régulière et violente dans la vallée de Guaxaca. Ainsi, quand la cochenille est parvenue à l'âge d'un mois, la nopalerie est à peu près nue d'insectes au levant, et paroît verdoyante, tandis que du côté du couchant elle paroît toute blanche et comme poudrée de fine fleur de farine. Mais les nopals abrités de tous côtés à l'est ont leurs articles toujours également chargés d'insectes sur chaque surface, et la cochenille en est toujours plus grosse que celle des nopals exposés en même temps à l'est et à l'ouest.

Les jeunes cochenilles se fixent sur le nopal en insérant leur trompe dans son écorce. Si, dans la suite, elles sont dérangées par quelque évènement, leur trompe se rompt et elles périssent. Ainsi, les premiers jours de leur naissance passés, il n'est plus possible de transférer les cochenilles d'une plante à une autre; et lorsqu'un nopal meurt, tous les insectes dont il est couvert meurent nécessairement avec lui.

C'est au moyen de sa trompe enfoncée dans la plante que la cochenille en suce le suc gommeux, qu'elle rend ensuite par l'abdomen, en excrément, sous la forme d'une petite boule vésiculaire, remplie de sérosité blanche, orangée, ou jaune, ou rouge, suivant son espèce et suivant les différentes époques de son existence. Tout son corps, excepté le dessous du corcelet, est couvert d'une matière cotonneuse, blanche, fine et visqueuse, et il est bordé de poils tout autour. Huit jours après qu'elle s'est fixée, les poils et la matière cotonneuse s'allongent et se collent sur la plante, et l'on y voit alors autant de petits flocons blancs qu'il y a de cochenilles. Plusieurs de ces flocons sont séparés les uns des autres; quelquefois une centaine sont groupés ensemble; le groupe augmente de volume à proportion de l'âge des insectes: le coton dont ils sont couverts contracte alors une telle adhérence à la plante, qu'il est difficile de l'enlever tout entier quand on récolte la cochenille.

Cette récolte a lieu deux mois après que l'insecte a été mis sur le nopal; il n'en est point qui soit plus facile et aussi peu dispendieuse. Elle se fait de la manière suivante.

Dès l'aube du jour on entre dans la nopalerie, où toute la famille se rassemble. Chacun y arrive muni d'un bassin ou d'un panier, et armé d'un couteau long de six pouces, large de deux, et à tranchant arrondi et émoussé. On tient ce couteau de la main droite, et on en passe la lame entre l'écorce du nopal et les roses de cochenilles dont il est couvert, avec l'attention de ne couper ni la plante, ni les insectes, qui tombent et sont reçus dans le vase ou panier qu'on soutient de la main gauche. Un enfant de dix ans peut récolter par jour dix livres de cochenilles, qui, tuées et desséchées, en produisent trois livres et demie marchandes. On travaille ainsi jusqu'à neuf heures du matin, et, à ce moment, on tue si l'on veut la cochenille récoltée ; ou bien on travaille toute la journée, et l'on attend au lendemain pour tuer à la fois une plus grande quantité de ces insectes. Voici comme on s'y prend.

Pour dix livres de cochenille crue on a un baquet de deux pieds de diamètre et d'un pied de haut, au dedans duquel on étend une serpillière ou torchon, de manière que les coins sortent du baquet. Sur ce linge on place les dix livres de cochenille qu'on recouvre d'un autre torchon assujetti avec des cailloux. On jette alors de l'eau bouillante jusqu'à ce qu'elle couvre entièrement la serpillière supérieure : on laisse ainsi le tout pendant une, deux ou trois minutes ; il n'y a rien à craindre. L'eau n'a pas le temps de dissoudre les insectes s'ils ne sont broyés, et la chaleur ne peut pas les brûler ou calciner ; elle ne sert qu'à les tuer uniquement : elle n'en ôte même, selon les apparences, aucunes parties essentielles, si ce n'est le flegme dont elle facilite l'évaporation ; car il est prouvé par plusieurs expériences qu'une cochenille tuée par une blessure quelconque sèche plus difficilement et plus lentement qu'une autre tuée à l'eau bouillante. On retire les cochenilles après avoir décanté et versé l'eau, qui est toujours foiblement colorée. Il est impossible que cela soit autrement ; mais dans une manufacture en grand on ne doit point apprécier les petites pertes inévitables. On étend ces insectes fort clairement sur une table ou sur des planches, ou dans un bassin d'airain ou de fer-blanc, ce qui, au soleil et à l'abri d'un vent violent, vaut beaucoup mieux. Ils sèchent dans la journée, si on a soin de les retourner. Pendant cette opération, des ouvriers échaudent d'autres cochenilles, qu'on retire et qu'on fait sécher de la même manière. Afin que leur dessiccation soit parfaite, il est prudent d'exposer le second jour, au soleil, tout ce qui a été tué et desséché la veille.

Dix personnes peuvent ainsi préparer en deux jours deux cents livres de cochenille ; dans cet état elle est marchande, et on peut la garder pendant un grand nombre d'années sans qu'elle se gâte et sans qu'elle perde rien de sa propriété tinctoriale. Quelques Indiens, pour tuer ces insectes, les mettent dans un four chaud, ou sur des plaques échauffées ; mais il paroît que la meilleure manière est celle de l'eau bouillante. C'est de ces différentes méthodes de faire mourir les cochenilles que dépendent principalement les différentes couleurs de celles qu'on apporte en Europe.

§. 2. *De la cochenille fine.* Il faut élever la cochenille fine uniquement sur le nopal des jardins. Elle peut, il est vrai, s'entretenir et se perpétuer sur le cactier ou l'opuntia de Campêche, mais jamais elle ne s'y multipliera assez, non seulement pour indemniser le cultivateur de ses peines par une récolte, mais même pour alimenter une nopalerie de semences. On ne doit donc la semer sur cet opuntia que lorsque les nopals manquent absolument, ou en attendant qu'ils aient multiplié ; après quoi il faut l'abandonner, et ne semer que sur les nopals, en choisissant toujours les plus beaux.

Le voisinage de la cochenille sylvestre est nuisible à la cochenille fine ; on ne doit donc point les mêler dans une nopalerie ; celle-ci alors dégénèreroit sans que l'autre devînt plus belle. Les cochenilles sylvestres sont de quelques jours plus précoces, et beaucoup plus fécondes ; elles habitent le nopal toute l'année, et elles suffoquent par leur innombrable quantité les petites cochenilles fines. Quand ces dernières sont plus fortes, les sylvestres, étendant leur coton autour d'elles, les remuent, les chassent de leur place et les étouffent ; elles sont d'ailleurs beaucoup plus voraces, et leur enlèvent toute leur nourriture.

La cochenille fine souffre également du trop et du défaut de chaleur. Elle est toujours moins grosse dans les plaines de Guaxaca que dans les montagnes, parcequ'il y fait beaucoup plus chaud. Le froid lui porte une même atteinte, et la tue ou l'empêche de croître, en la fixant au terme où il l'a surprise ; mais il est plus facile d'y remédier qu'à l'excessive chaleur. Voici l'expédient dont les Indiens se sont avisés : ils ont toujours une grande provision de crottin de chevaux ou de mulets bien sec ; quand ils soupçonnent que le froid pourra descendre la nuit suivante à huit degrés au-dessus de la congellation, ils répandent ce crottin sec sous les nopals, et ils l'allument. La vapeur douce et enflammée qui en sort échauffe très lentement les plantes, dilate l'air et dissipe le froid et l'humidité pendant la nuit. Ce bain de chaleur, dont la cochenille se trouve bien, écarte en même temps ou détruit les insectes qui pourroient lui nuire.

Il y a six générations de cochenilles par an ; on pourroit les recueillir toutes si les pluies n'arrêtoient ou ne dérangeoient pas cet ordre de reproduction. Il est difficile de déterminer les époques précises auxquelles il faut semer la cochenille fine. En général, elle demande à être semée dans une saison où l'on n'a plus à craindre de grandes pluies ; c'est au cultivateur à choisir le moment convenable selon le pays qu'il habite. Huit jours après la semaille, ou quinze jours au plus tard , et lorsque toutes les mères se sont reproduites, on les enlève de dessus les nopals et on les fait sécher ; on enlève aussi les nids , qui deviendroient des repaires d'insectes.

On est dans l'usage, à Guaxaca, de garder pendant la saison des pluies, dans ses jardins ou dans sa maison, une provision de cochenilles mères pour pouvoir en semer en différens temps, soit au retour des secs, soit lorsqu'une semaille faite de trop bonne heure a manqué et demande à être renouvelée. On les conserve dans les jardins sur des nopals en pied couverts de nattes, et dans la case sur des branches de ces plantes détachées de la tige et tenues à couvert. Tout le monde pourtant n'a pas cette prévoyance, et parmi ceux qui l'ont, il en est qui voient périr leur provision par leur négligence ou par quelque accident : on a recours alors aux vendeurs de semences ; car, dans ce pays, tout le monde est convenu de vendre et d'acheter au besoin les mères cochenilles. On les achète fort cher dans leurs nids. La livre de ces nids coûte quelquefois cinq six, et dix piastres gourdes, selon la rareté de la marchandise et le besoin de l'acheteur. Les Indiens vont les uns chez les autres chercher quelquefois ces nids à vingt-cinq, trente ou quarante lieues, et ils sont encore bons à semer au bout de cette marche et du temps qu'elle exige. Ce sont les Indiens des montagnes qui font ordinairement ce trafic, et qui vendent les mères cochenilles aux Indiens de la plaine ; ceux-ci les préfèrent aux leurs , parcequ'elles sont toujours plus grosses.

Au lieu de couvrir les cochenilles dans son jardin pendant la saison des pluies, ou d'embarrasser alors sa case par des branches de nopal chargées de mères exposées à tout instant à périr, il seroit plus sûr et plus utile de former et d'avoir toujours un séminaire de ces insectes sur des nopals vivans et enracinés, qu'on placeroit sous des hangars aérés et abrités convenablement.

Pour les soins qu'exige la cochenille fine quand on la sème et après qu'elle a été semée, pour le nombre et la formation des nids, la manière de les placer et distribuer, et les préparations que demandent les nopals sur lesquels ils doivent être répartis, *voyez* ce qui a été dit au paragraphe premier de la seconde section, où je suis entré à ce sujet dans des détails suffisans en parlant de la cochenille sylvestre. La récolte des deux cochenilles se faisant de la même manière, je n'ai rien à ajouter sur cet objet. Il ne me reste qu'à dire un mot sur les ennemis et les accidens qu'elles ont à craindre.

§. 3. *Ennemis et accidens funestes aux cochenilles.* Le premier de leurs ennemis est la coccinelle du cactier (*Coccinella cacti*, de Fab.), qui les tue et les suce jusqu'à ce qu'elles n'aient plus que la peau. Les Indiens cherchent cet insecte avec soin et l'écrasent; il faut en faire la chasse le matin avant le lever du soleil, parcequ'alors, engourdi par le froid, il ne peut s'envoler, et on le saisit facilement; mais si le soleil est levé, il ne se laisse pas approcher.

Leur second ennemi est la chenille d'une petite teigne, qui, ne présentant en apparence aucune forme, ne semble pas suspecte. Elle se couvre de petits brins de paille, de sciure ou de vermoulure de bois, pour pouvoir, sous cette enveloppe, ronger à son aise les cochenilles. Un indice infaillible de sa présence est le mouvement que celles-ci font pour rompre leur trompe et fuir : cherchez alors l'insecte destructeur et vous le trouverez; on le tue en l'écrasant.

La souris fait aussi la guerre aux cochenilles; elle est surtout friande de la fine, car elle touche rarement à la sylvestre, à cause du coton dont elle est couverte, et qui lui embarrasseroit les dents. On a plusieurs moyens de se débarrasser de cet ennemi : c'est aux cultivateurs à choisir le plus certain; mais il ne doit pas mettre de chat dans sa nopalerie, parceque cet animal, en choquant les nopals dans ses courses, feroit tomber les cochenilles.

Leur plus redoutable ennemi est une espèce de chenille d'un gris sale, longue d'un pouce et grosse comme une plume de corbeau, qui se trame une toile légère pour lui servir de galerie sur l'article du nopal. Sous cet abri elle creuse une tranchée par laquelle elle arrive à la sape, jusque dans les rangs les plus épais des cochenilles, qu'elle massacre; elle leur suce le sang, et leur laisse le corps qui paroît sain et entier le premier jour, mais qui se dessèche et se cave le lendemain. Ce cruel ennemi des cochenilles en fait périr un grand nombre chaque jour, et détruit quelquefois en peu de temps toute une famille. Il est d'autant plus dangereux qu'on ne s'aperçoit de ses ravages que par les cadavres desséchés de ses victimes. Il attaque également la cochenille sylvestre et la cochenille fine; mais il désole la première plus facilement, parcequ'on a plus de peine à l'y apercevoir que sur la seconde. Pour le découvrir il faut sonder avec une épingle ou une épine toutes les petites toiles que l'on voit sur une article chargé de cochenilles; on enlève la toile; il paroît dans sa tranchée tout ensanglanté, s'agite et se laisse tomber tout de suite en se tortillant. Il ne faut pas l'écraser, mais seulement le tuer, pour le dessécher et pour le vendre avec la cochenille; il en est tout farci, et il n'y en a point qui coûte si cher au cultivateur.

En lisant avec attention la seconde partie de cet article, on a dû pressentir et entrevoir qu'elle étoit, de toutes les circonstances défavorables à la cochenille, celle qu'elle avoit le plus à craindre. Ce qui fait ordinairement l'avantage et le bonheur des autres cultivateurs est souvent le fléau des Indiens riches ou pauvres qui cultivent des nopaleries. La pluie, redoutable aux cochenilles, cause presque toujours parmi elles beaucoup de ravages plus ou moins considérables, selon l'époque où elle arrive, selon sa direction et selon qu'elle est plus ou moins forte, plus ou moins abondante.

Il convient de distinguer ici quatre sortes de pluies. Premièrement, les pluies lentes dont les gouttes infiniment petites et rares ressemblent à une brume; ces pluies ne nuisent ni à la cochenille sylvestre, ni à la cochenille fine. Secondement, les pluies douces, comme les pluies ordinaires de l'Europe dont les gouttes sont plus grosses que la brume et tombent plus vite, mais perpendiculairement, sans être chassées par les vents; la cochenille sylvestre n'en souffre point, la fine en est incommodée, mais elle la supporte quand elle est âgée d'un mois. Troisièmement, les grains; ce sont des pluies à grosses gouttes, qui tombent perpendiculairement à l'improviste, sans être en apparence chassées par aucun vent, et durent un quart d'heure plus ou moins avec violence; la cochenille fine ne les supporte pas: le poids de ces gouttes d'eau la fait tomber ou la meurtrit; mais la sylvestre n'en est que légèrement incommodée. Enfin il y a les avalasses ou orages mêlés de tonnerre, d'éclairs, et chassés par le vent avec impétuosité; l'eau tombe alors du ciel avec un fracas plus épouvantable que celui des grêles d'Europe; elle fait le même ravage sur les jeunes plantes. Ces sortes de pluies sont funestes aux cochenilles fines qu'elles détruisent; la cochenille sylvestre en est endommagée et totalement perdue, quand elle n'a qu'un mois; mais dans un âge plus avancé, lorsque par exemple on touche au moment de la récolter, elle n'en est pas ruinée; la pluie ne peut l'entraîner et l'emporter, mais il faut la récolter le lendemain, parceque celle qui est tuée par le poids de l'eau pourriroit promptement.

Le tort causé aux nopaleries par les pluies peut quelquefois être réparé; quelquefois il est sans remède. Quand un grain fond sur une nopalerie nouvellement semée, depuis trois semaines, par exemple, tout est perdu; l'unique ressource est de semer de nouveau bien vite sans perdre de temps; on doit toujours avoir dans le séminaire des mères prêtes à être semées, et l'on n'éprouve qu'un retard de trois semaines. Si l'on est au commencement de la saison sèche, on ne doit pas être découragé, parcequ'on n'a rien à craindre de semblable. Si l'on est au milieu de cette saison on peut encore espérer de faire une bonne récolte. Mais si cette saison touche à sa fin, il est inutile d'entreprendre une nouvelle semaille ; elle seroit en pure perte.

Lorsqu'un grain surprend les cochenilles âgées de cinq ou six semaines, ou même plus, alors tout n'est pas perdu. On fait promptement une demi-récolte, car ces insectes n'ont que la moitié de leur grosseur ordinaire, et l'on sème encore tout de suite sans attendre. On ne perd ainsi que quinze jours, le reste étant compensé par le produit de la petite récolte forcée qu'on a faite. En général les pluies sont d'autant moins dangereuses pour la cochenille, qu'elle est plus avancée en âge.

Dans l'éducation de cet insecte, le point essentiel, pour avoir des produits abondans et sûrs, est de répéter les semailles le plus souvent possible, est de les disposer cependant de manière que l'intervalle qui les sépare des récoltes soit toujours une saison sèche, ou au moins très peu pluvieuse. (D.)

NOUE. Dans quelques endroits ce nom s'applique aux terres qui offrent des dépressions dans lesquelles l'eau des pluies séjourne, et où les récoltes sont exposées à manquer par cette cause. On diminue les effets nuisibles des noues par des GOUTTIÈRES, des SAIGNÉES, des ÉGOUTS, etc. *Voyez* ces mots.

Quelquefois aussi on applique ce nom aux intervalles des billons, dans les labours de ce nom, intervalles qui conservent les eaux pluviales pendant plus ou moins de temps.

NOUÉ, NOUER. Terme employé par les cultivateurs pour indiquer que la fécondation des fruits est accomplie et qu'il n'y a plus à craindre la COULURE. *Voyez* ce mot.

La nouure des fruits est toujours une sorte de crise pour les arbres ; aussi, dans ceux qui sont foibles, est-elle souvent suivie d'une suspension de végétation, d'où s'ensuit quelquefois la chute complète des fruits, même la mort de l'arbre. Il semble dans ce cas que cette nouure est le dernier effort de la nature.

Un fruit noué n'est donc pas un fruit sauvé. Il y a encore bien d'autres cas où on peut dire la même chose. Ainsi des inondations printanières, des gelées tardives, des pluies froides, des coups de soleil, des sécheresses prolongées, des insectes, etc., etc., produisent le même effet.

L'arqûre, la ligature, l'incision annulaire des branches assurent la nouure. (B.)

NOUEUX. On dit qu'un bois est noueux lorsqu'il est rempli de nœuds.

Tantôt l'emploi d'un bois noueux est avantageux, tantôt il est désavantageux, selon l'objet pour lequel on le destine.

NOUGAT. Dans le département de Lot-et-Garonne c'est le marc de l'huile de noix, dont on se sert pour engraisser les bestiaux et les volailles. *Voyez* NOYER.

NOUGUÉ. Synonyme de noyer.

NOUGUIER. *Voyez* Noyer.

NOURRITURE DES PLANTES. *Voyez* Nutrition.

NOVALE. Nom de la jachère dans quelques cantons. Dans d'autres on l'applique à toute terre défrichée.

Ce nom est beaucoup tombé en désuétude.

NOVEMBRE. Dans ce mois la nature achève de se dépouiller de sa verdure. On commence à couper les bois. On finit les semailles d'automne. On plante les arbres, la vigne. On pêche les étangs qu'il est possible de remplir d'eau en peu de jours. On fait le cidre, soutire et encave les vins. On laboure le pied des arbres du verger.

On trouve encore quelques légumes dans les jardins, mais on n'en sème plus que sur couche ou à des abris, et le nombre en est petit ; ce sont des radis, de la salade, du persil, etc.

C'est alors qu'il faut butter les artichauts pour les garantir de la gelée ; transporter dans la serre à légume les panais, les carottes, les navets, cardons, betteraves, pommes de terre, choux fleurs, et autres articles qu'on doit craindre de laisser exposés aux gelées ; nettoyer enfin le jardin de toutes les plantes inutiles, lui donner le premier labour général. On achève de tailler les poiriers, les pommiers, les groseillers, les framboisiers, et d'émonder les arbres de toute espèce.

On continue de planter les oignons, les bulbes de fleurs, de ratisser les allées.

NOVELETTE. Jeune brebis qui n'a pas encore porté.

NOYAU. C'est l'enveloppe intérieure et ligneuse de l'espèce de fruit qu'on appelle Drupe. *Voyez* ce mot. La semence qui est renfermée dans le noyau se nomme amande : l'amandier, le pêcher, l'abricotier, le prunier, le cerisier, le myrte sont des fruits à noyau.

La partie ligneuse des noyaux est toujours composée de deux valves ou battans plus ou moins intimement unis avant la germination de l'amande, mais se séparent avec la plus grande facilité par l'effet même de cette germination. On sait quelle est la force du levier du morceau de bois sec et poreux qu'on mouille. Ici le même effet est produit par la même cause.

L'amande des noyaux est très huileuse, et rancit promptement lorsqu'elle est dans un lieu sec et chaud ; aussi pour qu'ils ne perdent pas leurs facultés germinatives doit-on les semer aussitôt leur récolte ou les stratifier pendant l'hiver, lorsque la crainte des ravages des animaux rongeurs qui en sont très friands, ou d'autres motifs, obligent d'attendre jusqu'au printemps.

Quelques cultivateurs cassent les noyaux pour n'en semer que l'amande. Par ce moyen ils accélèrent la germination de cette amande, mais ils risquent de la perdre lorsque les pluies ou les sécheresses se prolongent, par la disposition, qu'elle a alors à pourrir ou à se dessécher. J'ai vu cette année un semis considérable entièrement perdu par suite de ce procédé. Je préfère de beaucoup faire tremper pendant deux ou trois jours les noyaux dans l'eau avant de les mettre en terre.

Souvent les noyaux ne lèvent pas la première année, par la difficulté qu'ils éprouvent à s'imbiber d'eau. Ainsi, lorsqu'ils sont d'une grande importance et qu'on ne veut pas risquer de perdre leurs produits, il faut ne labourer la planche où ils se trouvent qu'à la fin de la troisième année. J'ai même vu des noyaux de laurier-sassafras venus d'Amérique, et par conséquent très desséchés, ne se développer qu'à la cinquième année. Des arrosemens fréquens et copieux favorisent toujours leur germination.

On appelle spécialement *arbres à noyaux* les arbres fruitiers énumérés plus haut. Tous donnent de la gomme et exigent une culture particulière. Je renvoie le lecteur aux articles qui les concernent. (B.)

NOYÉ. Long-temps on a cru qu'un noyé qui ne faisoit plus aucun mouvement étoit un homme mort. La loi s'opposoit même, ainsi que les préjugés, à ce qu'on pût tenter les moyens de le rappeler à la vie. Graces aux progrès des lumières, ces obstacles n'existent plus. L'administration a même formé dans les grandes villes placées sur des rivières des établissemens uniquement destinés à sauver les noyés. Hommage soit rendu au respectable Pia, apothicaire de Paris, qui les a provoqués par ses nombreux écrits.

Aujourd'hui il est prouvé qu'un noyé, tant que son cœur conserve un peu de chaleur vitale (et on en a vu qui en offroient quelquefois deux et trois heures après la mort apparente), peut être rappelé à la vie. Il ne faut donc jamais, toutes les fois qu'on peut retirer de l'eau un homme qui y est tombé depuis cet espace de temps (même le double), tarder de lui appliquer les secours que l'observation a prouvé être utiles dans ce cas.

Ce n'est pas, comme on ne le croit encore que trop généralement dans les campagnes, parceque les noyés avalent trop d'eau qu'ils meurent. Le défaut de communication de leurs poumons avec l'air, c'est-à-dire la suspension de leur respiration, en est la seule cause, ainsi que des expériences sans nombre, et les théories physiologiques, physiques et chimiques le constatent de la manière la plus certaine. Il résulte de ce fait qu'on ne doit point les suspendre par les pieds, position qui ne tarde pas à faire tomber en apoplexie un homme sain, mais rappeler leur chaleur, en rendant le mouvement à leurs poumons et à leurs muscles internes par des insufflations et des irritans, qu'on peut y parvenir.

Je ne puis mieux faire que de transcrire ici l'instruction qui est jointe à l'ordonnance de police de Paris qui a rapport aux noyés, ordonnance qu'on affiche tous les ans, au commencement de l'été, à tous les abords de la Seine, même hors de la ville, en montant et en descendant cette rivière.

Pour l'intelligence de cette instruction, il est nécessaire d'observer que le préfet de police a placé dans soixante-neuf dépôts tous les instrumens et matières nécessaires pour apporter promptement, facilement et avec espérance de succès, les secours nécessaires aux noyés. Cette collection s'appelle une boîte. Elle contient.

Une paire de ciseaux de seize centimètres de long, à pointes mousses.

Un double levier.

Deux vessies.

Deux frottoirs de laine.

Un bonnet de laine.

Une bouteille contenant de l'eau-de-vie camphrée.

Une autre contenant de l'eau-de-vie camphrée et ammoniacée.

Trois petits flacons, dont un contenant de l'alkali fluor; un de l'eau de mélisse, et un autre du vinaigre antiseptique, ou des *quatre-voleurs.*

Un gobelet d'étain.

Une canule à bouche avec son tuyau de peau.

Une cuiller de fer étamée.

Une petite boîte renfermant plusieurs paquets d'émétique de dix-huit centigrammes (trois grains chacun).

Une seringue ordinaire avec ses tuyaux.

Le corps de la machine fumigatoire.

Un *speculum oris* (petite glace ou miroir).

Une canule de gomme élastique.

Un soufflet à une ame, pour être adapté à la machine.

Quatre rouleaux de tabac à fumer, de quinze décigrammes (demi-once chacun).

Une pierre à fusil, de l'amadou, un fer à briquet et une boîte d'allumettes.

Un tuyau et une canule fumigatoire, une autre de supplément et une aiguille à dégorger.

Des plumes pour chatouiller le dedans du nez et de la gorge.

Deux bandes à saigner.

Il y a aussi dans la boîte un nouet de soufre et de camphre pour la conservation des ustensiles de laine.

Nota. Ces boîtes, dont la première composition est due à M. Pia, échevin, ancien pharmacien de Paris, ont été augmentées et rectifiées d'après les avis du docteur Portal.

Cette collection peut être réunie par-tout ; mais si on vou-loit s'éviter la peine de la faire, on en trouveroit à Paris à un prix modéré.

Le noyé retiré de l'eau, dépouillez-le de ses vêtemens en les fendant d'un bout à l'autre.

Disposez en même temps à terre, auprès d'un feu de flamme, quelques matelas et des oreillers un peu durs ; étendez dessus une couverture de laine ; couchez sur ce lit le malade, la tête élevée, le corps bien enveloppé.

Faites ensuite sous la couverture, avec des étoffes de laine bien chaudes, des frictions sèches d'abord, et ensuite des fric-tions avec des liqueurs spiritueuses à la surface du corps, et principalement sur le bas ventre ; ou bien, ce qui est préfé-rable, principalement pendant l'hiver, faites promptement chauffer de l'eau, remplissez-en aux deux tiers les vessies con-tenues dans la boîte-entrepôt, et appliquez-les sur les parties du corps où il est essentiel de rappeler la chaleur.

Pendant les frictions, ou immédiatement après l'application des vessies, on introduira de l'air dans les poumons du noyé, en plaçant la canule affectée à cet usage ou dans la bouche, ou ce qui vaut mieux, dans l'une des narines, en comprimant l'autre avec les doigts. A défaut de canule on peut se servir d'un tuyau quelconque, qu'on introduira par la même voie ; il est important, quel que soit le moyen qu'on emploie, de se servir d'un soufflet pour pousser l'air dans les poumons, et l'on ne doit faire passer dans la poitrine d'un noyé un air sortant d'une autre poitrine, que dans les cas où il est impos-sible de faire autrement.

Si l'on souffle par la bouche, on pincera les narines du noyé, afin que l'air qu'on introduit ne se perde pas ; mais il faudra lâcher de temps en temps les doigts, pour laisser échap-per l'air par intervalle.

On fera respirer au noyé de l'alkali fluor (esprit volatil de sel ammoniac). On se sert pour cela de rouleaux de papiers tortillés en forme de mèches, qu'on trempe dans un flacon d'alkali fluor. On les présente sous le nez du noyé ; on les lui introduit même dans les narines, en réitérant plusieurs fois cette opération ; mais dans ce cas, il faut observer que l'alkali fluor ne soit pas trop caustique, afin d'éviter qu'il ne cauté-rise les parties sur lesquelles il seroit appliqué.

On fera avaler en même temps, s'il est possible, au noyé, une cuillerée à café de l'eau-de-vie camphrée qui se trouve dans les boîtes-entrepôts ; on se sert pour cela de la cuiller de fer étamée : quelquefois le noyé garde le liquide plus ou moins de temps dans sa bouche, et finit par l'avaler. Mais il faut observer de ne pas remplir la bouche jusqu'à ce que le mouvement de déglutition soit bien établi.

Si le noyé avale, on lui en donne une cuillerée entière ; s'il en résulte des soulagemens d'estomac, sans vomissemens réels, ce qui fatigueroit inutilement le noyé, on lui fait avaler successivement trois grains d'émétique dissous dans trois ou quatre cuillerées d'eau ; s'il vomit par ce moyen, il faut aider par de l'eau tiède.

Si le remède opère par les selles, il faut fortifier le noyé, en lui faisant avaler quelques cuillerées de vin.

La saignée ne doit pas être négligée dans les sujets dont le visage est rouge, violet, noir, et dont les membres sont flexibles et conservent de la chaleur ; la saignée à la jugulaire est plus efficace et celle qui fournit le plus promptement une quantité suffisante de sang ; à défaut de cette saignée, on feroit celle du pied ; mais il faut éviter toute espèce de saignée sur des corps froids, ou dont les membres commencent à se roidir ; on doit au contraire d'autant plus s'occuper à réchauffer les noyés qui se trouvent en un tel état.

Si le noyé tardoit à reprendre ses sens, il faudroit lui donner des lavemens irritans ; on s'est souvent servi avec succès du suivant : prenez feuilles sèches de tabac, demi-once ; sel ordinaire, trois gros ; faites bouillir dans suffisante quantité d'eau pendant un quart d'heure, et coulez.

Il faut presser doucement avec la main, et à diverses reprises, le bas ventre du noyé, et enfin pour dernier secours lui souffler dans les poumons, à la faveur d'une ouverture faite à la trachée-artère.

On a conseillé d'introduire de la fumée de tabac dans le fondement des noyés ; quoique l'expérience ait prouvé que ce moyen n'étoit pas toujours aussi efficace qu'on l'a supposé, on peut cependant le tenter, et pour cela on disposera la machine fumigatoire de la manière suivante :

Humecter du tabac comme si on vouloit le fumer, et charger le corps de la machine, l'allumer avec un morceau d'amadou ou un charbon, adapter le soufflet à la machine ; quand on voit que la fumée sort abondamment par la cheminée et par le bec du chapiteau, y adapter le tuyau fumigatoire, au bout duquel on ajuste la canule, qu'on porte dans le fondement du noyé.

En faisant mouvoir le soufflet, on introduit de la fumée de tabac dans les intestins du noyé ; si la canule se bouche en rencontrant des matières dans le *rectum*, ce qu'on reconnoîtra à la filtration de la fumée au travers des jointures de la machine, et par la résistance du soufflet, alors on donne la canule à nettoyer, et on substitue celle de supplément.

Après un quart d'heure de fumigation, on détache le tuyau fumigatoire du bec de la machine ; on présente ce bec au nez et à la bouche du noyé, et avec quelques coups de soufflet, on lui introduit de la fumée de tabac dans les narines et dans la gorge, afin d'irriter ces parties.

Il faut observer que cette dernière fumigation doit être faite avec beaucoup de prudence, sans quoi elle deviendroit plus préjudiciable qu'utile.

On reprend ensuite la fumigation par le fondement, ainsi que l'introduction dans le nez de mèches de papier imbibées d'alkali fluor.

Quelque utiles que soient les secours indiqués, il faut bien se persuader qu'ils ne réussiront qu'autant qu'ils seront administrés avec ordre, pendant plusieurs heures et sans interruption ; leurs effets sont lents et presque insensibles, c'est pourquoi il faut les continuer long-temps ; il y a des noyés qu'on n'a rappelés à la vie que sept à huit heures après qu'ils avoient été retirés de l'eau. En général la putréfaction est le seul vrai signe de mort. (B.)

NOYER, *Juglans*. Genre de plantes de la monœcie polyandrie et de la famille des térébinthacées, qui renferme plusieurs arbres, parmi lesquels il en est un qui forme un article important dans notre grande culture.

Le NOYER COMMUN, *Juglans regia*, Lin., est un arbre d'un port majestueux, originaire de la Perse et cultivé en Europe depuis un temps immémorial. Son tronc est droit, sa tête est vaste et touffue ; son écorce cendrée, épaisse et crevassée dans sa vieillesse ; ses feuilles alternes, longuement pétiolées et composées de cinq à sept folioles sessiles, opposées, ovales, oblongues, presque égales, légèrement dentées, glabres et luisantes ; ses chatons mâles d'un vert brun et ses noix d'un vert gris, piquetées d'un vert plus clair. Il fleurit en avril et en mai avant la pousse des feuilles. Toutes ses parties froissées exhalent une odeur résineuse particulière, odeur qui porte à la tête et qui devient nuisible même aux plantes qui se trouvent dans son voisinage.

On trouve aujourd'hui une grande quantité de noyers dans toutes les parties de l'Europe moyenne et méridionale ; mais on ne peut cependant pas dire qu'il soit acclimaté, car il ne se multiplie pas de lui-même, c'est-à-dire qu'il a toujours besoin de la main de l'homme pour protéger sa jeunesse, qu'il ne forme pas naturellement des forêts. Il craint les fortes gelées de l'hiver et encore plus les gelées tardives du printemps, mais elles agissent sur lui d'une manière telle que souvent dans le même canton les uns en sont affectés tous les ans, tandis que les autres en sont rarement frappés, et que ceux des pays froids

en souffrent moins que ceux des pays chauds. C'est aux propriétaires à examiner les parties de leurs biens où les noyers
sont les plus ménagés par ce fléau pour les y placer. Il m'a paru
que le plus souvent c'étoit l'exposition à l'ouest et même au
nord-ouest ; mais je n'ai pas assez d'observations pour donner
ce fait comme positif et général. Tant de circonstances peuvent
agir dans ce cas , des abris placés à une grande distance peuvent avoir tant d'influence , que ce n'est que par un examen
soigneux et prolongé pendant plusieurs années qu'on doit
prendre une opinion éclairée sur cet objet.

On connoît un grand nombre de variétés de noyers dont
quelques unes sont préférables à d'autres sous quelques rapports. Il faut donc d'abord apprendre à les connoître pour
déterminer son choix , lorsqu'on a le projet de multiplier cet
arbre sur sa propriété.

Le NOYER A TRÈS GROS FRUITS, ou NOIX DE JAUGE. Ses noix ont
quelquefois plus de deux pouces de diamètre, mais l'amande
qu'ils contiennent n'en remplit pas la capacité; très souvent
même elle avorte. On peut dire que c'est une espèce d'apparat,
car ses feuilles sont plus belles , sa tige plus haute et d'une
végétation plus rapide ; mais son bois est inférieur en qualité.

Le NOYER A GROS FRUIT LONG a un fruit de quinze lignes de
diamètre sur dix-huit à vingt lignes de longueur. Son amande
est toujours pleine et sa coque peu dure. C'est sans contredit
celui qu'on doit le plus rechercher pour le produit , et celui
qu'on cultive en effet le plus dans les lieux où il est connu.

Le NOYER A COQUE TENDRE, ou NOYER MÉSANGE, ou NOIX DE
LA LANDE. Sa coque est si tendre qu'on la réduit facilement
en poudre entre les doigts. C'est une très agréable espèce ,
sur-tout pour manger à table. Son amande toujours pleine
fournit beaucoup d'huile et se conserve bien. Elle n'est connue
que dans quelques cantons.

Le NOYER A COQUE DURE OU A NOIX ANGULEUSE. Sa noix est
si dure qu'il faut un marteau pour la casser. On la reconnoît
à sa plus grande rondeur et aux angles qui de son milieu vont
former une pointe piquante à son sommet. Son amande est très
petite , cependant fournit autant d'huile que de plus grosses,
et de meilleure qualité. De plus son bois passe pour le plus dur
et le mieux veiné.

Le NOYER TARDIF, ou NOYER DE LA SAINT-JEAN. Il fleurit un
mois plus tard que les autres et est par conséquent moins sujet
aux gelées du printemps. Il est donc très précieux sous ce rapport. Aussi devroit-on le multiplier préférablement dans tous
les cantons où ces gelées sont annuelles. Il n'est pas encore
commun, cependant chaque année sa culture s'étend et on

peut espérer que bientôt il sera possible de s'en procurer facilement des greffes dans tous les départemens.

M. Rast-Maupas, qui possède aux environs de Lyon une
culture si riche d'arbres de pleine terre, m'a envoyé l'échan-
tillon d'une variété de noyer remarquable par ses feuilles qui
sont très dentelées et par ses branches disposées horizontalement. Il appelle cette variété *juglans expansa*.

Outre ces variétés il en est beaucoup d'autres moins tranchées. Il est même rare, dans les pays où on ne greffe pas les
noyers, d'en trouver deux qui aient les fruits parfaitement semblables. J'en ai vu qui n'étoient pas si gros qu'une noisette.

On doit distinguer deux sortes de semis, celui à demeure,
et celui destiné à la transplantation. (B.)

Semis à demeure. Il faut environ soixante ans pour qu'un
noyer soit dans sa grande force : il est rare que celui qui le
sème voie sa plus grande élévation ; mais un père de famille
vit dans ses enfans, et sa plus douce satisfaction est de travailler pour eux. Du semis à demeure, il résulte que la noix
enfonce profondément son pivot en terre; que la pousse de la
tige gagne plus de dix ans en avance sur la noix semée en même
temps dans la pépinière, et dont l'arbre a été ensuite replanté;
le tronc s'élève beaucoup plus haut, plus droit, et on est le
maître de l'arrêter à la hauteur qu'on désire, soit en retranchant son sommet, soit en élagant les branches inférieures. Tout
le monde sait à quel bon prix on vend un gros tronc de noyer,
soit pour la menuiserie, soit pour la construction des fortes
machines, etc. Cet arbre mérite donc à tous égards qu'on
s'occupe sérieusement de sa culture. L'hiver, en 1709, en fit
périr la majeure partie en France et en Europe, et les Hollandais, qui ont toujours les yeux ouverts sur leurs intérêts,
firent une spéculation; ils achetèrent presque tous ces arbres,
et les revendirent ensuite très chèrement pendant un grand
nombre d'années. Au moyen du semis à demeure, il est possible de couvrir de verdure les masses et les chaînes de rochers,
pourvu qu'ils présentent des scissures; la racine ou pivot du
noyer va profondément chercher sa nourriture, et comme
son travail et ses efforts sont continuels, on a vu de telles racines
séparer des blocs, des couches de rochers d'une prodigieuse
grosseur. Il n'est pas à craindre que les ouragans les plus fu-
rieux enlèvent ces arbres pivots, comme ceux qui ont été re-
plantés ; ils les rompront et les briseront plutôt. Je doute qu'il
existe aucun arbre dont le pivot s'enfonce plus profondément
dès qu'il ne trouve pas une résistance invincible ; alors il donne
très peu de chevelus et de racines latérales. L'expérience a
prouvé que le volume des branches est toujours en raison de
celui des racines; il n'est donc pas suprenant qu'un pivot

aussi prodigieux fasse un effort incroyable, lorsqu'il se trouve gêné entre deux blocs ou entre deux couches, et qu'à la longue il les sépare.

Il y a deux époques pour les semis ; l'une aussitôt que la noix est mûre, et l'autre après l'hiver : cette opération sera décrite ci-après.

Du semis en pépinière. L'arbre qui en provient est moins actif que dans sa végétation, ainsi qu'il a été dit, que celui du semis à demeure. Plus il sera replanté souvent, plus tôt il donnera du fruit et du plus beau fruit, parcequ'il travaillera moins en bois ; alors les racines latérales se multiplieront, et il n'aura plus de canal direct de la sève du tronc à la mère racine, c'est-à-dire au pivot : ainsi ce que l'on perdra d'un côté on le gagnera de l'autre. Cependant si on doit peupler des coteaux arides, des rochers, etc., le semis à demeure mérite à tous égards la préférence sur une replantation, où trois ans au plus suffisent lorsqu'on veut se procurer de belles noix.

Du choix des semences. On ne greffe point les noyers ; cette assertion est vraie en général, malgré quelques exceptions. Il est donc indispensable de choisir les noix de l'espèce la plus grosse, et dont l'amande remplira le mieux la coquille, il faut encore être assuré par l'expérience qu'elle fournit beaucoup d'huile. D'après cette observation, on doit sentir combien peu il est prudent de prendre chez les pépiniéristes des noyers tout formés : je conviens qu'ils ont l'attention de choisir les plus belles noix ; mais il leur importe fort peu qu'elles donnent beaucoup d'huile ; c'étoit cependant le point essentiel pour le cultivateur. Certes, la noix dans laquelle on plie des gants (noix de jauge) est magnifique par son volume extérieur, mais son amande, d'un tissu lâche, remplit à peine la moitié de la coquille et fournit peu d'huile. Le bon cultivateur établira lui-même sa pépinière, et ne sèmera que les noix de l'arbre qu'il connoît, et que l'expérience lui a prouvé être le plus productif en fruit et en huile.

Du sol de la pépinière. Le noyer ne cherche qu'à pivoter ; il aime donc un sol profondément défoncé, afin de faciliter le prompt développement de sa radicule et celui de sa tige, qui est toujours en raison de la première : il est inutile de chercher une terre trop bien préparée ; la surabondance de nourriture n'est pas nécessaire à cet arbre ; il craint même les engrais animaux ; la cendre est ce qui lui convient le mieux, et même celle qui a déjà servi pour les lessives, si on a eu la précaution de la laisser quelque temps exposée à l'air dans un lieu à l'abri de la pluie (*voyez* le mot AMAN-DEMENT) ; et ses principes, combinés différemment que dans celle qui n'a pas été lessivée, n'en sont pas moins actifs ;

d'ailleurs, comme cendre pure et simple, même abstraction faite de ses sels, comme poussière très fine, elle sert à diviser le sol, le rend plus meuble, et par conséquent plus perméable aux racines. Il convient de défoncer ce sol deux ou trois mois d'avance, de le travailler de temps à autre, afin de le rendre de plus en plus meuble.

Méthodes du semis. Il y en a deux; et dans chacune on doit avoir grand soin de choisir les noix au moment de leur parfaite maturité; on connoît ce point par les fentes ou crevasses qui s'opèrent d'elles-mêmes sur le brou.

Dans la première méthode, on prépare dans une cave, ou dans un lieu à couvert et à l'abri des gelées, une couche de sable, dans laquelle on place les noix à six pouces de distance les unes des autres, et on les recouvre de deux pouces de terre fine; elles germeront pendant l'hiver, si on a eu soin de les arroser au besoin; et en mars ou plus tard, suivant les climats, c'est-à-dire lorsque l'on ne craindra plus l'effet des gelées, on les tirera de cette couche pour les transporter dans la pepinière. Si on les a semées dans des caisses, l'opération sera plus facile. M. le baron de Thschoudi assure, d'après sa propre expérience, qu'en coupant le bout du germe, le noyer ne pivote plus, qu'il se garnit de racines latérales; enfin, qu'il n'est plus nécessaire de le replanter pour lui en faire pousser.

Dans la seconde méthode, après avoir défoncé le terrain on enfonce les noix à deux pouces de profondeur, en alignement, enveloppées dans leur brou, afin que l'amertume de cette enveloppe empêche les rats, les mulots d'attaquer les noix, dont ils sont très friands : à cet effet, les sillons qui doivent les recevoir sont espacés de deux pieds de distance, et chaque noix est séparée de ses voisines par un intervalle de deux pieds.

De la conduite du semis. Lorsque dans le courant de l'été on sera bien assuré que les noix auront germé et seront sorties de terre, on arrachera un rang entier qui n'a été semé que par précaution, de manière que chaque tige soit separée des autres de quatre pieds de distance en tout sens. Si dans la rangée que l'on conserve il manque quelques sujets, on réservera le même nombre, et un peu plus parmi les plus beaux de la rangée qui doit être supprimée, et on les replantera dans les places vides, suivant les climats, en novembre ou en mars, ou en août; ou bien on peut attendre l'une de ces époques pour faire la suppression totale des surnuméraires, et en former une nouvelle pépinière.

Cette méthode mérite la préférence sur la première, en ce qu'elle est plus simple. Il paroît qu'en opérant ainsi on perd

beaucoup de terrain, au moins dans les premières années. Rien
n'empêche que pendant l'année qui suit celle du semis le champ
ne soit couvert de grains. Il s'agit alors de labourer avec la
charrue appelée *araire* (*voyez* le mot CHARRUE), avec ou sans
oreilles, comme on laboure les vignes dans le Bas-Dauphiné,
la Provence et le Languedoc, et cette charrue n'endommage
point les jeunes pieds; on laisse l'espace d'une raie ou sillon
des deux côtés du pied, sans labourer et sans semer; de sorte
qu'on a des bandes ou lisières de grains de trois pieds de largeur, et que le jeune plant se trouve avoir un pied de déga-
gement. Avec une simple pépinière, pour peu que le champ
soit grand, il y a de quoi fournir tout un village. Si on le
désire moins considérable, on proportionne l'espace à ses besoins, ou bien on le consacre tout entier aux plants, sans songer aux récoltes en grains.

Si on suit l'exemple de plusieurs cultivateurs qui replantent tous les jeunes pieds après la première année, afin de leur
supprimer le pivot, il est inutile de laisser un si grand espace
pour le semis; douze à dix-huit pouces de distance d'une noix
à l'autre suffisent, sauf, après la première transplantation, ou
après la seconde, de les espacer de trois à quatre pieds, afin
de leur laisser la facilité de croître avec aisance jusqu'au moment où on les transplantera dans les champs.

Est-il bien démontré que ces premières et secondes transplantations en pépinières soient avantageuses? Est-il bien démontré qu'outre le pivot il n'y ait pas assez de chevelus pour
assurer la reprise de l'arbre lorsqu'on le replantera à demeure?
L'expérience prouve le contraire; car dans beaucoup de nos
provinces on ignore le besoin de ces transplantations. Je conviens que les arbres ainsi traités ont beaucoup plus de racines
latérales et de chevelus, que leur reprise est assurée; mais je
conviens aussi que, pour peu que le tronçon du pivot qui reste
soit garni de chevelus, il reprend assez bien. Enfin ces replantations multipliées retardent les progrès de la croissance
de l'arbre. Les corbeaux, les corneilles, et jusqu'aux pies,
sont les grands semeurs des noyers dans les campagnes. Si leur
bec n'est pas assez fort pour casser la noix, ils la laissent tomber sur une pointe de rocher, sur une pierre, où souvent sa
coquille ne se brise point, resaute, et la noix va se perdre
dans le champ, dans la vigne, dans un buisson, etc.

J'ai souvent fait replanter à demeure de pareils noyers, et
leur pivot étoit considérable; il ne s'agit que de faire la fouille
plus profonde, de bien ménager les chevelus, et d'avoir grand
soin de la partie du pivot qui demandoit d'être conservée. Je
réponds, d'après ma propre expérience, que, quoique la re-

prise de ces arbres ait pu être moins parfaite dans la première année que celle des arbres transplantés en pépinière, ils ont très bien réussi, et ont donné et donnent encore de beaux fruits, et en quantité. La prudence exige cependant qu'on laisse sur place l'arbre, élève de la nature et du hasard, jusqu'à ce qu'il produise du fruit. Si la qualité et la grosseur sont bonnes, on le transplante ; si l'une ou l'autre est défectueuse, il faut arracher l'arbre et le jeter au feu, puisqu'il va occuper inutilement un très grand espace, à moins qu'il n'ait végété sur un sol qu'on ne sauroit destiner à d'autres productions. Ces replantations dans les pépinières sont peut-être nécessaires dans les provinces du nord du royaume, puisque plusieurs écrivains, d'ailleurs très estimables, les conseillent ; mais, je le répète, d'après ma propre expérience, on peut très bien s'en passer dans celles du centre et du midi du royaume. Le cultivateur choisira actuellement la méthode qui lui conviendra le mieux.

Quelques écrivains ont conseillé de placer un carreau ou une brique, une tuile, etc., sous la noix, en la semant, et de la recouvrir de terre, afin que ce corps dur oblige le pivot à s'étendre latéralement, et de ne pas s'enfoncer perpendiculairement. Cet expédient est tout au moins inutile. Le pivot suivra la brique, la tuile, etc. ; mais dès qu'il trouvera la terre du dessous en s'allongeant, il s'enfoncera tout de suite après avoir encore fait un petit coude.

J'ai demandé que chaque plant fût espacé de quatre pieds en tout sens ; 1° afin que l'arbre eût autour de lui une plus grande circonférence d'air atmosphérique ; 2° afin de lui laisser la liberté d'étendre ses rameaux. Les pépiniéristes ont en général la mauvaise habitude de planter trop près, dans la vue de diminuer le travail et de ménager l'espace ; aussi ils ont grand soin d'élaguer, avant ou après le premier et le second hiver, les pousses latérales du tronc. Il en résulte que la sève se porte avec violence au sommet, que la tige s'élance, et il ne reste plus que cette proportion requise entre sa hauteur et sa grosseur. Il vaut beaucoup mieux attendre à la troisième année à commencer le premier élagage ; le tronc, déjà fort, gagnera plus en hauteur proportionnée entre la troisième et la quatrième année, qu'il ne l'auroit fait, si l'on eût suivi la méthode contraire. *Voyez* Pépinière.

Dans les provinces du centre et du midi où la végétation est forte, commence de bonne heure et finit tard, la hauteur des plants est de quinze à dix-huit pouces, et dans les trois années suivantes, sept à huit pieds de hauteur. Il ne s'agit pas ici des arbres élancés par l'élagage, ou de ceux régorgeant de nourriture dans le terrain des pépiniéristes, mais de ceux élevés en plein champ et dans un sol convenable et bien travaillé.

Deux bons labours par an, à la bêche ou à la pioche, suffisent à l'éducation des noyers en pépinières; cependant plus on les multipliera, et mieux l'arbre s'en trouvera. D'ailleurs ces travaux détruisent les mauvaises herbes, objet de la plus grande importance pendant les deux premières années. Outre que ces façons données au sol le rendent plus susceptible de jouir des bienfaits des météores, et de se les approprier, elles accumulent une plus grande masse de gaz acide carbonique dont les jeunes plants profitent. On ne fait point assez attention à cette opération soutenue de la nature, et on ne voit communément dans un LABOUR que de la terre remuée. *Voyez* ce mot essentiel, ainsi que celui AMENDEMENT, et vous connoîtrez alors comment les plantes s'emparent de l'air, comment il contribue à leur forte végétation; enfin comment il devient le lien et le metteur en œuvre, et l'assembleur, si je puis m'exprimer ainsi, de tous les différens principes qui constituent leur charpente.

On peut, à la troisième année, commencer à l'élaguer par le bas, rendre unie la plaie et la recouvrir exactement avec l'onguent de Saint-Fiacre. *Voyez* ce mot. Le bois du jeune arbre est tendre, presque spongieux, et rempli de beaucoup de moelle; dès-lors les plaies qu'on lui fait tirent à conséquence si on n'a pas le soin de les garantir de l'impression de l'air. A la quatrième, à la cinquième et à la sixième on continue à élaguer. Il est certain qu'en suivant cette méthode on a des pieds très forts. Les branches basses servent à retenir la sève et à fortifier le tronc.

Il m'importe fort peu que ces avis ne soient pas conformes à la conduite des pépiniéristes, dont la démangeaison d'avoir promptement des arbres à vendre leur met sans cesse la serpette à la main; mais ils sont conformes à l'expérience et aux lois de la végétation. On ne doit planter que des arbres déjà très forts, c'est gagner du temps. Olivier de Serres dit: « Pour avancement d'œuvre, fournissez-vous du plant de noyer les plus gros que vous pourrez rencontrer, à telle cause l'ayant bien laissé mûrir en la bastardière, ne tenant compte du mince et menu dont la foiblesse ne peut donner espérance que de tardif avancement, ni résister à la violence des vents, ni à l'importunité des bêtes, qui souventes fois, en frottant, et broutant les jeunes arbres de nouveau plantés.... Le plus gros plant est le meilleur pour tost s'agrandir, de la reprise duquel ne faut douter; encore que pour sa pesanteur fallût quatre à manier un seul arbre ; à la charge que la fosse soit à grande suffisance en largeur et profondeur, pour à l'aise recevoir ses racines. »

Les cultivateurs qui désirent ne planter que des arbres faits, et ne pas avoir l'embarras de placer des tuteurs aux plus jeunes, peuvent très bien supprimer le pivot après la première année de pépinière sans avoir besoin de replanter. Il suffit à cet effet de découvrir par un de ses côtés le pied de l'arbre, de le déchausser ainsi jusqu'à quinze ou dix-huit pouces, en ménageant soigneusement tous les chevelus qu'il trouvera jusqu'à cette profondeur, alors couper le pivot, remettre les racines dérangées à leur place et combler la fosse. L'arbre ne se sentira presque pas de cette opération. Ou bien le cultivateur, pour éviter ce nouveau travail, supprimera le bout du pivot, lorsque la noix a germé dans le sable. Alors il sera sûr d'avoir un très grand nombre de belles racines latérales et bien chevelues, et l'arbre souffrira peu de la transplantation, quelle que soit sa grosseur.

Plusieurs auteurs conseillent de couper le sommet de l'arbre dans la pépinière lorsqu'il aura sept ou huit pieds de hauteur. Cette opération est absolument inutile, lorsqu'on n'a pas eu la manie d'élaguer sans cesse dans la pépinière, et lorsque sa tige n'est ni grêle ni effilée. Laissez agir la nature, elle en sait plus que vous. On sera toujours assez à temps de charger l'arbre de plaies, lorsqu'il s'agira de le transplanter. Je dirois à ces élagueurs et planteurs perpétuels : jetez un coup d'œil sur le noyer venu de semence sans transplantation et presque livré à lui-même, comparez-le avec celui que vous avez pris plaisir de maniérer ; alors jugez sans partialité. — On ne doit couper le sommet de l'arbre que lorsqu'on le plante à demeure, si on a été assuré de la beauté et de la qualité de la noix que l'on a semée.

De la greffe. L'on ne cesse de répéter que la température de l'air est changée, que les saisons ne sont plus les mêmes. Ce n'est pas le cas d'examiner ici ces assertions. Il suffit de dire que les saisons ont une révolution qui dure dix-huit ans ; mais, en général, la température a changé visiblement dans un très grand nombre de cantons du royaume et de l'Europe entière, parceque les grands abris ne sont plus les mêmes, parcequ'ils se sont abaissés, etc. (*Voyez* les mots Abri, Climat, Défrichement.) Il n'est donc pas surprenant que les gelées tardives emportent dans une matinée la récolte entière des noix. Il n'est pas au pouvoir de l'homme de s'opposer à l'effet de ces fâcheux météores ; mais le cultivateur intelligent sait profiter des avantages qu'un heureux hasard lui a procurés, en ne plantant que des noyers tardifs, ou des noyers de Saint-Jean, dont la récolte est presque sûre, à cause du retard de sa fleuraison. Chacun doit étudier la manière d'être du climat qu'il habite; et si les récoltes y sont trop casuelles, la prudence veut qu'il ne sème que des noyers tardifs, et qu'il greffe avec cette espèce les noyers précoces. Mais est-il possible de greffer le noyer?

M. Daubenton, dans l'article Noyer du Dictionnaire encyclopédique, première édition, s'explique ainsi : « Quelques uns prétendent qu'on peut greffer les noyers les uns sur les autres : ils conviennent en même temps qu'on ne peut se servir pour cela que de la greffe en sifflet, et il paroît que le succès en est assez incertain.» M. le baron de Tschoudi, dans le même article du Supplément de cet ouvrage, dit en parlant du noyer tardif : « La greffe seroit un moyen infaillible de le multiplier sans variation. Je sais qu'il reprend en approche. L'ente réussit aussi quelquefois, lorsqu'on l'exécute avec les précautions indiqueés pour l'ente du marronnier franc »; c'est-à-dire en fente ou sifflet. Il résulte de ces citations que leurs auteurs regardoient cette greffe presque comme impossible, ou du moins comme très difficile. On ne peut attribuer le manque de réussite au défaut de lumières et de manipulation des deux auteurs : je me fais un vrai plaisir de leur rendre toute la justice qui leur est due, et le tribut de louanges qu'ils ont si bien mérité. Je crois qu'on devroit plutôt attribuer au climat le manque de succès. Cette idée n'est pas si étrange qu'elle le paroît. M. Daubenton cultivoit à Montbar, M. Tschoudi, dans les environs de Strasbourg, pays très froids, comparés aux cantons du royaume où le noyer réussit le mieux. On doit se ressouvenir qu'il est originaire de Perse, et qu'ainsi il doit moins bien réussir dans le nord que dans le midi du royaume, ou dans les provinces qui l'avoisinent. M. le baron de Tschoudi a réussi quelquefois; ce commencement de succès devroit encourager les autres amateurs, et sur-tout les pépiniéristes, à multiplier l'espèce tardive. Dans les environs de Paris, on fait peu d'huile de noix; on consomme ce fruit en cerneaux ou frais ou secs; voilà pourquoi la culture et la conduite du noyer ont moins été suivies et étudiées, et cet arbre y est peu commun. Il seroit à désirer que les riches propriétaires fissent venir des pieds du noyer tardif; et lorsqu'ils produiroient du fruit, qu'ils le distribuassent à leurs voisins, afin de les engager à les semer. Il seroit plus généreux et plus profitable pour eux et pour les habitans de leurs cantons qu'ils fissent des pépinières, et qu'ils leur en distribuassent les arbres gratuitement; mais revenons à la greffe du noyer.

La méthode de la greffe en sifflet est aujourd'hui pratiquée par tous les cultivateurs des environs de Grenoble, de Romans, le long de la rive du Rhône, dans la partie du Dauphiné. Dans cette province on ne cultive en général que deux espèces de noyers ; la mésange qu'on peut appeler *noyer de mars*, et la tardive, *noyer de mai*, parcequ'elles y fleurissent à cette époque. Il vaut mieux cependant leur conserver leur dénomination ordinaire, puisque les époques des fleuraisons suivent la nature du climat. La méthode de la greffe commence même à s'introduire dans les environs de Genève, dans la Suisse, etc.

L'époque à laquelle il convient de greffer les arbres de la pépinière est lorsqu'ils sont en pleine sève. On choisit les meilleures branches du sommet, au nombre de trois ou quatre, et on supprime les autres. On peut également greffer de très gros noyers, la première ou la seconde année après qu'ils ont été couronnés. Les semis ainsi greffés n'ont plus qu'à se fortifier dans la pépinière. On fera très bien de ne les en tirer que lorsqu'ils auront, dans le milieu de la tige, cinq à six pouces de diamètre, et de rejeter rigoureusement tous ceux qui seront rabougris ou de médiocre venue. L'expérience a prouvé que de tels arbres profitent rarement.

Le bon cultivateur sait que la réussite dépend souvent des petites attentions. Aussi il a grand soin, lorsque la pousse de la greffe a quelques pouces de longueur, de l'assujettir doucement, avec un chiffon de drap coupé en lanières, contre le bout du sifflet qui excède la place de la greffe. Par ce moyen elle n'est point détruite par les coups de vent, etc.

Dans les observations qui m'avoient été communiquées par M. Duvaure, il étoit dit qu'au Courrier, près de Crest en Dauphiné, on greffoit les noyers en écusson. La possibilité de cette opération me surprit, et me porta à croire que l'auteur avoit sans doute pris involontairement un mot pour l'autre. J'ai eu l'honneur de lui écrire à ce sujet. La réponse qu'il a eu la bonté de faire à ma lettre dissipe toute incertitude. En voici le précis.

Je ne me suis point trompé lorsque j'ai dit que l'on pouvoit greffer le noyer en écusson. J'ai pour moi, non seulement l'expérience depuis dix ans que je greffe ainsi de gros noyers et des noyers de pépinières, mais encore la pratique commune de la même greffe à six lieues à la ronde de mon habitation.

Depuis la réception de votre lettre, j'ai consulté les trois greffeurs que nous avons ici, et ce sont les seuls en ce genre dans nos environs.

Vous savez, comme moi, quelle patience, quelle justesse, quelle précision exige la greffe en flûte, enfin la perte de temps qu'elle entraîne, pour peu qu'elle soit multipliée, tandis que celle en écusson est bien plus expéditive.

Le seul inconvénient de la greffe en écusson est d'être plus exposée à la rupture ou à la désunion par les coups de vent. On y remédie en coupant la pointe du jet à mesure qu'il pousse. Cette opération est répétée deux à trois fois au plus pendant la première année. La greffe en flûte exige la même précaution, mais elle est moins de conséquence.

La différence du temps seroit moins à considérer, si l'on greffoit toujours en pépinière, où trois ou quatre greffes suffisent pour chaque arbre; mais s'il s'agit de greffer de gros noyers épars çà et là et souvent très éloignés les uns des autres, le prix du temps mérite d'être compté pour beaucoup.

La plus grande partie des anciens noyers, au moins du Dauphiné, ne sont point greffés, et leur récolte est très casuelle. Pour la rendre plus sûre, les bons cultivateurs ont pris le parti de les greffer. Au mois d'octobre ou de mai on couronne l'arbre à huit ou dix pieds au-dessus du tronc : il pousse des jets considérables pendant l'année, et au printemps de la suivante, on place sur les nouveaux jets depuis cinquante jusqu'à cent greffes sur des noyers d'environ quarante ans, et bien sains. Vous devez juger par-là de quelle importance est le temps.

J'ai en mon particulier environ quarante gros noyers greffés en écusson dans l'espace de dix années; tous ceux de ma pépinière le sont également. Ce sont des faits sur lesquels vous pouvez compter, et me citer comme garant de leur authenticité.

On doit lever les écussons dès que la sève commence à être assez établie, et on les conserve dans l'eau en les y faisant tremper à la hauteur de deux pouces.

La greffe dite à *l'anglaise* se pratique avec un succès presque assuré sur le noyer, en la faisant de manière à ce que la moelle ne soit pas entamée dans sa longueur.

De la transplantation. Son époque dépend du climat. Dans les provinces méridionales, dans les cantons où les pluies sont habituellement rares au printemps et dans l'été, il est indispensable de transplanter peu de semaines après que les feuilles sont tombées; c'est-à-dire qu'il faut donner le temps à la sève de redescendre vers les racines, et laisser le tronc moins pénétré d'humidité. L'époque est à peu près fixée depuis la mi-novembre jusqu'à la mi-décembre. Alors les pluies d'hiver ont le temps de serrer, de tasser la terre contre les racines, de pénétrer plus avant dans la fosse, et par conséquent d'y retenir une humidité qui sera si nécessaire pendant l'été. A moins que la mauvaise saison ne soit très long-temps rigoureuse, les racines pousseront de petits chevelus qui se fortifieront de bonne heure au retour du printemps. Dans les provinces moins chaudes et naturellement plus humides, on fera très bien de différer les transplantations jusqu'après l'hiver. Les fosses destinées à recevoir ces arbres demandent à être ouvertes plusieurs mois d'avance. On en sent trop aisément les raisons pour y insister.

Si on a transplanté les arbres après la première année de pépinière, ou si, par une manière ou par une autre, on a arrêté le pivot, la peine sera moins grande pour déraciner l'arbre; mais, dans tous les cas possibles, on doit commencer à cerner la terre à la plus grande distance que l'on pourra tout autour des racines, et à une profondeur convenable; par exemple, en commençant par un des bouts de la pépinière, afin de ne pas les endommager et de leur conserver une très grande longueur. Je ne répèterai pas de nouveau ce que j'ai dit plusieurs fois sur l'utilité des RACINES; d'ailleurs *voyez* ce mot.

On sent bien, dans la supposition qu'on n'ait pas supprimé le pivot, qu'il sera pour ainsi dire impossible, ou du moins trop dispendieux de défoncer la terre jusqu'à la profondeur à laquelle il a pénétré, si le sol de la pépinière a eu beaucoup de fond : ce n'est pas aussi ce que je demande; cependant, si on le pouvoit, je dirois, ménagez ce pivot, donnez-lui une direction très étendue et horizontale dans la fosse, et vous aurez un arbre qui ne tardera pas à se charger de beaucoup de racines, et dont la végétation sera bien supérieure à celle de l'arbre dont on aura coupé le pivot à un ou deux pieds, quoiqu'il ait déjà beaucoup de racines latérales.

Huit pieds de diamètre sur au moins trois de profondeur sont les proportions ordinaires des fosses que l'on ouvre long-temps d'avance pour les noyers. Si on transplante le noyer avant l'hiver, il est inutile de retrancher sa tête à cette époque, et dangereux, comme quelques écrivains le conseillent, de laisser deux à trois pouces de la base des branches que l'on supprime, et d'enfoncer une cheville dans le centre, c'est-à-dire dans l'endroit de la moelle. Le bois du sommet de la tige et des branches est naturellement plus spongieux que celui du tronc, la rigueur du froid pourroit l'endommager, au lieu qu'en laissant, pendant l'hiver, l'arbre tel qu'on l'a tiré de la pépinière, il n'est point chargé de plaies, et son écorce le défend. Quelque temps avant qu'il entre en sève, on l'étête à la hauteur qu'on désire, et chaque plaie est aussitôt recouverte par l'onguent de Saint-Fiacre; et, pour plus grande sûreté, on l'assujettit au besoin avec un peu de paille, afin que les coups de vent ou les grandes pluies ne le détachent pas avant que l'écorce ait commencé à s'étendre sur la partie ligneuse de l'endroit coupé. Quant aux chicots d'un à deux pouces que l'on conseille de laisser, on doit sentir que ce n'est pas d'eux que partiront les nouvelles pousses; qu'ils pourriront peu à peu, et formeront un chancre qui gagnera à la longue le tronc de l'arbre et le rendra caverneux; dès-lors voilà une perte réelle sur le prix de ce bois si précieux pour la sculpture, la menuiserie, etc. Peu d'arbres exigent, autant que le noyer, l'application de l'onguent sur ses blessures, afin de les soustraire au contact de l'air qui y cause la pourriture.

Du sol. On ne cesse de répéter que le noyer vient par-tout; cela est vrai jusqu'à un certain point, à moins que le terrain ne soit marécageux, et encore il y subsiste si l'humidité se dissipe pendant l'été. Mais végéter d'une manière languissante, ou croître avec vigueur, la différence est extrême, soit pour la beauté de l'arbre, soit pour la quantité et la qualité du fruit. La noix de l'arbre planté dans un fond trop fertile ou trop humide ne donne pas autant d'huile que celle de l'arbre qui végète sur un sol élevé et un peu sec. L'on peut dire en général que le noyer aime les terres douces, un peu fraiches, et qui ont beaucoup de fond; qu'il se plaît dans les vallons, sur les lieux un peu élevés; qu'il aime les grands courans d'air; que, proportion gardée, il réussit mal dans les terres trop argileuses, trop crayeuses; qu'il leur préfère les graveleuses et les sablonneuses, enfin toutes celles dans lesquelles il peut facilement approfondir ses racines.

Le produit de cet arbre est très considérable lorsque la saison favorise sa fleuraison; mais sa valeur mérite-t-elle qu'on lui sacrifie celle de la production d'une bonne terre à froment, ou d'une prairie, ou d'une luzernière, etc.? Je ne le crois pas. On voit des noyers couvrir de leurs branches une étendue de plus de cent pieds de diamètre, sur laquelle il ne croît qu'une herbe rare et chétive. C'est au propriétaire à consulter son intérêt et non sa fantaisie, ou la coutume du pays, avant de planter cet arbre. Il me paroît qu'on ne doit le placer que sur les lisières des chemins, ou tout au plus sur les lisières des possessions, en observant la distance prescrite par la loi, et qui varie suivant les coutumes des provinces; c'est au cultivateur à les connoître. Je vois toujours avec peine de bons champs plantés de noyers en totalité.

Lorsque l'on plante sur le bord des chemins, six à huit toises suffisent à la distance d'un arbre à un autre. Si on pense devoir sacrifier un champ à ces plantations , il faut au moins douze à quinze toises ; alors on pourra encore espérer quelques récoltes pendant un certain nombre d'années.

L'arbre planté demande d'être , pendant plusieurs années, travaillé au pied sur deux toises de diamètre , à moins que le sol du champ ne soit labouré en entier.

J'ai vu des haies de noyers aussi fourrées que celles faites avec l'*aubépin*. Je crois même qu'il seroit possible de leur donner la plus grande hauteur de nos charmilles, en couchant presque parallèlement les branches , et en supprimant tout canal direct de la sève. Cette assertion est purement idéale. Je n'ai fait aucune expérience à ce sujet; mais il me paroit qu'une telle palissade produiroit beaucoup de fruit , attendu sa grande surface de chaque côté, et sur-tout parceque le noyer ne produit son fruit qu'à l'extérieur.

On dit communément que les noyers craignent les grandes chaleurs de nos provinces méridionales. J'en ai trois qui réussissent à merveille et portent chaque année beaucoup de fruit. Il est plus probable qu'on ne le cultive pas , parceque l'olivier le remplace avantageusement, et que trois oliviers prospéreront dans une étendue à peine suffisante pour un noyer ; enfin parceque la qualité et le prix des deux huiles qu'ils donnent ne peuvent pas être comparés. Le noyer n'est regardé dans nos provinces que comme un arbre fruitier, et rien de plus.

De la taille. Tant que l'arbre n'a que quinze à vingt ans, la taille après l'hiver est préférable à la taille faite après la chute des feuilles , sur-tout dans les pays où le froid est ordinairement rigoureux ; la coutume de plusieurs cantons est de tailler aussitôt après la récolte du fruit : cette méthode est vicieuse, en ce qu'il reste encore trop de sève dans l'arbre; il s'en fait une grande extravasion par la plaie ; elle se trouve baignée quand le froid survient , l'écorce n'a pas eu le temps de se cicatriser , et le froid a plus de prise. C'est toujours de l'amputation des grosses branches faite à contre-temps, ou mal faite , que naissent les chancres et les cavités du tronc. On ne doit jamais couper une grosse branche, sans recouvrir la plaie avec l'*onguent de Saint-Fiacre*, ou sans clouer par-dessus une planche dont tout le tour est mastiqué avec le même onguent. Les clous qui entrent dans le tissu ligneux n'y portent aucun préjudice , puisque cette partie du bois ne se régénère pas , et qu'elle n'est dans la suite recouverte que par la seule écorce. A la fin de la première année, ou après la seconde , suivant l'étendue de la plaie, on peut supprimer la planche : cet expédient paroîtroit minutieux , si on ne comptoit pour rien la grande valeur d'un beau tronc de noyer bien sain : c'est le seul moyen de l'empêcher de devenir caverneux, à moins qu'il n'ait été semé en place, et simplement élagué dans les commencemens, pour assurer la hauteur du tronc.

Le noyer livré à lui même dispose ses branches et sa tête en forme ronde ; c'est donc sa forme naturelle et celle qu'on doit lui conserver : le grand point est de lui laisser toujours un tronc fort élevé, à cause de sa valeur, quand il est sain, et afin que les branches s'élancent en l'air. Les branches doivent être disposées de manière qu'elles ne s'entrelacent pas les unes avec les autres ; que l'arbre soit dégagé dans le centre, afin que l'on puisse aisément aboutir aux différentes parties, pour faire tomber le fruit lors de la récolte.

La feuillaison des branches s'exécute toujours sur le bois nouveau de l'année précédente ; c'est une des raisons principales pour qu'elles s'allongent sans cesse, et que le plus grand poids soit à l'extrémité. Ainsi, en supposant que, par la taille, on ait donné à une mère-branche, par exemple, la direction de l'angle de quarante-cinq degrés, on ne sera pas étonné si peu à peu elle prend celle de cinquante ou de soixante, sur-tout si on ajoute au poids de la branche et des feuilles celui du fruit : il résulte donc de la croissance, du prolongement et de l'inclinaison annuelle des mères-branches et des rameaux secondaires, que les inférieures toucheront presqu'à terre, et que les branches supérieures s'inclineront sur les inférieures ; que celles du sommet, moins longues, conserveront la perpendicularité jusqu'à ce que, pressées par de nouvelles, elles suivent la même loi des premières : enfin, de pression en pression s'établit la forme ronde de la tête de l'arbre. On cherchera en vain à la contrarier en taillant l'arbre en BUISSON (*voyez* ce mot), peu à peu il reprendra ses droits. Je ne veux pas dire qu'il ne faille tailler cet arbre ; au contraire, je demande la suppression des branches les plus basses, lorsque les rameaux sont près de terre : il en résulte deux avantages ; l'arbre a plus d'air dans l'intérieur de ses branches, et les branches du sommet s'élèvent davantage ; enfin, par la suppression des branches inférieures on a une plus grande partie de champ à cultiver ; d'ailleurs il est rare que les fruits placés sur ces rameaux pendans et rapprochés du sol soient pour le propriétaire : c'est sur-tout après l'amputation de ces grosses branches, que l'on doit faire usage de l'*onguent de Saint-Fiacre*, recouvert par une planche, parceque la cicatrice se forme difficilement : le bon cultivateur ne se hâte pas de les séparer du tronc ; il élague les rameaux extérieurs, à mesure qu'ils s'inclinent trop, et même les branches secondaires qui partent des premières ; il évite par ce moyen la surcharge du poids à l'extrémité du levier, et prévient l'inclinaison des mères-branches et de ses rameaux. On doit même observer que l'amputation des mères-branches sur les vieux noyers leur est très préjudiciable, et que peu à peu l'arbre périt.

C'est sur-tout pendant les vingt premières années après la plantation qu'on doit s'occuper essentiellement de la formation de la tête de l'arbre; jusqu'à cette époque son produit est de peu de conséquence; il vaut mieux le sacrifier à l'accroissement de l'arbre. Si on diffère sa propre jouissance, c'est pour mieux jouir dans la suite. Il est même essentiel, jusqu'à un certain point, d'empêcher l'arbre de se mettre à fruit, puisque le bois y gagnera beaucoup. Tous les ans, ou tous les deux ans, on peut émonder cet arbre, 1° de tous les bois morts s'il y en a; 2° des branches qui se disposent mal; 3° des rameaux trop pendans. Cette époque passée, il n'a presque plus aucun besoin du secours de l'homme, à moins qu'un coup de vent, un ouragan n'aient brisé et déchiré quelques unes de ses fortes branches, ou bien pour un peu recéper les rameaux trop pendans vers l'extérieur.

Dès qu'on voit que l'arbre commence à être sur le retour, que sa tête commence à se charger de bois mort, il est temps de mettre la cognée à sa racine, afin de prévenir un dépérissement qui diminue beaucoup la valeur du tronc. L'époque de la coupe de ces arbres est lorsque la sève est concentrée dans les racines, lorsque depuis quelques semaines il règne un vent du nord sec et même froid; la lune n'influe en rien sur cette coupe. Dès que cet arbre est couché par terre, on coupe toutes ses branches près du tronc; on ménage les plus grosses, afin de leur conserver leur longueur; et les petites sont brisées et destinées au feu. Aussitôt après la séparation des branches il convient d'écorcer le tronc, et de le placer ensuite droit sous un hangar, afin qu'il sèche plus vite. Si on désire donner à ce bois une qualité supérieure, et diminuer le volume de son aubier, on écorcera le tronc sur pied pendant l'hiver, un an avant d'abattre cet arbre : cette petite préparation est un peu dispendieuse, et d'un très grand avantage, principalement pour les beaux troncs des arbres semés à demeure, et dont on n'a pas coupé le pivot.

On demande si, supposition faite que le noyer ne portât point de fruit utile, on devroit le semer et le cultiver uniquement pour son bois? Oui sans doute, puisque c'est le bois le plus utile pour la sculpture, pour la menuiserie, et sur-tout pour les grosses vis; car outre sa force il est souple et pliant; enfin que coûte t-il de hasarder quelques noix dans les scissures des rochers, et même dans des terrains ingrats, dont on ne retire aucun produit? on dit que les noyers attirent la foudre plus que les autres arbres, cela est vrai, en raison de leur grande circonférence et de l'humidité dont ils se chargent pendant l'orage, l'eau étant un excellent conducteur de l'électricité, et par conséquent du tonnerre. Nos ancêtres plus sages, et sur-tout plus économes que nous, plantoient en noyers les avenues de leurs châteaux, de leurs maisons de campagne ; un luxe mal entendu leur a fait substituer le tilleul stérile ou l'ormeau parasite ; cependant le noyer est le plus bel arbre de l'Europe, et celui dont le produit est le plus considérable. Deux raisons ont concouru à sa proscription ; la première, parcequ'il produisoit du fruit, et parcequ'il n'étoit pas décent, ou du bon ton, qu'un grand seigneur ne parût pas sacrifier tout à l'agrément. Le bourgeois a été assez sot pour imiter le grand seigneur. La seconde, parceque la transpiration des feuilles de cet arbre est forte, son odeur désagréable et porte à la tête. La première tient à une puérilité, mais la seconde est plus réelle ; cependant il est si facile d'y remédier, que l'on doit être étonné que l'on ne s'en soit pas plus tôt avisé. Si on reste long-temps sous un noyer, on se sent la tête pesante, et le malaise est quelquefois porté au point de donner des envies de vomir. Eprouve-t-on cet état fâcheux sous tous les noyers ? Non, sans doute ; mais uniquement sous ceux dont les rameaux pendent de tous côtés, presque jusqu'à terre ; alors on se trouve comme sous un toit, sous une espèce de calotte où l'air se renouvelle difficilement ; l'air qui s'échappe du noyer par la transpiration, vicie l'air atmosphérique ; mais supprimez jusqu'à une hauteur proportionnée les branches et les rameaux inférieurs, alors vous établirez un grand courant d'air qui dissipera la mauvaise odeur.

C'est dans ces avenues que l'on doit principalement semer des noix à demeure, afin que l'arbre pivote, s'élance dans les airs, prenne un port si majestueux et si imposant, qu'aucun autre arbre ne sauroit entrer en concurrence. Alors l'homme, guidé par le luxe ou par la mode, sera satisfait ; l'idée de récolte ne le fatiguera plus, car elle sera très médiocre. Il pourra même, s'il le veut, faire tailler les branches en palissade du côté opposé à l'allée de l'avenue, faire exercer les ciseaux et le croissant de ses jardiniers, et les branches de l'intérieur formeront d'elles-mêmes le plus beau des berceaux. Qu'il est cruel cet empire du luxe et de la mode ! Il dépeuple d'hommes nos campagnes, les attire dans les villes et anéantit nos arbres les plus précieux, pour leur en substituer d'autres dont le bois est de nulle valeur !

Récolte et conservation du fruit. Plusieurs écrivains qui n'ont

connu que Paris, ses environs, et quelques unes des provinces
du nord du royaume, regardent la récolte des noix comme de
peu de conséquence ; c'est aussi l'opinion de M. Hall, Anglais,
et son rédacteur rend ainsi sa pensée. « Quoiqu'on élève des
noyers principalement dans la vue de s'en procurer le bois,
on ne doit point compter sur le profit qu'on peut tirer de leur
fruits. » Ces assertions prouvent tout au plus que les noyers ne
réussissent pas aussi bien dans ces parties du nord que dans le
centre et le midi de la France. (J'appelle ici *nord* tout ce qui
l'est ou géographiquement ou pour son élévation ; en un mot,
les pays ou sans vignes, ou avec des vignes dont le raisin mûrit à
peine.) Si on ouvre le second volume des mémoires de la société d'agriculture de Bretagne, on y lira, page 241 : « Il vient
d'Anjou, de Touraine et d'autres lieux, une grande quantité de
noix dont les droits en entrant en Bretagne doivent être per-
çus sur le pied du poinçon. Une contestation entre le receveur
et ceux qui font ce commerce fit désirer de savoir exactement
quelle était la capacité du poinçon de noix. « Les recherches
qu'il fallut faire à cette occasion démontrèrent à M. de Mont-
audoin de quelle importance étoit le commerce des noix pour
la Bretagne. Il l'avoit regardé jusqu'alors comme une branche
de fruiterie qui ne paroissoit pas devoir former un grand objet.
Il fut détrompé par une personne qui avoit fait ce commerce
pendant long-temps, et qui lui assura qu'il entroit chaque
année, par le *seul port de Nantes*, pour huit à neuf cent mille
livres de noix. Qu'on regarde cette évaluation comme exagérée, qu'en conséquence, on la réduise à la moitié, il restera
encore quatre cent cinquante mille livres que la province paie
tous les ans. »

Si on parcourt les provinces déjà citées, l'Angoumois, l'A-
génois, une partie du Languedoc, tout le Dauphiné, le Lyonnais, le Forez, le Beaujaulois, l'Auvergne, etc., etc. : on se
convaincra que le montant de la récolte des noix, destinée à
être convertie en huile, excède de beaucoup, et de beaucoup
la valeur de celle de l'huile d'olive qu'on fabrique en Provence et en Languedoc. Il est démontré que le peuple de
plus de la moitié de la France ne consomme d'autre huile que
celle de noix. Revenons à la récolte des noix.

L'époque de la récolte n'est pas chaque année rigoureusement fixe dans le même canton ; elle dépend de la saison. Elle
varie également d'un climat à l'autre, et sur-tout par rapport
aux espèces : le noyer de Saint-Jean n'est pas la seule de cette
qualité ; on en compte plusieurs, parmi les noix communes,
qui sont plus ou moins tardives. L'époque, à peu près générale,
est depuis le milieu de septembre jusqu'à la fin d'octobre.

L'on connoît que le fruit est mûr lorsque son brou ou enveloppe se crevasse et se détache du fruit. Alors des hommes avec des perches longues, minces, et dont le bout est flexible, frappent successivement, et suivent toutes les branches du bas de la partie à laquelle ils peuvent atteindre. Les grands coups sont inutiles et nuisibles; ils affectent, meurtrissent le jeune bois, et font tomber un grand nombre de feuilles encore nécessaires à la perfection du bouton ou œil placé à leur base, qui doit pousser l'année suivante, et dont elles sont les mères nourricières. Il est très rare qu'un bourgeon un peu fortement meurtri donne du fruit l'année d'après.

Après ce premier battage, les mêmes hommes montent sur l'arbre, gagnent de branches en branches, et les gaulent successivement jusqu'à ce que tout l'arbre soit dépouillé de tous ses fruits. Il seroit à désirer qu'on pût cueillir les noix avec la main, mais la chose est impossible. Elles sont toujours à l'extérieur de l'arbre, et l'extrémité des branches est trop foible, et casseroit sous le poids de l'homme. Les femmes, les enfans, les vieillards sont occupés à ramasser les noix par terre et à les mettre dans les sacs. *Voyez* GAULER.

Si les noyers étoient renfermés dans une enceinte, si les propriétés étoient respectées; il seroit inutile d'abattre les noix, et on épargneroit aux rameaux un grand nombre de meurtrissures. Le vent seul, la maturité complète du fruit, et le dessèchement de son pédoncule, suffiroient pour le détacher de l'arbre.

M. Hall, déjà cité, dit : il est essentiel de prémunir le cultivateur contre une erreur vulgaire. Comme il est difficile de cueillir le fruit à la main, on a contracté l'habitude de l'abattre avec des perches, et de cet usage, qui est un abus très nuisible, est née une erreur qui s'est établie invinciblement : elle consiste à croire que cette façon d'abattre le fruit est très favorable à l'arbre; erreur d'autant plus grossière que l'on ne sauroit cueillir les noix avec trop de précaution, parcequ'on abat une quantité de feuilles avec le fruit, et que, foulées sur le terrain, elles y laissent un suc qui lui est très pernicieux. Il n'y a d'autre moyen de remédier à ce préjudice que d'en enlever toutes ces feuilles et ces petites branches de dessus le sol, en y répandant de la cendre; ce qui seroit très avantageux à l'arbre et à toutes les plantes qui sont aux environs.

Je conviens avec M. Hall du mal que l'on fait aux rameaux en les gaulant, par les raisons indiquées ci-dessus; mais lorsque l'arbre jouit d'une certaine élévation, il faudroit des échelles immenses, presqu'impossibles à manier, ou des échafauds portés sur des roulettes. Or l'on conçoit avec quelle peine on remueroit, on disposeroit les uns ou les autres sur

des sols inclinés, sur des coteaux, etc. C'est donc un mal iné-
vitable que de gauler; mais la main de l'ouvrier le diminue
beaucoup, s'il est exercé à conduire la gaule.

Quant au suc dangereux que les feuilles communiquent au
sol, c'est une supposition gratuite. On a grand soin ou de les
laisser pourrir sur place, ou de les ramasser soigneusement
afin d'en faire la litière sous le bétail. Certes, ce fumier n'est
pas le plus mauvais, et l'expérience prouve qu'il ne nuit à
aucune des productions de la campagne quand il est bien consommé. Les feuilles qui se dessèchent sur place ne perdent
que leur eau de végétation, et conservent tous leurs autres
principes. Cependant, en se décomposant par la pourriture,
on ne voit pas qu'elles endommagent le sol; entre la feuille
sèche et la feuille verte, l'absence ou la présence de l'eau de
végétation fait toute la différence; elles ne lui nuisent pas plus
dans un état que dans un autre.

Lorsque toutes les noix d'un arbre sont abattues, on passe à
l'arbre voisin sur lequel on renouvelle la même opération, et
ainsi de suite. Pendant ce temps on remplit les sacs avec les
noix ramassées, et on sépare celles qui sont détachées de leur
brou d'avec celles qui lui restent encore attachées. Cette précaution n'est pas de rigueur, mais elle est avantageuse et épargne
beaucoup de peine dans le grenier.

C'est communément dans des sacs que l'on transporte les
noix du champ à la métairie; on les étend sur le plancher du
grenier, sur deux à trois pouces d'épaisseur, et chaque jour on
les remue avec des pelles de bois, afin de dissiper l'humi -
dité; cette opération dure environ un mois et demi. Les noix
qui tiennent au brou sont mises dans un semblable monceau,
mais séparées, et à chaque râtelée on a soin de retirer le brou
qui en est détaché. Dans quelques cantons on amoncelle pêle-
mêle les noix avec leur brou ou sans brou, à la hauteur de
plusieurs pieds; c'est, dit-on, pour les *faire suer*, et on les
laisse ainsi pendant quinze jours de suite plus ou moins : il
en résulte que la fermentation s'établit dans le monceau, que
l'amande travaille intérieurement, que sa chair s'altère, et
que l'huile qu'on en retirera ensuite aura un goût fort.

Lorsque les noix ont été séchées d'après la première méthode, qui est à tous égards la meilleure, on les renferme dans
un endroit qui ne soit ni trop chaud ni trop frais, afin de les
empêcher de rancir, et souvent dans les coffres en bois de
noyer destinés à cet usage, et qui les mettent à l'abri des
vicissitudes de l'atmosphère, tantôt sèche, tantôt humide. Les
noix s'y conservent bonnes à manger d'une année à l'autre.

Le surplus de la récolte de celles que l'on garde pour manger
est destiné à faire de l'huile.

De l'huile. La noix, dans l'état de cerneau, renferme à la vérité les matériaux qui doivent dans la suite constituer l'huile, mais l'huile n'y est point encore formée ; elle est alors dans son genre ce que l'égrat ou verjus est au raisin avant sa maturité, c'est-à-dire que la substance vineuse n'est pas développée dans le fruit ; il faut que la maturité opère cette magnifique et surprenante révolution.

L'amande blanche de la noix dont la pellicule qui la recouvre se détache encore aisément commence à avoir, mais en très petite quantité, quelques parties huileuses ; ce n'est que lorsque cette pellicule devient fortement adhérente, que l'huile remplace la partie émulsive...... Ces différens états indiquent donc l'époque à laquelle on peut commercer à envoyer le fruit au pressoir. Si on se presse trop, on perdra beaucoup d'huile, et une même masse du fruit bien conservée en donnera beaucoup plus à la fin de l'année que trois mois après la récolte.

L'émondage des noix est une des plus agréables occupations des villageoises ; femmes, filles, garçons, enfans, se rassemblent à la veillée, tour à tour dans les différentes habitations ; les uns cassent les noix ; les autres, assis autour d'une vaste table éclairée par une lampe, séparent le fruit des coquilles. L'on chante, l'on rit, l'on fait des contes, et la joie règne dans ces assemblées. Si par mégarde une fille laisse un débris de coquille avec le fruit choisi, le garçon qui s'en aperçoit l'embrasse, afin de la rendre plus attentive à l'avenir, et quelquefois il est secrètement lui-même l'auteur de la faute dont il retire tout l'avantage. Comme les pères et les mères sont présens à l'émondage, tout y est décent, car les mœurs habitent encore aux villages un peu éloignés des grandes villes.

Les émondeurs et les émondeuses ont l'attention de ne laisser aucun débris de noix dans les coquilles, ni les débris des coquilles parmi les noix ; enfin de séparer les amandes en deux lots. Le premier de ces lots est destiné à celles dont la couleur blanche indique l'amande saine, et le second à celles dont la couleur est foncée ou noire. Les premières fournissent l'huile pour les apprêts, et les secondes pour brûler.

Les personnes chargées de casser les noix peuvent éviter beaucoup de peines aux émondeuses, s'ils ont l'attention de tenir la noix de la main gauche, qu'elle porte d'aplomb sur un billot, et la pointe en haut, sur laquelle frappe le petit maillet de bois tenu de la main droite.

Cependant il y a des espèces de noix dont la coquille est très dure, contournée, profondément sillonnée en dedans et en dehors, dont on ne peut casser la coquille sans briser l'amande, et encore, quelque précaution que l'on prenne, il reste des

débris de l'amande dans les cavités de la coquille. L'émondage
de telles noix exerce beaucoup la patience, et fait perdre
beaucoup de temps. Dans certains cantons, on les appelle les
noix des amoureux, parceque les filles les donnent aux garçons pour les éplucher.

Les noix à coques ou coquilles dures sont beaucoup meilleures au goût et donnent plus d'huile que celles à coques
tendre, ainsi qu'il est généralement reconnu dans les pays à
noix; mais elles sont plus petites. Ce fait s'explique par la moins
grande déperdition qu'elles font, et par la moindre influence
des circonstances atmosphériques, influence qui est toujours
très puissante sur les graines huileuses.

On ne doit pas différer d'envoyer au moulin les noix émondées. La coquille et la pellicule qui recouvroient auparavant
l'amande la garantissoient du contact de l'air et de la corruption; mais dès qu'une partie de l'amande est brisée, séparée de sa pellicule, elle devient bientôt rance, d'une saveur
exécrable, et elle communique promptement au reste de l'a-
mande ses mauvaises qualités. Les noix émondées sont mises
dans des sacs et portées au moulin. Il faut environ quarante
livres de noyaux pour faire une bonne mouture; le plus ou
moins de poids dépend de la coutume du canton.

Le noyau est jeté sur la table du moulin; une roue perpendiculaire, mue par l'eau ou par le vent, ou traînée par un cheval,
l'écrase et le réduit en pâte; cette pâte est mise dans l'auge du
pressoir, un billot de bois par-dessus, taillé de la largeur de l'auge,
et sur lequel on baisse la vis, dont l'effort de pression oblige l'huile
de se séparer du marc. Cette huile est appelée *huile vierge*,
parcequ'elle est tirée sans le secours du feu ou de l'eau chaude.
La pâte retirée de dessous la presse est ensuite ou échaudée
avec l'eau bouillante, ou échauffée dans une bassine avec l'addition d'un peu d'eau; enfin, soumise de nouveau à la presse,
elle fournit ce que l'on appelle l'*huile cuite*, dont le goût est
fort. Le marc ou résidu après la pression est appelé *pain de
trouille*; il est excellent pour engraisser la volaille, pour la
nourriture des bestiaux, est très utile pour faire la soupe aux
chiens de basse-cour, enfin forme un excellent engrais.

Si on désire de plus grands détails sur la fabrication de cette
huile, sur la manière de lui conserver long-temps sa bonne
qualité, il faut consulter les articles HUILLE et MOULIN A
HUILE.

L'huile que l'on retire par expression de la noix sert aux
mêmes usages que celles des olives; elle a les mêmes principes.

Il faut cependant convenir que l'huile de noix, même tirée
sans feu, et qu'on appelle *vierge*, a un goût de fruit qui ne

plaît pas au premier abord à ceux qui n'y sont pas accoutumés, mais auquel on s'accoutume plus facilement qu'à celui de *fort*, *d'âcre*, si commun aux huiles d'olives. Le noyer supplée l'olivier dans presque toutes les provinces de l'orient, de l'occident et du centre du royaume, excepté dans celles du nord, où il ne réussit pas très bien. Cette différence mérite un examen particulier.

Avantages et inconvéniens de la culture du noyer. M. Duvaure s'explique ainsi dans les observations qu'il a eu la bonté de me communiquer sur la culture du noyer. J'ai beaucoup de noyers dans ma campagne (près de Crest en Dauphiné); j'ai suivi alternativement le rapport de plusieurs, plantés dans un assez bon sol. Le produit a été plusieurs fois de dix mesures du pays par chaque arbre; chaque mesure contient environ soixante-cinq livres de froment, poids de marc, et le produit de dix mesures a été de vingt-cinq à trente livres. Je pourrois citer plusieurs exemples semblables; je ne conclus pas de là que chaque noyer puisse produire autant, puisque le produit tient beaucoup de circonstances locales; mais ce que je dis prouve le parti qu'on peut tirer de cet arbre.

Ce qui le rend précieux à mes yeux, c'est le peu de mise que sa récolte exige. J'ai éprouvé plus d'une fois que 30 à 36 livres de frais suffisoient pour récolter une masse de noix dont le produit étoit environ de 400 livres.

Trowel dit qu'un bon noyer, très bien conditionné, se vend en Angleterre 40 jusqu'à 50 liv. sterlings; et M. Hall assure que cet arbre a plus de qualité en Angleterre qu'en France. Sans entrer dans l'examen de ces faits, on doit convenir qu'aucun arbre ne mérite plus d'être cultivé que le noyer, si de telles assertions sont vraies; ce qu'il y a de très certain, c'est que le tronc du plus beau noyer de France ne sera pas vendu au-delà de cinq à six louis d'or.

Les ébenistes, les menuisiers, les carrossiers sur-tout, se passeroient difficilement de ce bois; il est doux, flexible, liant, souffre le ciseau, prend un beau poli, fournit des planches larges, minces, et qui se prêtent, au moyen du feu, à tous les contours qu'on veut leur donner; enfin ce bois une fois sec ne se tourmente point, ne se resserre pas, et reste dans le même état où il est employé. Les tourneurs, les statuaires et les sculpteurs font beaucoup de cas de ce bois, et il seroit très difficile de le suppléer par un autre.

Tel est le précis de l'éloge que mérite le noyer : examinons actuellement par quelles raisons le nombre de ces arbres diminue de plus en plus dans certaines parties de la France, et s'il est dans l'ordre de la bonne économie de le diminuer.

Il faut attendre plus de vingt ans avant d'avoir une récolte passable de l'arbre que l'on a planté, et soixante pour qu'il soit dans sa perfection ; il est long-temps en pépinière, et on aime à jouir : peu de cultivateurs prennent la peine d'en établir ; il faut donc, en général, recourir aux pépiniéristes qui vendent chèrement ces arbres : ces raisons réunies s'opposent aux remplacemens.

On a vu très souvent des récoltes entièrement perdues par des gelées tardives. On voit chaque jour de très grands espaces sacrifiés dans les meilleurs champs au noyer, et aucun grain ne prospérer sous son ombre ; et cette perte a excité beaucoup de regrets ; enfin la muriomanie est survenue, et dans un quart d'heure on a décidé la suppression d'un arbre qui, depuis soixante ans, faisoit l'ornement d'une campagne ; on a pris pour excuse l'ombre funeste du noyer, et l'on n'a pas examiné que les racines du mûrier feroient beaucoup plus de tort ; que la cueillette des feuilles abîmoit les champs semés ; enfin on n'a pas mis en problème lequel de ces deux arbres rapportoit ou rapporteroit le plus au propriétaire : dans tout ceci, il n'est question que du noyer destiné à la récolte des noix, et, par conséquent, planté dans un bon fonds.

D'après cet exposé, le cultivateur doit-il ou ne doit-il pas arracher tous les noyers plantés dans l'intérieur de ses champs ? Je serois pour l'affirmative ; doit-il supprimer ceux des lisières, des bordures des chemins, et les remplacer par des mûriers ? Je ne le crois pas : ces deux sentimens sont susceptibles de beaucoup de modifications qui tiennent à la localité, et que le cultivateur peut infiniment mieux apprécier que moi qui parle en général.

Il est constant que la Provence, le Bas-Dauphiné et le Languedoc ne fournissent pas la vingtième partie de l'huile d'olive qui se consomme en France : on est donc forcé de recourir à d'autres huiles que celle des olives. La noix est donc une ressource bien précieuse ; mais l'est-elle si fort qu'on ne puisse s'en passer ? c'est le vrai point de la question : s'il m'est permis d'avoir un avis sur ce sujet, je ne craindrois pas de dire que, si des expériences réitérées, et faites avec soin, me prouvoient que, pendant l'année des jachères, mes champs étoient susceptibles de produire du Colsat, de la Navette, du Pavot (*voyez* ces mots), je préférerois leur culture au produit du noyer : il en résulteroit de grands avantages ; les champs seroient Alternés, (*voyez* ce mot), et la récolte en grain y seroit complète et beaucoup meilleure ; on auroit donc chaque année un produit plus considérable que ne le sera jamais celui du champ planté en noyers. Ces assertions paroîtront peut-être des paradoxes aux yeux de ceux qui jugent sans examen, ou qui sont accoutumés depuis leur tendre enfance à voir des noyers. Je leur demanderai de ne pas les juger, les condamner sans avoir fait des expériences; je leur citerai l'exemple de plusieurs grands tenanciers du Beaujolais, etc., qui ont supprimé les noyers, pour suivre la culture des graines à huile, et qui s'en trouvent si bien, que leur exemple gagne de proche en proche. Je ne parle pas d'une suppression totale: il convient au contraire de boiser les bords des chemins, de former des avenues, de planter les balmes, et même, s'il se peut, de hasarder des semis de noyers dans les crevasses des rochers; cet arbre donne un air d'opulence aux campagnes; il flatte le coup d'œil, son bois est précieux, mais la culture des grains doit passer avant tout.

Le Flamand, le Picard, l'Artésien, etc. ne cultivent le noyer que pour avoir le plaisir de manger son fruit en cerneaux, ou des noix fraîches; ils le cultivent uniquement comme arbre fruitier. Les graines à huile leur suffisent, et l'huile qu'ils en retirent est un gros objet de commerce; ils ont vu que le noyer occupoit un trop grand espace, et que cette étendue de terrain pouvoit être remplie d'une manière bien plus utile. Le climat et le sol s'opposent, à la vérité, à la belle végétation de cet arbre; la récolte du fruit y est très casuelle, et si l'on y plantoit le noyer tardif, afin de prévenir les effets des gelées, la noix n'auroit pas le temps d'y mûrir. Soit par cette raison, ou par telle autre, cet arbre n'est dans ces provinces qu'un simple arbre d'agrément, un simple arbre fruitier.

Propriétés. L'huile de noix, tirée sans feu, peut être employée dans tous les cas où celle d'olive est d'usage. Le cerneau est indigeste, ainsi que les noix fraîches; mangez-en une grande quantité, ils fatiguent la poitrine. La noix sèche provoque la toux. Les feuilles froissées et récentes, ou leur suc, détergent les ulcères rebelles, sanieux, vermineux et peu douloureux. L'eau dans laquelle on a mis infuser pendant plusieurs jours quelques feuilles, donnée à la dose de deux verres par jour, a souvent produit de très bons effets dans les affections scrofuleuses.

Le brou a un goût acerbe, amer et un peu âcre; il est vomitif, et son suc astringent. Les chatons sont un peu émétiques et sudorifiques; le suc de la racine fraîche est diurétique, et même un violent purgatif.

Avec des noix encore vertes et tendres, on prépare une confiture qui est stomachique.

Lorsque l'on veut passer en couleur les carreaux d'un appartement, on fait bouillir dans un chaudron, et réduire en pâte, les brous de noix, et on n'y ajoute que la quantité d'eau suffisante pour que le fond du chaudron ne brûle pas. Alors, le tout se réduit en pâte, dont on recouvre tous les carreaux. On laisse sécher, on balaie, on cire et on frotte.

Les menuisiers, charpentiers, etc., ont chez eux en réserve un vase rempli de brou qui trempe dans l'eau, et ils se servent de cette eau pour donner aux bois blancs une couleur de noyer.

Les teinturiers emploient la racine et le brou, et leur teinture est très solide.

L'extrait du brou mêlé avec un peu d'alun sert aux dessinateurs pour laver leurs plans.

L'huile de noix est la meilleure que l'on puisse employer en peinture. Pour l'avoir plus belle, on la met dans des vases de plomb de forme aplatie, et on l'expose ainsi au soleil. Si, lorsqu'elle y a pris la consistance d'un sirop épais, on la dissout en y ajoutant de l'essence de térébenthine, il en résulte un vernis gras, propre aux ouvrages de menuiserie. Elle reçoit dans cet état les couleurs qu'on veut lui donner, telles que la céruse, le minium, etc.

L'eau ou le ratafia de noix est assez employé dans les campagnes comme stomachique. Prenez douze noix vertes, avec leur brou, jetez-les dans une pinte de bonne eau-de-vie, après les avoir un peu concassées ; trois semaines après, décantez la liqueur et ajoutez-y du sucre. (R.)

Les forêts de l'Amérique septentrionale renferment un grand nombre d'espèces de noyers, dont plusieurs se cultivent dans les jardins et pépinières des environs de Paris, mais dont la nomenclature n'est rien moins que connue. C'est de Michaux fils que les botanistes doivent attendre la fixation des caractères qui les distinguent, et des noms qu'il est le plus convenable de leur laisser. Quoique j'en possède une vingtaine en herbier, que j'ai vus dans le pays, ou cultivés dans les pépinières impériales, je n'en citerai que six ; savoir,

Le NOYER NOIR, qui a les bourgeons et les pétioles presque glabres, neuf à dix paires de folioles en cœur, lancéolées, dentées; les fruits presque ronds, hérissés d'aspérités, terminés par une pointe saillante ; la noix également ronde, profondément et irrégulièrement ridée et sillonnée, d'un pouce et demi de diamètre.

C'est un arbre de première grandeur, d'un superbe port, et dont la cime est très vaste. Il croît avec une telle rapidité, qu'il n'est pas rare qu'il atteigne à six pieds de haut en trois ou quatre ans dans les pépinières impériales. Son bois, d'un gris brun de diverses nuances, est propre à tous les services du noyer ordinaire et à plusieurs autres. Son acquisition peut être pour la France d'un avantage inappréciable. Déjà beaucoup de pieds donnent, dans les environs de Paris, des graines qui permettent de le multiplier abondamment. J'avois fait des dispositions pour en augmenter le nombre, mais elles ont été rendues nulles par l'effet d'une crasse ignorance ou d'une coupable malveillance. On ne peut trop engager les propriétaires à le planter en avenue, objet auquel il est extrêmement propre, même peut-être plus propre qu'aucun autre arbre susceptible de lui être comparé sous ce rapport, soit pour l'agrément, soit pour l'utilité. Je ne doute pas qu'un jour les vœux que je forme seront exaucés, tant je suis pénétré de sa supériorité. Son amande, recouverte d'une coquille extrêmement épaisse, est fort huileuse, mais très désagréable au goût.

C'est au printemps qu'on doit mettre en terre les noix du noyer noir, noix qu'on aura conservées en jauge pendant l'hiver. Elles lèvent assez promptement. Comme celui de tous les arbres à long pivot, le plant qui en provient ne devroit pas être repiqué; mais cela devenant impossible dans les pépinières, il faut donc le relever dès l'hiver suivant soit pour le mettre en place, en respectant ce pivot, ou soit pour le repiquer autre part en le supprimant. Toujours cette dernière opération nuit à la croissance de ce plant, mais elle ne l'empêche pas. Les années suivantes on donne des binages; il est rarement utile de faire usage de la serpette.

On multiplie aussi assez facilement le noyer noir par le moyen des marcottes; mais les arbres qui en proviennent ne sont jamais aussi beaux que ceux venus de semis.

Une terre un peu fraîche et profonde paroît être la plus convenable à cet arbre; cependant j'en ai vu de superbes pieds dans des sables en apparence fort arides.

Le NOYER MAILLET, qui a les bourgeons et les pétioles velus, neuf à dix paires de folioles en cœur, lancéolées, dentées; les fruits presque ronds, presque glabres, terminés par un mucron; la noix plus large que haute, et sillonnée ou ridée irrégulièrement.

Cette espèce diffère peu de la précédente, mais s'en distingue fort bien à toutes les époques de l'année quand on compare leurs diverses parties. J'en connois plusieurs pieds portant des fruits dans les jardins des environs de Paris, et ils offrent tous les mêmes caractères.

L'analogie porte à croire que ce que j'ai dit de la précédente s'applique complètement à celle-ci; cependant je n'ose rien avancer de positif, ne l'ayant remarquée que depuis peu, et n'ayant aucune observation sur ce qui la concerne.

Il en est de même du NOYER OMBILIQUÉ, également confondu jusqu'à présent avec le noyer noir, mais fort distinct lorsqu'on compare leurs parties correspondantes. Ses bourgeons, ses pétioles et ses ovaires sont légèrement velus. Ses feuilles offrent dix à onze paires de folioles lancéolées, glabres, et légèrement pétiolées. Ses fruits, dès leur première jeunesse, se font remarquer par l'ombilic qu'ils présentent à leur sommet, ombilic souvent fort large, et qui fait croire qu'il y a deux brous concentriques, dont l'extérieur est plus court. M. Héricart de Thury est le premier qui m'ait fait connoître cette noix; mais cette année les deux grands noyers de la pépinière du Roule, qui ont fleuri pour la première fois, m'ont fait voir qu'ils appartenoient à cette espèce. Ce sont de superbes arbres qui ne cèdent en rien au noyer noir, comme on peut s'en convaincre dans cette pépinière.

Le NOYER CENDRÉ, qui a les bourgeons et les pétioles extrêmement velus, six à huit paires de folioles en cœur, lancéolées, dentées; les fruits ovales, allongés, mucronés; la noix également allongée, profondément et irrégulièrement ridée, sillonnée.

Cette espèce, aussi anciennement connue que la première, paroît s'élever à peu près autant qu'elle. Elle donne des fruits dans plusieurs de nos jardins. Sa culture ne diffère pas de celle que j'ai indiquée plus haut.

Le NOYER PACAN, *Juglans olivæformis*, Mich., a les bourgeons et les pétioles velus; six à sept paires de folioles pétiolées, lancéolées, courbées, dentelées, l'impaire très longue. Ses fruits sont oblongs, légèrement tétragones; sa noix lisse, et de moins d'un pouce de diamètre. Il croît dans l'ouest de l'Amérique septentrionale, principalement sur les bords du Mississipi, et s'élève autant que les précédens. Ses amandes sont très bonnes à manger. On en cultive quelques pieds dans les jardins des environs de Paris. Une très bonne terre lui est nécessaire. Les amis de la culture doivent désirer qu'on le multiplie par marcottes et par greffe, en attendant qu'il donne des fruits bons à semer.

Linnæus avoit décrit sous le nom de *juglans alba* un noyer d'Amérique, qui a au plus deux à trois paires de folioles, et la noix anguleuse; mais il se trouve aujourd'hui que ce caractère appartient à plus de quinze espèces, comme je l'ai observé au commencement de cet article, toutes également confondues par les auteurs qui sont venus après lui, avec une d'elles appelée *hicheri* ou *hychori* par les sauvages. Presque toutes ont été cultivées dans les jardins et pépinières des environs de Paris, où il y en a encore quelques unes vivantes. J'en ai observé plusieurs pendant mon voyage en Caroline; j'en possède sept en herbier sous les noms d'*alba*, de *mucronata*, de *forgnia*, de *squammosa*, de *porcina*, d'*amara*, d'*aquatica*. La plus remarquable d'entre elles est la *squammosa*, que les habitans de New-Yorck, qui en mangent les noix, quoique la coque en soit excessivement dure et l'amande petite, appellent *shellbarck*. C'est un très bel arbre.

Le bois de la plupart de ces espèces est d'une ténacité telle que peu d'autres peuvent lui être comparés sous ce rapport. Il est extrêmement recherché dans son pays natal pour une infinité d'usages. Les manches d'outils qu'on fabrique avec lui sont les plus durables, ainsi que j'en ai acquis personnellement la preuve.

Mais ces arbres si précieux croissent avec la plus grande lenteur. A six ans ils n'ont pas encore un pied de haut. De plus il est rare qu'ils survivent à la transplantation lorsqu'ils ont été privés de leur pivot.

D'un millier de pieds résultant des envois de Michaux, qui ont levé dans les pépinières impériales depuis que j'en ai la surveillance, il n'en subsiste que quelques uns qui n'annoncent pas devoir vivre long-temps. Il en est de même dans les autres pépinières, de sorte que ces arbres sont rares dans les jardins. C'est en place qu'il faut donc enterrer leurs noix si on veut les multiplier; mais combien d'amateurs voudront ou pourront le faire? Il ne faut cependant pas se décourager, car, je le répète, ces arbres méritent toute l'attention des amis de l'agriculture.

Je ne parle pas de la multiplication des noyers de cette division par marcotte quoiqu'elle réussisse, parcequc ses résultats définitifs sont nuls. Les essais que j'ai faits pour les greffer sur le noyer commun et sur les noyers noir ou cendré n'ont rien annoncé d'utile.

Il résulte de ceci que lorsqu'on veut transplanter de ces noyers, il faut le faire dans leur premier âge et ménager autant que possible le pivot. J'ai vu ce pivot avoir deux pieds de long lorsque la tige n'avoit que deux ou trois pouces, et n'offrir que quelques courts chevelus à son extrémité. (B.)

NUAGE. Les nuages ne diffèrent des brouillards que par la place qu'ils occupent dans l'atmosphère; c'est toujours de l'eau sous forme vésiculaire réunie en masses plus ou moins étendues, mais à une certaine distance de la terre.

En interceptant les rayons du soleil, en se chargeant de l'électricité et du gaz hydrogène qui émane de la terre, les nuages doivent avoir une influence directe réelle et même puissante sur la végétation; mais il n'a été fait aucune expérience propre à nous donner des idées positives à cet égard.

C'est comme générateurs de la pluie, comme dépositaires des orages, que les cultivateurs doivent principalement considérer les nuages. Ils leur offrent des pronostics plus ou moins certains propres à les guider dans leurs déterminations ; aussi leur hauteur, leur direction, leur forme, leur couleur, etc., sont l'objet constant de leur étude. *Voyez* au mot PRONOSTIC. Consultez aussi les mots EAU, SOLEIL, PLUIE, VENT, TONNERRE, BROUILLARD, etc.

NUIT. Temps pendant lequel un point quelconque de la terre est privé de la lumière du soleil.

La terre tournant sur elle-même en vingt-quatre heures et étant ronde, présente toujours une moitié de sa surface à cet astre ; dans cette moitié il fait jour, dans l'autre il fait nuit.

La nuit succède donc continuellement au jour, et ce par degrés insensibles, sur toute la surface de la terre.

Si l'axe de la terre n'étoit pas incliné, les jours seroient par-tout et pendant toute l'année égaux aux nuits, comme ils le sont sous l'équateur ; mais cette inclinaison fait qu'il y a six mois de nuits et six mois de jours aux pôles, et il y a d'autant plus d'inégalité entre les jours et les nuits que cette partie de la terre est plus rapprochée des pôles.

C'est pendant l'hiver, époque où la partie de la terre où se trouve l'Europe est le plus près du soleil, que les nuits sont les plus longues pour elle. En France, pays situé à distance égale de l'équateur et du pôle, la plus grande nuit est de dix-huit heures et la plus petite de six. La première arrive au 21 décembre, la seconde au 21 juin. *Voyez* aux mots SOLSTICE. Aux ÉQUINOXES (*voyez* ce mot), c'est-à-dire au 21 mars et au 21 septembre, elles sont égales aux jours.

Ces nuits ne sont cependant pas réellement aussi longues que la théorie l'indique, parceque les rayons solaires se réfractant dans l'atmosphère, arrivent, par ce moyen, à un point quelconque un peu plus tôt que s'ils fussent venus directement. C'est ce qu'on appelle crépuscule, qui est d'autant plus long dans un pays qu'on se rapproche des pôles. Sous l'équateur la nuit arrive subitement.

L'influence de la nuit sur les animaux et sur les plantes, mais sur-tout sur ces dernières, est extrêmement puissante, en ce qu'elle les prive de la lumière et diminue la température dans laquelle elles se trouvoient. C'est pendant la nuit que les animaux, ou mieux, la plupart des animaux, réparent leurs forces par le sommeil. Il y a tout lieu de croire que les plantes jouissent aussi de la faculté de dormir, puisque la plupart ferment leurs feuilles et leurs fleurs dans la même circonstance. Il a été prouvé par divers physiciens qu'elles exhaloient alors de l'azote, tandis que pendant le jour elles exhalent de l'oxygène.

Il y avoit long-temps qu'on savoit que les plantes étiolées

s'élevoient davantage et plus promptement que celles qui restoient exposées au soleil, mais on n'en avoit pas tiré la conclusion qu'elles devoient pousser la nuit avec plus de force que le jour. On doit à M. Gardini des observations qui constatent la réalité de ce dernier fait.

Décandolle a fait voir par des expériences directes que la lumière des bougies pouvoit suppléer jusqu'à un certain point celle du soleil. Cependant il ne faut pas se flatter que les cultivateurs profitent utilement de cette observation. On doit se borner à empêcher les effets du refroidissement qu'amène la nuit sur quelques plantes précieuses, soit en les couvrant si elles sont en pleine terre, soit en les rentrant dans une serre si elles sont en pot.

Je pourrois beaucoup m'étendre sur les effets de la nuit relativement aux plantes, mais l'habitude où on est généralement de ne la considérer que négativement m'oblige à renvoyer le lecteur aux articles Lumière, Soleil, Jour, Chaleur. (B.)

NUMMULAIRE. Espèce du genre des lisimachies.

NUTRITION DES PLANTES. Fonction qui convertit les sucs nourriciers des plantes en bois, en résine, en gomme, en huile, en sucre, en potasse et autres principes qui entrent dans leur composition.

La marche de la nature dans l'acte de la végétation est encore couverte d'un voile épais. A peine les recherches des Duhamel, des Bonnet, des Sennebier et autres savans modernes en ont-elles soulevé quelques parties. Nous ne savons pas mieux comment la sève se change en suc propre, en bois, graine, etc., que comment le chyle se change en sang, en chair, en os, en sperme, etc.

Toutes les observations constatent que le véritable organe élaborateur des plantes est la feuille ; mais si on y voit évidemment entrer de l'acide carbonique et sortir de l'oxygène, on ne comprend pas comment la décomposition du premier s'y opère, comment le carbone se change en suc propre, s'organise en parenchyme, en bois, en fleur, en fruit, etc.

Lorsque les plantes sont jeunes ou que leurs feuilles sont très amples ou très charnues, elles tirent plus de principes nutritifs de l'air que de la terre. C'est tout le contraire lorsque leur fécondation s'est accomplie, qu'elles perfectionnent leurs graines. Aussi voit-on que les plantes qu'on cultive pour leurs graines épuisent beaucoup plus la terre que les autres. C'est sur cette observation qu'est fondé un des plus importans principes des Assolemens. *Voyez* ce mot et celui Substitution de culture.

Le sujet que je traite a été l'objet d'ouvrages spéciaux, et i seroit par conséquent possible de l'étendre beaucoup ; mais comme les développemens qu'il présente ont déjà été pris en considération aux mots Sève, Feuille, Carbone, Oxygène, Air, Lumière, Chaleur, Eau, Racine, Pore, Plante, Végétation, etc., ce seroit faire un double emploi que de les présenter ici.

Cependant je ne puis m'empêcher de citer le passage suivant d'un mémoire d'Ingenhouse sur l'aliment des plantes, inséré dans le sixième volume des annales d'Agriculture.

« Quoique la plupart des plantes annuelles qui fournissent à l'homme ses meilleurs alimens, tels que le froment, le seigle, le maïs, réussissent dans les terres maigres, elles ne végètent cependant avec force que dans un sol naturellement riche ou bien fumé. Ces plantes arrivent promptement à leur terme, c'est-à-dire à l'acte de la multiplication de leur espèce. Cette opération, objet final de leur végétation, épuise leurs facultés vitales, et elles meurent aussitôt qu'elles l'ont consommée. Toutes ces plantes sont d'une structure délicate ; comme en général elles enfoncent peu leurs racines, elles exigent un sol préparé avec soin, afin que leurs radicules puissent s'étendre facilement et trouver la nourriture qu'elles doivent absorber. Il ne faut pas même qu'elles en prennent trop ; l'excès ainsi que le défaut d'engrais fait mourir les plantes. Dans ce dernier cas on peut dire qu'elles meurent de faim, comme dans le premier elles sont suffoquées par l'abondance. Peut-être y a-t-il ici quelque analogie avec la poule, qui, soit qu'on lui donne trop ou trop peu de nourriture, ne pond point d'œufs. Si, par exemple, on lui donne chaque jour trois ou quatre onces de bon grain, elle pondra tous les jours un œuf pesant environ deux onces ; mais si on les gorge de huit onces de grain, elle ne fera point d'œufs ou en fera très peu. Je crois, pour le dire en passant, que dans la manière de nourrir les animaux destinés, soit au travail, soit à l'engrais, on fait trop peu d'attention à la quantité, à la qualité et à la préparation des alimens nécessaires pour parvenir au but qu'on se propose. On pourroit probablement épargner une grande quantité de nourriture, si on faisoit à ce sujet des observations exactes. Il est certain que plusieurs animaux prennent plus de nourriture qu'il ne leur en faut ; tels sont les chevaux, dans les excrémens desquels on trouve souvent de l'avoine si peu digérée qu'elle n'a pas perdu sa faculté végétative. Il est très probable qu'on maintiendroit un cheval en bonne santé et dans toute sa force, en lui donnant une médiocre quantité de grain broyé, moulu ou bouilli. Le meilleur, selon le lord Dundonnald, seroit le grain fermenté comme on le prépare pour la bière. Dans les Pays-Bas on donne souvent aux chevaux du grain de seigle ou d'orge. Ces animaux l'aiment fort, et ils montrent, après en avoir mangé, beaucoup de vivacité. On obtient le même effet de la bière et du lait qu'on leur donne aussi quelquefois. On trouve dans le même pays un grand profit à nourrir les vaches à l'étable avec des turneps, des pommes de terre et autres végétaux bouillis. Cette nourriture leur donne de la force, et leur fait produire une grande quantité de bon lait. Il en est probablement des plantes comme des animaux, trop de nourriture nuit aux uns comme aux autres. Un chien, un chat abondamment nourris, perdent leur vivacité naturelle, deviennent gras, lourds, et dorment jour et nuit. »

Je terminerai cet article par la comparaison faite par M. Décandolle de la nutrition animale et de la nutrition végétale, dans sa nouvelle édition de la Flore française, ouvrage que tous les cultivateurs jaloux de s'instruire doivent faire entrer dans leur bibliothèque, s'ils veulent apprendre à connoître toutes les plantes qui croissent naturellement dans leurs environs.

« Si on réduit les phénomènes de la nutrition des animaux à leurs généralités fondamentales et aux faits qui paroissent communs à toutes les classes dont la structure est bien connue, nous y distinguerons six périodes qui se retrouvent aussi dans les végétaux vasculaires.

1° Les animaux introduisent dans leur bouche des alimens mélangés de différentes matières, les unes nutritives, les autres inutiles à la nutrition.

Les végétaux pompent par leurs racines l'eau et les matières qui y sont dissoutes, soit utiles, soit inutiles à leur nutrition.

2° Les alimens des animaux suivent un canal particulier qui, par sa contractibilité organique les conduit jusqu'au lieu où les matières vraiment alimentaires doivent être séparées des autres.

Les alimens des végétaux sont forcés par la contractibilité organique des vaisseaux à s'élever jusque dans les organes foliacées, où paroît s'opérer la séparation des matières utiles ou inutiles à la nutrition.

3° La partie des alimens inutiles à la nutrition est rejetée au dehors par les animaux sous la forme d'excrémens.

La partie des alimens des végétaux qui est inutile à leur nutrition est rejetée en dehors sous la forme d'une émanation aqueuse.

4° Le chyme des animaux, c'est-à-dire la partie nutritive des alimens est pompée par des vaisseaux lymphatiques qui la conduisent dans un réservoir où elle reçoit l'influence de l'atmosphère.

La partie nutritive des alimens des végétaux va, par des

routes inconnues, se mêler avec une autre sorte d'aliment pompée dans l'atmosphère par les organes foliacés.

5° Après avoir reçu l'influence de l'atmosphère, le chyme, changé en sang, parcourt tout le corps, et sert à la nutrition de tous les organes.

Après avoir reçu l'influence de l'atmosphère, la lymphe des végétaux, changée en suc descendant, s'éloigne des organes foliacés, et va nourrir les parties qui se développent.

6° Dans les différentes parties du corps le sang sécrète des substances particulières ou inutiles à la nutrition, comme l'urine; ou nécessaires au jeu de certains organes, comme les larmes; ou propres à la reproduction, comme le fluide spermatique.

Dans différentes parties de la plante, le suc descendant sécrète des substances ou inutiles à la nutrition, comme les odeurs, ou nécessaires à la conservation de certains organes, comme le glauque, ou propres à la génération, comme le fluide du pollen. »

Voilà de grands traits de ressemblance dans la marche de la nutrition de tous les êtres organisés, continue Décandolle. Leurs différences peuvent maintenant se déduire de la manière la plus claire. Ainsi, en suivant le même ordre, on trouvera que,

1° Les animaux, étant doués de volonté et de mouvement, peuvent choisir leurs alimens, les saisir et les emporter avec eux, ce qui suppose que ces alimens ont une certaine solidité. Les végétaux, étant dépourvus de sensations et de mouvemens volontaires, se nourrissent des matières inorganiques les plus répandues, et qui s'offrent à eux sans résistance, telle que l'eau, et absorbent avec elle, sans faire de choix, toutes les matières qui y sont dissoutes. Les premiers font entrer ces alimens dans leur corps par un effet de leur volonté; les seconds par un effet nécessaire de la faculté hygroscopique de leur tissu. La plupart des animaux n'ont qu'une seule bouche. Les végétaux en ont une immense quantité.

2° Les alimens des animaux, avant d'arriver au lieu où se fait la séparation de leurs principes, reçoivent une première élaboration dans un sac particulier. Ce sac manque dans les végétaux, et si cette élaboration préalable des alimens y existe, elle s'opère graduellement dans toute la longueur des vaisseaux séveux.

3° Les excrémens des animaux, c'est-à-dire ce qui servoit de support ou de véhicule aux matières nutritives, sont généralement solides. Ceux des végétaux sont de l'eau presque pure, parceque c'est en effet l'eau seule qui, en dissolvant différentes matières, les rend propres à la nutrition des végétaux.

4° L'action de l'atmosphère sur la nutrition des animaux consiste principalement à leur enlever le carbone surabondant. Elle tend au contraire à fixer le carbone dans les végétaux.

5° Le sang, ou le fluide nourricier des animaux, se meut dans leur corps en repassant plusieurs fois par les mêmes canaux, c'est-à-dire par une véritable circulation; le suc nourricier des végétaux descend des feuilles aux racines, et ne paroît jamais revenir dans une autre direction.

D'après ce parallèle, on voit que la ressemblance des deux règnes organisés consiste dans la marche des phénomènes, et leurs différences dans la cause qui détermine ces phénomènes, et dans le choix des matières qui y sont employées. *Voy.* au mot PLANTE le complément de cette comparaison. (B.)

NYMPHE, ou PUPE, ou CHRYSALIDE. Second état par lequel passent la plupart des insectes avant de parvenir à celui où ils sont en état de se reproduire.

L'histoire des nymphes, quelque curieuse qu'elle soit, n'intéresse pas assez directement les cultivateurs pour que j'entreprenne de la faire. Je me contenterai donc de renvoyer à ce que j'en ai dit aux mots INSECTE et LARVE.

Cependant il est des cas où la connoissance des nymphes peut être utile; c'est lorsque les larves et les insectes parfaits sont plus difficiles à détruire qu'elles. Par exemple, la chenille du grand papillon du chou se cache pendant le jour entre les feuilles de cette plante, et le papillon échappe, au moyen de ses ailes, tandis que la nymphe s'attache contre le tronc des arbres, contre les murs, sur-tout sous les saillies des pierres de ces derniers lieux, où il est facile de la voir et par conséquent de la tuer. (B.)

NYSSA, *Nyssa.* Genre de plantes de la polygamie diœcie et de la famille des éleagnoïdes, qui renferme cinq à six espèces, toutes propres aux lieux marécageux de l'Amérique septentrionale, et qu'on peut cultiver en pleine terre dans les parties méridionales de la France.

Le NYSSA A UNE FLEUR est un arbre de quarante pieds de haut, dont les feuilles sont alternes, pétiolées, dentées, plus grandes que la main; les fleurs mâles en tête, et les femelles solitaires sur des pédoncules axillaires; les fruits oblongs et de la grosseur d'une olive. Il croît dans l'eau des marais, dans les parties chaudes de l'Amérique septentrionale, où il est connu sous le nom de *tupelo*; il fleurit au printemps en même temps qu'il pousse ses feuilles. Toujours il indique un excellent fond de vase, et il périt dès que l'eau qui baignoit son pied est détournée. Son bois est mou et blanc, et encore plus celui de ses racines. Ce dernier est plus léger que le liège, et peut être employé à un grand nombre d'usages dans les arts. C'est avec lui et un morceau de chêne que les sauvages, au moyen d'un mouvement violent, produisoient du feu.

Le tupélo est un bel arbre, très propre à décorer les jardins paysagers, et il supporte passablement les hivers du climat de Paris lorsqu'il est à sec; mais la nécessité de le planter dans l'eau même, et de plus dans une eau vaseuse, fait qu'on n'en voit aucun vieux pied, malgré la grande quantité de graines qui a été semée. Ce n'est que dans les parties les plus chaudes de la France qu'on peut espérer de le conserver. Il pousse fort bien pendant deux ou trois ans dans la terre de bruyère placée à l'exposition du nord, après quoi il dépérit et finit par mourir. On le sème dans des terrines sur couche et sous châssis. Ordinairement il ne lève que la seconde année; selon moi c'est le *nyssa aquatique* des auteurs.

Le NYSSA A DEUX FLEURS est un arbre de même grandeur que le précédent, mais dont les feuilles sont entières, à peine de deux pouces de long; les fleurs femelles géminées sur leurs pédoncules, et les fruits de la grosseur et de la forme d'un grain de café. Il croît le long des marais de l'Amérique septentrionale, mais non dans l'eau. Son aspect est moins beau que celui du précédent; mais son bois est de meilleure qualité. On en fait des moyeux de roues en Amérique. On en a prodigieusement semé de graines dans les environs de Paris, et cependant il n'y en a aucun pied d'une certaine force. Les observations précédentes sont applicables à sa culture. C'est le *nyssa des montagnes* des jardiniers.

Le NYSSA VELU, *Nyssa multiflora*, Walter, a les feuilles ovales, entières, velues sur leurs nervures; les fleurs femelles au nombre de trois et plus sur chaque pédoncule. Il croît comme le précédent sur le bord des eaux. Ce que j'en ai dit lui convient complètement.

Le NYSSA OGECHÉE, *Nyssa candicans*, Mich., a les feuilles ovales cunéiformes, blanchâtres en dessous, et longues de quatre à cinq pouces; les fleurs solitaires sur des pédoncules axillaires; les fruits oblongs et de la grosseur du petit doigt. Il croît dans les lieux montueux et humides de l'Amérique septentrionale. La pulpe de ses fruits est acide, agréable au goût, et, ainsi que je l'ai expérimenté, très propre à faire de la limonade. On le multiplie et on le cultive comme les précédens. J'en ai, ainsi que Michaux, rapporté considérablement de graines, dont une partie a bien levé; mais on n'en voit cependant pas un pied dans les jardins de Paris. Ils ont tous péri la troisième ou quatrième année par les causes ci-dessus indiquées. C'est cependant une espèce très précieuse à introduire en France. (B.)

O.

OBÉLISQUE. On appelle ainsi des pyramides très élevées relativement à la largeur de leur base, d'une forme le plus souvent quadrangulaire, héxagone ou octogone, qu'on place dans les jardins et dans les parcs, au point de réunion de plusieurs allées au centre des salles de verdure, au milieu des gazons, etc. *Voyez* ou mot PYRAMIDE.

Il fut un temps où il étoit de mode de multiplier les obélisques; mais la dépense de leur construction et le peu d'agrément qu'ils ajoutent aux paysages fait qu'on en élève rarement aujourd'hui.

Pour qu'un obélisque remplisse bien son objet, il faut que sa hauteur soit proportionnée et à la grandeur du lieu où il doit être placé, et à la largeur de sa base. Le goût de l'architecte le guide mieux à cet égard que les préceptes le plus minucieusement développés. Il est bon qu'il soit d'une seule pièce ou du plus petit nombre de pièces possible. Sa base peut être chargée de quelques ornemens, et son sommet d'un globe ou d'une pointe de métal; mais plus ces objets seront simples, et plus leur effet sera agréable. Les pierres les plus inaltérables sont celles qu'on doit toujours préférer; car présentant une grande surface à l'air, elles sont très exposées à son action destructive. C'est pour n'avoir pas fait attention à cette circonstance que tant de beaux obélisques des anciennes maisons royales sont détruits en partie ou en totalité.

Comme les obélisques ne sont dans le cas d'être considérés par les cultivateurs qu'à raison des rapports qu'ils ont avec les plantations environnantes, je ne m'étendrai pas plus au long sur ce qui les concerne. (B.)

OBÉSITÉ, CORPULENCE, EXCÈS DE GRAISSE. MÉDECINE VÉTÉRINAIRE. Le porc est plus sujet à cette maladie que les autres animaux. La grosseur du corps est augmentée, l'animal jouit d'un bon appétit, ses forces musculaires sont diminuées, il sue au moindre exercice; et lorsque la graisse est considérablement accumulée, il a peine à se soutenir, il mange peu, il respire avec difficulté, et souvent il succombe accablé sous le poids de la graisse.

Les causes de l'obésité sont, 1° le repos continuel auquel on assujettit l'animal; 2° les plantes et les semences abondantes en mucilage qu'on lui prodigue, les bouviers et les valets s'imaginant que plus l'animal est gras, mieux il se porte. Cette erreur, dit M. Vitet, prend sa source dans l'intérêt même, puisque ces animaux augmentent de prix en raison de leur embonpoint, sur-tout le bœuf, le mouton et le porc.

Mais en considérant attentivement avec quelle difficulté les fonctions musculaires et vitales s'exercent dans cet état, pourra-t-on s'empêcher de blâmer les palefreniers et les bouviers, qui n'épargnent rien pour engraisser le bœuf et le cheval, sur-tout lorsqu'ils sont destinés au travail? La force et l'agilité, qualités essentielles à ces deux animaux, sauroient-elles exister avec cet excès de graisse? Ne vaudroit-il pas mieux leur faire tenir un juste milieu entre la maigreur et l'embonpoint? Ne seroient-ils point alors plus à même de rendre service, et moins exposés à des maladies dangereuses et souvent mortelles?

Un animal quelconque est-il près de succomber sous le poids de la graisse, retranchez insensiblement les plantes abondantes en mucilage, et substituez au foin et à l'avoine la paille et le son. Les premiers jours faites-le promener tranquillement une heure le matin, autant le soir, ensuite augmentez tous les jours le temps et les difficultés de l'exercice; envoyez le bœuf et le mouton pâturer une partie du jour dans des terrains arides; ne laissez point séjourner long-temps le cheval dans l'écurie. Ces moyens, quoique simples, entraîneront la graisse surabondante par les selles, diminueront l'embonpoint, sans qu'il soit utile de recourir aux purgatifs violens, toujours dangereux dans ce cas, en ce qu'ils exposeroient l'animal à mourir. (R.)

OBIER *Voyez* AUBIER. C'est la partie extérieure du bois des arbres.

OBIER. Espèce du genre des VIORNES.

OBSCURITE. C'est la privation totale de la LUMIÈRE. *Voyez* ce mot.

Les graines germent fort bien à l'obscurite, mais, excepté quelques champignons, aucune plante ne peut y prospérer. Les plantes ou parties de plantes qui s'y trouvent s'étiolent et n'y donnent point de fleurs et encore moins de fruits. *Voyez* ÉTIOLEMENT. Celles prêtes à fleurir qu'on y met n'ouvrent point leurs fleurs, perdent leurs feuilles et poussent ensuite comme celles qui y sont depuis leur naissance. Ces phénomènes ne sont pas encore expliqués d'une manière complètement satisfaisante.

Mais si l'obscurité est désavantageuse aux plantes, elle est favorable à la conservation de leurs parties mortes et de leurs produits de toutes espèces. Les fruits sur-tout gagnent, lorsqu'on veut prolonger leur durée, à être tenus dans un lieu privé de lumière. La cause de ce fait n'est pas encore suffisamment connue.

Cependant les plantes vivaces passent presque la moitié, et les plantes annuelles un tiers de leur vie dans l'obscurité, celle de la NUIT (*voyez* ce mot), et il n'y a pas de doute que cette obscurité a beaucoup d'influence sur elles. Nous savons d'abord qu'elle abaisse beaucoup leur température, ce qui devroit retarder leur action végétative, et que cependant elles poussent plus rapidement en hauteur, comme les plantes étiolées; ensuite qu'elle change le mode de l'action chimique qu'elles exercent. En effet, pendant le jour leurs feuilles dégagent de l'oxygène, et pendant la nuit de l'azote et de l'acide carbonique. De plus, beaucoup de plantes, principalement de la famille des légumineuses, replient alors les folioles de leurs feuilles, qui par-là semblent se coucher les unes sur les autres pour dormir.

Nous n'avons pas encore, malgré les recherches faites pendant ces dernières années, des données suffisamment certaines sur ce que je traite en ce moment ; ainsi je ne m'en occuperai pas plus longuement.

Les cultivateurs sont rarement dans le cas d'avoir à considérer l'obscurité complète, hors celle de la nuit sur laquelle ils ne peuvent avoir presque aucune action; mais il est des diminutions de lumière dont l'influence est très importante pour eux. C'est ce qu'on appelle Ombre. A ce mot on trouvera un supplément à ce qui vient d'être dit. (B.)

OCHRE. C'est une argile très chargée de fer et par conséquent infertile. Lorsqu'elle est fine et pure on en tire une couleur jaune, ou, après qu'on l'a fait chauffer à un feu vif, une couleur rouge, couleur dont on fait un grand usage en peinture. Les argiles moins chargées de fer et plus chargées de silices se nomment Glaise. Voyez ce mot. (B.)

OCTOBRE. Pendant ce mois, qui est le premier de l'automne, on achève de dépouiller les arbres de leurs fruits, surtout de terminer les vendanges et de récolter les pommes à cidre, après quoi il semble que le cultivateur n'a plus qu'à se reposer; mais il n'a pas terminé un de ses travaux qu'il s'en présente de nouveaux, aussi importans, aussi pressés. Ainsi, après ses récoltes, je dirai même pendant ses récoltes, il faut qu'il donne la dernière façon à ses jachères, qu'il sème le froment, l'orge carrée, etc. Il faut qu'il plante ses arbres fruitiers et autres dans les terres sèches, réservant pour la fin de l'hiver la mise en place de ceux qui sont destinés à des sols humides ; qu'il enlève ses échalas de la vigne et les dispose en tas ; qu'il donne le dernier râtissage a ses allées des jardins, le dernier nettoyage à ses gazons. Il faut aussi se précautionner de fougère, ou de feuilles sèches, ou enfin de paille pour couvrir ses artichauts, ses semis d'hiver, etc., aussitôt que les gelées seront à craindre.

Dans les pépinières on taille en crochet et on arrête à six ou huit pieds, afin de leur faire prendre du corps, la croissance des arbres qui ont encore une année à y rester.

Comme aussitôt que la feuille est tombée ou peut tailler le poirier et le pommier, les jardiniers actifs profitent des beaux jours qui se montrent ordinairement à la fin de ce mois pour faire cette opération.

Les labours d'hiver dans les jardins et les pépinières commencent aussi dans ce mois. (B.).

ODEUR DES PLANTES. Sensation produite par les émanations de quelques plantes ou parties de plantes. Le principe de ces émanations a été appelé anciennement *esprit recteur*, et plus nouvellement AROME.

Linnæus, à qui on doit une excellente dissertation sur les odeurs des médicamens, vol. 3 de ses *Amœnit.* Acad. divise les odeurs en sept classes. 1° Les ambrées, *ambrosiaci*, comme la mauve musquée; 2° les pénétrantes, *fragrantes*, comme le lis; 3° les aromatiques, *aromatici*, comme l'œillet; 4° les alliacées, *alliacei*, comme l'ail; 5° les fétides, *hircini*, comme le chénopode vulvaire; 6° les vénéneuses, *tetri*, comme la jusquiame; 7° les nauséabondes, *nauseausi*, comme l'ellébore.

A quoi il faut ajouter les piquantes, *acri*, comme celle de la moutarde, qui diffère de toutes les autres. *Voyez* au mot AROME, une autre division des odeurs proposée par Fourcroy.

Toutes les parties des plantes sont susceptibles d'exhaler des odeurs, c'est-à-dire qu'il est des racines, des tiges, des feuilles, des corolles, des calices, des fruits, des graines, des poils même, qui ont de l'odeur, lorsque le reste n'en a point. Quelquefois une partie en développe une agréable, et une autre une fétide. La valériane à odeur de lavande, par exemple, dont les fleurs sentant la lavande, et les racines le cuir pourri. Ce sont les fleurs qui généralement sont le plus souvent odorantes; mais leur odeur est plus fugace que celle des feuilles. Elles ne sentent rien avant leur développement, et elles perdent leur odeur dès qu'elles sont fanées. Peu les conservent après leur dessiccation, tandis qu'il est des familles entières de plantes dont les feuilles sentent aussi bon et même meilleur, lorsqu'elles sont desséchées, que dans leur état de vie, telles que les labiées, les ombellifères, les myrtoïdes. Ordinairement c'est le matin et le soir, aux momens où la chaleur n'est pas très forte, que les plantes exhalent le mieux leur odeur; mais il en est cependant qui sentent seulement à midi, d'autres pendant la nuit. Quelques unes sentent bon à une époque de la journée, mauvais à une autre, et rien dans l'intervalle. *Voyez* au mot CESTRAU.

Toutes ces circonstances doivent être prises en considération par un cultivateur qui est appelé à faire des plantations de fleurs ou autres.

Il est des odeurs fixées dans une huile essentielle, et dont on peut facilement s'emparer au moyen de l'alcohol. Il en est d'autres qui sont si fugaces, qu'on ne peut les saisir qu'avec peine ou même point du tout. La connoissance de ces variations et des moyens d'isoler les odeurs des plantes constitue l'art du parfumeur. Il est peu de cas où un cultivateur doive tenter de s'en occuper. La facilité qu'il a de jouir des plantes mêmes qui les fournissent l'en dispense presque toujours.

L'odeur est un des plus puissans moyens que la nature a donné aux animaux pour distinguer les plantes nuisibles des plantes innocentes ; aussi ne se trompent-ils jamais dans le choix qu'ils ont perpétuellement à en faire. C'est pour cela que le nez a été placé près et au-dessus de la bouche de tous sans exception. Les exemples d'erreurs à cet égard sont si rares qu'ils doivent être regardés comme nuls.

Mais si les odeurs sont flatteuses elles sont aussi quelquefois délétères. Leur action sur les nerfs est si marquée qu'elles font tomber en syncope les personnes délicates. Elles affoiblissent beaucoup les organes de l'estomac, comme le prouvent les indigestions qu'elles font éprouver à certains hommes très robustes sous d'autres rapports. Malgré que les expériences de Sennebier tendent à prouver qu'elles ne vicient pas autant l'air qu'on l'a prétendu, je crois qu'il est prudent de ne pas mettre trop de fleurs dans un appartement fermé et habité, sur-tout pendant la nuit.

Je termine cet article, quelques développemens dont il soit susceptible, parceque je craindrois d'induire en erreur sur les principes qui ne sont encore rien moins que certains. D'ailleurs ce que je pourrois ajouter ne seroit d'aucune utilité aux agriculteurs. (B.)

ŒCONOME. C'est celui qui est chargé de régir les biens d'un autre, auquel il est comptable de son administration et de qui il reçoit un salaire. Il s'appelle aussi, et même plus communément, régisseur.

Il est très facile de trouver un économe, mais très rare d'en trouver un bon, c'est-à-dire un qui soit en même temps honnête, actif et instruit dans toutes les parties de l'économie rurale et domestique ; ce sont presque toujours des considérations étrangères à ses fonctions, ou le désir d'économiser sur la remise qu'il faut lui allouer qui détermine son choix. Dans la majeure partie de la France on y appelle de préférence les praticiens qui habitent les campagnes, et que je me refuserai à caractériser pour ne pas humilier ceux d'entre eux qui se conservent dignes d'estime. Aussi comment les biens en régie sont-ils administrés presque par-tout?

Un bon économe, dit Rozier, doit être très entendu dans

la maçonnerie, dans la charpente, dans la connoissance de tous les animaux domestiques, de tous les genres de culture, dans la conservation et la vente de tous les produits agricoles. Que de choses ne doit-il pas savoir? Il faut qu'il soit universel, et le plus souvent il ne sait rien, absolument rien que lire et écrire.

C'est par la presque impossibilité d'avoir un bon économe que les propriétaires qui voudroient conserver tous les avantages de la propriété sont forcés malgré eux d'y renoncer, et de louer leur bien ; opération qui au moins assure leurs revenus et par conséquent leur tranquillité. Combien en est-il en effet qui ont été ruinés par la friponnerie ou par l'impéritie d'un économe !

Je fais des vœux avec tous les amis de la patrie pour qu'à l'école des arts et métiers de Châlons-sur-Marne, à l'école vétérinaire d'Alfort il soit établi un cours spécialement propre à l'instruction des jeunes gens qui se destinent à l'état d'économe. Déjà celui de mon estimable collaborateur Yvart remplit en partie ce but. Il ne faudroit qu'une légère modification au programme de ses leçons pour en étendre le bienfait sous le point de vue que j'indique. Les élèves pourroient compléter leur instruction agricole en suivant à Paris les leçons de jardinage que mon autre collaborateur Thouin donne avec tant de succès depuis quelques années au jardin du Muséum.

Une des choses qu'un économe devroit aussi savoir, c'est la tenue des livres de sa gestion, non des livres de simple recettes, mais des livres où toutes ses opérations et leurs résultats seroient inscrits avec détail. J'aurois voulu pouvoir offrir un modèle de la forme qu'il conviendroit de donner à ces livres ; mais aucun Français n'a écrit sur cet objet, et la société d'agriculture de la Seine, pénétrée de son importance, a ouvert, il y a déjà quelque temps, un concours solennel à cet égard, qui n'a rien produit de satisfaisant. (B.)

OEDÈME. MÉDECINE VÉTÉRINAIRE. Tumeur formée par un épanchement de sérosités dans le tissu cellulaire. On reconnoît l'œdème aux signes suivans :

Les tégumens où siège la tumeur sont tuméfiés et dépourvus d'élasticité ; en appuyant fortement le doigt, l'impression reste un peu marquée, et ne s'efface que lentement et par degrés ; lorsque la pression cesse, l'enflure qui est égale dans toute l'étendue de la tumeur n'est point douloureuse.

Le mouton et le cheval sont plus exposés à cette maladie que le bœuf et le porc ; en général l'œdème est difficile à guérir, sur-tout s'il reconnoît pour cause la sérosité surabondante du sang. Mais quant à celui qui vient à la suite de quelque ligature ou compression, il se dissipe de lui-même, lorsque la cause ne subsiste plus : mais venons-en au traitement de l'œdème de la première espèce.

On remplit cette indication en expulsant d'abord par les urines une partie du superflu de la sérosité du sang par le moyen des diurétiques, ou en prévenant la matière de la sueur par l'usage des sudorifiques. Pour cet effet on peut employer ces remèdes l'un après l'autre donner, par exemple, un purgatif composé d'une once et demie d'aloës (supposé que le cheval soit de grande taille), mêlé avec une livre de miel délayé dans une décoction de racines de chardon roland. Deux jours après, on administre un sudorifique de deux noix muscades et d'un peu de cannelle écrasées dans un mortier, et mêlées dans une pinte de bon vin. Ces remèdes sont bien préférables à ceux que les maréchaux ont coutume d'employer en pareil cas, c'est-à-dire aux sels neutres mercuriels, aux préparations antimoniales, à la thériaque à forte dose, à l'ail, au poivre, et à plusieurs bouteilles de vin blanc données dans le même jour.

Mais outre les remèdes internes, il faut encore avoir recours à des topiques discussifs qui raffermissent les fibres, rétablissent leur ressort et raniment la circulation.

Les principaux toniques sont les fomentations faites avec la décoction des plantes aromatiques, telles que la sauge, le romarin, le thym, etc., l'eau-de-vie camphrée en friction : on ne doit pas sur-tout oublier l'exercice modéré, les frictions légères sur la peau, les vapeurs de genièvre, de sauge, etc. Tous ces moyens peuvent favoriser l'insensible transpiration, au point de diminuer sensiblement la quantité des eaux renfermées, en réveillant le jeu des fibres et de la circulation; mais au défaut de tous ces remèdes, le plus efficace est le feu appliqué aux pointes, ou par raies sur la partie. (R.)

ŒIL. Médecine vétérinaire. Ce seroit s'écarter de notre but que de traiter ici au long de la composition et du mécanisme de l'œil du cheval. Il nous suffit, pour mener le lecteur à la connoissance solide de ses vices ou de ses beautés intérieures, d'entrer dans le détail des parties qui forment le globe. On ne doit attendre et espérer aucun secours certain de l'expérience informe et dénuée de toute théorie adoptée dans les campagnes.

Dans la recherche des tuniques du globe il faut considérer, 1° la sclérotique ou la cornée ; elle s'offre la première, elle se montre comme un corps sphérique imparfait, extrêmement compacte, dur, opaque, diminuant insensiblement d'épaisseur, mince, diaphane dans sa portion antérieure : par cette même raison cette tunique est nommée *cornée lucide* ; c'est ce que les maréchaux et les maquignons appellent encore aujourd'hui *la vitre*. Cette membrane, percée vers le milieu de la portion postérieure de sa convexité où elle reçoit le nerf optique, peut être divisée en plusieurs couches ou lames qui, quoiqu'intimement unies, sont néanmoins très distinctes à l'endroit de sa diaphanéité, lieu où sa convexité saillit au-delà de la cornée opaque, en sorte que la cornée lucide paroît véritablement comme le segment d'une petite sphère ajouté au segment d'une sphère plus grande. Cette tunique, quelle que soit sa consistance, est obliquement traversée par de petits vaisseaux sanguins et par des filamens nerveux, et est, dans sa portion transparente, criblée d'un grand nombre de pores par où suinte continuellement une liqueur très fine et très subtile, qui s'évapore à mesure qu'elle en sort. On y a vu aussi des vaisseaux séreux qui, par leur oblitération, donnent quelquefois lieu à de petits filets ou à des raies blanchâtres, barrent et coupent cette portion dans certains chevaux.

. 2° La choroïde, ou la seconde tunique du globe, infiniment plus déliée que la sclérotique dont elle tapisse la surface concave, a deux lames, l'externe sensiblement plus forte que l'interne, enduite d'une matière noirâtre, dont la source est peut-être la même que celle de la liqueur noire ou brune qui se trouve dans l'intérieur de la plupart des glandes. Cette couleur noire peut d'ailleurs modifier, éteindre et absorber les rayons lumineux, à peu près comme le fluide cérumineux qui enduit l'oreille peut de même modifier, éteindre et absorber les rayons sonores, et arrêter la vivacité de leurs impressions, la nature ayant dû placer dans les organes des sens des agens qui les défendent, et qui en assurent l'énergie et l'intégrité. Quoi qu'il en soit, la lame externe qui est du côté de l'humeur vitrée, à la capsule de laquelle elle est visiblement unie dans le cheval, est d'une couleur azurée, mêlée dans de certains endroits d'un rouge vif ; cette même tunique ainsi composée de deux lames se porte jusqu'à l'endroit où commence la cornée lucide, et où se termine la cornée opaque, à laquelle sa lame externe adhère dans tout ce trajet par un tissu cellulaire, et quelques vaisseaux, tant sanguins que nerveux : là elle s'attache exactement à toute la circonférence de la première membrane, et cette attache, ce cintre blanchâtre et bien différent par la couleur dont il est formé est ce que quelques anatomistes ont appelé ligament, et que les zoologistes ont nommé orbicule ciliaire. Ce ligament est de la largeur d'une ligne, au-delà de laquelle la lame interne ou postérieure de la choroïde prend particulièrement le nom d'uvée, et la lame externe ou intérieure celle d'iris, attendu la variété et la diversité des couleurs qu'elle présente. Ces couleurs naturellement plus foncées dans le cheval, et le plus souvent

approchant de celle de son poil, sont distribuées différemment
que dans l'homme : dans celui-ci, les rayons que forme l'iris
s'étendent de la circonférence au centre, tandis que dans le
cheval elle est comme marbrée, parceque ses rayons sont cir-
culaires et transversaux. Nous voyons au surplus des chevaux
dans lesquels cette partie est presque toute blanche, et n'est
colorée que dans l'espace de deux ou trois lignes, autour de
la prunelle, et c'est ce que vulgairement on appelle yeux
vérons.

De l'orbicule ciliaire partent encore plusieurs petits filets
noirâtres qui semblent naître uniquement de la lame interne
de la choroïde ; ces petits filets ont été appelés *procès ciliaires ;*
ils avancent jusque sur le bord du cristallin, par dessus sa
capsule où ils se terminent, et laissent, lorsqu'on les a enlevés,
des vestiges et des traces noires sur la surface antérieure du
corps vitré.

Dans le cheval il est, outre ces procès ciliaires, d'autres
prolongemens de cette même uvée, qui se montrent tantôt
dans le haut et dans le bas de la prunelle, quelquefois dans
le haut seulement, et toujours dans la chambre antérieure,
comme des espèces de fungus très distincts et très visibles,
lorsque la cornée lucide n'est point obscurcie, et lorsque l'humeur aqueuse a sa limpidité naturelle. Ces fungus, désignés
par M. de Soleysel et ses copistes sous le nom de grains de
suie, ne consistent qu'en quelques petites vésicules remplies
de l'humeur qui colore cette tunique. Quelques personnes, et
particulièrement M. Nouffer, dans une thèse soutenue à Tu-
bingen le 29 mars 1745, sur la mydriase, ont regardé ces fungus comme des excroissances capables d'empêcher la dilatation de la prunelle, et M. Lower, comme une maladie très
fréquente dans les chevaux ; ce dernier ignoroit sans doute ce
point de conformation de cet organe dans l'animal, et les vues
que la nature a peut-être eues dans cette singularité, au moyen
de laquelle il paroît que l'œil du cheval, lorsqu'il est exposé
au grand jour, reçoit moins de rayons lumineux, et ressent
une impression moins vive de ces mêmes rayons.

En ce qui concerne la prunelle ou la pupille, elle n'est
autre chose que l'ouverture transversalement elliptique dans
le cheval, comme dans tous les animaux herbivores, percée
dans le milieu de la cloison qui résulte de la portion flottante
de la choroïde, c'est-à-dire de l'uvée et de l'iris. Le grand diamètre de cette ouverture, et sa position, facilitent à ces animaux, obligés par leur structure naturelle de porter leur tête
en bas pour chercher leur nourriture, les moyens d'apercevoir les objets placés de côté et d'autre, et d'éviter dès-lors ce
qui pourroit leur nuire et les incommoder. 3° La rétine, ou

la troisième tunique du globe. Elle est d'une substance molle, baveuse, blanchâtre, s'étend depuis l'insertion du nerf optique, se termine par un cercle à l'orbicule ciliaire, et lui est, dans tout ce trajet, également adhérente : elle paroît être une continuation de ce nerf; aussi l'envisage-t-on comme l'organe immédiat de la vue.

Dans l'examen des humeurs du globe, il faut considérer, 1° l'humeur vitrée, ainsi nommée à cause de sa ressemblance au verre en fusion. Elle occupe et remplit la plus grande partie de la capacité du globe, puisqu'elle s'étend depuis la rétine jusqu'au commencement de la chambre postérieure. Cette liqueur gélatineuse est très transparente, très flexible, plus dense que l'humeur aqueuse, moins dense que le cristallin, par-tout convexe, et a, dans la partie antérieure, une cavité ou une fossette qu'on appelle le chaton, dans laquelle est logée l'humeur cristalline.

2° Le cristallin, ou l'espèce de lentille solide, situé dans le chaton de l'humeur vitrée dont nous venons de parler, vis-à-vis la prunelle, à quelque distance de l'iris, est semblable au cristal par sa transparence. Il est composé d'un nombre infini de couches membraneuses parallèles, qui sont formées d'une multitude de vaisseaux que parcourt une liqueur diaphane et des plus déliées. Il est renfermé dans une capsule particulière, très transparente, membraneuse, formée par la duplicature de la tunique vitrée : la lame externe revêt la face antérieure, tandis que la lame interne qui garnit le chaton dans lequel il est fixé recouvre la face postérieure : la première de ces lames a paru au célèbre M. Winslow composée, dans l'œil du cheval, de deux pellicules unies par un tissu spongieux très fin et très serré : cette humeur est albugineuse de sa nature, elle se durcit au feu, tandis que l'humeur vitrée, qui est de nature gélatineuse, s'y réduit en une eau un peu salée, à l'exception d'une petite partie élastique qui paroît être le tissu folliculeux qui la contient.

3° L'humeur aqueuse, ou la sérosité très limpide et très fluide, qui n'a point de capsule particulière, et qui occupe les deux chambres de l'œil, procure non seulement des réfractions, mais empêche qu'il ne s'éteigne, que la cornée lucide ne se ride, qu'elle ne s'affaisse, et que de sphérique qu'elle est elle ne devienne plane, ainsi que nous l'observons dans les chevaux morts ou mourans, lorsque cessant d'être poussée par l'action du cœur dans l'extrémité, ou dans les porosités des artérioles qui la déchargent, elle ne chasse et ne soutient plus en dessous cette tunique, et ne la détermine plus en avant. Hooveus a pensé qu'elle est produite par une espèce de transsudation au travers des humeurs vitrée et cristalline, et que cette portion la plus limpide et la plus fine du suc nourricier de ces corps transparens s'échappe au travers des pores de la cornée pour faire place à l'humeur qui se produit de nouveau. Quoi qu'il en soit, elle maintient l'uvée suspendue, de manière que cette tunique ne peut tomber ni sur la cornée, ni sur le cristallin ; elle lubrifie, elle humecte, elle entretient la transparence des parties délicates qu'elle baigne et qu'elle arrose : il est certain qu'elle est repompée dans la masse, et reprise par de petites veines absorbantes ; elle suinte aussi par les porosités de la cornée lucide. S'il en étoit autrement, elle s'accumuleroit de façon à causer l'hydropisie du globe, et dès qu'elle croupiroit, elle seroit bientôt viciée, colorée, épaissie. La preuve de sa régénération ou de son renouvellement est évidente dans l'opération de la cataracte par extraction ou par abattement. *Voyez* CATARACTE.

On doit bien comprendre que ce n'est qu'après s'être muni de toutes ces connoissances qu'on peut décider sûrement de l'intégrité de l'œil du cheval, de la réalité, comme des raisons de sa dépravation et des causes des dérangemens multipliés dont cet organe est susceptible. Rien n'est plus aisé que d'apercevoir le défaut des yeux, quand on en connoît bien la structure ; autrement, rien n'est plus difficile. Nous voyons journellement des personnes, qui passent pour habiles connoisseurs, se tromper souvent, et prendre pour maladie du cristallin ce qui en est une de la cornée, l'affection de la cornée pour celles des humeurs, et confondre, en général, les différentes maladies qui attaquent cet organe.

Mais pour n'être pas induit à erreur, voici les vrais moyens d'examiner les yeux d'un cheval ; placez-le à l'abri d'un grand jour, pour diminuer, jusqu'à un certain point, la quantité des rayons lumineux, et faites-le ranger de manière à vous opposer à la chute de ceux qui, tombant trop perpendiculairement, causeroient une confusion qui ne vous permettroit plus de distinguer clairement les parties : faites attention encore à ce qu'aucun objet, capable de changer la couleur naturelle de l'œil en s'y joignant, ne soit voisin de l'abri que vous avez choisi ; placez-vous ensuite vous-même de manière à chercher les différens points d'où vous pourrez distinguer plus clairement toutes les parties de l'organe dont vous vous proposez de juger ; et considerez-en,

1° La grandeur ; elle est une beauté dans le cheval comme dans l'homme : de petits yeux sont nommés yeux de cochon.

2° La position. Ils doivent être à fleur de tête : des yeux enfoncés donnent à l'animal un air triste et souvent vicieux ; de gros yeux, des yeux hors de la tête, le font paroître hagard et stupide.

3° L'égalité. Un œil grand et l'autre petit doivent inspirer de la défiance ; il est vrai que cette disproportion peut être un vice de conformation , et alors les yeux , quoiqu'inégaux, n'en sont pas moins bons.

On distingue le vice de conformation de celui qui est contre nature , en ce que, dans le dernier cas, les parties qui défendent le globe , ou celles qui l'entourent, ou celles qui le composent , ne se montrent jamais dans un état sain.

Les paupières. Leur agglutination, la rétraction, l'abaissement involontaire de la supérieure , le relâchement ou le renversement de l'inférieure , les tumeurs qui surviennent quelquefois à l'une et à l'autre , le doublement des cils qu'on remarque au bord de la supérieure , un hérissement de ces mêmes cils produit par différentes causes qui en déterminent et en dirigent la pointe contre la cornée , etc., sont autant de circonstances maladives. On doit sur-tout faire attention à la paupière inférieure , fendue dans quelques chevaux à l'endroit du point lacrymal : cette fente est occasionnée par l'âcreté des larmes qui découlent dans le cas de la fluxion périodique, qui a fait appeler , très improprement , l'animal qui en est atteint cheval LUNATIQUE. (*Voyez* ce mot.)

5° La netteté ou diaphanéité, sans laquelle on ne peut discerner clairement ni l'iris, ni la prunelle, ni le fungus, et porter ses regards au-delà. Elle dépend de celle de la cornée lucide, et de celle de l'humeur aqueuse , renfermées dans les chambres antérieure et postérieure ; une tache , une taie , ou un véritable ALBUGO (*voyez* ce mot) , qui s'étend plus ou moins sur la première de ces parties, en occasionnent, suivant leur épaisseur, le plus ou moins d'opacité ; et si le point d'obscurcissement est borné , mais se trouve placé vis-à-vis de la prunelle , il intercepte l'entrée des rayons lumineux, et l'animal ne peut recevoir l'impression des objets. Il en est de même dans la circonstance de l'épaississement de l'humeur aqueuse , dans celle d'une collection de matière purulente, derrière la cornée lucide, à la suite de quelques coups ; enfin dans l'obscurcissement plus ou moins considérable de cette même humeur ; à raison d'une cause quelconque, suivant le degré de ce même obscurcissement, les objets sont entièrement dérobés, ou ne frappent l'œil vicié que d'une manière très indistincte. Il est à remarquer aussi que, dans les poulains, dans ceux qui jettent la GOURME (*voyez* ce mot), ou qui sont prêts à jeter , dans ceux qui mettent les dents, et sur-tout les coins et les crochets , comme dans les chevaux qui sont atteints de quelques maladies graves, la cornée et même l'humeur aqueuse sont plus ou moins chargées de nuages ; elles s'éclaircissent peu à peu , et par degrés insensibles, à mesure que l'autre se vide, ou se dégage, que le sang se dépure, que la dentition s'achève, et que les maux cèdent à l'efficacité des remèdes. Du reste, pour bien juger de l'étendue de l'opacité ou du trouble de la cornée, il faut nécessairement que l'observateur en parcoure tous les points, en se plaçant de manière à les suivre, et en variant sa position, pour diversifier les jours; il faut encore, lorsqu'il est question de s'assurer si l'opacité ou l'obscurcissement ne réside que dans l'humeur aqueuse, la cornée étant parfaitement intacte, qu'il se place de côté, et qu'il laisse la cornée lucide entre le jour et lui; si les rayons lumineux pénètrent cette membrane également dans toute la surface, le défaut sera incontestablement dans l'humeur.

6" La cornée opaque, dont la portion apparente occupe, dans certains chevaux, plus d'espace que dans d'autres. Cette circonstance a fait appeler les yeux dans lesquels cette tunique propagée diminue l'étendue de la cornée lucide des yeux cerclés : on a même pensé qu'ils étoient totalement défectueux ; mais cette idée est destituée de tout fondement ; car, comment cette anticipation pourroit-elle intéresser l'organe? La conjonctive tapisse la surface interne ou postérieure de la paupière, et se replie pour s'étendre sur la cornée opaque; la rougeur qui caractérise ce qu'on nomme OPHTALMIE (*voyez* ce mot) est véritablement l'inflammation de cette membrane lâche, mobile et transparente, et non celle de la cornée.

7° Le cristallin, situé plus près de la cornée lucide que de la rétine, et dans un lieu où son centre passe par l'axe de la vision et le forme. Ce corps étant transparent, et n'ayant aucune couleur par lui-même, ne peut pas être distinctement aperçu : on n'entrevoit aussi, dans un œil sain, au-delà de la prunelle, qu'une couleur noire, qui n'est autre chose que la réflexion naturelle de l'uvée au travers des humeurs du globe. Dans de vieux chevaux il devient terne, comme dans l'âge de la caducité des hommes; dans d'autres on le trouve quelquefois opaque, et cette opacité règne dans tout le contour oval de la prunelle ; alors ce corps lenticulaire est plus terne; il présente une couleur blanche, verdâtre et comme transparente ; et l'œil est dit cul de verre. Cette opacité gagnant peu à peu toute l'étendue du cristallin, il en résulte ce que nous appelons CATARACTE (*voyez* ce mot). Assez communément cette maladie commence aussi par quelques points blancs très petits, et en quelque sorte imperceptibles, principalement aux yeux de ceux qui n'ont aucune idée de la conformation de cet organe ; mais, dans tous les cas, le dragon, une fois formé et parvenu à sa maturité, abolit totalement le sens, en s'opposant au passage des rayons de la lumière. Le cristallin n'est point, en effet, l'organe essentiel et principal de la vision ; sa présence est nécessaire seulement à la perfection de la vue ; car la faculté de voir n'est point anéantie par son absence ; aussi, dès que ce corps opaque a été détrôné, abattu, ou, pour mieux dire, extirpé, ce qui est une opération bien plus sûre, l'animal discerne, à la vérité, plus confusément les objets, mais il recouvre la puissance qu'il avoit perdue.

8° Les mouvemens de l'iris. Il y a entre l'uvée et l'iris deux plans de fibres charnues ; les fibres de l'un d'eux environnent la prunelle, et resserrent par leur contraction cette ouverture, tandis que sa dilatation est opérée par les fibres du second plan : le premier de ces mouvemens a lieu dans l'œil exposé au grand jour ; le second, dans l'œil exposé à une lumière plus foible, ou réduit à l'obscurité ; or, il est des chevaux dont les yeux paroissent parfaitement beaux et sains, et qui sont néanmoins privés de la faculté de voir ; et il n'est d'autres moyens de juger en eux de l'abolition de la vue, que celui de s'attacher à l'examen de ces mêmes mouvemens. Pour cet effet, abaissez la paupière supérieure, tenez-la dans cet état pendant un instant ; laissez ensuite ouvrir l'œil, remarquez si la prunelle se resserre, et à quel point est portée cette action ; dès qu'elle est totalement dénuée de mouvement, le sens est irrévocablement aboli.

On peut encore procéder à cet examen d'une manière plus sûre. Le cheval placé à la porte d'une écurie, lorsqu'il est prêt à sortir, ou dessous une remise, afin qu'il n'y ait point de jour derrière lui, faites-le reculer insensiblement dans un lieu plus obscur, la prunelle doit se dilater alors visiblement ; ramenez-lez en avant et pas à pas ; à mesure qu'il revient au grand jour, la prunelle doit se resserrer. Cette méthode est d'autant plus certaine, qu'en s'y conformant exactement tous les mouvemens de la pupille sont extrêmement sensibles, et qu'on peut observer en même temps les divers états dans les deux yeux, conclure du plus ou moins de constriction, du plus ou moins de sensibilité de l'un et de l'autre, et décider parfaitement de la force, de la foiblesse, de l'égalité et de l'absence de la faculté de la vue dans l'animal.

Outre les maladies que nous venons de rapporter dans cet article, les yeux sont encore sujets à beaucoup d'autres maladies qui exigent la plus grande attention de la part de l'artiste vétérinaire. Nous les divisons en deux parties ; la première comprenant les affections des parties qui environnent cet organe, tandis que la seconde a pour objet celle du globe, c'est-à-dire les maladies des tuniques et des humeurs.

Les premières sont l'EMPHYSÈME des paupières, l'ŒDÈME, les VERRUES, les POIREAUX, le LARMOIEMENT et la PARALYSIE.

Les secondes comprennent l'ONGLÉE, la LÉSION DE LA COR-

NÉE, la RUPTURE et la GOUTTE SEREINE. *Voyez* ces mots. (R.)

ŒIL. Petit tubercule qui sort de l'aisselle des feuilles plus ou moins de temps après leur développement. Ce tubercule devient bouton en automne et bourgeon au printemps suivant. Il est donc l'origine d'une branche. Quelquefois il l'est aussi d'un fruit, soit médiatement, soit immédiatement.

Un petit nombre de plantes offrent cependant dans certaines circonstances des yeux hors des aisselles des feuilles. On les appelle adventifs ou surnuméraires. Ils ne donnent le plus souvent qu'une feuille, qui l'année suivante fournira un véritable œil. *Voyez* BOUTON.

Hors ce cas, la feuille est indispensablement nécessaire à l'œil, c'est sa mère nourricière; lorsqu'on la coupe, et encore plus lorsqu'on l'arrache avant la fin de la première sève, c'est-à-dire avant le mois d'août, on doit être assuré de le voir périr. Plus tard il subsiste souvent après cette opération, mais il cesse de croître avec la même force, et le bourgeon qu'il donne l'année suivante est plus foible. Ce n'est qu'au moment de la chute des feuilles que les yeux ont pris assez de force pour se nourrir uniquement de la sève de l'arbre. *Voyez* FEUILLE.

Comme c'est avec les yeux qu'on greffe en écusson à œil dormant, les jardiniers et les pépiniéristes ont été forcés de les observer avec le plus grand soin et de saisir les moyens de les faire naître, d'accélérer leur végétation et de les empêcher de périr. Ils appellent *yeux éteints* ceux qui sont morts pendant le cours de leur croissance. *Bons yeux* ceux qui sont propres à être employés. *Faux yeux* ceux qui ne donneront pas naissance à une branche.

On détermine la formation et l'accélération de la croissance des yeux en diminuant ou arrêtant la circulation de la sève, c'est-à-dire en courbant le bourgeon, en le ligaturant, en coupant son extrémité, en lui faisant une incision annulaire. Le troisième de ces moyens est fréquemment employé. *Voyez* aux mots AOUTER et GREFFE.

Ordinairement les yeux s'oblitèrent naturellement, par suite de la trop grande vigueur de la végétation, dans les aisselles des feuilles inférieures, et ils ne prennent que très tard la consistance nécessaire au sommet des branches, de sorte que c'est la partie moyenne de ces branches qui les fournit presque toujours exclusivement pour la greffe à œil dormant. (B.)

ŒIL DE BŒUF. Les bûcherons appellent ainsi dans certaines localités les trous qui se trouvent sur le corps des arbres et qui sont produits par la pourriture d'une branche. Ces trous, dont les piverts, les lérots et autres animaux profitent souvent, altèrent toujours la valeur des arbres.

ŒIL DE BŒUF. *Voyez* CAMOMILLE DES TEINTURIERS.

ŒILLET, *Dianthus*. Genre de plantes de la décandrie digynie et de la famille des caryophyllées, qui renferme une quarantaine d'espèces la plupart propres à l'Europe, et dont plusieurs font l'ornement de nos jardins à raison de la beauté et de l'odeur suave de leurs fleurs.

Parmi les œillets les plus importans à connoître sont,

L'ŒILLET DES FLEURISTES, *Dianthus caryophyllus*. Il a les racines vivaces, fibreuses; les tiges noueuses, rameuses, glabres; les feuilles opposées, amplexicaules, linéaires, lancéolées, glabres; les fleurs grandes et portées sur de longs pédoncules axillaires. Il est originaire de l'Italie et autres parties méridionales de l'Europe. C'est lui qui sous le nom de *grenadin* sert de type à l'œillet proprement dit. Sa fleur est rouge, mais elle varie dans des nuances sans nombre, et elle devient double par l'effet de la culture. Qui ne connoît pas cette charmante fleur? L'œillet l'emporte sur toutes les autres fleurs, même sur la rose, par sa durée, la variété de ses couleurs et de son odeur. Aussi quels soins ne prend-on pas pour s'en procurer de nouvelles variétés pour l'élever, pour le multiplier, le conserver! Ces soins lui sont indispensables : si elle est la plus importante aux yeux des amateurs par une réunion de qualités rares, elle est aussi une des plus difficiles à cultiver et des plus sujettes aux maladies.

Le goût de la culture des œillets est un peu passé de mode; mais comme il est fondé sur des bases solides, il est à croire qu'il reviendra, et que cette superbe fleur ne sera pas long-temps abandonnée, tandis qu'on prodigue les soins à des arbustes qui ne présentent pas la dixième partie de ses agrémens.

On fait un sirop avec les pétales du grenadin à fleurs simples, qu'on cultive en grand, pour cet objet, aux environs de Paris et autres principales villes de France. C'est l'objet d'un revenu agricole fort restreint, mais très avantageux; car j'ai calculé qu'un quart d'arpent à Bagnolet avoit, une certaine année, rapporté plus de trois cents francs à son propriétaire. Cette culture se fait par rangées, à deux pieds de distance, et les tiges sont liées, pendant la floraison, autour des échalas. On donne trois à quatre labours par an. Au bout de quatre à cinq ans on détruit le plant pour le porter ailleurs. Tantôt on renouvelle les pieds par le semis des graines, tantôt par le déchirement ou le marcottage des vieux pieds. On a remarqué que les plantations provenant de semis fournissoient plus de fleurs, et des fleurs plus colorées. On cueille ces fleurs lorsqu'elles sont complètement épanouies, une à une, avec des ciseaux, et on les vend le jour même, sans les éplucher, aux liquoristes et aux confiseurs.

Quant aux propriétés médicinales des œillets, elles sont

presque nulles. Ce n'est que par préjugé qu'on les a autrefois vantées (B.)

Les amateurs ont fait quatre classes principales de l'œillet des fleuristes. La première est l'œillet à ratafia qui ne se cultive que pour son parfum, qu'on emploie pour les liqueurs, les sirops, les pommades et les essences. La seconde est l'œillet à carte ou prolifère; la troisième l'œillet jaune, et la quatrième l'œillet flamand. Cette première division ne suffisant pas pour le grand nombre de variétés obtenues par les semis, on les a subdivisés en œillet purs ou d'une seule couleur, en œillets bicolor, tricolor et bizarre, ou à quatre couleurs. Enfin on a distingué les panachés des piquetés, et on a établi une nomenclature pour chaque division, en prenant en considération les couleurs. Ainsi, dans un catalogue d'œillets flamands, on classe les œillets par le nombre des couleurs. Tous ont le fond blanc. On dit un œillet feu, un rose, un violet, un incarnat, des œillets qui ont des panaches couleur de feu sur un fond blanc, ou rose, ou violet. On nomme feu tricolor, rose tricolor, etc., ceux qui ont en outre des panaches d'une autre couleur, mais où celles de la couleur de feu ou rose dominent, etc. Et comme les variétés, dans chaque couleur, sont nombreuses, on a donné un nom particulier à chaque variété.

Les œillets à carte ou crevarts, ou mieux, prolifères, ont joui long-temps d'une grande réputation; mais les soins qu'ils exigent au moment de la floraison les ont fait abandonner pour les flamands. Dans le nord et l'ouest de la France, ces œillets sont ordinairement à fond blanc, avec des piquetures de différentes couleurs. Quelques uns sont panachés ou sans fond blanc; tels sont le grand bichon, le romieux, le feu soyer et le feu grégeois. Dans cette classe les pétales sont dentelés, et le calice crève. Quand les pétales commencent à se développer, il paroît au centre un second calice rempli de pétales qui en contiennent souvent un troisième. Les qualités de ces œillets sont d'avoir le fond d'un beau blanc, les premiers pétales longs, larges et épais; d'avoir des piquetures d'une couleur qui tranche sur le blanc, et de faire le dôme au moyen de la seconde fleur qu'on réunit à la première, par l'extraction du calice. Il faut aussi que la tige soit forte et d'une longueur proportionnée à la grandeur de l'œillet.

Les œillets jaunes sont des plantes de fantaisie; ils sont d'un jaune pur ou ont des piquetures cramoisi; les pétales sont découpés et leur calice ne crève pas. J'en ai cependant eu un qui crevoit et avoit besoin d'une carte; mais il n'étoit pas aussi large que ceux à fond blanc et n'étoit pas prolifère. Par le mélange de cet œillet et du flamand on a obtenu des jaunes panachés dont la dentelure est fort légère.

Le caractère principal des œillets flamands est d'avoir les pétales bien ronds et non dentelés. Ils sont panachés, et on n'estime que ceux qui sont larges, dont les panaches sont bien vifs et bien tranchés avec la fleur ; dont les pétales sont nombreux et font le dôme : on rejette ceux qui sont plats et ceux qui crèvent. Cependant, si ces derniers sont très beaux, on les garde ; mais on incise le calice en six endroits pour conserver la forme de la fleur, et empêcher les pétales de s'incliner tous du même côté. Quand la fleur est en partie développée, on serre le calice avec un morceau de feuilles de poireau, qu'on a fendu sur son épaisseur. On applique le côté intérieur de la feuille sur le calice et on fait deux ou trois tours. La matière visqueuse qu'elle contient suffit pour l'y coller, et, par ce moyen, les fleuristes cachent le défaut de la fleur.

On n'a pas, dans les collections, d'œillets flamands piquetés. Le hasard m'en procura, à Rennes, d'une manière digne de fixer l'attention des physiologistes. J'avois mis en pleine terre, et mélangé, sans ordre, des pieds d'œillets prolifères et de flamands ; ils furent trois ans dans la même place. La troisième année, les secondes fleurs des prolifères furent remplacées par un pistil et des étamines, et le pollen des œillets flamands contribua à les féconder. Leurs graines produisirent des flamands piquetés qui, mêlés avec les panachés sur les gradins, faisoient, par leurs fonds très blancs, un bel effet.

On auroit pu faire une cinquième division des œillets dont la tige est couverte de feuilles très courtes et imbriquées ; mais cet effet singulier, qui avoit donné de la valeur à ces plantes quand elles étoient rares, a perdu de son prix quand elles sont devenues communes, et on les a négligées parcequ'elles ne fleurissoient pas ou que leurs fleurs n'avoient aucun mérite aux yeux des fleuristes.

Culture. L'œillet des fleuristes exige beaucoup de soins. Il demande une terre potagère substantielle, plus légère au nord et plus forte au midi. Le choix des engrais n'est pas indifférent. En général, le terreau provenant du détritus des plantes lui convient le mieux. C'est ce qui fait rechercher la terre qui se forme dans les vieux saules creux, et les gazons qu'on coupe dans les prairies, et dont on doit laisser consommer les racines avant de s'en servir.

Dans les pays froids et humides, il est utile de mêler un peu de poudrette au tas de terre préparée. Ce mélange est inutile au midi.

Des amateurs recherchent la terre des taupinières. Cette terre n'a d'autre qualité que d'être très divisée, et ne vaut pas plus que celle qui a été tamisée, à moins qu'elle ne soit chargée d'humus.

Tout consiste donc à avoir des terres substantielles, plus ou moins légères, suivant la chaleur et la sécheresse, le froid et l'humidité : et les préparations de terres que tant d'amateurs vantent ne peuvent avoir d'autre but. Le point principal consiste, après avoir établi son mélange, à ne l'employer que lorsque les parties végétales sont bien consommées, et à passer sa terre à la claie, pour les plantes en pleine terre, et au tamis pour celles en pots. Si on se sert de terre onctueuse, trop grasse, trop chargée de fumier non consommé, on exposera les plantes à la maladie du jaune, qui les détruira si on n'y remédie pas en changeant la terre.

On élève les œillets de semis, de boutures et de marcottes ; et, pour cet effet, il faut se procurer quelques plantes choisies dans les belles variétés. C'est en vain qu'on veut se procurer de la bonne graine avec de l'argent. Les amateurs qui cultivent les espèces choisies n'en récoltent qu'en petite quantité et la gardent pour eux. On ne trouve chez les marchands grenetiers que celle de l'œillet à ratafia ou de plantes rebutées, que quelques jardiniers fleuristes cultivent en planche pour en vendre la fleur, et dont ils ramassent les graines, lorsque le débit des fleurs n'a pas été considérable.

On sème en terrine ou en caisse, en plein air ou sous châssis, suivant l'époque des semis. En général on ne doit semer qu'au printemps, même dans le midi. Je n'ignore pas qu'il y seroit facile de faire passer l'hiver aux jeunes plants qu'on auroit eu le temps de repiquer et qui auroient repris racine avant l'hiver ; mais on seroit exposé à deux inconvéniens majeurs. Le premier est que le jeune plant fleuriroit l'été suivant, avant d'avoir formé plusieurs pousses propres à le multiplier de marcottes. Le deuxième est qu'on seroit exposé à n'avoir que des plantes simples (*voyez* Fleurs doubles). Or on ne sème que pour avoir des fleurs doubles ; il est donc préférable d'attendre au printemps suivant. Un autre motif doit déterminer à semer plus tard dans le midi que dans le nord. Comme la végétation y est plus forte, les plantes ont un accroissement plus prompt, et, si l'hiver est très doux, toutes leurs branches se mettent à fleurs, et on ne peut faire de marcottes et conséquemment multiplier les belles variétés.

Le mois d'avril est le moment le plus favorable pour semer dans les départemens de l'ouest. On remplit ses terrines et ses caisses d'une terre plus légère, mais non plus substantielle que pour les plants formés. On les prépare quelques jours d'avance pour donner à la terre le temps de se tasser, ou, si on veut semer de suite, on foule légèrement la terre avec la main ou une espèce de truelle destinée à l'égaliser. Quand la terre est bien égalisée, on jette par-dessus un peu de terre fine pour empêcher les graines de s'entasser en glissant sur une surface très unie, et en se réunissant dans les parties où il y auroit un peu de pente. Cette précaution, qui paroîtra minutieuse, me paroît essentielle pour toutes les graines fines, dont plusieurs sont très élastiques. Les terrines ne doivent pas être entièrement pleines, il doit rester un vide de quatre à six lignes. On répand ensuite sa graine le plus également possible, et pas trop serrée, pour ne pas s'exposer à l'étiolement. On appuie ensuite la main ou la truelle dessus, pour l'unir à la terre, et on couvre avec une demi-ligne ou une ligne de terre au plus, qu'on répand avec la main ou avec le crible. Un léger arrosement termine l'opération.

Dans les pays froids, il est bon de mettre les terrines sur une couche tiède et de les couvrir d'un châssis, ou, à défaut, d'une cloche. Cette mesure concentre le carbone et diminue l'évaporation. Les arrosemens sont moins fréquens et la terre moins tassée. Les pommes des arrosoirs doivent avoir les trous fort petits, comme pour tous les semis de graines fines. Dans le midi, où la chaleur est suffisante et où on ne fait pas d'usage de châssis ni de cloches, un paillasson placé à quelques pouces de la terrine doit suffire pour abriter les semis pendant la chaleur du jour. Je préfère ce moyen à la mousse, qui sert de retraite à beaucoup d'insectes qui dévorent les jeunes plants, et qui tend à les affoiblir et à les étioler; mais dès que le semis prend un peu de force, on doit lui donner le plus d'air qu'il est possible.

Lorsque le semis est levé, il faut le surveiller et le visiter de temps à autre, soit pour arracher les mauvaises herbes, soit pour détruire les limaces et les cloportes, soit pour le garantir des forts coups de soleil et des pluies continues.

Les jeunes plantes ont le plus communément deux cotylédons, quelques unes en ont trois; plusieurs fleuristes affirment que c'est l'indice certain que la fleur sera double; j'ai voulu deux fois vérifier le fait, et deux fois mes marques ont été arrachées par étourderie, de sorte que je ne puis affirmer le fait. S'il étoit bien constaté, il éviteroit aux fleuristes des frais et du temps, parcequ'on ne repiqueroit que les plantes doubles, et comme elles ne sont pas très nombreuses, on pourroit repiquer en pots, et, dans les températures froides et humides, les mettre à l'abri pendant l'hiver.

Quand les plantes ont un pouce ou un pouce et demi de hauteur et six à huit feuilles, on les transplante; si on a semé clair, on peut attendre plus long-temps et choisir un temps couvert, le plus propre pour tous les repiquages. On a préparé quelques jours d'avance une planche de terre de la qualité indiquée ci-dessus : on y place les plantes à une distance relative à la qualité de la graine ; si on l'a choisie soi-même, huit à dix pouces sont à peine suffisans ; mais si on l'a achetée, on ne doit laisser que six pouces entre les plantes, parcequ'il en faudra arracher les dix-neuf vingtièmes ou plus, et que la place manquera pour marcotter celles qu'on conservera. Il ne faut donc alors que la place nécessaire à ces plantes pour végéter jusqu'à la fleur. S'il survient de fortes chaleurs après la plantation, on ombre la planche ; on peut la pailler dans le midi pour conserver la fraîcheur de la terre. La planche doit être élevée au-dessus des sentiers et un peu en dos d'âne dans les températures humides ; il faut au contraire qu'elle soit plate dans le midi.

On arrose après la plantation et on continue les arrosemens suivant la sécheresse, mais il vaut mieux que la plante souffre par le défaut d'eau que par son abondance. Les feuilles indiquent le besoin des arrosemens, elles mollissent et se fanent ; mais un peu d'eau leur a bientôt rendu leur fraîcheur et leur fermeté. Quelques sarclages et de légers binages sont les seuls soins à donner aux plantes jusqu'à l'hiver, à moins que les insectes ne les attaquent ou que les pluies ne fassent pourrir les premières feuilles, qu'il faut retrancher en les détachant par un mouvement de droite à gauche et successivement.

L'hiver arrive, et cette saison est souvent funeste aux œillets en pleine terre ; ils ne sont pas très sensibles aux gelées de deux à quatre degrés, sur-tout les plantes de semis toujours plus vigoureuses que les marcottes, et on ne doit les couvrir qu'autant que le froid augmente d'intensité : les couvertures les plus légères sont les meilleures, et la fougère et les feuilles sont préférables aux autres ; on doit les retirer dès que le froid diminue.

Mais ils craignent l'humidité, qui leur nuit sous deux rapports. Quand elle est de longue durée, la pourriture attaque les racines ; et se communique de proche en proche : la plante finit par périr ; les plantes de semis résistent souvent, mais elles n'en sont pas moins perdues pour le cultivateur, il se forme sur les feuilles et la tige des taches vineuses ; ces taches annoncent que la plante a bu (expression des fleuristes), c'est-à-dire que les couleurs des panaches des fleurs se répandront sur les pétales, et qu'on ne distinguera pas la place des panaches ou seulement par une teinte plus foncée. On prévient cet inconvénient en garantissant les œillets des pluies de longue durée par des paillassons élevés, de quelques pieds au-dessus des plantes, pour que l'air circule.

Le printemps expose aussi les plantes à un autre danger ; les brouillards épais, les nuits froides suivies de jours chauds, et les arrosemens faits avec de l'eau trop froide, donnent lieu à la maladie du blanc qui détruiroit les œillets, si on n'arrêtoit promptement le mal en relevant la plante attaquée pour détruire toutes les racines charnues; on coupe les feuilles gâtées, et si la plante est foible, on arrête la pousse principale; on la replante ensuite, et si elle est en pots on renouvelle la terre; on la tient à l'ombre pendant quelques jours, et quand la végétation se rétablit, on la traite comme les autres.

Les mêmes causes produisent la gale, qu'on reconnoît à des taches noires ou grises, et à des tubérosités. On retranche les feuilles malades, et le mal cesse avec la cause; à cette époque la branche du centre s'élance et forme une tige qui s'allonge assez promptement : il faut alors visiter les œillets tous les jours; les limaces en rongent les feuilles et même la tige qui est encore tendre, plusieurs pucerons s'y établissent, les uns en familles nombreuses qui couvrent, comme aux rosiers, l'extrémité des tiges, les autres séparément. Ces derniers se logent ou sous les feuilles, ou dans leurs fessailles, ou dans le cœur des tiges. On aperçoit souvent un peu d'écume blanche qui fait connoître la retraite des premiers; les ravages des seconds sur les feuilles rongées, recourbées et en partie desséchées, décèlent leur présence; enfin lorsque la sève est arrêtée dans l'extrémité des tiges, et que les dernières feuilles au lieu de s'allonger s'appliquent les unes contre les autres en se recourbant un peu et en prenant une teinte de feuille morte, il existe un insecte dans le cœur. On doit rechercher et détruire tous ces ennemis des œillets; pour y parvenir promptement, on peut faire usage de l'eau dont j'ai donné la composition à la fin de l'article ARTICHAUT; elle tue ceux qu'elle mouille et écarte les autres pendant quelques jours; mais comme les insectes placés entre les feuilles ne pourroient être atteints par cette eau à raison des feuilles qu'ils ont réunies et qui les mettent à l'abri, il faut séparer les feuilles, chercher l'animal et l'écraser; s'il est dans le cœur de la tige et qu'on craigne que l'eau ne puisse parvenir jusqu'à lui, on met une prise de tabac dans ce cœur.

L'arrivée des fourmis sur les œillets est un indice certain de la présence de quelques uns des ennemis de cette plante, quoiqu'on n'ait pas encore aperçu leurs ravages. Ils sont attirés par l'odeur de la sève qui s'échappe par les plaies que les pucerons ont faites; c'est le moment de redoubler de vigilance, d'examiner les feuilles particulièrement en dessous et de les mouiller avec l'eau ci-dessus.

Quelques soins suffisent odinairement pour prévenir le mal, mais l'attention la plus suivie ne suffit pas toujours pour mettre les œillets à l'abri des ravages d'un ennemi plus redoutable; les mois de mai et de juin sont l'époque où les jeunes perce-oreilles commencent à rechercher les œillets; ils en sont si avides que la mort seule de ces ennemis peut soustraire ces plantes et principalement les fleurs à leurs ravages; mais comme ils se retirent ou se cachent le jour, et ne dévorent les œillets que la nuit, il n'est pas facile de les trouver. Un perce-oreille suffit pour détruire une fleur dans une nuit; il pénètre dans le fond du calice, coupe les pétales à l'onglet et ruine en un moment l'espoir et les travaux du cultivateur. On a tenté de les écarter des plantes en pots, en plaçant les pots sur des terrines remplies d'eau, en répandant autour de la suie ou du mauvais tabac, en faisant fabriquer des pots à doubles rebords entre les vides desquels on pouvoit mettre de l'eau ou de l'huile en quantité suffisante pour empêcher les perce-oreilles de parvenir jusqu'à la plante, enfin en donnant aux rebords des pots une couche de peinture à l'huile très épaisse et sans dessiccatifs.

Tous ces moyens n'ont réussi que jusqu'à la floraison; mais lorsque les fleurs commencent à se développer, leur odeur attire si puissamment ces insectes que rien ne peut les écarter des plantes; s'ils ne peuvent monter le long du pot, ils grimpent contre l'amphithéâtre ou un corps quelconque, et au moyen de leurs ailes, ils s'élancent sur les fleurs : les fleuristes n'ont alors qu'une ressource pour surprendre leurs ennemis; c'est dans ce but qu'ils placent à l'extrémité des baguettes, un peu avant la floraison, des petits cornets de carte évasés, ou des ergots de cochons dont l'ouverture est renversée; les perce-oreilles s'y retirent le jour, et on en surprend quelquefois jusqu'à cinq et six dans ces retraites.

Il sort de l'aisselle des feuilles des tiges secondaires qui se divisent en plusieurs pédoncules qui portent chacun deux fleurs : on détruit toutes ces fleurs et on ne conserve que celle de l'extrémité de la tige dans les plantes prolifères; mais dans les autres divisions, on laisse plusieurs fleurs, et ordinairement on ne détruit, quand les calices paroissent, qu'une fleur sur chaque pédoncule, à moins que leur nombre ne soit trop grand et la plante foible. Cette opération se fait en saisissant le pédoncule avec les doigts au point où il se divise : avec l'autre main on saisit le calice de la fleur qu'on veut détruire, on le plie de côté jusqu'à ce qu'il se sépare du pédoncule. Sans cette précaution on seroit exposé à rompre l'extrémité du pédoncule, et on perdroit la fleur qu'on veut garder. Il est de règle qu'on ne doit jamais laisser qu'une fleur sur chaque pédoncule.

La tige des œillets cultivés n'est pas assez forte pour soutenir les fleurs, et on les soutient par des baguettes. Les liens doivent être lâches, parceque les tiges s'allongent dans toutes leurs parties au lieu de le faire uniquement par leurs extrémités; il faut en conséquence que les liens soient mobiles, autrement ils retiendroient les tiges aux aisselles des feuilles et les forceroient à se courber; c'est ce qui a déterminé les fleuristes à faire des liens avec des portions de carte qui représentent un marteau dont le manche s'élargit par son extrémité. On fait dans cette dernière partie une fente longitudinale où on passe les deux parties prolongées de l'autre extrémité.

Lorsque les dernières divisions viennent à fleurir, elles ne demandent que les soins nécessaires pour leur conservation, c'est-à-dire les arrosemens et la destruction des insectes; mais l'œillet prolifère ne peut être beau que lorsque les fleuristes ont disposé leurs pétales.

Ils préparent d'avance des cartons minces comme des cartes de diverses proportions, tels qu'ils dépassent la fleur d'environ une ou deux lignes. Ces cartons, arrondis et souvent découpés avec des instrumens faits exprès, remplacent le calice pour soutenir les pétales. On fait un trou circulaire au milieu, égal au volume des onglets, et de cette ouverture on commence une fente d'un demi-pouce ou plus, dirigée vers la circonférence. Lorsque le calice commence à s'ouvrir par une de ses divisions, on le fend avec la pointe d'un canif dans les quatre autres, et on coiffe l'œil, c'est-à-dire qu'on place son carton, dans l'ouverture duquel on introduit les pétales jusqu'aux onglets, en augmentant cette ouverture au moyen de la fente. A mesure que les pétales s'étendent, on les dispose sur le carton, et dès que la fleur intérieure grossit un peu, on enlève le calice qui la renferme en fendant ce calice en plusieurs parties qu'on détache avec adresse. S'il y a une troisième fleur, on renouvelle l'opération sur son calice.

Le moment de la fleur est celui de la vérification des œillets de semence : on doit les examiner avec attention, s'assurer s'ils ont les qualités requises, et détruire toutes les plantes inférieures en beauté. Cette destruction, qui nuit au coup d'œil de la planche, est essentielle, si on veut récolter de bonnes graines; autrement le pollen des mauvaises fleurs, en se mêlant avec celui des bonnes, nuiroit à la beauté des fleurs des semis suivans.

Les œillets demandent des arrosemens un peu plus fréquens à l'époque de la floraison, pour que les fleurs soient bien nourries et qu'elles fournissent de bonnes graines.

Les amateurs sont dans l'usage de préparer des gradins sous un appentis, où ils placent leurs pots d'œillets pendant la floraison. Ce soin n'est pas perdu; la fleur prend plus de développement, et dure le double. La réunion de toutes ces variétés, qui contrastent ensemble par leurs nuances et dont les couleurs paroissent plus vives à raison du fond de l'appentis qui est toujours sombre, forme un ensemble qui produit de l'effet sur les personnes les plus indifférentes, et frappe d'admiration tous les fleurimanes, qui ne manquent pas de les visiter et de s'extasier à la vue de ces amphithéâtres, où cette belle fleur réunit les formes les plus agréables aux couleurs les plus riches pour doubler leur jouissance. Elle se prolonge quand on a beaucoup d'œillets, parcequ'on remplace ceux qui se fanent par d'autres espèces plus tardives ou marcottées plus tard.

L'amateur augmente encore ses plaisirs quand il sait marcotter; l'époque de la fleur est celle des premières marcottes; il ajoute, par ce travail, à sa jouissance actuelle l'espoir, au moins aussi doux, d'une jouissance nouvelle pour l'année suivante, et dans les soins qu'il donne aux capsules celui de l'avoir plus complète. Ces capsules n'ont besoin que de surveillance; mais elle est essentielle, parceque les perce-oreilles sont aussi friands des semences que de la fleur. Les beaux œillets donnent peu de graines, et souvent point du tout, parceque leurs pétales nombreux étouffent le pistil et les étamines. Lorsqu'on désire en avoir d'une plante, on lui laisse toutes ses fleurs; la sève disséminée ne peut fournir une nourriture suffisante à ce grand nombre de fleurs, pour développer dans chacune autant de pétales. Les parties fécondantes sont moins gênées, et peuvent remplir le vœu de la nature. Après la fécondation, on supprime une partie des fleurs, et sur-tout les tardives, et on ne laisse que quatre ou cinq capsules. A ce moyen on doit en ajouter un autre, quand on désire se procurer de nouvelles variétés bien vigoureuses, et dont les fleurs seront plus larges et les couleurs plus vives, on choisit dans les œillets de semis des plantes dont les fleurs sont simples, mais bien larges et rondes, dont les pétales ont de l'épaisseur, un fond blanc, bien net, et deux autres couleurs bien vives et bien tranchées. On les marcotte et on en met en pots. On les place pendant la floraison parmi les plus beaux et les plus doubles. Le mélange de leur pollen procurera plus de plantes doubles de la graine des simples, et des plantes plus vigoureuses de celle des doubles. La graine des simples donnera peu de plantes à fleurs doubles; mais on sera dédommagé de la quantité par la beauté des fleurs.

On reconnoît la maturité des graines, lorsque la capsule prend une couleur fauve et s'ouvre à son sommet. On se contente de détacher les capsules, qu'on jette dans un sac de papier qu'on expose au soleil pendant deux ou trois jours. On n'en tire les graines qu'au moment de les semer.

J'ai dit que la saison des fleurs étoit le temps propre pour faire les premières marcottes, parceque les fleuristes qui veulent jouir long-temps doivent en faire pendant deux mois, et qu'il y a d'ailleurs des espèces plus primes et d'autres plus tardives qu'on ne peut marcotter en même temps, parceque les branches ne sont pas également aoûtées. ·

On marcotte de plusieurs manières; mais, avant de procéder à cette opération, il est utile de tenir les plantes plus sèches qu'à l'ordinaire. Les branches sont plus souples, et rompent moins dans les nœuds, ce qui arrive souvent quand elles sont chargées d'eau séveuse. Il faut aussi s'approvisionner de petits crochets qu'on tire de la fougère, ou mieux, fendre de l'osier de l'année précédente en deux, quatre ou six parties, suivant sa grosseur, et le faire tremper pendant vingt quatre heures. On le coupe à quatre, cinq et six pouces de longueur, et on le plie par la moitié.

On procède au marcottage en épluchant les branches, dont on coupe avec des ciseaux les feuilles qui nuisent à l'opération; on bine la terre et on enlève la superficie, qu'on remplace par de la terre nouvelle de même qualité. On saisit la branche de la main gauche, et de la main droite on fait en dessous une incision de bas en haut qui pénètre jusqu'à la moitié de l'épaisseur de la branche. L'incision a lieu sur un nœud, et se prolonge de deux ou trois lignes. Elle doit être aussi éloignée du pied que la longueur de la branche peut le permettre, pour faire jouir la marcotte de plus d'air, pour pouvoir l'enlever quand elle aura pris racine, sans endommager les fortes racines du maître pied, et parceque l'expérience a constaté que les marcottes les plus voisines du bord des pots s'enracinoient plus sûrement et plus promptement.

On met dans l'incision une portion de feuilles; on couche la branche, qu'on enterre un peu, et qu'on fixe avec un crochet. Si on place le crochet au-dessous de l'incision, on redressera mieux la marcotte, et on facilitera sous ce rapport la reprise. Si on la met au-dessus, la marcotte sera mieux consolidée. La longueur des branches et leur force déterminent le placement du crochet. Plusieurs amateurs prolongent l'incision jusqu'au nœud suivant. Mais il arrive quelquefois que la partie destinée à prendre racine pourrit en terre. D'une autre part une blessure d'un demi-pouce ou d'un pouce de longueur affoiblit beaucoup la partie destinée à former le tronc de la plante, qui n'a plus en épaisseur que la moitié de ses dimensions, et si l'hiver suivant est humide, la pourriture a plus de facilité à pénétrer par cette blessure.

La seconde méthode de marcotter consiste à faire une entaille en incisant à quelques lignes au-dessous d'un nœud et en prolongeant l'incision jusqu'au nœud. Par une seconde coupe perpendiculaire à la branche, on enlève le morceau qui, contre le nœud, doit avoir au moins la moitié, ou mieux, les deux tiers de l'épaisseur de la branche, et on la couche. Cette méthode vaudroit mieux que la première, en ce que les racines couvrent absolument la plaie, et que le tronc de la marcotte conserve toutes ses dimensions, si la plaie n'étoit pas sujette à se recouvrir sans produire de racines. Plus on redresse la branche, plus on est certain de réussir.

Lorsque les branches sont trop longues pour être couchées dans le pot, à raison de ses dimensions, ou que leur petitesse ne permet pas de les coucher, on met une hausse au pot. Les amateurs en font préparer d'avance, soit en terre cuite, soit en bois, soit en fer-blanc. Toutes ces hausses, qui n'ont pas toujours les dimensions que l'on désireroit, sont dispendieuses. Comme les marcottes sont peu de temps en place, il est une matière qui n'a presque aucune valeur, et qui fournit les moyens de faire les hausses dans les proportions qu'on désire. C'est le papier, et on peut faire usage de celui qui est écrit. Pour peu qu'il ait du corps, une feuille suffit ; s'il est foible on le double, et on l'attache avec deux épingles. Je m'en sers avec avantage depuis plusieurs années ; et M. Soyer, qui cultive avec succès les œillets depuis son enfance, et qui en possède à Sarcelles, près Saint-Denis, une belle collection, dont il tire parti, n'emploie pas d'autres hausses.

La troisième méthode de marcotter a lieu en Flandre. On se procure du plomb laminé très mince. On lui donne trois pouces de hauteur, trois pouces et demi ou quatre pouces de large dans le haut, et un pouce dans le bas. On en fait un cornet qu'on arrête par un petit pli à la jointure supérieure, et on l'attache à la baguette.

Lorsque l'on veut s'en servir, on saisit la branche qu'on veut marcotter avec du fil, et on l'attache contre la tige ou la baguette. On lui fait ensuite une forte entaille. L'incision a lieu trois ou quatre lignes au-dessous d'un nœud, et s'y termine. L'entaille doit être telle qu'il ne reste que la dixième partie de l'épaisseur de la branche contre le nœud. On renferme ensuite la marcotte, qui conserve la situation verticale dans le cornet de plomb, et on le remplit de terre. Cette méthode, comme la précédente, a l'avantage de recouvrir entièrement la plaie par le bourrelet qui s'y forme et d'où partent les racines.

Quelque méthode qu'on adopte pour marcotter, on doit, après l'opération, tenir les plantes à l'ombre, et conserver la terre fraîche pour provoquer la sortie des racines. Les marcottes en cornet exigent une grande surveillance et de fréquens arrosemens.

Il est indifférent de couper les feuilles des marcottes ou de les laisser entières. Je préfère de n'y point toucher, parceque ce retranchement n'a aucun but utile.

Le temps le plus favorable pour le marcottage est après la floraison. Il est même dangereux de le faire plus tôt, parceque toutes les branches pourroient se mettre à fleurs au printemps et qu'on n'auroit rien à marcotter l'année suivante. Mais les fleuristes qui ont beaucoup de plantes peuvent marcotter de bonne heure et tard, pour prolonger le temps de la floraison.

Les boutures se font un mois plus tôt que les marcottes, parceque, détachées du maître pied, elle n'ont pas comme ces dernières l'avantage d'en tirer de la nourriture. Leur végétation est plus lente et leur reprise moins assurée.

Les branches destinées pour boutures se coupent sur un nœud. On leur fait une incision cruciale fort légère, et on les plante à trois pouces de distance, dans des terrines garnies de terre comme pour les semences. On les couvre d'un châssis ou d'une cloche, et on les ombre. Elles s'arrosent de manière seulement à ce que la terre ne se dessèche pas. On les tient en cet état jusqu'à ce qu'elles commencent à pousser. On leur donne alors un peu d'air, qu'on augmente par gradation et à raison de leur végétation. Si elles ont acquis beaucoup de force à l'automne, on les transplante ; dans le cas contraire, on les laisse dans la terrine jusqu'au printemps et on les traite comme les marcottes.

Quand les marcottes sont bien enracinées, on les détache des pieds principaux et on les met dans des pots séparés de six à sept pouces. Dans l'ouest et le nord de la France, où ces plantes passent l'hiver plus difficilement, on en repique quatre ou cinq dans des pots de huit pouces, pour économiser la place et le temps. On a l'attention, en les sevrant, de couper fort court et bien net la partie de la tige qui tient au pied principal. La plaie se guérit plus facilement, et il en sort fréquemment des racines qui fortifient la marcotte.

Si les pluies sont fréquentes et continues dans l'automne, on veille à ce que l'eau ne séjourne pas dans les pots et on les couche le fond tourné au midi. Dans les lieux humides, les pots doivent être sur des tablettes de bois ou de pierre et non sur la terre.

Les vieux pieds qui sont en pots se mettent en pleine terre après avoir levé les marcottes. C'est quelquefois une ressource précieuse, si on vient à perdre beaucoup de marcottes, ou si plusieurs dégénèrent. Ces vieux pieds sont encore utiles pour la graine, parcequ'on ne tient pas autant à la beauté de leur fleur, et qu'on leur en laisse plus qu'aux plantes en pots. Quelques amateurs les mettent dans de grands pots, uniquement pour y récolter des semences; d'autres, pour jouir du nombre de leurs fleurs qu'ils peuvent couper à volonté.

L'hiver expose les amateurs à des pertes dans les départemens exposés à des changemens continuels de température comme les environs de Paris. Le point essentiel est d'éviter la trop grande humidité, de donner aux œillets beaucoup d'air, et de les préserver de la neige et des gelées, si elles deviennent très fortes. Je pense que, pour les garantir de l'humidité et des fortes gelées, on pourroit les enterrer dans des caisses élevées d'un ou deux pieds au-dessus du niveau du terrain, et exposées au soleil levant. On les y garantiroit des fortes pluies par des paillassons, qui formeroient au besoin une couverture à quelques pieds d'élévation; et si le froid passoit quatre degrés au thermomètre de Réaumur, on couvriroit les caisses avec des châssis et par-dessus des paillassons, avec l'attention de retirer au besoin les paillassons et les châssis dès que les grandes pluies ou neiges et les grands froids auroient cessé.

L'exposition du levant est également la meilleure au printemps. Il est même essentiel que les œillets soient, dans les mois de mars et d'avril, à l'abri du soleil, depuis dix heures du matin jusqu'à trois heures du soir. Le soleil du mois de mars est souvent funeste à des plantes qu'on a sauvées avec peine des rigueurs de l'hiver.

Les amateurs qui ne mettent pas leurs œillets pendant les grandes chaleurs, c'est-à-dire pendant la floraison, sous l'appentis, doivent les placer à une exposition telle, qu'ils ne reçoivent pas les rayons du soleil de midi à trois heures. Cette mesure de simple précaution dans les terrains ouverts est de nécessité dans les petits jardins entourés de murs élevés, où l'air ne circule pas et la chaleur est étouffante pendant trois ou quatre heures. Les œillets qui y sont exposés sont sujets à la rouille, qu'on ne peut guérir qu'avec peine, en les changeant d'exposition et en coupant les parties malades.

L'ŒILLET A BOIS, *Dianthus lignosus*, est une variété qui ne diffère de l'œillet des fleuristes que parcequ'il a de plus grandes dimensions, des tiges ligneuses, longues, presque sarmenteuses. Mais elle est plus robuste. On en conserve les plantes cinq à six ans en pots. Sa fleur a les mêmes proportions que celles de l'œillet flamand. Les pétales sont très découpés. On n'en a obtenu qu'une variété à fleurs doubles, dont les couleurs mêlées ne peuvent attirer l'attention pendant la floraison des autres; mais on la cultive parcequ'elle a l'avantage de fournir des fleurs presque toute l'année. La grandeur de ses branches exige un treillage contre lequel on les palisse. Au reste, elle demande la même terre, la même culture, et est exposée aux mêmes maladies que l'œillet des fleuristes. (F. B.)

On a indiqué un moyen d'avoir des œillets précoces qui mérite d'être rapporté. Il faut couper les rameaux qui devoient naturellement donner des fleurs en automne avant que ces fleurs s'annoncent, et en former des boutures. Cette opération retarde de six mois le développement de la fleur, qui s'épanouit au mois de mai de l'année d'après.

Les autres espèces d'œillets aussi cultivées dans les jardins sont,

L'ŒILLET BARBU, *Dianthus barbatus*, Lin. Il a les racines vivaces; la tige noueuse, haute d'un à deux pieds; les feuilles lancéolées, glabres; les fleurs réunies en corymbe terminal, et ayant les écailles du calice extérieur aussi longues que le tube du calice intérieur, et terminées par un poil. Il est originaire des montagnes de l'est de l'Europe, et fleurit au milieu de l'été. Ses fleurs sont naturellement rouges, mais varient en jaunâtre, en panaché, en tiqueté et en blanc. Elles sont sans odeur et doublent facilement. On le connoît sous le nom de *bouquet parfait*, parcequ'effectivement le nombre et la disposition de ses fleurs, souvent la différence de leurs couleurs, semblent faire croire qu'il est le produit de l'art.

L'ŒILLET DE POETE, *Dianthus Hispanicus*, D. Courset, ressemble beaucoup au précédent, dont on le regarde généralement comme une variété; mais ses fleurs sont plus grandes, autrement disposées, d'un beau rouge qui ne varie point, et ses feuilles sont bien plus étroites. Il est naturel à l'Espagne, et se cultive également dans les jardins, où il double facilement.

L'ŒILLET DES CHARTREUX, *Dianthus carthusianorum*, Lin., a les racines vivaces; les tiges grêles, droites, noueuses, hautes d'environ un pied; les feuilles opposées, linéaires, engaînantes; les fleurs rouges, peu nombreuses, disposées en corymbe terminal, et accompagnées d'un involucre formé par les écailles du calice extérieur, qui se terminent par un long poil. Il est naturel aux lieux arides des hautes montagnes des parties méridionales de l'Europe, et se cultive dans les jardins, où il se fait remarquer par l'éclat de la couleur de ses fleurs. Il n'a point d'odeur.

Ces trois espèces se placent fréquemment dans les plates-bandes des parterres; et en effet elles s'y font agréablement remarquer par la beauté et la variété des bouquets qu'elles forment naturellement. On les laisse en touffes, ni trop petites, ni trop grosses, qui ne demandent que les soins ordinaires aux parterres. Les plus mauvais terrains leur sont bons, pourvu qu'ils ne soient pas aquatiques; mais cependant ils viennent mieux dans ceux qui sont fumés. On les multiplie par le semis de leurs graines au printemps dans des plates-bandes bien préparées et exposées au midi, ou mieux, sur une vieille couche, ou par le déchirement des vieux pieds, ou par marcottes. Ces dernières se font lorsque les tiges entrent en fleur, et peuvent être levées deux ou trois mois après. Le plant provenant du semis doit être levé et repiqué au printemps suivant à six pouces de distance, et une année après il est assez fort pour être mis en place. Cette multiplication par semis est surtout pratiquée pour la première espèce, afin d'avoir de nouvelles nuances de couleurs. Il faut, autant que possible, mélanger ces nuances dans la même touffe, et y joindre des pieds des deux autres espèces, afin de les faire fortement contraster. On laisse ces touffes dans la même place pendant quatre à cinq ans, après quoi on les détruit ou on les change de place, parcequ'ayant épuisé le terrain, elles sont dans le cas de périr. En général, il est bon d'avoir toujours du jeune plant en réserve pour parer à cet inconvénient et à celui de la pourriture, qui est souvent la suite des hivers humides.

L'ŒILLET MIGNONNETTE, OU MIGNARDISE, OU ŒILLET DE PLUME, a les racines vivaces; les tiges couchées à leur base, noueuses, glauques, presque toujours simples; les feuilles opposées, amplexicaules, subulées, glauques; les fleurs moyennes, odorantes, à pétales très découpés ou laciniés. On le regarde comme provenant des *dianthus plumarius, monspessulanus* et *superbus* de Linnæus, lesquels ne seroient que des variétés. Lui-même dans nos jardins en produit de très nombreuses, soit par la hauteur des tiges, la grandeur, la couleur et même l'odeur des fleurs. Toutes ces variétés doublent aisément. Les principales, relativement à la couleur, sont les blanches, les roses; les unes ou les autres avec une couronne pourpre ou brunâtre. Après l'œillet des jardins c'est le plus agréable. On en fait des touffes et des bordures, qui produisent un superbe coup d'œil et qui embaument l'air lorsqu'elles sont en fleur, c'est-à-dire au milieu de l'été. Il peut rester pendant trois ans dans la même place; mais ensuite il languit et finit par périr si on ne le change pas, parcequ'il épuise le terrain. Un sol léger, sec, fumé, et une exposition chaude, sont ce qui lui convient le mieux. Les variétés simples se multiplient par le semis de leurs graines sur couche ou dans une plate-bande au midi. Les doubles se propagent par le déchirement de leurs pieds au printemps. On augmente ce moyen de multiplication en écartant les touffes au commencement de l'automne, et en mettant sur la base des tiges une poignée de terre qui en fait autant de marcottes. On prolonge la durée de la floraison des mêmes touffes en coupant leurs fleurs dès qu'elles commencent à se former.

L'ŒILLET DE LA CHINE a les racines bisannuelles; les tiges

hautes d'un pied, et rameuses à leur sommet; les feuilles opposées, amplexicaules, étroites et vertes; les fleurs solitaires et à pétales crénelés. Il est originaire de la Chine, d'où il a été apporté sous la minorité de Louis XV, d'où lui est venu le nom vulgaire d'*œillet de la régence*, qu'il porte chez les jardiniers. Ses fleurs s'épanouissent au milieu de l'été, varient extrêmement dans leurs couleurs, et se succèdent jusqu'aux gelées. Il y en a de semi-doubles et de doubles. On le multiplie de graines, qu'on sème au printemps sur couche, et dont on transplante le produit en mai. Lorsque l'hiver est doux cette espèce subsiste pendant deux ans; mais ses fleurs sont moins belles la seconde année.

L'ŒILLET EN GAZON, *Dianthus cespitosus*, Lam., a la racine vivace, même un peu ligneuse; les tiges à peine hautes de trois à quatre pouces; les feuilles linéaires, et les fleurs d'un pourpre violet à pétales crénelés. On le trouve sur les montagnes élevées de l'Europe, principalement au Mont-d'Or, où il forme des gazons très denses, et d'un très agréable effet avant qu'il soit, et encore plus lorsqu'il est en fleur. On le cultive dans quelques jardins. Les bordures qu'on en fait sont moins riches que celles de l'œillet mignardise, mais plus régulières et plus agréables à la vue, parcequ'elles sont moins hautes. On le multiplie positivement comme ce dernier. Ses fleurs sont très peu odorantes.

Il y en avoit beaucoup dans les pépinières impériales; mais tout a été arraché, à mon grand déplaisir, et jeté dans la fosse aux ordures.

L'ŒILLET PROLIFÈRE a la racine annuelle; la tige noueuse, haute d'un pied et plus; les feuilles opposées, amplexicaules, très étroites, et glabres; les fleurs d'un rouge pâle et ramassées en tête à l'extrémité des tiges. Il est commun sur les pelouses sèches et arides et fleurit en août. Tous les bestiaux le mangent.

L'ŒILLET VELU, *Dianthus armeria*, Lin., a les racines annuelles; les tiges hautes de deux pieds, presque simples; les feuilles opposées, amplexicaules, très étroites et velues; les fleurs d'un rouge vif, et disposées en faisceau terminal. On le trouve fréquemment dans les bois, les buissons, etc. Il fleurit au milieu de l'été. Les bestiaux le mangent. (B.)

ŒILLET D'AMOUR. C'est la GYPSOPHILLE SAXIFRAGE.

ŒILLET FRANGÉ. Nom jardinier de l'ŒILLET MIGNON-NETTE.

ŒILLET D'INDE. Nom jardinier des TAGETS.

ŒILLET DE POETE. C'est la même chose que l'ŒILLET BARBU.

ŒILLETON. On appelle œilleton les pousses latérales qui

ont lieu en automne, c'est-à-dire après la floraison, au collet des racines des plantes vivaces, sur-tout de celles qui perdent leur tige à la suite de cette floraison. Ce mot ne vient pas d'œillet, comme on le croit assez généralement, mais d'œil (bouton), et en effet ce sont des boutons qui ont poussé des feuilles. On peut les comparer aux REJETONS des arbres et arbustes. *Voyez* ce mot.

Les cultivateurs tirent tantôt un parti très avantageux des œilletons pour la multiplication des plantes, tantôt ils sont obligés de les supprimer, soit pour empêcher le pied de trop s'étendre, soit parceque leur grand nombre, en épuisant le terrain, s'oppose à la beauté des fleurs que doivent donner ces plantes. C'est principalement parmi les fleurs cultivées dans les parterres que ces deux opérations qu'on appelle ŒILLE-TONNER se pratiquent communément. Dans les jardins paysagers on œilletonne avec la bêche, c'est-à-dire qu'on coupe les touffes des plantes vivaces en deux, trois et un plus grand nombre de morceaux pour les planter autre part, ou pour les jeter dans la fosse aux ordures.

Voyez au mot ARTICHAUT, qui, parmi les légumes, présente l'exemple le plus prononcé et le plus commun de la formation et de l'emploi des œilletons. (B.)

ŒNOMÈTRE. On a donné ce nom à deux instrumens différens, mais tous deux destinés aux opérations qui ont le vin pour objet.

Le premier, inventé par Bertholon, a pour but de reconnoître le point où le vin en fermentation est arrivé au dernier degré de son élévation ; il a été depuis appelé GLEUCOMÈTRE. *Voyez* ce mot.

Le second n'est autre qu'un AÉROMÈTRE ou *pèse-liqueur* (*voyez* le premier de ces mots), appliqué spécialement au vin. Il est destiné à indiquer combien le vin fait renferme d'alcohol. Plus il s'enfonce dans le vin, et plus ce vin est léger, contient de spiritueux.

Je n'indiquerai pas ici la construction de cet instrument, attendu qu'il n'est ni facile ni économique à un cultivateur de la tenter. C'est aux fabricans d'instrumens de physique des grandes villes, principalement à Paris, que doivent s'adresser tous ceux qui voudront en faire usage.

Au reste, je ne regarde pas l'œnomètre comme très avantageux à employer. Il peut bien apprendre si le vin d'une cuvée, ou d'une année, ou d'un canton voisin, est plus chargé d'alcohol que celui d'un autre ; mais il est infidèle quand on veut comparer des vins d'une nature fort différente, tels que les vins de Languedoc avec les vins de Champagne. Car les premiers, quoique contenant cinq à six fois plus d'alcohol, paroîtront, à raison de la surabondance de matière colorante, de principes extractifs, de sels tartritiques, etc., qui s'y trouvent, moins pesans que les derniers. *Voyez* au mot VIN. (B.)

ŒSTRE, *OEstrus*. Genre d'insectes de l'ordre des diptères, qui renferme huit ou dix espèces, dont plusieurs doivent être connues des cultivateurs, par la raison qu'elles déposent leurs œufs dans le corps même des animaux domestiques et qu'elles leur causent souvent des accidens graves.

Les œstres vivent peu de temps sous l'état d'insectes parfaits, et en effet la nature leur a refusé les moyens de se nourrir, puisqu'ils n'ont point de bouche. Ils s'accouplent et pondent leurs œufs dans les lieux où les larves doivent trouver l'aliment nécessaire à leur existence, c'est-à-dire une substance muqueuse animale. Lorsque ces larves sont parvenues à toute leur croissance, elles quittent ces lieux pour se réfugier sous une pierre, dans un trou, et s'y transformer en insectes parfaits.

L'ŒSTRE DES BŒUFS a le corcelet jaune avec une bande noire au milieu, l'abdomen blanc à la base et fauve à l'extrémité. Sa longueur est de six lignes. La femelle dépose ses œufs sous le cuir des vaches, des bœufs, des cerfs et autres grands quadrupèdes, au moyen d'une tarière très composée dont elle est pourvue. Chaque œuf (il n'y en a jamais qu'un seul dans chaque trou) éclos, la larve qui en naît produit une tumeur de la grosseur d'un œuf de pigeon, au milieu de laquelle elle vit de l'humeur que l'irritation qu'elle cause fait continuellement fluer autour d'elle. Elle respire par un petit trou qu'elle sait entretenir au centre de la tumeur. Cette larve est sans pattes, mais elle est pourvue, autour de ses anneaux, d'épines aplaties qui lui servent à exciter l'irritation ci-dessus mentionnée, et à changer de place lorsqu'elle a quitté sa tumeur pour chercher un lieu propre à subir sa transformation. Elle reste dans sa tumeur depuis le mois d'août jusqu'au mois de juin. Ordinairement il n'y en a que quatre ou cinq sur chaque animal, mais quelquefois il s'en trouve jusqu'à trente ou quarante. Il pourroit y en avoir des milliers, chaque femelle contenant assez d'œufs pour en fournir à tous les bestiaux d'un canton de plusieurs lieues carrées; mais la nature lui a indiqué qu'elle devoit les disperser pour en assurer la conservation; car comme ces larves causent de véritables ulcères aux animaux qui les nourrissent, la mort de ces animaux et par conséquent des larves pourroit être la suite de leur trop grand nombre. C'est ordinairement des deux côtés de l'épine du dos qu'il y en a le plus. Les jeunes animaux y sont plus sujets que les vieux, et ceux qui paissent dans les bois bien plus que ceux qui ne sortent pas des prairies. Il est des cantons où les œstres tourmentent plus les bestiaux que par-tout ailleurs, et cela paroît tenir uniquement à l'ignorance des cultivateurs. En effet, au lieu de tuer les larves dès qu'ils s'aperçoivent de leur présence, ils les défendent contre les pies qui s'en nourrissent, et, ainsi que je l'ai éprouvé, contre les naturalistes qui voudroient en enrichir leur collection, sous le prétexte que les tumeurs qu'elles occasionnent assurent la santé des bestiaux. Cela est peut-être fondé jusqu'à un certain point, puisqu'un cautère est souvent un moyen utile sous ce rapport; mais il n'en est pas moins vrai que les vaches qui en ont beaucoup maigrissent et donnent moins de lait. Peut-être même elles en meurent quelquefois. Je crois donc que toujours ou presque toujours il est utile de débarrasser les bestiaux de ces larves, et on le peut facilement ou en piquant les susdites larves avec une épingle un peu grosse à travers le trou par lequel elles respirent, ou, si on craint que la putréfaction de leur corps ne cause un ulcère plus dangereux, en l'extrayant par le moyen d'une incision faite à la tumeur. Une circonstance qui doit encore engager les cultivateurs à détruire ces larves et par elles leurs générations futures, c'est que le cuir des animaux sur lesquels elles ont vécu perd de sa qualité, chaque plaie formant une nodosité d'une densité différente du reste.

Dans quelques endroits on croit faire périr ces larves avec de la térébenthine, du suif et autres ingrédiens; mais, je le répète, le moyen le plus facile et le plus certain c'est de les blesser assez fortement pour que leurs intestins puissent sortir par la plaie.

L'œstre des chevaux a le corcelet couleur de rouille avec une bande brune, et l'abdomen fauve avec l'extrémité noire; ses ailes sont jaunes à la base et tachées de brun à leur extrémité. Il a cinq lignes de long. La femelle dépose ses œufs sur le devant des jambes antérieures et sur le flanc des chevaux, qui, en se léchant, les portent dans leur bouche où ils éclosent, et d'où les larves qui en naissent s'introduisent dans l'estomac, et y vivent aux dépens de l'humeur qui le lubrifie, et dont elles ont la faculté d'augmenter la sécrétion par l'irritation qu'elles causent. Pour n'être point chassées par la sortie des alimens, la nature a placé vers leur tête deux crochets, au moyen desquels elles se cramponnent contre la paroi de ces intestins avec une force telle qu'on les casse plutôt que de les arracher. Elles ont de plus des épines aplaties et triangulaires sur le corps comme celles de l'espèce précédente. Ces larves restent dans le corps des chevaux depuis le mois de juin ou de juillet jusqu'au mois de mai ou de juin de l'année suivante. Lorsqu'il n'y en a qu'un petit nombre, les chevaux ne paroissent pas s'en inquiéter; mais quand il y en a beaucoup, qu'elles remontent sur-tout jusqu'à l'estomac, elles nuisent nécessairement à la digestion en absorbant la majeure partie

du suc gastrique nécessaire à cette opération. On a compté sept
cents œufs dans le corps d'une femelle, et on conçoit d'après
cela combien fréquemment il peut y avoir une grande quantité
de larves; aussi est-ce à cette grande quantité que Vallisnieri
a attribué une maladie épidémique qui, en 1713, fit périr
beaucoup de chevaux dans le Veronèse et le Mantouan. Je ne
sache pas qu'on ait fait d'observation semblable en France;
mais dans les pays de montagne et de bois presque tous les
chevaux qui paissent en liberté en ont, et on conçoit que telle
année favorable peut en doubler et tripler le nombre et par
conséquent occasionner des accidens semblables. Au reste, il
n'est pas aussi facile de détruire les larves de cette espèce que
celles de la précédente. L'huile en lavement, qu'on a préconi-
sée, ne produit pas de grands effets, au rapport de Réaumur.
La main qu'on introduit dans le fondement n'en arrache
qu'un petit nombre, c'est-à-dire seulement celles qui sont les
plus près de la sortie. Le meilleur moyen seroit peut-être de
les empêcher de naître en retenant les chevaux à l'écurie
pendant le temps de la ponte; mais ce temps est justement
celui des grands travaux de la campagne et de l'époque où l'a-
bondance des pâturages invite à les mettre au vert.

La transformation de ces larves en insectes parfaits ne diffère point essentiellement de celle indiquée plus haut.

L'ŒSTRE HÉMORRHOIDALE est brun, avec l'extrémité de
l'abdomen fauve et les ailes d'une seule couleur. Il est moitié
plus petit que le précédent. Il dépose ses œufs, les uns disent
à l'orifice de l'anus des chevaux, les autres sur le bord des
lèvres. Je n'ai pas été à portée de prendre une opinion positive
sur ce fait. On paroît d'accord que c'est dans les intestins que
sa larve se tient le plus habituellement. Au reste, à la grosseur
près, elle ressemble à celle du précédent, avec laquelle elle
est généralement confondue par les vétérinaires. Sa manière
d'être est positivement la même.

L'ŒSTRE VÉTÉRIN est couleur de rouille, avec les côtés
blanchâtres et les ailes d'une seule couleur. Il vit, à ce qu'on
croit, dans les intestins des chevaux, des bœufs, des moutons
et autres bestiaux. On l'avoit appelé *nasal*, dans l'idée que,
comme le suivant, c'étoit dans les fosses nasales que sa larve
faisoit son séjour. Il est un peu plus gros que le précédent.

L'ŒSTRE DES MOUTONS a le corps d'un brun noirâtre, ponctué et taché de blanc. Ses ailes sont ponctuées de brun. Il a
quatre lignes de long. Sa larve vit dans les sinus frontaux des
moutons, des chèvres, des cerfs et autres animaux des mêmes
genres. Rarement, au rapport de Réaumur, y a-t-il plus de
trois ou quatre de ces larves dans la tête d'un seul mouton.
Cependant il arrive souvent qu'elles occasionnent des vertiges à

ces animaux, ou qu'elles les tourmentent au moins beaucoup. Ces larves vivent ainsi depuis le mois de juin ou de juillet jusqu'au mois d'avril ou de mai de l'année suivante aux dépens du mucilage qui suinte de la cavité où elles se trouvent, mucilage dont elles augmentent la sécrétion par l'irritation qu'elles causent. Elles ont aussi deux crochets à la tête pour pouvoir s'attacher à la membrane des sinus frontaux; car, comme les moutons ont toujours la tête baissée, elles seroient exposées à tomber, ou à être rejetées par le plus petit éternuement, si la nature ne leur avoit donné cet organe. Leurs anneaux ne sont point entourés d'épines comme dans les deux espèces précédentes, dont elles ne diffèrent pas du reste par le mode de leur transformation.

Ce n'est pas une chose facile aux femelles de l'œstre des moutons que de s'introduire dans le nez des moutons pour y aller déposer leurs œufs, ces animaux y mettant tous les obstacles possibles en se cachant le nez en terre ou dans la laine de leurs voisins. Il y a une agitation extrême dans tout le troupeau toutes les fois qu'une seule de ces femelles se présente. J'ai été une fois témoin de ce fait.

Je ne sache pas qu'on ait tenté de faire mourir les larves de cet œstre dans les cavités qui les recèlent, cavités qui sont si sensibles, qu'on ne peut y rien introduire sans danger.

Réaumur a calculé qu'il y avoit un tiers des moutons d'un troupeau paissant dans un pays montagneux et boisé qui nourrissoit de ces larves.

Les œstres des rennes et trompe vivent sur les rennes dans le nord de l'Europe.

Il y en a aussi plusieurs espèces peu connues en Asie, en Afrique et en Amérique. J'en ai rapporté une de ce dernier pays qui vit sur les lièvres à la manière de celui du bœuf.

Je possède dans ma collection toutes les espèces ci-dessus nommées. (B.)

ŒUFS. On sait combien les anciens faisoient cas des œufs. Ils ont cru devoir les placer au premier rang parmi les alimens. Si les auteurs eussent pu ou voulu apprécier à sa juste valeur cette ressource, ils se seroient bien gardés d'écrire qu'il ne falloit pas compter dans une métairie sur le bénéfice du poulailler. Dans les grandes fermes, en effet, les détails de cette partie de la basse-cour sont abandonnés au premier venu : on ne se donne pas même la peine de compter le nombre des coqs et des poules qui existent, de s'assurer de la proportion dans laquelle ils doivent se trouver respectivement, et si les uns et les autres réunissent les conditions propres à remplir le but pour lequel on les entretient. D'un autre côté, on n'attache pas suffisamment les volailles à leur demeure; elles vont pondre par-tout, excepté dans le poulailler ; leurs produits ne sont soumis à aucune combinaison ni à la moindre surveillance. Faut-il s'étonner si dans cet état d'abandon elles ne présentent souvent qu'une source de dépense ?

J'ai eu la curiosité de parcourir plusieurs de ces fermes avec l'intention d'y examiner particulièrement cet objet, qui étoit le seul négligé. Après m'être assuré que le nombre des poules s'élevoit à cent cinquante environ, et qu'il y avoit un coq au moins pour le service de six poules, lorsque six mâles sur la totalité des femelles pouvoient suffire pour assurer la fécondation de cette peuplade volatile, je questionnai la fille qui en avoit le gouvernement, pour savoir à combien s'élevoit la quantité d'œufs qu'elle recueilloit par jour. C'étoit au mois de mai, époque où la ponte est dans la plus grande activité. Elle me répondit que la quantité alloit de trente à quarante, ce qui me fit présumer que le maître perdoit au moins journellement, par aperçu, soixante à soixante-dix œufs. Cette fille ne put en disconvenir ; mais elle m'ajouta que le logement des poules étoit peu commode et mal placé ; que les poules se rendoient par toutes les ouvertures de la cour aux champs, et qu'alors il lui étoit impossible de se charger seule de ramasser les œufs.

Je donnai au propriétaire le conseil de rendre le poulailler plus attrayant pour les poules, d'exiger qu'on leur jetât dans le lieu le plus voisin leur manger, et, en attendant, de faire suppléer la fille de basse-cour par des enfans auxquels il seroit accordé deux sous par quarteron d'œufs qu'ils ramasseroient hors de la cour. Ce conseil mis à profit a eu un succès complet.

La précaution d'intéresser par une récompense quelconque à la recherche et à la collecte des œufs pondus çà et là dans la cour et dans les champs auroit peut-être un autre avantage, celui de faire perdre à certaines poules vagabondes leur disposition à pondre à l'aventure : encore si les poules trouvoient leur compte à faire leurs œufs hors du poulailler ; mais pendant la nuit, les animaux de proie qui découvrent la touffe ou le buisson dépositaire des œufs les mangent, ce qui détermine les femelles qui voient leur nid vide à continuer de pondre, et les expose à s'épuiser, par la raison qu'elles n'en trouvent jamais suffisamment pour couver.

Destinés par la nature à la reproduction de l'espèce, les œufs ne remplissent pas toujours ce but important ; les animaux en détruisent considérablement, parcequ'ils y trouvent une nourriture dont ils sont extrêmement friands ; l'homme qui partage ce goût, mais souvent devancé par eux dans la recherche des nids, a imaginé de rassembler autour de lui les oiseaux les plus féconds en œufs, et en œufs de qualité su-

périeure ; et tel est le succès de sa spéculation , qu'en leur
procurant un gîte commode, un abri contre leurs ennemis ,
une subsistance appropriée, suffisante et assurée dans tous les
temps , des soins et un traitement méthodique , il est parvenu
non seulement à favoriser , mais encore à augmenter la propagation de ces oiseaux, à varier et à améliorer les races, et
en perfectionner les résultats : il faut convenir cependant que
si la domesticité est parvenue à perfectionner la chair des
oiseaux de basse-cour , elle n'a pas eu une influence aussi
marquée sur la qualité des œufs ; elle en a seulement augmenté le nombre et peut-être le volume par les croisemens.
L'état sauvage donne tant de qualité aux œufs, qu'on assure
que dans le pays d'Almon, où la perdrix rouge est très commune, il y avoit autrefois des pourvoyeurs qui cherchoient à
enlever les œufs pour les faire passer en Hollande , où ils
étoient estimés pour la table , au point qu'on les payoit jusqu'à
quarante sous pièce.

S'il paroît difficile de déterminer d'une manière positive
les propriétés des œufs sous le point de vue alimentaire, nous
croyons pouvoir assurer d'avance que les œufs d'*oie*, de *dinde*,
de *cane*, de *pintade* et de *poule commune* sont généralement
bons à manger, ; qu'avec le secours d'organes exercés on ne
sauroit les méconnoître, quoiqu'ils varient entre eux pour le
goût et la consistance : en voici une courte description.

ŒUFS D'OIE. Ils sont les plus volumineux de tous ceux des
oiseaux que nous avons captivés : l'oie ne laisse pas que d'en
fournir, quand sa ponte n'est interrompue ni par l'incubation , ni par la conduite des oisons, ni par le froid.

Les œufs d'oie sont constamment blancs, d'une forme peu
allongée, ayant la coque fort dure ; la femelle, dans les cantons méridionaux, peut faire jusqu'à trois pontes par année ;
ce qui produit un bénéfice considérable ; car dans les environs
de Toulouse on les vend jusqu'à cinq sous pièce à des particuliers qui les font couver par des femelles d'emprunt ; mais,
tout en convenant de la fécondité de l'oie, il faut cependant
l'avouer, ses œufs sont pour la cuisine inférieurs en qualité
à ceux de poule.

ŒUFS DE DINDE. Après les œufs d'oie viennent ceux de dinde
pour la grosseur ; leur coque est ordinairement moins unie ,
parsemée de petits points rougeâtres mêlés de jaune.

La nature ne connoît qu'une seule race de dindons ; mais
l'homme est parvenu à créer des bigarrures dans les couleurs,
en croisant les blancs avec les noirs : à la vérité l'œuf n'a
changé ni de forme, ni de volume, ni de qualité.

ŒUFS DE CANE. La coque paroît plus lisse, plus mince, plus
arrondie aux deux extrémités que celle des œufs dont il a été

question jusqu'à présent ; elle est colorée d'une teinte verdâtre ou d'un blanc terne ; le jaune est gros et assez foncé : cuit à la mouillette, le blanc ne devient pas laiteux ; il acquiert une consistance de colle transparente, et un œil opaque : son goût est un peu sauvageon.

On connoît certains endroits en France où leurs habitans sont à portée de faire en été d'amples provisions d'œufs de canes sauvages ; ils deviennent même une ressource pour les Islandais qui les amassent par milliers, et, les consomment sous toutes les formes, à l'instar des œufs de poule.

Comme la cane est en général une excellente pondeuse, qu'elle peut faire de suite cinquante à soixante œufs, que ces oiseaux voyagent sans cesse et se multiplient volontiers par les croisemens dans presque toutes les parties du monde dont le sol est humide et marécageux, on conçoit que ses œufs doivent varier en couleur et en volume, sans néanmoins changer de qualité.

ŒUFS DE PINTADE. Ils font exception à la loi générale qui établit que le volume des œufs dépend assez ordinairement de celui des femelles ; les pintades, plus grosses que les poules communes, pondent néanmoins de petits œufs, mais en assez grand nombre.

Obtus par les deux bouts, les œufs de pintade ont assez constamment la coque épaisse et dure ; leur surface est lisse et présente trois couleurs, gris, rose et verdâtre, avec des points blancs sur ceux de la pintade sauvage ; au lieu que les œufs des pintades domestiques sont couleur de chair plus ou moins foncée.

On remarque que le jaune, toutes choses égales d'ailleurs, est plus considérable que le blanc : l'un et l'autre se trouvent recouverts dans l'intérieur d'une pellicule membraneuse plus tenace.

ŒUFS DE POULE. Ce sont les plus communs et les plus universellement usités, parceque la femelle prospère dans tous les cantons, qu'elle vit de tout, s'accommode de tous les climats et de tous les aspects ; qu'elle pond sans interruption pendant quatre à cinq mois, et que ses œufs sont, sans contredit, au jugement de ceux qui ont eu l'occasion de les examiner avec attention et de les comparer entre eux, les plus délicats à manger.

Causes qui influent sur le volume des œufs. Ceux de poule varient considérablement ; il y en a depuis la grosseur des œufs de dinde jusqu'à celle de l'œuf de pigeon, selon l'espèce, l'âge et l'époque où on les recueille. On sait que la première ponte ne fournit jamais des œufs aussi gros que la ponte qui lui succède, et qu'ils diminuent de volume à mesure que la

ponte arrive vers sa fin, comme ils augmentent lorsque la femelle vieillit; mais il faut qu'elle ait atteint deux années pour
produire des œufs dans le volume qui appartient réellement à
l'espèce; mais tous sont d'une bonne qualité, et les seuls qui,
lorsqu'ils sont frais et cuits à la coque, présentent le fluide
laiteux, qui s'épaissit bientôt par le temps, et se perd dans la
masse de l'albumen, ou du moins n'en est plus séparé par une
cuisson de deux à trois minutes. Il n'y a guère que les œufs
de poule qui circulent dans le commerce; les autres sont employés pour la reproduction de l'espèce.

En adoptant l'opinion que les alimens pouvoient contribuer
au volume des œufs, on a cherché à augmenter et à varier la
nourriture des pondeuses; mais les tentatives à cet égard ont
produit un résultat absolument contraire; car en doublant leur
ration, elles passent quelquefois à la graisse, et donnent souvent des œufs *kardés* et sans coquille. Il y a des poules qui
font des œufs sans jaune, et le vulgaire imagine que ce sont
des œufs de coq; mais c'est une vieille erreur que de supposer
des œufs dans les coqs, tantôt sans jaune et tantôt sans blanc,
d'où l'on faisoit venir le basilic : il n'est pas permis d'écrire
pour réfuter de pareilles absurdités, l'expérience et la raison
en ont fait justice.

Quelques auteurs ont prétendu que si les œufs de la ci-
devant Picardie étoient sensiblement moins gros que ceux de
la ci-devant Normandie, cette différence provenoit de ce que
les grains recueillis dans le premier de ces départemens contenoit spécifiquement moins de matière nutritive; mais ne sait-
on pas qu'en Egypte, où les terres sont extrêmement fertiles,
et où le froment est plus substantiel qu'en Normandie, les
œufs ont un volume moindre que ceux que nous tirons de la
Picardie, par la raison que les poules y sont d'une espèce très
petite.

J'ai eu en expérience dans ma basse-cour cent poules, parmi
lesquelles se trouvoient réunies les différentes espèces qu'on
entretient dans les fermes; toutes étoient au même ordinaire,
et j'ai remarqué que le volume des œufs étoit constamment en
raison des espèces qui les produisoient.

Après avoir séparé de ma peuplade volatile douze des poules dont les œufs étoient les moins gros, j'ai augmenté pro-
gressivement leur nourriture, et ces œufs n'ont pas acquis
plus de volume que ceux des mêmes espèces et du même âge
qui vivoient en commun.

L'espèce de poule entre donc pour beaucoup dans la grosseur des œufs : les alimens ici ne sont que secondaires; ils
peuvent bien, dans une proportion convenable, soutenir, accélérer même la ponte, mais jamais augmenter sensiblement le

volume des œufs, parceque le caractère est de l'essence de l'oiseau qui les fournit.

Ils sont aux ovipares ce que le lait est aux mammelifères, c'est-à-dire la nourriture principale des nouveaux nés ; et lorsqu'on les fait entrer dans la pâtée des poussins, soit crus, soit cuits, mêlés avec des herbes hachées et appropriées, de la mie de pain et du grain écrasé, le succès de leur éducation est plus assuré ; les œufs, en un mot, par leur composition sont uns et homogènes dans la nature, comme le lait, c'est-à-dire formé des mêmes principes.

Approvisionnemens des œufs. Comme aliment, comme assaisonnement et comme médicament, les œufs présentent une ressource infiniment précieuse dans toutes les circonstances de la vie ; ils ajoutent à la masse de la subsistance publique plus que ne le fait la chair de toutes les espèces d'oiseaux domestiques réunis ; apprêtés sous une multitude de formes également utiles et salutaires, ils figurent sur la table de l'homme riche et sur celle du pauvre, du citadin et de l'habitant des champs, de l'homme robuste et de l'homme foible : le voyageur, en un mot, y trouve une nourriture substantielle qui supplée à toutes les privations auxquelles il peut être exposé dans ses courses ; et le malade lui-même, sans consulter son médecin, se permet l'usage d'un œuf frais.

Les personnes qui ont le malheur de ne pas aimer les œufs sont donc véritablement à plaindre, puisque ce produit des ovipares sur lequel la cuisine s'exerce à chaque instant de l'année pour augmenter, varier et perfectionner ses résultats dans tous les genres de services dont elle couvre la table, n'a jusqu'à présent aucun substitut, aucun remplaçant.

Quand on se détermine à faire des provisions d'œufs, ce n'est en général que ceux de la seconde ponte qu'on choisit de préférence, parceque l'expérience a prouvé que pondus depuis août jusqu'aux froids ils se conservent avec plus de facilité ; on n'en a plus besoin d'ailleurs pour le maintien et le renouvellement de l'espèce. A cette époque de l'année les poules se nourrissent d'herbes, les coqs sont moins passionnés, les temps chauds ne règnent pas aussi long-temps, et il est reconnu que les poussins d'automne n'ont jamais la même vigueur que ceux qui sont éclos au printemps, malgré tous les soins qu'on prend de leur première éducation.

Commerce des œufs. On ne connoît guère que les œufs de poule dans le commerce ; leur multiplication a toujours intéressé les véritables économes. Dans les marchés d'un certain ordre on en distingue communément plusieurs classes par rapport au volume ; ceux des acheteurs qui choisissent les plus gros ne les jugent guère au-delà de trois centimes de plus par douzaine, cependant cette différence dans le prix n'est pas dans la proportion du volume ; car il y a des œufs dont la douzaine pèse trois fois plus que le même nombre des plus petits. Ce sont les regrattiers qui en font le triage : ils mettent les plus gros à part pour les vendre davantage, ainsi que cela se pratique dans les grandes villes. Ils font à cet égard ce que font à Paris les écosseuses de pois, ou les propriétaires des capriers dans les cantons méridionaux.

Dans le commerce des œufs à Paris on en distingue de trois qualités : les œufs de Normandie, ce sont les plus gros ; les œufs de Picardie, ce sont les plus petits, et ceux de Flandre, qui tiennent le milieu pour le volume. On conçoit qu'une denrée, dont la fragilité exige des soins et des frais d'emballage, ne sauroit guère provenir d'une plus grande étendue de rayon ; mais le volume, comme l'on sait, appartenant aux espèces de poules, la qualité des œufs est absolument la même. Mais si la nature des alimens dont les poules font usage à un certain degré n'a aucune influence sur le volume des œufs, elle peut cependant déterminer une manière de saveur, de couleur et de consistance que les organes exercés saisissent facilement. Lorsque, par exemple, les poules avalent beaucoup de hannetons et d'autres insectes dans la saison où ils sont abondans, et sur-tout les larves des vers-à-soie, qui deviennent pour elles une friandise, les œufs mangés à la coque noircissent et n'ont pas autant de délicatesse, l'orge fonce la couleur du jaune et augmente le liquide qu'on appelle le lait ; les herbes, et spécialement la laitue, augmentent leur fluidité ; enfin l'usage des bourgeons de sapins leur communique un goût de résine, et la graine de gentiane une saveur amère.

Dans la Picardie, ce sont particulièrement les ouvrières en dentelles qui se chargent de conserver les œufs pour les vendre dans la saison où les poules n'en donnent plus ; elles les achètent, à mesure qu'ils sont pondus, chez les fermiers pendant les mois d'octobre et de novembre ; elles les rangent sur des tablettes placées contre les murs de leurs chambres, où ils sont à l'abri du froid ; elles les retournent très souvent pour empêcher que le bois qui pourroit renfermer de l'humidité ne la leur communique ; tous les huit jours elles les présentent à la lumière d'une chandelle : ceux qui se sont un peu vidés par l'évaporation insensible sont aussitôt vendus aux hommes qui font cette espèce de courtage, c'est-à-dire aux coquetiers, qui achètent dans les petits marchés des bourgs et en parcourant les campagnes, où ils font souvent des échanges à bon compte, en sorte que par ce moyen ils en ramassent de grandes quantités qu'ils portent ensuite, soit aux marchés des villes voisines, soit directement à Paris.

Conservation des œufs. Il n'est pas d'essais que l'homme n'ait tentés pour s'approprier les divers produits de la nature dans nos climats comme dans ceux qui sont situés aux deux extrémités du globe ; par-tout les œufs sont devenus pour lui un aliment de première nécessité, et il a cherché les moyens de les conserver comme les autres denrées de la même importance, jusqu'au moment où les poules, affoiblies par la maladie périodique de la mue, ou engourdies par le froid, cessent de pondre.

On a encore remarqué que les œufs récemment pondus, étant conservés dans l'eau fraîche, n'éprouvoient aucune évaporation ; ils ont, il est vrai, autant de lait que les œufs frais, quand on les fait cuire à la coque, mais leur saveur est un peu altérée au bout de quelques jours.

Un autre moyen plus efficace encore pour prolonger l'état frais des œufs, moyen pratiqué depuis plusieurs siècles dans nos campagnes, qu'on trouve décrit presque par-tout, c'est de les plonger, le jour où ils sont pondus, au moyen d'une écumoire, dans l'eau bouillante, comme pour les manger à la coque, et les y laisser environ deux minutes. En les retirant de l'eau, on les marque, soit à l'encre, soit au charbon, afin de pouvoir, à l'aide de numéros, les employer selon leur rang d'âge, puis on les met en réserve dans un lieu frais, où il est possible de les garder pendant plusieurs mois ; en employant ce procédé, la chaleur opère la cuisson d'une très petite couche de blanc, le plus voisin de la surface interne de la coquille ; dans cet état les œufs souffrent infiniment moins de déperdition. Quand on veut s'en servir pour les manger à la mouillette, on le fait réchauffer dans l'eau bouillante, à peu près autant de temps qu'ils y ont déjà été, c'est-à-dire environ deux minutes ; ils ressemblent à peu près pour le goût à des œufs frais de deux jours ; la partie appelée improprement le lait y est abondante ; on a remarqué qu'au bout de quatre à cinq mois la membrane qui tapisse l'œuf devient plus épaisse. Ce moyen ne seroit peut-être pas à dédaigner ; cependant l'opération préliminaire qu'il exige le rend tout au plus praticable dans les ménages ; il est donc nécessaire d'en trouver un autre pour le commerce.

Tout intermède capable de produire du froid, et d'empêcher l'évaporation de l'intérieur de l'œuf, peut être employé utilement à la conservation de cette denrée ; mais les cendres, qui ont l'inconvénient de se charger de l'humidité de l'atmosphère ; le son, qui s'échauffe et se couvre de mittes, doivent être proscrits pour cet usage ; les grains bien secs, le sable pur, la sciure de bois, la petite paille, méritent la préférence, pourvu que le panier ou la caisse qui contiennent les œufs soient recouverts d'une toile bien assujettie et placés dans le lieu le moins humide, à l'abri de la lumière.

Mais la paille est le plus mauvais conducteur du calorique; aussi les grains et tous les corps sujets à s'altérer se conservent plus facilement dans un grenier couvert de chaume que dans un magasin dont la toiture est en tuile ou en ardoise; on se garde bien de recouvrir les glacières d'une autre matière : tous ces motifs m'ont déterminé à donner à des paillassons la forme de paniers, dans lesquels j'ai isolé les œufs par couches alternatives avec des balles de grains, et j'ai suspendu le panier dans un lieu sec et obscur; c'est à la faveur de ce moyen que je suis parvenu à prolonger le terme de la fécondation des œufs, et à leur conserver, pendant l'été, sinon le caractère d'œufs frais, du moins une qualité propre à les soumettre à tous les procédés de la cuisine.

Quand on dit qu'un œuf sent la paille, parceque celle-ci a servi à sa conservation, on est dans l'erreur, puisque cet intermède, lorsqu'il n'est pas mouillé, ne peut rien lui communiquer, et que quand un œuf commence à s'altérer et à se désorganiser, il a le même mauvais goût (qu'on désigne ainsi), quel que soit le moyen employé pour l'en garantir; d'ailleurs, je l'ai déjà dit, la paille est le plus mauvais conducteur du calorique : bien sèche, elle ne peut communiquer aucune mauvaise odeur, non seulement aux œufs, mais encore aux fruits, lorsqu'on les dépose dessus. Il n'est pas douteux que dans les paniers dans lesquels on transporte les œufs, si un seul vient à se gâter ou à se casser, répandu dans la masse, il viendroit bientôt à bout de donner mauvais goût à tous les autres; et une fois que l'œuf a ce goût de paille, il est difficile de le lui enlever, ce qui prouve qu'il tient à une partie de l'œuf qui est altérée.

Indépendamment des usages de la cuisine, les œufs ont encore d'autres destinations; la clarification et le collage des vins en consomment énormément. Combien il seroit avantageux de n'y employer que les œufs clairs, c'est-à-dire des œufs qui, étant privés de germe fécondé, seroient beaucoup moins susceptibles de se gâter. (Par.)

OIE. Avant la découverte du nouveau monde les oies étoient extrêmement communes en France, ainsi que dans les autres parties de l'Europe; il n'y avoit guère de repas un peu splendide où cet oiseau ne parût avec intérêt. C'étoit le régal que l'avocat Patelin offroit à M. Guillaume. En Angleterre on mange une oie rôtie le jour de Noël, en mémoire de ce que la reine Elisabeth en avoit une sur sa table au moment où elle reçut la nouvelle de la destruction de la fameuse armada de Philippe II, roi d'Espagne, qui devoit envahir l'Angleterre et détrôner cette reine. Il existoit autrefois à Paris un marché particulier affecté au commerce des oies. Ceux qui les vendoient se nommoient *oyers* ; mais l'acquisition du dindon en Europe a fait abandonner l'oie, à cause de son volume à peu près égal, de sa chair beaucoup plus fine et plus délicate. À la vérité les poussins dindes, moins faciles à élever que les oisons, ne sont pas, comme nous l'avons déjà dit, à l'abri de tous les évènemens qui menacent leur existence jusqu'à ce qu'ils aient poussé le rouge. L'oie est donc de ce côté supérieure au dindon, et même pour les différens produits ; aussi, dans les provinces où la culture du maïs est en considération, et où il y a des pâturages, l'oie est ce qu'elle étoit il y a un siècle ; et il faut convenir que sa chair, ses plumes, son duvet, sa graisse, sa fiente, ne sont à dédaigner dans aucun endroit où les circonstances favorisent sa propagation.

On n'achète pas toujours les oies dans la vue de les engraisser. De gros propriétaires de la Beauce sont dans l'usage de s'en procurer au moment de la moisson, et de les faire conduire sur les pièces de blé après que les gerbes sont enlevées. Là elles ramassent tout le grain, qui seroit perdu sans cette espèce de glanage ; et c'est à peu près l'affaire d'un mois jusqu'aux labours d'automne ; quoiqu'on ne les vende ensuite guère plus cher qu'on ne les a achetées, elles laissent cependant pour profit à la ferme leurs plumes et leur duvet, et sur les champs où elles ont pâturé l'engrais de leurs excrétions, et celui qu'elles laissent dans les étables où elles passent la nuit, et qui, employé moyennant quelques soins, n'est nullement préjudiciable aux champs et aux prairies.

Dans le ci-devant Bas-Languedoc le moindre métayer élève des oies ; mais il ne conserve qu'une ou deux femelles et point de jars, à cause de la nourriture qu'ils coûtent au printemps, et moyennant une légère rétribution il conduit la femelle au mâle qu'on a gardé dans les fermes un peu considérables ; il est vrai qu'on ne peut les faire accoupler que dans l'eau.

Choix du mâle et de la femelle. Pour avoir une bonne race d'oies, il faut choisir le jars d'une grande taille, d'un beau blanc avec l'œil gai. Mais il existe du côté de Toulouse beaucoup de mâles panachés ; ils ont sur la tête des plumes qui se hérissent quand ils sont en colère, et semblent être une petite huppe. La femelle doit être brune cendrée ou panachée ; on préfère celle qui a le pied et l'entre-deux des jambes bien larges, et les panachés aux grises, parceque la plume s'en vend beaucoup plus cher, et qu'elles sont plus attachées à la troupe ou moins volages. Leur vigilance, parfaitement secondée par une bonne vue et par la finesse de l'ouïe, n'est jamais en défaut, et si on joint à ses qualités les signes d'intelgence qu'elle manifeste, on se convaincra du peu de justesse de cette expression ou comparaison vulgaire, *bête comme une oie*.

Tous les ouvrages d'économie rurale prétendent qu'un jars suffit à six femelles; mais l'expérience des possesseurs d'un mâle, pour servir d'étalon, leur a appris qu'il a la faculté d'en féconder un plus grand nombre sans se fatiguer; il nous manque des données à ce sujet.

Variétés d'oies. On connoît deux espèces d'oies domestiques, la grande et la petite, qui en est une variété; mais on ne s'occupe guère que de la première, vu qu'elle est d'un meilleur rapport. Il seroit possible de trouver dans les espèces sauvages des jars qui pourroient s'accoupler avec nos oies apprivoisées, d'où résulteroient des métis, dont la chair auroit peut-être plus de finesse que celle de l'oie ordinaire. Il paroît qu'en Espagne, où les rivières et les lacs sont par-tout couverts de canards et d'oies sauvages, ces croisemens ont été tentés avec grand succès.

C'est sur-tout dans le haut ci-devant Languedoc que les oies sont d'une belle venue et aussi grandes que les cygnes. Leur marque distinctive est d'avoir sous le ventre une masse de graisse qui touche à terre au moment où elles marchent. Cette graisse à la vérité n'est bien sensible qu'au mois d'octobre. Elle augmente à mesure que les oies prennent de l'embonpoint; mais l'espèce diminue quand on s'éloigne de Toulouse, en remontant vers Pau et Baïonne.

Ponte des oies. Aussitôt qu'on s'aperçoit que les oies veulent pondre, il faut les tenir renfermées dans leurs toits, où on a préparé des nids avec de la paille; une fois qu'elles ont fait leur premier œuf, elles continuent de les déposer successivement dans le même endroit, et en font de suite jusqu'à quarante et cinquante, si elles ne sont pas interrompues par la couvaison.

Couvaison des oies. Lorsqu'on remarque que l'oie commence à garder le nid plus long-temps que de coutume, c'est une preuve, comme toutes les femelles d'oiseaux domestiques, qu'elle ne tardera pas à couver; il faut songer à lui construire un nid dans la forme et les dimensions indiquées à l'article POULE. On peut mettre sous chaque femelle quatorze à quinze œufs selon son volume, et placer près d'elle de l'orge détrempé, ainsi qu'un grand vase d'eau où elle puisse se laver et boire; mais il faut bien se garder de les enlever de leur nid pour les faire boire et manger, comme cela se pratique dans quelques fermes; elles y retournent sans la moindre contrainte, et jettent en approchant des cris de joie qui annoncent combien elles sont attachées à leur couvée. L'incubation dure trente jours. Le mâle ne s'éloigne pas trop des œufs en couvaison; il paroît les garder et montrer un grand empressement à voir naître les petits.

Des oisons. On les tire de dessous la mère à mesure qu'ils éclosent ; on les met dans des corbeilles ou compartimens couverts d'un linge et garnis de laine : lorsque toute la couvée est sortie on rend les premiers venus à la mère.

Leur première nourriture est préparée avec de l'orge grossièrement moulue, du son et des remoulages détrempés et cuits dans du lait ou du lait caillé avec du mélilot, des feuilles de laitue, de bettes hachées et des croûtes de pain bouillies dans du lait.

Deux ou trois jours après la naissance des oisons, on peut, s'il fait chaud, les faire sortir pendant quelques heures, mais il faut avoir la précaution de ne pas les exposer à la trop grande ardeur du soleil qui les tueroit ; la pluie et le froid leur sont également très préjudiciables.

A mesure que les oisons se développent, on rend la même nourriture du matin et du soir plus substantielle et plus abondante, et on la leur continue jusqu'à ce que les ailes commencent à se croiser ; alors ils sont assez forts pour se défendre contre les attaques hostiles de ceux avec lesquels on les mêle ; à deux mois on les réunit avec le mâle et la femelle qu'on avoit conservés pour la ponte.

Nourriture des oies. Dans la vue d'apaiser leur faim vorace, on leur donne des feuilles de chicorée et de laitue hachées, toutes sortes de légumes cuits et détrempés avec du son dans l'eau tiède ; on les laisse barboter dans l'eau tout le temps qu'il leur plaît ; on les conduit aux pâturages ou dans les champs après la moisson ; et on les détermine insensiblement à aller d'eux-mêmes en troupes à la prairie et sur le bord des étangs, à y rester la journée, à rentrer le soir à la maison sans le secours de qui que ce soit ; on épargne par ce moyen la dépense d'un conducteur ; l'exemple une fois donné se perpétue sans que le propriétaire y pense.

Cependant les oies étant coureuses et vagabondes, il pourroit se faire qu'une trop grande sécurité sur leur compte devînt funeste aux intérêts du fermier ; celles de passage, qui arrivent par bandes pour vivre pendant l'hiver parmi nous, s'apprivoisent facilement, s'abattent près des oies domestiques dans les prairies ; or, comme il pourroit prendre fantaisie à celles-ci de recouvrer leur liberté, la ménagère doit avoir la précaution de leur tirer quelques plumes des ailes et d'en casser même un bout : souvent elles amènent à leur demeure des oies sauvages qu'elles ont débauchées.

Engrais des oies. Avant d'indiquer les diverses méthodes usitées pour engraisser les oies, nous observerons que les vieilles ne prennent pas aussi facilement la graisse que les jeunes, et que les oisons de primeur doivent être vendus, parceque la saison de l'engrais étant encore éloignée, il en coûteroit trop si on attendoit cette époque.

On a calculé que, pour amener cet oiseau au point de graisse qu'il peut atteindre, il falloit trois semaines, quarante à cinquante livres environ de maïs dans le canton où on a abondamment de ce grain; il est remplacé ailleurs par l'orge.

On engraisse les oies à deux époques différentes de leur vie, ou lorsqu'elles ont acquis le volume ordinaire; dans le premier cas, c'est l'affaire de quinze jours ou trois semaines au plus; dans le second, il faut un mois plus ou moins : tout le travail consiste à les plumer sous le ventre, à leur donner une nourriture abondante, à les renfermer dans un endroit obscur, tranquille, peu spacieux, et faire en sorte sur-tout qu'elles ne puissent pas entendre les cris de celles laissées en liberté pour la propagation de l'espèce, et à ne les en sortir que pour les tuer.

C'est au mois de novembre et quand le froid s'est déjà fait sentir qu'il faut songer à engraisser les oies, plus tard il en coûteroit de la nourriture en pure perte; elles entreroient en rut, s'occuperoient de la ponte, et l'opération alors n'auroit pas le même succès; pour y parvenir on met en pratique plusieurs méthodes, nous allons les décrire toutes : cet oiseau est d'une ressource trop avantageuse dans nos départemens de l'ouest et du midi pour omettre sur ce point le moindre détail.

Première méthode. Lorsqu'on n'a que quelques oies à engraisser, on les met dans une barrique à laquelle on a pratiqué des trous par où elles passent la tête pour prendre leur nourriture; mais comme cet oiseau est vorace, et que chez lui la faim est plus forte que l'amour de la liberté, il s'engraisse facilement, pourvu qu'on lui fournisse abondamment de quoi avaler. C'est ordinairement une pâtée composée de farine d'orge, de blé de Turquie ou de sarrasin, avec du lait et des pommes de terre cuites.

Le procédé usité par les Polonais pour engraisser promptement les oies est à peu près le même; il consiste à faire entrer l'oison dans un pot de terre défoncé, d'une capacité telle qu'il ne permette pas à l'animal de s'y remuer d'aucun côté : on lui donne à discrétion la pâtée dont il vient d'être question. Le pot est disposé dans la cage de manière à ce que ses excrémens n'y restent point. A peine les oies ont-elles séjourné quinze jours dans une pareille prison, qu'elles acquièrent tant de volume qu'on est forcé de briser les pots pour les en tirer.

Seconde méthode. Aussitôt que les oies ne trouvent plus à glaner dans les chaumes, et qu'elles ont ramassé les grains restés sur l'aire, elles sont renfermées, douze par douze, dans des loges étroites et assez basses pour qu'elles ne puissent se tenir debout, ni faire beaucoup de mouvement. On les entretient proprement, en renouvelant souvent leur litière ; on enlève à chacune quelques plumes sous les ailes et autour du croupion ; on met dans une auge tout le blé de Turquie, préalablement cuit, qu'elles peuvent consommer, et dans une écuelle de l'eau en abondance. Dans les premiers jours elles mangent beaucoup et à tous momens ; mais leur appétit diminue au bout de trois semaines environ, et dès qu'on s'aperçoit qu'elles commencent à le perdre tout-à-fait, alors on les souffle ou on les gorge d'abord deux fois par jour, et ensuite trois fois. Pour cet effet on introduit dans le jabot de l'animal du grain à l'aide d'un instrument ; c'est un entonnoir de fer-blanc, dont le tuyau, long de cinq pouces et demi et de dix lignes de diamètre dans toute sa longueur, a le bout coupé en bec de flûte, et arrondi, formant un petit rebord soudé et uni pour prévenir toute écorchure nuisible à l'animal ; à ce tuyau s'adapte un petit bâton pour en faire couler la graine. La ménagère, accroupie sur ses genoux, après avoir mis l'instrument dans le cou de l'oie qu'elle tient d'une main, de l'autre elle prend du grain qui est à sa portée, le laisse tomber doucement, et la baguette à fur et mesure, afin qu'il n'en reste point dans l'entonnoir. Par intervalle, elle met sous le bec de l'animal une écuelle d'eau fraîche. En Alsace, on recommande d'ajouter au fond de l'écuelle une poignée de gravier fin, et un peu de charbon pulvérisé, dans la persuasion que cette boisson contribue à engraisser plus vite l'oie, à faciliter le passage du maïs, et à faire grossir davantage le foie : d'autres indiquent des lavures de vaisselle ; et lorsque la ménagère s'aperçoit que son jabot est à peu près rempli, elle la quitte pour en prendre une autre.

Cette opération, quoique praticable par toute personne, est cependant assez délicate pour n'être confiée qu'à des mains adroites. Il faut tenir de l'eau dans la loge ; car une nourriture forcée et surabondante les altère beaucoup et les suffoqueroit sans cette précaution. Dix oies occupent ainsi une femme pendant une heure, soir et matin. On peut les gorger trois fois le jour si elles digèrent facilement ; mais il seroit dangereux d'y revenir tant que leur digestion n'est pas achevée. En moins d'un mois les oies prennent une graisse prodigieuse, et acquièrent le double de leur poids, c'est-à-dire de dix-huit à vingt livres chacune.

Troisième méthode. L'objet de celle-ci est pour faire grossir le foie. Personne n'ignore les recherches de la sensualité pour faire refluer sur cette partie de l'animal toutes les forces vitales en lui donnant une sorte de cachexie hépatique. En Alsace, le particulier achète une oie maigre qu'il renferme dans une petite loge de sapin assez étroite pour qu'elle ne puisse s'y retourner. Cette loge est garnie dans le bas-fond de petits bâtons distanciés pour le passage de la fiente, et en avant, d'une ouverture pour sortir la tête : au bas, une petite auge est toujours remplie d'eau, dans laquelle trempent quelques morceaux de charbon de bois.

Un boisseau de maïs suffit pour sa nourriture pendant un mois, à la fin duquel l'oiseau se trouve suffisamment engraissé. On en fait tremper dans de l'eau, dès la veille, un troisième, qu'on lui insinue dans le gosier le matin, puis le soir. Le reste du temps ils boivent et barbotent.

Vers le vingt-deuxième jour on mêle au maïs quelques cuillerées d'huile de pavot. A la fin du mois l'on est averti par la présence d'une pelote de graisse sous chaque aile, ou plutôt par la difficulté de respirer, qu'il est temps de tuer l'oie ; si l'on différoit elle périroit de graisse. On trouve alors son foie pesant depuis une livre jusqu'à deux, et l'animal se trouve excellent à manger, fournissant, pendant la cuisson, depuis trois jusqu'à cinq livres de graisse, qui sert pour assaisonner les légumes le reste de l'année.

Sur six oies il n'y en a ordinairement que quatre (et ce sont les plus jeunes) qui remplissent l'attente de l'engraisseur ; il les tient ordinairement à la cave, ou dans un lieu peu éclairé. Les Romains, friands de ces foies, avoient déjà observé que l'obscurité étoit favorable à ce genre d'éducation, sans doute parcequ'elle éloigne des oies toute distraction, et détermine toutes les facultés vers les organes digestifs.

Le défaut de mouvement et la gêne qui survient dans la respiration peuvent y être ajoutés : le premier, en diminuant les pertes, et tous deux en ralentissant la circulation dans le système de la veine-porte, dont le sang doit s'hydrogéner à mesure que son carbone s'unit à l'oxygène qu'absorbe ce liquide; ce qui favorise la formation du suc huileux, qui, après avoir rempli le tissu cellulaire, s'insinue dans les conduits hépatiques, s'y engorge pour pénétrer ensuite le tissu même du foie, et constituer cette substance grasse et abondante qui, fondant dans la bouche des gourmets, flatte délicieusement leur palais. Le foie ne contracte donc qu'un engorgement consécutif, puisque la gêne dans la respiration ne se manifeste qu'à la fin, en empêchant le développement du diaphragme.

On parle souvent de la maigreur des oies soumises à ce régime : elle n'a pu avoir lieu que sur celles à qui l'on clouoit les pattes après leur avoir crevé les yeux, par suite des souffrances qu'une méthode aussi barbare devoit exciter. Sur cent engraisseurs, à peine s'en trouve-t-il maintenant deux qui la suivent, encore ils ne leur crèvent les yeux que deux ou trois jours avant de les tuer. Ainsi les oies d'Alsace, exemptes de ces cruelles opérations, prennent un embonpoint prodigieux, que l'on pourroit appeler à la fin hydropisie graisseuse, suite d'une atonie générale dans le système absorbant, occasionnée par le défaut de mouvement, avec une nourriture succulente et forcée, dans une atmosphère trop désoxygénée.

N'oublions pas d'ajouter à ces détails que le canton où l'engrais des oies se pratique avec le plus de succès, c'est le Lauraguais, dans lequel le maïs est généralement cultivé. M. Villette, placé entre Toulouse et Carcassonne, a fait en différens temps des expériences très intéressantes, dont le résultat qu'il m'a adressé sert à prouver que les plus belles oies ne pèsent guère au-delà de dix à douze livres, lorsqu'on se borne à les laisser manger à discrétion sans ensuite les gorger. Que si cette opération s'exécute trop promptement et qu'on cherche à économiser quelques livres de graines, on n'obtient que des oies demi-grasses de douze à treize livres, tandis que celles méthodiquement et parfaitement engraissées pèsent jusqu'à vingt livres. Or, cet excédant consistant en graisse valant 16 sous la livre, chaque oie entièrement grasse vaut au moins 6 francs de plus que celle à demi-grasse ; d'où il suit que quand on cherche à économiser quelques livres de grains dans l'engrais des oies, le profit qu'on en retire ne peut jamais compenser celui qu'on a épargné.

La question de savoir s'il faut saler la chair des oies crue ou rissolée a été discutée dans la Feuille du Cultivateur par MM. Puymaurin et Jalabert, et n'a pas été résolue. Chaque canton suit encore sa méthode, et prétend s'en bien trouver. (Par.)

OIGNON. Sorte de racine ovale ou arrondie, tendre, succulente, composée de tuniques ou d'écailles en recouvrement, de la base desquelles naissent des fibres de même nature.

Comme l'oignon s'appelle aussi Bulbe, et qu'une plante porte le même nom, j'en ai parlé à ce dernier mot, auquel je renvoie le lecteur, ainsi qu'aux mots Tulipe, Jacinthe et Lis. (B.)

OIGNON, *Alium cepa*, Lin. Espèce du genre de l'ail, qu'on cultive de toute ancienneté pour la nourriture ou pour l'assaisonnement, qu'on croit originaire d'Egypte, mais qui plus probablement y a été apportée de la Haute-Asie par les peuples qui en sont descendus avant les temps historiques.

Les caractères qui distinguent l'oignon sont une racine bul-

beuse, tuniquée, aplatie ; des feuilles cylindriques, fistuleuses, longues d'un pied et plus ; une tige nue, fistuleuse,
renflée à sa partie inférieure. plus haute que les feuilles ; des
fleurs rougeâtres disposées en tête à l'extrémité de la tige. *Voy.*
au mot AIL pour le surplus.

Comme plante cultivée depuis bien des siècles, l'oignon
doit fournir beaucoup de variétés, de forme, de grosseur, de
couleur, de saveur, d'odeur, etc., etc. Il doit y en avoir de
précoces, de tardifs, de propres aux terrains secs, aux terrains
humides, etc. En effet, il suffit de parcourir la France, sur-
tout les départemens éloignés et peu en relation avec les grandes villes, pour s'assurer qu'il en est plusieurs inconnus dans
les environs de Paris. Ce fait se remarque aussi en Espagne et
en Italie, et probablement dans les autres pays. Ici cependant, faute d'avoir pris les notes nécessaires, je suis forcé
à ne faire mention que des variétés les plus communes dans
les environs de Paris, variétés qui au reste peuvent suffire à
tous les emplois, et nous dispenser de désirer les autres avec
plus d'ardeur qu'il ne convient.

L'OIGNON ROUGE. Il est très gros et de forme aplatie. On
peut le regarder comme le type de l'espèce.

L'OIGNON PALE, de même forme, un peu moins gros et plus
piquant que le précédent. C'est celui qu'on préfère aux environs de Paris, et que par conséquent on y cultive le plus généralement. C'est un de ceux qui se conservent le mieux.

L'OIGNON JAUNE. Encore plus pâle que le précédent ; mais
du reste en différant peu pour ses qualités.

L'OIGNON BLANC ORDINAIRE. Il est très gros, de forme aplatie, se conserve bien, et craint le moins les gelées. Sa saveur
est très piquante.

L'OIGNON BLANC HATIF DE FLORENCE est plus petit et plus
doux que le précédent. Il mûrit le premier et se conserve le
plus.

L'OIGNON ROUGE D'ESPAGNE est oval, allongé, très gros et
très doux.

L'OIGNON BLANC D'ESPAGNE ne diffère presque du précédent
que par sa couleur.

L'OIGNON BULBIFÈRE. Il porte de petits oignons au lieu de
fleurs, et ces petits oignons mis en terre en donnent plus
promptement de gros que les semences. Malgré que cette variété ait été vantée en Allemagne, il ne paroît pas qu'elle se
soit beaucoup propagée. J'en ai vu anciennement cultiver dans
le jardin d'un amateur à Dijon ; mais nulle part à Paris, hors
du jardin du Muséum.

Il y a tout lieu de croire que le sol naturel à l'oignon est un
sable gras et humide ; aussi est-ce dans les terres légères et

fraîches qu'il se plaît le mieux. Lorsqu'avec un sol de cette sorte il a de la chaleur, il devient monstrueux. J'en ai vu de près d'un pied de diamètre, et on en cite de beaucoup plus gros encore. C'est dans les parties méridionales de la France, en Espagne, en Italie, dans les îles de la Grèce, sur la côte d'Afrique, sur-tout en Egypte, qu'il faut aller pour voir de belles cultures d'oignons. La consommation qu'on en fait dans ces pays est prodigieuse, tous les habitans des pays chauds l'aimant avec passion, et beaucoup d'entre eux s'en nourrissant presque exclusivement.

Les terrains argileux, soit qu'ils manquent ou qu'ils aient trop d'eau, les terrains caillouteux, les sables purs qu'on ne peut arroser, ne sont pas favorables aux oignons. Ils y restent petits et âcres, ou même n'y lèvent point.

L'expérience a prouvé que les fumiers non consommés, et ceux qui portent une odeur particulière, ne conviennent pas aux oignons, qui y prennent une âcreté et un goût désagréable. J'en ai mangé à Paris, qui annonçoient, les uns, qu'ils avoient crû dans un sol fumé avec les boues infectes de cette ville, les autres avec des matières fécales. Il faut donc n'employer que des terreaux dans les jardins, et des fumiers de première qualité dans les campagnes. Les curures d'étangs, de rivières, sont même préférables lorsqu'on en a à sa disposition.

Quoique l'oignon naisse et croisse à la surface du sol, un ou deux labours profonds, soit à la charrue, soit à la bêche, ne lui sont pas moins utiles. Il faut sur-tout, au moyen de la herse ou du râteau, briser toutes les mottes de terre et égaliser le terrain avec la plus scrupuleuse extactitude.

Dans les départemens méridionaux de la France, où, comme je l'ai dit, la culture de l'oignon est d'une importance majeure, on fait toujours des semis avant l'hiver dans des lieux abrités, et on les couvre de longue paille, ou de paillassons, pour les garantir encore plus des effets du froid. Il paroît même que du temps d'Olivier de Serres on n'en semoit jamais au printemps.

Aux environs de Paris on sème aussi quelquefois avant l'hiver, mais c'est beaucoup plus tôt, c'est-à-dire en juillet, août ou septembre; alors le plant a le temps de prendre de la force, et se trouve à l'arrivée de l'hiver en état de braver plus facilement les gelées. Là, on le repique ordinairement en janvier ou février à une bonne exposition, pour être mangé en vert en mars. Quelques maraîchers même en repiquent sous châssis lorsqu'ils jugent par la rareté des vieux oignons que ce travail sera fructueux.

C'est l'oignon blanc hâtif ou même l'ordinaire qu'on préfère, comme craignant moins l'excès du froid et de l'humidité.

Le commencement de février, si le temps ne s'y oppose pas, est généralement l'époque des grands semis d'oignons dans le midi et dans le nord; mais il est bon de réserver de la graine pour semer en mars, et même en avril en cas d'accident, cependant les produits d'un semis dans ce dernier mois ne sont jamais aussi profitables que les autres, les oignons étant petits ou n'arrivant pas à complète maturité.

On peut encore semer plus tard dans les jardins pour la consommation en vert de la cuisine, lorsque cette consommation est considérable. Les maraîchers de Paris vendent toute l'année de ces jeunes oignons sous le nom de ciboule, mais on les distingue facilement à leur grandeur, à leur odeur et à leur saveur de la véritable Ciboule. *Voyez* ce mot.

Les semis d'oignon manquent souvent en tout ou en partie, soit parceque la graine étoit trop vieille, ou cueillie avant sa maturité, soit parcequ'elle a été trop ou trop peu enterrée, soit parceque la sécheresse a été trop grande ou les pluies trop abondantes, soit enfin par l'effet des gelées. Dans ces cas il faut semer de nouveau, comme je l'ai dit plus haut.

Dans les jardins, des arrosemens légers et fréquens, lorsque la sécheresse se prolonge, préviennent leur perte. En général plus ils ont d'eau pendant l'été et plus leurs produits sont abondans et de bonne qualité, car rien n'adoucit plus l'oignon que l'eau. C'est généralement à la volée qu'on répand sa graine, et rarement ses pieds sont régulièrement espacés, parceque la graine est facilement emportée par les vents, et qu'il y en a toujours beaucoup de mauvaises dans la meilleure; le remède à cet inconvénient est de regarnir au printemps les places vagues avec le superflu des places trop garnies.

Les Tartares multiplient les oignons en les fendant en quatre presque jusqu'au point d'où sortent les racines, et en les plantant ainsi en écartant autant que possible les parties. Il se produit un nombre plus ou moins grand de petits oignons entre les tuniques du gros. Ce moyen exige un très grand emploi de gros oignons, et donne des produits trop peu abondans pour être conseillé. *Voyez* au mot Jacinthe.

Aux environs de Paris on ne replante jamais des oignons dans la culture en plein champ, mais dans le midi on le fait toujours.

Là, avant de repiquer les oignons, on fume et donne un bon labour à la terre, et on en unit la surface autant que possible au moyen du rouleau et de la herse; cependant on conserve les ados.

Les produits des semis du mois d'août et de septembre sont en état d'être transplantés à la fin de novembre, ceux d'octobre restent l'hiver sur place et le sont ainsi que ceux de janvier, février ou mars, lorsqu'il a la grosseur d'une petite plume à écrire.

Une distance de huit à dix pouces est celle qu'on met ordinairement entre chaque plant repiqué dans les parties méridionales. A Paris on ne les écarte que de la moitié de cette distance, parceque tous les oignons repiqués y sont mangés avant leur maturité, en réservant entre chaque rang, un ados qu'on cultive en salade ou autres plantes de peu de durée. En général on pratique fort mal cette opération, c'est-à-dire qu'on arrache le plant à la main, au lieu de l'enlever avec toutes ses racines au moyen d'une pioche; qu'on rogne ces racines, ainsi que les feuilles, au lieu de les laisser les plus entières possible; qu'on presse trop la terre contre la bulbe lorsqu'on remplit le trou fait avec le plantoir, au lieu de la laisser se tasser d'elle-même, etc. On veut faire vite et on fait mal. Aussi combien de ces oignons qui auroient repris si on avoit suivi de meilleurs procédés et qui périssent! combien d'autres qui languissent pour avoir été trop écourtés, trop enterrés, trop fortement blessés, etc.!

Au lieu de repiquer les oignons au plantoir, comme on le fait par-tout, il vaudroit mieux, comme le conseille Olivier de Serres, les planter dans des sillons faits à la houe. Les inconvéniens ci-dessus seroient ainsi plus facilement et même nécessairement évités pour la plupart.

Un fort arrosement est utile après une plantation de cette sorte lorsqu'on peut le donner.

Des sarclages et des serfouissages, au besoin, sont encore très avantageux.

Le changement de couleur dans les feuilles est le signe qui annonce la prochaine maturité de la bulbe. A cette époque on tord les feuilles près de leur collet, et on les écrase légèrement, dans l'intention de concentrer dans la bulbe les derniers efforts de la végétation; mais la théorie repousse cette pratique, comme produisant des effets directement contraires à ceux qu'on en attend. Il faut laisser à ces bulbes le temps de se consolider, et par conséquent leurs feuilles, qui concourent autant que leurs racines à ce résultat, doivent être ménagées. *Voyez* FEUILLE.

Lorsque les oignons sont bien mûrs, c'est-à-dire que leurs feuilles et une partie de leurs racines sont desséchées, on les enlève de la planche successivement, et on les expose pendant quelques jours au soleil pour enlever leur eau surabondante, ensuite on les nettoie des restes de leurs racines, des pellicules inutiles, et on en forme, par le moyen de leurs fanes et de liens de paille, des chaînes qu'on suspend dans un lieu sec à l'abri des brusques variations de l'atmosphère.

Pendant l'hiver, il faut placer les oignons dans un lieu où

ils ne puissent pas être gelés, mais aussi qui ne soit pas assez chaud et assez humide pour les faire pousser. Comme ces deux circonstances ne sont pas toujours faciles à réunir, beaucoup de personnes les laissent au grenier, quoiqu'ils y soient exposés à la gelée. Il est de fait qu'une première gelée, quelque complète et durable qu'elle soit, n'a pas des effets bien dangereux sur eux lorsqu'on ne les touche pas. On en est quitte pour perdre ceux qui n'étoient pas arrivés à une maturité complète, à moins qu'on ne les mange pendant qu'ils sont gelés. Après leur dégel une seconde gelée leur est bien plus funeste. Un soin que doit avoir tout cultivateur jaloux de conserver ses oignons le plus possible, c'est d'ôter des chaînes ceux qui commencent à se gâter.

Les petits oignons et ceux destinés les premiers à la consommation s'étendent sur le plancher, ou mieux, sur des claies dans le grenier. Il est même des pays où on n'en met aucun en chaîne, quoique cette pratique ait réellement des avantages.

Il est bon de ne pas mélanger les oignons des récoltes du même champ (on en fait ordinairement trois), parceque ceux de la première sont de plus de garde que ceux de la seconde, et ceux de la seconde plus que ceux de la dernière. Cette troisième doit, en conséquence, être consommée la première, comme contenant beaucoup de bulbes encore en état de végétation ou fort disposées à s'y remettre.

Quelquefois, lorsque l'air est en même temps chaud et humide, les bulbes, même les mieux consolidées, poussent des feuilles, et par conséquent perdent la faculté de se conserver. On a proposé plusieurs moyens d'empêcher ou d'arrêter cet inconvénient; mais il n'y en a pas de certains, si les précautions indiquées plus haut ne réussissent pas.

Le plant d'oignon pour le repiquage est l'objet d'un commerce dans les parties méridionales de la France. On en vend bien aussi à Paris, mais c'est un article de très peu d'importance, si j'en juge par ce que j'en connois.

On appelle *oignons tapés* ceux qui n'excèdent pas la grosseur d'une noix, et qu'on recherche dans les villes pour faire certains ragoûts, des matelottes par exemple. Les semis ordinaires des environs de Paris ne donnent que trop de ces petits oignons, qu'on trie et qu'on vend au boisseau; mais dans les départemens méridionaux, il faut en semer exprès. Leur culture ne diffère des autres qu'en ce qu'on les sème tard, en avril par exemple, qu'on pousse fortement le plant à l'eau pendant le premier mois de son apparition, et qu'ensuite on l'abandonne à lui-même. Ces oignons tapés ne sont donc que des oignons qui ont parcouru plus rapidement les phases de leur végétation.

parceque les chaleurs les ont saisis avant qu'ils aient acquis assez de force pour les braver.

Quelques jardiniers replantent au moment de la récolte, dans un local particulier, les oignons qui ne sont pas arrivés à maturité, afin d'en obtenir la graine l'année suivante. Cette méthode est très blâmable, et ne peut qu'amener la dégénérescence des bonnes variétés. Il faut au contraire réserver pour cet objet les bulbes les plus grosses et les plus tôt arrivées à maturité, ne les remettre en terre qu'au printemps, dans un lieu bien exposé. On doit leur donner les labours et les sarclages nécessaires, et lorsque leurs tiges seront arrivées à toute leur hauteur, les assujettir contre des tuteurs qui puissent les garantir contre l'action des vents ou des accidens.

La récolte de la graine d'oignon est très casuelle, comme celle de toutes les liliacées. La meilleure en contient toujours beaucoup de mauvaise. On reconnoît sa maturité à l'ouverture de la capsule. A cette indication, on peut couper les tiges, les assembler en paquets, et les déposer dans un lieu sec et aéré, la tête en haut. Cette graine se conserve mieux dans la capsule que dans des sacs. Elle est bonne pendant quatre ans. Celle de la seconde année germe plus vite que celle de la première et des troisième et quatrième années. On reconnoît la bonne à son poids et à sa couleur très noire.

L'art du cuisinier se passeroit difficilement de l'oignon. Il entre dans une grande quantité de sauces, et fait le fond de plusieurs mets. J'ai déjà dit qu'il s'en consommoit immensément dans le midi. Là, où il est beaucoup plus doux que dans le nord, on le mange le plus souvent cru, avec du pain, à déjeûner, à diner, a goûter. C'est l'unique friandise des ouvriers et des pauvres habitans de la campagne. On sait que sa saveur est âcre, et son odeur si pénétrante qu'elle irrite les yeux et excite le larmoiement.

Fourcroy et Vauquelin, qui ont analysé l'oignon, le disent composé, 1° d'une huile blanche, âcre, volatile et odorante; 2° de soufre combiné à l'huile, à quoi l'oignon doit son odeur fétide; 3° d'une grande quantité de sucre incristallisable; 4° de beaucoup de mucilage analogue à la gomme arabique; 5° d'une matière végéto-animale analogue au gluten; 6° d'acide phosphorique en partie libre, en partie combiné à la chaux; 7° d'acide acétique; 8° d'une petite quantité de citrate calcaire; 9° d'une matière parenchymateuse.

Le suc de l'oignon est regardé comme un puissant diurétique, et l'oignon cuit comme un excellent maturatif.

Lorsqu'on ne peut garder les oignons, on doit les confire dans le vinaigre. Quelques personnes en font même confire tous les ans pour manger crus comme les cornichons. C'est un aliment très sain, que les cultivateurs devroient préparer en abondance pour manger et faire manger le matin à leurs ouvriers pendant les grandes chaleurs de l'été, principalement pendant la moisson. Que de maladies seroient prévenues par ce seul moyen! (B.)

OIGNON. Médecine vétérinaire. C'est une grosseur de la sole, plus souvent en dedans qu'en dehors, et jamais ou presque jamais aux pieds de derrière.

Cette grosseur de la sole de corne n'est pas cependant un vice de la sole, mais de l'os du pied, dont la partie concave est devenue convexe par la mauvaise ferrure. L'os du pied suivant la muraille, et étant poussé en dehors, peu à peu sa partie concave, à force de fléchir, devient convexe, et la sole qui est appliquée sur l'os du pied prend la même forme que cet os dans cet endroit, et forme une élévation que nous appelons *oignon*.

Le seul remède est d'entôler le fer. *Voyez* l'article FERRURE, et la section qui regarde les PIEDS COMBLES et OIGNONS. (R.)

OISEAUX DE BASSE-COUR. Comme il faut toujours dans l'éducation des oiseaux de basse-cour seconder leur instinct autant qu'il est possible, que vraisemblablement c'est pour trop s'en écarter qu'ils produisent peu, que les races s'abâtardissent, deviennent plus susceptibles d'accidens, de maladies ignorées dans l'état sauvage, il convient d'abord d'avoir l'attention de leur procurer un gîte commode et salutaire.

L'instinct qui porte les poules et les pintades à se serrer au poulailler les unes à côté des autres, les dindons à percher en plein air sur des arbres, les canards et les oies à se nicher sous des toits pratiqués exprès dans les lieux bas et humides, les pigeons à occuper le faîte des bâtimens les plus élevés; toutes ces inclinations naturelles sont déjà autant d'indices pour la conduite qu'il est nécessaire de tenir dans tous les endroits où on s'occupe de leur éducation.

Le renouvellement d'air dans la demeure des oiseaux domestiques paroît tellement essentiel que, quand ils ont passé la nuit dans ces endroits serrés, malpropres, et qu'on leur en ouvre la porte, ils se précipitent avec une si grande vivacité, qu'il n'y a absolument que le malaise qu'éprouve l'animal ainsi enfermé, et le besoin qu'il a d'échapper à un péril imminent, qui peuvent le déterminer à se presser ainsi pour en sortir. Il faut donc les soustraire à l'influence de leur propre infection, en donnant plus d'espace à leur logement, en changeant fréquemment leur litière, en blanchissant l'intérieur avec un lait de chaux, en y consumant de temps en temps une botte de paille enflammée pour détruire l'air lourd et méphitique, les insectes et leurs œufs ; mais non pas comme le conseillent quelques auteurs qui recommandent pour ces objets de brûler des plantes aromatiques et d'évaporer du vinaigre, dont les émanations augmentent plutôt encore l'insalubrité.

Une des causes qui contribuent le plus à faire languir les oiseaux de basse-cour, c'est la mauvaise odeur qu'exhale leur fiente ; ils ne résistent pas long-temps à ce foyer d'infection. Aussi, pour en éviter les effets, les pigeons, par exemple, ont-ils grand soin de ne nicher que dans les boulins supérieurs. Il est donc essentiel de nettoyer à fond de temps en temps le poulailler et le colombier, en enlevant sans bruit et le plus promptement possible les litières pourries.

En général, les oiseaux aiment la propreté ; ils sont soigneux de leur parure. On les voit souvent occupés à se peigner, à polir, à lustrer leurs plumes avec leur bec ; ils fuient la demeure quand elle n'est pas entretenue propre. Voici un fait, dans mille autres, qui servira à le prouver.

Lorsque des propriétaires se déterminèrent un jour à habiter leur ferme, après une location de neuf années, ils trouvèrent le colombier qu'ils avoient laissé amplement peuplé d'individus, abandonné, dégarni, malpropre ; mais aussitôt qu'ils l'eurent fait blanchir en dedans et au dehors, rétablir les dégradations, nettoyer parfaitement, le colombier se repeupla comme par enchantement, au point que quand ils quittèrent de nouveau leur domaine, il s'y trouvoit plus de 150 paires de pigeons, auxquels on ne donnoit cependant presque aucune nourriture. Il n'avoit fallu que trois ans pour opérer ce changement, ainsi que la désertion des colombiers d'une lieu à la ronde.

Ce n'est pas seulement sur la santé des oiseaux de basse-cour que l'influence de la demeure est sensible, leur chair devient plus ferme et plus savoureuse, et ne contracte pas de mauvais goût, comme il arrive à ceux qui couchent dans ces endroits peu aérés, exigus, remplis de fiente et de vermine. Je citerai encore un fait qui nous a été certifié par un observateur digne de foi. Il dînoit chez un de ses amis, dans la saison des dindonneaux ; on servit un de ces oiseaux sur la table, qui paroissoit assez bien nourri ; mais à peine fut-il découpé, et le premier morceau dans la bouche, qu'une odeur de fiente de poulailler se fit sentir si vivement qu'il ne fut pas possible de le manger. La cuisinière consultée ne put assigner aucune cause du mauvais goût ; mais la fermière appelée en donna sur-le-champ l'explication, en disant qu'il provenoit du poulailler malpropre dans lequel on tenoit les dindons renfermés par rapport aux voleurs qui rôdoient de toutes parts, et que cet effet des émanations de leur fiente lui étoit parfaitement connu depuis très long-temps.

Mais il ne suffit pas de donner des soins à la demeure des oiseaux domestiques, il faut encore que les nids dans lesquels ils pondent et couvent, les perches sur lesquelles ils juquent, les auges, les abreuvoirs à leur usage soient nettoyés, lavés quelquefois à l'eau bouillante mêlée avec un peu de vinaigre, grattés et frottés avec un linge mouillé; renouveler souvent la paille et le foin, dont ils sont garnis, sur-tout après l'incubation, sans quoi la fiente ne tarde pas à procurer aux petits de la vermine, qui incommode quelquefois la couveuse au point de les lui faire abandonner : d'ailleurs les pères et mères tiennent aux nids dans lesquels ils ont déjà élevé leur famille; et j'ose affirmer que, moyennant une très grande propreté, il est rare que les volailles soient attaquées d'autres maladies que celles de l'incurable vieillesse.

Les oiseaux domestiques qui peuplent une basse-cour bien montée ont pour chefs le coq ordinaire, le coq d'Inde, la pintade, le jars, le canard et le pigeon. Ces oiseaux, dont les variétés sont multipliées à l'infini, existent dans les deux mondes et demandent peu de frais pour leur entretien, quand on sait en proportionner le nombre et l'espèce à l'étendue de l'exploitation, à la nature du sol et des produits qu'on récolte, aux débouchés que l'on a pour s'en défaire avantageusement; si toutes les localités ne sont pas propres à l'éducation des oiseaux que nous avons soumis à la domesticité, il n'y en a point où l'on ne puisse entretenir des poules; fidèles à la maison qui les a élevées, et non contentes de l'enrichir tous les jours de leurs œufs, elles ne s'en écartent jamais; de sorte qu'en apercevant une poule, le voyageur qui chercheroit une habitation est assuré qu'elle est près de lui.

Les canards, quoique très voraces dans leur premier âge, ne sauroient prospérer que dans les endroits aquatiques; l'humidité est leur élément. En vain l'on s'obtineroit à vouloir en élever dans des lieux secs et arides, leur chair auroit infiniment moins de délicatesse. Il en est de même des oies; elles sympathisent bien avec les canards. Mais comme elles aiment mieux pâturer que barboter, on ne peut, à moins de prairies naturelles, où elles trouvent une grande partie de leur nourriture, en retirer aucun profit.

L'éducation des dindons deviendroit également trop coûteuse, jusqu'au moment de les engraisser, si on n'avoit pas dans son voisinage un bois, une pelouse et des champs, sur lesquels il seroit possible de conduire ces oiseaux après la moisson, pour leur faire consommer les grains avant que la charrue ne les enterre.

Mais quand bien même les citadins réuniroient les conditions énoncées, forcés d'acheter tout ce qu'il faut pour nourrir les oiseaux de ce genre, et resserrés souvent par leur emplacement, ils se tromperoient en croyant trouver du bénéfice à en élever. Il n'en est pas de même à la campagne, où, pour les entretenir, on peut disposer d'une foule de substances qui seroient absolument perdues sans cet emploi. Or, les dépenses que leur entretien peut occasionner sont compensées au-delà par les ressources du moment qu'ils offrent, dans tous les cas imprévus, pourvu toutefois, je ne cesserai de le répéter, que la fermière ne dédaigne pas de s'occuper spécialement de sa basse-cour, et que dans le nombre de ses servantes elle s'applique à en dresser une capable de la seconder et même de la suppléer dans les détails de ce gouvernement, qui demande plus de soins que de travail. On verra au mot POULAILLER les avantages qu'on peut retirer d'un pareil agent.

Les soins du cultivateur ne doivent pas aller au-delà des oiseaux que nous venons de nommer, dès qu'on a pour but unique de procurer à la ferme des alimens et de l'argent. Les ménageries de luxe et de fantaisie qui consomment du grain sans valoir aucun profit sont dénuées de tout intérêt pour lui ; quelle a été l'utilité de plusieurs espèces que nous avons rendues domestiques ! les faisans et les perdrix, par exemple, ont toujours un naturel sauvage, ombrageux et farouche ; leur amour violent pour l'indépendance semble les avoir destinés à habiter les plaines et les bois-taillis, et par conséquent à être relégués dans les parcs.

A l'égard des paons, quoiqu'ils soient l'ornement des basses-cours, la chair et les œufs, si recherchés par les anciens, ne sont plus aujourd'hui considérés comme des mets très friands. On ne les nourrit plus que pour contempler les beautés dont ils brillent ; mais ils tyrannisent et maltraitent les autres volailles ; ils degradent les combles sur lesquels ils aiment à s'élever ; ils dévastent les potagers, les vergers ; leur cri est aigu, désagréable et perçant ; enfin ils ont une disposition à se rendre maîtres par-tout où ils se trouvent.

La pintade, ou poule de Numidie, qui faisoit chez les Romains les délices des meilleures tables, est aujourd'hui assez commune dans plusieurs de nos basses-cours pour espérer que, moyennant les soins de l'éducation, on parviendra à empêcher cet oiseau de crier, à calmer son ardente impétuosité, à adoucir son humeur irascible, et à affoiblir ses dispositions à faire la guerre aux autres volailles. Cette conjecture est d'autant mieux fondée, que déjà on a pu, dans quelques endroits, la familiariser au point d'accourir de très loin à la voix qui l'appelle, et de venir, aux heures du repas, manger jusque sur la table.

L'outarde présenteroit un bien plus grand intérêt que la pintade. Quelques tentatives infructueuses, entreprises à dessein de l'apprivoiser, n'ont pas été soutenues assez long-temps pour nous faire perdre l'espérance d'un meilleur succès. Nous ne doutons pas qu'un jour ce grand oiseau, si précieux par la bonté de sa chair et par sa fécondité, ne perde de son caractère sauvage, et ne vive en société avec les autres volailles. Le sénateur *Chaptal*, pendant son ministère, a écrit aux préfets des départemens à travers lesquels les outardes passent deux fois l'année, pour nous en procurer, soit à la faveur des filets, ou en s'emparant de leurs œufs, lesquels couvés, par une de nos poules ordinaires, donneroient des petits plus propres encore à la naturalisation.

Pourquoi la gelinotte ne pourroit-elle pas être également admise dans nos basses-cours? Il a fallu peu d'efforts à un habitant de la Silésie pour en fixer une grande quantité dans ses domaines. Ne bornons jamais nos recherches en ce genre : l'exemple du dindon transporté de si loin, et qui s'est multiplié parmi nous comme dans sa terre natale, ne devroit-il pas être pour les voyageurs un motif puissant de faire à l'Europe de pareils présens?

Le Vaillant, entre autres plusieurs auteurs, dit avoir vu dans les basses-cours des Hollandais, au cap de Bonne-Espérance, plus de vingt espèces de canards et d'oies sauvages qui nous sont inconnues; elles s'y multiplient comme les autres oiseaux domestiques de nos climats. L'oie de la Chine, de Norwège, de Guinée, d'Egypte, de Barbarie, du Canada, de la Frise; les différens canards du cap de Bonne-Espérance, la sarcelle de la Caroline, les hoccos d'Amérique, prospèrent, non seulement sur les marais glacés de la Hollande, mais dans d'autres états du nord de l'Europe, et on en obtient des métis en croisant leurs races.

Produits des oiseaux de basse-cour. Ce n'est pas seulement pour le bénéfice de leur chair, de leur graisse et de leur fiente qu'on se détermine à élever un certain nombre d'oiseaux de basse-cour; leurs œufs et leurs plumes offrent encore un assez bon produit pour fixer l'attention des fermiers placés dans les cantons les plus favorables à ce genre d'éducation, pour augmenter la masse de nos ressources, et ajouter au revenu du domaine rural. Il a déjà été question des produits en œufs qu'on ne soumet pas à l'incubation et de l'engrais qu'on obtient, pour favoriser la végétation de quelques plantes économiques; indiquons maintenant ceux qu'on retire de leurs plumes.

Des plumes et duvets. Leur usage principal est de servir à ombrager le casque des guerriers, à orner la chevelure des femmes, à former ces tresses, ces panaches élégans dont les plus riches ameublemens sont surmontés; à devenir les interprètes de nos pensées; à remplir en un mot ces coussins, ces matelats sur lesquels, fatigués des travaux du jour, nous savourons pendant la nuit les douceurs du sommeil.

Plumes de pintades. Elles sont de trois couleurs, blanches, grises et noires; les fourreurs les recherchoient autrefois. Ils en faisoient des manchons fort jolis pour les femmes; mais celles-ci ont renoncé à cette parure d'hiver et préféré nos gros manchons composés de toutes sortes de fourrures. L'usage en est abandonné par l'un et l'autre sexe.

Plumes de dindons. En attendant qu'on parvienne à naturaliser en Europe l'espèce d'autruche de Magellan, qui, habitant les pays froids de l'Amérique méridionale, pourroit prospérer dans nos climats et fournir les panaches les plus estimés, il seroit possible de faire servir à cette destination les parties latérales des cuisses de dindons à robes blanches : nous invitons les cultivateurs qui s'adonnent à l'éducation de cet oiseau, et dont l'opinion est que cette nuance est préférable à celle des dindons noirs, à ne pas dédaigner le profit que procureroit cette nouvelle branche d'industrie nationale.

Plumes et duvet de cygnes. Dans l'espèce sauvage il y en a dont le plumage est entièrement blanc comme celui des cygnes domestiques; d'autres, et c'est le plus grand nombre, sont plutôt gris que blanc, et ce gris plus foncé paroît presque brun sur la tête et le dos de l'oiseau. On plume les cygnes domestiques, comme les oies, deux fois l'année; ils fournissent un duvet recherché par la mollesse qui en remplit les coussins et les lits. On sait que la même substance, extrêmement fine et plus douce que la soie, forme aussi des houppes à poudrer, qu'on en fait de beaux manchons et des fourrures fort chaudes; les plumes des ailes sont préférables à celles de l'oie, soit pour écrire, soit comme tuyaux de pinceaux.

Plumes et duvet de canards. Quoiqu'on ne néglige pas dans quelques cantons les plumes et le duvet qui recouvrent les gallinacés et même les pigeons, pour garnir les oreillers, les traversins, les matelas et les coussins des meubles; ce sont les palmipèdes qui fournissent la plus grande quantité de ce qu'en consomme l'Europe.

La plume des canards est assez élastique et se vend à un certain prix dans la ci-devant Normandie, où il y a de grandes éducations de cet oiseau.

Plumes et duvet d'oies. Long-temps on a été dans l'opinion que c'étoit préjudicier directement à la santé des oiseaux que de les plumer ; cependant l'opération ayant lieu avant la mue n'est suivie d'aucuns accidens quand elle s'exécute à propos, avec adresse, et de manière à n'enlever à chaque aile que quatre à cinq plumes et le duvet.

Dès que les oisons ont atteint l'âge de deux mois, on les conduit à plusieurs reprises dans une eau claire ; on les expose ensuite sur un lit de paille net, afin qu'ils s'y sèchent ; on les plume promptement pour la première fois, et une seconde fois au commencement de l'automne, mais avec modération, à cause des approches du froid qui pourroit les incommoder.

Une autre précaution qu'on doit toujours avoir, c'est que, quand les oies viennent d'être plumées, il faut empêcher qu'elles n'aillent à l'eau, et se borner à les faire boire pendant un ou deux jours, jusqu'à ce que la peau soit raffermie ; on les plume enfin une troisième fois quand, après les avoir engraissées, on les tue : or, cet oiseau, qui a vécu neuf mois environ, peut produire pendant sa vie trois récoltes de plumes.

Le bénéfice qu'on peut en retirer n'est à dédaigner nulle part ; elles forment un article important de commerce dans une province de l'Angleterre, et s'y vendent à raison d'une livre seize sous par an, soit en duvet, soit en plumes à écrire.

Ce seroit donc renoncer bien gratuitement au profit assuré et considérable qu'il est possible de retirer d'une éducation nombreuse d'oies, si on négligeoit l'avantage d'avoir une, deux ou trois fois par an une récolte de plumes propres à écrire, et de duvet pour garnir les coussins et les lits. On a estimé que ce produit varioit selon l'âge, et qu'une oie mère donnoit communément sa livre de plume. La jeune en fournit assez constamment une demi-livre.

Les oies reservées pour soutenir la basse-cour, qui sont ce qu'on nomme les *vieilles oies*, peuvent, il est vrai, sans inconvénient, être plumées trois fois l'année, de sept semaines en sept semaines ; mais il faut attendre que les oisons aient treize à quatorze semaines pour subir cette dépouille, surtout ceux qui sont destinés à être mangés de bonne heure, parcequ'ils maigriroient et perdroient leur qualité.

Il y a une sorte de maturité pour le duvet qu'il est facile de saisir ; c'est lorsqu'il commence à tomber de lui-même ; si on l'enlève trop tôt il n'est pas de garde, et les vers s'y mettent. Les oies maigres en fournissent davantage que celles qui sont grasses, et il est plus estimé ; les fermiers ne devroient jamais permettre qu'on arrachât les plumes des oies quelque temps après qu'elles sont mortes, pour les vendre : elles sentent ordinairement le relent et se pelotonnent. On ne doit mettre dans le commerce que les plumes arrachées sur les oies vivantes ou qui viennent d'être tuées ; dans ce dernier cas, il faut se hâter de les en dépouiller, et faire en sorte de terminer l'opération avant que l'oiseau soit entièrement refroidi : la plume possède plus de qualité. On est encore dans l'usage de leur tourner les pattes derrière le dos, de manière à tenir les ailes, sans quoi elles se casseroient, et les oies ne seroient plus de vente.

Plumes à écrire. Les pennes, car c'est ainsi qu'on nomme les plumes des ailes et de la queue des oiseaux, pour les distinguer des plumes proprement dites qui recouvrent leur corps ; les pennes sont les plus longues et les plus fortes de toutes les plumes ; celles des cygnes, des oies et des corbeaux sont employées de préférence aux usages économiques, et cela suivant les qualités reconnues au tuyau de chacune d'elles.

Manière de hollander les plumes. L'oiseau qui fournit une grande quantité de plumes à écrire est l'oie. Une seule peut en donner dix de différentes qualités ; mais il reste toujours à leur surface une matière grasse dont il faut les débarrasser pour les rendre pures, transparentes, luisantes, et propres en un mot à acquérir les qualités qui leur conviennent. Ce sont principalement les Hollandais qui se chargent de cette préparation : de là l'expression *hollander les plumes*, pour désigner l'opération qu'ils leur font subir. Elle consiste à plonger la plume arrachée de l'aile dans l'eau presque bouillante, à l'y laisser ramollir suffisamment, à la comprimer en la tournant sur son axe avec le dos de la lame d'un couteau. Cette espèce de frottement, ainsi que les immersions dans l'eau se renouvellent jusqu'à ce que le cylindre de la plume soit transparent, et que la membrane, ainsi que l'espèce d'enduit gras qui la recouvrent soient entièrement enlevés. On la plonge une dernière fois pour la rendre parfaitement cylindrique, ce qui s'exécute avec l'index et le pouce : on la fait ensuite sécher à une douce température.

Plumes et duvet pour les coussins. On choisit de préférence pour cet objet le duvet des palmipèdes ; on y emploieroit encore aussi volontiers celui des oiseaux de proie, s'ils étoient assez nombreux pour permettre une récolte de leur fourrure épaisse et douillette.

Il y a deux espèces de duvet ; l'un, qu'on laisse perdre, consiste en barbes légères, molles, effilées, sans liaisons, hérissées, qui revêt beaucoup de jeunes oiseaux à leur naissance, et tombe à mesure qu'ils se développent ; l'autre, plus adhérent, qu'on recueille avec beaucoup de soin, est cette plume courte à tuyau grêle, à barbes longues, égales, désunies, dont la nature a composé le vêtement chaud des oiseaux de haut vol et de ceux qui sont aquatiques, pour les garantir du froid qu'ils éprouveroient sans son secours, les uns dans les hautes régions de l'atmosphère, les autres par le contact de l'eau. Ce duvet, chez ces derniers, est d'ailleurs recouvert à l'extérieur d'un plumage serré et huilé, qui le préserve entièrement de l'humidité, et par-là lui permet de conserver à ces oiseaux leur chaleur naturelle.

Le duvet des oiseaux de proie étant, comme nous l'avons dit, très rare, on ne s'occupe guère que des moyens de se procurer celui des palmipèdes, classe d'oiseaux très nombreuse, et dont trois espèces principales ont été soumises à la condition de la domesticité ; savoir, le cygne, l'oie et le canard.

Indépendamment de ces trois duvets, il en existe un autre qui leur est beaucoup supérieur par sa douceur, sa légèreté et son élasticité.

Édredon, par corruption Aigledon, est fourni par un cygne qui habite l'Islande, et qu'on appelle *Eider*. La Norwège et l'Islande fournissent cette matière ; elle s'y vend jusqu'à une pistole la livre, lorsqu'elle est bien épluchée et pure.

Mais c'est une règle générale, que le duvet pris sur l'eider mort est d'une qualité inférieure à celui qu'il s'arrache lui-même. Nous avons déjà fait cette observation, et nous ajoutons qu'elle est générale pour les oiseaux.

Il y a en effet une différence énorme entre les plumes arrachées à l'animal vivant, et celles dont on le dépouille quand il est mort à la suite d'une maladie ; ces dernières n'ont que fort peu d'elasticité ; leurs franges se pelotonnent à la moindre humidité ; elles ont encore un autre inconvénient, c'est que, quoique passées au four, les mites les attaquent bien plus promptement, et les réduisent en poussière en très peu de temps.

Crins et laines. Ce ne sont pas seulement les plumes des oiseaux domestiques qui présentent cette différence ; les laines et les crins y sont également assujettis ; l'état même de maladie d'un mouton déprécie considérablement la qualité de sa laine. Toutes les toiles faites d'un crin coupé sur un animal mort de maladie n'ont aucune force ; aussi les marchands ont-ils grand soin de dire que leur crin est le produit d'un animal vivant. Peut-être une pratique exercée leur enseigne-t-elle à le distinguer autrement que par l'usage. Il n'y a pas même jusqu'à l'ivoire, ou le morfil, qu'on ramasse au hasard dans les contrées qu'habitent les éléphans, qui ne diffère de celui qui résulte d'un éléphant qu'on vient de tuer ; celui-ci, très reconnoissable par le moindre tourneur, est d'un prix bien supérieur, d'un plus beau blanc, bien moins cassant, plus fin, et susceptible de prendre un plus beau poli.

Dessiccation des plumes et duvets. Quelles que soient les espèces d'oiseaux qui en fournissent le plus abondamment, celles dont on fait le plus de cas doivent être recueillies sur l'animal vivant ; et il est facile de les reconnoître, en ce que leurs tuyaux, étant pressés sous les doigts, donnent un suc sanguinolent ; celles qui ont été arrachées après la mort sont sèches, légères et sujettes à être attaquées par les vers et les mites ; mais les plumes et le duvet de la meilleure qualité, recueillis avant la mue et dans la saison qu'il convient, demandent, comme nous l'avons déjà observé, des précautions pour les conserver en bon état ; elles emportent toujours avec elles une matière grasse et lymphatique qui, en s'altérant, leur communique une odeur extrêmement désagréable. Il faut donc leur faire subir une dessiccation préalable, les exposer au four après que le pain en est retiré ; il convient même de porter cette dessiccation plus loin, quand il est question des plumes des oiseaux aquatiques, à cause de leur nature très huileuse.

Conservation des plumes et duvets. Quand cette dessiccation préalable a été opérée, on transporte les plumes dans un lieu sec et aéré ; on les remue tous les jours : par ce moyen on dessèche la moelle que contiennent intérieurement les tuyaux ; les parties graisseuses et membraneuses de leur surface se dissipent en poussière : alors la plume peut se conserver pendant des siècles. Mais si on néglige ces précautions, si la plume n'est pas réduite à un état de pur parenchyme, si elle renferme des sucs à moitié desséchés, elle deviendra la proie des insectes ; dans ce cas, il faut la blanchir dans une eau de savon, et la laver ensuite à plusieurs eaux ; opération secondaire qui détermine la qualité élastique de la plume et occasionne des déchets.

Ce que nous disons de la plume est applicable à la laine ; si elle a été mal épurée, le suint et les matières grasses dont elle s'imprègne attirent les insectes. Il faut alors la laver pour prévenir la destruction de la totalité, et la dépouiller de cette graisse naturelle qui se corrompt.

Dans l'incertitude où l'on est du choix des matières premières employées dans les couchers d'une maison de campagne, il faut les mettre sur une claie supportée par des tréteaux au milieu d'une grande pièce bien aérée, les remuer, les battre de temps à autre avec des houssines, les exposer souvent au grand air, au froid par les beaux jours d'hiver, et au soleil dans le commencement du printemps, pour en écarter cette espèce d'insectes de la classe des phalènes, qui ne propage qu'à l'ombre et dans le repos ; le grand jour et l'agitation sont des moyens infiniment préférables aux plantes aromatiques proposées dans la vue d'opérer cet effet. *Voyez* TEIGNE.

Le procédé d'épuration consiste à mettre dans trois pintes d'eau bouillante une livre et demie d'alun, et autant de crême de tartre, qu'on délaie dans vingt-trois autres pintes d'eau froide ; à y laisser tremper pendant quelques jours les laines ; après quoi on les lave et on les sèche ; elles ne sont plus alors exposées à l'attaque des insectes.

La pureté des laines et des plumes dont on se sert pour faire des matelas et des coussins doit sans doute être regardée comme un premier objet de salubrité. Les émanations animales peuvent, dans une foule de circonstances, préjudicier à la santé ; mais le danger est bien plus grand encore lorsque la laine se trouve imprégnée de la sueur et des parties excrémenticlles des personnes qui ont éprouvé des maladies putrides et contagieuses. On ne sauroit donc trop souvent battre, carder, nettoyer, laver la laine et blanchir la toile des matelas ; c'est un soin que ne doit jamais oublier de renouveler chaque année une maîtresse de maison attentive. Nous le lui recommandons pour la conservation de sa famille et l'intérêt du ménage, dont le gouvernement lui est entièrement dévolu. (PAR.)

OISONS. On donne ce nom à des tas d'avoine composés de deux ou un plus grand nombre de javelles, qu'on laisse sur le champ jusqu'à ce qu'on ait eu le temps de les lier.

OISONS. Jeunes OIES.

OLIVIER. *Olea*. Arbre qu'on croit originaire de la Grèce ou de l'Asie mineure (1), qu'on a introduit, depuis un grand nombre de siècles, dans les parties les plus méridionales de la France, et que l'huile qu'on retire de la pulpe de ses fruits rend l'objet d'une culture de première importance.

C'est à la diandrie monogynie de Linnéus, et à la famille des jasminées de Jussieu, qu'appartient cet arbre. Il est caractérisé par un tronc à écorce crevassée, des rameaux opposés, très nombreux, cendrés, des feuilles opposées, sessiles, lancéolées, très entières, coriaces, persistantes, d'un vert foncé en dessus, blanchâtres en dessous, des fleurs blanchâtres, odorantes, disposées en petites grappes paniculées dans les aisselles des feuilles supérieures, chacune de ces fleurs composée d'un calice très petit à cinq dents, d'une corolle monopétale à quatre divisions ovales, de deux étamines courtes, d'un ovaire supérieur, surmonté d'un style à stigmate obtus Son fruit est ovale, formé par un noyau très dur, recouvert par une pulpe huileuse, et renfermant deux amandes, dont une avorte presque toujours. Il fleurit aux environs de Marseille à la fin de mai,

---

(1) Olivier, membre de l'Institut, l'a trouvé sauvage au sud du Taurus, à douze ou quinze lieues de la Méditerranée. *Voyez* son Voyage dans l'Empire Ottoman, vol. 3, pag. 485.

ét ses fruits sont près de six mois avant d'arriver à leur complète maturité.

L'olivier véritablement sauvage ne peut se trouver en France, mais les botanistes sont convenus d'appeler de ce nom, *oleaster*, ceux qui sont venus de graines, et ont crû sans culture dans les bois, les haies, les fentes des rochers et autres lieux. Ils se reconnoissent à une forme plus pyramidale, plus régulière, à des rameaux plus piquans à leur extrémité, à une écorce plus grise et plus lisse, à des feuilles p'us rares, plus petites, plus arrondies, plus vertes, à des fruits plus petits, plus luisans, plus pointus, moins charnus. Ils offrent un grand nombre de variétés qui presque toutes produisent souvent plus de fruit que les variétés cultivées, et du fruit dont l'huile est plus légère, plus parfumée, qui se conserve plus long-temps. Ainsi on peut dire que si l'art a fait augmenter la grosseur du fruit, c'est aux dépens de la qualité.

Les oliviers sauvages, transportés dans un meilleur sol, soumis à la taille, à des labours réguliers, à des engrais abondans, donnent des fruits plus gros, mais ne perdent pas l'ensemble de leurs caractères. On en tire parti dans quelques pays, mais en France on les dédaigne. Il n'y a dans les olivettes (c'est le nom des terrains plantés en oliviers) de Provence et de Languedoc que des arbres perfectionnés.

Comme arbre cultivé depuis un grand nombre de siècles, l'olivier fournit une immense quantité de variétés qui se perpétuent par les rejetons, les marcottes, les boutures et la greffe. On a fait, à différentes époques, sentir la nécessité d'établir une synonymie à leur égard. Magnol, Garidel et Tournefort d'abord, ensuite Gouan, puis, dans ces derniers temps, Bernard et Amoureux ont fait des tentatives à cet égard qui doivent leur mériter la reconnoissance des amis de l'agriculture; mais s'il est jamais possible d'en avoir une complète et parfaite, même seulement pour la France, ce ne sera qu'après avoir rassemblé dans un même local toutes les variétés connues, c'est-à-dire les avoir cultivées pendant un certain nombre d'années dans les mêmes circonstances; car il est prouvé que le sol, l'exposition et l'âge influent sur elles jusqu'à un certain point. J'ai dit, s'il est jamais possible. parcequ'il est de fait qu'il se perd et qu'il se produit chaque année des variétés. Déjà la plupart de celles mentionnées par Olivier de Serres ne sont plus connues, et ce n'est qu'avec effort qu'on peut rapporter celles existantes aux phrases descriptives de nos anciens botanistes.

L'importance d'avoir une connoissance exacte des diverses variétés d'olivier tient à ce que certaines croissent mieux ou plus mal dans telle ou telle sorte de terrain, sont plus ou moins sensibles à la gelée, fleurissent plus tôt ou plus tard, fournissent des fruits plus gros, plus abondants, de meilleure qualité, etc. Tel canton ne cultive que la variété la moins avantageuse, lorsque quelques lieues plus loin, sans qu'on le sache, se trouve en abondance celle qui convient le mieux à sa position et à son sol. Malgré qu'on ait souvent fait sentir la nécessité d'établir des pépinières publiques en Provence et en Languedoc, pour multiplier et répandre les meilleures variétés, ces établissemens sont encore à former. Même fort peu de particuliers font le commerce de plant d'olivier, chaque propriétaire renouvelant ses arbres avec les produits de sa propre culture; mauvaise méthode, sous tous les rapports, car les meilleures variétés sont souvent les plus rares dans certains lieux, quoiqu'elles y soient très bien connues. Il est d'ailleurs des variétés étrangères, et j'en citerai quelques unes, dont l'introduction seroit d'un intérêt majeur, variétés qu'il est très difficile d'espérer voir arriver en France si le gouvernement ne s'en mêle pas.

L'OLIVIER FRANC. C'est l'olivier sauvage perfectionné par la culture; ses feuilles sont plus larges, ses fruits plus gros: il est avantageux de l'employer de préférence pour recevoir la greffe des bonnes variétés, parcequ'il est plus vigoureux, craint moins les gelées et les effets des sécheresses.

L'OLIVIÈRE ou *livière*, ou *galliningue* ou *laurine*. *Olea angulosa*, Gouan, a les feuilles longues, peu nombreuses; les fruits gros, rougeâtres, tiquetés, portés sur un long pédoncule; sa chair est molle, fournit une huile peu délicate et surchargée de mucilage. Elle craint moins les gelées que la plupart des autres variétés, devient grosse, et aime un sol substantiel. On la cultive fréquemment autour de Béziers et de Montpellier. Ses fruits se confisent.

L'AMANDIER ou *amellingue*, ou *amelou*, ou *plant d'Aix*, a les feuilles larges, les fruits noirâtres, tiquetés, renflés d'un côté, portés sur un court pédoncule. Son noyau est petit. Il charge beaucoup. Un sol caillouteux est celui qui lui convient le mieux. On le cultive abondamment à Gignac et à Saint-Chamas. Son fruit fait de très bonne huile, et se confit préférablement à celui de la plupart des autres.

Le COURNAUD, *corniaud*, *courgnale*, ou *plant de Salon*, l'olivier de Grasse, le *cayonne* ou *cayane*, le *rapuguier*, a les feuilles rares, grêles, les fruits petits, arqués, allongés, noirs, portés sur de courts pédoncules. Leur huile est très fine. On le cultive fréquemment. Il s'élève beaucoup, et se fait remarquer par la vigueur de sa végétation, ainsi que par la réclinaison de ses branches vers la terre. On peut compter presque toutes les années sur l'abondance de ses produits. Une taille rigoureuse lui est très favorable.

Autour de la ville de Saint-Esprit on distingue le *cournaud* du *courniaud*. Et en effet les arbres qui portent ce nom offrent quelques différences. Le premier y est regardé comme le plus productif de tous les oliviers.

La CAYANE DE MARSEILLE, ou *aglandau*, a été confondue avec la précédente variété, quoiqu'elle s'en distingue fort bien par ses fruits plus gros et plus arrondis. C'est la plus multiplée aux environs de Marseille et d'Aix. Ses rameaux supérieurs sont droits, et ses inférieurs réclinés. Ses feuilles sont étroites, blanchâtres et couchées. Ses fruits deviennent blancs avant de se colorer. Ils donnent des récoltes alternatives et une huile fine. Ils concourent pour beaucoup à la confection de *l'huile d'Aix*, si estimée.

Latour d'Aigues, dans une notice insérée dans la Feuille du Cultivateur, de 21 frimaire an 2, indique l'aglandau ou la litiane comme la plus propre à supporter les gelées de l'hiver. L'huile qu'elle fournit n'est pas très fine, mais sa quantité dédommage de sa qualité. Il est probable que c'est une variété différente de la précédente.

Le CAYON, ou *plant étranger de Cuers*, est un arbre moyen à rameaux droits et allongés, à feuilles étroites, à fruit petit, arrondi et peu coloré. Il fleurit et amène plus tôt ses fruits à maturité. Ses récoltes sont biennes, et l'huile qui en provient est des meilleures. Il exige une taille fréquente. Tous terrains lui conviennent, sur-tout ceux qui sont secs; mais il craint les gelées, à raison de la précocité de ses pousses. On le multiplie beaucoup autour de Draguignan, de Toulon, d'Hyères, etc. La *blanquette* de Tarascon lui ressemble.

L'AMPOULLEAU, ou *barralenque*, a le fruit presque sphérique, et donne une huile très fine. On le confond avec plusieurs autres variétés, de sorte que sa synonymie est fort difficile à débrouiller. Cet arbre est très multiplié en Languedoc et en Provence.

Le ROUGET, ou *marvailletto*, a les rameaux droits et longs; les feuilles grandes et d'un vert foncé; les fruits de grosseur moyenne, allongés, mais arrondis aux extrémités. C'est peut-être la même variété que la précédente. L'huile qu'elle donne est des plus fines. On la cultive beaucoup à Aix, Marseille et cantons voisins.

La PICHOLINE, ou *saurine*. Ce nom se donne à trois sous-variétés.

La première se cultive à Saint-Chamas, où est établie la famille de M. Picholini, qui lui a donné son nom. Sa feuille est grande et pointue; son fruit est allongé, d'un noir rougeâtre lorsqu'il est mûr. Son noyau est sillonné : elle est presque généralement confite en vert, d'après les procédés de M. Picholini, et devient l'objet d'un commerce de grande importance. De toutes les variétés qu'on confit de même, c'est la plus délicate au goût, mais aussi celle qui se conserve le moins. L'huile qu'elle fournit est très bonne. L'arbre aime beaucoup les engrais, et charge considérablement.

La seconde se voit aux environs de Pésenas, où on l'appelle aussi *piquette*. Ses feuilles sont courtes et très étroites ; son fruit est plus allongé et plus obtus.

Dans le canton de Béziers on trouve la troisième, dont les feuilles sont très étroites et très allongées, dont le fruit est presque rond, un peu pointu à son sommet, et de couleur très noire. Son noyau est lisse. Elle se rapproche de la petite mourette, vient par-tout, charge considérablement, et donne une huile très fine.

La VERDALE, ou le *verdau*, a les feuilles longues, élargies dans leur milieu ; les fruits ovoïdes, pointus au sommet, obtus à la base, et d'un vert brun dans leur maturité. Son pédoncule est long. Elle est très commune aux environs du Pont-St.-Esprit, de Montpellier et de Béziers. Elle charge extrêmement de deux années l'une, et son huile est une des plus estimées. M. Amoreux s'est sans doute trompé lorsqu'il a dit le contraire.

Le MOUREAU, ou la *mourette*, ou la *mourescale*, ou la *nygrette*, a les feuilles nombreuses, larges, épaisses, pointues ; les fruits ovales, courts et noirs. Ils sont portés sur un très court pédoncule, et leur noyau est très petit, presque sans sillon ; ils mûrissent en deux temps : leur première récolte est très précoce. C'est la variété que l'on cultive le plus généralement, qui donne la meilleure huile. Comme elle pousse beaucoup de rameaux et donne beaucoup d'ombre, il faut l'espacer plus que les autres. Elle craint le froid et le vent, et demande par conséquent à être bien abritée.

On connoît plusieurs sous-variétés de celle-ci. Celle qu'on appelle la morelette ou la more au Pont-St-Esprit a le fruit encore plus noir et petit. Elle donne beaucoup plus de fruit, mais peu d'huile, parceque ses noyaux sont très gros ; celle qu'on connoît aux environs de Montpellier sous le nom d'*amande de Castres*, du village de Castrie où on la cultive beaucoup, a les feuilles moins longues et moins larges, et le fruit plus gros ; elle donne également peu d'huile par la même cause.

Le REDOUAN DE COTIGNAC est le plus petit des oliviers ; ses rameaux sont courts et peu cassans ; ses feuilles grandes et fort rapprochées ; ses fruits gros, arrondis, noirâtres et disposés en grappes, comme dans le bouteillan. Ces derniers sont très bons confits, et donnent une huile fine ; mais ils sont souvent attaqués par le ver, et sujets à tomber avant leur complète maturité.

Cette importante variété, qui se distingue fort bien de la suivante, exige un terrain gras et humide, des engrais abondans, et une taille peu sévère. On la cultive à Cotignac et dans les environs.

Le BOUTEILLAN, ou *boutiniane*, ou la *ribière*, ou *ribiès*, ou la *rapugette*, a les fruits rassemblés en bouquets, c'est-à-dire réunis sur un même pédoncule. Cette disposition des fruits est si remarquable que quelques botanistes l'ont regardé comme une espèce particulière. L'huile qu'ils fournissent est bonne, mais fait beaucoup de dépôt. Cette variété vient dans toutes sortes de terrains, et craint peu le froid; elle ne charge pas souvent, mais quand elle le fait c'est à outrance. On doit la ménager à la taille, parceque ses rameaux sont courts. Cette variété ne doit pas être confondue avec le véritable *ribiès*, mentionné plus bas.

Le BOUTEILLAN, ou *plant d'Aups*, a les feuilles grandes, d'un vert foncé; des pousses longues et réclinées. Il ne grossit ni ne s'élève beaucoup, mais il a l'avantage de donner annuellement des fruits distingués par leur grosseur. On le cultive à Aups. Quoique portant le même nom que le précédent; il s'en distingue beaucoup.

La SANCTANA a les feuilles longues, larges et luisantes. Elle produit successivement des fruits de deux sortes et fort différens. Les premières fleurs donnent des olives ovales, aiguës, grosses, d'un rouge obscur, et solitaires, dont la chair est médiocre et le noyau très-gros et obtus. Les secondes en fournissent qui sont rondes, pas plus grosses qu'une baie de genièvre, réunies en grappes, avec un noyau à peine sensible, mais très aigu : ce sont de petites vessies pleines d'excellente huile. Cette singulière variété se trouve dans le village de la Rochetta, près Venasso, dans le royaume de Naples, au rapport de M. Battilozo, propriétaire.

L'OGNIMÈSE, ou *prolifère*, a les fruits petits, ovales, noirâtres, et donne une huile délicieuse. Elle fleurit depuis le mois d'avril jusqu'au mois de septembre, de sorte que l'arbre est presque toute l'année chargé ou de fleurs ou de fruits, et qu'on en retire cinq récoltes par an. On la trouve dans le même village que la précédente. Il paroît que les anciens l'ont connue.

Il seroit bien à désirer que ces deux remarquables variétés fussent apportées en France, et plus propagées qu'elles ne paroissent l'être.

La SAYERNE, ou *sagerne*, ou *salierne*, a les feuilles petites, obovales et pointues des deux côtés; ses fruits sont aussi ovoïdes, d'un violet noir, et couverts d'une poussière farineuse.

Ils fournissent une des huiles les plus fines. L'arbre ne devient jamais bien gros, craint le froid et aime les terrains cailloueux. Le fruit tombe facilement : son noyau est petit.

La MARBRÉE, ou *tiquetée*, ou *pigale*, ou *pigau*, a les feuilles larges et courtes; les fruits presque ronds, d'un violet foncé ponctué de blanc. On en distingue deux sous-variétés plus petites dans toutes leurs parties, dont la plus petite se cultive à Nîmes et se confond avec les *mourettes* en Provence.

L'ESPAGNOLE, *plant d'Eiguières*, est la variété à plus gros fruit qu'on cultive en France, mais n'approche cependant pas de celle du Chili, qui est de la grosseur d'un petit œuf de poule, ni de celle de la Palestine, qui approche de celle d'un gros œuf de pigeon. Ses rameaux sont droits, ses feuilles courtes, et ses fruits ovoïdes. L'huile qu'ils fournissent est amère, aussi ne les emploie-t-on qu'à confire. On la cultive peu en France, mais elle est très commune en Espagne; celle qu'on nomme *coiasse* à Nîmes ne semble pas s'en éloigner beaucoup. L'arbre acquiert un volume proportionné.

Le PRUNEAU DE COTIGNAC se rapproche du précédent par la grosseur de ses fruits; mais ses rameaux sont en partie réclinés. Il se rapproche du plant de Grasse, mais ses rameaux sont plus courts et moins nombreux. L'arbre est de moyenne grandeur et devroit être plus multiplié dans les bons fonds, à cause de la grosseur du fruit, dont le noyau se détache aisément. On le cultive à Cotignac et dans ses environs.

La ROYALE, ou la *triparde*, a les feuilles petites et allongées, et son fruit semblable à celui de la précédente, quoique moins gros. Il est charnu et pulpeux, mais donne une huile de médiocre qualité, et très chargée de mucilage.

La POINTUE, ou *punchude*, a les feuilles très étroites et très allongées, les fruits également très allongés et pointus, d'un vert noirâtre : son noyau est très gros. Elle donne une huile fine, mais qui dépose beaucoup.

La ROUGETTE a les feuilles semblables à celles de la précédente; mais le fruit est d'une couleur rouge qui approche de celle de la jujube à sa plus grande maturité; son noyau est plus petit, ce qui fait qu'elle donne plus d'huile. On la cultive principalement au Pont Saint-Esprit. Elle donne une récolte chaque année.

La ROUGETTE BATARDE se rapproche encore des deux précédentes; mais sa feuille est plus large. Elle n'est pas délicate sur le choix du terrain, et charge beaucoup. Son huile est bonne et d'une belle couleur dorée.

La BLANCANE, ou la *vierge*, a les feuilles courtes, larges, les rameaux grêles et pendans ; les fruits très petits, ovales, tronqués, couleur de cire blanche jusqu'au moment de leur maturité qui est très tardive. Leur noyau est très gros. Cette variété est plus curieuse qu'utile ; car elle charge peu, et l'huile qu'elle fournit est fade et peu abondante ; aussi est-elle rare partout, excepté aux environs de Nice. Elle ne doit pas être confondue avec le caillet blanc.

L'ARABAN a les rameaux écartés et légèrement réclinés ; les feuilles grandes et rares ; les fruits assez gros, ronds et noirs. Il ne se voit qu'à Vence. Ses récoltes sont alternes, mais abondantes ; son huile est grasse et forme beaucoup de dépôt.

La CAILLOUNE a les rameaux nombreux, les feuilles rapprochées, courtes et larges ; les fruits ronds, petits et âcres. Ses récoltes sont alternes et son huile fine. On ne la cultive qu'à Vence.

Le RIBIÈS, ou *callas*, ou *blau*, a les rameaux courts et droits ; le fruit moyen, presque rond et noir ; ses fleurs sont tardives et sujettes à couler. Son huile est de médiocre qualité. On le cultive beaucoup à Callas, Grasse, Draguignan et autres lieux circonvoisins. Il aime les hauteurs, exige des engrais et une taille fréquente. Avec ces soins il est fort productif, quoique ses récoltes soient alternes.

On trouve dans les mêmes cantons le *petit ribiès* qui n'en diffère que par la petitesse de son fruit.

Il ne faut pas confondre cette variété avec le bouteillan, qui porte aussi le nom de ribiès en Provence.

Le CAILLET ROUGE, ou *olivier de figanière*, ne s'élève jamais beaucoup, a les feuilles d'un vert foncé ; les fruits gros, longs, rouges seulement d'un côté lorsqu'ils sont mûrs. Ces fruits donnent une huile agréable et abondante, mais ils pourrissent facilement. Il croît mieux dans les terrains bas et donne du fruit tous les ans. On l'a multiplié autour de Draguignan.

Le CAILLET ROUX se voit aussi fréquemment dans les mêmes endroits. Il ressemble au précédent par son port, mais il en diffère par son fruit moins charnu, moins abondant en huile et par ses récoltes plus incertaines. Il lui est donc inférieur à tous les égards.

Le CAILLET BLANC ne s'élève pas beaucoup ; ses rameaux sont très nombreux ; ses feuilles grandes et plus blanches qu'à l'ordinaire ; ses fruits gros et charnus, peu colorés, quelquefois même blancs quoique mûrs. Il pousse beaucoup de gourmands et demande à être rigoureusement taillé. Ses récoltes sont annuelles et abondantes. Il ne doit pas être confondu avec la blancane, qui a aussi le fruit presque blanc. On le cultive aux environs de Draguignan.

Le RAYMET a les feuilles larges, peu nombreuses et blanchâtres ; les rameaux longs et réclinés ; les fruits allongés, rougeâtres, de grosseur moyenne et donnant abondamment de l'huile fine. Ses récoltes sont alternatives et régulières. Il réussit mieux dans les terrains bas.

Le PARDIGUIÈRE DE COTIGNAC est un arbre moyen à tête arrondie, à rameaux horizontaux, peu cassans et très nombreux ; ses feuilles sont étroites, d'un vert foncé peu luisant ; les fruits moyens et obtus. Il mérite d'être plus multiplié, car il produit du fruit en abondance et son huile est des plus fines. Il demande une taille sévère. On le cultive à Cotignac et dans les environs.

L'OLIVIER A FRUITS NOIRS ET DOUX a les feuilles grandes, nombreuses, le fruit au-dessus de la grosseur moyenne et assez hâtif. Ce fruit n'est point âpre comme celui des autres variétés, et peut par conséquent être mangé sans préparation dès qu'il est mûr. Il est abondant en huile. On ne peut se dispenser d'en cultiver au moins quelques pieds dans chaque propriété.

L'OLIVIER A FRUITS BLANCS ET DOUX ne paroît différer du précédent que par la couleur du fruit. Il est fort rare.

Quant à l'olivier à feuilles de buis, c'est une altération dont toutes les variétés sont susceptibles lorsqu'elles croissent dans des terrains très secs et très pierreux, et que leurs pousses sont constamment broutées par les chèvres et les moutons.

La plupart des arbres et des plantes ne peuvent croître au-delà de la zone que leur a fixée la nature, c'est-à-dire qu'ils craignent également et le trop grand chaud et le trop grand froid, et l'olivier plus que beaucoup d'autres est assujetti à cette loi. Les auteurs anciens ont dit qu'il ne pouvoit subsister à plus de trente lieues de la mer ; et quoique cette assertion ne soit pas rigoureusement vraie, en ayant vu dans le royaume de Léon en Espagne à plus du double, et Olivier, de l'Institut, en ayant observé dans l'Asie mineure et dans la Mésopotamie à plus du triple de cette distance, cependant il est certain qu'on ne le trouve que sur les bords de la Méditerranée, de la mer Noire et de la mer Caspienne, et que les plants qu'on a portés au Chili et autres contrées ne sont pas non plus très éloignés de la mer.

Il est constant, par des documens authentiques, qu'on cultivoit autrefois en France l'olivier à une plus grande distance de la mer, par exemple, aux environs de Valence. Aujourd'hui on n'en voit plus même aux environs d'Avignon, et ceux de la plaine d'Aix sont si souvent maltraités par la gelée que beaucoup de propriétaires commencent à les faire arracher pour les remplacer par des amandiers dont la récolte est plus certaine et plus productive. Est-ce à la destruction des bois sur les montagnes qui longent le cours du Rhône, est-ce à l'abaissement de ces montagnes même ; est-ce au refroidissement graduel du globe que ce fait est dû ? Probablement à ces trois causes ensemble. Une preuve que les abris influent principalement dans ce cas, c'est que j'ai vu des oliviers séculaires dans la vallée de Gardonenque, bien au-dessus d'Anduze, c'est-à-dire à une latitude de quelques lieues plus au nord que la localité de la vallée du Rhône où on en trouve encore. Cette vallée, fond d'un ancien lac, ainsi que j'en ai acquis la certitude par l'inspection des lieux, est extrêmement profonde et dans la direction du midi. Une autre preuve de l'influence des abris sur la réussite des plantations d'olivier, c'est que Baïonne est à la même latitude que Béziers, Montpellier, Aix, etc.; toutes villes autour desquelles on cultive beaucoup d'oliviers, et que cependant il n'en vient ni n'en peut venir aucun dans son territoire. C'est donc aux abris formés par les montagnes des Cévennes, des Alpes et autres qui bordent la Méditerranée, du levant au couchant, que sont dues les richesses que procure l'olivier aux habitants de la côte depuis Gênes jusqu'à Carcassonne. Il peut sans doute mieux s'en passer dans les climats plus chauds, tels que ceux des royaumes de Valence, de Naples, de Sicile, dans les îles de l'Archipel, la côte d'Afrique, etc. Cependant tous les rapports constatent que là ils lui sont au moins encore utiles.

Le froid est le seul destructeur de l'olivier. Sans lui il seroit immortel. Il y a des pieds dans les pays ci-dessus, qui sont la véritable patrie de cet arbre, dont on n'ose pas citer l'âge, crainte d'être pris pour exagérateur; on ne voit pas en effet d'autres causes naturelles qui puissent le faire mourir, que les fortes gelées. Mais si l'olivier craint le froid, il ne s'accommode pas du grand chaud. On ne le trouve plus en Afrique au-delà de l'Atlas, quoiqu'au rapport de Desfontaines il soit très abondant dans les royaumes de Tunis et d'Alger.

Le froid peut agir en France sur l'olivier à deux époques différentes, époques qui semblent liées l'une à l'autre, mais qui cependant sont le plus souvent distinctes.

La première est dans le fort de l'hiver, lorsque le thermomètre descend à plus de dix degrés au-dessous de zéro. Alors non seulement les branches, mais encore les troncs périssent et il faut les couper, ce qui éloigne les récoltes à espérer d'un grand nombre d'années.

La seconde a lieu au printemps lorsque les nouveaux bourgeons ont commencé à pousser. Ici la perte de la récolte n'est à craindre que pour une ou deux années; cependant, comme ce cas arrive plus fréquemment, ses effets dans certains cantons sont presque les mêmes. C'est cette cause, ainsi que je m'en suis assuré sur les lieux, qui a empêché les plantations d'oliviers tentés en Caroline, aux environs de Charleston, climat plus chaud qu'aucun canton de la France, de réussir.

Il faut une chaleur moyenne, mais égale à l'olivier pour qu'il prospère et donne des récoltes régulières. Des abris d'autant plus. puissans qu'il se rapproche des pays froids lui sont donc indispensables. On ne peut trop répéter cette vérité. Au reste, quelque favorable que soit l'exposition, c'est folie de vouloir entreprendre de le cultiver en Europe au delà du quarante-cinquième degré. Je crois que les oliviers que j'ai vus le lac de Garda, un demi-degré plus au nord, sont les plus septentrionaux de toute l'Europe, et c'est en faveur de cette circonstance que j'en ai cueilli des échantillons.

Toute espèce de terre, pourvu qu'elle ne soit pas marécageuse, convient à l'olivier; cependant comme il donne souvent plus de bois que de fruits dans les terrains fertiles, et que ces terrains sont toujours précieux pour la culture du blé, des prairies, etc., on le plante le plus généralement dans des lieux cailloteux, sablonneux, sur les coteaux les plus arides, pourvu qu'ils soient exposés au midi ou au levant. Là d'ailleurs les gelées du printemps sont moins à craindre pour lui que dans les plaines et les vallées humides, et l'huile qu'il fournit est plus délicate.

Les racines de l'olivier sont naturellement pivotantes; cependant comme on le multiplie presque toujours de marcottes, de boutures ou de rejetons, elles deviennent presque toujours traçantes. Le plus souvent même, à raison du peu de profondeur de la bonne terre du lieu où on le plante, elles courent à la surface du sol, et alors étant blessées par les labours, elles poussent une grande quantité de rejetons qui nuisent à la végétation du tronc, et qu'on doit par conséquent retrancher avec le plus grand soin. La plus petite partie de ces racines laissée en terre, lorsqu'on arrache un pied, suffit pour en reproduire un autre; voilà pourquoi cet arbre est si propre à servir de borne aux propriétés. *Voyez* aux mots CORNOUILLIER, CORMIER ou PIED-CORMIER.

. Le tronc de l'olivier s'élèveroit, et s'élève dans quelques endroits à plus de vingt pieds; mais il n'est jamais avantageux, du moins en France, de le laisser acquérir cette hauteur. 1° Parceque le vent a plus de prise sur lui, casse ses branches, fait tomber ses fruits. 2° Parceque la récolte de ses fruits devient plus difficile ou plus dangereuse. 3° Parceque ces mêmes fruits étant très éloignés de la terre ne jouissent pas, ou ne jouissent que très peu de l'influence de la chaleur qui en émane, influence telle qu'elle peut accélérer leur maturité d'un mois. Cet effet de la chaleur de la terre est, selon moi, si important à considérer que je suis persuadé que, si dans la plaine d'Aix, dans celle de Salon et autres lieux sujets, par l'éloignement des abris, aux gelées du printemps, et où j'ai vu les oliviers être arrêtés dans leur croissance, on les tenoit en buisson dont les branches seroient inclinées circulairement le plus près possible du sol, ils donneroient des récoltes et plus certaines et plus abondantes. J'invite les propriétaires éclairés à faire cet essai. Les oliviers sont très bas à Aix, parcequ'ils y périssent très souvent par l'effet du froid.

L'intérieur du tronc de l'olivier est sujet à se pourrir par l'effet de la coupe inconsidérée des branches ou autres causes tenant à une mauvaise culture, ou mieux, à une mauvaise taille. Quoique quelquefois entièrement creux, et même à jour, il n'en produit pas moins de bonnes récoltes.

Les fleurs de l'olivier ne sortent pas des rameaux de l'année, mais de ceux de l'année précédente. Cette considération est d'une grande importance pour la taille. Il n'est point d'arbre en France dont l'inflorescence soit si lente à se compléter. En effet les grappes paroissent dans le courant d'avril, l'arbre n'est en pleine fleur que dans le courant de juin, et le fruit n'est mûr qu'au mois de décembre.

Il est rare que l'olivier ne soit pas chargé chaque année de fleurs ; mais généralement il ne donne abondamment du fruit que tous les deux ans ; et s'il survient une pluie ou un vent froid pendant que ses fleurs sont épanouies, il n'y a pas de récolte de fruits, même dans l'année d'abondance. Les brouillards produisent le même effet, sur-tout dans les vallons, le long des rivières. *Voyez* COULURE. Pendant l'été, la sécheresse, les grands coups de vent et les insectes font tomber beaucoup de fruits encore verts ; de sorte que, par ces causes réunies, les arbres les plus vigoureux ne donnent souvent pas de récolte pendant plusieurs années de suite. Aussi en y ajoutant les considérations prises des effets des gelées, de la mauvaise culture, etc., aucune production, même la vigne, ne donne-t-elle des revenus plus incertains que cet arbre.

Presque toujours, comme je l'ai déjà dit, les propriétaires d'olivettes multiplient leurs arbres avec les rejetons qui poussent naturellement, et souvent plus qu'on ne le voudroit, de leurs racines. Le plus souvent ils laissent ces rejetons se fortifier pendant deux ou trois ans avant de les enlever. Quelques uns emploient aussi la voie des marcottes et des boutures ; nulle part on le sème. Très peu de personnes ont des pépinières pour leur usage et celui du public, et cependant ce n'est que lorsqu'il y en aura, lorsqu'on n'y élèvera que les plus précieuses variétés, qu'on y conduira le jeune plant d'après les principes d'une saine théorie, qu'on pourra espérer que la culture de cet arbre en France produira tous les avantages qu'on doit en attendre.

Les anciens États du Languedoc et de la Provence ont fait à différentes époques des efforts pour déterminer des établissemens de pépinières d'olivier, mais ces efforts n'ont pas eu de succès. Je ne conçois pas comment le plant d'olivier étant si cher, il ne se forme pas de pépinières par le seul effet de l'intérêt particulier.

Je vais entrer dans quelques détails sur la multiplication de l'olivier, renvoyant au mot PÉPINIÈRE pour les considérations générales, et supposant qu'on est bien convaincu que la bonne conduite du plant dans sa jeunesse influe sur la bonté de l'arbre pendant tout le cours de sa vie.

L'olivier jouit de l'avantage de se multiplier par toutes les voies possibles. La meilleure est celle qu'on pratique le moins, c'est-à-dire le semis des noyaux. On a été jusqu'à croire que cet arbre ne venoit pas de semences ; cependant cette ridicule opinion est démentie à chaque pas par l'expérience, dans les pays à oliviers, les oiseaux, dont plusieurs espèces n'aiment que trop les olives, répandant leurs noyaux dans les haies, les halliers et autres terrains incultes, et ces noyaux y produisant de nombreux pieds d'oliviers sauvages.

Le fait est que tout noyau d'une olive parfaitement mûre, mis en terre immédiatement après la récolte, donne ou doit donner (car un grand nombre de causes font manquer cette graine comme toutes les autres), la première ou la seconde année, un jeune pied d'olivier, mais que ce pied ne sera propre à donner des produits qu'au bout de douze ou quinze ans ; tandis que celui provenant de rejetons, de marcottes, de boutures, de racines, etc., en donnera dès la cinquième ou sixième année. De plus, ce même pied sera peut-être, j'oserois même dire certainement, une variété distincte, soit supérieure, soit inférieure en qualités à celle dont il est sorti.

Ainsi donc on ne multiplie pas les oliviers par graines uniquement, parcequ'il faut les attendre plus long-temps et qu'on est incertain sur leur nature.

Cependant il est prouvé par des milliers d'observations que les arbres provenant de graines sont meilleurs que ceux venus autrement, ou, en d'autres termes, que les arbres dégénèrent, au moins quant à leur force végétative, lorsqu'on ne les ramène pas de temps en temps à leur essence naturelle par le moyen de la fécondation.

Quoique dans la ci-devant Provence on ne sème pas les olives cultivées pour avoir du plant, on sait cependant, pour former des olivettes, aller chercher dans les bois et les halliers celui produit par celles que les oiseaux y ont portées. M. Bernard cite à cette occasion une pratique qui est dans ce cas, et mériteroit d'être plus répandue. Les cultivateurs d'Hyères et lieux voisins voulant considérablement augmenter leurs oliviers, et n'ayant pas suffisamment de plant, en ont arraché de très petit dans les bois, l'ont planté dans leurs vignes, et l'ont greffé la seconde année. Ce plant n'a pas d'abord nui à la production du vin, c'est-à-dire que la vigne n'a été détruite que lorsqu'il a commencé à donner des récoltes de quelque importance.

.. Je conseillerai donc par-tout d'établir des pépinières marchandes d'oliviers, de les entretenir principalement par le semis des olives des meilleures variétés, et de greffer dessus ces mêmes variétés ou autres, sauf à conserver de temps en temps quelques pieds pour chercher de nouvelles variétés. Le propriétaire d'une semblable pépinière, s'il ne cultivoit que des oliviers provenant de graines, seroit sans doute dans le cas d'attendre trop long-temps la rentrée de ses fonds et les bénéfices sur lesquels il doit compter; mais il ne faut jamais, dans les entreprises de ce genre, se borner à un seul genre de culture, et d'ailleurs je n'exclus pas entièrement la multiplication des oliviers par les autres moyens. Une fois la rotation en train, cet inconvénient ne seroit plus sensible.

Les boutures de l'olivier réussissent presque toujours de quelque manière qu'on les fasse, et quelque gros que soient les rameaux qu'on y consacre. Tout ce qu'on a écrit sur la préférence à accorder à une méthode sur une autre n'a réellement pas d'objet. Fendre le gros bout, et écarter les parties au moyen d'une pierre, est inutile et même nuisible, en ce que cela détermine le commencement d'un chancre. Les principes sont de préférer un gourmand de deux ans, et d'enterrer plus ou moins profondément son gros bout, selon que le sol est plus ou moins sec. Lorsqu'on les fait en pépinières, on doit les espacer au moins de trois pieds. C'est la fin de l'hiver qu'il faut choisir pour cette opération, quoiqu'elle réussisse assez bien pendant l'interruption de la sève en été.

La multiplication par racines est également des plus faciles. Il suffit, lorsqu'on arrache un vieux pied, de réserver les racines secondaires, de les couper en tronçons d'un pied de long, et de les mettre en terre, à quatre à cinq pouces de profondeur, un peu inclinés sur leur gros bout; chacun de ces tronçons, qu'on appelle *souquet* en Provence, poussera immanquablement un bourgeon la même année, si ce sol n'est pas ou trop sec ou trop humide.

Les marcottes se font en couchant, pendant l'hiver, en terre, des branches de la grosseur du bras : elles prennent racine le plus souvent dès la même année, et peuvent être levées la suivante pour les planter en pépinière.

En général, il est toujours mieux d'employer le plus jeune bois pour les boutures et les marcottes; et si j'indique des branches de plus de deux ans, c'est pour me conformer à la pratique généralement adoptée.

Par tous ces moyens, excepté le semis, on peut se procurer des oliviers en état d'être plantés au bout de six ou sept ans.

Quelques agronomes ont conseillé d'arroser les plants d'olivier en pépinière pour accélérer leur croissance. Je n'approuve pas cette pratique, parceque les arbres ainsi avancés souffrent, et même périssent lorsqu'on les transplante dans un terrain sec qui ne peut pas leur fournir la même quantité de sève.

Les rejetons sont de plusieurs espèces; 1° ou ils sortent naturellement des racines, 2° ou on détermine leur production en blessant ou en coupant ces racines, 3° ou, après avoir coupé un vieux pied, on entoure de terre les nombreux bourgeons qui sortent de ses racines. Les résultats de ces opérations ne diffèrent pas en définitif, sur-tout lorsqu'on cultive en pépinière, pendant quelques années, les pieds qui en proviennent. L'important est que les plants soient suffisamment enracinés lorsqu'on les lève. Avant de mettre en usage ce moyen de multiplication, il faut s'assurer si le pied sur lequel on opère n'a pas été greffé; car s'il l'avoit été on n'obtiendroit qu'un sauvageon.

La pratique des rejetons est la plus expéditive et la plus employée, mais elle nuit aux plantations, en affoiblissant les arbres qui les composent.

Tous les moyens de reproduction ci-dessus dispensent de la greffe, puisqu'ils rendent exactement la variété; cependant il est connu qu'elle améliore les fruits de tous les arbres qu'on y soumet, et c'est ce qui a fait désirer à tant de cultivateurs qu'on greffât plus fréquemment l'olivier. Toutes les sortes de greffes réussissent sur cet arbre, cependant il paroît qu'on est dans l'usage de n'employer que celle en écusson sur les jeunes branches, et celle en fente sur les vieilles. Elles se font, comme sur tous les autres arbres, quand le sujet est bien en sève, et n'offrent aucune difficulté. *Voyez* au mot Greffe.

Lorsqu'on veut planter des oliviers à demeure, faire par exemple une nouvelle olivette, il faut, aussitôt que la récolte du terrain désigné est levée, faire les trous, ou mieux, les tranchées dans lesquelles on doit les placer; ces trous ou ces tranchées doivent être plus ou moins grands, selon la grosseur des pieds qu'ils doivent recevoir, et selon la nature de la terre où ils sont faits; ainsi je ne puis donner leur mesure. Je dirai seulement qu'on ne risque jamais de les faire trop grands et trop profonds, et qu'il n'y a que la dépense qui doive arrêter à cet égard, parceque plus il y aura de terre remuée, plus les oliviers prospèreront. *Voyez* Défoncement.

La plantation de l'olivier s'exécute en hiver, plus tôt dans les terrains très secs, et plus tard, c'est-à-dire au premier printemps, dans ceux qui le sont moins. Les soins qu'elle demande ne diffèrent pas de ceux indiqués pour les autres arbres. Il faut, autant que possible, la faire suivre d'un copieux arrosement. C'est une grave erreur que de croire qu'il faille et très tasser la terre sur ces racines, et élever le sol autour du tronc. Dans le premier cas, on fait périr beaucoup de racines qui se trouvent en situation forcée ; dans le second, on empêche les eaux pluviales de s'introduire autour de ces racines. *Voyez* PLANTATIONS.

Je remarque ici, en passant, que l'olivier, à raison de sa longue existence, est encore plus sujet aux lois de l'alternat que les autres arbres ; qu'ainsi il ne faut en remettre dans un terrain qui en a porté qu'après une longue suite d'années ; qu'ainsi on ne doit pas remplacer ceux qui meurent dans une plantation, mais leur substituer des amandiers ou autres arbres de nature différente.

Il est assez commun de transplanter des arbres très vieux, soit pour les ôter d'un lieu où ils gênent, soit pour regarnir. Cette pratique n'est pas à approuver ; mais lorsque des circonstances y déterminent, il faut augmenter la capacité des trous outre mesure, ménager le plus possible les racines, décharger la tête de la plus grande partie de ses branches, et arroser fréquemment pendant la première année.

Généralement, pour peu que le terrain soit propre à la culture, on espace beaucoup les pieds d'oliviers afin d'obtenir des récoltes d'une autre espèce dans l'intervalle de leurs tiges. On ne peut qu'applaudir à cet usage, et parceque l'olivier étant sujet à ne pas donner de produits, on ne perd pas tout le revenu de sa propriété, et parcequ'il profite de la culture annuelle qu'exigent les autres productions, et parceque plus les arbres sont écartés et plus ils prennent d'amplitude, plus ils se chargent de fruits, et donnent de meilleurs fruits.

La distance moyenne des oliviers doit être fixée dans les bons fonds à huit toises, et dans les mauvais à six.

La plantation en quinconce est la meilleure de toutes lorsqu'on consacre un terrain à la culture de l'olivier. Celle en allée, ou en avenue simple ou double, a fréquemment lieu. Il est aussi beaucoup d'arbres isolés dans des haies, au milieu des rochers, autour des habitations, etc. En général, les plantations régulières sont assez rares dans les parties de la France où j'ai vu des olivettes.

Outre les labours qu'exigent les objets qu'on cultive sous les oliviers, on est dans le bon usage de labourer, au moins une fois par an, c'est-à-dire au commencement de l'hiver, le pied de chaque arbre, soit à la bêche, soit à la pioche, et tous les trois, quatre à cinq ans, on fume ce pied en automne. L'expérience de tous les temps et de tous les lieux a prouvé l'importance de ces deux opérations pour une plus grande production d'olives. La première ne doit être ni trop superficielle parcequ'elle ne rempliroit pas son objet, ni trop profonde parcequ'elle pourroit être nuisible aux racines. La seconde doit être faite avec le fumier le plus consommé, n'importe de quelle espèce. Celui de mouton et de chèvre est le plus actif. Celui de bœuf et de vache le moins bon. On peut aussi employer au même objet le marc d'olive, le marc de raisin et autres engrais, ainsi que les terres de transport, les marnes, les plâtres et autres amendemens.

La quantité de fumier à mettre au pied de chaque arbre doit être proportionnée, comme on le pense sans doute, et à la grosseur et à la nature du sol où il est planté, mais elle ne doit pas être exagérée, du moins dans les cantons où, comme aux environs d'Aix, on met de l'importance au goût de l'huile, car sa surabondance altère souvent ce goût. Il se répand avant le labour et s'enterre par son moyen, non pas en l'accumulant contre le collet des racines, comme on ne le fait que trop, mais à un pied ou deux de distance, afin qu'il agisse sur les fibrilles de ces racines, voie par laquelle la nourriture parvient au tronc. *Voyez* RACINE.

Dans beaucoup de pays on abandonne l'olivier à lui-même après qu'on a labouré son pied, mais aussi dans beaucoup d'autres on le soumet à une taille plus ou moins fréquente et plus ou moins rigoureuse. Les principes de cette taille varient souvent d'un village à l'autre, et chacun prétend suivre les bons.

La première question qu'il faudroit ici résoudre est celle de savoir si la taille est non pas nécessaire, puisque j'ai dit plus haut que dans beaucoup de pays on ne l'y soumettoit pas, mais utile. Or, la pratique de l'agriculture prouve que par le moyen de la taille on a de plus beaux fruits. Donc la taille ne sert qu'à procurer des olives plus grosses, et ce parcequ'elle fait développer beaucoup de jeune bois. *Voyez* au mot TAILLE.

M. Bernard dit qu'il n'y a pas long-temps qu'on taille les oliviers en Provence, et que cette pratique a infiniment contribué à augmenter les produits de leurs récoltes ; mais il ajoute que les cultivateurs des environs d'Avignon, qui se sont presque exclusivement emparés de cette branche d'industrie, rabattent généralement trop les arbres vigoureux, tels que ceux des environs d'Hyères, de Draguignan, etc., et que ces arbres, ainsi traités, ne donnent pas autant de fruit que les autres.

Ce fait est dans la nature. Je ne le cite en faveur de mon

opinion que parceque beaucoup de personnes repoussent toute théorie qui n'est pas appuyée de l'expérience.

Quelques agriculteurs ont pensé que la taille faisoit aussi nouer un plus grand nombre de fruits, mais c'est ce que l'aspect des oliviers sauvages, toujours plus chargés que les oliviers cultivés, dément annuellement; d'ailleurs il est de fait que plus un arbre, ou une portion d'arbre, pousse de branches ou des branches plus vigoureuses, et moins il produit de fruit. D'autres ont soutenu que sans elle on obtiendroit de toutes les variétés d'olivier des récoltes annuelles; cependant les récoltes de certaines variétés sont biennes dans les pays où on ne taille pas, les récoltes sont biennes sur les chênes et autres arbres forestiers abandonnés à eux-mêmes, donc la taille ne produit pas cet inconvénient par elle-même, ou si elle le produit, c'est lorsqu'elle est faite sans intelligence.

Dans quelques endroits, à Grasse, par exemple, on ne désire pas que les oliviers donnent des récoltes tous les ans. Les arbres qui produisent du fruit tous les ans y sont appelés *désassaisonnés.*

Olivier, de l'Institut, à qui on doit un excellent mémoire sur cet objet, a fort bien prouvé que ce n'est pas à la taille qu'est due l'interruption des récoltes de l'olivier, mais à l'épuisement qu'occasionne en lui une récolte trop abondante. En effet, à Aix, où on cueille les olives en novembre, ce cas est peu sensible; et en Italie, où on les laisse une partie de l'hiver sur l'arbre, il se remarque constamment. Je développerai encore plus d'un motif propre à engager tous les cultivateurs d'oliviers à accélérer la récolte de leurs fruits.

Lorsqu'on rapproche les grosses branches, c'est-à-dire qu'on les coupe près du tronc, qu'il ne reste plus de rameaux, il pousse la même année des bourgeons qui donneront des branches la seconde, et du fruit seulement la troisième; ainsi, dans ce cas, la taille rend l'olivier trienne. Dans la taille ordinaire on laisse les bourgeons et ils produisent l'année suivante; ainsi par-là il devient bienne.

Mais l'art de la taille ne consiste pas à couper toutes les branches sans exception, ou toutes les branches qui ont plus d'un an d'âge : son but doit être uniquement de débarrasser l'arbre, 1° des branches mortes; 2° des branches d'une végétation trop foible; 3° d'arrêter les branches d'une végétation trop forte (les gourmands); 4° d'empêcher l'arbre de s'élever et de s'étendre outre mesure; 5° de diminuer la trop grande quantité de ses rameaux.

Cet ordre de considération à suivre dans l'opération de la taille n'est point à la portée de ceux qui l'entreprennent le plus ordinairement. Presque par-tout ce sont des hommes sans principes qui s'en chargent, et qui, pourvu qu'ils coupent, croient avoir rempli le but. Un usage très abusif vient encore dans beaucoup de lieux augmenter les effets de l'ignorance. On abandonne, pour salaire aux tailleurs, le résultat de l'émondage. Il en résulte que si, comme cela arrive souvent, c'est un berger, il coupe toutes les jeunes branches pour avoir du fourrage propre à la nourriture de ses chèvres. et de ses moutons, et que, s'il ne l'est pas, il coupe le plus de grosses branches qu'il peut pour en faire du bois de chauffage, et par-là augmenter son bénéfice.

Dans quelques endroits on taille en même temps qu'on récolte les olives ; dans la plupart on remet cette opération après l'hiver, en mars ou avril. Quoiqu'on puisse la faire sans graves inconvéniens pendant tout le cours de l'hiver, cette dernière époque paroît préférable.

Lorsque les oliviers ont été frappés de la gelée, il faut les tailler ou rapprocher dès la même année, et cette circonstance seule doit déterminer le choix de l'époque après l'hiver. Dans ce cas il faut toujours tailler dans le vif.

Il seroit bon de toujours recouvrir la plaie d'une grosse branche qu'on vient de couper avec de l'onguent de Saint-Fiacre, mais comment astreindre les tailleurs d'oliviers à cette utile précaution ?

On a beaucoup disputé pour savoir si on devoit tailler tous les ans, tous les deux ans, tous les trois ans, ou à des intervalles encore plus longs, et chaque écrivain cite des exemples qui appuient son opinion.

La taille annuelle est certainement, lorsqu'elle est faite dans les bons principes, celle qui convient le mieux, parcequ'elle fatigue moins l'arbre et n'interrompt pas la production dans les variétés qui donnent du fruit annuellement. Je la conseillerai donc à tous les propriétaires jaloux de leur culture, comme le conseille Olivier, de l'Institut, propriétaire à Draguignan, et qui, par conséquent, joint de grandes connoissances théoriques à de grandes connoissances pratiques. (*Voyez* son Mémoire précité.)

Les plus ardens partisans de la taille bienne avouent que cette taille fait perdre totalement la récolte d'une année. Ils proposent, pour ne pas enlever aux propriétaires tout leur revenu, de n'y soumettre, chaque année, que la moitié de leur arbres ; mais cette moitié les dédommagera-t-elle de la perte de la récolte de l'autre ? Cela, toutes circonstances égales, est plus que douteux pour moi.

Le but de la taille est de déterminer la pousse d'une plus grande quantité de jeune bois, or la vigueur de végétation varie, presque dans chaque pied, à raison de la variété à laquelle il appartient, et de la nature du sol où il se trouve planté ; ainsi on ne peut pas raisonnablement donner de règles générales sur l'époque où elle doit être faite. Tant qu'on voit l'arbre donner annuellement de nouveaux rameaux, la taille est presque inutile. Lorsque tel pied commence à pousser foiblement, il faut l'y soumettre plus ou moins rigoureusement selon l'occurrence.

Si donc on se borne, dans les tailles annuelles, aux retranchemens indiqués plus haut, on pourra d'autant plus reculer les tailles uniquement destinées à la production de nouveau bois, tailles qu'on appelle rajeunissement ou rapprochement dans la pratique du jardinage, que les arbres appartiendront à des variétés plus vigoureuses et seront dans un meilleur fond. Alors tous les dix, quinze, vingt, trente ans, on pourra utilement tailler sur les grosses branches, afin d'en former de nouvelles, qu'on conduira ensuite comme auparavant. Dans certains cas, il sera même bon de couper ces grosses branches à quelques pieds du tronc pour renouveler entièrement l'arbre.

La pire méthode est celle qu'on suit malheureusement dans quelques cantons du ci-devant Roussillon et autres lieux, c'est-à-dire de couper chaque année une grosse branche près du tronc, afin d'avoir sur le même arbre continuellement et des rameaux à fruits et des rameaux propres à en donner l'année suivante. Je dis que cette méthode est la pire, parcequ'il est prouvé, par la théorie et la pratique, qu'il faut toujours tendre à faire distribuer la sève avec égalité dans toutes les parties de l'arbre ; et qu'ici un côté n'a que du vieux bois et l'autre que du jeune, et qu'elle se porte plus fortement dans ce dernier. Si les gourmands, qu'on appelle vulgairement *suceurs*, *téteurs*, *buveurs d'huile*, à raison de leur influence sur le défaut de production du fruit, sont reconnus nuisibles, comment se fait-il qu'on ne leur assimile pas les jeunes pousses de la taille du Roussillon, et autres du même genre, qui produisent absolument les mêmes effets ?

En enlevant un anneau circulaire à l'écorce d'une branche d'olivier, un peu avant sa floraison, on assure la production du fruit. Magnol avoit déjà fait cette observation à la fin du seizième siècle. On l'assure encore en découvrant les racines de cet arbre, à la même époque, ou en l'affoiblissant de quelque autre manière que ce soit. La courbure des branches produit les mêmes effets. Mais ces pratiques ne peuvent être proposées dans des cultures en grand. Il faut les réserver pour quelques arbres dont le fruit est plus recherché. D'ailleurs elles fatiguent d'autant plus l'arbre.

La forme qu'on donne à l'olivier varie selon les cantons et

doit varier en effet; mais elle est presque par-tout assujettie aux caprices de l'usage. J'ai déjà dit un mot de celle qu'il conviendroit de lui donner dans les cantons sujets aux gelées du printemps. Il semble que dans ceux où il n'a rien à craindre à cet égard on devroit conserver à l'olivier sa forme naturelle, c'est-à-dire la forme ovale régulière. Il a été parlé plus haut de la hauteur à laquelle il convient de le laisser s'élever.

La crainte des troupeaux oblige presque par-tout de tenir hors de leur portée les rameaux inférieurs des oliviers; il est cependant prouvé par l'expérience que ceux qui pendent se chargent le plus de fruits.

L'année 1709 rappelle une époque funeste dans l'histoire de l'olivier. Un froid subit et très intense les fit presque tous périr en France. Heureusement que leurs racines furent épargnées et qu'ils ont produit de nouveaux troncs qui ont réparé le mal. Depuis ils ont encore été frappés, mais moins généralement et moins fortement de la gelée dans les hivers de 1740, 1745, 1748, 1755, 1768.

Par le seul exposé de ces dates on peut juger combien les revenus fondés sur les récoltes des oliviers sont précaires.

Les effets du froid sur l'olivier sont,

1° De faire tomber toutes ses feuilles. Cet accident détruit immanquablement tout espoir de récolte pour l'année suivante, puisque ce sont les feuilles qui donnent la nourriture aux fleurs et aux fruits; mais il n'a pas ordinairement d'autre suite;

2° De faire périr leurs branches et même leur tronc: alors les feuilles restent en place; et, ainsi que je l'ai déjà dit, il n'y a d'autres ressources que de couper les branches jusqu'au tronc, ou le tronc rez terre;

3° De faire fendre le bois et l'écorce et de soulever cette dernière. Souvent le mal se rétablit de lui-même; mais souvent aussi, sur-tout dans le dernier cas, on doit couper jusqu'au vif, comme dans le cas de gelée complète.

Outre ces causes de dépérissement, l'olivier en a encore plusieurs qui tiennent à sa nature ou qui sont la suite de sa mauvaise culture; mais on est extrêmement peu avancé sur leur connoissance. La seule qui soit mentionnée dans les auteurs est celle qui est connue à Draguignan sous le nom de *mouffe*. C'est une espèce de chancre accompagné d'une grande déperdition de sève qui se manifeste au-dessous du collet des racines, principalement dans les sols fertiles. L'arbre devient languissant et périt souvent. On prévient sa perte en découvrant les racines, en enlevant avec une hache toute la partie morte, et en mettant des cendres et de la nouvelle terre autour de la plaie; enfin en déchargeant la tête d'une partie de ses rameaux.

Il découle, dans les pays chauds, une résine de l'olivier, que les anciens ont désignée sous le nom d'*éléomeli*. Cette matière est si rare en France que peu de personnes en ont vu. Olivier, de l'Institut, en a trouvé une fois aux environs de Draguignan sur le tronc d'un arbre jeune et vigoureux. Mise sur des charbons ardens, elle répandoit une odeur pour le moins aussi suave que celle de l'encens.

On a dit que le voisinage du chêne et celui de l'amandier étoit plus nuisible à l'olivier que celui des autres arbres; mais il est probable que c'est un préjugé.

Un assez grand nombre d'insectes vivent aux dépens de l'olivier, et quelques uns nuisent à ses récoltes. Je ne rangerai pas avec eux le BOSTRICHE TYPOGRAPHE, qui ne vit que sous les écorces des branches mortes, et qui d'ailleurs n'est pas particulier à cet arbre; ni même les *bostriches oléiperde* et de *l'olivier*, que Fabricius a décrits dans ma collection, et qui avoient été signalés par Bernard, sous les noms, le premier, de *scarabée de l'olivier*, parcequ'il a les antennes pectinées, et le second, de *vrillette de l'olivier*, parcequ'il a les antennes en masse allongée, ces deux insectes n'attaquant que le bois mourant.

Le premier des insectes qui nuisent réellement aux oliviers est la *cochenille adonide* de Fab., la *cochenille des serres* de Géoff., que Bernard, qui, le premier, a décrit ses ravages, a figuré *pl.* 2 de son mémoire sur l'olivier. En naissant il se répand sur les feuilles et les pousses les plus tendres. Sa couleur est alors d'un rouge clair. Il devient ensuite gris. A quatre à cinq mois il abandonne les feuilles et se fixe sur les rameaux et les jeunes branches, et prend une couleur rouge foncée. Il y en a de tous les âges sur le même arbre. On lui donne le nom de *pou* parmi les cultivateurs. Bernard l'appelle *chermes*. Cet auteur a compté deux mille œufs sous une seule femelle. Cet insecte est tellement multiplié, qu'en été souvent le terrain est mouillé par la sève qu'il pompe de l'arbre et qu'il laisse ensuite sortir par son anus; que dans beaucoup de lieux on a été obligé de couper toutes les branches des oliviers pour s'en débarrasser. En effet, la déperdition de sève qu'il fait éprouver à ces arbres les fait languir, les empêche de porter du fruit, et peut même les conduire à la mort.

Le seul moyen de se débarrasser de cet insecte lorsqu'il est trop multiplié, c'est de l'écraser en frottant les branches qui en sont chargées avec une toile rude ou avec un morceau de bois tranchant ; car on pense bien que la soustraction de ces branches est un remède extrême.

Ces cochenilles sont toujours accompagnées de fourmis qui sucent la sève sucrée qui sort de leur corps. *Voyez* au mot Cochenille.

Le second insecte dont les cultivateurs d'oliviers aient à redouter la présence est la psylle de l'olivier, *Chermes*, Fab. Il a une ligne de longueur. Ses ailes sont pointillées de jaune et de noir. Sa larve se cache sous une matière visqueuse blanche, qui ressemble à du duvet. Elle se place à l'aisselle des feuilles, suce la sève comme la cochenille, et produit à peu près les mêmes effets sur l'arbre, sur-tout au moment de la floraison, époque où elle est la plus abondante et où l'arbre a le plus besoin de toute sa vigueur. On regarde le duvet à qui cette larve donne naissance comme une maladie qu'on appelle le *coton*, et on aime à voir régner le vent du nord-ouest lorsque les oliviers sont en fleurs, parcequ'il enlève ce coton, ou mieux, fait périr ces larves. *Voyez* au mot Psylle.

Le troisième insecte très nuisible aux oliviers, mais cependant moins que les précédens est la teigne de l'olivier, *tinea oleella*, que Fabricius a décrite dans ma collection, et dont l'histoire a encore été publiée par M. Bernard. Cette teigne dépose ses œufs, à la fin de l'hiver, sous les feuilles de l'olivier. Sa larve ou chenille s'introduit dans leur épaisseur, et, en minant le parenchyme pour le manger, détruit l'organisation de la feuille et l'empêche de remplir les fonctions qui lui sont attribuées, c'est-à-dire de nourrir l'arbre, et sur-tout la grappe de fleurs qui doit sortir de son aisselle. Au printemps les insectes parfaits provenant de cette première génération déposent leurs œufs sur les jeunes pousses, et la chenille se fait dans ces jeunes pousses des galeries qui les empêchent de s'allonger, et occasionnent ensuite, ou leur chute, ou la croissance de galles qui absorbent une grande quantité de sève. Lorsque la plupart des jeunes pousses sont ainsi attaquées, l'arbre souffre beaucoup, et il ne peut par conséquent y avoir de production de fruit. Enfin la troisième génération dépose ses œufs sur la base du fruit. La petite chenille perce le brou, et par le moyen du trou, par où passent les vaisseaux nourriciers, va gagner l'amande du noyau, amande aux dépens de laquelle elle vit jusqu'à sa métamorphose. Les olives ainsi attaquées tombent presque toutes avant leur maturité.

Il est des années et des lieux où cette teigne, ou mieux, sa larve, cause des dommages inappréciables, et dont les effets se font sentir pendant plusieurs années. Il n'y a d'autres moyens, pour en diminuer le nombre, que d'allumer des feux de paille, au moment de la naissance des insectes parfaits, à la chute du jour, au milieu des olivettes, afin de les engager à se brûler. *Voyez* aux mots PYRALE et TEIGNE.

Enfin le dernier insecte dont il sera ici question sera la MOUCHE DE L'OLIVIER, *musca oleæ*, que Fabricius a encore décrite dans ma collection, et que Bernard a figurée planche 26 de son mémoire précité. Elle a les antennes à soie simple, son abdomen est conique, couleur de rouille, latéralement taché de noir. Les femelles déposent un œuf dans chaque olive, en faisant un petit trou avec la pointe de leur abdomen; ce trou se ferme promptement, mais la cicatrice reste visible. La larve qui naît de cet œuf mange la chair de l'olive en plus ou moins grande partie (environ un cinquième); elle se change en nymphe au bout de quinze à seize jours, et en insecte parfait dans le même espace de temps, lorsque la température de l'atmosphère est douce. Dans les saisons froides elle reste plus long-temps dans ces deux états. Il paroît qu'il n'y a que deux ou au plus trois générations par an. Les larves se transforment ordinairement dans l'olive même; mais lorsqu'on les a cueillies et mises en tas dans les greniers, la fermentation qui s'établit les force de se sauver et de s'aller transformer en nymphes dans les fentes des murs. Le plancher en est quelquefois couvert.

Cette mouche cause souvent de grands dommages aux récoltes. On a vu des années et des cantons où peu d'olives en étoient exemptes. Il n'y a que deux moyens de les détruire; l'un, de renoncer à la guerre opiniâtre qu'on ne cesse de faire aux petits oiseaux insectivores dans les pays où on cultive l'olivier. L'autre, de cueillir, comme on le fait aux environs d'Aix, les olives au mois de novembre, c'est-à-dire avant l'époque de la transformation de la larve de cette mouche en insecte parfait. On sent en effet que dans ce cas elle ne peut pas se reproduire l'année suivante. *Voyez* le mémoire d'Olivier, de l'Institut, cité ci-dessus.

M. Danthoine a observé une autre espèce de mouche qui attaque aussi les olives, mais que je ne connois pas. Elle a les antennes à soie simple; le corps noir, luisant, hérissé de poil, les pattes antérieures et les tarses postérieurs blancs.

Les olives, outre les gros oiseaux et les insectes, ont encore à craindre les grands vents, qui les font tomber, les grandes sécheresses, qui les empêchent de grossir, les gelées précoces (rares, il est vrai), qui leur ôtent toutes leurs qualités. Je ne parle pas des voleurs et des bestiaux, parcequ'il est facile de les écarter.

L'olive arrivée à maturité contient quatre espèces d'huile,

1° Celle de la peau. Elle est renfermée dans des vésicules

globuleuses, ou en forme de points distincts. Quoique analogue à celle de la chair, elle est plus résineuse, c'est-à-dire contient de l'huile essentielle.

2°. Celle de la chair. Elle est contenue dans des vésicules irrégulières qui se touchent et ne sont visibles que lorsque l'olive est encore verte. L'intervalle de ces vésicules renferme une eau de végétation, d'abord âpre et acerbe, ensuite amère. Il s'y trouve suspendue une fécule indissoluble à l'eau.

3° Celle du noyau. Elle est très peu abondante. C'est plutôt une espèce de mucilage épais, d'une saveur fade, qui rancit promptement, et prend une odeur et un goût exécrable. Il faut noter ici que cette huile n'est pas exactement celle que M. Sieuve a cru retirer des noyaux et dont la quantité n'alloit pas moins qu'à moitié de leur poids, parcequ'il n'en avoit pas enlevé la pulpe avec exactitude.

4° Celle de l'amande. Elle est d'une nature particulière, un peu âcre quoique douce, ne formant pas de dépôt, mais se rancissant promptement. Elle est jaunâtre et limpide. On en retire environ un tiers du poids du noyau.

Il n'y a pas de doute pour ceux qui ont examiné l'influence de ces deux dernières sortes d'huile sur celle de la pulpe, que leur mélange avec elle n'accélère sa rancidité, et n'aggrave son âcreté que lorsqu'elle est arrivée à cet état. *Voyez* au mot HUILE, où j'ai rapporté l'expérience de M. Sieuve, expérience convaincante, et sur laquelle je crois qu'on a eu tort de jeter des doutes. On doit en conclure qu'il ne faut pas broyer les noyaux des olives sous le moulin, comme on le fait généralement, sauf à en tirer parti séparément, l'huile qu'on peut obtenir de l'amande pouvant être employée à plusieurs usages dans les arts analogues à ceux auxquels on consacre celle d'amande douce, de noix, etc.

Enfin les olives sont arrivées à l'époque de leur maturité. Il ne s'agit plus que de savoir quand et comment il faut les cueillir.

L'expérience a prouvé que l'huile étoit formée dans la pulpe de l'olive un mois avant le moment où sa peau se coloroit, que sa quantité augmentoit avec sa maturité, et qu'un mois après cette dernière époque sa qualité s'altéroit.

Il résulte de ces faits, 1° qu'il faut cueillir les olives un peu avant leur maturité complète, lorsqu'on veut avoir de l'huile fine et qui *sente son fruit*, comme on dit vulgairement, 2° qu'on a un mois pour cueillir toutes celles dont on veut faire de l'huile commune, 3° encore plus pour celle de la qualité de laquelle on ne s'inquiète pas, comme celle destinée à faire du savon, à préparer les peaux, etc.

Aux environs d'Aix on cueille les olives plus tôt qu'aux environs d'Antibes, c'est-à-dire en novembre, quoique leur maturité soit plus tardive, parceque là on préfère la qualité à la quantité; mais presque par-tout ailleurs on ne les cueille que long-temps après qu'elles sont devenues noires, cependant alors on ne remplit pas ce dernier but, comme Olivier, de l'institut, dans son excellent mémoire sur les causes alternes des récoltes de l'olivier, l'a prouvé par des expériences positives. En effet l'olive diminue de grosseur en restant sur l'arbre, et c'est par sac qu'on mesure ce fruit lorsqu'on le porte au moulin. Un sac doit donc contenir plus d'olives cueillies en février, en mars, que d'olives cueillies en novembre ou décembre. Par conséquent il n'est pas étonnant qu'il donne plus d'huile. Ajoutez à cela les pertes causées par les oiseaux, par les voleurs, etc. Ajoutez à cela les considérations citées plus haut des récoltes alternes supprimées, et des insectes destructeurs anéantis. Que de motifs pour accélérer la récolte des olives !

Si on ne veut pas admettre ces excellens principes dans la pratique, il seroit au moins à désirer que par-tout on consacrât une petite portion de la récolte pour la fabrication de l'huile de table, afin que les personnes habituées à la finesse et au bon goût de l'huile d'Aix et lieux circonvoisins puissent se satisfaire, ne pas souffrir autant que moi lorsqu'ils voyageront en Italie et en Espagne, où on ne mange que des huiles âcres et puantes, aussi désagréables au goût que nuisibles à la santé.

L'époque de la maturité des olives dépend du climat, de l'état de l'atmosphère et de la variété. On ne peut donc pas l'indiquer d'une manière absolue. La couleur noire, déjà si souvent mentionnée, l'indique suffisamment à chaque propriétaire dans tous les cas, excepté dans les variétés qui prennent alors une nuance blanchâtre ou rougeâtre.

Dans les climats froids, aux environs d'Aix par exemple, les olives tombent naturellement à l'époque de leur complète maturité; mais généralement dans les climats plus doux il n'y a que celles piquées de vers à qui cela arrive. Les autres se dessèchent sur l'arbre, et si les grands vents ne les jettent par terre elles y restent deux ans avant d'être expulsées par la force végétative. On doit donc les cueillir.

Il est très important de commencer la récolte des oliviers par celles des variétés dont les fruits sont gros et fondans, parceque ce sont ceux qui s'altèrent le plus promptement.

Dans la plupart des pays à oliviers on gaule les olives, c'est-à-dire qu'on frappe sur les branches avec de longues perches et qu'on les fait tomber par l'effet de la percussion sur de

grandes nappes qu'on a étendues autour de leur tronc. Il résulte
de cette méthode que les jeunes branches, celles qui doivent
donner du fruit l'année suivante, et quelquefois même de plus
grosses, sont cassées, mutilées et par conséquent perdues pour
la reproduction. Il en résulte encore que beaucoup d'olives
sont écrasées par l'effet du coup, tallées par leur chute sur les
branches ou sur la terre, et qu'elles s'altèrent bien plus promptement lorsqu'on tarde à les porter au moulin. Si cette méthode
est économique en apparence, elle est presque toujours en
réalité très coûteuse.

Autrefois il falloit une permission du magistrat pour la pratiquer, et même pour obtenir cette permission il falloit justi-
fier de l'impossibilité, ou du moins du danger de la suivante.

Aux environs d'Aix, pays qu'on ne peut se lasser de présenter comme exemple à tous les autres où on cultive l'olivier,
on cueille à la main toutes les olives, comme on cueille par-
tout les cerises, les prunes et autres fruits. Cette opération
qu'on fait faire par des femmes et des enfans est très rapide et
peu coûteuse. Là, il est vrai, les oliviers sont tenus très bas ;
mais dans les cantons où on les laisse monter à leur hauteur
naturelle, on peut parvenir au même résultat au moyen des
échelles doubles ou même simples.

Dans ces deux cas, avant de commencer la récolte, il faut
soigneusement ramasser toutes les olives naturellement tombées et les mettre à part, parceque l'huile qu'elles donnent
est toujours très mauvaise et qu'elle gâteroit celle provenant
des olives encore sur l'arbre.

On doit choisir un beau temps pour effectuer la récolte des
olives, et ne pas ménager les bras afin de la terminer en une
seule fois, parceque celles cueillies à différentes époques,
comme je l'ai déjà observé, donnent des huiles plus ou moins
sujettes à rancir. Au reste, lorsqu'on ne veut pas la qualité,
on peut attendre jusqu'en avril sans beaucoup d'inconvéniens
pour la quantité.

Les olives cueillies sont portées à la maison et amoncelées
dans des greniers et dans des hangars jusqu'à ce que leur tour
d'être portées au moulin arrive. Là elles se perfectionnent
d'abord en perdant une partie de leur eau de végétation,
ensuite elles fermentent, s'échauffent, rancissent, pourrissent
et prennent un détestable goût qu'elles communiquent à
l'huile qu'on en retire. De là vient la multiplicité des huiles
impropres à toute autre chose qu'aux arts, qui se trouvent
dans le commerce. La quantité même de cette huile diminue
par la prolongation de cet état, car il n'y en a plus dans les
olives qui sont pourries, et beaucoup moins dans celles qui ont
subi la fermentation. Cependant le préjugé de beaucoup de

lieux est que cet amoncellement des olives en tas pendant des mois entiers est avantageux.

Les lieux où on dépose les olives doivent être les plus secs et les plus aérés possibles. Il seroit bon de faire les tas petits et de les établir sur des claies un peu élevées, afin que la circulation de l'air fût d'autant plus favorisée, et que l'eau de la végétation pût plus facilement s'écouler.

Les anciens vouloient qu'on pressât les olives le lendemain du jour où elles avoient été cueillies; mais il est évident, comme je viens de le dire et comme je crois devoir le répéter, qu'on gagne à attendre trois ou quatre jours, lorsqu'on les a disposées convenablement, tant pour donner à l'eau de végétation surabondante le temps de s'évaporer, que pour que les portions d'huile encore sous la forme mucilagineuse puissent se perfectionner. *Voyez* aux mots GRAINES HUILEUSES, HUILE, NOYER, AMANDIER, CHANVRE, COLSA, NAVETTE, etc.

On trouvera au mot HUILE la manière de les exprimer, et au mot MOULIN la description des machines les plus avantageuses à employer pour arriver à ce but.

J'ai dit dans la description des variétés d'oliviers qu'il y en avoit qui donnoient un fruit doux et qu'on pouvoit manger sans préparation aussitôt qu'elles étoient arrivées à l'époque de leur maturité, mais ces variétés sont rares. Généralement, pour pouvoir faire usage des olives comme aliment, il faut détruire l'âcreté et l'amertume dont elles sont presque toutes pourvues. L'expérience a appris que l'eau seule suffisoit pour les en dépouiller, mais qu'il falloit long-temps pour qu'elle produise cet effet sur des fruits entiers.

Lorsqu'on désire rendre des olives promptement mangeables, il faut les cueillir encore vertes, c'est-à-dire en octobre ou en novembre, et les mettre dans des grandes jattes d'eau qu'on renouvelle tous les jours. Au bout de neuf ou dix jours on cesse de renouveler l'eau et on la sale fortement; quelques jours après on y ajoute des graines de fenouil et du bois rose. Alors on peut en faire usage.

L'emploi de l'eau chaude rend ce procédé bien plus court, mais les olives ne se gardent pas.

Les olives qu'on destine à être conservées subissent, avant celles dont il vient d'être fait mention, une autre préparation dont on doit la connoissance à Picholini, d'où vient le nom de *Picholines*, sous lequel sont connues celles qu'on met dans le commerce.

Cette préparation consiste à les mettre dans une lessive caustique, c'est-à-dire dans une dissolution de potasse ou de soude, rendue caustique par le moyen de la chaux et de les y laisser jusqu'à ce que leur chair cesse d'être adhérente au noyau. Si

la lessive étoit aussi caustique que celle des savonniers, elle produiroit son effet en peu de minutes ; mais les olives deviendroient noires, s'amolliroient et ne tarderoient pas à tomber en
pourriture. Il vaut mieux en général que la lessive soit foible,
et qu'elles y restent plus long-temps. C'est une erreur de croire
que dans ce cas l'huile contenue dans les olives est changée en
savon, elle est aussi coulante qu'auparavant. La liqueur amère
et le tissu fibreux sont seuls modifiés.

Il est des variétés d'olives qui sont préférables pour cette
opération. Je les ai indiquées dans l'énumération des espèces.
Toutes doivent être saines, d'une bonne grosseur et encore
bien vertes.

Une recherche dans la préparation des olives confites, qui
ne date pas de bien loin, est celle qui consiste à les fendre lorsqu'elles sont sorties de leur saumure, à ôter leur noyau, et
à mettre en place un petit morceau d'anchois ou une câpre.
Ces olives sont ensuite renfermées dans des bouteilles pleines
d'huile fine. Ainsi disposées elles restent agréables tant que
l'huile n'est pas altérée, c'est-à-dire deux ou trois ans.

Les olives confites sont plus délicates quelques heures après
qu'elles sont sorties de leur saumure, sur-tout après qu'elles
ont été légèrement tallées et exposées à la chaleur, qu'elles
ont été *pochées*, comme on dit vulgairement, c'est-à-dire portées dans la poche.

La quantité d'huile produite par la même variété d'olive et
dans le même terrain n'est pas la même toutes les années,
quoique les olives soient parvenues à la même grosseur. Dans
le même climat on remarque que la même variété donne généralement plus d'huile dans les terrains secs et élevés que
dans ceux qui sont humides et bas, de là on peut conclure
qu'il est nuisible de planter des oliviers sur le bord des eaux
et de les arroser trop immodérément, comme on le fait en
Espagne. Il est des variétés qui, quoique plus grosses, donnent
moins d'huile, malgré que leur noyau soit de même force.
C'est donc au choix des variétés que doit s'attacher principalement celui qui veut spéculer sur les produits de l'olivier.

Il n'y a pas d'huile plus limpide, plus fine et moins sujette
à former des dépôts que celle provenant des oliviers sauvages.
Ces arbres sont cependant presque tous différens les uns des
autres, et leur fruit ne se ressemble qu'en ce qu'il a la chair
peu épaisse, et qu'elle se dessèche facilement. On a vu au
mot HUILE que la matière fibreuse et mucilagineuse de cette
chair, les seules susceptibles de la fermentation putride, et
qui forment ce qu'on appelle le *dépôt* ou la *lie d'huile*, sont
ce qui contribue le plus à l'altérer.

En général, plus l'olive est acerbe et plus l'huile qu'elle

fournit est de bonne qualité, plus elle est mûre et plus elle est grasse et désagréable au goût. (B.)

OMBELLE. Disposition de fleurs portées sur des pédoncules, qui tous convergent au même point et sont égaux en hauteur, quoique inégaux en longueur.

Il y a des ombelles simples et des ombelles doubles.

C'est principalement dans la famille qui porte leur nom que se trouvent les plantes à ombelles. *Voyez* l'article suivant.

OMBELLIFÈRE. Famille de plantes bien caractérisées par un petit calice à cinq dents, une corolle de cinq pétales, cinq étamines, un ovaire inférieur surmonté de deux styles persistans, un fruit composé de deux semences appliquées l'une contre l'autre.

Les plantes de cette famille ont la tige droite, striée, rameuse; les feuilles alternes, le plus généralement composées, portées sur des pétioles membraneux et engaînans à leur base; les fleurs petites et disposées en ombelles simples ou doubles, et accompagnées fréquemment d'involucres.

L'agriculture tire un grand parti de quelques ombellifères, dont on mange ou les racines, ou les tiges, ou les feuilles, ou les graines, dont on fait un fréquent usage en médecine et dans l'art du parfumeur. Beaucoup sont agréablement odorantes. Quelques unes sont des poisons.

Les genres des ombellifères où se trouvent les espèces qu'il est le plus important aux cultivateurs de connoître sont, comme plantes utiles, Le Panais, la Carotte, le Carvi, le Persil, le Cerfeuil, le Fenouil, le Seseli, la Coriandre, le Cumin, l'Angélique, la Baccille, le Suron, la Sanicle, la Buplèvre, le Panicaut; comme plantes nuisibles, le Phellandre, l'Œnanthe, la Cigue et la Cicutaire. *Voyez* ces mots. (B.)

OMBRE. Interception des rayons du soleil par un nuage, une montagne, un mur, un arbre, etc., etc., pour une localité, une plante, etc. *Voyez* Lumière.

Comme étant une simple diminution de la lumière, l'ombre varie sans fin en intensité, jusqu'à ce qu'arrivée au dernier degré, elle prenne le nom d'Obscurité. *Voyez* ce mot.

L'influence de la lumière est si puissante sur les végétaux, que, quoiqu'ils en soient privés pendant la moitié ou le tiers de leur vie, à raison des alternatives du jour et de la nuit, ils s'étiolent, et finissent par mourir lorsqu'on les met dans l'impossibilité d'en jouir par leur transport et leur séjour dans un lieu où elle ne pénètre pas.

Une diminution de lumière long-temps prolongée, et encore plus habituelle, doit produire sur les plantes une partie plus ou moins grande des effets de l'obscurité; aussi celles qui se trouvent dans ce cas sont-elles moins colorées, moins odorantes, ou moins savoureuses, plus aqueuses, plus allongées relativement à leur grosseur dans toutes leurs parties ; aussi leurs fleurs sont-elles moins nombreuses, avortent-elles plus souvent, et leurs fruits sont-ils plus petits et plus tardifs.

Ces résultats, qui sont chaque jour des milliers, des millions de fois sous les yeux des cultivateurs, dont ils sont si souvent les victimes, dévroient les engager à ne point faire des semis ou des plantations à l'ombre des arbres, à ne point semer trop dru ou planter trop rapproché, à ne point mélanger des petites et des grandes plantes, des plantes d'une végétation hâtive et d'une végétation tardive dans le même semis ou dans la même plantation, etc. Malgré cela ils le font, et ce qui est plus affligeant, ils le font avec connoissance.

Cependant il est des terrains, tels que ceux qui sont sablonneux et secs, ou argileux, et exposés à tous les feux du soleil du midi, pour les productions desquels l'ombre est un bien, parcequ'elle diminue leur température, et empêche la trop prompte évaporation de l'humidité qu'ils contiennent, humidité sans laquelle il ne peut y avoir de belle végétation.

Cependant il est des plantes qui par leur nature ne peuvent vivre lorsqu'elles sont constamment frappées des rayons du soleil, et pour qui une ombre continuelle, ou seulement pendant les chaleurs de l'été, est indispensable. Le semis des graines fines, dont le plant ne doit avoir qu'une ou deux lignes de longueur de racines pendant les premiers mois de son existence, seroit immanquablement desséché, à moins qu'on ne l'arrosât plusieurs fois par jour, si on ne le faisoit pas à l'ombre, ou si on ne l'ombrageoit pas. De là l'importance, dans les pépinières, des murs à l'exposition du nord ou des abris mobiles.

Les plantes herbacées qu'on transplante pendant les chaleurs de l'été ont besoin d'être ombragées pendant quelques jours, afin que l'évaporation qui se fait par leurs feuilles soit diminuée autant que possible, et toujours proportionnée à la petite quantité de sève qu'elles peuvent tirer de la terre, ou des arrosemens, par leurs racines.

On emploie, dans les pépinières bien montées, plusieurs moyens artificiels pour donner de l'ombre aux semis ou aux plantations qui en demandent.

1° Les murs exposés au nord. Il ne faut pas qu'ils soient fort élevés, parceque les plants n'auroient pas assez d'air. Il ne faut pas, par la même raison, semer ou planter trop près de leur base, et s'ils sont nouveaux, à cause des émanations du plâtre ou de la chaux.

2° Des RIDEAUX d'arbres qui poussent peu de racines. On préfère généralement les PEUPLIERS D'ITALIE, comme croissant plus rapidement, faisant naturellement la pyramide et ayant moins de valeur On les place à un pied et on les arrête à huit ou dix. Lorsqu'ils deviennent trop vieux pour cet objet, c'est-à-dire tous les huit à dix ans, on les remplace. L'important est qu'ils soient bien garnis du pied; ce genre d'abri a sur le mur l'avantage de laisser passer l'air et quelques rayons de soleil, sur-tout en hiver, ce qui fait souvent du bien. Si ce n'étoit les racines, ce seroit le meilleur.

3° Les PALISSADES en bois, en roseau, en paille. Elles sont excellentes; mais les premières sont fort chères, et les autres d'un entretien perpétuel. Les CLAIES sont préférables, parcequ'elles durent long-temps, et ont les avantages, sans avoir les inconvéniens, des rideaux d'arbres.

4° Les PAILLASSONS et les TOILES. On les place le plus souvent horizontalement et momentanément, c'est-à-dire pendant la chaleur du jour.

5° Des branches d'arbres, des larges feuilles, des pots renversés, des paniers faits exprès, des PARASOLS en bois, en fer, etc, également temporaires. *Voyez* tous ces mots, et le mot ABRI.

Les arbres résineux, dans leur première jeunesse, et les arbustes de terre de bruyère, pendant toute leur vie, sont en général les articles de la culture à qui l'ombre est le plus nécessaire. Ce sont sur-tout les châssis qui demandent à être défendus du feu brûlant des rayons solaires, c'est-à-dire ombragés depuis dix heures du matin jusqu'à trois après midi, terme moyen. Des paillassons, et encore mieux des toiles, y sont employés : un jour d'oubli peut faire perdre le semis le plus précieux, les boutures, les repiquages auxquels on met le plus d'intérêt, parceque non seulement le soleil agit sur les plantes mêmes, mais encore sur le terrain de la couche, dont il augmente considérablement la chaleur, et d'où il dégage des gaz délétères. *Voyez* CHASSIS.

Il résulte, des observations que je viens de mettre sous les yeux du lecteur, que tantôt l'ombre est nuisible aux productions de la culture, tantôt elle leur est utile. La science et l'expérience indiquent les cas. J'ai eu soin de ne pas oublier de les mentionner à tous les articles, et de plus, de dire quel étoit le degré d'intensité, et quelle étoit la durée qu'il falloit donner à l'ombrement.

Mais il faut aussi parler de l'ombre relativement à l'homme et aux animaux qu'il s'est assujettis.

Autant il est agréable de ressentir directement l'influence des rayons du soleil pendant l'hiver, autant il est pénible d'être exposé à leur action pendant l'été. C'est principalement pour les éviter, dans cette dernière saison, que les personnes riches ont des jardins plantés d'arbres et d'arbrisseaux autres que ceux qui donnent des fruits bons à manger. Le désir d'avoir de l'ombre est donc la cause d'un grand développement d'industrie agricole; car on ne peut nier que l'établissement et les cultures des jardins d'agrément soient une partie importante de l'art. *Voyez* Jardin.

Nos pères, dont le goût n'étoit pas aussi développé, dont les jouissances n'étoient pas aussi recherchées, se contentoient d'avoir de l'ombre dans leurs jardins; car que trouvoit-on de plus dans ces éternelles allées, dans ces berceaux si tristes, dans ces salles de verdure si monotones? Aujourd'hui on veut que toutes les sensations soient mises en jeu dans les jardins, et ce but est souvent rempli. On y trouve de l'ombre, et beaucoup d'ombre; mais elle se fait souvent chercher, et elle change de place dans certaines parties à toutes les heures de la journée, et d'intensité dans toutes celles où elle est permanente. La plantation d'arbres isolés, la formation des angles rentrans dans les massifs, l'inégalité de grandeur des arbres, font arriver au premier but. La nature des espèces d'arbres, leur plus ou moins d'écartement, etc., font arriver au second.

Une humidité constante régnoit dans les parties ombragées des anciens jardins; souvent on ne pouvoit pas y trouver un gazon pour s'y coucher, sans être exposé aux inconvéniens de cette humidité. Dans les modernes, une heure après le lever du soleil, c'est-à-dire lorsqu'il a pompé la rosée des parties exposées à ses rayons, on trouve des réduits ombragés où on peut s'arrêter sans crainte, penser, méditer, réfléchir, rêver au gré de la disposition où l'on se trouve. Cet avantage, seroit-il seul, devroit faire préférer les jardins paysagers aux jardins ornés.　B.)

ONAGRAIRE ou ONAGRE, *OEnothera*. Genre de plantes de l'octandrie monogynie et de la famille des épilobiennes, qui réunit une trentaine d'espèces, dont plusieurs sont cultivées dans les jardins pour l'agrément.

L'onagraire bisannuelle a les racines fusiformes, épaisses, bisannuelles; les tiges cylindriques, rarement rameuses, hérissées de poils roides, hautes de trois à quatre pieds; les feuilles alternes, sessiles et même décurrentes, ovales, lancéolées, souvent longues d'un pied; les fleurs jaunes, larges d'un pouce, et disposées en long épi à l'extrémité des tiges. Elle est originaire de l'Amérique septentrionale, mais elle est devenue très commune en Europe, et peut y être regardée comme véritablement naturalisée, puisque dans beaucoup de lieux elle se multiplie d'elle-même par ses semences. C'est une fort belle plante qu'on connoît vulgairement sous le nom d'*herbe* aux *ânes*, de *jambon de Saint-Antoine*, et qui fleurit pendant une grande partie de l'été, mais dont chaque fleur ne dure malheureusement que quelques heures. On la cultivoit autrefois beaucoup plus dans les grands parterres qu'on ne le fait aujourd'hui ; mais elle tient toujours un rang distingué dans les jardins paysagers, où on la place çà et là entre les buissons des derniers rangs des massifs, et même sous les massifs, lorsqu'ils ne sont pas trop épais. Par-tout elle produit un bel effet par la grandeur de ses feuilles, qui la première année forment une large rosette sur la terre, la hauteur de ses tiges et le nombre de ses fleurs. Tout terrain lui est bon, mais elle pousse plus vigoureusement dans les fonds gras et humides. Là elle devient souvent vivace naturellement, parcequ'après la floraison elle pousse du collet de ses racines des bourgeons qui la conservent, et elle le devient toujours artificiellement lorsqu'on coupe ses tiges avant la maturité des graines. Ses racines sont agréables au goût et se mangent crues ou cuites dans quelques parties de l'Allemagne. Les cochons les aiment beaucoup, ainsi que j'ai eu occasion de m'en assurer. Peut-être pourroit-on la cultiver utilement dans l'intention de la leur donner pour aliment. Les clairières des bois, les places où on a fabriqué du charbon sont des lieux où elle se plaît beaucoup, et qui presque par-tout sont perdus pour l'agriculture : pourquoi ne pas les employer pour cet objet ? Sa culture ne consiste qu'à répandre la graine sur le sol, et elle en produit une si grande quantité que quelques pieds suffiroient pour en semer un arpent. Il faudroit donner ces racines aux cochons pendant l'hiver de la première année, parceque, lorsque la plante est montée en tige, elles deviennent ligneuses, et par conséquent très dures. Les tiges peuvent également être employées, soit à chauffer le four, soit à brûler dans des fosses pour en obtenir de la potasse. Souvent elles sont plus grosses que le pouce. J'ignore si les bestiaux mangent ses feuilles, mais leur saveur douce semble le faire croire.

M. Braconnot a reconnu que le tannin étoit abondant dans cette plante, et qu'elle pouvoit en conséquence être substituée à la noix de galle, dans la teinture, la fabrication de l'encre, et le tannage des cuirs.

L'ONAGRAIRE A LONGUES FLEURS a les tiges légèrement velues, les feuilles ovales, lancéolées ; les fleurs peu nombreuses, rougeâtres et à onglets réunis en long tube. Elle est bisannuelle et originaire du Brésil. On la cultive dans les jardins pour la beauté de sa fleur ; car ses tiges débiles, peu élevées et peu garnies de feuilles et de fleurs, n'y produisent pas autant d'effet que celles de l'espèce ci-dessus.

L'ONAGRAIRE ODORANTE a la tige glabre, haute d'un à deux pieds; les feuilles linéaires, lancéolées, légèrement dentées; les fleurs grandes, jaunes, odorantes, et formant un long tube comme la précédente, avec laquelle elle a été long-temps confondue. Elle est bisannuelle, originaire de l'Amérique méridionale et cultivée dans nos jardins. Ce seroit une superbe plante si elle avoit le port de la première. On la multiplie de même.

Les autres espèces sont, ou moins agréables que celles-ci, ou susceptibles des atteintes de la gelée pendant l'hiver. Il faut cependant encore citer l'ONAGRAIRE A FLEUR ROSE, qui a les tiges très rameuses; les feuilles ovales, dentées, d'un vert noir; les fleurs petites, rouges et disposées en corymbes terminaux. Elle est vivace et d'un aspect fort agréable quand elle est en fleur; mais ce n'est que dans les parties méridionales de l'Europe qu'on peut la cultiver en pleine terre. (B.)

ONCE. Ancienne mesure de pesanteur. *Voyez* MESURES.

ONGLE. C'est la partie cornée qui termine le pied ou les doigts des quadrupèdes, des oiseaux et des lézards.

Dans quelques animaux, comme dans le cheval et l'âne, il est unique et ne sert qu'à prémunir le pied contre les frottemens ou les chocs auxquels il est exposé. On le fortifie encore en le ferrant. *Voyez* CHEVAL.

Dans quelques autres, comme le bœuf, le mouton, le cochon, il est double et remplit la même destination. On ferre dans les pays montagneux les ongles du bœuf, qui sans cela s'useroient en peu de temps.

Les ongles des chats, au nombre de cinq, sont destinés à l'attaque et à la défense, de plus, à grimper sur les arbres, et, en conséquence très crochus, très pointus et rétractiles. Ceux des lapins sont employés par eux à creuser la terre.

Parmi les oiseaux il en est qu'on peut comparer à ceux des chats et à ceux des lapins, comme ceux des faucons et ceux des poules.

La matière dont sont composés les ongles ne diffère pas, quant à ses principaux élémens, de celle des plumes des poils et des cornes. Elle se régénère d'un côté à mesure qu'elle s'use de l'autre. C'est une gélatine épaisse qui forme un excellent engrais. *Voy.* au mot CORNE, où je donne une idée de ses avantages.

L'ongle du cheval, qu'on appelle *sabot*, est sujet à plusieurs maladies graves. *Voyez* aux mots CHEVAL et SABOT. Sans doute ceux des autres quadrupèdes en offrent également, mais elles ont été peu observées, excepté leur chute, qui a lieu, soit par l'effet d'une maladie locale, soit par celui d'un accident.

Moins on tourmente un animal qui a perdu ses ongles et

plus on doit être assuré qu'ils repousseront avec promptitude et régularité. Il suffit donc de les mettre à l'abri des coups des corps durs, par un bandage épais, et de laisser agir la nature. (B.)

ONGLET (Botanique.) Partie inférieure de quelques feuilles de la fleur, ou pétales s'attachant au fond du calice ou réceptacle; par exemple, dans l'œillet, dans la fleur de choux, de raves, etc. La partie supérieure qui s'étend horizontalement est appelée *lame*. (R.)

ONGLET, ONGLÉE. (Médecine vétérinaire. Le cheval y est beaucoup plus sujet que les autres animaux.

Ce n'est autre chose qu'un relâchement de la membrane clignotante, située dans le grand angle de l'œil, entre la caroncule et le globe. *Voyez* Caroncule, Œil. Cette membrane cartilagineuse a été accordée au plus grand nombre des quadrupèdes, ainsi qu'aux oiseaux, pour chasser sans doute les ordures qui sont dans l'œil, et pour soutenir le globe lorsque ces animaux sont obligés de tenir la tête basse.

Quoi qu'il en soit, l'onglet, très mal à propos regardé jusqu'ici comme la vraie cataracte des animaux, est facile à détruire par les remèdes et par l'opération.

Quand on s'aperçoit de ses progrès, on fait dissoudre du vitriol dans de l'eau commune, et l'on en touche la membrane avec un petit pinceau. La dissolution de sel commun, dans la bouche d'un homme à jeun, a parfaitement réussi dans ces circonstances : le sel ammoniac pilé a produit aussi de grands effets; mais l'opération, selon nous, paroît être le remède le plus prompt et le plus efficace; elle se fait de la manière suivante. Soulevez doucement la membrane avec une pièce de six liards, et percez-en les bords avec une aiguille enfilée d'un long fil; soulevez ensuite cette membrane, et coupez-la avec des ciseaux, aussi près qu'il se pourra, du côté où elle prend naissance : cela fait, bassinez l'œil du cheval avec de l'eau fraîche; pendant tout le temps de la cure, ne donnez point d'avoine à l'animal; sa nourriture doit être même plus ménagée qu'à l'ordinaire. Par cette précaution on prévient l'inflammation qu'une erreur dans le régime ne manqueroit pas d'entraîner dans certains sujets.

Ce traitement convient également aux bœufs, aux moutons et aux chèvres.(R.)

ONGUENT DE SAINT - FIACRE. (Jardinage.) Nom donné à un mélange de bouse de vache ou de bœuf avec de l'argile ou autre terre tenace; il a été appelé de *Saint-Fiacre* parceque ce saint est le patron des jardiniers. Lorsque ces deux substances sont fortement corroyées ensemble, elles se gercent peu, et présentent un tout solide et très utile pour recouvrir les plaies faites aux arbres, ou la place sur laquelle on a fait l'amputation de quelque branche. La bouse de vache lie entre elles les molécules de l'argile, et leur sert de gluten ; ce qui n'empêche pas cependant, si la plaie est considérable, que l'argile ne prenne de la retraite en se desséchant, et qu'il ne se gerce ; mais si, pendant le corroi, on ajoute des balles de blé ou d'orge, elles forment, par leur entrelacement, autant de liens qui empêchent les gerçures. Il en est de cet onguent comme de ceux qui sont employés sur les chairs de l'homme et de l'animal ; il soustrait la plaie au contact de l'air, préserve la partie ligneuse, qui correspond à la chair de l'animal, du hâle, du dessèchement, et permet à l'écorce et tout ensemble à l'épiderme de s'étendre, de s'allonger, de recouvrir la plaie, enfin de fermer la cicatrice.

Si chaque fois que l'on taille un OLIVIER, un MURIER, un CHATAIGNER, *voyez* ces mots, ou tel autre arbre, on avoit la sage précaution d'employer l'onguent de Saint-Fiacre, la pourriture ne s'établiroit pas dans la plaie, et le bois ne pourriroit pas depuis le sommet jusqu'à la base, et par ce moyen on n'auroit aucun tronc creux ou caverneux. Il faut entendre bien peu ses intérêts pour ne pas conserver avec le plus grand soin les troncs des arbres dont le bois est si précieux pour la menuiserie, et dont les fruits offrent d'excellentes récoltes. L'amateur des arbres fruitiers a toujours en réserve une certaine quantité d'onguent de Saint-Fiacre, afin de s'en servir au besoin, pendant que l'agriculteur charpente ses arbres sans tâcher de remédier au mal qu'il leur fait.

On prépare avec soin, et l'on vend dans les boutiques des cires jaunes, vertes, rouges, etc., dont on se sert inutilement pour les orangers ou pour tels autres arbres fruitiers. On verroit, si l'on prenoit la peine de l'examiner, 1° que les cires ou telles autres préparations graisseuses ne s'appliquent jamais bien sur les plaies des arbres ; l'humidité causée par l'ascension de la sève s'y oppose, et la cire se détache par écailles ; 2° on verroit que la portion de l'écorce, seule partie régénérative, se dessèche parceque la transpiration a été interceptée ; dès-lors elle peut tout au plus, et à la longue, être chassée par l'extension de l'écorce inférieure à elle, et la plaie n'est que très tard cicatrisée. Un pareil inconvénient n'est point à craindre si l'on se sert de l'onguent de Saint-Fiacre : il s'adapte intimement au bois, intercepte l'action de l'air extérieur, et garantit la plaie du hâle et du dessèchement ; ensuite les bords de l'écorce forment le BOURRELET, *voyez* ce mot. Ce bourrelet soulève l'argile qui lui devient inutile. Enfin peu à peu l'écorce recouvre toute la superficie de la plaie. Ceci n'est point un objet de théorie ; il suffit d'avoir des yeux pour être

en état de juger soi-même. *Voyez* pour le surplus au mot
Englumen. (R.)

ONOPORDE , *Onopordon*. Genre de plantes de la syngénésie égale, et de la famille des cinarocéphales, qui renferme
neuf à dix espèces remarquables par leur grandeur, la couleur
blanche de toutes leurs parties, et la quantité d'épines dont elles
sont armées. Une d'elles est très commune dans toute l'Europe.
C'est l'onoporde acanthin, plus connu sous les noms de *pet
d'ane*, d'*épine blanche*, de *chardon à feuilles d'acanthe*. Il a
la racine bisannuelle, fusiforme, assez grosse, la tige presque
toujours simple, haute de trois à quatre pieds, couverte de
longs poils blancs ; les feuilles ovales, oblongues, décurentes le long de la tige, sinuées, épineuses, couvertes de
longs poils blancs, les radicales très longues; les fleurs grandes,
rougeâtres, disposées en petit nombre au sommet de la tige,
ou sur des pédoncules qui sortent des aisselles des feuilles supérieures, à calice formé d'écailles épineuses très ouvertes. Il
croît le long des chemins, autour des villages, sur la berge
des fossés, etc., et fleurit au milieu du printemps. Toute espèce de sol lui convient; seulement il s'élève davantage, et fournit plus de fleurs dans celui qui est gras et humide. Sa racine
est douce et bonne à manger, cuite avec de la viande ou assaisonnée au beurre. On emploie sa décoction dans les maladies
vénériennes. Le réceptacle de ses fleurs a presque le même
goût que celui de l'artichaut, et peut se manger de même.
Ses semences sont une excellente nourriture pour la volaille et
fournissent une huile qui brûle plus lentement que les autres,
et qui ne se fige qu'à treize degrés au-dessous de la congellation; enfin ses tiges servent à chauffer le four, et peuvent
fournir une quantité considérable de potasse, lorsqu'on les
fait brûler d'une manière convenable. Qui croiroit d'après
cela que cette plante, qui quelquefois couvre exclusivement
des espaces considérables, est rendue inutile dans presque toute
la France, par suite de la paresse et de l'ignorance des habitans de la campagne? Certainement je ne conseillerai pas de
la semer dans les bons fonds où on peut placer des céréales,
des plantes à graines huileuses, ou des prairies artificielles,
mais dans les sols sablonneux et argileux ; il peut devenir
très avantageux d'en cultiver sous les derniers rapports. Le
principal inconvénient qu'elle ait, c'est que ses fleurs s'épanouissent les unes après les autres, et que la graine des premières est tombée lorsque les dernières sont à peine en bouton; mais cet inconvénient s'affoiblit dans les terres arides,
parceque là il n'y a qu'un petit nombre de fleurs sur des pieds
de quinze à vingt pouces de haut, et que là le nombre compense à peu près la grandeur.

En raclant légèrement les poils de cette plante, on obtient une espèce de coton, qui séché prend aisément feu sous le briquet. C'est presque le seul amadou dont on fasse usage en Espagne et sur la côte d'Afrique.

L'ONOPORDE D'ILLIRIE et l'ONOPORDE D'ARABIE, et une ou deux autres espèces apportées de l'Orient par Olivier, sont plus grandes que la précédente, et sont extrêmement propres à orner les jardins paysagers. J'en ai vu qui avoient plus de douze pieds de haut, et dont les feuilles inférieures couvroient un espace de trois ou quatre pieds de diamètre. On les multiplie de graines, ou mieux, elles se sèment facilement toutes seules, de sorte qu'une fois introduites dans un lieu, il s'agit plutôt d'en diminuer le nombre que d'en assurer la conservation. On mange leurs réceptacles dans l'Orient. Si on vouloit faire un semis, il faudroit préférer ces dernières à l'espèce commune, comme plus grandes et plus abondamment pourvues de fleurs. (B.)

OPHRISE, *Ophrys*. Genre de plantes de la gynandrie diandrie, et de la famille des orchidées, qui renferme plus de quarante espèces de plantes vivaces à racines bulbeuses, à feuilles alternes, sessiles, lisses, à fleurs disposées en épi, dont la plus grande partie est propre à l'Europe.

Les espèces les plus remarquables de ce genre sont,

L'OPHRISE A FEUILLES OVALES, qui n'a que deux feuilles ovales et fort grandes, la tige haute de plus d'un pied et les fleurs d'un blanc sale. Elle croît dans les bois et fleurit au printemps. C'est une plante qu'on doit introduire dans les jardins paysagers, et y placer entre les arbustes des derniers rangs des massifs, et même au milieu de ces massifs, à raison de son port agréable. Une fois plantée, et elle doit impérativement l'être avec sa motte, il n'y a plus à y toucher, car elle est du nombre des plantes qui ne peuvent supporter la culture.

L'OPHRISE MOUCHE et l'OPHRISE ARAIGNÉE ont la tige feuillée, haute de cinq à six pouces, avec une corolle, qui dans la première ressemble assez bien à une mouche, et dans la seconde à une araignée. Elles se trouvent dans les prés secs, sur les montagnes pelées et fleurissent au printemps. La forme remarquable de leur corolle doit les faire placer au milieu des gazons, sur les pelouses des jardins paysagers, sur-tout lorsque leur sol est aride et calcaire. Ce que j'ai dit de la précédente lui est applicable.

OPHTALMIE. MÉDECINE VÉTÉRINAIRE. Inflammation du globe de l'œil à laquelle le cheval est beaucoup plus sujet que le bœuf et le mouton. Pour peu que cet animal se froisse contre quelques corps durs, ou qu'il ait reçu un coup sur l'œil, il lui survient une rougeur plus ou moins grande, et étendue dans la partie antérieure du globe, désignée sous le nom d'ophtalmie.

Outre ces causes accidentelles, le tempérament du sujet, la constitution de l'air et du sol qu'il habite, un virus interne quelconque, entrent aussi pour beaucoup dans le prognostic de cette maladie.

Les chevaux, par exemple, d'un tempérament humide, ou qui vivent dans des pâturages marécageux, en sont plus souvent et plus long-temps affectés que ceux qui habitent les montagnes. Il en est de même de ceux dont l'inflammation est entretenue par une maladie telle que la gale, le farcin, les dartres, la morve, etc. Elle ne cèdera point aux remèdes ordinaires sans le secours des remèdes propres à combattre ces genres de maladies; et supposé qu'elle se dissipe, ce ne sera que pour un court espace de temps. *Voyez* DARTRE, FARCIN, GALE, MORVE. Mais hors tous ces cas pour guérir l'ophtalmie, il suffit seulement de saigner une ou deux fois l'animal, suivant le degré d'inflammation, et de bassiner souvent l'œil avec de l'eau vulnéraire, ou bien avec une légère infusion de roses et de plantin. (R.)

OPIUM, suc gommo-résineux qui découle, dans les pays chauds, soit naturellement, soit par incision, des capsules encore vertes du pavot. *Voyez* ce mot.

On fait un fréquent usage de l'opium dans la médecine humaine, et quelquefois dans la médecine vétérinaire, comme calmant et soporatif. (B.)

ORAGE. Tempête, ou vent impétueux, grosse pluie, ordinairement de peu de durée, presque toujours suivie de grêle, d'éclairs et de tonnerre. La nature, dans ces momens d'horreur, semble entrer en convulsion; l'image de la crainte est peinte sur tous les visages, et le malheureux cultivateur tremble de voir anéantir dans un instant le fruit de ses peines et de ses travaux. Qu'il est affreux ce spectacle, qu'il est cruel pour une ame sensible! Les mois de mai et de juin sont les époques où les orages sont les plus communs dans les provinces limitrophes de la Méditerranée; ceux de juin et de juillet dans celles du centre du royaume, et de juillet et d'août dans celles du nord. On auroit tort de conclure de cette assertion générale qu'aucun orage n'éclate hors de ces époques, puisqu'on en voit quelquefois même dans les mois d'hiver. Quelques exceptions ne détruisent pas une règle générale que j'ai vérifiée par une suite de nombreuses observations. (R.)

Les physiciens ont émis diverses opinions sur la cause ou les causes des orages; mais comme elles ne satisfont point à tous les phénomènes qui les accompagnent, et que sur-tout elles n'indiquent aucun moyen d'en arrêter ou diminuer les désastreux effets, je me dispenserai de les rapporter.

On a depuis long-temps remarqué que les hommes et les animaux en général souffroient aux approches des orages; que ceux qui avoient des infirmités en sentoient plus cruellement les atteintes; que la tête étoit comme embarrassée; que les fonctions intellectuelles diminuoient; ce qui a fait appeler ces approches *un temps* ou *un air lourd*. D'un autre côté on a encore remarqué qu'alors la végétation en général s'accéléroit beaucoup, que les graines germoient plus promptement, et que celles qui étoient germées s'élevoient avec une grande rapidité. J'ai par-devers moi des observations de ce dernier genre pendant lesquelles je puis dire, sans exagération, avoir vu pousser des plants sur une couche, de plusieurs lignes en moins d'une heure. Ainsi donc les orages sont nuisibles aux animaux et utiles aux végétaux, probablement par la surabondance de fluide électrique et la moindre quantité de gaz oxygène qui se trouve alors dans l'atmosphère.

Quoique toujours dans l'eau, les plantes aquatiques ressentent comme les autres les influences des pluies d'orage; ce qui prouve que les pluies ont une action indépendante de l'eau qu'elles fournissent.

Après l'orage, c'est tout le contraire; la foudre ayant consumé, si je puis employer ce terme, l'excès du fluide électrique, l'eau ayant balayé les gaz azote et hydrogène qui vicioient l'air, les fonctions animales et spirituelles de l'homme se rétablissent; il semble renaître, tandis que les végétaux rafraîchis par les vents, par la pluie, ralentissent de nouveau leur action vitale; mais cet état dure peu, si le soleil sur-tout vient, comme cela arrive presque toujours, les réchauffer de ses rayons.

On peut donc dire généralement que les orages, malgré le malaise qu'ils causent aux hommes et les pertes qu'ils leur font trop souvent éprouver, leur sont avantageux sous des rapports directs et indirects. Cela paroîtra sans doute un paradoxe aux yeux de celui qui vient de voir sa grange brûlée par le tonnerre, ses moissons renversées par les vents, ses vignes déchaussées par la pluie; mais cela n'en est pas moins une vérité. Sans les orages les pays chauds ne seroient pas habitables, et les maladies seroient bien plus communes l'été dans les pays tempérés. Entre les tropiques ils sont journaliers pendant la saison sèche; et en Caroline même, qui est à près de huit degrés au-delà de celui du cancer, j'en éprouvois presque tous les jours pendant les grandes chaleurs; ils commençoient ordinairement entre deux et trois heures et finissoient entre quatre et cinq, et souvent plus tôt. C'est à eux que j'ai dû attribuer en grande partie l'activité de la végétation de cette contrée pendant les mois d'avril et de juin ; activité telle, que certaines plantes germent, poussent, fleurissent et amènent leurs graines à maturité en moins de huit jours.

Mais il faut revenir aux orages d'Europe, comme nous intéressant plus directement, et les considérer par les effets qui ne sont que trop souvent la suite de leur violence.

Outre les ravages que causent la foudre et le vent qui l'accompagne souvent, *voyez* aux mots TONNERRE et OURAGAN, les cultivateurs sont encore exposés à voir leurs récoltes hachées par la GRÊLE, *voyez* ce mot, ou leurs terres entraînées par les eaux, qui alors coulent en TORRENS. *Voyez* ce mot. C'est sur-tout dans les pays de montagnes qu'ils ont à se plaindre fréquemment des orages sous ce dernier rapport. Combien de champs, de vignes à mi-côtes, qui rapportoient de gros revenus à leurs propriétaires, ont-ils cessé d'être fertiles, parcequ'un orage a entraîné toute la terre qui les rendoit tels? Que de temps il faudra à la nature! que de dépenses les cultivateurs seront obligés de faire pour réparer cette perte en formant un nouveau sol, ou en y transportant d'autre terre! Il faut avoir voyagé dans les parties méridionales de l'Europe, avoir vu des chaînes entières de montagnes pelées, c'est-à-dire privées non seulement de toute culture par défaut de terre, mais même de buissons, mais même d'herbe, pour pouvoir apprécier les tristes suites des orages et du défrichement des terrains en pente. Chaque année le mal augmente, parceque chaque année il descend quelques parcelles de terre de ces montagnes, et qu'on ne prend aucun moyen pour y planter des bois ou de grandes plantes vivaces propres à réparer à la longue la terre végétale, et à favoriser la décomposition des pierres qui en forment le noyau.

Les orages n'ont pas moins d'influence sur la fertilité des vallées ; même ils y en ont plus, puisque les torrens s'y réunissent, et, ou entraînent tout, ou substituent des pierres ou des sables à la bonne terre.

N'est-il donc point possible, dira-t-on, d'arrêter ou du moins de diminuer les désastreux effets des orages sur les terrains en pente, et sur le sol des vallées. On le peut jusqu'à un certain point dans ce premier cas, en plantant, à des distances d'autant plus rapprochées, que le terrain est plus en pente, des haies longitudinales d'une toise au moins de largeur, en arbustes propres au sol, haies qui diviseront les eaux, et par-là les empêcheront d'agir en masse. Les murs en pierre sèche, plus ou moins réguliers, qu'on bâtit dans quelques endroits, dans le même but, sont et plus coûteux et moins sûrs que les haies. Les eaux les entraînent eux-mêmes, ainsi que je l'ai vu dans la vallée du Gard , vallée où ce genre de construction est très perfectionné , et où les frais de leur rétablissement absorbe , plusieurs fois par siècle , la valeur du fonds.

Pour le second cas, *voyez* au mot TORRENT.

Quoique les suites des orages soient généralement peu désastreuses dans les pays de plaine, elles ne s'en font pas moins sentir vivement.

Le cultivateur actif, au lieu de se lamenter, de se livrer à des pratiques d'une absurde superstition pendant l'orage, doit parcourir ses champs pour détourner les eaux, ou leur donner un écoulement ; car, dans les commencemens sur-tout, un seul coup de bêche peut empêcher de grands maux. Dès que l'orage est passé, il s'occupe des moyens de réparer ses pertes, et il le peut souvent, lorsque avec de l'instruction il a de la prévoyance. Ainsi il sème en navette, ou en raves ou en vesce ou en maïs, pour fourrage , etc. , les parties de ses blés et autres céréales qui ont été déracinées , etc. Dire tout ce qu'il faudroit faire dans ce cas, seroit faire presque un traité d'agriculture. *Voyez* au mot GRÊLE, où je parle des cas où il est possible de diminuer les suites de ce fléau, qui, comme on l'a vu au commencement de cet article, accompagne souvent les orages.

Les effets des orages dans les jardins, sur-tout dans les parterres bien soignés et en pente, sont quelquefois très dispendieux à réparer. Il faut combler les rigoles des allées avec des recoupes de pierre ou des plâtras, remettre du sable où il n'y en a plus ; labourer de nouveau les plates-bandes ; couper les tiges des plantes qui ont été abattues ; remettre l'ordre et la régularité par-tout. C'est principalement sur les plantations de tulipes, d'anémones, de renoncules, de jacinthes, etc. , que ces orages se font sentir d'une manière très affligeante pour l'amateur. Le plus souvent il faut qu'il renonce aux jouissances sur lesquelles il comptoit cette année.

Dans les jardins paysagers, au contraire, les orages se font à peine sentir, parceque tout ou presque tout est en gazon ou en bois ; il n'y a que quelques allées qui peuvent un peu souffrir, mais comme leur largeur n'est pas considérable, le mal est bientôt réparé. Aussi autant on peine à se promener dans un parterre après l'orage, autant on trouve de plaisir à errer dans cette espèce de jardin où tout semble renaître, parceque tout a repris de la fraîcheur, et qu'on se trouve soi-même dans une situation morale, avantageuse aux douces sensations.

Il est d'observation que les poissons affluent à la surface de l'eau, et mordent plus vivement à l'hameçon aux approches de l'orage que dans un autre temps. Ce fait n'a pas encore été expliqué d'une manière satisfaisante. (B.)

ORANGER. *Citrus.* Genre de plante de la polyadelphie

icosandrie, et de la famille des hespéridées, qui renferme cinq à six espèces, dont deux originaires de l'Inde, sont maintenant naturalisés dans la plupart des pays chauds, et se cultivent à grands frais dans les pays froids, à raison de la beauté de leur feuillage toujours vert, de l'odeur suave de toutes leurs parties et sur-tout de leurs fleurs, enfin pour leurs fruits d'une saveur des plus flatteuses ou d'une salubrité des plus marquées.

Tous les orangers sont des arbres ou des arbrisseaux à tronc droit, à écorce brune, à rameaux diffus, à feuilles alternes, simples, articulées et souvent appendiculées à leur base, et comme perforées par des vésicules transparentes, renfermant une huile essentielle fort odorante, à fleurs blanches réunies en petits bouquets à l'extrémité des rameaux. Les uns sont pourvus de longues et robustes épines, les autres n'en ont point. Les orangers proprement dits ont les fruits ronds et doux. Les citronniers les ont allongés et acides. On en connoît un grand nombre de variétés. Je vais donner la liste, d'après la Ville-Hervé, de celle qu'on cultive le plus ordinairement en France.

1. Orange à écorce lisse, à pulpe aigre-douce; ses feuilles sont comme celles de la bigarade, hors le talon qui est plus étroit.

2. Orange lisse et douce; le fruit et la feuille ressemblent à l'orange de Portugal.

3. Orange lisse, cornue, de même que celle de Portugal, excepté qu'il y a des excroissances sur le fruit.

4. Orange lisse, sauvage, aigre; on pense que c'est un sauvageon du Portugal.

5. Orange lisse, étoilée, ou couronnée.

6. Orange dite simplement de Portugal.

7. Orange rouge de Portugal, ainsi appelée à cause de sa couleur. On la nomme orange-grenade, ou de Malte.

8. Oranger à feuilles de laurier.

9. Oranger à feuilles dorées.

10. Oranger à feuilles panachées et argentées.

11. Oranger de Nointel, à feuilles longues, quoique son fruit soit orange de Portugal.

12. Orangers à fleurs doubles.

13. Bigarade ronde.

14. Bigarade cornue; sa fleur a jusqu'à huit pétales, et d'autres fort étroits qu'on prendroit pour des étamines, si elles contenoient des poussières.

15. Bigarade sauvage ou sauvageon.

16. Bigarade violette, à fruit violet, dont la pousse et l'œil, ainsi que la fleur, sont violets.

17. *Réga*, ou orange suisse; son fruit est tranché de blanc, ainsi que la feuille et le bois.

18. Orange turque; sa feuille est bordée de blanc; elle est raccourcie, en pointe, et large par le bout.

19. Oranger à fruit, semblable à un gland.

20. Le véritable oranger de Curaçao.

21. Lime très petite de Curaçao.

22. Oranger riche-dépouille, à feuilles rondes et frisées.

23. Riche-dépouille, à feuilles pointues, frisées.

24. Riche-dépouille, à feuilles panachées, argentées et frisées.

25. Orange aigre de Chine, ou sauvageon; ses pepins sont comme ceux de l'oranger chinois.

26. Orange douce de Chine.

27. Orange de Chine, dont les feuilles sont panachées, dorées, et le fruit tranché de jaune.

28. *Pampelmous* du Levant, ou schaddeck.

29. Pampelmous d'Amérique.

30. Pampelmous des Barbades, ou schaddeck, qui n'a point d'épine comme le schaddeck; son fruit, de même que sa feuille, a le talon très large; la feuille est épaisse et ovale.

31. Pampelmous à feuilles panachées.

32. Huit espèces ou variétés d'hermaphrodites.

33. Hermaphrodite de Provence.

34. Hermaphrodite à feuilles panachées.

35. Cédrat sans épines.

36. Cédrat ordinaire.

37. Cédrat *mella-rosa;* sa feuille sent la rose; son fruit est rouge, et le pistil de sa fleur est court.

38. Cédrat du Liban, à feuilles longues, ovales, épaisses; sa fleur est grosse, son fruit est un cédrat chagriné.

39. Mella-rosa à fleurs blanches; son fruit est ovale comme celui de la bigarade jaunâtre.

40. Poncire commun; sa feuille, aussi épaisse que celle du balotin, est un peu plus longue.

41. Poncire blanc; le bois, la peau, la fleur, sont blancs; sa feuille est ronde ainsi que son fruit.

42. Poncire violet; c'est le plus beau fruit; son bois est court; il ne forme pas une belle tête.

43. Poncire figuré comme le commun; sa feuille est un peu plus longue.

44. Lime douce, à feuille d'une belle forme; le fruit à peau lisse, couronné par un pistil qui avance.

45. Lime aigre, ou sauvageon de la lime douce.

46. Balotin d'Espagne; le fruit en est rouge et gros; la feuille ronde et épaisse; la fleur violette.

47. Balotin commun ; le fruit plus petit, la feuille comme celui d'Espagne.

48. Bergamotte orange, dont le fruit est rond et bon à manger.

49. Bergamotte à côte, dont le fruit est aussi à côte, et jaune pâle quand il est mûr.

50. Bergamotte *mella-rosa*, de même que la mella-rosa, à l'exception qu'il n'a point d'épines.

51. Pommier d'Adam de Paris ; son fruit est beau ; la pomme est lisse et sa feuille allongée.

52. Bigarade sans pepins. Il est des fruits où il s'en trouve, et d'autres où il n'y en a pas.

53. Orange lisse, sauvage, dont le fruit est doux, et le bois garni d'épines.

54. Orange jumelle ; espèce d'hermaphrodite dont les feuilles varient.

55. Limon de Portugal, ou citron-orange, bon fruit, plus arrondi que le citron.

56. Orange lisse sans pepins ; dans d'autres il y a des pepins.

57. Oranger à feuilles étroites comme celles du saule.

58. Le même à fruit doux.

59. Oranger à feuilles pointues et épaisses ; son fruit est gros et hâtif.

60. Oranger à fleurs rouges.

61. Oranger à fruit semblable au limon.

62. Oranger dont le fruit est à côtes.

63. Oranger sauvage, dont la feuille et le fruit sont très bien panachés.

CITRONNIERS. Il est difficile d'établir des caractères tranchans qui séparent les citronniers des orangers. L'on peut dire cependant, en général, que le fruit des citronniers est terminé en pointe ; que leurs feuilles sont plus pointues que celles de l'oranger, et leurs pétioles nus et simples ; que leurs jets sont plus forts, croissent avec plus de promptitude, et qu'il est plus difficile de maintenir en tête arrondie le sommet de l'arbre.

1. Citron de Chine, à feuilles très petites, d'un vert blanchâtre ; son fruit fort petit, et en forme de toupie.

2. Citron aigre, à feuilles panachées ; le fruit à l'ordinaire, provenant d'un pepin panaché.

3. Citron d'Italie ; il a le fruit à l'ordinaire, de belles feuilles d'un vert de pré.

4. Citron d'Amérique ; la feuille en est étroite, longue ; son fruit est petit et en fuseau.

5. Citron ou limon-challi, à feuilles longues, larges, tant soit peu épaisses ; son fruit est long et son écorce épaisse.

6. Citron *mella-rosa* ; sa feuille a une odeur de rose, et son fruit est citron.

7. Cinq à six espèces de citrons extraordinaires, tant pour la figure de l'arbre que pour le feuillage et le fruit.

8. Citron perrette, dont le fruit est en fuseau, la feuille allongée par les deux bouts et étroite.

9. Citron à côte ou limon de Calabre ; la feuille est longue, large, pointue, et le fruit en toupie, quoique à côte.

10. Citron de Saint-Cloud ; sa feuille est ronde par le bout, et étroite depuis le talon ; le fruit est limon doux.

11. Citron blanc à fleurs doubles ; le fruit est moins long que l'ordinaire ; la pousse en est blanche.

12. Citron extraordinaire, dont la feuille est faite comme du chagrin, et de figure ovale.

13. Citron extraordinaire, dont les feuilles ressemblent à celles du cèdre du Liban, épaisses, longues, arrondies par le bout, et le fruit d'ailleurs comme les citrons ordinaires.

14. Citron doux d'Espagne ; il a la peau violette, et la feuille d'un beau vert de pré.

15. Citron blanc d'Espagne ; il a la peau blanche, et son fruit est plus pâle que les autres.

16. Citron bergamotte, dont le fruit est plus court que celui des citronniers ordinaires ; sa feuille est aussi plus courte.

17. Citron de Nointelle, qui approche beaucoup du citron perrette par sa feuille étroite et longue, ainsi que par son fruit.

18. Citron de Madère.

19. Citron musqué.

20. Citron ou limon chéri.

21. Citron gayetan.

Il est plus difficile de séparer les limoniers des citronniers que ceux-ci des orangers. On se fait une méthode sur l'habitude de les voir et de les comparer ; cette manière est plus sûre à la vérité ; il n'en résulte pas un grand inconvénient quant à la nomenclature, et aucun pour la conduite de l'arbre.

1. Limon à fleur pleine ; il fleurit souvent double, mais toutes les fleurs ne le sont pas toujours.

2. Limon dont la forme du fruit ressemble à une citrouille.

3. Limon dont le fruit est très gros.

4. Limon Saint-Dominique.

5. Limon à feuilles très longues.

6. Limon à feuilles longues et épaisses.

7. Limon dont le fruit est en forme de grappe de raisin.

8. Limon cannelé.

9. Limon d'Espagne, à épines.

10. Limon à feuilles ondées.

11. Limon de marais à fruit oblong.

Malgré le nombre de variétés des trois espèces qu'on vient de citer, il est plus probable qu'il en existe encore un très grand nombre d'autres, soit aux Indes, soit en Italie, en Espagne, ou au Levant. La culture, le changement de climat, et sur-tout le mélange des étamines, ou poussière fécondante, portée par les abeilles qui vont butiner de fleurs en fleurs, doivent chaque jour augmenter le nombre des variétés.

Les citronniers et les limoniers sont plus affectés du froid que l'oranger. Les uns et les autres forment de très grands arbres dans leur pays natal, et on y voit souvent des orangers dont le tronc a jusqu'à soixante pieds de hauteur sur six ou huit de circonférence. La nécessité où l'on est en France de placer les orangers pendant l'hiver dans des serres ne permet pas de leur laisser acquérir cette hauteur; le plus fort n'excède guère celle de quinze à vingt pieds au plus. Une plus grande élévation permettroit difficilement de les tailler. Ces arbres produisent leurs fleurs et leurs fruits en même temps, c'est-à-dire que sur le même pied on voit des fleurs, des fruits naissans, des fruits avancés et des fruits mûrs. Ces derniers, dans nos climats, ne sont mûrs qu'à la seconde année. L'oranger est plus agréable à contempler dans nos jardins que lorsqu'il est forestier. Les citronniers épineux forment des haies impénétrables dans nos îles; elles y sont multipliées, afin de défendre les plantations de cannes à sucre de l'incursion des animaux. On les rendra plus impénétrables encore et plus fructifiantes, si on suit la méthode indiquée au mot HAIE.

Si on excepte quelques cantons privilégiés de la Provence, on ne voit guère en France des orangers ou citronniers plantés en pleine terre, à moins que, par des soins multipliés, on ne les garantisse des gelées. Dans le village d'Hyères on est même obligé de couvrir les citronniers, les cédrats, etc., pendant les rigueurs du froid. Des amateurs, dans les provinces du midi, ont quelques orangers et citronniers en espaliers contre des murs qui les abritent du nord. Au château de la Chaise, entre Villefranche et Beaujeu, et sur la hauteur, on voit un bel et très long espalier d'orangers en pleine terre. A l'entrée de chaque hiver, on construit, sur toute la longueur, une espèce de serre en bois, et l'espace qui se trouve entre les planches et le mur est rempli avec des feuilles sèches. Lorsque la rigueur du froid augmente, on allume le feu à une des extrémités, et la chaleur est portée par des tuyaux dans toute la serre. Au printemps, lorsque la saison est décidée, toutes les enveloppes sont emportées, et le voyageur est très étonné de voir des orangers en pleine terre sur cette montagne.

Ces palissades ont un défaut essentiel ; elles sont trop épaisses, ce qui provient sans doute du peu de capacité de la personne chargée de les entretenir ; elle se contente, chaque année, de supprimer le bout des branches et les feuilles qui dépassent la ligne... En tenant ces branches plus ravalées près du tronc, on diminueroit le diamètre, le tapis de verdure seroit plus égal et les fruits plus gros et plus multipliés.

Les semis, les boutures, les provins et les marcottes servent à multiplier ces arbres, et les Génois ont établi une branche de commerce de ces provins et de ces marcottes. Ce sont eux qui fournissent les pépiniéristes de Provence, qui les distribuent dans le reste de la France, à moins que des particuliers ne trouvent des occasions pour les tirer directement d'Italie.

Des semis. Il convient de choisir les plus beaux citrons, les plus belles oranges, ou mieux, des bigarades, de les laisser pourrir, et d'en séparer ensuite les pepins. L'homme a regardé comme de son domaine toutes les espèces de fruits ; mais la nature en a originairement destiné la chair ou la pulpe pour la perfection de la semence : c'est donc un très petit sacrifice à faire lorsqu'on désire avoir une graine parfaite.

Aussitôt après avoir séparé la semence de la pulpe, on la confie à la terre ; si elle est sèche et maintenue telle, la semence ne germera pas, elle se conservera pendant l'hiver, et ne développera sa radicule qu'au printemps.

Les semences mises en terre dans le cours de l'été donnent et produisent les rudimens de petits arbustes si tendres et si délicats, qu'ils passent difficilement l'hiver même dans les bonnes orangeries. Il est donc avantageux d'avoir des graines prêtes à germer au printemps, telles que celles que l'on met en terre et que l'on y conserve pendant l'hiver. La terre ou le sable empêche que la semence ne se dessèche et ne se hâle par l'impression de l'air, et sa germination est beaucoup plus prompte que celle qui n'a pas été conservée par ce moyen.

On sème en général trop épais les graines ; elles doivent être placées en échiquier, et au moins à quatre pouces de distances les unes des autres : on en verra bientôt la raison.

La terre destinée au semis doit être composée moitié de terreau de vieilles couches bien consommé, et moitié d'une bonne terre franche. Au défaut de ce terreau peu commun ailleurs que dans la capitale, on en préparera un avec des feuilles que l'on fera pourrir, celles du noyer exceptées. La terre noire que l'on trouve dans les troncs des vieux saules, des vieux peupliers, etc., est excellente. Le point essentiel est de se procurer une terre très douce, légère, et très substantielle.

Dans les provinces du midi on remplit de cette terre des caisses ou des pots, et on les place contre des expositions abritées des vents froids. Dans celles du nord les semis exigent plus de soins. On prépare des Couches, des Chassis (*voyez* ces mots*)*, et chaque pot est enterré dans ces couches modérément chaudes. Les sujets ainsi élevés craignent ensuite beaucoup plus le froid que ceux élevés suivant la méthode des provinces méridionales.

La semence enterrée et recouverte à la hauteur d'un pouce exige de petits arrosemens au besoin, d'être débarrassée de toute herbe parasite, et, lorsque la tige commence à s'élever, de serfouir la terre de temps à autre. Comme dans les provinces du midi la chaleur et sur-tout l'évaporation sont très fortes, il est bon de couvrir la superficie de la caisse ou du pot avec de la paille hachée et encore mieux avec du crottin de cheval ; ils maintiennent et conservent l'humidité dans la terre. Je me suis très bien trouvé de changer tous les mois ce crottin, de le remplacer par du crottin frais, et de donner aussitôt une bonne mouillure. Cet engrais faisoit pousser vigoureusement les jeunes pieds : or, ce point est essentiel, afin qu'ils acquièrent une certaine force, une certaine consistance avant de les fermer dans l'orangerie.

La coutume généralement suivie est de lever, à la fin de l'année, chaque pied, et de le replanter dans un pot. Si on a eu soin de semer dans des caisses ou dans des pots profonds, si chaque graine a été semée à une distance convenable, je préfère attendre à la fin de la seconde année ; les pieds ont plus de corps, plus de racines, et ils se ressentent moins des effets de la transplantation. C'est d'après des expériences de comparaison que j'avance cette assertion.

A la fin de la première année, et lorsque l'on sort les caisses ou pots de l'orangerie, on gratte la superficie de la terre qu'ils contiennent, on la fait tomber afin de la remplacer par une terre nouvelle et bien préparée. Le tassement de la première est ordinairement de quatre pouces sur une caisse d'un pied de profondeur, et la nouvelle terre qu'on ajoute chausse les pieds, et les enterre d'autant. On doit, pendant cette seconde année, changer le crottin frais de la superficie aussi souvent que dans la précédente. En suivant cette méthode, on est assuré d'avoir dès-lors des sujets très forts, très bien enracinés, et qui ne souffriront point de la transplantation. A la troisième année, et lorsqu'on sort l'arbre de l'orangerie, c'est le cas alors de placer séparément chaque pied dans de grands pots.

Si on considère la multiplicité et la longueur des racines chevelues que poussent l'oranger et le citronnier, on jugera combien le sujet souffre dans de petits pots, et combien sa tige gagne en grosseur et en hauteur, lorsque les racines peuvent s'étendre sans gêne, et trouvent en abondance la nourriture qui leur convient. J'insiste sur ce moyen, parcequ'on gagne du temps et des sujets vigoureux et plus promptement disposés à recevoir la greffe.

Des boutures. On choisit une branche jeune, saine, droite, de la longueur d'un pied environ, que l'on enfonce à trois ou quatre pouces dans une terre préparée, ainsi qu'il a été dit. On tient le pot ou la caisse à l'ombre et dans un lieu chaud, jusqu'à ce que l'on s'aperçoive que la bouture ait poussé des racines ; alors on la retire de ce lieu, et on l'expose peu à peu à l'ardeur du soleil. Cette méthode n'exige que des sarclages et des arrosemens au besoin.

Des marcottes et des provins. Lorsque la tête d'un oranger ou d'un citronnier est élevée, il n'est pas aisé de les marcotter ; il faut avoir recours à l'art. On choisit sur cette tête une jeune branche, et l'endroit où il convient de la marcotter ; on fait ligature avec une ficelle qui presse et serre un peu l'écorce. Cette ligature donne naissance à un *bourrelet* (*voy.* ce mot), parceque la sève descendante, ne pouvant plus se porter avec la même facilité de la tête aux racines, s'engorge en cette partie, oblige l'écorce à se mamelonner, et de ces mamelons naissent des racines. La ligature faite, on prend un pot partagé en deux parties sur sa hauteur, et percé d'un trou dans le bas, par lequel on fait passer la branche. Les deux parties du pot étant rapprochées l'une contre l'autre, on les tient resserrées par un lien de fil de fer, soit en haut, soit en bas ; enfin on remplit ce pot de terre. Afin de maintenir et supporter ce poids ajouté à la branche, pour qu'elle ne soit pas exposée à être cassée, on assujettit le pot contre deux piquets fortement fixés en terre, et avec ce secours la branche n'est tourmentée ni par le poids, ni par les coups de vent. La terre du pot est arrosée au besoin. Lorsque la branche est enracinée, on la coupe au-dessous du pot, on la dépote, et on lui donne une caisse ou un autre pot convenable à son volume. Si on ne se sert pas de ligature, on coupe un peu l'écorce dans quelques points de la circonférence, et il se forme des bourrelets à la base de chaque partie coupée. Cette méthode est minutieuse, casuelle, et ne mérite d'être employée que lorsque l'on veut se procurer des espèces rares. Les provins sont plus sûrs, et l'on travaille sur un plus grand nombre de sujets à la fois, si la greffe a été placée près des racines.

On coupe le tronc de l'arbre à cinq ou six pouces au-dessus de la greffe, et on lui laisse tous les nouveaux jets qu'il pousse. Lorsqu'après la première, ou encore mieux après la seconde année, les jets ont de la consistance, on forme tout autour un encaissement dont la hauteur excède de cinq à six pouces la partie supérieure du tronc qu'on a laissé ; on le remplit de terre à mesure que l'on couche les branches, et on PROVIGNE le tout (*voyez* ce mot): enfin on remplit de terre tout l'encaissement. La petite ligature dont on a parlé facilite la sortie des racines.

S'il ne s'agit que de se procurer des sujets non greffés, on coupe le tronc presque à fleur de terre, et il sort du collet des racines une multitude de jets.

Des quatre manières de multiplier les orangers et les citronniers, celle du semis est à préférer; on a tout à la fois un grand nombre de sujets, et il en est de ces arbres comme des forestiers : ceux venus de brins sont toujours les plus beaux, les plus forts et les plus vigoureux.

De quelque manière qu'on se soit procuré des sujets, si on veut avoir des pieds élevés, on ne doit pas se hâter de supprimer les branches inférieures. C'est par leur secours que le tronc prend de la consistance et une belle grosseur. A force d'élaguer, le tronc s'énerve et file; il ne se trouve plus proportionné avec la tête, et il ne fera jamais qu'un arbre de médiocre valeur.

On s'amuse peu dans les provinces du nord à multiplier les orangers, parceque leur végétation est très lente : il vaut beaucoup mieux tirer de Provence ou d'Italie les arbres tout formés, quoique leur reprise soit casuelle, longue et quelquefois difficile. Dans celles du midi, au contraire, un semis bien conduit donne, à la quatrième année ou à la cinquième au plus tard, un beau sujet propre à être greffé, si on se contente d'un pied de médiocre hauteur; et à la sixième, un pied propre à garnir les plus grandes caisses.

Les graines de citron poussent plus rapidement que celles de l'orange, et les pieds que fournissent les premières sont plus tôt formés pour la grosseur et pour la hauteur, et par conséquent plus tôt susceptibles de recevoir la greffe.

De la greffe. On peut placer la greffe à trois endroits différents : ou à quelques pouces au-dessus du collet des racines, ou à deux ou trois pieds, ou enfin à cinq ou six pieds au-dessus, lorsque l'on se propose d'avoir de grands arbres pour l'orangerie. Il est cependant aisé, en plaçant la greffe au-dessus des racines, de conserver son jet et de l'élever en haute tige; mais cette manière de greffer est sujette à des inconvéniens, lorsque l'on désire avoir des troncs élevés : pendant la première et la seconde année, le jet formé par la greffe est tendre, peu ligneux, et il est par conséquent sujet à être cassé ou surpris par les premières gelées, ou enfin à souffrir et à se dessécher dans l'orangerie. Le tronc alors ne reste plus droit, uni; il forme un coude dans la partie d'où part la nouvelle tige, et la beauté du tronc dépend de sa régularité. Il vaut beaucoup mieux placer les greffes à la hauteur de la tige que l'on désire conserver.

D'ailleurs, en greffant près des racine s, on ne doit placer qu'une seule greffe, et si elle ne reprend pas, c'est une année perdue, et il est à craindre qu'à la seconde l'écorce ne soit trop dure. Au contraire, les jeunes branches de la tête de l'arbre permettent de placer plusieurs greffes qui reprennent plus facilement, et leur nombre supplée celles qui ne prennent pas. D'ailleurs la greffe, placée près des racines, produit rarement une tige belle, haute et nette.

L'époque de greffer dépend de la chaleur du pays que l'on habite. On peut greffer en ÉCUSSON A ŒIL POUSSANT dès que la sève est en mouvement dans l'arbre, et que la peau se soulève facilement; ou à ŒIL DORMANT à la seconde sève. (*Voyez* le mot GREFFE.) Plusieurs personnes pensent qu'il est nécessaire de placer la greffe en sens contraire, c'est-à-dire de haut en bas; il en résulte une courbure inutile, et cette manière contre nature prouve combien l'oranger est un arbre peu délicat, dès qu'il trouve un degré de chaleur convenable à ses besoins et approchant de celui de son pays natal. La greffe en écusson, placée comme celle des autres arbres fruitiers, réussit beaucoup mieux; j'en ai la preuve sous les yeux. L'ON-GUENT DE SAINT FIACRE (*voyez* ce mot) doit recouvrir toutes les plaies que l'on a faites; les cires naturelles ou composées, les mastics, etc., sont au moins inutiles, en supposant qu'ils ne soient pas dangereux.

Le tronc de l'arbre que l'on veut greffer doit avoir *au moins* la grosseur du petit doigt, et encore mieux celle du pouce, dans l'endroit où l'on place la greffe. La grosseur du petit doigt suffit pour les branches.

Une autre observation à faire lorsque l'on greffe sur les orangers provenus de semis ou de boutures, etc., est que, si on place une greffe de citronnier, il est à craindre que par la suite il ne se forme dans cet endroit une exostose, un bourrelet. L'inégalité dans la force de végétation de ces deux arbres en est la cause, et rend le tronc difforme. Il vaut donc bien mieux greffer les citronniers sur eux-mêmes que sur l'oranger, et même greffer l'oranger sur citronnier autant qu'on le peut. (R.)

L'oranger se greffe encore par approche en fente et à l'anglaise. Cette dernière sorte s'emploie principalement lorsqu'on veut faire porter des fleurs et même des fruits à des orangers de deux ans.

Il doit paroître étonnant à ceux qui ont suivi la végétation de l'oranger, qui sont instruits de la lenteur avec laquelle elle s'effectue, que l'art soit parvenu à forcer la nature à ce point. Ce miracle, dû à un jardinier de Pontoise, a puissamment concouru à sa fortune et continue à procurer annuellement des bénéfices importans à ceux qui le renouvellent. Quel est l'homme riche qui ne préfèrera pas offrir en bouquet un arbre en mignature, qui donne des jouissances durables, à un rameau qui doit être flétri au bout de quelques heures ? En effet on voit fréquemment aujourd'hui à Paris, sur la cheminée de nos belles, et à toutes les époques de l'année, des orangers qui n'ont que huit à dix pouces de haut, et qui sont proportionnellement aussi chargés de fleurs que les plus gros de l'orangerie de Versailles.

Voici comment il faut procéder.

On choisit sur un oranger un rameau, bien formé et prêt à fleurir, de grosseur semblable à celle du sujet qui, je le répète, peut n'avoir que deux ans, mais est préférable à trois ; on les entaille l'un et l'autre en biseau de la même longueur, d'environ un pouce de long, et on les réunit de manière que les écorces se rapportent bien exactement. On lie ensuite ces deux parties avec de la laine et on les entoure d'une poupée ordinaire. Cette opération se fait sur des sujets très en sève. Dès qu'elle est terminée on place le pot sur une couche à châssis, et on le garantit du soleil. Les feuilles de la greffe se fanent un peu, mais au bout de deux ou trois jours elles se relèvent, les fleurs s'épanouissent à l'époque où elles l'auroient fait sur l'arbre d'où elle a été tirée ou peu après, quelquefois même elles nouent, et on peut conserver un ou deux fruits qui parviennent à maturité. Il ne faut ôter les poupées qu'au bout d'un an, car la consolidation de la greffe est lente.

Ces petits arbres ne vivent que trois ou quatre ans, à raison du défaut de rapport qu'il y a entre la densité du bois du sujet et celui de la greffe, de même qu'entre la quantité de sève que peut fournir le premier et que consomme la seconde, mais ils ont rempli leur objet et on peut les multiplier abondamment tous les ans, puisque les semis sont faciles et peu coûteux. Leur conduite est la même que celle des grands orangers ; cependant une plus forte chaleur habituelle leur est avantageuse. (B.)

De la conduite de l'oranger et de la plantation. Lorsque l'on ne veut pas prendre la peine de semer, de marcotter, etc., on achète, ou on fait venir d'Italie ou de Provence des arbres tout formés, et dont la hauteur et la grosseur du tronc sont conformes à la demande qu'on en a faite. Si à l'arrivée de ces arbres les feuilles sont molles, flasques, si elles se plient sans se casser, c'est une preuve que les arbres ont souffert en route. Le seul expédient pour ranimer leur fraîcheur est de les déballer, d'enlever la mousse qui recouvre les racines, de les plonger ensuite, pendant quelques heures, dans une eau dont la chaleur soit de douze à vingt degrés, suivant le thermomètre de Réaumur : on les plante après cela dans de grands pôts de terre vernissés, ou dans des Caisses (*Voyez* ce mot, afin de ne pas répéter ici ce qui a été dit sur les moyens de les conserver pendant long-temps). Les caisses sont préférables aux pots, parcequ'à hauteur et à diamètres égaux, elles contiennent beaucoup plus d'espace et par conséquent plus de terre ; d'ailleurs elles sont moins sujettes à être renversées par un coup de vent.

Lorsque l'on donne aux Génois ou aux Provençaux la commission d'envoyer des arbres, on doit stipuler qu'on ne paiera que les pieds auxquels on aura laissé toutes les racines garnies de tous leurs chevelus. Ces racines doivent être, après les avoir séparées de la terre qui les environnoit, mollement rangées entre des lits de mousse fraîche, et encaissées avec soin. Lorsqu'on les sort de la caisse, on retranche les racines chancies, cassées ou gâtées et rien de plus, quoi qu'en disent les jardiniers dont la fureur est de châtrer, d'écourter les racines, ce qu'ils appellent *rafraîchir*. Je n'ai cessé de m'élever contre ces abus toutes les fois que l'occasion s'en est présentée, et je reviendrai si souvent là-dessus que peut-être viendrai-je à bout de persuader les incrédules. La multiplicité des racines et de leurs chevelus accélère et garantit leur reprise ; la méthode de planter de tels arbres en motte est très casuelle. En suivant la première méthode, il est inutile d'étêter les arbres; elle est indispensable si on suit la seconde, parceque le peu de sève pompée par des racines écourtées n'est pas capable de nourrir les branches que l'on laisse.

De la préparation de la terre pour les caisses. Chaque amateur a sa méthode plus ou moins compliquée, et chacun est persuadé qu'il suit la meilleure. Tous les extrêmes sont préjudiciables.

Quelques personnes n'emploient que le terreau des vieilles couches uni par moitié avec la terre ordinaire. Le terreau rend l'autre terre trop perméable à l'eau, qui, en s'écoulant avec facilité, entraîne les matériaux de la sève ; la seule terre végétale ou soluble dans l'eau (*voyez* le mot Amandement) et la terre matrice s'appauvrissent à chaque arrosement : d'ailleurs, comme cette masse, comme ces molécules sont peu liées entre elles, l'évaporation est plus forte, et elle exige de plus fréquentes irrigations. Alors les feuilles jaunissent, parceque la sève est trop aqueuse et trop peu nourrissante.

Par un système tout opposé, d'autres n'emploient que l'argile, ou quelque autre terre qui approche de la ténacité et de la compacité de ses molécules. Cette terre, il est vrai, n'a pas besoin d'autant d'arrosemens que l'autre ; mais les racines et leurs chevelus ont la plus grande peine à s'étendre : on a beau passer et repasser au crible cette terre, l'unir avec un fumier quelconque, ce n'est que très à la longue, et avec beaucoup de peine, qu'on parvient à la mélanger.

La terre des taupinières a son mérite lorsque l'animal travaille dans un sol depuis long-temps en prairie, et sur-tout si elle est sujette à être couverte par des inondations qui charrient et déposent beaucoup de limon. Le limon seroit par lui-même trop compacte; cependant les débris annuels des végétaux et des animaux lui donnent de la souplesse et augmentent la masse de l'*humus* ou terre végétale. Mais la terre des taupinières d'un champ ordinaire n'a pas plus d'efficacité que celle de ce même champ.

Quelquefois on fait mélange de parties égales de fumier de cheval, de fientes de vaches, de crottins de moutons et de bonne terre : on mêle le tout ensemble, on le laisse amoncelé pendant un an ou deux, et de temps à autre on le passe à la claie, afin de le bien combiner. Cette préparation n'est pas mauvaise; j'aimerois cependant mieux qu'il y eût moitié de bonne terre franche.

Les balayures des rues, les matières des voieries, et même les excrémens humains, unis à une bonne terre, et lorsqu'on a laissé le tout fermenter ensemble pendant deux à trois ans, fournissent un mélange bien substantiel. On ne sauroit trop le laisser vieillir, ni le passer trop souvent à la claie après la première année, afin que la combinaison devienne parfaite. (R.)

Le grand point est de rassembler sous un petit volume beaucoup de matières propres à nourrir l'oranger, afin que la qualité compense la quantité, puisqu'une caisse doit toujours être la plus petite possible relativement à la grosseur de l'arbre qui doit y être placé; or ces matières sont celles qui sont surchargées de carbone.

Voici la meilleure composition qu'on puisse employer et le mode de sa fabrication.

A une terre franche, c'est-à-dire composée à peu près d'un tiers d'argile, d'un tiers de sable et d'un tiers d'humus, et depuis long-temps mise en tas, on mélange partie égale en hauteur de fumier de vache à moitié consommé. L'année suivante on travaille de nouveau cette terre en la changeant de place deux fois. L'année d'après on la mélange, avec à peu près moitié de terreau, d'une couche de fumier de cheval. On la laisse encore un an en tas que l'on change de place deux ou trois fois, en perfectionnant autant que possible le mélange. Pendant l'hiver de l'année où 'on doit employer cette terre, on y mêle encore un douzième de crottin de mouton, un vingtième de fiente de pigeon et un quarantième de poudrette (excrémens humains desséchés). Le tout est de nouveau bien mélangé à deux reprises différentes. Ainsi on met trois ans et demi à composer cette terre qui pendant ce temps reste exposée en plein air, d'abord en tas allongés, ensuite alternativement en cône très élevé et en dos d'âne circulaire Plus elle est maniée souvent et plus elle a de qualités. Si on l'employoit au moment de sa fabrication, l'excès de carbone qu'elle contient alors feroit périr les arbres, *brûleroit leurs racines*, comme disent les jardiniers. Cette terre est coûteuse sans doute, mais il ne faut pas pens r à avoir une orangerie si on ne veut pas faire les dépenses nécessaires pour l'entretenir en bon état. (B.)

De l'encaissement. On a imaginé, pour le service des grandes orangeries, un expédient bien commode lorsqu'il s'agit d'encaisser ou de décaisser les orangers. Qu'on se figure une échelle double, assez élevée pour surmonter de plusieurs pieds le sommet des branches de l'arbre, et formant un triangle assez évasé par le haut pour que ces mêmes branches ne touchent point le montant de l'échelle. Quatre perches réunies par le haut et assez élevées produisent le même effet, et sont plus maniables que les échelles. On attache fortement au sommet une poulie dans laquelle passe une corde dont le bout est terminé par un nœud coulant. On commence par ouvrir le nœud assez pour le faire passer tout autour des branches, et on le descend ensuite sur le tronc ; là on le serre, mais auparavant on a soin de faire glisser la corde entre les branches, de la fixer le plus qu'il est possible sur la perpendiculaire, enfin de garnir avec de vieux chiffons la partie du tronc que le nœud doit embrasser. Des hommes prennent l'autre extrémité de la corde passée par la poulie, la tirent, et ils soulèvent l'arbre de manière que la base des racines soit au-dessus de la partie supérieure de la caisse. Par ce moyen l'arbre reste suspendu ; l'on peut, fort à son aise, supprimer les racines superflues et replacer la motte dans le milieu de la caisse.

Si on trouve ce moyen trop embarrassant, on peut décaisser un oranger avec un levier semblable à celui dont on se sert pour soulever les voitures, lorsqu'il s'agit de graisser les roues.

Lorsque l'on est privé du secours de l'une de ces machines, la nécessité oblige de casser le pot ou de couper la caisse, et de tirer l'arbre en dehors à force de bras ; mais comme la circonférence de la tête des orangers est ordinairement du double, ou du triple et même du quadruple de celle de la caisse, il arrive presque toujours que les branches froissées contre le sol sont endommagées ou cassées. D'ailleurs il est très difficile de tourner l'arbre dans tous les sens, lorsqu'il s'agit de retrancher les racines superflues. Pour le rencaisser c'est encore un nouvel embarras, il faut multiplier les bras, on augmente la dépense et les accidens lorsque tous les travailleurs ne sont pas intelligens ; au lieu qu'avec le secours des machines, l'arbre se place de lui-même dans le milieu de la caisse et sur la ligne la plus perpendiculaire.

Plusieurs jardiniers placent dans le fond du pot ou de la caisse des graviers ou des décombres à la hauteur d'un pouce ou deux, dans la vue de donner issue aux eaux superflues des arrosemens, et par-là d'empêcher la pourriture des racines. A la vérité cette méthode est bonne ; mais je me suis également bien trouvé de jeter dans ce fond une couche de deux pouces de fumier pailleux et bien serré.

Il y a deux manières de disposer la terre dans la caisse ; dans la première on bat la terre, on la serre le plus que l'on peut jusqu'à la hauteur sur laquelle doit reposer la motte de l'arbre. L'oranger mis en place, on ajoute de la terre tout autour, on la serre et on la bat de nouveau, jusqu'à ce que l'on soit parvenu à remplir le pot ou la caisse. Le but de cette opération est d'empêcher, 1° que l'eau des arrosemens ne pénètre trop promptement la terre, ne la délave et n'entraîne avec elle la graisse de la terre, l'humus ou terre végétale soluble dans l'eau ; 2° que le tronc de l'arbre ne soit couché d'un côté ou d'un autre par les coups de vent.

Dans la seconde méthode on ne foule point la terre, mais on connoît jusqu'à quel point elle doit se tasser. Alors on dispose la motte de manière que le collet des racines excède d'autant la superficie de la caisse ; et à mesure que la terre se tasse l'arbre s'enfonce ; mais comme il reste un grand nombre de racines à découvert, on a le soin de garnir tout le pourtour de la caisse ou du pot avec de petits morceaux de planches, ou avec des briques ou des tuiles plates et minces, d'où résulte un encaissement que l'on remplit de terre. Au premier arrosement la terre se plombe et l'arbre descend ; enfin, après quelques jours il est aussi enfoncé qu'il doit l'être ; alors on débarrasse la superficie de la caisse de la masse de terre qui est devenue inutile.

Cette seconde méthode est à tous égards préférable à la première, qui a été adoptée par le travailleur paresseux, afin d'arroser moins souvent, mais beaucoup trop à la fois, comme on le dira ci-après.

De la suppression des racines. La végétation de l'oranger et du citronnier est rapide, soit pour les branches, soit pour les racines ; et ces dernières remplissent tellement la caisse la plus grande, qu'à la fin de la seconde année elles tapissent leurs parois intérieures ainsi que le fond. Les jardiniers donnent le nom de *perruque* à ces chevelus, parcequ'ils sont tellement entrelacés et placés si près les uns des autres, qu'ils

semblent former un tissu de cheveux : cette surabondance de
chevelus nécessite leur suppression à la fin de la seconde année.

La majeure partie des jardiniers ne laisse pas à la souche le
diamètre d'un pied en tout sens, de manière qu'il ne reste
pour ainsi dire que les chicots des grosses racines. Comme il
ne reste plus de proportion entre les racines et la tête de l'arbre, on est forcé de serrer, de battre la terre tout autour du
pied, afin qu'elle ne cède pas à la moindre agitation que le
vent imprimera aux branches, et afin que le tronc reste perpendiculaire. Un homme de bon sens concevra aisément que
cette terre si fortement serrée équivaut à de l'argile, et que les
nouvelles racines et chevelus que l'arbre va pousser, auront
la plus grande peine à la pénétrer ; dès-lors la végétation des
branches doit nécessairement languir pendant un temps considérable, d'où résulte la chute presque totale des feuilles, et
la couleur pâle, jaune et souffrante des premières qui paroîtront.

Il vaut beaucoup mieux laisser plus de diamètre à la masse
des racines, n'enlever et ne couper que les chevelus qui tapissent la caisse, et retrancher seulement les racines à trois ou
quatre pouces. S'il se trouve de grosses racines, il est essentiel de ne pas les couper en bec de flûte, mais le plus net et
le plus rond qu'il sera possible. Cette plaie se cicatrise et non
pas celle en bec de flûte : sans cette précaution la pourriture
fait de grands ravages. On dira peut-être qu'en laissant une
telle étendue aux racines, il faudra chaque année décaisser les
arbres, afin d'éviter le trop plein, et que c'est multiplier
inutilement la dépense et les travaux. Si de cette opération il
résultoit une plus ample récolte de fleurs et de fruit, si l'arbre
se portoit et prospéroit beaucoup mieux, ne seroit-on pas amplement dédommagé de ses avances? Mais cette dépense que
l'on redoute n'est pas nécessaire. Il suffit, l'année d'après l'encaissement, de donner un demi-encaissement, c'est-à-dire
sur tout le pourtour intérieur de la caisse, et sur une largeur
de quatre pouces, d'en enlever la terre ainsi que les chevelus.
On enfonce successivement le tranchant d'une bêche, on retire la terre pénétrée par les racines et qu'elle a coupées, et
ainsi successivement sans en déranger le tronc. Ce travail renouvelle une bonne partie de la terre, et l'oranger ne s'aperçoit pas qu'on lui ait enlevé des chevelus qui ne lui sont plus
d'aucun secours. Les chevelus placés entre les parois de la
caisse et de la terre ne servent point, ou du moins très peu à
la nourriture de l'arbre, et ils absorbent inutilement une humidité nécessaire aux grosses racines. L'oranger profite pendant
toute l'année de la bonification que l'on ajoute à l'ancienne
terre.

De l'arrosement. Il est inutile de répéter ici ce qui a déjà été dit au mot ARROSEMENT, sur la qualité des eaux, sur leur degré de fraîcheur, et sur le temps auquel il convient d'arroser. Il suffit d'observer que l'on arrose trop à la fois, d'où il résulte plusieurs inconvéniens. Les grands lavages dissolvent l'humus et l'entraînent ; ce qui appauvrit considérablement la terre matrice. Les racines se trouvent pendant quelques jours environnées d'une eau surabondante, dans laquelle les matériaux de la sève se trouvent noyés, et celle qui est portée aux branches est trop aqueuse et trop délayée ; on peut s'en convaincre : si on cueille une orange mûre, on trouvera en la mangeant qu'elle ne sent que l'eau ; la même observation a lieu lorsque des pluies continuelles ont trop abreuvé les feuilles et la terre. Il vaut beaucoup mieux donner chaque jour, suivant le besoin ou le climat, de petits arrosemens capables de maintenir une légère humidité dans la terre, et rien de plus : mais dans les pays méridionaux l'oranger demande de larges et fréquentes IRRIGATIONS. *Voyez* ce mot.

On a coutume dans presque tous les pays de donner à chaque pied d'oranger, immédiatement après l'encaissement, ce qu'on nomme une *lessive.* Cette préparation varie ; et suivant le système de chaque jardinier elle est plus ou moins surchargée. Elle consiste en général dans un mélange de crottin de cheval, de celui de mouton, de fiente de vache, de lie de vin, de salpêtre, etc., et de toute espèce d'assemblage ridicule qu'on imagine. Les plus sages se contentent d'avoir du fumier vieux, bien consommé, point éventé, d'en jeter une quantité proportionnée au besoin dans un bassin, dans un creux, etc., de le remplir d'eau, et de laisser le tout ainsi pendant plusieurs jours. La fermentation ne tarde pas à s'y établir, et lorsqu'elle s'est bien manifestée on arrose les caisses avec cette lessive. L'opération est très bonne en elle-même, mais dans ce cas elle est faite à contre-temps, puisque la terre des caisses est censée avoir déjà été préparée avec soin. Elle n'exige donc pas dans ce moment une surabondance de principes, sur-tout quand les racines n'ont pas encore travaillé : un arrosement avec de l'eau simple suffit. Si l'on emploie cette lessive un mois après elle produira beaucoup plus d'effet, et réparera le commencement de la déperdition de principes que la terre aura déjà éprouvée : mais un moyen plus simple m'a toujours réussi, soit au centre, soit au midi du royaume ; tous les mois, ou toutes les six semaines au plus tard, je fais enlever le fumier qui couvre la caisse : et il est suppléé par du crottin de cheval ou de mulet, encore frais, sur une épaisseur d'un bon pouce ; l'eau de l'arrosement en détache la partie soluble et la porte à toutes les racines.

Plus on approche des provinces du midi, plus il est nécessaire d'entretenir une couche de fumier ou de débris de végétaux sur la surface de la caisse. La chaleur trop active excite une trop grande évaporation des principes aqueux de la terre ; c'est donc un bien petit embarras que celui de renouveler cette couche.

De la taille. Quelques uns prétendent que la taille des orangers est très difficile ; elle l'est comme celle des autres arbres, quand on ne s'y entend pas et qu'on n'étudie point ni leur nature ni leur façon de pousser. On n'a pas, à ce qu'il paroît, assez distingué dans le régime de l'oranger la taille proprement dite, et l'ébourgeonnement; la première a pour objet la pousse actuelle ; toutes deux étant fort différentes doivent être traitées différemment.

On demande s'il faut tailler les orangers en sortant de la serre, ou après qu'ils ont donné leurs fleurs, ou avant de les rentrer ? Chacune de ces époques a ses partisans. Ceux qui taillent après la fleur, et qui suppriment ou raccourcissent à mesure les pousses irrégulières, confondent la taille avec l'ébourgeonnement. Quelques uns laissent aller les arbres à leur gré, et se contentent pour éviter la difformité de retrancher les branches mortes ou qui s'échappent.

Il est des particuliers qui taillent au printemps et qui ébourgeonnent durant la pousse. Ils traitent les branches fructueuses des orangers comme celles des autres arbres, en allégeant les bois à fleur, et les conservant autant qu'il est possible, sauf à ravaler après la fleur, lors de l'ébourgeonnement, celles des branches à fruit qui pourroient faire difformité. Les partisans de cette méthode allèguent en sa faveur le recouvrement le plus prompt alors des plaies faites aux arbres, et ils prétendent que leur vigueur, leur santé et leur accroissement en sont les suites. En convenant qu'elle est assujettissante, parcequ'il faut de quinzaine en quinzaine ébourgeonner les orangers, ils assimilent cette sujétion à celle qu'occasionnent nos espaliers pour lesquels on prend les mêmes soins. La plupart de nos jardiniers taillent les orangers immédiatement après la fleur. Cette méthode a ses avantages et ses inconvéniens. La taille étant faite à la fin de juillet, vers le solstice d'été, qui est le temps de la plus grande pousse de ces arbres, la production du nouveau bois est aisée, et les bourgeons peuvent encore s'aoûter ; d'un autre côté, vous les obligerez à faire de nouvelles pousses à la place de celles que vous leur ôtez dans le temps où ils se sont comme épuisés à produire leurs fleurs. Si on ne leur supprimoit pas à la taille une aussi grande quantité de bourgeons, il est certain qu'ils auroient assez de force pour les nourrir, puisqu'ils en reproduisent un nombre équivalant à ceux qu'on leur a ôtés, et que la sève qui passe dans ceux-là eût suffi pour substanter ceux-ci. Or, je demande pourquoi abattre ce que la plante ne manque pas de repousser ; ce qui lui est necessaire, et ce qu'elle est elle-même forcée de reproduire, parcequ'elle ne peut pas s'en passer ?

Si au lieu de dépouiller, comme on fait, les orangers de tous leurs bois, on les ménageoit davantage, on en tireroit un meilleur parti. Tous les jardiniers taillent suivant leur goût particulier, sans principes, sans règles ; mais quelles sont les bonnes règles ? En voici un exposé succinct.

Je commence par adopter la méthode de ceux qui taillent leurs arbres au sortir de la serre. Deux sortes de branches s'offrent d'abord ; savoir, des bois de la pousse précédente et des bourgeons nés durant le séjour des orangers dans la serre. Les premiers se sont allongés, ou n'ayant pas eu le temps de se former en entier, sont fluets, ou ont péri durant l'hiver ; la peau des seconds est flasque ou trop tendre, et ils ne résistent point au grand air. Il faut donc les recéper ou rabattre à un bon œil, et la vraie saison est le printemps. En taillant ou supprimant alors quelques branches de vieux bois, mortes ou mourantes, l'arbre n'en poussera que mieux.

On taille encore toutes celles qui s'emportent, qui excèdent ou qui s'abaissent trop, celles dont l'extrémité est fluette, celles qui, ayant poussé doubles ou triples, n'ont pas été éclaircies lors de l'ébourgeonnement, ou qui sont nées postérieurement à cette époque ; on les taille, dis je, par-tout où se trouvent de bons yeux, et on les arrête dessus. Ces branches ainsi rapprochées font éclore par la suite des bourgeons dont on se sert pour renouveler l'arbre.

Si l'on trouve qu'un oranger a poussé plus d'un côté que de l'autre, ou qu'il paroisse vouloir s'y jeter, on laisse au côté fougueux beaucoup de branches et de bourgeons, dussent-ils faire un peu confusion. Au contraire on soulage amplement le côté foible ; par ce moyen le côté fort, étant plus chargé, fait un emploi de sève plus considérable que si on le tenoit court.

L'oranger a une sorte d'inclination à pousser des branches longuettes, à larges feuilles, qui se rabattent horizontalement et tombent sur les inférieures. Beaucoup de branches fortes, dont les feuilles larges et épaisses abondent de sucs nourriciers, se renversent pareillement sur celle du dessous. On remédiera à ces inconvéniens en taillant court et les mettant sur un œil du dehors pour faire éclore des bourgeons montant perpendiculairement.

Une des perfections des orangers, outre leur figure ronde et régulière, est d'être également pleins par-tout. Il en est où se trouvent des vides causés par la mortalité ou par la fracture des branches. Comment réparer ces défauts ? Voici ce qu'un jardinier intelligent ne manque pas de faire. Le vide se rencontre dans le haut de l'arbre, dans son contour, ou dans le bas ; si c'est dans le haut, le jardinier prend deux petites baguettes qu'il attache en croix au milieu de la partie vide, et y amène les branches voisines. On remédie aux lacunes des contours en attirant avec des osiers ou des joncs les branches les plus proches vers le côté défectueux. On fait la même chose dans le bas, où l'on force un peu avec un osier fort, et jamais avec du fil d'archal, les gros bois pour les amener, de façon que les branchages se rapprochent par leur extrémité.

Il arrive encore à l'oranger de produire des branches fortes et bien nourries qui ne sont pas néanmoins des gourmands. Comme elles dérangent sa belle ordonnance, et que l'arbre est d'ailleurs suffisamment rempli, il faut les supprimer. Quantité de petits jets ont poussé en juillet et en août aux aisselles des branches fortes ; on a négligé de les ôter lors de l'ébourgeonnement ; et plusieurs ont grossi et se sont Aoûtés. (*Voyez* ce mot.) C'est encore à la taille qu'ils doivent être retranchés.

Les jardiniers, pour avoir plus tôt fait, cassent ces jets : pratique vicieuse dont les suites sont de petites esquilles qui nuisent à l'œil voisin, font difformité, et causent par la suite, en se séchant, une sorte de petit chancre. On aura l'année précédente laissé des gourmands ou des branches de faux bois à certains endroits garnis de bois mesquin. C'est au temps de la taille qu'on coupe ces derniers et qu'on se retranche sur les premiers. Il faut, autant que la régularité de l'arbre le permet, tailler un peu long ces sortes de bois, et les charger, en leur conservant quelques uns de leurs bourgeons du bas, sauf à les retailler en ravalant quand ils auront jeté leur feu.

Quoique nous conseillons de faire prendre aux orangers cette forme de calotte ou de dôme qui plaît si généralement, néanmoins nous ne croyons pas qu'il faille sacrifier leur santé ni leur fécondité. L'utilité peut s'allier avec une certaine décoration. Nous connoissons beaucoup de jardiniers dont les arbres, sans être parfaitement symétrisés, ne sont point difformes, et qui leur rapportent par an des sommes considérables.

De l'ébourgeonnement. Les orangers font ordinairement éclore trois ou quatre bourgeons ensemble : c'est le plus droit, le mieux nourri, le mieux placé qu'il faut conserver. On les visitera une fois le mois, et vers le solstice d'été tous les quinze jours. Depuis la fin d'août jusqu'au temps où l'on les serre, l'ébourgeonnement n'a plus lieu. Quantité de jardiniers, et La Quintinie entre autres, s'accordent à laisser croître la tête de leurs arbres de six pouces au pourtour pour chaque bourgeon de l'année, ce qui fait un pied de diamètre. Il s'en faut bien que cette règle soit suivie ; si elle l'étoit, on ne les verroit pas presque toujours les mêmes. De plus, si un oranger augmentoit chaque année dans cette proportion, sa tête au bout de six ans auroit une toise de plus dans son diamètre, ce qui en feroit trois de tour. Les orangers de Versailles, âgés de plus de cent ans, n'ont pas cent pieds de diamètre, qui en feroient trois cents de tour. La cause de leurs progrès peu sensibles doit être attribuée ou au défaut de conduite ou aux évènemens fâcheux, tels que les vents, la gelée et la grêle, qui obligent de les rapprocher de temps à autre. D'ailleurs, si tous les ans ils croissoient d'un pied de diamètre, quelle caisse les contiendroit, et quelle serre pourroit les recevoir ?

Nous avons parlé, dans le paragraphe précédent, de certains bourgeons qui se rabattent sur leurs inférieurs : voici comment on les ébourgeonne. Ou ils sont nécessaires dans la place qu'ils occupent, ou ils ne le sont point ; dans le premier cas on les conserve, mais on les empêche de se renverser, en attachant en travers ou perpendiculairement une petite baguette aux branches voisines, qui leur sert de tuteur jusqu'à ce qu'ayant été aoûtés ils aient pris leur pli. Dans le second cas, on les supprime entièrement. Il peut arriver qu'il n'y ait qu'une partie de ces bourgeons d'utile pour la forme de l'arbre, ou pour remplacer quelque petite pousse voisine : on les raccourcit alors à trois ou quatre yeux en les faisant monter droit, et ces yeux font éclore de bons bourgeons, dont par la suite on fait choix pour garnir l'arbre.

Dans le fort de la pousse des orangers, au commencement de juillet, sur-tout lorsque les années sont humides, il paroît une multitude de petits faux bourgeons maigres, tendres, et d'un vert pâle naissant. Ces branches folles, qui poussent fréquemment des aisselles des gourmands, peuvent se couper dès leur naissance avec l'ongle du pouce. Ce qui embarrasse le plus dans nos orangers, comme dans nos autres arbres fruitiers, ce sont les gourmands et les demi-gourmands. Il est des moyens sûrs d'en tirer de grands avantages et d'éviter les maux qu'ils peuvent occasionner. Ils deviennent très précieux toutes les fois qu'ils sont placés avantageusement, c'est-à-dire qu'ils n'ont autour d'eux que du bois mesquin et des pousses chétives, ce qui les met en état de renouveler cette partie de l'arbre où ils ont pris naissance. Il y a pour lors deux moyens d'en faire usage ; le premier est de ne point trop laisser grandir ces gourmands, mais de les arrêter de bonne heure pour leur faire pousser des drageons capables de garnir la place. On les coupe à cet effet à moitié au-dessus d'un œil, d'où il arrive que plusieurs yeux du bas s'ouvrent et font éclore des bourgeons. On les ravale ensuite sur un d'eux, et même sur le dernier : celui-ci s'allonge et a encore le temps de s'aoûter, et l'année suivante on taille dessus. Le second moyen est de supprimer ce bois frêle quand le gourmand est en état de le suppléer ; ce qui est du ressort de la taille.

Faire une tête aux orangers n'est pas l'ouvrage d'une seule taille, ni d'un seul ébourgeonnement. Il faut durant plusieurs années les redresser et les corriger, leur donnant l'essor du côté où ils poussent trop, et les tenant courts du côté foible, puis rabattant, lors de la pousse, la partie trop forte, et serrant fort près du haut, pour leur procurer une figure ronde et régulière également par-tout. De même leur beauté consiste à être un peu haut montés, et à avoir une taille élégante ; ce qu'ils acquièrent lorsque d'année en année on élague tantôt une branche et tantôt une autre ou plusieurs. J'ai vu des jardiniers qui, pour avoir plus tôt fait, élaguoient tout à la fois leurs arbres dont ils faisoient par la tige ce que l'on appelle des *manches à balai*. (R.)

La méthode qui se suit à l'orangerie de Versailles, orangerie que le principal conducteur Péthou dirige depuis quarante ans avec tant de distinction, est, à mon avis, préférable à celle dont on vient de parler. Là on pense avec raison que la tête d'un oranger doit être toujours proportionnée et à la capacité de la caisse où il se trouve placé, et à la qualité de la terre qui le nourrit. En conséquence lorsque cette tête, malgré les tailles et les ébourgeonnages annuels, est parvenue à une trop grande largeur, qu'on s'aperçoit qu'elle commence à souffrir, ce qui arrive tous les six à huit ans, on raccourcit ses branches sur le vieux bois, à quelques pouces seulement au-delà de la dernière opération du même genre. L'arbre est ainsi presque complètement dépouillé de feuilles, et ne porte pas de fleurs pendant deux ans ; mais il ne tarde pas à pousser des bourgeons vigoureux qui sont facilement dirigés pour former une tête bien touffue et également garnie, et ensuite ses fleurs sont plus belles et plus nombreuses qu'auparavant. Tous les amateurs peuvent se promener dans cette orangerie et juger des grands avantages de cette méthode pour la prospérité des orangers.

Les formes globuleuses ou en champignon, qui sont indiquées plus haut comme devant être données aux orangers, ne me paroissent pas les meilleures. Celle qui est employée pour ceux de Versailles est certainement préférable et pour la beauté du coup d'œil et pour la production des fleurs. C'est un cylindre un peu bombé en dessus et dont la hauteur est un peu plus grande que la largeur. Il suffit de comparer cette forme aux autres pour être convaincu de sa supériorité. (B.)

De la conduite de l'oranger en pleine terre. Cette culture en France doit tout à l'art, ou tout à la nature. Le premier triomphe dans les espaliers placés derrière de bons abris, et par le secours de vitraux, de tuyaux de chaleur, etc. ; et le second est l'effet de la situation : tels sont quelques cantons privilégiés de la Basse-Provence et du Roussillon. C'est un luxe assez déplacé que de vouloir braver la rigueur des hivers en multipliant les soins et les dépenses. Il ne faut qu'une seule nuit, qu'un seul jour, ou qu'une seule inadvertance de la part du jardinier pour perdre le fruit d'un travail de longues années. On se fait honneur de la difficulté vaincue, lorsque l'entreprise réussit ; mais que cette gloriole est froide et passagère ! Combien peu elle dédommage de l'assujettissement journalier qu'elle exige !

La culture artificielle de l'oranger en pleine terre se réduit à deux points : à avoir des espaliers, ou bien des orangers à hautes tiges. Les premiers sont plus aisés à conduire, puisqu'ils sont déjà bien abrités d'un côté par des murs ; il ne s'agit plus que de leur donner un toit et un mur factice sur le devant : tels sont les espaliers du château de la Chaise dont on a déjà parlé. A mesure que le froid augmente, on remplit l'espace avec des feuilles, et on redouble le feu dans les conduits de chaleur qui règnent d'un bout à l'autre. Dans les endroits où le froid est de cinq à six degrés au plus, ces conduits deviennent inutiles, pour peu que la toiture et les murs de face soient assez bien calfeutrés pour qu'il ne s'établisse aucun courant d'air. Les toits en bois sont préférables à ceux en paille, les eaux pluviales les pénètrent moins. Cependant, si la paille est arrangée avec autant de soin que l'est le chaume sur les maisons dans quelques cantons de l'empire, elle fournit alors la toiture la meilleure et contre le froid et contre les pluies. Les murs de face ne doivent être formés que par des planches dont la jointure est recouverte par une petite bande en bois. On glisse ces planches les unes après les autres dans la forte rainure ménagée dans la pièce de bois qui les fixe par le bas, et dans celle du haut qui supporte le toit, de la même manière qu'on ferme le devant d'une boutique par des planches qui glissent dans les coulisses. Dans le milieu sont deux montans qui se placent dans les mêmes coulisses, et qui sont assujettis par en haut et par en bas avec des chevilles de fer que l'on pose et que l'on enlève à volonté. Ces deux montans servent de support à la porte, que l'on tient ouverte ou fermée suivant le besoin ; mais dans les provinces du midi, elle ne reste guère close plus de quinze jours à trois semaines peudant tout l'hiver. Si la crise passagère du froid devient très-rigoureuse, on recouvre ces planches avec de la paille ou avec des paillassons. Avant l'hiver on a le soin de garnir toute la surface de la terre d'une bonne couche de fumier. Dans beaucoup d'endroits on se contente de couvrir les orangers avec de simples paillassons. Le coup d'œil agréable qu'offrent ces arbres, la récolte très lucrative de leurs fleurs et de leurs fruits encore verts et petits, tout invite à multiplier leurs espaliers, puisqu'ils exigent si peu de soins et si peu de dépenses; mais dans les provinces du nord, de semblables espaliers sont de purs objets de luxe qui rapportent très peu, et qui ne conviennent qu'à des financiers ou à de très grands seigneurs, qui préfèrent la difficulté vaincue à un espalier d'arbres fruitiers ordinaires, bien plus productifs et plus analogues au climat.

La conduite des orangers est la même que celle des autres arbres, pour la taille, l'ébourgeonnement, etc.; mais ces arbres exigent une terre bonne, souvent renouvelée, et sur-tout bien fumée. Avant de les planter on doit s'assurer de la profondeur de la couche végétale, reconnoître si elle est au moins de quatre pieds de diamètre, et sur-tout si elle ne repose pas sur une couche d'argile : cette dernière retient l'eau, et l'aquosité fait pourrir les racines. Il en est ainsi des fonds marécageux ou constamment trop humides.

Avant l'hiver, ainsi qu'il a déjà été dit, on couvre le sol d'une couche de fumier d'un à deux pouces d'épaisseur. Après l'hiver, c'est-à-dire au commencement de mars, ce fumier est enfoui par un fort binage, et lorsque la sève commence à être en mouvement, on donne une ample mouillure avec la lessive dont on a parlé. La multiplicité des racines de l'oranger, et sur-tout de ses chevelus, effrite beaucoup la terre, détruit le gluten qui donnoit du corps à ses molécules, enfin absorbe l'humus ou terre végétale, seule partie qui constitue la charpente des plantes. Il est donc essentiel de réparer ces pertes par la suppression de la terre usée, et par l'addition d'une terre remplie des matériaux de la sève. Le même travail des orangers en caisse doit avoir lieu pour les espaliers, c'est-à-dire que tous les deux ou trois ans on enlève, après l'hiver, la couche supérieure, et qu'on ouvre une tranchée à une certaine distance du pied de l'arbre, en ménageant soigneusement les racines que l'on trouve : on remplit, et on recouvre le tout avec de la terre préparée. Le plus grand défaut de tels espaliers bien conduits est de pousser une trop grande quantité de bois nouveaux ; les citronniers sur-tout, qui exigent beaucoup de connoissance et de pratique dans la personne qui est chargée de les entretenir. Un seul oranger peut facilement couvrir un mur de huit pieds de hauteur sur vingt à vingt-cinq de longueur, et c'est à tort qu'on n'espace ces arbres qu'à dix ou douze pieds, principalement les citronniers, dont les pousses sont trois fois plus fortes que celles de l'oranger.

Quant aux orangers à haute tige, ou taillés en éventail, ou même en buisson, qui restent toute l'année en pleine terre, on élève, pour les conserver, une charpente destinée à cet effet, et dont la longueur et la largeur sont proportionnées à l'espace qui demande à être recouverte. De grandes pierres plates sont, de distance en distance, enfoncées en terre, et dans le milieu sont pratiquées des ouvertures carrées pour recevoir les pieds droits qui doivent supporter les pierres du toit, et recevoir les traverses des côtés. Chaque traverse est sillonnée par une forte rainure ou coulisse dans laquelle l'on fait glisser les planches de fermeture. Dans certains endroits, on supplée ces coulisses par des volets : cette méthode est plus sûre, parce-qu'on est moins exposé à avoir des courans d'air, des planches déjetées, et qu'enfin on les ouvre et on les ferme plus commodément à volonté : on a soin de placer de distance en distance des vitraux, afin que la lumière du jour éclaire l'intérieur de cette orangerie. Cette précaution est essentielle, puisque sans la lumière les bourgeons s'étiolent, les feuilles jaunissent, et l'arbre souffre beaucoup. Si le besoin l'exige, on allume des poêles garnis d'une longue suite de tuyaux, afin de conserver plus long-temps la chaleur et économiser le bois. La saison décide du nombre de volets qui demandent à être ouverts ou fermés. Avec de semblables précautions, les arbres ne s'aperçoivent pas qu'ils sont transportés dans des climats qui leur sont presque étrangers. Lorsqu'on ne redoute plus les gelées, toute cette charpente est démontée aussi facilement qu'elle avoit été mise en place, puisque chaque pièce de bois n'est assujettie que par des clavettes ; et chaque pièce est transportée sous un hangar, pour y rester pendant la belle saison. Chacun peut aisément imaginer de semblables serres, et les faire construire avec les matériaux les moins chers du pays. *Voyez* ORANGERIE.

Aux îles d'Hyères, à Grasse, à Nice, en Espagne, en Italie et en Corse, ces soins sont inutiles. La douceur du climat pendant l'hiver dispense des soins qu'on est forcé ailleurs de prodiguer aux végétaux étrangers ; l'oranger y végète, y croît comme nos arbres fruitiers : il s'y élèveroit fort haut si on le lui permettoit, mais comme on le cultive pour en récolter les fleurs, les fruits, encore jeunes ou à leur parfaite maturité, on est forcé d'arrêter leurs tiges à une certaine hauteur. Cet arbre exige, dans ce pays comme ailleurs, beaucoup d'engrais et qu'on travaille la circonférence du pied de l'arbre. Les Génois viennent jusqu'en Languedoc acheter la colombine.

Les orangers plantés dans des caisses exigent de fréquens arrosemens : il n'en est pas tout-à-fait ainsi de ceux qui sont en pleine terre, parceque leurs racines trouvent assez de place pour s'étendre, pour plonger et aller pomper au loin l'humidité ; malgré cela des irrigations copieuses et faites à propos leur sont d'une grande utilité. J'ai vu des haies de citronniers semblables à celles qui ferment les héritages, qui, quoique non arrosées, étoient cependant chargées de fruits. Il faut, il est vrai, convenir que le suc de leurs fruits-citrons étoit trop acide, parceque les arbres avoient manqué d'eau.

L'oranger livré à lui-même n'exige pas d'autres soins que nos arbres fruitiers à plein vent ; il suit, comme eux, les lois de la nature, et n'a presque aucun besoin de la main de l'homme. Retrancher la sommité des bourgeons qui périt quelquefois, supprimer les branches mortes lorsqu'il s'en trouve, élaguer de temps à autre les branches chiffonnes ou de l'intérieur ; voilà tout ce que cet arbre demande.

Des fleurs et des fruits. J'emprunte encore de l'ouvrage cité plus haut cet article si conforme au climat de Paris et des provinces voisines, mais qui ne l'est point à celui des pays méridionaux, où l'arbre n'est pas contrarié dans sa végétation. Cependant on feroit bien d'y approprier quelques pratiques indiquées par l'auteur. Nous empruntons ses propres paroles : « On distingue trois sortes de branches sur l'oranger, celles à bois, celles à fruit, et celles à bois et à fruit tout ensemble ; les unes de vieux bois et les autres de la pousse de l'année précédente. C'est vers le 11 de juin (climat de Paris) que les fleurs des orangers commencent à paroître, puis elles croissent de jour en jour ; quelques uns donnent des fleurs dans la serre même, et d'autres les y font éclore. Ces fleurs précoces, ordinairement petites et fort maigres, tombent sans parvenir à leur grosseur ; elles indiquent dans les sujets un dérangement mécanique, d'où je conclus qu'ils doivent être médicamentés, taillés souvent, et déchargés de fleurs.

« Les premières qui croissent dans l'ordre de la nature sont celles qui prennent naissance sur le vieux bois ; on les connoît aisément : au lieu de pousser une à une, ou deux à deux ensemble, elles sont groupées et entassées ; elles s'entrepoussent, et tombent fréquemment ; leur multiplicité les empêche de grossir, et elles nouent rarement. Ceux qui, autour de Paris, font un commerce de fleurs pour les bosquets, tirent de celle-ci un grand profit ; mais les curieux orangistes les jettent bas, et prétendent qu'elles détruisent les arbres. Quant aux fleurs des branches de la pousse dernière, elles sont grosses, longues, bien nourries, et plus communément placées aux extrémités que dans le bas : c'est une des raisons qui empêchent beaucoup de gens de tailler les orangers au printemps, après léur sortie de la serre.

« Il n'y a point de règles certaines pour la quantité plus ou moins grande de fleurs à laisser sur les orangers. Tout arbre fort qui n'aura pas été épuisé par la soustraction annuelle de son bois ne peut pas trop porter de fleurs ; mais à celui qui est fatigué, il ne faut point en laisser. On demande en quelle quantité elles doivent rester sur les arbres pour nouer et devenir oranges ? Voici mon sentiment que je soumets au jugement des personnes dégagées de toute prévention. Je ne puis voir, sans douleur, la quantité prodigieuse des branches qu'on abat tous les ans sur des orangers dont on fait autant de squelettes, pour leur faire pousser de nouveau bois qui aura son tour l'année suivante. Cette foule de bourgeons est jetée bas en pure perte pour l'arbre : on ne peut pas dire qu'ils soient mauvais, ni que ceux qui les remplaceront puissent être meilleurs. En vain me répondra-t-on que c'est pour rapprocher l'oranger, de peur qu'il ne s'emporte et ne s'étende trop. Voici un moyen plus efficace, et qui ne violente pas du moins la nature.

« On convient qu'un arbre vigoureux qui ne se porte point à fruit ne peut faire que des pousses fongueuses, mais que dès qu'il s'y met il devient sage : ainsi donc au lieu de réduire les orangers presque à rien, on doit leur faire porter assez amplement de fruits pour consommer la sève : cela ne revient-il pas au même ? on aura du moins un profit réel. Pourquoi la plupart de nos oranges arrivent-elles rarement à maturité, sont-elles dépourvues de goût, petites, sèches et rabougries ? C'est parcequ'elles prennent naissance sur des arbres qu'on altère dans le principe, dont on dérange le mécanisme par des coupes réitérées, et dont on détruit l'organisation par des encaissemens meurtriers, en coupant les racines, principe de toute végétation. Toutes ces mutilations enlèvent à l'arbre sa substance, et opèrent le même effet que des saignées fréquentes faites à un homme jeune et robuste. Lorsque cet arbre n'épanchera plus sa sève dans des bourgeons dont on le prive incessamment, que ses racines ne seront plus à l'air, qu'on ne le laissera plus manquer d'eau ; il poussera sagement, et ses fruits, venus dans l'ordre de la nature, mûriront et auront suffisamment de goût, c'est-à-dire autant que nos muscats blancs et violets, nos figues, nos melons, nos grenades, quoique leur goût soit inférieur à celui qu'ont ces fruits dans leur pays natal.

« C'est à l'âge, à la force, à la santé des arbres, et à diverses circonstances qui décident de leur état, à régler la quantité d'oranges qu'ils peuvent nourrir ; je crois qu'on doit la proportionner à celle du bois que tous les ans on a coutume de leur ôter. Ainsi , par exemple , je suppose que la suppression que je fais annuellement des pousses d'un oranger puisse équivaloir à une trentaine d'oranges, je lui en laisse ce nombre ; si je crois que c'est trop , ou pas assez , je me réforme. Ces fleurs doivent être laissées dans le bas des branches , près de l'endroit où est la jonction , et non dans le centre de l'arbre , où le fruit seroit trop ombragé , non plus qu'à l'extrémité des branches , où son poids pourroit occasionner leur fracture lorsque le vent les agite. L'oranger ayant beaucoup de disposition à jeter ses oranges toutes nouées, il faut lui en laisser nouer plus que moins , sauf à le décharger si le nombre se trouve trop grand. On conserve encore les fleurs les plus allongées , qui ont la queue la plus grosse , et qui se portent vers le haut.

« On cueillera tous les jours la fleur d'orange lorsqu'elle sera fermée encore , mais prête à s'ouvrir ; l'après-midi, sur les cinq ou six heures , quand le soleil commencera à passer , jamais durant ni immédiatement après la pluie. On observera de ne point tirer ni casser , mais, avec l'ongle du pouce , de détacher en coupant et en la prenant dans son pédicule. Il n'est pas besoin de recommander qu'en transportant l'échelle double on doit veiller à ne point offenser les branches.

« A l'égard des oranges , depuis le temps où elles nouent jusqu'à celui de leur maturité , elles sont ordinairement sur les arbres durant quinze mois. C'est une des raisons pour lesquelles leurs feuilles se conservent plus long-temps et ne tombent point toutes à la fois ; elles ont toujours à travailler pour ces fruits : leur séjour prouve encore que, par leur ministère et les fonctions qu'elles sont chargées de remplir envers les arbres , elles préparent et digèrent la sève. La Quintinie prétend que les feuilles des orangers les plus vigoureux sont trois ou quatre ans attachées à la branche , et qu'aux autres elles ne restent pas plus d'un à deux ans. Je puis assurer , au contraire , que chaque feuille tombe à peu près dans le cours de l'année , à compter du jour de sa naissance. Lorsqu'on voit les oranges à leur grosseur, vers le temps que j'ai indiqué, on les tire foiblement ; si elles se détachent, c'est un signe qu'elles sont à leur point de maturité ; si elles résistent , on les laisse sur l'arbre. »

L'oranger est pour les pays méridionaux ce que les arbres fruitiers et à plein vent sont pour la France ; on ne regarde pas de si près à leur fleuraison et à leur fructification. La récolte des fleurs est un objet considérable ; on les confit et on les distille, pour en obtenir ce qu'on appelle l'*eau de fleur d'orange* , et dont il se fait une très grande consommation. Cette récolte ne permet pas de laisser nouer un trop grand nombre de fleurs. On confit également les petites oranges , et par la cueillette qu'on en fait , on ne laisse sur l'arbre , pour mûrir , qu'une quantité déterminée par le coup d'œil ; moins on en laisse , et plus l'orange devient belle. Cependant il en est de ce fruit comme des poires , des pommes , etc. ; sa grosseur dépend beaucoup de la qualité de l'arbre , et de celle de sa greffe : on a beau multiplier les soins , les engrais , etc. , les fruits grossiront un peu plus à la vérité , mais ils ne seront jamais annuellement bien beaux. Si dans ces pays on attendoit la maturité complète du fruit , il faudroit le consommer sur les lieux mêmes , et il ne pourroit pas soutenir le transport sans pourrir : on est donc forcé de le cueillir long-temps avant sa maturité et avant l'hiver , comme nous récoltons les pommes de calville , de rainette , etc. ; il mûrit sur des tablettes ou dans les caisses que l'on expédie.

Des maladies de l'oranger et de ses ennemis. Ses maladies sont pour l'ordinaire une suite de l'éducation forcée que l'on est obligé de suivre afin de conserver cet arbre dans un climat si différent du sien ; elles sont moins fréquentes , moins graves et moins multipliées , à mesure qu'il approche d'un pays semblable à celui où la nature l'avoit placé : on ne les connoît pas en Chine , en Amérique ; elles sont rares en Espagne , un peu plus communes en Italie , et très fréquentes en France. Dans les pays méridionaux de l'Europe , la gomme et la jaunisse sont à peu près les seuls maux auxquels l'oranger est sujet. Le premier est dû à une transition trop forte du chaud au froid : quand la sève commence à être en mouvement , le froid fait refluer la matière de la transpiration dans la masse de la sève , la partie affectée devient livide , ensuite brune , et la gomme la recouvre. Ce mucilage produit sur l'oranger les mêmes ravages que sur nos arbres fruitiers à noyaux. (*Voyez* au mot GOMME les moyens d'en prévenir les suites dangereuses.) Les froids inattendus brûlent quelquefois la sommité des bourgeons qui ne sont pas encore bien aoûtés , et même une partie de la sommité de ceux qui sont plus nouvellement aoûtés : supprimer la partie morte et tailler jusqu'au vif est alors le seul remède. La couleur pâle et livide des feuilles dépend ou du peu de nourriture que les nombreux chevelus des racines trouvent dans une terre épuisée , ou du défaut d'irrigation , ou enfin d'une surabondance d'eau pluviale ou d'arrosement , sur-tout lorsque la couche de terre inférieure est argileuse.

Ces mêmes maladies se manifestent en France ; cependant on y voit très rarement la gomme en nature. Les mêmes marques subsistent , et sont la cause de grands dégâts , si on n'y remédie par l'amputation jusqu'au vif. Sans cette précaution, les chancres et la pourriture gagneront insensiblement toute la branche. Il est inutile de répéter que chaque plaie, que chaque coupure doit être recouverte avec *l'onguent de Saint-Fiacre*.

Outre les causes déjà indiquées de la jaunisse, la mutilation forcée des chevelus et des racines, lors de l'encaissement et du décaissement, y contribue beaucoup. En effet, comment peut-on concevoir qu'un oranger à haute tige, et dont la tête a six, huit pieds de diamètre, puisse recevoir une nourriture proportionnée à ses besoins par un bloc de tronçons de racines qui a un pied, ou tout au plus dix-huit pouces de diamètre, et qui est placé dans une terre surchargée d'eau? Le gros soleil que l'arbre éprouve en sortant de l'orangerie contribue encore à la jaunisse : les feuilles sont devenues tendres pendant l'hiver ; elles ont peu joui de la lumière, et le trop grand jour les affecte ; mais cette jaunisse est passagère et de peu de durée ; dès qu'elles sont accoutumées au plein air, elles reprennent promptement la couleur qui leur est naturelle. La jaunisse est encore quelquefois la suite d'une taille trop souvent réitérée qui détourne inutilement le cours de la sève. Une ou plusieurs de ces causes réunies font souvent perdre à l'arbre toutes ses feuilles. Si c'est par défaut de nourriture, on doit lui donner une nouvelle terre bien préparée, et de temps à autre une lessive, afin qu'il ait la force de réparer la perte qu'il vient de faire.

La brûlure provient encore quelquefois, sur-tout dans les provinces du midi, de fortes rosées ou de petits brouillards qui paroissent dans le courant de juin, et qui sont tout à coup dissipés par un soleil violent. On est sûr alors que le vent du midi veut chasser le vent du nord, et que dans la journée même le premier triomphera des efforts de son antagoniste : les pointes tendres des bourgeons en sont également affectées. On doit laisser tomber les feuilles d'elles-mêmes, c'est l'affaire de quelques jours, et supprimer les extrémités des bourgeons qui sont desséchées. Les feuilles et les pousses des citronniers, plus délicates que celles de l'oranger, sont communément les plus maltraitées. Si la rosée ou le brouillard sont légers et le coup de soleil moins chaud, alors l'arbre est exempt de brûlure, et tout le mal se réduit à une espèce de rouille sur les feuilles, qui n'est réellement dangereuse que lorsqu'elle est trop multipliée.

Les chancres s'annoncent sur les branches et sur les bourgeons ; on doit les traiter comme la gomme, ainsi qu'il a été dit plus haut.

La gale n'attaque point les orangers plantés en pleine terre. Sur ceux encaissés, elle provient sans doute ou du défaut de préparation de la terre, ou d'une sève viciée qui s'extravase, ou de telle autre cause que je ne connois pas. Le remède consiste à frotter les branches avec un bouchon de paille, ou avec une brosse à poils rudes, afin d'enlever les boutons galeux, et à passer légèrement par-dessus un peu d'*onguent de Saint-Fiacre*, que l'on détache aussitôt après qu'on l'a jugé inutile.

Les Cochenilles (*voyez* ce mot), dont la multiplication est excessive, sont les plus grands ennemis des orangers. Ces insectes passent l'hiver sur les pousses et sous les feuilles de l'année; ils y sont attachés et paroissent immobiles. Lorsque l'oranger est sorti de la serre, la chaleur du soleil tire ces insectes de leur engourdissement; ils quittent leur ancienne demeure, et peu à peu gagnent les nouveaux bourgeons et les jeunes feuilles. Là, par des piqûres multipliées, ils occasionnent une grande déperdition de sève dont ils se nourrissent, et la fourmi toujours en quête ne tarde pas à appeler ses compagnes. Il résulte de l'extravasation de la sève, de la multiplicité des insectes, et de celle de leurs excrémens, que les branches et les feuilles paroissent être couvertes d'une poussière noire qui s'oppose à la transpiration des humeurs superflues de l'arbre, et dérange, d'une manière marquée, le cours de la sève. Je ne répèterai pas ici ce qui a été dit au mot COCHENILLE, sur la manière de débarrasser l'arbre de ces parasites dangereux; j'insiste seulement sur l'usage de frotter le tronc, les branches et les feuilles avec une brosse souvent trempée dans du vinaigre très fort; c'est le seul moyen de détacher les galles-insectes et de les faire mourir. Plusieurs auteurs blâment l'usage du vinaigre; est-ce parcequ'il a une odeur vive et pénétrante? Mais elle ne nuit pas à l'arbre. Dira-t-on que le vinaigre bouche les pores de l'écorce, qu'il les resserre? Mais rien n'empêche de laver ensuite le tout à grande eau, et cette espèce de courant entraînera le gluten du vinaigre et les cadavres des insectes, ainsi que les débris de leurs excrémens. Le vinaigre tue également tous les insectes. Si on excepte les liqueurs acides, je doute qu'on en trouvât d'autres qui pussent les remplacer; je réponds, d'après mon expérience, de l'efficacité de ce moyen; l'opération est longue à la vérité, puisqu'il faut passer au vinaigre les feuilles et les branches les unes après les autres. Si on en connoît un plus prompt et plus efficace, je prie de me le communiquer. La cochenille est en général plus connue sous la dénomination impropre de *punaise*. Quand l'arbre en sera entièrement débarrassé, on est assuré que les *fourmis* n'accourront plus pour butiner (*voyez* ce mot); ce n'est pas l'opinion de plusieurs auteurs; mais s'ils prenoient la peine de bien examiner, ils verroient que les fourmis n'accourent que lorsqu'il y a extravasation de sève. Cependant les galles-insectes ne sont pas la cause unique de cette extravasation ; souvent des pucerons s'attachent au sommet des bourgeons , les piquent afin d'en tirer leur nourriture ; alors les fourmis accourent et profitent des restes de l'extravasation. Plusieurs rangs d'épis de blé barbus , la pointe des barbes en bas et attachée tout autour du tronc de l'arbre , empêchent la fourmi de parvenir à son sommet. Alors le mal est moins considérable , mais il l'est toujours assez. Ceindre le pied des caisses avec des terrines que l'on tient continuellement pleines d'eau est encore un moyen excellent contre les fourmis , non seulement pour garantir la tête de l'arbre de leurs excursions , mais encore pour les empêcher d'établir leur domicile dans la terre même de la caisse. A force d'aller , de venir , de fouiller , de creuser des galeries , elles mettent des racines à découvert, facilitent des issues trop libres à l'eau des arrosemens ; en un mot , l'arbre périt , si on ne détruit cette cause du mal. Le premier expédient est de changer la caisse de place , et de la laisser ainsi pendant plusieurs jours ; d'enlever autant de terre que l'on pourra de la caisse , de lui donner une nouvelle terre , de répéter cette opération pendant plusieurs jours de suite. À la fin les fourmis, se sentant sans cesse tracassées , prennent leur parti et abandonnent une retraite où elles ne sont plus en sûreté. Pendant cet intervalle on met du fumier frais sur la place que la caisse avoit occupée , ou on fouille la terre à un pied de profondeur ; la fouille est renouvelée chaque jour , et est chaque jour fortement arrosée ; alors la fourmi ne trouvant plus une libre issue à travers cette terre pâteuse, en établit ailleurs de nouvelles. Si la caisse est portée par une dalle ou large pierre carrée , il faut lever cette pierre , et on trouvera par-dessous les principales entrées des galeries de fourmis , et même le dépôt de leurs œufs.

Du temps auquel on doit enfermer les orangers , et de leur conduite dans la serre. Dans les provinces un peu montagneuses, et même dans les plaines qui sont à quelques lieues de là, et qui sont abritées par des chaînes de montagnes éloignées , on est souvent forcé de fermer les orangers plus tôt qu'on ne le voudroit , pour éviter les petites gelées trop fréquentes à la fin du mois d'octobre, ou au commencement de novembre. Ces gelées sont quelquefois assez fortes pour endommager la partie encore trop tendre des jeunes branches. Le terme à peu près de ces gelées est de quatre à sept jours. Si on est assez heureux pour ne pas les endurer , on ne doit pas se presser de rentrer les orangers , parcequ'ils pourront sans risque rester un mois entier exposés à l'air, où ils seront mieux que dans l'orangerie, sur-tout si la température de l'atmosphère se soutient de six à huit et à dix degrés de chaleur au thermomètre de

Réaumur. Dans la partie des provinces du midi qui n'est pas assez chaude pour la culture des orangers en pleine terre, il arrive souvent qu'on peut les laisser dehors jusqu'au mois de janvier. Alors les arbres souffrent peu pendant les trois mois qu'ils ont à rester dans l'orangerie.

Plus on approche du nord et plus leur rentrée doit être accélérée, autant pour les garantir du froid que des pluies continuelles : car il est important de ne leur donner l'orangerie que lorsqu'il fait beau. Si leurs feuilles, leurs branches, leur terre même sont mouillées, la chancissure est à craindre, principalement si le froid oblige aussitôt après de tenir les portes et les fenêtres fermées. Dans ce cas, il n'existe plus de courant d'air capable d'enlever et de dissiper une humidité superflue et nuisible. On doit conclure de ces principes que c'est la saison plutôt qu'aucune époque fixe qui prescrit le véritable moment de fermer les orangers.

Lorsque l'on place les arbres dans l'orangerie, il est essentiel qu'il règne un intervalle d'une tête à une autre, afin d'établir un courant d'air tout autour, et afin que le jardinier puisse, monté sur son échelle, tourner et nettoyer ces têtes pendant le séjour des arbres dans l'orangerie.

Les arrosemens doivent être légers, parcequ'alors il y a peu d'évaporation de l'humidité et peu de déperdition de sève. Si le jardinier aime ses arbres, il profitera du long repos de l'hiver, et du temps qu'il ne gèle pas, pour débarrasser les orangers de galles-insectes qui sont engourdis, des œufs de puceron, enfin des autres immondices qui salissent les branches ou les feuilles de ces arbres.

A l'approche du froid, il fermera les portes et les fenêtres, calfeutrera avec de la filasse leurs fentes, de manière qu'il ne s'introduise aucun vent coulis très dangereux à l'arbre contre lequel se porte sa direction ; enfin il préparera les poêles, examinant si leurs tuyaux sont en bon état et s'ils ne donneront point de fumée.

Il ne s'agit pas d'exciter une forte chaleur dans l'orangerie, mais d'y maintenir une température de huit à dix degrés ; un thermomètre placé pour l'indiquer servira de règle au jardinier. Pendant les gelées, lorsque le froid est long et rigoureux, l'air ne peut pas être renouvelé dans l'orangerie ; il se vicie, il se dessèche par l'action du feu : on y remédiera en plaçant sur les poêles des terrines remplies d'eau, et en proportion des besoins ; l'eau qui s'évapore rend à l'atmosphère de l'orangerie une humidité qui est pompée par les feuilles, qui les nourrit, et qui perpétue leur fraîcheur. J'ai vu conserver par ce moyen les feuilles des citronniers qui tombent quelquefois très facilement.

. Des auteurs conseillent de suppléer les poêles par des lampes allumées ; ils n'ont pas fait attention que la lumière de ces lampes rend l'air méphytique, et que, quoiqu'une des grandes propriétés des arbres soit d'absorber l'acide carbonique qu'il contient, les orangers ainsi renfermés ne sont pas dans le cas d'épurer l'air, parceque leur végétation est pour dire suspendue, et qu'elle ne peut agir que très foiblement sur une grande quantité d'air vicié et qui ne se renouvelle point. Le feu du poêle, au contraire, attire l'air intérieur de l'orangerie, il le chasse au loin à l'aide de ses tuyaux, et le purifie ; à la vérité il le rendroit un peu trop sec, sans la précaution des terrines.

Il est essentiel, aussitôt que les froids sont passés, et que le temps est beau, d'ouvrir les portes et les fenêtres afin de renouveler l'air. Le thermomètre de Réaumur servira de règle au jardinier. Comme les orangeries sont toujours exposées au plein midi et bien abritées du nord, pour peu que le soleil paroisse, la chaleur y deviendra assez forte ; mais, dans la crainte que la température ne s'affoiblisse trop pendant la nuit, on aura soin chaque soir de les fermer, à moins qu'on ne soit presque sûr qu'il n'y ait rien à craindre. (R.)

On n'a pas distingué les diverses variétés d'orangers, ni de citronniers dans le cours de cet article, parceque leur culture est positivement la même ; cependant il faut observer que c'est l'oranger bigarade qui fournit le plus de fleurs et les plus odorantes, que celles des poncires, des bergamottes, et surtout des citrons et des limons l'étant peu, ne doivent pas être mêlées avec les autres. Il y a quelques bigarades dont les fleurs sont semi-doubles. L'*oranger de Chine* ou à *petites feuilles* est un des plus agréables.

L'effet que produit l'oranger en fleurs dans un jardin se sent plus facilement qu'il ne se décrit. Quelle beauté dans le feuillage ! Quelle odeur suave dans les fleurs ! Quelle richesse d'aspect et excellence de saveur dans le fruit ! Comment peindre l'éclat de la couleur, la douceur du parfum et la finesse du goût d'une bonne orange !

Ce n'est point à Paris qu'on mange de bonnes oranges. Il faut aller à Malte, à Lisbonne, dans les Indes et dans les parties chaudes de l'Amérique, pour pouvoir apprécier leur excellence. Celles qu'on nous apporte des deux premiers de ces pays, quelque excellentes qu'elles eussent pu être, ont été cueillies avant leur maturité, afin de leur faire supporter le transport, et ce n'est que lorsqu'elles sont arrivées, sur l'arbre même, au-delà du point de leur maturité, qu'elles réunissent à un arôme très exalté une saveur des plus fines.

Non seulement on mange les oranges en nature, mais on

les transforme en mets et en liqueurs également flatteurs à l'odorat et au goût. Le confiseur en fait des confitures, en forme des liqueurs de table délicieuses en mettant son écorce dans l'eau-de-vie. Le cuisinier en aromatise un grand nombre de mets. Le parfumeur en retire l'huile essentielle pour en faire des eaux, des pommades odorantes. Il en est de même de la fleur ; on la distille pour en tirer cette *eau de fleur d'orange*, qui entre dans la composition de tant de mets, dont la médecine fait un si fréquent usage comme stomachique et calmant. On en compose aussi des liqueurs de table, on les couvre de sucre, etc., etc.

Il est quelques variétés d'oranges qui s'emploient de préférence à des usages particuliers. Ainsi les bigarades sont recherchées pour aromatiser les viandes rôties qu'on mange chaudes, sur-tout le gibier volatil. Ainsi les cédrats fournissent, au moyen de leur écorce infusée dans l'eau-de-vie, une liqueur d'un goût différent de celui de l'écorce d'orange proprement dite et plus flatteur. Ainsi la bergamotte desséchée a une odeur plus suave que les autres, et en conséquence on emploie fréquemment son écorce pour doubler des boîtes à bonbons et pour quelques autres objets analogues.

Les usages des citrons sont fort différens de celui des oranges. L'acidité de leur pulpe ne permet pas de les manger comme elles, mais en l'étendant d'une certaine quantité d'eau et en y ajoutant du sucre, on en forme cette liqueur si rafraîchissante, si salubre dans certains cas, qu'on connoît sous le nom de limonade. La médecine en fait un fréquent usage, et quelques arts, principalement la teinture, regrettent que leur haut prix soit un obstacle à ce qu'ils l'emploient. Parlerai-je du punch, liqueur faite avec du jus de citron, de l'eau-de-vie, du sucre et l'eau chaude, liqueur si estimée des Anglais, et si nuisible à certains tempéramens ?

C'est à Menton, près Monaco, que se fait la plus grande culture de citrons de la France. La variété la plus estimée se nomme *beigniet*. Sa couleur est d'un jaune brillant, sa peau est fine, son jus est abondant, et il se conserve long-temps.

La première récolte se fait pendant l'hiver ; c'est la meilleure sous tous les rapports.

La seconde a lieu en été, et la troisième, qu'on nomme *verdaure*, en automne.

La grosseur des citrons mis dans le commerce est fixée par un réglement de police. Tous ceux qui sont plus petits s'expriment. Leur acide se vend d'un côté, et leur péau de l'autre.

Dans les colonies européennes de l'Amérique on fait avec le suc de l'orange et du sucre un vin qui se conserve long-temps et qu'on compare, quand il est vieux, à celui de malvoisie de Madère, c'est-à-dire à un des meilleurs vins connus. (B.)

ORANGERIE. Avant que le goût de la culture des plantes étrangères se fût développé en Europe, c'est-à-dire avant le commencement du siècle dernier, des personnes riches et qui habitoient dans les pays tempérés faisoient soigner, par plaisir ou par luxe, des orangers en caisses qu'ils étoient obligés de placer pendant l'hiver, à l'abri des gelées, et sans employer la chaleur du feu, dans des bâtimens appelés orangeries. Depuis, quoique souvent il n'y ait aucun oranger dans des bâtimens semblables, destinés à recevoir des plantes qui craignent les grands froids, on leur a conservé la même dénomination. *Voyez* Serre.

Aujourd'hui les orangeries sont très communes. Il n'est pas un amateur de plantes étrangères, un cultivateur de fleurs, un jardinier de quelque importance, qui puisse s'en passer. Souvent ce n'est qu'une chambre basse de la maison; quelquefois ce n'est qu'un hangar entouré et couvert de chaume ou de roseaux, et dans le côté méridional duquel on a pratiqué une porte et des fenêtres. Enfin toute enceinte fermée dans laquelle on met des plantes pendant l'hiver est une orangerie.

Mais c'est d'une orangerie bâtie exprès, et dans les principes de l'art, dont il est ici question.

Le local d'une orangerie doit toujours être choisi dans le voisinage de la maison, et assez éloigné des eaux et des bois pour que son atmosphère ne soit pas trop humide. Le sol, s'il n'est pas naturellement très sec, sera élevé d'un à deux pieds par des assises de pierres à chaux et à ciment. L'exposition au midi est de rigueur.

En général, le besoin de l'économie fait qu'on voit plus de petites que de grandes orangeries. Il y a des inconvéniens dans les deux extrêmes. Il vaut mieux mettre les plantes à l'aise que de les trop entasser, et deux orangeries moyennes sont préférables à une qui seroit trop vaste. Cependant leur longueur peut-être regardée comme arbitraire, mais non leur largeur ni leur hauteur.

En effet, les plantes devant, dans l'orangerie, jouir autant que possible du bénéfice de la lumière, et même du soleil, moins elle sera profonde, et mieux elle remplira son objet sous ce rapport. Celle qui n'auroit en largeur que la moitié de sa hauteur seroit très bonne; mais comme il est des arbres et des plantes qui perdent leurs feuilles pendant l'hiver, et qui, par conséquent, ont moins besoin de lumière, on lui donne ordinairement, par motif d'économie, en largeur, les deux tiers de sa hauteur.

Mais qu'elle est cette hauteur? Elle dépend de celle des

arbres qu'on veut y placer. Lorsque ce sont de vieux orangers, vingt-cinq pieds ne suffisent souvent pas. Règle générale, il faut que les plus grands de ces arbres laissent encore deux ou trois pieds entre le sommet de leur tête et le plafond.

Une orangerie de soixante-douze pieds de long, ayant huit fenêtres de cinq pieds de large sur neuf de hauteur, et une porte au milieu de six pieds de large sur douze de hauteur, est celle qui convient le mieux à un particulier aisé. Les murs auront de quinze à dix-huit pouces d'épaisseur et seront revêtus d'une couche unie de mortier.

Les fenêtres et la porte sont ce qu'il convient le mieux de soigner lorsqu'on fait bâtir une orangerie. Il ne faut point économiser sur la qualité du bois qu'on y emploie, car les réparations sont toujours très coûteuses. Le cœur de chêne le plus sec doit être préféré. Peu de largeur dans le bois et une grande exactitude dans la clôture sont de rigueur, afin qu'il se perde le moins possible de rayons lumineux et qu'il n'entre pas d'air froid. La mesure des carreaux est arbitraire; cependant le motif précédent défend de la choisir trop petite, l'économie défend de la choisir trop grande.

Pour assurer d'autant l'intérieur de l'orangerie contre les atteintes des fortes gelées, on met double châssis aux fenêtres, mais l'intérieur, qui ne se ferme que dans les nuits les plus froides, peut être simplement garni en papier huilé.

La plupart des orangeries ne sont point pavées, cependant cette opération, diminuant l'humidité de l'intérieur et favorisant les soins de propreté, ne devroit pas être négligée.

C'est l'humidité qui est le plus grand fléau des plantes qui sont renfermées, et c'est pour affoiblir ses effets, bien plus que pour augmenter leur température, qu'on place le plus souvent un ou deux poêles dans les orangeries. Par la même raison, quelques amateurs couvrent leur orangerie en chaume ou font latter intérieurement le plafond, afin d'en faire un second au commencement de l'hiver avec de la mousse sèche, ces matières absorbant très bien cette humidité.

Comme il est nécessaire que l'eau qu'on emploie aux arrosemens soit à la température du lieu où sont placées les plantes, on doit aussi construire dans l'orangerie une ou deux cuvettes, ou enterrer un ou deux tonneaux défoncés d'un bout, afin de contenir l'eau destiné à ces arrosemens.

Chaque automne, avant la rentrée des plantes, on visitera toutes les parties de l'orangerie, sur-tout les fenêtres, pour remettre le tout en état. Les carreaux seront alors nettoyés.

Deux thermomètres, et même plus, doivent toujours être placés isolément dans l'orangerie, afin d'indiquer la température où elle se trouve.

La manière de placer les plantes dans une orangerie n'est

pas indifférente. Celles qui sont d'une nature aqueuse, celles qui fleurissent pendant l'hiver doivent être sur des gradins vis à-vis les fenêtres. Derrière et vis-à-vis de ces fenêtres seront placés les arbustes qui conservent leur feuilles, et derrière, les arbres qui sont dans le même cas. Puis dans l'entredeux viendront ceux qui perdent leurs feuilles. Aucun ne doit toucher les murs ; ainsi on pourra circuler tout autour. On pratiquera également un sentier dans le milieu, tant pour donner plus d'air aux arbres que pour faciliter les arrosemens, si l'ensemble forme une masse de plus de six à huit pieds en largeur. Dans tous les cas, les pieds inférieurs en hauteur seront toujours devant les autres, afin qu'ils ne se privent réciproquement que le moins possible de lumière. Ce n'est pas chose très facile que de bien disposer une orangerie, puisqu'il faut faire concorder ensemble et l'effet du coup d'œil et la nature de chaque espèce de plante.

Il est rare aujourd'hui de ne voir que des orangers dans une orangerie. Celle de Versailles même, la mieux peuplée d'orangers qui existe, renferme aussi d'autres plantes. Celles de ces plantes qu'on cultive le plus dans celles des particuliers viennent des parties méridonales de l'Europe et de l'Amérique septentrionale, du cap de Bonne-Espérance, de la Chine, de la Nouvelle-Hollande, du Chili, etc. Les premières sont assez faciles à conduire. Il n'en est pas de même de celles du cap de Bonne-Espérance, qui, pour la plupart, fleurissent à la fin de l'hiver, et demandent un air sec. Quelque soin qu'on prenne, il en périt toujours beaucoup, sur-tout des bruyères. Un jardin bien monté doit avoir deux orangeries uniquement pour les plantes du Cap ; savoir, une pour les plantes grasses et les géranions, et une pour les bruyères et autres plantes d'une nature sèche.

Les plantes de la Nouvelle-Hollande et du Chili au contraire ont besoin d'une atmosphère un peu humide pour prospérer. Il en faudroit donc encore une pour elles.

Ceci indique suffisamment qu'il est mieux d'avoir plusieurs petites orangeries qu'une grande, lorsqu'on préfère à l'agrément du coup d'œil, et à l'économie, la bonne santé, la multiplication et la floraison des plantes.

On ne doit donner aux plantes renfermées dans l'orangerie que le moins d'eau possible, seulement ce qui leur en faut pour les empêcher de se faner. Toutes les fois que la température sera élevée au-dessus de zéro du thermomètre de Réaumur, et que le ciel ne sera pas brumeux, on ouvrira les fenêtres depuis dix heures du matin jusqu'à trois heures du soir dans les plus courts jours, et plus long-temps lorsque le soleil s'élèvera davantage. Le but doit être d'empêcher la gelée de pénétrer, et l'humidité de s'y accumuler. Si la chaleur s'y élevoit à plus de huit à dix dégrés (je parle principalement pour les espèces de notre hémisphère), les plantes pousseroient à contre-saison, et seroient frappées par des coups d'air lorsqu'on les sortiroit.

Une fois au moins par semaine, un jardinier jaloux de ses devoirs visite tous les pots et les caisses de son orangerie, enlève les feuilles et les fleurs mortes, sur-tout celles qui chancissent, et tous les mois, à la suite de cette opération, il remue tous les pots et fait un balayage général.

Il seroit bon aussi de faire en même temps un binage ; cependant on se contente d'en faire deux dans le courant de l'hiver, et cela suffit.

Dès que les gelées ne sont plus à craindre, on laisse les fenêtres de l'orangerie ouvertes le jour et la nuit, afin d'accoutumer les plantes aux effets du grand air.

Comme les plantes qu'on tient dans les orangeries sont plus ou moins robustes, on peut les en sortir successivement ; cependant on le fait rarement, ou on ne le fait que pour quelques espèces précieuses. On sort le tout à quelques jours de distance.

C'est dans le climat de Paris, du 15 avril au 15 mai, qu'on sort les plantes des orangeries, plus tôt ou plus tard, suivant les circonstances atmosphériques.

Il n'est pas indifférent de choisir un jour plutôt qu'un autre pour cette opération. Un temps doux et un ciel couvert sont beaucoup plus favorables qu'un temps sec ou un soleil vif, attendu que, dans un de ces deux derniers cas, et encore plus dans leur réunion, les pousses des plantes encore tendres éprouvent subitement un dessèchement qui les fait le plus souvent périr.

Peu de jours après la sortie des plantes de l'orangerie, on procède à leur rempotement et à leur multiplication par déchirement des vieux pieds. C'est encore un temps couvert qu'il faut choisir. La première de ces opérations a pour but de les mettre dans de nouveaux pots proportionnés à leur accroissement, et de leur donner de la terre nouvelle. (*Voyez* au mot REMPOTAGE la manière d'y procéder.) Ce n'est qu'après qu'elle est terminée qu'on place à demeure, pour tout l'été, les plantes d'orangerie.

Il y a mille et mille manières de disposer les plantes d'orangerie dans un jardin bien dirigé ; ainsi je ne puis les détailler ici ; c'est au propriétaire ou à son jardinier à consulter à cet égard son goût et ses convenances ; la chose qu'il doive le plus rigoureusement étudier, c'est l'exposition qu'il convient le mieux de donner à chaque espèce. C'est une vieille erreur de croire que celle du nord ne vaille rien, au contraire elle est meilleure, dans beaucoup de cas, que celle du midi.

Dans les jardins ornés on place les plantes d'orangerie sur

des appuis de terrasse, sur les gradins des escaliers, sur des amphithéâtres construits en terre, le long des allées des parterres, etc. Rarement on enterre leurs pots, quoique cela ménage beaucoup les arrosemens, parceque dans ces sortes de jardins on veut principalement prouver qu'on est riche.

Dans les jardins paysagers on disperse ces plantes par-tout, et on enterre toujours les pots, afin de faire croire qu'elles sont en pleine terre. On les couvre de mousse pour ménager les arrosemens.

Lorsque l'hiver approche, c'est-à-dire dans les premiers jours d'octobre, on rentre les plantes dans l'orangerie après les avoir nettoyées, leur avoir donné un change ou un demi-change de terre nouvelle, comme au printemps.

On rentre aussi dans les orangeries les terrines et les pots dans lesquels on a semé, sur couche et sous châssis, des graines des pays chauds, que ces graines aient ou n'aient pas levé.

Je voudrois encore dire un mot de ces orangeries, dont on voit quelques modèles en Allemagne, mais dont je ne connois pas un seul exemple en France, c'est-à-dire de ces orangeries où les arbres sont plantés en pleine terre, et sont chaque hiver recouvertes d'une construction en madriers, percées de portes et de fenêtres, ce qui met ces arbres à l'abri des gelées.

Il semble, au premier coup d'œil, que ces orangeries sont d'un établissement plus coûteux et d'un entretien plus dispendieux que les autres; et en effet, il n'y a que des personnes très riches qui doivent entreprendre d'en faire faire. Mais ayant calculé par aperçu, pendant que j'étois chargé de l'inspection de celle de Versailles, combien il en coûteroit annuellement pour couvrir et découvrir un bâtiment de la grandeur de celui qui constitue cette orangerie, ainsi que les dépenses de culture indispensables à des arbres en pleine terre et très rapprochés, j'ai trouvé qu'il y auroit économie de moitié. Il est vrai que le nombre des pieds devroit être diminué pour être espacés convenablement; mais cette orangerie est beaucoup trop surchargée, et la plus grande beauté des pieds dédommageroit de la réduction qu'elle seroit dans le cas d'éprouver.

Je crois devoir donner ici le plan et l'élévation d'une orangerie de cette sorte à l'usage d'un particulier, pouvant contenir dix-neuf orangers sur deux rangs, ceux du premier ayant huit à dix pieds de hauteur, et ceux du second douze ou quinze, les têtes de tous pourroient être de quatre à cinq pieds de diamètre. Du reste, ils doivent être, comme ceux en caisse taillés régulièrement tous les ans, et rapprochés tous les cinq à six ans.

Cette orangerie, outre les grands orangers en pleine terre, pourra encore en contenir deux fois autant de petits en caisse

Pl. 1. Tom. 9. Pag 287.

Fig. 2.

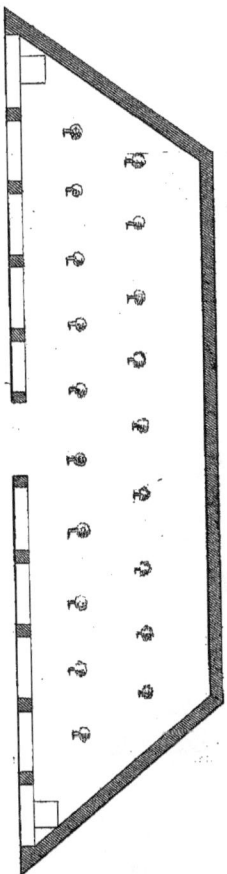

Fig. 1.

1 2 3 4 5 6 7 8 9 10 Costimetro.

Ortogonie.

ou en pot, et recevoir encore quelques arbustes ou arbrisseaux, également en caisse ou en pot. Il pourra y avoir un
cordon de vigne, de passiflore, de cobée ou autre plante grim-
pante d'agrément. Elle sera couverte et découverte, dans le
climat de Paris, aux mêmes époques que celles où on rentre
les orangers, et conduite pendant l'hiver comme les serres
ordinaires, c'est-à-dire qu'on ouvrira la porte, une ou plusieurs fenêtres dans les jours secs et chauds, qu'on débarras-
sera les orangers des feuilles mortes, qu'on entretiendra le sol
dans un état perpétuel de propreté, et qu'on le labourera au
moins deux fois par an, à l'entrée et à la sortie de l'hiver.
Quant aux arrosemens, ils devront être extrêmement rares;
peut-être même qu'un seul ou deux dans le courant d'un hiver
suffiroient, sur-tout si on couvroit la plus grande partie du sol
de larges pierres plates pour empêcher l'évaporation et diminuer d'autant la surabondance de l'humidité, qui, comme je
l'ai dit plus haut, est la plus grande ennemie des orangeries. Il
ne s'agit pas plus dans cette sorte d'orangerie de déterminer
de vigoureuses poussès que dans les autres; on doit se contenter
d'entretenir les orangers en bon état de végétation.

Quelques personnes pourroient croire qu'il seroit avantageux d'abandonner les têtes des orangers à elles-mêmes pour
qu'elles devinssent comme celles des orangers des pays chauds;
mais je leur observerai, 1° que si ces têtes étoient plus grosses elles se gêneroient; 2° qu'il seroit possible que quelques
unes prissent une forme irrégulière, et par conséquent désagréable à l'œil; 3° que les racines seroient plus abondantes et
plus longues, et que par conséquent l'espace de terrain qui
leur est accordé ne suffiroit plus; 4° que la taille des arbres
accélère le moment de leur floraison, et augmente la grosseur des fleurs et des fruits.

La mise en pleine terre des orangers dans cette sorte d'o-
rangerie ne dispenseroit pas de leur donner une terre surchargée de carbone, et de la renouveler de temps en temps;
mais on pourroit la fabriquer un peu plus maigre que celle
indiquée au mot ORANGER, et laisser la même servir huit à
dix ans. Je suppose qu'une épaisseur de quatre à cinq pieds
de cette terre seroit suffisante. Au reste, c'est à l'expérience
à guider la conduite.

La *fig.* 1 de la *pl.* 1, représente le plan de l'orangerie en
question. Les ronds indiquent les trous des orangers, et les
deux carrés sont des cuvettes pleines d'eau.

La *fig.* 2, montre l'aspect qu'elle présentera pendant l'été.

La *fig.* 1, *pl.* 2, représente l'orangerie lorsqu'elle est garnie de sa charpente.

La *fig.* 2 la représente entièrement fermée.

Je n'indique pas les proportions des pièces, parcequ'elles peuvent varier sans inconvénient dans certaines limites, et que l'échelle donnera celles que j'ai admises dans le plan. Je dirai seulement que les montans entrent dans des trous carrés creusés dans les grandes pierres qui couronnent le mur de devant, et qu'elles ont des feuillures intérieures pour recevoir les croisées ; que les madriers qui servent à former les couvertures doivent être épais de deux à trois pouces, et recouverts sur leurs lignes de jonction par des planches de six pouces de large, légèrement clouées, mais de manière à empêcher l'eau des pluies de pénétrer ; que le plancher qui s'appuie sur la saillie qu'on voit au mur du fond de la *fig.* 2, *pl.* 1 et sur la traverse du devant, c'est-à-dire celle qui passe au-dessus de la porte, *fig.* 1, *pl.* 2, doit être recouvert par une épaisseur de deux ou trois pieds de paille ; enfin, que tous les interstices des différentes pièces sont calfatés avec le plus d'exactitude possible avec de la mousse, et recouverts avec du papier.

Lors des fortes gelées, des paillassons sont mis devant les croisées, devant la porte, et même sur le toit. (B.)

ORANGIN, ou FAUSSE ORANGE. *Voyez* Pépon.

ORCANETTE, *Onosma.* Genre de plantes de la pentandrie monogynie et de la famille des borraginées, qui renferme une dixaine d'espèces propres aux parties méridionales de l'Europe et orientales de l'Asie. Ce sont des plantes vivaces, à racines pivotantes, à tiges rameuses, ordinairement couchées par leur base, et hérissées de poils roides ; à feuilles sessiles, alternes, également hérissées de poils roides et à fleurs jaunes disposées en épi unilatéral et terminal. La plus importante à connoître est,

L'orcanette échioide, qui a les feuilles linéaires et les fruits relevés. Elle croît dans les lieux les plus arides, sur les montagnes les plus sèches des parties méridionales de la France. Elle fleurit pendant l'été, et exhale alors une odeur très désagréable. Sa racine est recouverte d'une écorce rouge, qu'on emploie ainsi que celle de la Buglose teignante (*voyez* ce mot) dans la teinture de petit teint, et dans la coloration de certaines liqueurs, de certaines sucreries et de certains mets. Les anciens en composoient leur fard.

C'est pendant l'hiver qu'on arrache les racines de l'orcanette, parceque c'est alors qu'elles sont le plus colorées. Les petites sont préférables aux grosses. On les lave, on les fait sécher, et on les met dans le commerce. Nulle part on ne cultive cette plante. La consommation qu'on en faisoit autrefois étoit considérable ; mais actuellement que la teinture possède

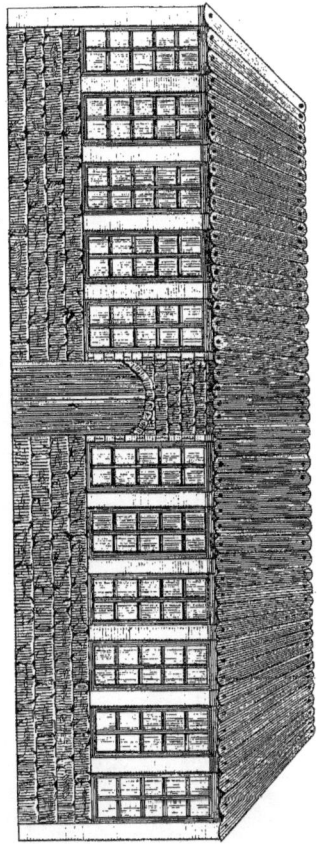

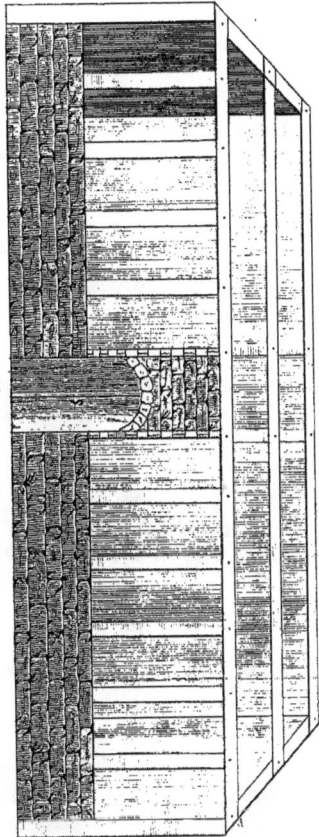

Fig.1.

Fig.2.

(Pyrotechnie.)

1 2 3 4 5 6 7 8 9 10 toinadres.

Pl. 2 Tom. 9 Pag. 258.

des ingrédiens qui lui sont bien supérieurs, elle se réduit à fort peu de chose. On confond assez souvent cette plante avec la buglose précitée. (B.)

ORCHIS, *Orchis*. Genre de plantes de la gynandrie diandrie et de la famille des orchidées, qui renferme plus de cent espèces, dont beaucoup appartiennent à l'Europe et sont très remarquables et par l'élégance ou la belle couleur de leurs fleurs, et par leur abondance en certains lieux. Leurs racines sont charnues, et ou globuleuses ou palmées; leurs tiges simples, anguleuses et glabres; leurs feuilles alternes, sessiles, engaînantes par la base; leurs fleurs disposées en long épi terminal. Elles sont vivaces, mais dans un mode particulier, c'est-à-dire que chaque année la racine qui a porté la fleur périt, mais qu'il en naît une autre à côté qui fait de même l'année suivante; de sorte qu'au bout de douze à quinze ans une de ces racines est à un pied de distance du lieu où a germé la graine dont elle provient. Il paroît, par des observations positives, que, des milliers de graines fournies par un seul pied, souvent il n'en lève pas une seule. Aussi, quoique nombreuses, ne sont-elles nulle part abondantes. Toutes les tentatives qu'on a faites pour les soumettre à la culture ont été sans succès durable. Elles ne vivent jamais plus de deux ans dans les parterres, quelques soins qu'on ait apportés à leur transplantation. Ce n'est que dans les gazons des jardins paysagers qu'on peut espérer de les conserver, en les y transportant avec leur motte, et les y abandonnant complètement à elles-mêmes : là elles seront comme dans leur sol natal, et feront jouir les promeneurs de la beauté de leurs épis de fleurs, et certaines espèces, de leur bonne odeur pendant le printemps ou l'été, époque de leur floraison.

Ce n'est pas seulement comme plantes agréables qu'on doit considérer les orchis, c'est encore comme plantes utiles. La bulbe de la plupart des espèces peut se manger. J'avois calculé sur la ressource qu'elles devoient me fournir lorsque dans les temps de proscriptions révolutionnaires j'étois réfugié dans les solitudes de la forêt de Montmorency, et que je craignois de manquer de subsistance. C'est avec elles que les Turcs préparent le *salep*, cette matière cornée, qu'on réduit facilement en farine sous le pilon, et qu'on ordonne si souvent aux personnes dont l'estomac est délabré par suite de maladies, dont les forces sont épuisées par l'effet des jouissances de l'amour. Olivier rapporte qu'on emploie, aux environs de Constantinople, les espèces les plus communes des environs de Paris, c'est-à-dire probablement les *orchis pyramidale*, *mâle*, et *bouffon*; mais qu'il y a une telle différence entre leurs qualités, qu'il y a du salep d'un prix double d'un autre.

Les Turcs arrachent les bulbes des orchis dans le temps qu'elles entrent en fleur. Ils en ôtent l'écorce et les lavent dans l'eau froide. Ensuite ils les font cuire, puis ils les enfilent pour les faire sécher à l'air. Elles deviennent demi-transparentes, très dures, et se conservent autant qu'on veut, si on les tient dans un lieu sec.

L'eau dans laquelle on a fait cuire les bulbes d'orchis donne par l'évaporation un extrait d'une odeur agréable, semblable à celle du mélilot.

Réduit en poudre et bouilli dans de l'eau, du bouillon ou du lait, le salep forme une espèce de gelée très en rapport avec celle que produit le sagou et la fécule de pomme de terre ; aussi peut-on indifféremment lui substituer ces deux dernières substances. On lui donne le goût qui lui manque par des aromates, du sucre et autres ingrédiens.

Jamais on ne pourra regarder en France les orchis comme un moyen général de nourriture, comme un supplément efficace dans les momens de disette ; mais il est surprenant que l'on aille chercher loin, que l'on paie cher le salep, lorsque l'on peut s'en procurer à si peu de frais, et que des familles pauvres laissent perdre ce précieux moyen de subsistance, que souvent elles ont en grande abondance autour de leur demeure. J'ai vu beaucoup d'endroits où ces plantes étoient assez communes pour qu'un enfant pût récolter en peu d'heures une provision suffisante pour faire vivre sa famille pendant une semaine. Il est vrai que cette ressource, d'après ce que j'ai dit plus haut, diminueroit nécessairement par l'usage ; mais pourquoi n'en pas profiter lorsqu'on le peut ?

Les espèces les plus communes de ce genre sont,

L'orchis blanc, *Orchis bifolia*. Lin., qui a deux tubercules ovales à la racine, la tige de plus d'un pied de haut, deux feuilles ovales ; les fleurs blanches, odorantes, le pétale inférieur entier, et l'éperon très long. Il croît dans les bois humides et les prés couverts. Il ne faut pas le confondre avec *l'ophride double-feuille*, comme on le fait souvent.

L'orchis pyramidal a les tubercules presque sphériques ; la tige de plus d'un pied ; les feuilles alternes, lancéolées ; les fleurs rouges, très serrées, avec un éperon grêle, et le pétale inférieur à trois lobes entiers. Il croit dans les pâturages secs. C'est une très belle espèce.

L'orchis punais, *Orchis coryophora*, Lin., a les tubercules sphériques ; la tige haute d'un pied ; les feuilles linéaires, lancéolées ; les fleurs petites, d'un rouge verdâtre, sentant la punaise, ayant l'éperon courbé, et le pétale inférieur à trois lobes dont les latéraux sont dentés. Il se trouve dans les prés humides.

L'orchis bouffon, *Orchis morio*, Lin., a les tubercules arrondis; la tige haute d'un demi-pied; les feuilles étroites, lancéolées; les fleurs purpurines avec l'éperon obtus, et le pétale inférieur à quatre lobes dont les lateraux sont dentés. Il croît sur les pelouses et les collines.

L'orchis male a les tubercules arrondis; la tige haute de plus d'un pied; les fleurs rouges, nombreuses, à éperon obtus et presque droit, à pétale inférieur à quatre lobes, dont les intermédiaires sont saillans. Il croît dans les marais. C'est un des plus beaux et des plus communs. Ses feuilles sont souvent tachées de brun.

L'orchis militaire a les bulbes ovales; la tige haute de plus d'un pied; les fleurs nombreuses, rouges ou violettes, à éperon droit, à pétale inférieur à quatre lobes, dont les deux intermédiaires sont plus grands et séparés des autres par une dent. Il croît dans les bois, les prés ombragés, et fournit plusieurs variétés. C'est également un des plus beaux et des plus communs.

L'orchis panaché a les bulbes ovales; la tige haute d'un pied au plus; les feuilles lancéolées et ordinairement tachées de brun; les fleurs rougeâtres, tachées de points plus foncés, avec un éperon allongé, et le pétale inférieur à quatre lobes, dont les intermédiaires sont plus larges et dentés. Il croît dans les prés, quelquefois en telle abondance qu'ils paroissent tapissés de rouge. A l'ombre, les taches de ses feuilles et même de ses fleurs disparoissent souvent.

L'orchis a larges feuilles a les tubercules palmés à leur extrémité; la tige haute d'un pied; les feuilles oblongues, lancéolées, souvent tachées; les fleurs rouges, nombreuses, à éperon conique, et à pétale inférieur à trois lobes, dont les latéraux sont réfléchis et dentés. Il croît très abondamment dans les prés humides et les marais, et produit de loin un fort bel effet.

L'orchis taché a les tubercules palmés; la tige haute d'un pied; les feuilles linéaires, lancéolées, tachées de brun; les fleurs rougeâtres, à éperon court, et à pétale inférieur à trois lobes, dont les deux latéraux sont dentés, et l'intermédiaire petit et pointu. Il croît dans les prés secs et les bois, et y est souvent fort commun.

L'orchis odorant a les tubercules palmés; la tige haute d'un pied; les feuilles linéaires; les fleurs rougeâtres, d'une odeur très suave, à éperon court et recourbé, à pétale inférieur à trois lobes. Il croît dans les prés des parties moyennes et méridionales de la France. (B.)

ORDI. Synonyme d'orge dans le département de la Haute-Garonne.

ORDONNANCE GÉNÉRALE DES BATIMENS DANS LES CONSTRUCTIONS RURALES. Architecture rurale. Nous appelons ainsi l'ordre dans lequel ils doivent etre distribués autour de l'habitation. La surveillance la plus immédiate en est le principe, et chacun d'eux doit être placé à l'orientement qui convient à sa destination, et dans le rang de sa plus grande importance pour le fermier; en sorte que les bâtimens dont il doit surveiller le service le plus fréquemment soit au plus près de son habitation, et ainsi de suite.

La prudence veut aussi que ceux qui contiennent les récoltes les plus combustibles soient isolés des autres. (De Per.)

OREILLE. C'est la même chose que le versoir, c'est-à-dire la partie de la charrue qui est destinée à renverser hors du sillon la terre que le soc en a détaché. *Voyez* Charrue.

OREILLE D'HOMME. C'est l'Asaret. *Voyez* ce mot.

OREILLE DE JUDAS. On donne vulgairement ce nom à la chanterelle commune.

OREILLE DE LIEVRE. Espèce de buplèvre.

OREILLE D'ORME. C'est le bolet du noyer.

OREILLE D'OURS ou AURICULE. Espèce de plante du genre des Primevères. *Voyez* ce mot.

Cette plante a fixé l'attention des amateurs, qui, après avoir obtenu un grand nombre de variétés, l'ont placée au rang des six fleurs printanières les plus dignes d'orner leurs parterres et principalement leurs amphithéâtres de fleurs ou appentis. L'Angleterre et les environs de Liège sont les lieux où on a dans le principe cultivé cette plante avec le plus de succès; on y a découvert les fleurs ombrées et les poudrées qui ont retenu le nom de leur origine, et ont été répandues dans le reste de l'Europe sous les dénominations de liégeoises et d'anglaises.

Les fleuristes distinguent trois parties dans la fleur, qu'il est nécessaire de connoître pour comprendre ce qui suit, 1° le tube du fleuron qui porte la corolle et qui est de la même couleur que l'œil; 2° l'œil qui se termine au point où la corolle se divise en six parties arrondies à leur extrémité, et qui font supposer à la première vue que cette fleur a six pétales; 3° les pétales, pour me servir de l'expression des fleuristes, qui environnent l'œil, et en diffèrent par la couleur.

Les découvertes des Liégeois et des Anglais ont déterminé à ranger les nombreuses variétés de cette plante en trois classes, connues sous les expressions de fleurs pures, d'ombrées ou liégeoises, et de poudrées ou anglaises.

Les pures sont celles dont les pétales n'ont qu'une couleur: l'œil doit en être blanc; on ne conserve de cette division que les fleurs qui sont d'un beau bleu, d'un brun noir bien velouté, ou couleur de feu.

Les ombrées ou liégeoises dont les pétales ont deux couleurs différentes ou une seule couleur, mais foncée au centre des pétales et claire sur les bords ; la couleur foncée forme un demi-cercle dont la base un peu creusée touche l'œil ; la couleur claire fait une bordure à l'extrémité des pétales. Les couleurs feu, olive, brune et quelquefois bleue, dominent dans cette division, dont l'œil est jaune, olive, etc., et rarement blanc.

Les poudrées ou anglaises se distinguent des autres par une poudre blanchâtre et granulée qui recouvre le pédicule, le calice et l'œil de la fleur, et les font paroître blancs : cette poudre existe également sur les feuilles ; mais ce n'est pas toujours un caractère certain pour distinguer cette division quand elle n'est point en fleurs, parcequ'il y a des pures et des ombrées dont les feuilles sont poudrées. Ces fleurs sont presque toujours panachées et rarement ombrées. Leurs couleurs les plus ordinaires sont le vert, le brun pourpré et le blanc.

On choisit une oreille d'ours pour l'ornement de l'amphithéâtre, quand sa tige est assez longue pour s'élever de quelques pouces au-dessus des feuilles et qu'elle supporte sans plier les fleurons, quelque nombreux qu'ils soient ; quand les pédoncules ont la force et seulement la longueur nécessaire pour soutenir les fleurons de manière qu'ils soient tous visibles et forment le bouquet.

Il faut encore que la longueur du tube soit proportionnée à la grandeur du fleuron, que son ouverture soit moyenne, que les étamines ne dépassent pas l'ouverture, et que leurs anthères se rapprochent et couvrent le pistil qui ne doit point paroître.

On veut aussi que les dimensions de l'œil soient relatives à celles des pétales et d'un tiers plus petites, qu'il soit rond, plat, et que sa couleur contraste avec celle des pétales.

On désire également que les pétales soient plats, point plissés sur leurs bords, qu'ils se recouvrent fort peu, et lorsqu'ils réunissent deux couleurs, qu'ils soient bien distincts et bien tranchés aux points de contact.

Enfin on exige que les fleurons soient assez nombreux pour former un bouquet sur la même tige.

L'oreille d'ours n'exige pas une culture très soignée ; comme plante alpine, elle ne craint pas les froids ; mais il est des cantons où sa conservation est très difficile, tels sont les climats dont la température change brusquement, dont l'air est épais, lourd et humide, et dont la terre est froide et humide. Il est fort difficile de les empêcher de pourrir, parcequ'elles prennent autant de nourriture par leurs feuilles que par leurs racines, que ces feuilles au lieu de se dessécher moisissent et pourrissent, et que le mal gagne promptement le tronc. Il est indispensable dans de pareils terrains de les surveiller et de détacher toutes les feuilles qui commencent à se gâter, non en tirant de haut en bas, ce qui rend la plaie plus considérable, mais de droite à gauche et de gauche à droite jusqu'à ce qu'on les ait enlevées.

Cette plante demande une terre potagère plus sablonneuse dans les climats pluvieux, et plus franche dans ceux qui sont très secs. Le terreau des feuilles et des fumiers froids est le seul engrais qui lui convienne, et il lui en faut très peu.

Comme la chaleur lui est contraire, il faut l'exposer au levant ou au nord.

On fait des bordures de cette plante, et on la cultive dans des pots de cinq à six pouces; c'est en pots qu'elle produit l'effet le plus agréable : on la plante en automne ou après la floraison, et on la multiplie d'œilletons qu'on détache des pieds à ces époques; comme cette plante fleurit au printemps et à l'automne, ceux qui désirent jouir des deux floraisons attendent que la seconde soit passée pour les dépoter; mais cette jouissance nuit presque toujours à celle du printemps suivant, parceque les racines n'ont pas eu le temps de s'allonger et de remplir le pot, condition nécessaire pour avoir beaucoup de fleurons. C'est ce qui a déterminé la plupart des fleuristes à renouveler la terre après la floraison du printemps et à sacrifier la fleur d'automne, qui d'ailleurs n'est jamais aussi belle que celle du printemps.

La transplantation des vieux pieds n'a lieu que tous les trois ans. Elle a deux buts; le premier, de renouveler la terre, le second, d'enterrer un peu la plante pour lui faire pousser des œilletons. On l'enfonce seulement jusqu'à la naissance des premières feuilles. Toutes les feuilles un peu enterrées sont bientôt pourries, et la pourriture parvient promptement jusqu'à la plante.

Si la plante est en pot, il faut couper les racines qui ont tourné et réduire suffisamment la motte, pour pouvoir ajouter de la terre nouvelle; on mouille un peu et on tient la plante à l'ombre. Les années suivantes, on gratte la superficie de la terre pour détruire la mousse et on met un peu de terre nouvelle.

Les semis de cette plante se font en hiver. On prépare des terrines ou des caisses qu'on remplit de terre légère. On sème et on ne recouvre pas, ou on le fait très légèrement. Beaucoup d'amateurs ne sèment que sur la neige, pour vérifier avec facilité la distance des semences dont la couleur terne n'est pas très visible sur la terre, mais qui ressort beaucoup sur la neige. Cette dernière en fondant l'entraîne, elle se trouve suffisamment couverte et lève parfaitement. Le semis fait, on place les terrines dans des lieux où elles ne reçoivent les rayons du soleil que deux ou trois heures le matin. Le soleil du mois de mars seroit mortel pour les jeunes plantes. On les met également à l'abri des grandes pluies, on leur donne de légers arrosemens et on les garantit des insectes, et sur-tout des limaces qui recherchent ces jeunes plantes.

Si le semis est clair, on peut attendre à l'automne ou même au printemps pour le planter; mais s'il est épais il faut faire cette opération aussitôt qu'on s'aperçoit que les jeunes plantes sont exposées à s'étioler. On juge facilement de la nécessité de la transplantation quand on les voit très serrées, jaunir, et les premières feuilles se gâter. Ordinairement on attend que les plantes aient six feuilles. On les repique dans des caisses à deux pouces de distance, ou à trois pouces dans une plate-bande, et on les ombre après un léger arrosement. On les découvre par gradation aussitôt qu'on est a suré de la reprise, parceque l'oreille d'ours aime le grand air. Elles restent en place jusqu'au moment où elles fleurissent, ce qui arrive pour quelques unes l'année suivante, et pour le plus grand nombre la seconde année.

L'époque de la floraison est celle du grand travail des amateurs et décide du sort de ces plantes. On doit les examiner tous les jours et arracher avec précaution toutes celles qui n'ont pas les qualités requises. Les fleurs conservées se divisent en deux portions. Les plus remarquables sont mises en pots et les autres servent à faire des bordures ou à garnir des plates-bandes. On peut les transplanter de suite, parceque la facilité avec laquelle on les lève en motte est cause qu'elles souffrent peu de la transplantation; cependant il faut les laisser en place si on désire récolter leurs graines et attendre leur maturité pour la transplantation.

On reconnoît facilement la maturité de la graine à la couleur foncée des capsules qui s'ouvrent un peu à leur extrémité. C'est le moment favorable de couper les tiges que l'on met dans des sacs de papier. On les expose quelques jours au soleil et on les ramasse ensuite dans un lieu sec. Les semences ainsi récoltées et soignées se conservent mieux dans les capsules que si on les avoit égrenées. D'ailleurs, en attendant plus long-temps à les cueillir, on seroit exposé à perdre les meilleures.

L'année suivante il sort du collet de la plante un ou plusieurs yeux qui s'allongent et forment ce que les fleuristes nomment œilletons. Ces œilletons poussent bientôt de nouvelles racines; quand elles sont développées, il faut séparer les œilletons de la plante principale, tant pour multiplier l'espèce jardinière que pour conserver la vigueur de la plante principale. Cette opération est indispensable pour les plantes en pots destinées pour l'amphithéâtre ou appentis. Si on négligeoit de la faire, on auroit plusieurs bouquets sur le même pied, mais ils seroient foibles et ne feroient pas l'effet d'un seul.

On détache les œilletons du pied principal, soit avec la main, s'ils y tiennent foiblement, soit avec la pointe de la serpette, en veillant soigneusement à ne pas trop pénétrer dans le tronc et à ne faire qu'une légère plaie. Ces œilletons se plantent et se soignent comme les autres. Les plus forts sont mis en pots ; les foibles sont repiqués en pépinière.

Les pots se placent sur l'amphithéâtre quand les fleurs commencent à se développer. Elles y font un bel effet lorsque les fleurons sont nombreux et qu'on a l'attention de varier les nuances en rapprochant une plante d'une couleur d'une autre qui fasse opposition.

Quand la fleur est passée on retire les pots, et on les met, soit sur des planches, soit sur des tablettes de pierre, à l'exposition du levant ou du nord. On les arrose peu, et lorsque les pluies sont fortes et continues, on les couche, le fond tourné au midi. On le fait également l'hiver pour empêcher la neige de s'accumuler dans le pot. On peut les mettre ainsi couchées sur les gradins de l'amphithéâtre, mais on ne doit jamais les rentrer. Cette plante, qui ne craint pas les gelées, souffriroit beaucoup du défaut d'air et d'humidité.

On s'est procuré des fleurs doubles par les semis ; mais comme elles n'égalent pas les simples en beauté, on n'en a conservé que deux, l'une jaune et l'autre mordorée.

Ceux qui en font des envois doivent œilletonner après la première floraison. La plaie est guérie et la plante s'est fortifiée jusqu'au mois de septembre, époque des expéditions. On se contente de l'envelopper dans de la mousse sèche. Elle se fane quelquefois ; mais un léger arrosement à l'arrivée lui rend bientôt sa fraîcheur. (FÉB.)

OREILLE DE RAT. C'est l'ÉPERVIÈRE PILOSELLE.

OREILLE DE SOURIS. Nom vulgaire des CÉRAISTES.

OREILLES. MÉDECINE VÉTÉRINAIRE. Entrons dans le détail de ces parties, et considérons-en, 1° la situation qui est assez connue. Mais elle doit être telle, que leur origine, ni trop en avant, ni trop en arrière, soit près du sommet de la tête dont elles font partie. Sont-elles sur le sommet ; elles sont trop élevées ; cette difformité rend le cheval oreillard, comme lorsqu'elles sont trop larges. On le regarde aussi comme tel quand elles sont trop basses, trop épaisses, trop longues et pendantes. 2° La distance. Placées près du sommet de la tête, leur distance n'a rien qui blesse les yeux; placées trop haut, elles sont trop rapprochées; placées trop bas, elles sont incontestablement trop éloignées et visiblement difformes. 3° L'épaisseur. Elles doivent être minces et déliées. 4° La largeur. Elle doit être proportionnée à la longueur. 5°. La hardiesse et les mouvemens. Nous appelons oreilles hardies celles dont les pointes se présentant fermes et en avant, lorsque l'animal est en action, semblent s'unir l'une et l'autre, et se rapprochent beaucoup plus toutes les deux à cette extrémité qu'à leur naissance et à leur origine. Ces parties battent-elles pour ainsi dire, sans cesse, et ont-elles un mouvement continuel de haut en bas et de bas en haut dans le cheval qui marche; elles sont appelées oreilles de cochon. Le cheval accompagne-t-il chaque pas qu'il fait d'une action par laquelle il baisse et retire sa tête continuellement; on dit très improprement que l'animal boite de l'oreille, puisque cette même action n'a aucune sorte de rapport avec ces parties. Couche-t-il ses oreilles en arrière? ce mouvement annonce la volonté dans laquelle il seroit de mordre ou de frapper avec le pied. Porte-t-il en cheminant tantôt une oreille et tantôt l'autre en avant; l'animal projette quelque défense. Il arrive très souvent aussi que cette action est un indice de la foiblesse et de l'incertitude de sa vue.

Le cheval est appelé moineau quand on lui a coupé les deux oreilles, courteau, quand, outre les deux oreilles, la queue a été coupée aussi.

Quelquefois on rapproche les deux oreilles et quelquefois on les diminue, soit de longueur, soit de largeur.

Cette opération, imaginée par les maquignons, est aisément décelée et reconnue par les points de suture que l'on remarque entre la nuque et par le défaut de poil à l'endroit où le cartilage a été coupé, ainsi que par le cartilage qui demeure souvent à découvert lorsque cette section a été mal faite.

Maladie des oreilles. On observe quelquefois au dedans de la conque de l'oreille des grosseurs qui en remplissent toute la cavité. Ces tumeurs sont la suite d'un coup ou d'une morsure; elles sont ordinairement remplies d'une eau rousse, jaunâtre.

Le mal n'a pas de suite; dès qu'on s'aperçoit de la tumeur, on l'ouvre afin de donner issue à l'eau, et on panse la plaie avec des étoupes sèches.

Les oreilles du cheval ne sont pas sujettes au chancre comme celles du chien. Comme nous avons traité au long cette maladie au mot CHANCRE, nous croyons devoir dispenser le lecteur d'une répétition qui seroit tout-à-fait inutile. (R.)

ORGANES DES VÉGÉTAUX. On appelle ainsi les diverses parties qui constituent les végétaux, et qui, au moyen d'une disposition particulière, remplissent des fonctions qui leur sout propres. Une plante peut cependant exister sans une ou plusieurs de ces parties ; mais alors ou elles sont suppléées par d'autres qui sont modifiées en conséquence, ou la fonction ne se fait pas en elles. Comme chacune de ces parties fait l'objet d'un article particulier dans cet ouvrage, je me borne, pour ne pas faire de double emploi, à les énumérer ici.

Ce sont, les Racines, les Tiges, les Boutons, les Bourgeons, les Feuilles, l'Ecorce, l'Aubier, le Bois, la Moelle, les Glandes, les Poils, les Epines et les Aiguillons, les Vrilles ou Mains ; et les organes de la reproduction composés de la Fleur et du Fruit. On trouve dans les fleurs complètes le Calice, la Corolle, le Réceptacle, les Etamines, le Pistil, le Nectaire ; et dans le fruit le Péricarpe et la Semence. Cette dernière offre particulièrement le Cordon ombilical, le Test, ou les Cotyledons, le Périsperme, l'Embryon, la Radicule et la Plumule. *Voyez* tous ces mots.

ORGANISATION DES VÉGÉTAUX. Tous les végétaux sont composés d'un tissu membraneux qui paroît continu dans le plus grand nombre des cas, et qui se présente à nous sous deux formes très distinctes : tantôt ils se dédoublent de manière à former de petits vides ou de petites cellules hexagones fermées de tous côtés ; tantôt ces vides s'allongent de manière à former des tubes ou des vaisseaux de forme et de grandeur variables et ouverts à leurs extrémités. Dans le premier cas, il porte les noms de Tissu cellulaire ou utriculaire. Dans le second, de Tissu vasculaire ou tubulaire. *Voyez* ces mots.

Les cloisons qui séparent les vides du tissu cellulaire sont communes à deux cellules ; elles sont souvent percées de pores.

Le tissu cellulaire existe dans tous les végétaux. Il est abondant dans la moelle, l'écorce, les fruits ; il renferme différens fluides qui y sont en repos ou dans un mouvement très lent, et il sert sans doute à les élaborer. Lorsque les cellules sont également pressées en tout sens, elles ont la forme d'hexaèdres à peu près réguliers. Si la pression est inégale, elles s'allongent et forment des cellules tubulées qui sont à proprement parler des prismes hexaèdres ; ces cellules tubulés existent à l'entour des grands vaisseaux qui semblent entraîner avec eux, dans leur accroissement, et allonger les cellules près desquelles ils se trouvent ; ces vaisseaux et ces cellules tubulées, obstrués et endurcis par le dépôt des molécules élémentaires, forment ce qu'on nomme la Fibre végétale. *Voyez* ce mot.

Les vaisseaux servent à transporter, et peut-être aussi quelquefois à élaborer les sucs du végétal. Ils n'existent pas dans toutes les plantes, et manquent en particulier dans les Acoty-

LÉDONS. *Voyez* ce mot. Ils sont toujours placés dans la direction longitudinale de la plante, et adhèrent avec le tissu cellulaire environnant. *Voyez* VAISSEAUX DES PLANTES.

Si on considère les vaisseaux quant à leur usage, on les distingue en vaisseaux séveux ou lymphatiques, qui charrient les sucs depuis le moment de leur absorption jusqu'à celui de leur élaboration, et en vaisseaux propres, qui charrient les sucs depuis l'époque où, par l'élaboration propre à chaque végétal, ils ont acquis une nature particulière.

Au reste, la classification des organes élémentaires est encore très imparfaite ; on ne peut distinguer avec précision les organes d'un corps vivant que lorsqu'on connoît leur fonction; mais cette connoissance nous manque dans la plupart des cas. Nous confondons dans la même classe la membrane qui sépare le suc sucré de l'orange, avec celle qui produit l'huile aromatique de son écorce : la diversité des produits indique cependant une différence de nature.

Tout cet assemblage de cellules et de vaisseaux communique avec les élémens extérieurs par le moyen de pores dont on peut distinguer quatre espèces ; savoir, les *pores cellulaires*, les *pores radicaux*, les *pores corticaux* et les *pores glandulaires*. *Voyez* PORE.

La présence ou l'absence de ces divers organes et leur disposition respective constituent les caractères anatomiques des trois grandes classes du règne végétal, les seules fondées sur l'anatomie, savoir, 1° ACOTYLÉDONS, qui n'ont ni vaisseaux ni pores corticaux ; 2° les MONOCOTYLÉDONS, qui ont des pores corticaux et des vaisseaux non disposés par couches concentriques ; 3° les DICOTYLÉDONS, qui ont des pores corticaux et des vaisseaux disposés par couches concentriques à l'entour d'un cylindre central de tissu cellulaire.

Les organes élémentaires qui viennent d'être énumérés constituent, par leurs combinaisons diverses, les organes composés dont on trouvera la liste au mot organe, et les caractères ainsi que les fonctions aux mots qui les désignent.

Extrait des principes de botanique de Décandolle.

ORGE. *Hordeum.* Genre de plantes de la triandrie digynie, et de la famille des graminées, qui renferme une douzaine d'espèces, dont quatre sont l'objet d'une culture de première importance pour la France, et sur lesquelles il est par conséquent nécessaire que je m'étende un peu longuement.

L'ORGE COMMUNE, ou *orge carrée*, ou *grosse orge*, ou *escourgeon*, *Hordeum vulgare*. Lin. Elle est annuelle, s'élève d'un à deux pieds, et ses grains, disposés sur quatre rangs, sont terminés par une longue barbe. Son pays natal est la Perse, où Olivier, de l'Institut, l'a trouvée dans l'état sauvage.

Elle offre trois variétés, dont l'une est l'*orge céleste* ou *orge nue*, qui s'en distingue parceque l'enveloppe s'égrène, c'est-à-dire la balle florale s'enlève comme celle du froment par le seul effet du battage.

L'autre, l'*orge à graines noires*, peu connue en France, et qui est souvent bisannuelle en Allemagne. Mon collègue Parmentier pense qu'il ne seroit pas avantageux de la cultiver, à cause de la durée de sa culture.

La troisième, l'*orge du printemps*, moins caractérisée que les précédentes, mais qui n'est pas seulement différente parcequ'elle se sème au printemps, comme beaucoup de personnes le croient.

L'ORGE ESCOURGEON. *Hordeum hexasticon.* Lin. a les épis formés par six rangs de grains, tous terminés par une longue barbe. Il y a quelques motifs de croire qu'elle n'est qu'une variété de la précédente. On la préfère dans beaucoup de lieux, parceque, quoique ses grains soient plus petits, elle produit davantage.

L'ORGE FAUX RIZ, ou *riz d'Allemagne*, *orge éventail*, *orge pyramidal. Hordeum zeocriton.* Lin. Son épi n'a que deux rangs de grains, mais est très large et très serré. Elle manque de barbe. C'est la meilleure espèce pour manger en gruau et pour faire de la bière. Son écorce est dure.

L'ORGE A DEUX RANGS, ou *petite orge*, *bellarge*, ou *pamelle*, ou *paumoule*, *orge d'Angleterre*, *orge à longs épis*, *orge de Russie*, *orge du Pérou*, *orge d'Espagne*. Elle est originaire de la Tartarie. Ses épis sont sans barbes et offrent deux rangs de grains; et sur leur milieu, de chaque côté, deux rangs de fleurs stériles. C'est celle qu'on cultive le plus en Angleterre. Elle fournit deux variétés, dont l'une se nomme *sucrion*, à raison de la saveur sucrée de son grain, le plus propre pour faire de l'orge perlée et de l'orge mondée; et l'autre *pamelle*, ou *paumoule nue*, ou *orge nue*, *orge piliet*, dont le grain est angulaire et se sépare facilement de la bllae florale.

De toutes ces variétés, celle qui mérite le plus d'être propagée sur le sol de la France est, observe mon savant collaborateur M. Parmentier, la variété de l'orge à deux rangs, dont le grain est nu. Elle double, dit-il, la meilleure récolte de l'orge ordinaire; la paille en est moins dure que l'autre, et les vaches la mangent avec plus d'avidité. Aucun pied ne donne moins de deux tiges, et la plupart trois à quatre; sur chaque épi on trouve depuis soixante jusqu'à quatre-vingt-dix grains. Ils sont plus gros, plus allongés que ceux des autres espèces ou variétés ordinaires. Le seul défaut qu'on pourroit lui reprocher, si c'en est un, c'est que la farine est plus bise; mais qu'importe pour l'orge mondée ou gruée plus ou moins de blancheur,

pourvu que le grain acquière, en se gonflant, beaucoup de volume, absorbe une grande quantité d'eau, reste entier après
la cuisson.

Toutes ces espèces et leurs variétés, ainsi que plusieurs autres variétés dont je n'ai pas fait mention, faute de les suffisamment connoître, ont été confondues les unes avec les autres par
les botanistes et les cultivateurs, de sorte qu'il n'est pas facile
d'établir leur synonymie avec exactitude.

L'orge vient dans toutes les natures de terrains qui ne sont pas
complètement stériles ou trop marécageuses ; mais elle prospère
mieux dans celles qui sont en même temps légères et chaudes.
C'est l'orge à deux rangs, comme plus petite, qui est la moins
difficile sur le choix du terrain. Tous les climats lui conviennent. On la cultive également sous l'équateur et sous le cercle
polaire. C'est de toutes les céréales celle qui manque le moins
souvent, qui se vend généralement le mieux, et qui rapporte le
plus de profit. Son grand usage, dans le midi, est la nourriture
des chevaux, et dans le nord, la fabrication de la bière. Par-tout
elle entre pour beaucoup dans la nourriture du pauvre et dans
l'engrais des bœufs, des cochons, des moutons, des volailles
de toute espèce, parceque le peu de dépense de sa culture et
l'abondance de ses produits permettent de la vendre à très bon
compte.

Dans les parties méridionales de l'Europe, où l'orge supplée
l'avoine pour la nourriture des chevaux, on la sème souvent
avant l'hiver. Cette pratique a aussi quelquefois lieu dans les
terrains secs et chauds des parties septentrionales. De là les dénominations d'orge d'hiver et d'orge du printemps, dénominations qui ont fait croire à quelques écrivains qu'il y avoit des
variétés qui exigeoient d'être semées à ces époques, ce qui n'est
pas. Sans doute elle auroit lieu par-tout, hors les terres qui retiennent l'eau, si la nécessité de semer le seigle et le froment
laissoit assez de temps ; car l'orge, comme toutes les autres
plantes annuelles, devient d'autant plus belle, fournit des produits d'autant plus abondans, que sa végétation est plus lente
et qu'elle reste plus long-temps en terre. *Voyez* VÉGÉTATION.

Que l'on sème l'orge en automne ou au printemps, il faut
que la terre qui lui est destinée reçoive deux labours, et que
ces labours soient profonds, car sa racine plonge plus que celle
des autres céréales. Six pouces ne sont pas le plus souvent suffisans. Après ces labours, on donne de forts hersages avec la
herse à dents de fer, ou mieux, un binage avec la HOUE A CHEVAL
à plusieurs fers. (*Voyez* ce mot et le mot LABOURAGE) pour
bien ameublir et égaliser la surface de la terre.

Des engrais sont certainement un moyen d'augmenter les
produits de l'orge ; mais comme généralement on veut l'obtenir

au meilleur compte possible, on lui en donne rarement, excepté dans les lieux où elle est le principal objet de la culture, et ces lieux sont assez nombreux, sur-tout sur les montagnes élevées.

Un motif de plus qui doit engager à moins forcer d'engrais pour cette graminée que pour les autres, c'est qu'elle est fort disposée, dans ce cas, à acquérir, avant de monter en graine, une vigueur de végétation, qui, se portant sur les feuilles, empêche les tiges et sur-tout les graines de se développer convenablement. Ce fait est appuyé sur la théorie comme sur la pratique. Ce sont, je le répète, des labours parfaits plutôt que d'abondans fumiers qu'il faut à l'orge. Lorsqu'on veut fumer la terre qui lui est destinée, c'est entre les deux labours qu'on le fait. *Voyez* ENGRAIS et FUMIER.

Le principe qui doit faire désirer de semer l'orge en automne oblige de la semer de meilleure heure possible au printemps. Dans le climat de Paris on obtient rarement de bonnes récoltes de celle qui l'est après le mois d'avril.

La quantité moyenne d'orge qu'on peut répandre sur un arpent de bonne terre varie en plus ou en moins selon les localités. Il est toujours prudent de se conformer à l'usage du pays jusqu'à ce qu'on ait acquis des données propres à autoriser tout changement à cet égard. On calcule dans les environs de Paris sur quarante à cinquante livres pour un arpent de bonne terre.

Il y a déjà long-temps qu'on s'est aperçu en France que la culture de l'orge étoit plus fructueuse après les pommes de terre qu'après le seigle ou le froment, ce qui est en parfaite concordance avec les principes de l'ASSOLEMENT. *Voyez* ce mot et le mot SUCCESSION DE CULTURE. Arthur Young, à qui on doit un important travail sur cette culture, prouve par des observations irrécusables qu'elle est également très avantageuse après les carottes, moins après les turneps, à moins qu'ils n'aient été mangés sur place ou en terre.

Il est très fréquent de semer l'orge avec la luzerne et le trèfle. Alors il faut diminuer la proportion de la graine de cette orge de près de moitié, afin que le trèfle ne soit pas étouffé au moment de sa sortie de terre. *Voyez* LUZERNE et TRÈFLE.

En Angleterre, où la culture de l'orge est des plus étendue à raison de la grande consommation de bière qui s'y fait, on s'est beaucoup occupé des moyens de perfectionner sa culture. On n'a pas manqué d'y appliquer celle par rangées, si en faveur dans ce pays; mais il ne paroît pas qu'elle ait eu des succès bien remarquables. Celle par grains isolés a été essayée par Arthur Young, et a donné peu d'espérance. Il est probable en effet, d'après ce que j'ai dit plus haut, que la grande vigueur que l'écartement des pieds donnoit à chacun d'eux, dans ces deux genres de culture, a dû nuire à l'abondance de la graine.

Pour cette plante, comme pour toutes les autres, il faut toujours choisir la plus belle semence, la nettoyer le plus exactement possible de toutes graines étrangères. Il faut de plus la chauler, lorsqu'on soupçonne qu'elle est infestée de CHARBON (*voyez* ce mot) ; opération qu'on néglige trop généralement.

Quoique couverte d'une enveloppe très dûe, ou mieux, très coriace, l'orge, lorsqu'elle est semée par un temps ou sur une terre humide, et on doit, autant que possible, choisir une de ces deux circonstances, ne tarde pas à lever. Une fois qu'elle a acquis trois feuilles elle ne craint plus que les pluies trop abondantes ou les gelées très rigoureuses. Elle se soutient fort bien sous la neige, brave les sécheresses. Des sarclages au besoin sont tout ce qu'elle demande jusqu'à l'époque où elle montre ses épis.

Dans les bonnes terres ou dans les terres très fumées, l'orge pousse des feuilles en telle abondance qu'on doit craindre que, toute la sève s'y portant, il n'y ait pas de graines ou peu de graines ; alors il convient d'EFFANER. *Voyez* ce mot. La fane étant fort du goût des bestiaux, il est le plus souvent désirable d'être dans le cas de faire cette opération, qui est le commencement des bénéfices que doit rapporter la culture de cette plante ; mais il faut la faire au moment convenable ; trop tôt elle ne remplit pas son objet, trop tard elle occasionne la mort de beaucoup de pieds.

Les printemps trop secs, comme les printemps trop pluvieux, sont nuisibles à l'orge. Dans l'un et l'autre cas, elle donne peu de graines. Il n'y a pas moyen ni de prévenir ni de réparer le mal.

Lorsque l'été est trop sec, le grain grossit moins, mais est d'excellente qualité. Lorsqu'il est trop pluvieux il est très gros, mais peu savoureux et peu susceptible d'être gardé.

Ce qui est le plus dans le cas d'être redouté par les cultivateurs d'orge, c'est le charbon, que mal à propos on confond quelquefois avec la carie. Il est des localités, il est des années, où ses ravages emportent plus de la moitié de la récolte. J'ai vu des champs qui en étoient tellement infestés, que les épis sains y étoient difficiles à trouver. Généralement on ne prend aucune précaution contre ce fléau, quoique le chaulage soit un moyen préservatif assuré. *Voyez* aux mots CHARBON et CHAULAGE.

Il est deux mouches qui nuisent à l'orge, l'une, la *muscarit*, Lin., qui vit aux dépens du grain, et qui en détruit beaucoup en Suède, mais que je n'ai jamais trouvée en France, l'autre, la *musca lineata*, Fab., qui vit dans la tige, et qui en fait beaucoup périr. Celle-ci est commune aux environs de Paris, et on m'a dit que les cultivateurs de la Beauce avoient beaucoup à s'en plaindre certaines années.

Je ne connois pas de remèdes aux maux que peuvent causer ces deux insectes. Ne seroit-ce pas le charbon qu'on accuse calomnieusement le premier de produire ?

L'époque de la récolte de l'orge dépend et de celle du semis, et de la marche de la saison, et de la variété, et de la nature du sol, et des abris. Il n'est donc pas possible de la fixer d'une manière générale. Quelques auteurs ont écrit qu'il étoit utile de la faire avant l'époque de la maturité complète du grain; mais c'est une errreur. Il faut la couper un peu après qu'elle a cessé de végéter, c'est-à-dire quand elle est devenue blanche, et que son épi s'est recourbé; même si on risque une perte de grain à dépasser ce moment, on gagne un grain plus consistant, d'un plus avantageux emploi, et d'une conservation plus certaine. Je suis, dans presque tous les cas, le partisan de ceux qui ne coupent leurs céréales, qui ne récoltent leurs graines à huile, qui ne cueillent leurs fruits que lorsqu'ils sont arrivés à leur complète maturité, parcequ'il y a tout à gagner à le faire. L'orge encore verte a le grain plus sucré que l'orge qui est parfaitement mûre, et semble en conséquence plus propre à faire de la bière; mais ce n'est pas avec le grain dans cet état qu'on fabrique cette liqueur; c'est après qu'il aura été desséché, qu'il aura été mis à germer. Il y a lieu de croire qu'il offre une perte de moitié peut-être à l'employer avant sa maturité. La théorie et la pratique sont complètement d'accord sur ce point.

On coupe l'orge, tantôt avec la faucille, tantôt avec la faux, soit à main, soit simple, soit à râteau. Dans chacune de ces manières, il y a des avantages et des inconvéniens à peu près égaux. *Voyez* FAUCILLE, FAUX et FAUCHER. L'important est d'opérer de très bon matin pendant la rosée, afin qu'il se perde moins de graine, et de lier le soir pour enlever les gerbes le lendemain. Il est cependant des cas où il devient indispensable d'attendre plusieurs jours, c'est lorsque la paille contient beaucoup d'herbe naturelle, ou de fourrage artificiel, auquel il faut donner le temps de sécher, c'est lorsque le temps est très humide ou qu'il a plu, c'est lorsque des opérations plus pressées se présentent, etc.

On n'est pas dans l'usage de lier régulièrement les chaumes de l'orge; c'est-à-dire de placer, comme lors de la coupe du froment, les épis uniquement d'un seul côté; mais il seroit bon de le faire toutes les fois que cela n'entraîne pas une perte de temps trop considérable à raison de la facilité qui en résulteroit pour un battage prompt et complet.

Le DÉPIQUAGE dans les départemens méridionaux et le

BATTAGE dans les septentrionaux (*voyez* ces mots) sont les deux moyens les plus généralement employés pour séparer le grain de l'orge de son épi.

Rarement on met l'orge en meule, même dans les départemens septentrionaux. Elle se rentre dans la grange ou le grenier, et se bat le plus tôt possible. Cette opération est si facile, que la plus abondante récolte est bientôt expédiée.

La paille de l'orge est plus dure et moins nourrissante que celle des autres céréales. Beaucoup de bestiaux la refusent lorsqu'elle n'est point mélangée avec celle de l'avoine ou avec du foin. Les bœufs et les vaches s'en accommodent généralement mieux que les chevaux et les moutons. Presque partout c'est à faire de la litière qu'elle est employée, quoiqu'elle soit inférieure aux autres, sous ce rapport même, à raison de sa rigidité, de sa dureté.

J'ai déjà parlé de l'emploi de l'orge en vert et en grain pour la nourriture des bestiaux; en vert elle les rafraîchit et les purge, mais il faut ne la leur donner que vingt-quatre heures après qu'elle a été coupée, et très modérément, car dans le cas contraire elle occasionne la fourbure aux chevaux, la tympanite aux bœufs, aux vaches et aux moutons. En grain elle passe pour moins échauffante et pour plus nourrissante que l'avoine pour les chevaux qu'on en nourrit; trempée, et encore mieux, moulue et fermentée, elle augmente considérablement le lait des vaches, engraisse les bœufs, les cochons et les volailles avec une incroyable rapidité, et leur donne une graisse de la meilleure nature. On l'emploie aussi dans la fabrication de certains cuirs.

On vane l'orge et on la nettoie de sa menue paille, des graines étrangères et autres matières qui sont mêlées avec elle, par le moyen du VANAGE et du CRIBLAGE. *Voy.* ces mots. Ces opérations ne sont point difficiles sur elle, mais elles ont besoin d'être faites avec la plus rigoureuse exactitude, surtout quand elle est destinée à servir à la fabrication de la bière.

La conservation de l'orge exposée à l'air dans les greniers est moins sujette à inconvéniens que celle du seigle et du froment, parceque les CHARANÇONS, les ALUCITES et autres insectes trouvent son écorce trop dure, et ne se jettent sur elle qu'à défaut de seigle ou de froment, et même n'y sont jamais abondans. Elle demande seulement à être remuée fréquemment pendant les premiers mois pour favoriser sa dessiccation qui est lente. Il y a risque de la perdre par la moisissure lorsqu'on la renferme trop tôt dans des sacs ou des coffres. Malgré cela ce grain est celui qui perd le plus à être gardé.

Chaque variété d'orge ayant un aspect, une grosseur et une

saveur différente, il est difficile de donner des indications positives sur les moyens de reconnoître la bonne. Dans chacune c'est la grosseur, le poids, le lustre qui témoignent le plus en faveur de sa qualité.

La farine d'orge est plus courte que celle du seigle et encore plus du froment; elle a un coup d'œil rougeâtre qui n'est pas agréable. Pour être réduite en pain elle exige plus de travail et plus de levain que celles des deux grains que je viens de citer. Ce n'est point un bon manger que le pain d'orge, mais il nourrit, et bien des cantons sont fort heureux d'en avoir; encore s'ils n'y étoient réduits que par suite de la nature du climat! Je m'arrête....

C'est sous la forme de gruau, d'orge mondée, d'orge perlée qu'il est le plus avantageux de manger ce grain : les procédés employés pour le mettre à cet état seront décrits plus bas.

On regarde en médecine l'orge comme rafraîchissante, en conséquence on l'ordonne en nature, en décoction, en tisanne, en lok dans les maladies inflammatoires, dans les ardeurs d'urine, les affections de la poitrine, etc. Sa farine est au nombre des résolutives.

Mais le plus grand emploi de l'orge est la fabrication de la bière. La quantité qu'on en consomme pour cet objet dans tout le nord de l'Europe est immense. *Voyez* Bière. (B.)

Orge mondée. Nous ignorons si l'art de monder l'orge est généralement pratiqué en France; mais ce qu'il y a de constant, c'est que nous tirons de l'étranger la plus grande partie de ce que nous en consommons. Voici cependant le moyen employé dans les départemens du Doubs et du Jura, que je tiens d'un voyageur qui a parcouru avec fruit ces différentes contrées.

Il faut avoir de l'orge nue, ou commune, très sèche; on en prend quarante ou cinquante livres qui soit bien passée au crible; on la verse ensuite sur un plancher, et on l'asperge pour l'humecter, en observant qu'elle le soit également. Si pendant le travail on s'apercevoit que le grain ne fût pas assez mouillé, il faudroit l'humecter de nouveau. Cette opération faite, on verse l'orge dans la ripe, qui est une auge de forme circulaire, dans laquelle il y a une meule de champ de trois pieds de diamètre sur un pied d'épaisseur; devant cette meule, il y a un petit balai qui pousse toujours le grain dessous, et sur le derrière se trouve un petit râteau pour remuer le grain. La meule est mise en mouvement ou par un cheval ou par une chute d'eau.

Procédé usité en Saxe pour monder l'orge. On prend trois à quatre cents livres d'orge bien sèche, bien nettoyée et purgée de tout corps étranger. On a soin de la bien humecter également, après cela on la relève en tas, et on la couvre avec des toiles pendant l'espace de sept à huit heures, pour que l'humidité soit distribuée également à la surface, et qu'elle n'entre point dans le centre du grain. On verse cette orge dans la trémie du moulin.

Les meules ont trois pieds et demi de diamètre sur un pied d'épaisseur. (La qualité de la pierre est pleine et tendre, tirant sur le noirâtre.) Elles sont rayonnées, et les rayons sont de trois pouces; elles sont piquées très vif; le rayon est d'un pouce de large, et creusé de deux à trois lignes.

La meule gisante est repiquée de la même manière que la meule courante; il faut que celle-ci soit mise en équilibre, de manière qu'elle n'ait pas plus de poids d'un côté que de l'autre; et afin qu'elle tourne parfaitement bien, il faut que le palier sur lequel repose le fer soit élastique, ou qu'il fasse ressort.

Les archures qui renferment les meules sont des tôles piquées en râpes. Il y a trois pouces de distance de la râpe à la meule courante.

On adapte deux petits balais à la meule, afin de ramasser le grain qui se range dans le pourtour. La vitesse de la meule est de cent à cent vingt-cinq tours par minutes.

On a soin de tenir la meule courante élevée de manière qu'elle ne fasse que couler le grain, afin de lui ôter la pellicule et de casser ses deux extrémités.

La râpe sert à enlever le reste de la pellicule s'il y en a; l'orge tombe par l'auche dans un crible ou ventilateur, que l'on nomme communément tarare, pour prendre toute la pellicule.

Cette opération faite, les grains doivent être entiers : s'il s'en trouve d'écrasés, c'est un défaut de manipulation.

Sur cent livres d'orge, on en obtient à peu près soixante à quatre-vingts livres de mondée; le reste est en son.

Il est aisé de juger, d'après cette courte description, que pour monder l'orge il faut nécessairement se servir des meules d'un diamètre moins considérable que pour les moulins ordinaires, et avoir l'attention de mouiller méthodiquement le grain, afin de préparer l'écorce à se détacher avec plus de facilité du corps farineux auquel elle adhère fortement.

Nous croyons que, vu la nécessité où l'on est de mouiller l'orge avant de l'employer au moulin pour la monder, on doit avoir la précaution, dès que l'opération est terminée, d'exposer à l'air ce grain, sans quoi il ne manqueroit pas de contracter au bout de quelques jours dans le sac où on le renfermeroit trop tôt une odeur désagréable et un goût de moisi.

Orge gruée. Quand une fois l'orge est mondée, on l'écrase

grossièrement au moulin, on a soin de la sasser pour en séparer ce qui reste de l'enveloppe, comme cela se pratique dans la mouture économique pour le gruau de froment, c'est-à-dire pour le remoulage, lequel est au gruau ce qu'est le son au grain.

Orge perlée. Parmi les divers moyens que l'art a imaginés pour dépouiller l'orge de toutes ses parties corticales, il n'y en a point dont le succès ait été plus complet que celui qui donne à ce gruau la forme sphérique et la surface polie d'une perle, ce qui lui a fait donner son nom d'orge perlée.

Les Hollandais ont été autrefois la seule nation qui préparât l'orge mondée et perlée ; ils la transportoient ensuite chez tous les peuples. Il paroît que cette préparation s'exécute aujourd'hui dans plusieurs cantons de l'Allemagne; en voici le procédé.

Si on veut avoir une idée de l'opération, qu'on se représente un moulin à blé ordinaire avec ses deux meules, celle de dessous fixe, et celle de dessus mobile et tournant horizontalement; il n'est pas nécessaire qu'elles soient de pierre, mais de bois seulement; la meule supérieure ne diffère de celle du blé que par des cannelures en quart de cercle pratiquées en dessous au nombre de six ou de huit, suivant la largeur de la meule; elles sont moins creusées à l'angle, et leur profondeur est de deux pouces à l'extrémité; à la place du bois ou caisse dans laquelle la meule tourne, sont placées des râpes en tôle, contre lesquelles l'orge est sans cesse poussée par le courant d'air qu'impriment les cannelures, et qui est attirée de l'ouverture centrale de la meule jusqu'aux râpes ; par ce mouvement centrifuge, le grain est sans cesse poussé contre les râpes, son écorce s'use, ensuite les ongles de la partie farineuse sont emportés; enfin peu à peu le grain s'arrondit. Pendant cette rotation soutenue, la farine et une grande partie des débris de l'écorce passent à travers les trous des râpes, et sont reçues dans un encaissement circulaire en bois, fermant exactement, d'où on les retire après l'opération. Dans d'autres moulins on se contente de placer une toile grossière et épaisse tout autour des râpes, et de laisser un espace de deux pouces entre les râpes et la toile; mais cet espace est exactement fermé par-dessus. Cette toile reçoit la farine et la laisse tomber doucement dans le coffre auquel elle répond. Lorsque le grain est censé avoir acquis sa forme ronde, on ouvre une petite porte ménagée dans les râpes. Cette porte correspond à un grand sac, et les débris de l'écorce qui restent, ainsi que l'orge perlée, sont entraînés dans cette ouverture par le mouvement centrifuge. On porte ensuite ce mélange dans différens blutoirs qui séparent le grain, la farine et le son; ces derniers servent à la nourriture des bestiaux, de la volaille, etc.

Des divers usages économiques de l'orge. On ne cultive pas seulement l'orge pour en récolter le grain, on la sème très rapprochée pour la couper en vert et la donner ainsi aux bestiaux; c'est une des nourritures les plus saines qu'on puisse leur procurer au printemps. Elle devient quelquefois pour eux une espèce de remède qui les rafraîchit et les dispose à supporter mieux les vives chaleurs de l'été. Les nourrisseurs des environs de Paris ont toujours quelques arpens destinés à cet emploi, et cette première verdure est dévorée par les vaches.

Orge substituée au riz. Quoique cette substitution soit connue et adoptée depuis long-temps dans quelques pays de notre voisinage, elle a dernièrement été proposée comme une innovation au gouvernement pour les établissemens publics; c'est ce qui nous a déterminé à faire des expériences comparatives sur la cuisson de ces deux grains, pris dans différens états; les résultats en sont consignés dans le nouveau dictionnaire d'Histoire naturelle, au mot Riz.

C'est en Helvétie et en Allemagne que l'orge mondée, et apprêtée sous forme de riz, crève au moyen d'un véhicule approprié selon les circonstances, les ressources locales et les facultés des consommateurs. Tantôt le lait, le bouillon et la bière servent d'excipient; tantôt c'est l'eau simplement assaisonnée d'un peu de beurre; mais il faut pour tous une longue cuisson, sans quoi l'aliment conserve une odeur et une saveur de colle farineuse: on l'associe souvent avec de la viande, et c'est sur-tout de cette manière qu'elle sert de nourriture dans plusieurs fermes où les ouvriers s'en trouvent fort bien.

Orge substituée à l'avoine. On accuse l'avoine d'épuiser le terrain, et c'est pour cela qu'on recommande de la semer sur un terrain compacte pour le diviser, ou nouvellement défriché; mais l'orge opère le même effet, donne un produit d'une plus grande valeur et qui sert à beaucoup plus d'usage; et en effet, celle-ci, plus farineuse, peut servir aux hommes et aux bestiaux, tandis que l'autre n'est absolument utile que pour les chevaux.

L'analyse que nous avons faite de l'avoine noire prouve que ce grain est abondant en écorce et peu en farine; que celle-ci n'absorbe pas une grande quantité d'eau; qu'elle a une pesanteur spécifique infiniment moins considérable que celle de l'orge, et qu'elle ne peut être employée avec avantage par les amidoniers.

Il paroît que la cavalerie romaine ne consommoit point l'avoine comme nourriture, et cependant, dans les climats où ce dernier grain est administré aux chevaux au lieu d'avoine, ces animaux ont une grande réputation. D'habiles vétérinaires ont remarqué que depuis qu'on n'en donnoit plus autant aux moutons ils étoient moins sujets au tourni, maladie dont le siège est dans le cerveau, et qui dépend d'une HYDATIDE.

L'avoine a une sorte de fléxibilité et d'élasticité qui la rend difficile à la manducation, sur-tout pour les vieux chevaux dont les dents destinées à broyer sont usées. De là cette quantité de grains entiers que la volaille trouve dans la fiente de ces animaux, et dont ils n'ont pu extraire les sucs nourriciers, ce qui avoit fait recommander autrefois de macérer préalablement l'avoine dans l'eau, ou mieux, de la concasser pour en économiser une partie et fatiguer moins les viscères; mais il faut observer que la mastication étant essentielle à la digestion, on priveroit les chevaux de cette fonction si on ne leur donnoit pas l'avoine en grains, mais dans des proportions déterminées par la saison, par leur age et par le travail auquel ils sont soumis.

Pénétrés de tous ces faits, nos meilleurs agronomes se récrient contre l'exclusion de la culture de l'avoine, qui, à la place, produiroit du froment et de l'orge, dont une récolte passable vaut mieux que la plus belle en avoine. A la vérité, tant qu'on sera persuadé que ce grain, aujourd'hui à un prix énorme, est le seul qui convienne aux chevaux, nous doutons que les fermiers se déterminent à en circonscrire la culture, parceque le bénéfice qu'ils retireront les arrêtera toujours; mais nous déclarons que la masse de la subsistance publique gagnera infiniment sur la substitution de l'orge à l'avoine, et qu'une pareille révolution dans la manière de se nourrir deviendra, pour quelques cantons, une richesse incalculable.

Sous quelque forme qu'on fasse usage de l'orge, soit en santé, soit en maladie, il n'y a pas de grain qui offre plus de profit. Chamousset, ce philantrope dont le nom rappelle toutes les vertus patriotiques, et particulièrement celles qui tiennent directement au bonheur des hommes, Chamousset n'a rien oublié pour agrandir le cercle des ressources qu'on peut trouver dans l'orge mondée, gruée et perlée. (PAR.)

Les deux espèces d'orge qui sont dans le cas d'être encore citées, comme se trouvant fréquemment dans les campagnes, sont,

L'ORGE DES MURS, dont les fleurs latérales sont mâles, et terminées par une barbe, et l'involucre intermédiaire cilié. Elle est annuelle et très abondante sur le bord des chemins, autour des villes et des villages. Elle fait le désespoir des jardiniers curieux de la beauté de leurs gazons, ainsi que des fermiers jaloux de la bonté de leurs luzernes. Souvent elle couvre exclu-

sivement des espaces considérables dans les lieux non cultivés
et très fréquentés. Tous les bestiaux la mangent quand elle est
jeune, mais n'y touchent plus après qu'elle est passée fleur, à
raison de ses barbes qui leur piquent la bouche. Il n'est rien
moins que facile de la détruire, parceque ses graines se conservent long-temps propres à germer, lorsqu'elles sont profondément enterrées. La couper avant qu'elle entre en fleur est un
moyen qui semble certain, cependant il ne l'est pas, attendu
qu'à quelque époque du printemps ou de l'été qu'on fasse cette
opération, si elle n'a pas donné ses graines, elle repousse et
fleurit de nouveau. L'arracher à la main seroit le mieux, mais
elle est si abondante !

L'ORGE SÉCALIN, ou *orge des prés*, ne diffère de la précédente que parceque ses involucres sont seulement rudes, et
que sa tige s'élève à deux ou trois pieds. Elle se trouve dans les
prés humides. C'est un bon fourrage quand elle est coupée au
moment de sa floraison, mais ses barbes ont les inconvéniens
de celles de la précédente ; au reste je ne l'ai vue nulle part
très abondante. (B.)

ORGEOT. C'est l'orge des murs dans le département
des Landes.

ORI. Nom de l'huile dans le département du Var.

ORIENTEMENT DES BATIMENS RURAUX, (Archi-
tecture rurale). L'exposition la plus favorable que l'on puisse
donner à ces bâtimens est absolument relative à leur destination, et cette meilleure exposition est souvent locale.

« Chaque pays, dit Rozier, a son vent dominant ou désastreux, occasionné par des circonstances purement locales ;
telles sont les chaînes de certaines montagnes qui brisent, ou
font refluer les vents ; telles sont les forêts qui les attirent, les
marais et les étangs qui les chargent de miasmes ; enfin, telles
autres causes que je ne puis ni prévoir, ni décrire, mais dont
chacun, dans son pays, connoît les funestes effets sans chercher
à en découvrir la cause physique et toujours agissante. »

L'exposition nord et sud paroît, en général, la plus saine,
et conséquemment la plus favorable pour la demeure de
l'homme. Cette double exposition procure à son habitation
l'avantage d'être moins froide en hiver en calfatant ses ouvertures au nord, et d'être très saine en été à cause des courans
d'air que l'on peut y tirer du nord pour tempérer la chaleur
de la saison. Ce double avantage n'existe pas dans toute autre
exposition.

Celle au nord-ouest, ou de l'ouest, est généralement regardée comme la plus malsaine pour les habitations.

Les oiseaux et les insectes domestiques ne prospèrent qu'aux expositions de l'est et du sud , tandis que le nord est l'orientement qui convient le mieux à la santé des quadrupèdes.

Enfin le nord est la meilleure exposition que l'on puisse choisir pour la conservation des grains et des fourrages, tandis que les racines et autres légumes d'hiver , que l'on veut préserver de la gelée, exigent une exposition contraire. Il est donc nécessaire d'orienter les différens bâtimens d'un établissement rural de manière que chacun d'eux soit à l'exposition la plus favorable à sa destination.

Ce précepte n'est cependant pas toujours rigoureusement praticable, particulièrement dans la construction des fermes de la grande culture ; elles occuperoient une trop grande étendue de terrain si on vouloit y assujettir tous leurs bâtimens, et le plus grand nombre d'entre eux échapperoit alors à la surveillance directe du fermier, à laquelle il est indispensable de les soumettre tous.

Pour remplir cette dernière condition , on est obligé de les disposer autour de l'habitation à une distance qui n'en soit point trop éloignée , et d'en établir les entrées de manière qu'elles en soient vues immédiatement. Alors ils ne se trouvent plus *tous* à l'exposition requise pour leur destination ; mais un propriétaire intelligent pourra toujours remédier à cet inconvénient , en plaçant aux expositions les moins favorables les bestiaux auxquels elles ne peuvent occasionner aucun préjudice grave , et en corrigeant d'ailleurs le vice d'exposition par les moyens que l'art peut indiquer. (DE PER.)

ORIGAN , *Origanum*. Genre de plantes de la didynamie gymnospermie , et de la famille des labiées , qui renferme une douzaine d'espèces, dont quelques unes sont célèbres, à raison de leurs propriétés médicinales et de leur bonne odeur.

L'ORIGAN COMMUN a une racine vivace , traçante ; des tiges quadrangulaires , velues, rameuses , hautes de deux ou trois pieds ; des feuilles opposées , presque sessiles , ovales , dentées , un peu velues et blanchâtres ; des fleurs et des bractées rouges, ramassées en épis ovales à l'extrémité des tiges et des rameaux. Il se trouve dans les bois , les haies , les buissons , sur les montagnes , et fleurit au milieu de l'été. Toutes ses parties , et surtout ses sommités , sont odorantes et âcres. On les regarde en médecine comme cordiales , apéritives, emménagogues , détersives et résolutives. On en fait assez fréquemment usage. Employées en guise de houblon dans la bière, elles la rendent plus forte et plus susceptible de se conserver. Dans le nord on s'en sert pour assaisonner les mets , pour teindre les laines en rouge, et en guise de thé et de tabac. Les bestiaux , excepté les vaches , les mangent.

Cette plante est assez agréable par son port et par sa bonne odeur, pour mériter d'être placée dans les parterres, et surtout dans les jardins paysagers, où on la cultive sous les noms de *grand origan*, d'*origan sauvage*, de *marjolaine d'Angleterre*, etc. Il lui faut une terre légère et une exposition chaude. On la multiplie de graines, mais plus fréquemment par la séparation des rejetons qu'elle pousse abondamment chaque année, ou le déchirement des vieux pieds. Ces opérations doivent être faites à la fin de l'hiver. Une fois mise en place on peut se dispenser de tout soin ; mais il faut la relever pour la changer de localité tous les cinq à six ans, parcequ'elle épuise beaucoup le terrain.

L'ORIGAN MARJOLAINE a les racines vivaces ; les tiges nombreuses, quadrangulaires, d'un pied de haut ; les feuilles petites, ovales, obtuses, entières et vertes ; les fleurs blanches et les bractées pubescentes. Il est originaire du Levant et des parties méridionales de la France. On le cultive dans les jardins, à raison de sa bonne odeur et de ses propriétés qui sont les mêmes que celles du précédent. Dans le climat de Paris il lui faut l'orangerie, car les fortes gelées le font périr.

L'ORIGAN PRÉCOCE, *Origanum heracleoticum*, Lin., a les racines vivaces ; les tiges quadrangulaires, velues, hautes de plus d'un pied ; les feuilles opposées, ovales, obtuses, presque sessiles, velues ; les fleurs petites, blanches, disposées en épis longs et ramassés en tête. Il est originaire des mêmes pays que le précédent, et se cultive comme lui dans les orangeries du climat de Paris, pour son odeur douce et la précocité de ses fleurs. On en compose des bouquets pendant l'hiver.

L'ORIGAN DE CRÈTE, *Origanum dictamnus*, Lin. *Voyez* au mot DICTAMNE. (B.)

ORILLETTES. Synonyme de mâche dans le département des Ardennes.

ORME, *Ulmus*. Genre de plantes de la pentandrie digynie et de la famille des amentacées, qui réunit huit à dix espèces d'arbres, dont un est connu de tout le monde par la grande quantité de plantations qu'on en fait, et par les nombreux services qu'on retire de son bois.

Tous les ormes ont les feuilles alternes, pétiolées, ovales, inégalement dentées, rudes au toucher, et inégalement partagées par la nervure moyenne. Leurs fleurs sont petites, disposées en groupes sur le bois de deux ans, et paroissent longtemps avant les feuilles. Les graines même sont mûres avant que ces dernières ne soient complètement développées, fait unique dans les arbres d'Europe.

L'ORME COMMUN, *Ulmus campestris*, Lin., est un très grand arbre, dont l'écorce est épaisse, crevassée, les rameaux très étendus ; les feuilles ovales, pointues, deux fois dentées à leur base, plissées ; les fleurs pentandres, sessiles ; les fruits presque ronds et glabres. Il est indigène à nos forêts, se cultive dans une grande partie de la France, et offre un grand nombre de variétés, la plupart fort difficiles à caractériser.

Les principales sont,

L'orme à feuilles larges et rudes.

L'orme à feuilles étroites et rudes. ORMILLE.

L'orme à feuilles glabres et d'un vert noir, plus coriaces et plus inégalement partagées par la grande nervure. Il a un aspect fort différent.

L'orme à feuilles très larges.

L'orme à feuilles très larges, très rudes, et à écorce des jeunes rameaux velus ; l'orme gras des pépiniéristes.

L'orme de Hollande, à feuilles ovales, acuminées, ridées, inégalement dentées, différent de l'orme liège. Le bois de ses rameaux est cendré. On l'appelle aussi orme teille, ou orme tilleul.

L'orme à petites feuilles et rameaux relevés ; orme mâle ou orme pyramidal.

L'orme à larges feuilles, à rameaux étalés et à fruits allongés ; orme de Trianon.

L'orme à feuilles moyennes et à fibres du bois contournées, vulgairement l'orme tortillard.

L'orme légèrement panaché et à larges feuilles.

L'orme fortement panaché, presque tout blanc et à petites feuilles.

De tous les arbres d'Europe, l'orme est celui qu'on emploie à un plus grand nombre d'objets, et dont la culture est la plus suivie et la plus aisée. Il réunit des avantages nombreux. Presque tous les terrains et toutes les expositions lui conviennent. Ses graines fournissent du plant la même année. Sa croissance est rapide. Il acquiert les plus fortes dimensions, vit long-temps, souffre la transplantation à un âge avancé, ne craint point la taille, répare promptement ses plaies. Son bois, dont les fibres sont entrelacées, est le meilleur qu'on puisse employer au charronnage. Il sert dans la marine, dans la charpente, la menuiserie, l'ébénisterie. On en fait des tuyaux, des corps de pompe, et autres objets destinés à rester sous l'eau ou en terre, parce qu'il s'y conserve fort bien. Il fournit un fort bon chauffage, quoiqu'il ait l'inconvénient de se couvrir de cendres et de brûler sans flamme lorsqu'il n'est pas dans un courant d'air ; son charbon est excellent ; ses cendres très riches en potasse. Il prend par la dessiccation en retrait un peu plus du seizième de son volume, et pèse sec 50 livres 10 onces 4 gros par pied cube.

La préférence que mérite l'orme pour le charronnage le rend sur-tout extrêmement précieux pour les cultivateurs, qui

en font fabriquer non seulement les moyeux et les jantes de
leurs voitures; mais encore la plupart des autres parties de ces
voitures, les charrues, les herses, etc., etc. Malheureusement
ils jouissent rarement dans toute leur plénitude des avantages
qu'il présente. En effet, travaillé vert il se tourmente, prend
de la retraite, et l'ouvrage le plus parfait en apparence devient
hors de service au bout de quelques semaines, souvent même
de quelques jours, lorsque le temps est sec et chaud. Or, la
pauvreté qui ne permet pas aux charrons de faire des provisions de ce bois pour longues années, et la cupidité qui leur
fait voir dans un mauvais travail d'autres travaux prochains,
déterminent la plupart à employer le bois trop vert. Ils y sont
d'autant plus engagés qu'il se travaille plus facilement en cet
état que quand il est bien sec. Ceux qui le mettent tremper dans
l'eau dans l'intention d'accélérer le moment de l'employer ne
font que l'affoiblir, d'après Varennes de Fenilles. Il vaut beaucoup mieux, selon cet estimable écrivain, le faire sécher rapidement à la flamme ou à la fumée. La conclusion de cet article
que j'aurois pu étendre beaucoup, mais sur lequel on reviendra dans les articles de charronage et autres du même genre,
c'est que l'intérêt bien entendu des cultivateurs est de se pourvoir eux-mêmes du bois d'orme nécessaire à leur usage, de ne
l'employer que douze ou quinze ans après sa coupe, et de le
faire travailler chez eux, ou sous leurs yeux.

Les ormes crus isolément fournissent du meilleur bois de
charronnage que ceux crus en futaie, ceux plantés en terrain
sec, meilleur que ceux plantés en terrain humide. Ces derniers
produisent ce qu'on appelle le *bois gras*. Ceux qui ont été élagués dans leur longueur tous les trois ou quatre ans, qui sont
par conséquent remplis de nœuds ou de bosses noueuses, présentent plus de solidité pour les moyeux et les jantes. Les meilleurs de tous sont sans contredit ceux qu'on appelle *tortillards*.

Quelques personnes ont cru que les ormes tortillards
formoient une espèce, et ils se fondoient sur ce que leurs
feuilles sont un peu différentes et leurs fruits plus petits
et moins abondans. Le vrai est que ce n'est qu'une variété,
mais une variété fort remarquable. Dans cette variété les
fibres du bois sont entrelacées et anastomosées au point
qu'il est souvent absolument impossible et toujours extrêmement difficile de le fendre avec la hache, les coins et même
la poudre. C'est cette tenacité extrême qui fait son mérite.
En effet, pour les moyeux principalement elle est extrêmement précieuse. On ne sauroit donc trop multiplier les ormes
tortillards, cependant presque par-tout c'est le hasard qui
les donne. Je voudrois qu'on semât leur graine de préférence
à toute autre, parcequ'elle a plus de disposition à les repro-

duire que celle de l'orme ordinaire. Je voudrois qu'on profitât de tous leurs rejetons, quoique je n'aime point ce mode de multiplication. Je voudrois sur-tout qu'on les greffât en grande quantité dans les pépinières. Les avantages pécuniaires qu'on en retire, un orme tortillard d'une certaine grosseur se vendant toujours quatre fois plus cher qu'un orme commun de même dimension, devroient engager tous les propriétaires d'en planter de préférence sur leurs domaines. Il est assez difficile de distinguer l'orme tortillard des autres dans sa jeunesse ; mais quand il a acquis huit à dix ans on le reconnoît à la torsion des fibres de son écorce, et aux *bosselures* longitudinales qu'elles présentent. Sa culture et sa conduite ne diffèrent pas de celles de l'orme commun.

Ecorcé sur pied et coupé une année après, l'orme, comme les autres arbres, prend plus de dureté et est moins sujet à se fendre par suite de la dessiccation. On devroit d'autant plus le soumettre généralement à cette opération, qu'il est très rare qu'on le laisse repousser de ses racines.

La durée de la vie de l'orme dépend du terrain dans lequel il se trouve. Dans un sol très aride il est déjà vieux à trente ans, c'est-à-dire qu'il ne croît plus en hauteur, que sa tête se dessèche. Dans un sol fertile, et qui n'est pas trop humide, car il craint l'excès de l'eau, il peut vivre presque autant que le chêne, c'est à-dire plusieurs siècles. Quelques uns de ceux que Sully avoit ordonné de planter devant toutes les églises de campagne vivent encore. J'en ai vu plusieurs dans la ci-devant Bourgogne qui avoient quatre à cinq pieds de diamètre, et qui, quoique creux dans leur intérieur, présentoient la végétation la plus imposante. Leur tête étoit une véritable forêt qui pouvoit servir d'abri à des milliers d'hommes.

L'orme, sur-tout quand il est planté dans un sol humide, ou qu'on a coupé ses grosses branches rez tronc, est sujet à se carier sur pied, et par suite à n'être plus bon qu'à brûler. Souvent on voit des ulcères laissant couler une sanie fétide dans une ou plusieurs parties de son écorce. Souvent encore il présente des excroissances d'une grosseur monstrueuse, tantôt nues, tantôt donnant naissance à une infinité de petites brindilles. Ces excroissances, principalement celles de la dernière sorte, sont connues sous le nom de *brouzin*, et donnent un bois qu'on emploie dans l'ébénisterie et à qui il ne manque que la possibilité d'un poli brillant pour être souvent supérieur à la plupart des bois de marqueterie. On supplée à ce poli par le moyen des vernis. Je connois des pièces de ce genre d'une beauté remarquable.

Les ulcères de l'orme sont rarement tournés d'un autre côté que le midi. On trouve dans le premier volume des mémoires publiés par la société d'agriculture de Paris un très bon mémoire de M. Boucher, dans lequel cet agriculteur propose, d'après son expérience, d'en effectuer la guérison par un trou percé au-dessous.

Comme arbre d'agrément, l'orme cède à beaucoup d'autres: cependant la couleur sombre de son feuillage peut servir à faire ressortir celle des espèces qui l'ont plus gaie. Aussi est-ce pour former des massifs qu'il doit être principalement employé dans les jardins paysagers. Les allées et les avenues en sont le plus souvent plantées, uniquement parcequ'il est le plus facile à se procurer et que son produit est le plus avantageux. On le fait souvent suppléer la charmille pour les palissades, les berceaux, etc.; mais il obéit plus difficilement au ciseau et finit toujours par s'emporter. Une des manières de l'utiliser (la variété à petites feuilles est seule dans ce cas), c'est de le planter serré, après lui avoir coupé le pivot et la tête, sur les glacis et autres terrains en pente, dont l'eau des pluies emporte la terre, et de couper tous les ans, entre les deux sèves, ses pousses montantes, de manière à ce qu'il ne s'élève pas de plus d'un pied, et qu'il présente tout l'été une nappe de verdure imitant de loin le gazon.

Si on recherche les services que la grande agriculture est dans le cas de retirer de l'orme vivant, on voit qu'il peut être employé à empêcher l'éboulement des terres, lorsqu'on lui a coupé le pivot, par ses racines traçantes, nombreuses et fort longues; à faire des haies très solides et très durables, quoiqu'exposées à être broutées par les bestiaux; à fournir des feuilles pour la nourriture des vaches et des moutons, soit pendant l'été, soit pendant l'hiver.

Il existe quatre manières principales de cultiver l'orme.

1° En taillis, qu'on coupe, depuis l'âge de quatre à cinq jusqu'à l'âge de quinze à vingt ans. On peut employer ces taillis à nourrir les bestiaux, à faire des fagots, du menu bois de chauffage, des échalas, des perches de diverses sortes, des cercles de cuve, etc. Il ne paroît pas qu'il soit avantageux de le laisser venir en futaie, parceque, comme je l'ai déjà dit, son bois, lorsqu'il croît en massif, n'est pas aussi propre au charronnage que celui des arbres isolés.

2° En avenue, le long des routes, autour des places publiques, des champs, etc. Il faut alors le planter à cinq ou six ans, en raccourcissant le moins possible ses racines, et en rapprochant ses branches à un ou deux pieds du tronc. C'est à tort qu'on lui coupe généralement la tête dans ce cas. *Voyez* aux mots PLANT et PLANTATION. On laisse sept à huit pieds au moins au tronc. Cette opération se fait dans le courant de l'hiver,

plutôt avant janvier qu'après, et dans des fosses de trois pieds
en tous sens au moins. Chaque pied est entouré de quelques
branches d'épines, pour empêcher les bestiaux de le renverser
en se frottant contre. On lui donne un labour pendant les trois
ou quatre hivers suivans. Entre les deux sèves de la première
année de la plantation, on enlève avec une serpette tous les
bourgeons qui ont percé sur le tronc, et les plus foibles de ceux
de la tête, de manière qu'il n'en reste que deux ou trois. A la
même époque de l'année suivante, on coupe au croissant les
branches latérales inférieures à un ou deux pieds du tronc,
même on ne laisse entière que celle qui, par sa position perpendiculaire et la vigueur de sa végétation, annonce devoir continuer la tige. On renouvelle cette opération la troisième ou la
quatrième année, et l'arbre est formé. Si on veut lui faire
prendre une plus grande élévation de tige, on supprimera,
chacune des années suivantes, deux ou trois, au plus, des
branches inférieures, entre les deux sèves ou pendant l'hiver,
jusqu'à ce qu'on soit arrivé au point désiré. Jamais il ne faut le
priver subitement de la plus grande partie de ses branches par
un élagage toujours aussi nuisible à son accroissement et à sa
durée qu'à l'agrément de son aspect, les arbres se nourrissant
autant par leurs feuilles que par leurs racines, et la grande
quantité de brindilles qui poussent au printemps suivant absorbant la plus grande partie de la sève. A toutes les époques de
sa vie, on doit se refuser de couper ses grosses branches, et
si on y est forcé par quelques considérations majeures, il faut
le faire à quelque distance du tronc, et recouvrir la plaie d'onguent de Saint-Fiacre, afin d'éviter les chancres qui pénètreroient jusqu'au centre et altèreroient la qualité du bois.

Je crois devoir revenir ici sur le retranchement complet de
la tête des ormes qu'on plante sur les routes, et dont on
forme les avenues, parceque cette opération est contraire au
raisonnement et à l'expérience. En effet, n'y ayant point de
boutons disposés à céder aux premiers efforts de la sève, il faut
qu'il s'en forme sous l'écorce, qu'ils percent cette écorce, toujours fort épaisse et fort dure; que les bourgeons qui en sortent
prennent une direction voisine de la perpendiculaire, etc. Or,
tout cela se fait avec difficulté et lentement, et par conséquent
avec une perte de temps précieux pour la végétation; aussi,
combien périt-il d'ormes nouvellement plantés, sur-tout dans
les terrains sablonneux et dans les années sèches? Je dis donc
qu'il est, sous tous les rapports, plus convenable de couper la
tête aux ormes sur les grosses branches, et de manière à y
laisser quelques boutons. *Voyez* au mot PLANÇON.

3° En têtard, soit à tête ronde, soit à tête longue, dans les
cours des fermes, les haies qui en sont voisines, les paquis et

autres lieux. Quoique je vienne de dire qu'il étoit nuisible d'élaguer les ormes, il est des cas où il est bon de le faire : ce sont ceux où on préfère à la prompte croissance, à la grande longueur, à la *droiture* du tronc, à l'égalité du grain, la multiplication des branches, soit pour le chauffage du four, soit pour la nourriture des bestiaux. Malgré que quelques agronomes modernes se soient élevés contre cette pratique des têtards, l'usage général qu'on en fait dans beaucoup de cantons prouve ses avantages, et je soutiens qu'on doit la suivre dans un grand nombre de circonstances. *Voyez* au mot TÊTARD.

Les têtards d'ormes à tête ronde ne diffèrent pas de ceux de saules, sinon que, lorsqu'on ne les destine pas à la nourriture des bestiaux, on ne les coupe que tous les huit à dix ans.

Ils forment alors un véritable taillis en l'air, et ont sur les taillis ordinaires l'avantage de produire plus de branches et de fournir un pâturage, ou une culture quelconque, dans l'intervalle de leurs pieds. Quand on les consacre à la nourriture des bestiaux, on les coupe tous les deux ans ou à mesure du besoin pour consommer leurs feuilles en vert, ou au milieu de l'été pour les faire sécher. Dans ces deux cas on doit laisser deux ou trois des plus fortes branches, pour amuser la sève le reste de la saison ; branches qu'on coupe l'hiver suivant. Le tronc sert aux mêmes usages que ceux provenant des arbres non étêtés.

Les têtards à tête longue sont les arbres qu'on a élagués jusqu'au sommet, et dont on n'a arrêté la croissance en hauteur qu'à vingt-cinq ou trente pieds. Ceux-ci ne fournissent jamais d'aussi belles perches que les précédens. On doit, en conséquence, les émonder plus souvent, pour faire du fagotage ou pour la nourriture des bestiaux. Cependant le bois de leur tronc, ayant beaucoup de nœuds, équivaut quelquefois, pour la fabrication des moyeux, à celui des ormes tortillards, et se vend en conséquence fort avantageusement.

La multiplication de l'orme a lieu de toutes les manières, c'est-à-dire par graines, par rejetons, par marcottes, et par boutures. Les principes de vie sont si abondans en lui, qu'on a vu des copeaux mis en terre donner des arbres, et que la plus petite partie de ses racines en produit immanquablement. Un agriculteur éclairé ne doit cependant pas hésiter entre ces diverses manieres ; il préférera toujours la semence, comme donnant des arbres plus beaux et d'une plus longue durée.

Ainsi que je l'ai déjà observé, la graine de l'orme mûrit avant le développement complet des feuilles ; elle est ordinairement, dans le climat de Paris, dans le cas d'être semée dès le mois de mai. On doit la prendre sous les jeunes arbres

plutôt que sous les vieux, sous ceux qui ont une belle forme
plutôt que sous ceux qui sont rabougris. La cueillir sur l'arbre
même a l'inconvénient d'une maturité incomplète : il vaut
mieux attendre qu'elle tombe naturellement. Aussitôt ramas-
sée, aussitôt semée : la terre où on la place doit être légère
et bien préparée ; on la répand ni trop dru, ni trop clair, et
on ne la recouvre que de deux ou trois lignes d'épaisseur de
terre, car pour peu qu'elle soit plus enterrée elle ne lève point.
Quelques agriculteurs préfèrent la semer en rayons espacés
de six pouces ; elle réussit des deux manières, pourvu qu'on
la garantisse du bec des oiseaux, et qu'on lui fournisse des
arrosemens au besoin. Il est absurde de la faire fermenter en
tas avant de la semer, comme on l'a conseillé.

Au bout de trois ou quatre jours, si la saison est favorable,
le plant commence à se montrer, et à la fin de l'été il a souvent acquis plus d'un pied de hauteur ; de sorte que toujours
il peut être mis en pépinière l'hiver suivant, avantage précieux, puisqu'il fait gagner une année, ce que l'orme seul
possède parmi les arbres indigènes. Ce jeune plant s'appelle
ormille dans le langage des pépiniéristes.)

Quelquefois la végétation du plant d'orme se prolonge jusqu'aux gelées, et alors il en est frappé, mais rarement sa racine en souffre ; et comme il y a peu d'inconvéniens qu'on lui
lui coupe la tête en le plantant, qu'on le fait même généralement, quoique abusivement, il n'y paroit pas à la fin de
l'année suivante.

Toute la planche du semis se déblaye à la fin de l'hiver,
en creusant à une des extrémités une fosse qui atteigne le bas
des racines. On enlève le plant en faisant attention de ne pas
endommager ses racines, et le plus fort est séparé du plus
foible. Le premier se plante à vingt ou vingt-quatre pouces
de distance, dans une terre défoncée et bien préparée. Le
second se place en rigole à six pouces de distance pour qu'il
s'y fortifie pendant l'année suivante.

Dans le courant de cette année on ne fait que donner deux
ou trois binages et un labourage d'hiver au plant ainsi disposé. Au printemps de la seconde, si le terrain est bon et le
plant vigoureux, ou au printemps de la troisième si ces circonstances n'existent pas, on coupe tous les plants rez terre,
afin qu'ils repoussent des jets droits et longs, propres à devenir de belles tiges. Cette opération, qui semble faire perdre
une année, peut rarement être évitée, lorsqu'on veut faire
des arbres de ligne, et ne retarde pas, le plus souvent, en
définitif l'époque de la plantation, sur-tout dans les mauvais
terrains, parcequ'elle rend plus facile la formation de
l'arbre.

L'hiver suivant les branches les plus foibles de ces jets
sont coupées en crochet, c'est-à-dire à trois ou quatre pouces
de la tige, et les plus grosses, celles qui rivalisent avec le
tronc, sont coupées rez cette tige. *Voyez* au mot PÉPI-
NIÈRE. Ces crochets sont à leur tour coupés un ou deux ans
après, et alors l'arbre est formé, c'est-à-dire peut être levé
pour être planté en ligne.

Lorsque le plant est dans un bon terrain on augmente la
rapidité de grossissement de sa tige en coupant son extrémité,
entre les deux sèves, à la hauteur de six à huit pieds, à sa
troisième année, parcequ'alors la sève, qui est arrêtée dans
son ascension, reflue en bas.

Pendant tout ce temps on donne les binages annuels indiqués plus haut, et on enlève encore, entre les deux sèves, les
bourgeons qui auroient pu pousser sur le tronc. On coupe aussi
les branches qui s'emportent trop.

Les ormes formés peuvent attendre dix à douze ans dans
la pépinière avant d'être plantés; ils pourroient même attendre jusqu'à vingt ans, et c'est ce qui les rend si avantageux pour les plantations des routes et autres lieux publics,
parceque leur grosseur et l'étendue de leurs racines les défend contre les atteintes des hommes et des animaux;
cependant, en général, sur-tout lorsqu'ils sont destinés pour
un mauvais terrain, il vaut mieux les planter à cinq ou six
ans, lorsqu'ils n'ont encore que deux à trois pouces de tour.
Voyez au mot PLANTATION.

Les racines de l'orme sont très sensibles au hâle et encore
plus à la gelée. Il faut ne les laisser à l'air que le moins possible, soit dans le chaud, soit dans le froid.

Les variétés de l'orme se greffent sur l'espèce commune et
à œil dormant.

Dans le cas où on désire former un bois d'orme, il faut
ou semer la graine sur un labour à la charrue et la recouvrir
avec la herse, ou, ce qui vaut ordinairement mieux, planter
à trois pieds de distance, dans des trous faits à la pioche,
le terrain labouré ou non, des ormes de deux ans de semis.
Ce plant se bine ou ne se bine pas, à la volonté du propriétaire; mais il se recèpe toujours à la quatrième ou cinquième
année, et est ensuite mis en coupe réglée. Bien des personnes
entremêlent l'orme avec le chêne, qui finit par l'étouffer,
parceque sa coupe produit plus tôt un revenu. J'approuve
beaucoup ce mélange des arbres dans les forêts. *Voyez* au mot
ASSOLEMENT.

L'écorce de l'orme est très mucilagineuse. On s'est vu quelquefois dans la nécessité de s'en nourrir : ses propriétés médicinales sont contestées.

L'orme est estimé de bonne coupe à soixante-dix et quatre-vingts ans ; mais cette époque dépend , je le répète, de la nature du terrain. Dans celui qui est trop sec, comme celui qui est trop humide, il est déjà dépéri à cet âge.

Les ormes sont sujets à être retardés dans leur végétation , et même à périr par suite des dégâts de trois espèces d'insectes.

La première, la chenille commune, mange ses boutons et ses feuilles en totalité, lui donne au milieu du printemps la même apparence qu'il avoit en hiver. *Voyez* au mot Bom-BICE.

La seconde, la larve de la *galeruque de l'orme*, mange le parenchyme des mêmes feuilles, occasionne leur dessèchement, et le font paroître comme mort au milieu de l'été. *Voyez* au mot Galeruque.

Enfin la troisième, la chenille du *bombice cossus*, pénètre sous l'écorce, ronge le liber et l'aubier, cerne le bois de galeries, et finit par intercepter le cours de la sève, et par conséquent par faire mourir l'arbre le plus vigoureux. Nulle part peut-être le ravage de ces chenilles se fait sentir d'une manière plus désastreuse qu'aux environs de Paris. Là les arbres jeunes comme les arbres vieux périssent sans qu'on puisse y apporter remède, et il faut se résoudre à les abattre avant l'époque la plus avantageuse. *Voyez* au mot Bombice.

Les autres espèces d'ormes indigènes à la France, ou cultivés dans les pépinières, sont,

L'orme liège, *Ulmus suberosa*. Wild. Il a les rameaux de deux, trois et quatre ans plus ou moins couverts de saillies d'une nature et d'une couleur fort semblable à celles du liège. Souvent ces saillies forment comme des ailes des deux côtés des rameaux ; ses fleurs n'ont que quatre étamines, et ses fruits sont glabres. On le trouve dans presque toute la France. Il a été regardé jusqu'à ces derniers temps comme une variété du précédent. Il m'a semblé qu'il préféroit les lieux frais aux autres. On n'a point comparé la qualité de son bois à celle de celui de l'orme commun, et les charrons l'emploient sans difficulté aux mêmes usages. Sa culture ne diffère pas.

L'orme pédonculé, *Ulmus effusa*, Wild, a les fleurs octandres, portées sur de longs pédoncules pendans , et les fruits ciliés en leurs bords. Il croît également en France ; mais il est beaucoup plus rare, ou mieux, a été moins observé que le précédent. Long-temps on n'a connu aux environs de Paris que le pied qui se trouvoit dans le jardin de l'Arsenal, arbre dont j'ai fait semer les dernières graines dans les pépinières impériales. Je possède en herbier deux variétés de cette espèce, dont l'une a le fruit allongé, et l'autre l'a arrondi. Les observations faites à l'occasion de la précédente s'appliquent encore ici.

L'orme d'Amérique a les feuilles luisantes, très profondément dentées, et les rameaux grêles et pendans. Il est originaire de l'Amérique septentrionale. On le multiplie dans nos jardins par la greffe à œil dormant sur l'espèce commune. Son aspect est assez différent pour figurer à côté d'elle dans un jardin paysager.

L'orme celticoïde a les feuilles plus allongées, plus profondément dentelées, et sur-tout plus inégales à leur base que l'espèce commune. Les rameaux de l'année précédente sont striés de gris : il est, au rapport d'A. Richard, originaire d'Amérique. On ne connoît que sa variété panachée, l'espèce s'étant perdue dans les pépinières, à raison de sa similitude avec l'orme commun. Je l'ai appelé celticoïde, parceque ses feuilles se rapprochent de celles du micocoulier. (*Celtis* en latin.)

L'orme fauve, *Ulmus fulva*, Mich. a les feuilles ovales oblongues, très ridées et velues, longues de plus de deux pouces, et les bourgeons ainsi que les jeunes rameaux velus. Ses fleurs sont entourées de poils fauves. Il est originaire de l'Amérique septentrionale, et se cultive dans nos pépinières. On le multiplie par la greffe sur l'espèce commune. Je ne l'ai pas encore vu fleurir. C'est, au rapport de Michaux fils., un arbre d'une excellente nature, et du bois duquel on fait un grand usage dans le pays pour le charronnage.

L'orme ailé, Mich., a les feuilles ovales, aiguës, les rameaux garnis des deux côtés opposés d'une saillie subéreuse, et les fruits velus. Il croît en Caroline, où j'ai observé qu'il ne s'élevoit pas beaucoup. Cels le cultive. Les deux ailes de liège qui accompagnent ses rameaux sont ce qui le rend principalement remarquable. (B.)

ORME POLYGAME. *Voyez* Planère.

ORMIN. Nom spécifique d'une Sauge. *Voyez* ce mot.

ORNE. On donne vulgairement ce nom en Italie au frêne a fleur.

ORNITHOGALE, *Ornithogalum.* Genre de plantes de l'hexandrie monogynie, et de la famille des liliacées, qui renferme plus de cinquante espèces, dont quelques unes sont indigènes à l'Europe, et cultivées dans les jardins.

Les deux dans le cas d'être citées ici sont,

L'ornithogale pyramidale, qui a le bulbe de la grosseur d'une noix, les feuilles toutes radicales, longues, molles, et étalées sur la terre ; la tige cylindrique, d'un pied et demi de haut, et terminée par un long épi de fleurs blanches et redressées. Elle croît naturellement dans les parties méridionales de l'Europe, et se cultive en pleine terre dans les jardins du cli-

mat de Paris, sous le nom d'*épi de lait*. C'est une très agréable
plante quand elle est en fleur, c'est-à-dire au commencement
de l'été, époque où ses feuilles se sont déjà desséchées. On la
place avec avantage et dans les parterres, et dans les jardins
paysagers. Ses touffes, pour produire tout leur effet, ne doivent être ni trop petites ni trop grosses, cependant, quand un
seul épi est vigoureux, il s'offre sous un aspect plus élégant que
lorsqu'il est accompagné de plusieurs autres. On le multiplie
par le semis de ses graines, mais plus communément par la séparation de ses bulbes, qui chaque année augmentent par la
production de nouveaux caïeux. Une terre légère et chaude
est celle qui lui convient le mieux. Elle se passe fort bien de
binages dans les jardins paysagers. mais ils lui sont avantageux,
et on ne doit pas les lui refuser dans des parterres.

L'ORNITHOGALE OMBELLÉE a les bulbes grosses comme une noisette, les tiges hautes de cinq à six pouces, et terminées par
un corymbe de sept à huit grandes fleurs blanches ; les feuilles
toutes radicales, linéaires et canaliculées. Elle croît naturellement dans les prés, les vallées humides, et fleurit au milieu
du printemps. On la cultive dans quelques jardins sous le nom
de *dame de onze heures*, parceque c'est à cette époque de la
journée que ses fleurs s'épanouissent. Sa culture et sa multiplication sont les mêmes que celles de la précédente. Elle demande une terre de semblable nature. Quoique petite, elle ne
laisse pas que de produire de l'effet, lorsqu'elle est placée avec
intelligence, soit dans les parterres, soit dans les jardins paysagers. Une fois introduite dans un lieu, il est souvent difficile
ensuite de l'en extirper ; elle pousse par-tout.

Les bulbes de cette espèce, ainsi que ceux de la précédente,
et d'autres que je ne mentionnerai pas, sont bons à manger,
soit cuits dans l'eau, soit cuits sous la cendre. On en fait en
conséquence usage comme aliment dans quelques endroits. (B.)

OROBANCHE, *Orobanche*. Genre de plantes de la didynamie angiospermie et de la famille des orobanchoïdes, qui
renferme une vingtaine d'espèces dont il est de l'intérêt des
cultivateurs de connoître quelques unes, parcequ'étant parasites des plantes ou des arbres, elles peuvent leur occasionner
des dommages importans.

Les espèces qui doivent être mentionnées ici sont,

L'OROBANCHE COMMUNE qui a la racine annuelle, tubéreuse,
ou mieux, renflée à sa base ; la tige simple, pubescente, haute de
six à huit pouces ; les fleurs fauves et disposées en épi à l'extrémité de la tige. Elle croît très communément en Europe
dans les prés secs, sur le bord des bois, dans les friches où il
y a des genêts, des ajoncs et autres arbustes de la famille
des légumineuses, sur les racines desquelles elle croît de

préférence. Elle fleurit en été et subsiste jusqu'à l'hiver.
Sa tige se mange en guise d'asperge dans quelques cantons
de l'Italie. On la dit propre à exciter les désirs amoureux dans
les hommes et les animaux pâturans. Elle occasionne immanquablement la mort de la racine sur laquelle elle se trouve ;
mais comme elle n'est jamais très multipliée, il est rare qu'elle
fasse périr l'arbuste, et encore moins l'arbre à laquelle cette
racine appartient.

L'OROBANCHE RAMEUSE a la racine épaisse, ou légèrement
tubéreuse ; la tige rameuse, glabre, haute de quatre à cinq
pouces. Elle croît dans les blés, les chenevières, et en général
dans tous les lieux cultivés. C'est elle qui cause souvent de si
grandes pertes dans les récoltes de chanvre, sur les racines
duquel elle aime principalement à croître, et dont elle fait immanquablement périr la tige. On a vu des propriétaires être
forcés d'interrompre la culture de leurs chenevières pendant
plusieurs années consécutives pour s'en débarrasser, et encore
ne pas complètement réussir. En effet, les graines des orobanches subsistent long-temps dans la terre sans germer lorsqu'elles sont enterrées trop profondément, ou peut-être seulement lorsqu'elles ne trouvent pas une racine sur laquelle elles
puissent s'implanter. Un cultivateur soigneux doit donc arracher avant la maturité des graines tous les pieds qu'il trouve
dans ses champs lorsqu'il y en a peu, et lorsqu'il y en a
beaucoup, le meilleur moyen est de substituer, pendant
plusieurs années, au blé, au chanvre, etc., des cultures de
pommes de terre, de haricots, de maïs et autres plantes qui
demandent des binages pendant l'été ; binages qui détruisent
immanquablement les pieds des orobanches avant la maturité
de leurs semences.

François (de Neuf-Château) rapporte qu'une orobanche
cause les plus grands dommages dans les trèfles du département de l'Escaut, et qu'on ne peut la détruire. (B.)

OROBE, *Orobus.* Genre de plantes de la diadelphie décandrie et de la famille des légumineuses, qui réunit une
douzaine d'espèces toutes intéressantes comme fourrage pour
les bestiaux, mais généralement trop rares pour être remarquées par les cultivateurs.

L'OROBE PRINTANIER a les racines traçantes ; les tiges simples, anguleuses, droites, hautes d'environ un pied ; les feuilles
alternes, pinnées par trois paires de folioles ovales, aiguës, glabres, et accompagnées de stipules sagittées ; les fleurs purpurines et disposées en épis unilatéraux au sommet de longs pédoncules insérés dans les aisselles des feuilles supérieures. Il
croît sur les montagnes élevées de l'Europe, et fleurit dès le mois
de mars. C'est une fort agréable plante qu'on cultive dans quel-

ques parterres, et qu'on devroit voir dans tous les jardins paysagers, où on la placeroit sur le bord des massifs, et où elle donneroit des jouissances à une époque où les fleurs sont encore rares. Tous les bestiaux et sur-tout les chevaux en sont très friands. Je ne conçois pas pourquoi on ne l'a pas encore introduit dans la grande culture; car l'avantage de donner un fourrage plus précoce qu'aucun autre doit seul être suffisant pour engager à le multiplier pour l'usage des bestiaux, qu'une nourriture sèche, continuée pendant plusieurs mois, rend avides de verdure à la fin de l'hiver. Il doit fournir au moins autant que le trèfle, et peut rester au moins quatre à cinq ans dans la même place. Je ne puis trop engager les propriétaires éclairés à faire des essais en ce genre sur plusieurs arpens, et à en publier le résultat, afin qu'on puisse prendre une opinion positive sur cet objet, que je crois, je le répète, d'une importance majeure.

L'OROBE TUBÉREUX a les racines vivaces, pourvues de ganglions tubéreux; les tiges anguleuses, rameuses et demi-couchées, hautes de sept à huit pouces; les feuilles pinnées par trois ou quatre paires de folioles lancéolées, et accompagnées de stipules décurentes et sagittées; les fleurs rougeâtres, peu nombreuses et portées sur de longs pétioles axillaires. Il croît dans toute l'Europe dans les prés, les pâturages et les bois argileux. Tous les bestiaux aiment ses feuilles, et les cochons sont très friands de ses tubérosités qui sont grosses comme une noisette, et très bonnes à manger cuites dans l'eau. Plusieurs fois, pendant que j'étois caché dans la forêt de Montmorency et que j'y manquois de subsistance, j'ai déjeuné avec de ses tubercules. Chaque pied n'en fournit que sept à huit, et ils sont assez difficiles à avoir, parceque les tiges n'en sortent pas directement; cependant je pouvois en récolter suffisamment pour un repas dans l'espace d'une heure. Je ne crois pas que cette plante puisse jamais devenir importante pour l'homme, sous le rapport de la nourriture; mais comme fourrage elle partage, quoiqu'à un moindre degré, les avantages de l'espèce précédente. Elle pousse plus tard, c'est-à-dire en mai; mais aussi elle croît dans des terrains qui fournissent peu de plantes propres à la nourriture des bestiaux, des terrains de pure argile.

La lentille, *Ers*, se cultive dans quelques endroits sous le nom d'*orobe*, ou *pois de pigeons*. (B.)

ORONGE. Ce champignon, l'un des plus délicieux qu'on connoisse, se trouve dans les parties méridionales de l'Europe, et se mange, comme l'agaric esculent, cuit entre deux plats, ou sur le gril, ou dans la poêle.

Considérant qu'il importe de prendre des mesures pour prévenir les accidens occasionnés par l'usage des champignons, le magistrat estimable qui préside à la police du département de la Seine a rendu et publié une ordonnance d'après l'instruction rédigée par le conseil de santé, sur les moyens de distinguer les bons champignons d'avec les mauvais. Cette instruction dont l'objet a été si savamment développé par mon ami Paulet, analysée ici, complètera ce qui a déjà été dit d'utile par mon collègue Bosc au mot CHAMPIGNON.

Les champignons les plus propres à servir d'alimens sont, de leur nature, difficiles à digérer. Lorsqu'ils sont mangés en grande quantité, ou qu'ils ont été gardés quelque temps avant d'être cuits, ils peuvent causer des accidens fâcheux.

Il y a des champignons qui sont de vrais poisons, lors même qu'ils sont mangés frais.

Pour les personnes qui ne connoissent point parfaitement ces végétaux et qui ont l'imprudence d'en cueillir dans les bois ou dans les champs, nous allons indiquer les principaux caractères propres à distinguer l'espèce des champignons, ensuite nous décrirons, en abrégé, plusieurs espèces bonnes à manger; enfin nous placerons à côté de ces espèces la description des champignons qui en approchent pour la ressemblance, et qui cependant sont pernicieux.

Le champignon est composé d'un chapiteau ou tête, et d'une tige, sorte de queue ou pivot qui le supporte. Lorsqu'il est très jeune, il a la forme d'un œuf, tantôt nu, tantôt renfermé dans une poche ou bourse. Quand le chapeau se développe sous forme de parasol, il laisse quelquefois autour de la tige les débris de la bourse, qui prennent le nom de *collet*.

Le chapeau est garni en dessous de feuillets serrés qui s'étendent du centre à la circonférence.

BON CHAMPIGNON. Champignon ordinaire, *Agaricus campestris*. On le trouve dans les pâturages et dans les friches. Il n'a point de bourse; son pivot ou pied à peu près rond, plein et charnu, est garni d'un collet très apparent. Son chapeau est blanc en dessus, ses feuillets ont une couleur de chair ou de rose plus ou moins claire.

C'est ce champignon que l'on fait venir sur couche, et c'est le seul *champignon* qu'il soit permis de vendre à la halle et dans les marchés de Paris. Il ne peut nuire que lorsqu'on en mange en trop grande quantité, ou qu'il est dans un état trop avancé.

MAUVAIS CHAMPIGNON. On peut confondre avec cette bonne espèce une autre qui est très pernicieuse, c'est le *champignon bulbeux*, *agaricus bulbosus*, ainsi nommé parceque la base de son pivot est renflée en forme de bulbe, autour duquel on retrouve des vestiges d'une bourse qui renfermoit le chapeau.

Il a aussi le collet comme le bon champignon. Les feuillets sont blancs et non point rosés, le dessus du chapeau est tantôt très blanc, tantôt verdâtre, quelquefois le chapeau verdâtre est parsemé en dessus de vestiges ou débris de la bourse.

C'est ce champignon, sur-tout celui qui est blanc en dessus, qui a trompé beaucoup de personnes et qui a causé des accidens funestes.

Il faut rejeter tout champignon, ressemblant d'ailleurs au champignon ordinaire, dont la base du pied ou pivot est renflée en forme de bulbe, qui a une bourse dont on retrouve les débris, et dont les feuillets du chapeau sont blancs et non point rosés.

Bons champignons. *Oronge vraie, Agaricus aurantiacus.* Ce champignon a une bourse très considérable. Il est ordinairement plus gros que le champignon de couches. Son chapeau est rouge en dehors, ou rouge orangé, ses feuillets sont d'une belle couleur jaune. Son support ou pied est jaunâtre, très renflé, sur-tout par le bas; il est garni d'un collet assez grand et jaunâtre. Ce champignon, qu'on trouve dans les taillis à Fontainebleau et dans le midi de la France, est un mets très délicat et très sain.

Oronge blanche, Agaricus ovoïdeus. Elle est moins délicate que la précédente; elle a la même forme, une bourse et un collet pareils; elle n'en diffère qu'en ce que toutes les parties sont blanches.

Mauvais champignon. *Oronge fausse, Agaricus pseudo-aurantiacus.* Son chapeau est en dessus d'un rouge plus vif et non orangé comme celui de l'oronge vraie; il est parsemé de petites taches blanches qui sont les débris de la bourse. Son support est moins épais, plus arrondi, plus élevé; les restes de la bourse ont plus d'adhérence avec la bulbe qui est à la base du support. La réunion de la couleur rouge du chapeau et de la couleur blanche des feuillets est un indice assuré pour distinguer la fausse oronge de la vraie.

La fausse oronge se trouve dans les environs de Paris et en divers lieux de la France, notamment dans la forêt de Fontainebleau; c'est un des champignons les plus vénéneux et qui produit les accidens les plus terribles.

Plusieurs autres champignons bulbeux et malfaisans ont des rapports moins marqués avec l'oronge vraie, les uns sont recouverts de tubercules nombreux ou d'un enduit gluant, les autres ont une couleur livide, une odeur désagréable et leur seule vue les fait rejeter.

Bons champignons. *Mousserons.* Ils croissent au milieu de la mousse ou dans des friches gazonnées. Ils sont d'une couleur fauve; le chapeau, de forme plus ou moins irrégulière, est couvert d'une peau qui a le luisant et la sécheresse d'une peau de gant. Le pivot plein et ferme peut se tordre sans être cassé. On en distingue de deux espèces ; l'une plus grosse, plus irrégulière, à pivot plus gros et par proportion plus court ; c'est le *mousseron ordinaire*, *agaricus mouceron*. L'autre est plus menue, son chapeau est plus mince, son support est plus grêle, c'est le *faux mousseron*, *agaricus pseudo-mouceron*. Ils sont bons à manger tous les deux, et d'un goût fort agréable.

Mousserons suspects. On peut confondre avec ce mousseron plusieurs petits champignons de même couleur et de même forme, qui n'ont point son goût agréable. On les distinguera parceque la surface de leur chapeau n'est pas sèche, qu'ils sont d'une consistance plus molle, que leur support est creux et cassant.

Parmi les champignons feuilletés, il en est encore beaucoup que l'on peut manger impunément ; mais comme ils ressemblent à d'autres plus ou moins dangereux, il est prudent de s'en abstenir.

On doit cependant encore distinguer la *chanterelle*, *agaricus cantharellus*. C'est un petit champignon jaune dans toutes ses parties. Son chapeau, à peu près aplati en dessus, prend en dessous la forme d'un cône renversé, couvert de feuillets épais, semblables à de petits plis, et est terminé inférieurement en un pied très court. Cette espèce est recherchée.

Parmi les champignons non feuilletés, nous ne parlerons point du *cèpe* ou *bolet*, *boletus esculentus*, dont une espèce est très estimée dans le midi, mais dont on fait peu de cas à Paris, non plus que des *vesse-loups*, *lycoperdon*, dont on fait très rarement usage, à cause du peu de goût qu'elles ont, et parceque leur chair se change trop promptement en poussière.

Bon champignon. *Morille*, *Phallus esculentus*. Sur un pivot élargi par le bas, il porte le chapeau toujours resserré contre lui, ne s'ouvrant jamais en parasol, inégal et comme celluleux sur sa surface extérieure ; ce champignon croît dans les taillis au pied des arbres ; il est sain et très recherché.

Mauvais champignon. Le *satyre*, *Phallus impudicus*, qui ressemble à la morille par son chapeau celluleux, a un pied très é vé sortant d'une bourse. Le chapeau est plus petit et laisse suinter une liqueur verdâtre. Ce champignon exhale une très mauvaise odeur et est très dangereux.

Bon champignon, *Girole* ou *clavaire*, *Clavaria coralloïdes*. Ce champignon diffère de tous les précédens. C'est une substance charnue ayant une espèce de tronc qui se ramifie comme le chou-fleur et se termine en pointes mousses ou arrondies. Sa couleur est tantôt blanchâtre, tantôt jaunâtre tirant sur le rouge. Son goût est assez délicat. On ne connoît dans ce genre aucune espèce pernicieuse.

On ne sauroit trop recommander à ceux qui ne connoissent pas parfaitement les champignons de ne manger que ceux qui sont généralement reconnus pour bons, le *champignon de couche*, le *champignon ordinaire*, l'*oronge vraie*, l'*oronge blanche*, les deux *mousserons*, la *chanterelle*, le *cèpe*, la *morille*, et la *girole*.

Accidens causés par les champignons. Les personnes qui ont mangé des champignons malfaisans éprouvent plus ou moins promptement tous les accidens qui caractérisent un poison âcre stupéfiant; savoir, des nausées, des envies de vomir, des efforts sans vomissement, avec défaillance, anxiétés, sentiment de suffocation, d'oppression; souvent ardeur avec soif, constriction à la gorge; toujours avec douleur à la région de l'estomac, quelquefois des vomissemens fréquens et violens, des déjections alvines (*selles* ou *gardes-robes*) abondantes, noirâtres, sanguinolentes, accompagnées de coliques, de ténesme, de gonflement et tension douloureuse du ventre. D'autres fois, au contraire, il y a rétention de toutes les évacuations, rétraction et enfoncement de l'ombilic.

A ces premiers symptômes se joignent bientôt des vertiges, la pesanteur de la tête, la stupeur, le délire, l'assoupissement, la léthargie, des crampes douloureuses, des convulsions aux membres et à la face, le froid des extrémités et la foiblesse du pouls. La mort vient ordinairement terminer, en deux ou trois jours, cette scène de douleur.

La marche, le développement des accidens présentent quelque différence, suivant la nature des champignons, la quantité que l'on en a mangé et la constitution de l'individu. Quelquefois les accidens se déclarent peu de temps après le repas, le plus ordinairement ils ne surviennent qu'après dix à douze heures.

Le premier objet, dans tous ces cas, doit être de procurer la sortie dés champignons vénéneux. Ainsi on doit employer un vomitif, tel que le tartrite de potasse antimonié ou *émétique ordinaire;* mais pour rendre ce remède efficace il faut le donner à une dose suffisante, l'associer à quelque sel propre à exciter l'action de l'estomac, délayer, diviser l'humeur glaireuse et muqueuse dont la sécrétion est devenue plus abondante par l'impression des champignons. On fera donc dissoudre dans un demi-kilogramme (une livre ou chopine) d'eau chaude, deux à trois décigrammes (quatre ou cinq grains) de tartrite de potasse antimonié (émétique) avec douze à seize grammes (deux ou trois gros) de sulfate de soude (sel de Glauber), et on fera boire à la personne malade cette solution par verrées tièdes, plus ou moins rapprochées, en augmentant les doses jusqu'à ce qu'elle ait des évacuations.

. Dans les premiers instans le vomissement suffit quelquefois pour entraîner tous les champignons et faire cesser les accidens; mais si les secours convenables ont été différés, si les accidens ne sont survenus que plusieurs heures après le repas, on doit présumer que partie des champignons vénéneux a passé dans l'intestin, et alors il est nécessaire d'avoir recours aux purgatifs, aux lavemens faits avec la casse, le séné et quelque sel neutre pour déterminer des évacuations promptes et abondantes. On emploiera dans ce cas avec succès, comme purgatif, une mixture faite avec l'huile douce de ricin et le sirop de pêcher, que l'on aromatisera avec quelques gouttes d'éther alcoholisé (liqueur minérale d'Hoffmann), et que l'on fera prendre par cuillerées plus ou moins rapprochées.

Après ces évacuations, qui sont d'une nécessité indispensable, il faut, pour remédier aux douleurs, à l'irritation produite par le poison, avoir recours à l'usage des mucilagineux, des adoucissans que l'on associe aux fortifians, aux nervins. Ainsi on prescrira aux malades l'eau de riz gommée, une légère infusion de fleurs de sureau coupée avec le lait, et à laquelle on ajoutera de l'eau de fleurs d'orange, de l'eau de Menthe simple et un sirop. On emploiera aussi avec avantage les émulsions, les potions huileuses aromatisées avec une certaine quantité d'éther sulfurique. Dans quelques cas on sera obligé d'avoir recours aux toniques, aux potions camphrées, et lorsqu'il y aura tension douloureuse du ventre, il faudra employer les fomentations émollientes, quelquefois même les bains, les saignées; mais l'usage de ces moyens ne peut être déterminé que par le médecin, qui les modifie suivant les circonstances particulières; car l'efficacité du traitement consiste essentiellement, non pas dans les spécifiques ou antidotes, dont on abuse si souvent le public, mais dans l'application faite à propos de remèdes simples et généralement bien connus. (Par. et P.)

ORPIN, *Sedum*. Genre de plantes de la décandrie pentagynie et de la famille des succulentes, qui renferme une trentaine d'espèces, dont plusieurs sont si communes qu'un cultivateur ne peut se dispenser d'apprendre à les connoître. D'ailleurs plusieurs ont des propriétés qui les rendent intéressantes à ses yeux.

L'ORPIN REPRISE, *Sedum telephium*, Lin., a la racine vivace, charnue, tuberculeuse; les tiges droites cylindriques, ordinairement simples, hautes de plus d'un pied; les feuilles alternes, sessiles, épaisses, succulentes, lisses, crénelées sur leurs bords, d'un vert foncé; les fleurs rougeâtres ou blanches, disposées en corymbe souvent feuillé à l'extrémité des tiges. Il croît par toute l'Europe sur les montagnes les plus arides, parmi les pierres, et fleurit pendant tout l'été. Sa racine est un peu acide et ses feuilles légèrement astringentes. On emploie les unes et les autres comme adoucissantes, résolutives, vulnéraires et détersives.

Tous les bestiaux recherchent cette plante qu'on connoît aussi sous le nom de *joubarbe des vignes*. Dans quelques pays on la récolte soigneusement pour les cochons, qui l'aiment beaucoup. Elle n'est point dénuée d'agrément et peut être placée avec avantage sur les rochers ou dans les parties les plus arides des jardins paysagers. On en connoît plusieurs variétés.

L'ORPIN RÉFLÉCHI a les racines fibreuses, vivaces; les tiges cylindriques, hautes de six à huit pouces; les feuilles alternes, charnues, cylindriques, subulées; les inférieures recourbées, les fleurs jaunes et disposées en corymbe recourbé vers la terre. Il croît dans les lieux sablonneux et chauds, entre les rochers, sur les vieilles murailles. Certains endroits en sont si couverts qu'ils en paroissent jaunes pendant l'été, époque de sa floraison. Il jouit des mêmes propriétés que le précédent.

L'ORPIN A FLEURS BLANCHES a les racines vivaces, les tiges cylindriques, hautes de quatre à cinq pouces, les feuilles alternes, sessiles, épaisses, cylindriques, perpendiculaires à la tige, les fleurs blanches, disposées en panicule très rameuse à l'extrémité des tiges. Il croît comme le précédent dans les terrains les plus secs, sur les rochers et les murs, y est encore plus commun que lui, et reste vert toute l'année. On le connoît sous le nom de *trique madame*, et de *petite joubarbe*. On le mange en salade dans quelques lieux. Ses propriétés sont les mêmes que celles de la première espèce.

Cette plante, enterrée en fleur, peut amender les terrains où elle croît, et il est probable que c'est la seule utilité que l'agriculture en retire.

L'ORPIN BRULANT, *Sedum acre*, Lin., a les racines vivaces, les tiges hautes de deux à trois pouces; les feuilles alternes, sessiles, épaisses, ovales, bossues; les fleurs jaunes et disposées en corymbe trifide à l'extrémité des tiges. Il est vivace, toujours vert, et extrêmement commun dans les sables arides, les mers, les rochers, etc. Ses feuilles ont une saveur âcre et brûlante. Prises intérieurement elles font vomir. On les emploie extérieurement pour déterger les ulcères, résoudre les tumeurs scrofuleuses, guérir les cancers, les charbons, le scorbut, etc., sous le nom d'*illecebra*, de *vermiculaire brûlante*, de *pain d'oiseau*, de *poivre de muraille*, etc.

Cette plante peut, comme les précédentes, concourir à améliorer le terrain dans lequel on l'enterre quand elle est en pleine végétation; encore, comme les précédentes, elle peut concourir à l'embellissement des jardins paysagers, situés en mauvais sol, pour l'éclat et le nombre de ses fleurs. J'ai vu des lieux où, par son abondance, elle produisoit des effets fort remarquables. (B.)

ORTIE, *Urtica.* Genre de plantes de la monœcie tétrandrie et de la famille des urticées, qui renferme près de cent espèces, dont deux sont extrêmement communes en Europe, et d'une grande importance pour les cultivateurs qui savent en tirer parti; et quelques autres exotiques, sont également dans le cas d'être prises en considération par eux, sous des rapports utiles, ou au moins agréables.

L'ORTIE BRULANTE, ou *petite ortie*, *Urtica urens*, Lin., est une plante annuelle, à racine pivotante, à tige droite, haute de huit à dix pouces et plus, ordinairement simple; à feuilles opposées, longuement pétiolées, ovales, lancéolées, profondément dentées, parsemées de poils articulés très piquans; à fleurs vertes, disposées en grappes rapprochées au sommet des tiges. Elle croît par toute l'Europe dans les jardins, les champs voisins des habitations, le long des haies, et en général dans tous les lieux cultivés. C'est souvent une peste pour les jardiniers, en ce qu'elle est fort difficile à détruire dans les terrains dont le sol est gras et humide, ses graines étant extrêmement nombreuses, et se conservant plusieurs années lorsqu'elles sont enterrées profondément. Ce n'est que par des sarclages exacts et continués qu'on peut s'en débarrasser. Cette graine, quoique petite, est fort recherchée par les poules et autres oiseaux. On emploie ses feuilles, et sur-tout ses sommités, hachées dans la pâtée qu'on donne aux dindonneaux pendant les premiers jours de leur vie. La piqûre de leurs poils, qui sont implantés sur de petites vessies remplies d'une humeur âcre et mordicante, cause à la peau une inflammation et une chaleur vive semblable à celle d'une brûlure. Les bestiaux ne mangent point cette plante. On ne doit pas jeter sur le fumier les pieds qu'on a sarclés dans le jardin, crainte que leurs graines n'infestent les champs où on doit le répandre.

Cette espèce est une de celle qui pique le plus vivement; mais elle cesse de le faire dès qu'elle a été desséchée, et même simplement fanée.

L'ORTIE DIOÏQUE, ou *grande ortie*, a les racines vivaces, traçantes, articulées, les tiges droites, quadrangulaires, cannelées, hérissées de poils, fistuleuses, souvent rameuses, hautes de deux ou trois pieds; les feuilles opposées, pétiolées, cordiformes, dentées, aiguës, hérissées de poils articulés, roides et piquans; les fleurs vertes, disposées en grappes axillaires, longues et pendantes, souvent géminées, mâles et femelles sur des pieds différens. Elle croît dans les haies, les dé-

combres, le long des chemins, et fleurit au milieu du printemps. Peu de plantes sont plus communes, peu peuvent être
plus utiles, et peu sont autant dédaignées. Presque par-tout
les cultivateurs laissent perdre ses tiges et ses feuilles, lorsqu'ils
en pourroient tirer un parti très avantageux. Ses poils piquent
moins vivement que ceux de la précédente ; ses feuilles sont
du goût de tous les bestiaux, principalement des vaches, dont
elles augmentent la quantité et la qualité du lait. Pour empêcher l'effet de leur piqûre sur le palais des animaux, il suffit
de les laisser se faner à l'air avant de les leur donner. Comme
ce sont sur-tout ses jeunes pousses qu'ils aiment le mieux, il
en résulte qu'elle devient une nourriture précieuse, à raison
de l'époque extrêmement précoce de sa végétation. En effet,
tout le monde a pu s'assurer que c'est une des premières plantes qui paroisse au printemps, et qu'elle est déjà prête à fleurir lorsque la plupart des graminées commencent à entrer en
sève. Elle précède de plus d'un mois la luzerne, le plus hâtif
de tous les fourrages. Les Suédois, plus avancés que nous dans
certaines parties de l'art agricole, cultivent les orties depuis un
temps immémorial pour la nourriture des bestiaux, et en tirent
de grands avantages. La pratique qu'ils suivent est consignée
dans le Journal de physique, juin 1781.

On multiplie l'ortie par le semis de ses graines et par la
plantation de ses racines.

Les graines sont mûres au milieu de l'été. Pour les obtenir
on coupe les orties et on les laisse sécher à l'ombre. Elles tombent d'elles-mêmes. Il n'est pas nécessaire de les nettoyer. On
les sème avant l'hiver, soit sur un labour, soit sur un simple
binage, et sans les recouvrir de terre. Pour plus d'économie,
on peut se contenter de donner, de distance en distance (douze
à quinze pouces), un coup de pioche à large fer, et de jeter
sur la terre qu'elle aura retournée une pincée de semences.
Elles lèvent au printemps, et les tiges du plant qui en résulte
acquièrent souvent six pouces de haut dans la même année ;
mais il est bon de ne le couper que la seconde année pour lui
donner le temps de se fortifier. Cette seconde année on en
fera deux coupes, et toutes les suivantes trois ou quatre, selon
la bonté de la terre, lesquelles fourniront ensemble, sèches,
dix-huit ou vingt charretées par arpent, ce qui est un produit
presque double de celui de la luzerne. L'ortie paroît moins
épuiser le terrain que la plupart des autres plantes, et en
conséquence elle peut rester un nombre d'années encore indéterminé dans le même lieu. Quoiqu'elle vienne dans tous les
sols, excepté ceux qui sont aquatiques, elle fournit davantage
dans les bons fonds secs et chauds. Cependant il convient de
la mettre seulement dans les cantons rocailleux, qu'on peut

difficilement cultiver autrement, sur les coteaux trop en pente que les labours dégarniroient de terre, dans les sables qui ne peuvent produire autre chose. Que de cantons en France, d'une grande étendue, qui ne rapportent rien en ce moment, et qui donneroient de bons revenus s'ils étoient semés en orties ! Le bord des chemins vicinaux, des haies, des ruisseaux, où elle acquiert quelquefois six pieds de haut, les bois peu fourrés, les bornes des propriétés, et mille autres lieux perdus pour la culture, peuvent en être facilement garnis. Quoique ses racines soient très activement traçantes, on peut facilement arrêter leur croissance en largeur et longueur, en les coupant chaque année avec la bêche ou la houe. On peut également s'opposer par les labours à sa trop grande multiplication par semis, bien plus facilement qu'à celle de l'espèce précédente.

La multiplication des orties s'exécute encore par la plantation de ses racines, à un pied de distance. Cette opération se fait en automne par le déchirement des pieds arrachés dans la campagne. Son résultat donne deux coupes dès l'année suivante, et par conséquent fait gagner une année sur le semis. Ce mode doit donc être préféré, quoiqu'un peu plus coûteux. Il est principalement susceptible d'être employé dans les petites plantations, et dans les lieux d'un labour difficile, tels que les interstices des rochers, les bois, etc.

Il faut cesser de couper les orties pour fourrage vers le milieu de l'été, parcequ'alors leurs fanes deviennent dures, d'une saveur amère et d'une odeur très forte. La dernière repousse est, ou laissée sur place pour améliorer le sol, ou coupée au milieu de l'automne pour servir de litière. Cette litière fournit un si excellent fumier, que quelques cultivateurs consacrent les deux dernières coupes de leurs orties pour cet objet. Toujours on doit interdire l'entrée des champs d'orties au bétail, parcequ'il foule les tiges et les racines, ce qui nuit à la reproduction de cette plante. On les réchauffe tous les trois ou quatre ans, soit avec le plus mauvais fumier, soit par des gravats, des boues de mares, etc. Aucune intempérie n'ayant d'action sur les orties, sa récolte ne manque jamais. Il y a au plus une petite diminution dans son produit, lorsque le printemps est trop sec ; et un petit retard dans sa coupe, lorsqu'il est trop pluvieux.

Comme l'ortie est légèrement purgative, on ne doit pas la donner habituellement seule aux bestiaux, sur-tout en grande quantité. La meilleure manière de la leur faire consommer est de la stratifier à moitié sèche avec du foin ou de la paille, sous le rapport d'un quart au plus, et d'un sixième au moins. Les vaches mangent avec avidité ce mélange, qui les entretient en bonne santé, et rend leur beurre, non seulement plus abondant, comme je l'ai déjà dit, mais encore plus jaune et plus savoureux. Dans beaucoup de fermes de Suède on le leur donne toute l'année. Là, on en mêle aussi, en les hachant, avec l'orge, l'avoine, les pois gris et autres farineux, soit qu'on les leur fasse manger crues, soit qu'on les leur offre cuites (ce qui vaut beaucoup mieux, comme on sait), parcequ'on a remarqué que cette pratique étoit le meilleur préservatif des épizooties ; et l'eau qu'on leur donne à boire est une décoction d'ortie dans laquelle on a jeté un peu de sel.

En France on offre, dans beaucoup d'endroits, des orties aux vaches, mais ce ne sont jamais que celles qui croissent spontanément, et qu'on perd un temps infini à aller chercher et couper avec la faucille. Passé le mois de mai on ne leur en fournit plus, parcequ'on ne sait pas les stratifier avec les autres fourrages secs, et que, lorsqu'on veut la faire sécher seule, elle s'échauffe et se moisit le plus souvent, et que, si on réussit à force de soins, elle se réduit en poudre dans les mains de ceux qui sont chargés de la distribuer. Deux jours de stratification, dans les proportions ci-dessus, suffisent pour imprégner la paille la plus insipide de son odeur et de sa saveur propres.

Les tiges d'orties, brûlées au milieu du printemps dans des fosses disposées à cet effet, fournissent une quantité de potasse considérable, et telle que leur culture seroit peut-être fructueuse sous ce seul rapport.

Mais ces avantages, quelque nombreux et importans qu'ils soient, ne sont pas les seuls que puisse offrir l'ortie aux cultivateurs. Ses tiges, coupées au milieu de l'été et rouies, donnent une filasse qui n'est que fort peu inférieure à celle du chanvre ou du lin. On les emploie sous ce rapport en Suède, et la société d'agriculture d'Angers a fait différens essais qui constatent combien il seroit intéressant de le faire aussi en France. La toile qui en a été fabriquée a été trouvée de la meilleure qualité, et reconnue prendre le blanc avec plus de facilité que toute autre. Les avantages de la culture de cette plante, dit cette société d'agriculture, sont bien sensibles, puisqu'elle n'exige ni culture, ni engrais, ni terrain particulier, ni presque aucune dépense. Il n'est point de propriétaire qui ne puisse cultiver, dans les lieux inutiles de sa ferme, assez d'orties pour se fournir du linge nécessaire à son usage, et par conséquent, réserver pour la vente la totalité de son chanvre et de son lin. On peut aussi faire du très beau papier avec cette filasse, comme l'ont prouvé, par le fait, les directeurs d'une fabrique établie à Leipsick.

Le rédacteur du troisième voyage de Cook dit que, sans

l'ortie, les habitans du Kamtschatka ne pourroient pas subsister. Ils en font leurs filets de pêche, leurs cordages, le fil avec lequel ils cousent leurs habillemens, etc. Ils la coupent au mois d'août, la font rouir aussitôt qu'elle est sèche, et en filent la filasse pendant leur long hiver.

Dans les parties méridionales de la France, on ne peut faire qu'une coupe des prés naturels ou artificiels, lorsqu'ils ne sont pas arrosés; et là, pendant que presque toutes les plantes sont brûlées par l'ardeur du soleil, l'ortie brave ses feux et est aussi verte qu'au printemps. On peut donc espérer que, si on y suivoit sa culture comme objet de fourrage, on pourroit en tirer de grands secours pour la nourriture des animaux.

Les habitans de quelques cantons de la France et d'autres endroits de l'Europe mangent les jeunes pousses de l'ortie en guise d'épinards, et les mettent dans la soupe. J'en ai plusieurs fois goûté, et leur ai trouvé, ainsi assaisonnées, une saveur agréable. Elles passent pour antiseptiques, astringentes et détersives. L'irritation et l'inflammation qu'elles causent en piquant les membres qui sont affligés de paralysie ou de léthargie, y ramènent quelquefois le mouvement et la sensibilité.

Les semences d'orties donnent beaucoup d'huile par expression, mais nulle part que je sache on en tire parti sous ce rapport.

La meilleure manière de couper l'ortie est avec la faux de Flandre armée de dents.

On trouve dans le dix-septième volume des Annales d'agriculture un très bon mémoire de M. Chalumeau sur cette plante.

L'ortie piluliffère, vulgairement *l'ortie romaine*, a une racine annuelle, une tige herbacée, des feuilles opposées, en cœur, dentées et très piquantes, des fleurs vertes et disposées en tête sur de longs pedoncules axillaires. Elle croît très abondamment dans les parties méridionales de l'Europe. Ce que j'ai dit de la première lui est applicable.

L'ortie a feuilles de chanvre a la racine vivace, traçante, les tiges quadrangulaires, hautes de cinq pieds et plus; les feuilles alternes, pétiolées, profondément découpées en lanières dentelées et piquantes; les fleurs verdâtres et disposées en longs épis axillaires. Elle est originaire de Tartarie, et se cultive dans les jardins de botanique; je la cite ici, parceque, si on vouloit faire une culture d'ortie uniquement pour remplacer le chanvre, c'est celle-ci qu'on devroit préférer, puisqu'elle est vivace comme l'ortie dioïque, s'élève beaucoup plus et s'accommode de tout espèce de terrain. Je ne doute pas que celui qui feroit une spéculation agricole avec elle sous ce rapport n'en retirât de grands bénéfices, ne fût-ce que pour faire du papier commun.

L'ORTIE A FEUILLES BLANCHES, *Urtica nivea*, Lin., a les racines vivaces, les tiges hautes de trois ou quatre pieds, les feuilles alternes, pétiolées, en cœur, dentées, d'un vert obscur en dessus, d'un blanc de neige en dessous, et non piquantes; les fleurs vertes, en épis axillaires. Elle est originaire de la Chine, et se cultive dans quelques jardins, à raison de la beauté de son port, et de la grandeur et diversité de couleur de ses feuilles. Lorsque ces feuilles sont agitées par le vent elles produisent un effet très agréable. Sa culture ne consiste qu'à biner son pied une ou deux fois dans l'année. Ses tiges gèlent ordinairement avant la maturité de ses graines dans le climat de Paris, mais ses racines en sont rarement affectées. On la multiplie par le déchirement des vieux pieds. Une terre légère et une exposition chaude sont ce qui lui convient le mieux. On peut encore en tirer parti sous le point de vue de la filasse, ainsi que le prouve quelques essais faits en Italie, et dont j'ai vu les résultats. (B.)

ORTIE MORTE. *Voyez* LAMIER.

ORTIE MORTE PUANTE. *Voyez* GALÉOPE ROUGE.

ORTOLAN. Oiseau du genre des bruans, un peu plus gros que le moineau, que l'excellence de sa chair a rendu célèbre, et qui par conséquent est dans le cas d'être indiqué ici.

On reconnoît l'ortolan au plumage brun maculé de noir de son dos et de son ventre, à la tache demi-circulaire jaunâtre qu'il a derrière les yeux, à ses grandes plumes des ailes et de la queue noires, bordées la plupart de blanc ou de fauve.

C'est dans les parties méridionales de la France seulement qu'on trouve des ortolans. Il est très rare qu'il en vienne jusqu'à Paris. Les petites graines des graminées sont leur manger habituel, mais ils ne repoussent pas le blé et l'avoine, ainsi que les fruits mous, les insectes et les vers. Lorsque la nourriture commence à devenir rare, et le froid sensible, c'est-à-dire dans les premiers jours d'octobre, ils quittent l'Europe et vont en Afrique d'où ils ne reviennent qu'en mai. A leur retour ils sont très maigres, mais en août et en septembre ils deviennent si gras que souvent on en voit qui ne peuvent plus voler. C'est alors qu'on leur fait la chasse, qui ne diffère pas de celle du becfigue. Les gluaux et les filets à alouette sont les moyens qu'on emploie le plus généralement pour les prendre, *voyez* BECFIGUE et ALOUETTE. La poudre est aujourd'hui trop chère pour qu'on puisse spéculer sur celle au fusil.

On finit d'engraisser les ortolans qui ne sont pas au point désirable en les renfermant dans une chambre à demi obscure et en leur fournissant de la nourriture en surabondance. (B.)

ORVALE. Espèce de SAUGE. *Voyez* ce mot.

OS. En France les habitans des campagnes regardent les

os, lorsque les chiens ne peuvent plus s'en nourrir, comme une matière inutile qui n'est bonne qu'à jeter ; cependant ces os contiennent encore abondamment de la gélatine, abondamment de la graisse, matières excellentes à employer pour engrais ; cependant la chaux qui en fait la plus grande partie est un excellent amendement pour les terres argileuses et les terres quartzeuses.

En Angleterre, où les cultivateurs sont plus instruits et plus industrieux, on fait un grand usage des os comme engrais. Pour cela on les réduit en poudre grossière sous la meule d'un moulin à huile, et on répand cette poudre sur le terrain un peu avant que la végétation commence à se développer. Arthur Young, qui en a fait usage, les regarde comme fournissant, sur-tout sur les terres fortes, l'engrais le plus durable. Leurs effets se font encore sentir après trente ans. On en met, aux environs de Londres, deux cent cinquante à trois cents boisseaux par acre.

Les os de la viande de boucherie peuvent être utilisés plus directement pour le cultivateur. Réduits également en poudre et mis bouillir dans une marmite, ils donnent un bouillon supérieur, en saveur et en principes nutritifs, à celui fabriqué avec la meilleure viande. Seulement il ne faut pas qu'ils bouillent long-temps, parceque le phosphate calcaire qui s'y trouve se dissout et détériore ce bouillon. Il a été fait anciennement et nouvellement un grand nombre d'expériences qui constatent ce fait.

Il semble que les cultivateurs les plus pauvres sont ceux qui perdent le plus des articles qu'ils pourroient employer avantageusement. (B.)

OSEILLE, *Rumex*. Genre de plantes de l'hexandrie trigynie, et de la famille des polygonées, qui renferme une quarantaine d'espèces, dont quelques unes, toutes appelées *oseille* en français, sont acides au goût, et la plupart, nommées *patience*, ne le sont point.

Pour me conformer à l'usage, je ne mentionnerai ici que les oseilles proprement dites et dont on fait usage.

L'OSEILLE DES PRÉS ET DES JARDINS, *Rumex acetosa*, Lin., a les racines vivaces, épaisses, solides, brunes en dehors et jaunâtres en dedans, les tiges droites, cannelées, rameuses, glabres, hautes d'un à deux pieds; les feuilles alternes, pétiolées, hastées, légèrement charnues, plus ou moins aiguës à leur extrémité, glabres; les caulinaires sessiles; les fleurs dioïques, verdâtres, disposées en épis ramassés au sommet des tiges et de pédoncules qui sortent de l'aisselle des feuilles supérieures. Elle croît dans toute l'Europe parmi les herbes des prés, des bois qui ne sont ni trop secs ni trop humides et fleurit à la fin du printemps. En général elle indique un bon fonds. Ses feuilles et ses tiges , sur-tout quand elles sont jeunes, ont des propriétés médicales et alimentaires très précieuses. Elles sont indiquées dans le scorbut , la fièvre inflammatoire , les fièvres putrides et autres maladies du même genre. Elles tempèrent la soif, tiennent le ventre libre, diminuent, en cataplasme, la chaleur des tumeurs flegmoneuses et des inflammations. On la mange par-tout crue ou cuite. Elle entre dans l'assaisonnement de beaucoup de mets. L'époque de l'année où elle est encore la meilleure est aussi celle où son usage est le plus utile à la santé , c'est-à-dire la fin de l'hiver, lorsque l'estomac, fatigué de nourritures animales ou de légumes secs, en demande de fraîches et sur-tout d'antiseptiques. Elle commence à pousser immédiatement après la fonte des neiges ou des fortes gelées , et on peut encore en accélérer le moment en la couvrant pendant la nuit de paille ou de paillassons, ou encore mieux de planches soutenues à trois pouces de terre.

Généralement on cueille l'oseille en la coupant rez terre , mais la méthode des maraîchers de Paris est préférable , lorsqu'on veut ménager sa reproduction. Elle consiste à n'enlever que les feuilles les plus extérieures de chaque centre , une à une , et à la main, et elle est fondée sur ce que les plantes, vivant autant par leurs feuilles que par leurs racines, lorsqu'on coupe toutes les premières , les dernières repoussent plus lentement ; sur ce que, lorsque les feuilles de l'oseille sont arrivées à leur développement complet, elles prennent un degré d'acidité tel qu'elles deviennent désagréables au goût. Cette dernière circonstance se retrouve à un plus haut degré pendant les chaleurs de l'été, c'est pourquoi il est bon d'avoir de l'oseille à l'exposition du nord pour cette époque. Au reste on atténue les effets de cette trop grande acidité de l'oseille en la faisant cuire , et en la mélangeant intimement, par le hachis, avec des feuilles des plantes insipides, telles que celles de la *bette poirée* , de l'*arroche belle-dame* , etc.

On mange dans beaucoup de lieux l'oseille sauvage, mais elle est plus acide, et a les feuilles plus petites que celle qu'on cultive, aussi doit-on toujours en avoir dans le jardin, quelque abondante qu'elle soit dans la campagne. Là elle a fourni par la culture plusieurs variétés, parmi lesquelles le choix n'est même pas indifférent.

Les principales sont ,
L'oseille à larges feuilles. C'est la plus commune.
L'oseille à larges feuilles obtuses , ou *oseille d'Hollande*.
L'oseille à larges feuilles glauques , ou *oseille d'Italie*.
L'oseille à feuilles crépues , plus singulière qu'utile.

L'oseille vierge, ou *oseille stérile*. Celle-ci ne monte jamais en graine, ses feuilles sont fort grandes et moins acides que celles des autres variétés. C'est celle que la culture a le plus améliorée et qu'on doit préférer dans tous les jardins bien entretenus.

Toute terre, pourvu qu'elle ne soit pas excessivement sèche ou trop aquatique, convient à l'oseille; mais elle réussit mieux dans celle qui est légère, substantielle et profonde. On la multiplie par le semis de ses graines et par l'éclat de ses vieux pieds.

Les graines sont mûres à la fin de l'été, et on peut les semer avantageusement dès cette époque; mais on attend ordinairement le printemps. La terre destinée à les recevoir doit être bien préparée et superficiellement amendée avec du terreau. On les répand à la volée ou en sillons. Cette dernière méthode est préférable, parcequ'elle favorise les binages et le développement latéral des pieds. Le plant levé doit s'éclaircir et s'arroser pendant les grandes chaleurs. Il est bon de ne point couper de feuilles la première année. On donne ordinairement trois binages par an à ces planches, à la fin de l'hiver, au commencement de l'été et au milieu de l'automne. Le second, qui n'est que de propreté après qu'on a coupé les tiges de l'oseille, peut être négligé dans les planches d'oseille vierge. La seconde année on fait encore un éclairci au labour d'automne, s'il y a lieu, et ce qu'on arrache dans une place sert à regarnir ce qui manque dans une autre. Une planche ainsi établie peut durer pendant dix à douze ans; mais il vaut mieux ne la laisser subsister que la moitié de ce temps, parceque les feuilles deviennent d'autant plus petites que les pieds sont plus vieux, aussi est-ce ce que font les maraîchers de Paris, ils détruisent même leurs planches plus souvent la quatrième que la cinquième année.

Mais ce n'est guère qu'autour des grandes villes, dans les jardins où on cultive pour vendre, qu'on sème l'oseille en planches. Presque par-tout ailleurs on en fait des bordures autour des grands carreaux, bordures qui les dessinent à l'œil, les circonscrivent rigoureusement et en retiennent les terres, lorsque, comme cela doit être dans tous les sols humides, ils sont plus élevés que les allées.

Dans les pays chauds l'oseille monte bien plus rapidement en graines que dans le climat de Paris, et là il faut, si on veut en avoir pendant tout le printemps, supprimer les tiges à mesure qu'elles paroissent et arroser souvent.

L'autre manière de multiplier l'oseille consiste à arracher les vieux pieds en automne, et de les déchirer en autant de morceaux qu'il y a de rosettes de feuilles au collet des racines.

Ces morceaux se plantent à huit à dix pouces de distance en planches ou en bordures. Par cette manière on a une récolte presque complète dès le printemps suivant, mais le plant dure moins que celui produit par graines. Les maraîchers de Paris, que l'expérience a éclairés sur leurs véritables intérêts, ne l'emploient que pour *l'oseille vierge*, qu'on ne peut reproduire autrement, variété au reste qu'ils ne recherchent pas beaucoup.

Les feuilles de l'oseille contiennent un sel acide, connu sous le nom de *sel d'oseille*, qui sert à ôter les taches d'encre ou de rouille sur le linge, mais il n'y est pas assez abondant pour en être extrait avec profit. C'est de *l'oxalide oseille* qu'est retiré tout celui qu'on trouve dans le commerce. Cet acide n'en agit pas moins dans les feuilles mêmes, et on peut fort bien les employer pour détacher le linge, blanchir les dents, etc.

La racine de l'oseille donne à l'eau une belle couleur rouge. On l'emploie en médecine comme sudorifique.

Quoique l'oseille soit mangée par tous les bestiaux, que les moutons et les vaches sur-tout l'aiment avec passion, il n'est pas avantageux d'en semer pour leur usage, car elle les nourrit peu et elle se dessèche difficilement ; mais il faut laisser dans les prairies celle qui y croît naturellement, et leur donner le superflu de ce qui se cultive dans le jardin, parcequ'elle produit sur eux les mêmes effets que sur l'homme, c'est-à-dire qu'elle les rafraîchit, leur lâche le ventre, par-là améliore leurs digestions. Un cultivateur qui met de l'importance à la conservation de ses bestiaux doit forcer les plantations d'oseille dans son jardin, pour en avoir toujours une certaine quantité à sa disposition, pour leur être donnée pendant les chaleurs de l'été, époque où elle leur est le plus utile.

L'OSEILLE PETITE, *Rumex acetosella*, Lin., a les racines vivaces ; les tiges tantôt droites, tantôt couchées à leur base, grêles, cannelées ; les feuilles toutes pétiolées, lancéolées, hastées, charnues, glabres ; les fleurs dioïques, blanchâtres, disposées en épis réunis à l'extrémité des tiges, et de pédoncules axillaires. Elle croît très abondamment dans les terrains sablonneux, dans les champs et autres lieux cultivés. Elle est plus acide que la précédente et moins du goût des bestiaux. Quoique les brebis en soient fort avides, d'où vient le nom d'*oseille de brebis*, qu'elle porte dans quelques lieux. Tantôt elle ne s'élève qu'à deux à trois pouces, tantôt elle parvient à plus d'un pied. Je l'ai vue si abondante dans certains lieux, qu'elle étouffoit les plantes céréales qui y avoient été semées. Les labours ne la détruisent pas, parceque, dans quelque position que se trouvent les racines, elles repoussent toujours. Ce n'est qu'en mettant dans les champs qui en sont infestés des plantes qui demandent des binages d'été, telles que les pommes de terre, les haricots, etc, ou en les semant en prairie, qu'on peut s'en débarrasser. Elle produit une variété à feuilles multifides. On la retrouve dans l'Amérique et dans l'Inde.

L'OSEILLE RONDE, *Rumex scutatus*, Lin., a les racines vivaces, menues et rampantes; les tiges grêles, cylindriques, rameuses, couchées; les feuilles alternes, pétiolées, en cœur, hastées, charnues, glauques; les supérieures sessiles; les fleurs hermaphrodites, jaunâtres, disposées en épis recourbés à l'extrémité des tiges et des rameaux. Elle croît sur les montagnes des parties moyennes et méridionales de l'Europe, entre les fentes des rochers. J'en ai vu des pieds sur celles des environs de Dijon, qui seuls formoient des touffes de plusieurs pieds de diamètre. Son aspect est très agréable à raison de la forme arrondie de ses touffes et de la couleur blanchâtre de ses feuilles; aussi produit-elle un très bon effet dans les jardins paysagers, lorsqu'on l'y place convenablement. Une terre très sèche et une exposition très chaude sont ce qui lui convient le mieux. Ses feuilles sont moins acides que celles de l'oseille des prés, et ont de plus une saveur particulière plus herbacée. On les mange cependant comme elles dans beaucoup de lieux sous le nom d'*oseille franche*, et on la cultive même dans quelques jardins pour cet usage. Il m'a paru qu'il n'y avoit que les moutons parmi les bestiaux qui en mangeassent, et encore étoit-ce en petite quantité à la fois. Comme elle subsiste long-temps, ses tiges inférieures deviennent ligneuses par l'effet de l'âge. (B.)

OSEILLE DE GUINÉE. C'est la KETMIE ACIDE.

OSEILLE DES BUCHERONS. *Voyez* au mot OXALIDE-OSEILLE.

OSERAIE. Lieu planté d'osiers. *Voyez* OSIER.

OSERDO. Nom de la luzerne aux environs de Perpignan.

OSIER. On appelle vulgairement *osiers* plusieurs espèces de saules dont les jeunes rameaux sont très flexibles et très difficiles à casser, et qu'on emploie en conséquence pour faire des liens, des paniers, des corbeilles, des vans et autres meubles. Leur usage est si étendu en Europe, qu'on ne peut s'en passer dans les travaux de l'agriculture et dans l'économie domestique; même, sous ce dernier rapport, leur emploi est devenu l'objet d'un art particulier exercé par des hommes qu'on appelle *vanniers*; art très simple, mais où il faut beaucoup d'habitude pour arriver à la perfection.

D'après cela on doit croire que la culture des osiers est un article important dans l'agriculture française; et en effet, quoique la plupart des cultivateurs plantent des osiers pour leur usage personnel, c'est-à-dire pour avoir des brindilles propres à lier la vigne aux échalas, les arbres en espaliers au treillage, etc., il en est beaucoup dans les pays de vignobles et autour des grandes villes qui en plantent pour vendre aux tonneliers, qui ne peuvent s'en passer pour lier les cercles des tonneaux, des cuves, etc., et aux vanniers pour les employer aux divers travaux de leur art. Aux environs de Paris, par exemple, leur culture est un objet d'un très grand produit, c'est-à-dire d'un produit toujours plus grand que celui du blé, et souvent supérieur à celui de toutes les autres cultures. Lorsqu'un arpent de blé, par exemple, rapporte quarante francs, une oseraie en valeur rapporte cent francs et plus; mais on doit sentir que cette culture est nécessairement bornée, et que, si on y consacroit plus de terrain que les besoins du commerce ne l'exigent, le revenu de ce terrain diminueroit d'abord, et finiroit par s'anéantir ensuite.

Un propriétaire qui veut planter une oseraie doit donc auparavant, pour ne pas hasarder ses avances et la perte du revenu de son terrain, s'informer du prix de l'osier dans son canton et dans les villes où il est susceptible d'être envoyé à peu de frais, et calculer, année commune, le bénéfice qu'il peut espérer et les chances qu'il peut craindre. J'ai connu des personnes qui, faute de ces préliminaires, ont essuyé de grandes pertes.

Les trois principales espèces de saules qu'on peut cultiver, ou mieux, qu'on cultive en France sous le nom d'osiers, sont, le *salix purpurea*, Lin., OSIER ROUGE; le *salix vitellina*, Lin., OSIER JAUNE; le *salix viminalis*, Lin., OSIER BLANC. Ces trois espèces ont des qualités particulières, et demandent un terrain différent.

L'OSIER ROUGE a les rameaux plus liants que ceux des deux autres; mais il acquiert moins de longueur et de grosseur. Il est très propre à être employé par les jardiniers et par les vanniers qui travaillent dans le fin. Un terrain sec et argileux est celui où il convient de le placer, quoiqu'il vienne mieux dans ceux qui sont frais et légers; mais il y prend ce que les ouvriers appellent le *gras*, c'est-à-dire qu'il ne se fend pas aisément.

L'OSIER JAUNE a les rameaux un peu moins liants que ceux du précédent, mais la différence est à peine sensible pour des mains qui ne sont pas très exercées. Ses rameaux sont plus gros, plus longs, et généralement plus employés dans la vannerie commune; aussi est-ce celui qu'on cultive le plus fréquemment en France; il demande un terrain frais, mais non aquatique; en conséquence, les terres fortes qui retiennent l'eau pendant l'hiver et qui sont desséchées pendant l'été lui conviennent beaucoup. Il réussit cependant passablement dans les terres légères, pourvu qu'elles soient rendues un peu humides, soit par des sources superficielles, soit par le voisinage d'un étang ou d'une rivière.

L'osier blanc a les rameaux encore moins liants que ceux des précédents, mais ses rameaux s'élèvent jusqu'à huit et dix pieds et plus, et acquièrent quelquefois la grosseur du doigt. On les emploie dans les campagnes pour lier le blé et autres produits agricoles, et dans la vannerie pour servir de carcasses aux paniers d'une certaine grandeur, pour fortifier les anses et construire les bannes et autres grands produits de cet art. On peut le cultiver dans tous les sols profonds, fertiles et humides, mais on doit préférer le faire principalement sur le bord des rivières, dans les terres d'alluvion où il profite mieux que par-tout ailleurs, et où il sert, en outre, à fixer les terres contre les efforts des eaux, ce à quoi il est plus propre qu'aucun autre arbuste. Le propriétaire d'une île dans une rivière navigable ne peut espérer de la conserver entière deux années de suite s'il n'a soin d'en garnir exactement tous les bords, et même d'anticiper sur l'eau en en plantant tous les ans devant ceux qui sont en pleine végétation. *Voyez* au mot Alluvion et au mot Saule.

Ces osiers s'élèveroient en arbres, et donneroient de très courts rameaux si on les laissoit monter; aussi doit-on en couper tous les ans les pousses rez terre, ou au moins à une très petite hauteur. Ce procédé est fondé sur ce que les arbres en général donnent la première année de leur coupe des jets d'autant plus longs, plus droits et moins garnis de branches latérales, que ces jets sortent plus près des racines. Or, ces trois qualités sont celles qu'on doit rechercher et qu'on recherche en effet dans toutes les espèces d'osiers.

C'est à la fin de l'hiver lorsque le bois des osiers a pris toute la consistance dont il est susceptible, qu'il convient de les couper; plus tôt il seroit plus cassant et plus susceptible de pourriture; plus tard, c'est-à-dire lorsque la sève nouvelle commence à se mouvoir, les pousses à venir souffriroient de l'épanchement de cette sève qui auroit lieu par les plaies. Combien d'ouvrages de vannerie ne durent pas parcequ'on néglige trop fréquemment cette observation! On y procède avec une forte serpette, et sur le nouveau bois, mais à deux ou trois lignes seulement du vieux; je dis sur le nouveau bois, parceque les bourgeons percent plus facilement son écorce que celle du tronc, et qu'il y a par conséquent moins de retard de végétation. Or, plus les pousses sont précoces et faciles, et plus les jets sont vigoureux. Il en résulte que les têtes des pieds s'élèvent chaque année; mais cet inconvénient, car c'en est un, est moins grave que celui que je combats. Au reste, cette augmentation en hauteur est si lente qu'elle n'est pas arrivée à deux pieds lorsqu'on doit détruire l'oseraie pour cause de vétusté.

Dès que les jets des osiers sont coupés il faut les débarrasser, avec une serpette bien tranchante, de toutes les brindilles latérales qu'ils peuvent porter, brindilles dont la présence diminue toujours la valeur de l'osier, et qui sont d'autant plus nombreuses que la végétation a été moins active. Ainsi il y en a davantage lorsque l'été a été sec et l'automne humide, et davantage sur les jeunes et sur les vieux pieds, que sur ceux qui sont dans la force de l'âge. Ces brindilles sont très propres, plus propres même que les jets à la ligature de la vigne, des arbres fruitiers, etc.; et elles doivent par conséquent être mises de côté. On sépare ensuite tous les jets de même longueur, on les met en bottes qu'on serre fortement, afin de redresser ceux qui sont courbes, et on les empile dans un endroit frais.

Une grande partie de l'osier, sur-tout de l'osier rouge et de l'osier jaune, s'emploie avec son écorce qui le fortifie d'autant; mais celui qui est destiné à faire des paniers, des vans et autres articles de vannerie doit être écorcé; pour cela on le met au printemps dans une cave ou autre lieu frais, ou même on le trempe dans l'eau, et lorsque la sève s'y est développée, que ses boutons commencent à s'épanouir, on passe chaque jet entre deux morceaux de bois dur et coupant, disposés en forme de mâchelière, et le tirant à soi, on enlève cette écorce par lanières.

Les tonneliers et autres ont besoin de refendre l'osier pour l'employer. On y parvient en faisant, avant qu'il soit complètement sec, au moyen d'un couteau, une ou deux fentes transversales (ces dernières en croix), à l'extrémité du gros bout, en y introduisant un ou deux morceaux de bois ou de fer tranchant, mais non coupant, et en le tirant avec la main droite du côté du petit bout, pendant qu'on retient le gros avec la gauche. Ordinairement, pour peu qu'on ait d'habitude, on parvient à diviser ainsi chaque brin en deux ou quatre parties égales.

Jamais on ne doit employer l'osier vert dans la vannerie, ou la tonnellerie, à cause du retrait qu'il éprouve par la dessiccation. On le fait sécher complètement par une longue exposition à l'air, et lorsqu'il s'agit de le mettre en œuvre on le fait tremper vingt-quatre heures dans l'eau pour lui rendre son liant.

Les diverses espèces d'osiers se multiplient uniquement par boutures. Pour cela on coupe à un pied ou un pied et demi les gros bouts des plus gros jets, bouts dont on ne fait aucun usage, et on les met en terre, en ne laissant dehors que trois ou quatre pouces au plus, en automne, en hiver ou au printemps, selon que les autres travaux le permettent; car l'époque, dans cet intervalle, est presque indifférente, pourvu que les bouts soient bien verts lorsqu'on les emploie.

Il y a plusieurs manières de procéder à cette opération. La meilleure est sans contredit de défoncer le terrain de quinze à vingt pouces, et de placer les boutures, un peu obliquement, dans des trous faits à la pioche, disposés en quinconce, et espacés de trois, quatre ou six pieds. J'indique plusieurs distances, parceque les pieds doivent être plus rapprochés dans un terrain sec, et lorsqu'ils appartiennent à la première espèce, que dans un terrain frais, ou lorsqu'ils appartiennent à la dernière. En principe général, il ne faut pas qu'ils soient trop voisins, parceque leurs racines se nuiroient réciproquement, ni trop éloignés, parceque l'étiolement, suite de leur rapprochement, est très avantageux pour avoir des jets minces, longs, et sans brindilles; ce qui doit être le but de tout cultivateur d'osiers.

Mais le défoncement d'un terrain pour former une oseraie, quelque avantageux qu'il soit aux produits, a rarement lieu, à raison de la dépense qu'il exige. On se contente ordinairement de faire, sur un labour à la charrue, des tranchées d'un fer de bêche de largeur et de profondeur, tranchées au milieu desquelles on place les boutures de la manière indiquée plus haut.

La pire manière enfin de planter une oseraie est celle que malheureusement on emploie le plus généralement. Elle consiste à faire dans un terrain labouré, ou même non labouré à la charrue, avec des piquets de bois ou de fer, des trous obliques ou droits dans lesquels on place les boutures, trous qu'on fait disparoître, soit en y apportant de la terre meuble, soit en faisant un nouveau trou à côté pour chasser la terre contre la bouture, ce qui est encore moins raisonnable. On doit sentir en effet que les tubercules sortant de la partie de la bouture qui est en terre pour former les racines, peuvent d'autant moins facilement y pénétrer, que cette terre est plus comprimée, et même moins imbibée d'eau. Aussi si l'année est sèche, la plus grande partie de ces boutures périt. Quand on compare, à quelque époque de leur existence que ce soit, mais sur-tout dans leurs premières années, une oseraie ainsi plantée avec une oseraie plantée sur défoncement, voit-on une différence très considérable en faveur de cette dernière. Je voudrois donc que les cultivateurs renonçassent à ce mode de planter les osiers.

Je n'ai pas besoin de dire que si quelques boutures manquent dans l'une ou l'autre de ces méthodes il faut les remplacer l'année suivante; mais il seroit mieux pour cet objet de faire dans un coin un certain nombre de pieds surnuméraires, parceque le plant enraciné est d'une reprise plus sûre.

Ce même motif devroit déterminer à planter d'abord toutes les boutures en jauge, c'est-à-dire à cinq à six pouces de distance, pour relever l'année suivante celles qui ont pris racine, et les mettre en place à la distance indiquée; mais il est si rare qu'une plantation directe manque, qu'on peut se dispenser de cette double opération.

Il est bon de ne pas couper les jets l'année de la plantation, mais il ne faut pas y manquer la seconde. Dans les terrains défoncés, la troisième coupe est déjà productive, et les suivantes le deviennent encore plus. C'est de six à dix ans que les jets sont les plus vigoureux; ensuite, quoiqu'ils continuent d'augmenter en nombre, ils commencent à diminuer en beauté. Mais cela est soumis à des irrégularités sans nombre, basées sur la nature du sol et l'année plus ou moins favorable.

Une oseraie peut durer vingt à trente ans, sur-tout si, tous les hivers, on lui donne un bon labour, et que la coupe des jets ait été bien conduite; mais comme elle épuise le sol, ainsi que toutes les autres cultures, et que ses dernières productions sont très foibles, il vaut mieux la détruire avant cette époque, c'est-à-dire à douze ou quinze ans. Cette observation s'applique particulièrement à l'osier jaune qu'on cultive le plus fréquemment en grandes masses. Le rouge, que j'ai vu généralement isolé, soit autour des vignes, soit dans les jardins, ne se renouvelle que quand il périt; et le blanc, planté sur les rives des fleuves, qui reçoivent chaque année de nouvelles terres amenées par les débordemens, peut subsister un temps indéterminé.

Dans quelques endroits on ferme les vignes, les prairies avec des haies d'osiers. Ces haies sont très faciles à conduire et fournissent au moins des brindilles pour l'usage de la vigne ou du jardin. Je ne puis trop en conseiller l'usage. Leur obstacle est peu de chose contre les voleurs; mais il suffit contre les bestiaux, qui cependant aiment beaucoup les brouter.

Ce fait me conduit à dire que toutes les oseraies doivent être tenues à l'abri des atteintes des bestiaux, si on veut les conserver en état de produit.

On peut aussi introduire les osiers dans les jardins paysagers, même en les coupant tous les ans pour l'usage. Ils forment des touffes d'un aspect différent dans toutes les espèces; touffes qui, placées avec intelligence, remplissent bien leur destination. (B.)

OSIER FLEURI. *Voyez* ÉPILOBE.

OSSELET. *Voyez* SUR-OS.

OUAILLE. Nom de la brebis dans le département des Deux-Sèvres.

OUARQUER. Labourer avant l'hiver les terres qu'on veut semer au printemps. Ce mot est employé dans le département des Vosges.

OUCHE. On donne ce nom dans le département des Deux-Sèvres à un terrain voisin de la maison, et planté d'arbres fruitiers, mais qu'on ne laboure pas.

OUDRI. Lorsqu'on coupe une branche, pendant qu'elle est en végétation, ses bourgeons s'oudrissent, c'est-à-dire se rident.

Ce mot n'est plus en usage.

OUILLE. Brebis dans le département de Lot-et-Garonne.

OUMA. *Voyez* ORME.

OURAGAN. On donne ce nom à la réunion de vents très violens qui soufflent dans des directions opposées. Un ouragan diffère donc d'un orage, en ce qu'il n'est pas accompagné de pluie ou de grêle, et plus rarement encore de tonnerre.

Malheur aux cultivateurs des cantons où passe un ouragan, car en peu de momens il y a porté la dévastation et la ruine. Les blés versés, les arbres arrachés, les toits des édifices enlevés, les troupeaux dispersés, sont les tristes suites de son passage. Ce n'est que par la vue d'un de ces phénomènes qu'on peut s'en former une idée juste. La description la plus détaillée et la mieux dictée sera toujours insuffisante.

Certains pays sont plus sujets aux ouragans que les autres; ceux, par exemple, situés entre les tropiques. L'Europe éprouve rarement leurs fureurs, ou mieux, ils s'y adoucissent presque toujours de manière à pouvoir être rangés parmi les orages. On est exposé à leur action pendant toute l'année; mais il paroît cependant qu'ils sont plus fréquens en automne qu'à toute autre époque.

Il sembleroit que la foiblesse de l'homme ne doit pouvoir rien opposer à ce terrible phénomène; cependant les habitans de nos colonies à sucre de l'Amérique et de l'Inde ont trouvé moyen, par des plantations d'arbres à racines pivotantes et à rameaux flexibles, de diminuer ses désastreux effets. A l'Ile-de-France, une ceinture de quelques toises seulement de large, mise sous la sauvegarde de la loi, en garantit toutes les plaines basses peu éloignées de la mer.

Nulle part en Europe on ne prend de précautions de ce genre; aussi le cultivateur qui éprouve les ravages d'un ouragan n'a-t-il d'autre parti à prendre que la résignation; mais s'il reste tranquille pendant sa durée, qui n'est jamais longue, comme je l'ai déjà dit, il faut qu'il redouble d'activité dès qu'il est fini. En effet, ses blés, dont il ne doit plus rien espérer, seront coupés, et d'autres graines, comme de la navette d'hiver, des raves, de la spergule, etc., semées en place ; ses clôtures rétablies, sa maison réparée, beaucoup de ses arbres fruitiers relevés, etc. Ce n'est pas par un désespoir stérile qu'on récupère ses pertes dans ce cas comme dans bien d'autres. *Voyez* au mot ORAGE. (B.)

OURAME. Nom de la faucille dans le département du Var.

OUTARDE. Le plus gros des oiseaux, propre à l'Europe, qui niche rarement en France, qui y vient passer l'hiver en plus ou moins grandes troupes, principalement dans les plaines de la Champagne, de la Crau, etc.

On reconnoît l'outarde à son dos roux, ondulé ou taché de noir, à son ventre blanchâtre, aux longues plumes qui pendent sous son bec, aux deux places chauves qui sont sous ses yeux, aux grandes plumes des ailes et de la queue blanches, bordées ou tachées de noir. Elle appartient au genre de son nom, fait partie de la famille des gallinacées, et vit, comme les autres oiseaux de cette famille, de graines, d'herbes et d'insectes.

La grosseur de l'outarde, supérieure à celle des dindons, et l'excellence de sa chair, ont fait de tout temps désirer de la rendre domestique. On parvient assez facilement à élever les petits pris dans la campagne, et même à les empêcher de désirer la liberté ; mais il n'a pas encore été possible de les engager à propager leur espèce dans nos basses-cours. J'ai vu, il y a une trentaine d'années, à Châlons-sur-Marne, des individus mâle et femelle nourris dans cette intention, et qui probablement ont été les derniers mis en expérience, car il est très rare de prendre de jeunes outardes en vie.

C'est en octobre que les outardes arrivent des plaines de la Sibérie, et c'est en avril qu'elles quittent les nôtres. On peut donc les chasser pendant près de six mois ; mais leur petit nombre, l'habitude où elles sont de se tenir toujours dans les lieux les plus découverts, permet rarement d'en beaucoup tuer. En tout temps on a compté chaque année celles qu'a fournies la Champagne pouilleuse, la localité où il s'en voit le plus.

Pour tuer des outardes, il faut donc les surprendre ; et à cet effet se cacher dans un trou creusé en terre, dans le canton qu'on sait qu'elles affectionnent, trou recouvert de branches sèches entrelacées de foin, où on arrive avant le jour, et où on reste jusqu'à ce qu'il leur plaise d'arriver à portée du fusil. La hutte ambulante et la vache artificielle ne sont pas employées, et doivent être peu avantageuses, attendu que, comme je l'ai observé plus haut, les outardes se tiennent toujours dans les endroits les plus nus, et qu'elles ne sont pas accoutumées à y voir des buissons et des vaches. Pendant la neige on peut aussi les surprendre en se couvrant d'un drap blanc, et allant vers elles le dos courbé autant que possible.

La PETITE OUTARDE est également un oiseau de passage; mais elle vient d'Afrique au printemps, et y retourne en automne. Elle niche en France. C'est dans les plaines à blé de la Beauce et du Berri qu'elle se tient de préférence. Elle est encore plus rare et plus difficile à approcher que la précédente; aussi est-elle toujours payée très cher par les gourmets, qui estiment sa chair la meilleure de toutes.

On reconnoît cette espèce, qui est à peu près de la grosseur d'un coq, à son corps gris-brun en dessus, gris-blanc en dessous, à son cou noir avec deux bandes en zigzag blanches. Elle se chasse comme la précédente. (B.)

OUTILS D'AGRICULTURE. Dans la langue de l'agronome et du jardinier, les mots *outil* et *instrument* sont à peu près synonymes, et presque toujours employés indifféremment l'un pour l'autre. Cependant le dernier a une acception beaucoup plus étendue; car tous les outils d'agriculture sont des instrumens de cet art; mais tous les instrumens ne sont pas des outils. La dénomination d'outils semble restreinte à ceux des instrumens de fer ou d'acier, qui sont de petite ou moyenne grandeur, et dont on se sert pour ouvrir et fouiller tout sol, même le plus dur, pour fendre et scier toute espèce de bois, pour déraciner et abattre les arbres, pour les tailler et greffer, pour couper les plantes céréales et les herbes propres au fourrage, etc.; tels sont la bêche, la houe, le pic, la tournée, la serpe ou serpette, la faux ou faucille, la scie, la hache, la cognée, le greffoir. Il y a d'autres outils encore, appliqués dans le même art, à divers usages; mais leur nombre est en général très circonscrit. La charrue, la herse, la pelle, le râteau, la fourche, le rouleau ne sont pas des outils, mais des instrumens. Il seroit à désirer que le sens qu'on doit donner à chacun de ces deux mots fût fixé d'une manière plus précise, afin qu'on pût s'entendre; car jusqu'à présent on les a mêlés et confondus dans les définitions des mêmes choses. Comme, pour en déterminer l'acception juste, il faudroit une petite dissertation grammaticale, et qu'une pareille dissertation seroit déplacée dans ce livre, nous renvoyons le lecteur aux articles où nous avons parlé de chaque outil et de chaque instrument en particulier; car dans ce Dictionnaire, on n'a omis aucun de ceux dont on fait habituellement usage, et qui sont d'une utilité reconnue. (D.)

OUTRE. Peau de bouc préparée et cousue en forme de sac,

9.　　　　　　　　21

qui est destinée à contenir ou à transporter du vin, de l'huile, etc. L'usage des outres remonte à la plus haute antiquité, et c'est encore le seul vaisseau en usage pour le transport des fluides dans les pays montagneux, où la difficulté des chemins interdit l'usage des charrettes. La manière de fermer les outres varie suivant les cantons : dans quelques uns, on adapte et on coud, contre la peau, un col en bois que l'on ferme avec un bouchon de bois et à vis comme l'ouverture du col. Dans d'autres, la peau d'une des pattes de l'animal tient lieu de col, et reçoit l'entonnoir lorsqu'il s'agit de remplir l'outre ; une ficelle suffit alors pour former la ligature. Un cheval ou une mule porte facilement deux outres.

La première liqueur qui sert à remplir ce vaisseau contracte pour l'ordinaire une odeur désagréable qui vient des substances employées dans la préparation du cuir et de l'odeur propre du cuir. Le peu de soin que l'on prend des outres, avant de les remplir ou après les avoir vidées, en perpétue la mauvaise odeur. Si l'outre est destinée au vin, elle s'imprègne à la longue d'une odeur d'aigre, et celle consacrée à l'huile lui communique bientôt la rancidité. (*Voyez* le mot HUILE.) Avant de remplir ces vaisseaux avec du vin, on doit les laver à l'eau très chaude, et ensuite à plusieurs eaux fraîches ; celles consacrées à l'huile doivent être lavées avec du vinaigre chaud, ensuite avec une lessive de cendres ; enfin elles doivent être soumises à plusieurs lavages réitérés avec l'eau simple. Il vaut encore mieux faire précéder la lessive chaude de cendres et ensuite le lavage au vinaigre, etc. Les mêmes opérations doivent avoir lieu lorsque l'on prévoit que de long-temps ces outres ne seront pas employées pour l'huile. Quant à celles destinées au vin, le lavage devient inutile ; il vaut mieux que les vaisseaux sentent le vin que l'eau, sauf à les bien laver lorsque l'on voudra s'en servir. (R.)

En tous pays les outres ont disparu dès que l'agriculture s'est perfectionnée, que l'aisance a commencé à se montrer dans les campagnes, et que des routes praticables aux voitures ont été ouvertes, etc. Aujourd'hui, il n'y a plus que de très petits cantons où on en fasse usage en Europe. C'est en Espagne, dans l'Italie méridionale et en Sicile, qu'on en voit encore le plus ; et on sait combien les cultivateurs y sont pauvres et peu industrieux. Elles servent encore exclusivement en Asie et en Afrique au transport des marchandises liquides. Les motifs qui doivent les faire proscrire par-tout sont la mauvaise odeur et la saveur désagréable qu'elles communiquent aux liqueurs, et la grande déperdition qu'elles occasionnent dans ces liqueurs, non pas seulement par les trous des coutures, mais par la transpiration de la surface, c'est-à-dire l'évaporation.

Je ne crois pas qu'il soit nécessaire d'étendre davautage cet article. (B.)

OUVRÉE. Ancienne mesure de terre. *Voyez* Mesure.

OUVRÉS. (Bois) Lorsqu'ils sont travaillés et en état d'être livrés au commerce et aux arts. (de Per.)

OVAIRE. Partie de la fleur qui sert de base au style, et qui contient les rudimens des semences. Il varie beaucoup dans sa forme et de trois manières dans sa position. Il est *supérieur* lorsqu'il repose sur le calice, *inférieur* lorsqu'il supporte le calice, et *semi-inférieur* lorsque le calice l'entoure. On fait fréquemment usage de la position de l'ovaire dans la description des plantes et rarement de sa forme. *Voyez* aux mots Plante, Fructification.

OXALIDE, *Oxalis.* Genre de plantes de la décandrie pentagynie et de la famille des géranoïdes, qui réunit plus de quatre-vingts espèces, dont une commune en Europe et employée dans la cuisine et dans la médecine, est dans le cas d'être mentionnée ici.

Cette espèce est l'oxalide oseille, *oxalis acetosella*, Lin. plus connue sous les noms vulgaires d'*alleluia*, de *pain à coucou*, d'*oseille à trois feuilles*, d'*oseille de bûcheron*, etc., dont les racines sont traçantes, fibreuses ; les tiges très courtes ; les feuilles alternes, longuement pétiolées, très rapprochées, peu nombreuses, à trois folioles en cœur, légèrement velues, d'un vert gai en dessus et rougeâtres en dessous ; les fleurs blanches, veinées de violet lorsqu'elles sont exposées au sole l, solitaires sur de longs pédoncules, articulées, et sortant du sommet des tiges. On la trouve dans les bois des montagnes et à l'exposition du nord, dans presque toute l'Europe. Elle fleurit au milieu du printemps. Dans sa petitesse, car elle a rarement plus de trois à quatre pouces de haut, elle n'est pas sans élégance, soit par ses feuilles, soit par ses fleurs. Elle est fortement acide, et plus agréable que l'oseille. On la mange comme cette dernière, mais dans ce cas il est bon de la mêler avec de la poirée, de l'arroche des jardins, de la laitue, etc., pour affoiblir son acide qui a trop d'action sur les dents et même sur l'estomac. Ainsi mitigée je l'ai toujours préférée à l'oseille. On en fait un fréquent usage en médecine dans les maladies inflammatoires et putrides, dans tous les cas où il s'agit de rafraîchir et de contrebalancer les effets de la putridité des humeurs. C'est d'elle qu'on tire, en Suisse et dans quelques cantons de l'Allemagne, le sel acide qu'on trouve dans le commerce sous le nom de *sel d'oseille*, et qui sert aux mêmes usages médicinaux que la plante même, et de plus à ôter les taches d'encre ou de rouille du linge. Pour l'obtenir on coupe les feuilles de la plante à l'époque de la floraison (plus tôt ou plus tard elles donnent moins de sel) ; on les pile dans un mortier de bois avec un pilon de même matière, et on en exprime tout le jus qu'on abandonne à l'évaporation dans des baquets de bois. Au bout de deux ou trois jours, plus ou moins, suivant la chaleur de la saison, il se dépose sur les parois du baquet des cristaux qu'on ramasse à mesure. Quand on voit qu'il ne s'en forme plus, on met dans le reste de la liqueur de la potasse purifiée proportionnellement à ce qu'on suppose qu'il y a encore d'acide, et il s'y en dépose de nouveaux. Cent livres de feuilles fournissent ordinairement environ cinq livres de sel.

Ce sel est l'objet d'un petit commerce dont nous pourrions profiter aussi-bien que nos voisins, car les montagnes de l'intérieur de la France sont très abondamment pourvues d'oxalide oseille qu'on laisse presque complètement perdre. Quand donc serons-nous assez actifs et assez industrieux pour tirer parti de toutes nos richesses agricoles? Certainement, si on bornoit toujours l'emploi du sel d'oseille aux usages auxquels sa cherté actuelle le renferme, c'est-à-dire à la médecine et à ôter les taches, une plus grande production seroit superflue; mais il diffère fort peu de l'acide du citron, et peut lui être substitué par-tout, et principalement dans la teinture et dans l'impression des toiles de coton, ce qui en peut consommer d'immenses quantités. Je fais donc des vœux pour que mes concitoyens en fabriquent.

Il est une autre espèce de ce genre, l'OXALIDE CORNICULÉE, ayant la tige haute de six à huit pouces, et les fleurs jaunes, qu'on trouve dans les parties méridionales de l'Europe le long des haies, dans les bois humides et qu'on peut sans doute employer aux mêmes usages avec plus d'avantage, parcequ'elle fournit beaucoup plus de feuilles; mais elle est annuelle. (B.)

OXIDES. Combinaison de l'oxygène avec différens corps qu'il n'a pas rendus acides. *Voyez* OXYGÈNE.

Ceux des oxides qu'il est le plus utile de faire connoître aux cultivateurs sont les oxides métalliques, qui varient, dans la plupart des métaux, selon la portion d'oxygène qu'ils contiennent.

Plusieurs métaux s'oxident par le seul contact de l'air : la rouille du fer, le vert-de-gris du cuivre, sont des oxides ; d'autres arrivent à cet état par leur exposition à un feu d'une certaine intensité, le plomb, l'étain, le zinc, etc. Enfin ceux qu'on appelle métaux parfaits, comme l'or et l'argent, ne peuvent s'oxider que par la voie humide, c'est-à-dire en les dissolvant dans un acide et les en précipitant. Tous sont susceptibles d'être oxidés par ce dernier moyen.

Quand on fait fondre de l'antimoine avec le contact de l'air, il se développe des vapeurs blanches qui se subliment et qui sont *l'oxide blanc* de ce métal. Cet oxide fondu prend une couleur jaune et sert à colorer le verre.

La plupart des autres oxides d'antimoine servent en médecine comme vomitifs et purgatifs. *Voyez* ANTIMOINE.

On n'obtient l'oxide d'argent qu'en dissolvant ce métal dans un acide, l'acide nitrique par exemple, et en le précipitant par un autre métal ou un alcali. Cet oxide sert aussi à colorer le verre en jaune. *Voyez* au mot ARGENT.

Les oxides noir et blanc d'arsenic sont de violens poisons. Le premier se vend dans le commerce sous le nom de *cobalt* ou *poudre pour les mouches*, le second sous le nom d'*arsenic* proprement dit, quoique ce mot ne doive être appliqué qu'au métal. Les agriculteurs font quelquefois usage de ces oxides pour guérir la gale de leurs moutons, scarifier les ulcères de leurs chevaux, empoisonner les loups, les rats, les mouches; mais il arrive tant d'accidens par leur fait, dans les campagnes, qu'on ne peut prendre trop de précautions. *Voyez* ARSENIC.

Le cobalt s'oxide par le feu et par les acides, et dans cet état sert presque uniquement à donner au verre une couleur bleue. *Voyez* COBALT.

Le premier degré d'oxidation du cuivre est le *vert-de-gris*, que le seul contact de l'air, aidé de l'humidité, produit, et qui est un poison d'autant plus dangereux que la plupart des ustensiles de cuisine étant de ce métal, la plus petite négligence peut l'introduire dans les alimens et faire périr en un instant des familles entières.

Pour diminuer ces accidens on couvre l'intérieur des ustensiles de cuisine d'une couche d'étain, on les étame; mais comme cette couche est mince et s'use promptement, il faut la renouveler souvent.

Les matières grasses, qui elles-mêmes s'oxident et deviennent acides (rances) accélèrent beaucoup la formation du vert-de-gris. Ce n'est qu'au moyen d'une propreté minutieuse, d'une surveillance toujours active, qu'on peut prévenir les accidens occasionnés par cet oxide. Il est des cantons où les ménagères mettent leur amour-propre dans l'extrême propreté de leur batterie de cuisine, et où on les nettoie (récure) en dedans et en dehors non seulement toutes les fois qu'on s'en est servi, mais même à des époques fixes, tous les samedis par exemple : mais combien d'autres où on ne prend pas ces sages précautions? Les inconvéniens du cuivre en batterie de cuisine ont fait désirer pouvoir lui substituer une autre substance; mais les efforts qu'on a faits ont été sans succès, soit à raison du haut prix, soit à raison du peu de solidité. Le cuivre jaune s'oxide plus difficilement que le cuivre rouge, mais il coûte plus cher et prend moins bien l'étamage.

On se sert beaucoup de l'oxide vert de cuivre dans la peinture des boiseries, des treillages, etc., en le mêlant avec de la craie (blanc d'Espagne) et de l'huile. Les bois ainsi peints ne doivent jamais être brûlés dans les fours où on cuit le pain, car leur oxide, devenu libre, transformeroit tout le pain en poison. On a des exemples terribles de ce fait. On doit même ne les brûler qu'avec précaution dans le foyer, car les vapeurs de cet oxide sont dangereuses, et les cendres où il se trouve susceptibles de gâter le linge.

Les contre-poisons de l'oxide de cuivre sont, 1° les vomitifs par le moyen de l'eau chaude; 2° les matières grasses ou les huiles; 3° les acides végétaux tels que le vinaigre.

On produit l'oxide d'étain en exposant le métal à l'air dans un état de fusion. C'est ce que les ouvriers fondeurs qui parcourent les campagnes appellent *crasse*, et qu'ils ont soin d'emporter pour le réduire et en obtenir un excellent étain, volant ainsi les cultivateurs ignorans sans que ces derniers s'en doutent. Cette crasse, plus fortement chauffée, blanchit et devient la *potée d'étain*, substance qu'on emploie pour polir les métaux, les pierres, le verre, et avec laquelle on compose l'émail blanc. Uni au soufre, l'oxide d'etain prend une belle couleur d'or, et sert pour suppléer à l'or dans beaucoup de circonstances.

De tous les métaux le fer est celui qui s'oxide le plus facilement et d'un plus grand nombre de manières. Son oxide naturel s'appelle ROUILLE. On pourroit peut-être compter une douzaine de degrés d'oxidation du fer, depuis l'oxide noir qui contient le moins d'oxygène, jusqu'à l'oxide rouge qui en contient le plus.

Les oxides de fer les plus communs sont le brun, le jaune et le rouge. Lorsqu'on expose le premier au feu il se fonce. Lorsqu'on y expose le jaune il passe au rouge. Ces deux derniers s'appellent des OCRES. Tous trois se trouvent fréquemment et abondamment dans la nature. Les terres argileuses et autres sont souvent colorées et rendues infertiles par leur fait. On en fait un fréquent usage dans la peinture à l'huile des bois et des pierres.

Les ciments dans lesquels on fait entrer des oxides de fer sont extrêmement solides. On les emploie souvent pour lier les pierres des terrasses, pour fixer des grilles dans des pierres, etc.

La médecine tire un parti très utile des oxides de fer et des eaux qui en contiennent.

Le verre reçoit plusieurs couleurs dans les nuances brunes et rouges des mêmes oxides.

On ne se servoit ci-devant de l'oxide de manganèse que pour, en petite quantité, purifier le verre, le rendre blanc, et en grande quantité, pour le colorer en violet. Aujourd'hui on en fait un usage plus étendu, puisque c'est de lui qu'on tire, au moyen de l'acide muriatique, cet acide suroxygéné avec lequel on décolore ou blanchit, en peu d'instans, les toiles de coton ou de fil. Uni à un peu de potasse, c'est l'*eau de Javelle* des épiciers de Paris. Honneur à Berthollet à qui nous en devons la découverte !

Ce n'est guère qu'en médecine qu'on fait usage des oxides de mercure, et les dangers de leur emploi doit rendre très circonspect à leur égard. Les agriculteurs sages se refusent en conséquence à guérir la gale de leurs moutons, à faire mourir les poux de leurs chiens par les moyens qu'ils offrent.

Le seul oxide d'or dont on fasse usage est le rouge connu sous le nom vulgaire de *pourpre de Cassius*. Il sert à colorer le verre.

Après le fer, le plomb est le métal qui fournit la plus grande variété dans ses oxides. Il y en offre de gris, de jaune et de rouge, mais la nuance de ces couleurs est différente. Le gris se forme comme celui de l'étain par la seule exposition du métal, en fusion, à l'air. On obtient le jaune, qui s'appelle *massicot* dans le commerce, par une nouvelle exposition ou une exposition plus prolongée à un feu plus vif. Le massicot à demi fondu devient la *litharge*, substance dont on fait un grand usage dans les arts, principalement pour rendre l'huile siccative, c'est-à-dire pour l'oxider. Quand on veut fabriquer de l'oxide rouge de plomb ou *minium*, on dirige sur le massicot plusieurs soufflets qui lui fournissent autant d'air qu'il lui en faut pour se surcharger d'oxygène. Le minium est fort employé à la peinture des bois. Tous ces oxides complètement fondus deviennent du *verre de plomb* avec lequel on vernit les poteries.

Le plomb est un des métaux dont les oxydes sont les plus dangereux. Sous l'apparence douce et même sucrée, ils recèlent un des plus délétères poisons que fournisse le règne minéral. Son action, pour être souvent lente, n'en est pas moins certaine. Quelques scélérats les emploient cependant pour adoucir les vins, les cidres, les poirés trop âpres; mais il y a peine de mort contre eux. Les cultivateurs ne peuvent trop veiller à ce qu'on ne se serve pas chez eux de vases de plomb d'aucune espèce pour déposer des boissons ou des alimens, sur-tout des alimens gras. Les poteries vernissées, que malheureusement il n'a pas encore été possible de suppléer, doivent aussi exciter leur attention sous le même rapport; car, quoique moins dangereuses, elles ne sont pas sans inconvéniens.

Comme les oxides de plomb sont très volatils lorsqu'on les

expose au feu, il ne faut jamais fondre une quantité de ce métal dans un lieu fermé, la mort, ou au moins des douleurs cruelles et durables pouvant en être la suite. Par la même raison les bois peints avec ces oxides ne doivent pas être brûlés dans les foyers, encore moins dans les fours.

Il ne me reste plus à parler que de l'oxide de zinc qui est très volatil et dont le principal usage, sous le nom de calamine, est de rendre moins oxidable et donner une couleur jaune au cuivre.

Tous les oxides dont il vient d'être parlé redeviennent des métaux lorsqu'on les fait plus ou moins fortement chauffer avec du charbon, qui leur enlève leur oxygène pour en former de l'acide carbonique.

Je ne m'étendrai pas davantage sur cet objet, mon but ayant seulement été de présenter aux cultivateurs le tableau des oxides qu'ils sont le plus souvent dans le cas d'employer ou de voir, et de donner la clef de plusieurs articles où il est parlé d'eux. B.)

OXYGÈNE. Aliment de la vie des animaux et de la combustion, principe générateur des acides et des oxides, qui joue un grand rôle dans la nature, mais qu'on n'a jamais pu encore obtenir pur, tant est puissante son affinité avec les autres corps! C'est sa combinaison avec le calorique qui forme le gaz oxygène qu'on appeloit ci-devant *air principe, air déphlogistiqué, air vital*, et qui entre pour plus d'un quart (0,27) dans la composition de l'air atmosphérique. *Voyez* au mot AIR.

En se fixant dans les corps, l'oxygène augmente leur poids, leur saveur, l'intensité de leur couleur. Il forme l'eau en se combinant avec l'hydrogène; le gaz acide carbonique en se combinant avec le carbone; le gaz nitreux en se combinant avec l'azote; l'acide sulfurique avec le soufre, etc., différens OXIDES avec les métaux. Il est un des principes constituans des animaux et des végétaux. *Voyez* tous les mots cités.

On se procure le gaz oxygène en distillant dans des vaisseaux fermés des oxides métalliques, tels que principalement l'oxide de mercure, et celui de manganèse. On le conserve sous des récipiens plongeant dans l'eau.

Les animaux vivent trois fois plus long-temps dans une masse de gaz oxygène que dans pareille masse d'air atmosphérique; mais ils y éprouvent un sentiment de malaise, parceque ce gaz active trop la circulation. C'est lui qui porte dans le sang ce calorique qui anime notre existence.

Les corps incandescens plongés dans le même gaz y brûlent avec une rapidité et un éclat étonnant; cependant il peut se consumer sans chaleur et sans flamme: témoin la décoloration des substances végétales dans l'acide muriatique oxygéné, et une infinité d'autres circonstances du même genre qu'il n'est pas nécessaire de citer ici.

Ingenhouze le premier, ensuite Sennebier et autres physiciens ont fait voir que les plantes, ou mieux, la plupart des plantes, exposées sous l'eau au soleil, donnent une beaucoup plus grande quantité de gaz oxygène qu'elles ne pouvoient contenir d'air atmosphérique. Aujourd'hui il est prouvé de la manière la plus convaincante que ce gaz est dégagé de l'acide carbonique qui est contenu dans l'eau, par l'intermède de la lumière, par suite de la combinaison du carbone que contenoit cet acide avec le parenchyme de la feuille, puisque des feuilles mises dans les eaux bouillies ou distillées, qui ne contiennent aucun atôme d'acide carbonique, ne fournissent pas d'oxygène, et que celles mises dans des eaux bouillies ou distillées, imprégnées d'une quantité connue de cet acide, en donnent presque toujours davantage et proportionnellement à cette quantité. Je dis presque toujours, parcequ'il est des espèces de plantes trop délicates pour supporter l'action d'une trop grande quantité d'acide carbonique sans se désorganiser, et que dans ce cas elles fournissent de l'azote.

Ce beau fait jette un grand jour sur la nutrition des plantes.

Il est bon de rappeler ici que le gaz acide carbonique est composé d'environ vingt-huit parties de carbone et de soixante-douze parties d'oxygène, et que dans certains cas la lumière dégage l'oxygène des corps où il est foiblement combiné, tels que des acides nitrique et muriatique oxygénés et suroxygénés.

Les feuilles exposées dans l'eau au soleil ne donnent pas la même quantité d'oxygène aux différentes époques de leur végétation, ni dans les deux positions qu'il est possible de leur donner. Ainsi, avant leur complet développement, elles en fournissent moins qu'après; moins en automne qu'au printemps; plus en dessus qu'en dessous. Toutes les feuilles ou autres parties des plantes qui ne sont pas colorées en vert, excepté celles de l'amaranthe tricolor, celles du hêtre pourpre et autres de cette nature, n'émettent point d'oxygène. Les feuilles étiolées, les feuilles panachées, les champignons sont principalement dans ce dernier cas. C'est de l'azote qu'elles produisent.

Ce que les feuilles font sous l'eau, au moyen du gaz acide carbonique qui y est contenu, elles le font dans l'air. De là vient que l'immense quantité de carbone produit journellement par les animaux, les végétaux et les minéraux, semble disparoître. En effet, si rarement on en trouve en pleine campagne plus de deux ou trois pour cent, c'est qu'il est absorbé par elles, pour se décomposer dans leur parenchyme et fournir

son carbone à la nutrition des diverses parties des plantes auxquelles elles appartiennent. Ainsi elles améliorent perpétuellement l'air que les animaux respirent; sans elles la terre ne
seroit pas habitable.

Mais, ai-je entendu dire, il n'y a pas de feuilles sur les
arbres pendant l'hiver, et cependant on respire aussi bien,
même mieux qu'au milieu de l'été? Oui, mais y a-t-il un hiver entre les tropiques? Notre hiver existe-t-il en même temps
que celui des terres australes? Et les vents à quoi servent-ils?
Pourquoi ont-ils quelquefois une marche si rapide? Pourquoi
mêlent-ils perpétuellement toutes les parties de l'air?

Humboldt et Th. de Saussure se sont assurés par des expériences directes que l'acide muriatique oxygéné, très étendu
d'eau, favorisoit la germination des plantes. Un grand nombre
d'autres expériences prouvent que les graines ne pouvoient
germer, ni dans le gaz azote, ni dans le gaz hydrogène, ni
dans le gaz acide carbonique ou autres impropres à la respiration. Il faut le contact de l'air atmosphérique pour cette
si importante opération. On doit conclure de là que la présence de l'oxygène est indispensable. Mais comment agit-il?
Th. de Saussure, à qui la théorie de la végétation doit tant de
belles découvertes, s'est assuré qu'il ne servoit, dans ce cas,
qu'à transformer le carbone de la graine en acide carbonique.
Voyez ses Expériences, Journal de physique, an 7, et ses
Recherches chimiques sur la végétation. Paris, veuve Nyon,
1804.

Pour que le gaz oxygène agisse sur les graines, il faut que
ces dernières soient en contact immédiat avec lui. Lorsqu'elles
en sont privées par une couche d'eau (excepté quelques unes
qui vivent continuellement dans les eaux), ou de terre tassée,
elles pourrissent. De là vient la nécessité de ne pas arroser les
semis avec excès, de ne pas les faire dans une terre trop
compacte, et de ne pas les enterrer trop profondément. Le
principal but des labours est d'ouvrir la terre à l'oxygène.

Il y a une grande variété dans la quantité de gaz oxygène
que demande chaque graine pour germer. Il est très difficile
de déterminer exactement cette quantité, c'est pourquoi je
n'en parlerai pas. Seulement je ferai remarquer, d'après
Th. de Saussure, qu'elle doit être proportionnée à son poids
et non pas à son volume.

Une grande quantité d'oxygène n'accélère pas la germination des graines. Il n'y a que la quantité nécessaire pour former l'acide carbonique qui agit.

Des feuilles à l'air libre absorbent l'oxygène pendant la nuit
et le restituent pendant le jour, sur-tout au soleil, aussi est-il

reconnu que l'air est moins pur pendant la nuit que pendant le jour. Nul doute que dans ce cas le gaz oxygène absorbé ne soit retenu dans leur parenchyme sous l'état de gaz acide carbonique.

Le gaz oxygène pur est moins propre à la végétation que lorsqu'il est mélangé avec les autres gaz.

Les arbres toujours verts consument moins d'oxygène que ceux qui se dépouillent en hiver, c'est pourquoi ils peuvent vivre à une si grande hauteur (*voyez* PIN et SAPIN), et pourquoi il est si nuisible de les dépouiller de leurs branches.

Il en est de même des plantes marécageuses.

Toutes choses égales d'ailleurs, plus une plante consume d'oxygène et plus elle végète avec force.

La coloration des bois écorcés ou fendus se fait par un commencement de combustion. Elle n'a pas lieu lorsqu'on prive ces bois du contact de l'air atmosphérique qui leur fournit de l'oxygène et augmente d'intensité, ou lorsqu'on les plonge dans une atmosphère surchargée de ce gaz.

Le terreau, suivant Th. de Saussure, contient des sucs extractifs qui pénètrent dans les plantes par leurs racines et qui concourent puissamment à leur accroissement. Lorsque ces sucs sont épuisés, le gaz oxygène, en enlevant du carbone au terreau, y développe un nouvel extrait qui remplace le premier. De là vient que la terre reposée devient plus propre à la végétation. De là vient que les binages d'été répétés équivalent au fumier, comme l'ont depuis long-temps remarqué les cultivateurs, pourvu qu'ils ne soient pas faits sous l'action desséchante du soleil de la canicule. Très probablement l'oxygène agit de même sur les engrais animaux et végétaux, qui, comme on sait, surabondent en carbone. *Voyez* au mot TERREAU les belles expériences d'Ingenhouze sur le même objet, et les lumineuses conséquences qu'il en tire.

La sève, en formant l'aubier, subit sans doute des modifications analogues à celle d'un extrait qui se carbonise par l'effet du contact du gaz oxygène.

Le rôle que joue l'oxygène dans les arts économiques n'est pas moins important. C'est lui qui rend l'huile rance et dessiccative. C'est lui qui blanchit les toiles et la cire qu'on expose sur l'herbe, qui altère les couleurs, qui les détruit même.

Il est probable que nous ne connoissons encore, malgré les travaux des chimistes modernes, qu'une très petite partie des effets de l'oxygène sur la végétation. Je me borne à ce que je viens de rapporter, principalement d'après Th. de Saussure, crainte de commettre des erreurs. (B.)

P

PACAGE. Ce mot est synonyme de pâturage dans quelques endroits. Dans d'autres, il s'applique plus particulièrement aux prairies marécageuses, qui servent à la pâture du troupeau commun. *Voy.* au mot PATURAGE et au mot COMMUNAUX.

PADERELLE. C'est la patience dans le Médoc.

PADOUANT. Vieux mot qui signifie mauvais pâturage. Dans quelques endroits il s'applique encore aux LANDES. *Voy.* ce mot.

PAILLASSON. JARDINAGE. C'est un assemblage de pailles entières et d'égale longueur, rangées, plus ou moins près, les unes à côté des autres, sur une certaine épaisseur, et liées entre elles avec des baguettes ou de la ficelle, de manière qu'elles forment un tout régulier et plat, ayant ordinairement la figure d'un parallélogramme. Les paillassons sont destinés à servir d'abris portatifs. Leur usage a pour objet le succès des semis et la conservation des plantes délicates, indigènes ou exotiques. Dans tous les climats froids et même tempérés on ne peut s'en passer. Ils sont nécessaires aux jardiniers fleuristes et à ceux qui cultivent des vergers ou des potagers ; ils sont également utiles aux pépiniéristes.

Il y a plusieurs sortes de paillassons et plusieurs manières de les faire. Les uns sont pleins, les autres à claire-voie ; les uns unis, les autres tressés ; les uns tout-à-fait nus, les autres bordés ou recouverts entièrement de toile. Il y en a de souples et qu'on peut rouler ; d'autres qui sont roides et faits pour être tenues dans une direction perpendiculaire. La plupart sont ou formés simplement de lits de paille contenus par des baguettes, ou composés de petites bottes nouées en points croisés. Enfin on fabrique des paillassons non seulement avec de la paille, mais avec des roseaux, quelquefois avec du foin ; ceux de roseaux sont d'une longue durée. On peut en faire aussi avec de la grosse toile d'emballage ; mais le nom de paillasson ne convient point à ceux-ci.

Ceux dont on se sert le plus communément sont faits de paille de seigle ou de froment. La paille d'orge y est peu propre, à moins qu'elle n'ait une longueur convenable. Celle de seigle cru dans les terrains secs est la meilleure, parce-qu'elle est plus solide et plus durable. Si, pour lier les pailles, on emploie de la ficelle, il faut la choisir de bonne qualité et avoir soin de la cirer auparavant à plusieurs reprises ; elle en sera plus forte, et la cire la défendant contre l'humidité l'empêchera de trop se ramollir et de pourrir. Quand, malgré cette précaution, la ficelle vient enfin à manquer, on doit la renouveler sur-le-champ et ne pas attendre le dépérissement entier du paillasson.

La manière la plus simple de fabriquer les paillassons, c'est de faire sur trois baguettes ou lattes parallèles, d'une longueur égale, et placées à une égale distance, un lit de paille d'environ un pouce d'épaisseur, et de lier, au moyen de fils de fer, ces baguettes avec d'autres parfaitement semblables et qui leur correspondent en dessus. Ces paillassons ne durent pas long-temps, mais ils coûtent fort peu.

Une autre manière, c'est de coudre en points croisés la même épaisseur de paille dans plusieurs endroits et avec de la ficelle retorse et préparée comme il a été dit.

On en fait aussi beaucoup en formant des tresses de paille de la grosseur à peu près de douze à quinze lignes, qu'on ajuste ensuite ensemble, et qu'on coud avec la même ficelle. Quelquefois on borde le pourtour de ces paillassons d'une bande de forte toile d'emballage, sur une largeur de quatre, cinq ou six pouces, et on fixe à cette toile des attaches ou des anneaux, pour pouvoir les suspendre par-tout où on le juge nécessaire.

Ces deux dernières sortes de paillassons ont sur les premiers, c'est-à-dire sur ceux à baguettes, l'avantage de pouvoir être maniés avec plus de facilité. On les déploie, on les dispose comme on veut dans toutes sortes de directions ; et pouvant être roulés sur eux-mêmes, ils sont plus aisés à serrer, quand on n'en a plus besoin. Ils tiennent alors moins de place sous le hangar ou la remise, et ils s'y conservent très bien, si on a soin de les mettre sur des planches et non sur la terre.

Les paillassons à tresses sont les plus coûteux, sur-tout lorsqu'ils sont bordés de toile ; mais aussi, avec quelques soins et des réparations, on peut les faire durer quinze à vingt ans et même davantage. Pour cela il faut avoir l'attention de les faire sécher dès qu'ils ne sont plus utiles pour la saison, et les mettre ensuite dans un lieu couvert, qui soit à l'abri de l'humidité et des rats. On prend les mêmes précautions pour toutes les autres espèces de paillassons.

Un point important dans leur fabrication est de n'employer jamais que de la paille bien saine et bien sèche. On doit aussi disposer les têtes et les gros bouts des pailles, de manière qu'il y ait toujours moitié des uns et des autres à chaque extrémité du paillasson. Comme le chaume vers les têtes a une moindre grosseur, si elles se trouvoient toutes du même côté, le paillasson dans cette partie seroit plus lâche et plus clair qu'à l'autre bout, et par conséquent irrégulier et peu solide.

Dans le jardinage on fait un usage très étendu des paillassons. On en garnit les vitraux des serres et des orangeries pour empêcher en hiver le froid d'y entrer, et pour les préserver en été des effets de la grêle; on en couvre les semis sur couche ou en pleine terre toutes les fois que des gelées de nuit sont à craindre. Par leur moyen on garantit les plantes délicates et les arbres en fleurs des mêmes gelées, des brouillards, des mauvais vents, des hâles et des pluies d'orage; ou ombrage les semis d'été, et les fleurs même épanouies qui craignent au milieu du jour l'ardeur du soleil; on soustrait à l'influence trop forte de cet astre les jeunes boutures et les plantes nouvellement transplantées, jusqu'à ce que leur reprise soit assurée. Avec des paillassons à claire-voie, on brise et on adoucit les rayons du soleil, qui, passant à travers les vitraux des serres, pourroient nuire aux plantes qui s'y trouvent exposées pendant l'été; enfin, c'est au moyen de paillassons plus ou moins épais, plus ou moins grands, qu'on forme au printemps des abris perpendiculaires sur la face des espaliers, pour garantir les pêchers, les abricotiers et autres arbres fruitiers des gelées tardives et souvent funestes de la saison. Les habitans de Montreuil, village près de Paris, si renommé pour ses pêches, ne manquent jamais d'employer ces abris toutes les fois que les circonstances l'exigent; ils n'attendent pas pour y avoir recours que la gelée ait déjà frappé leurs arbres; ils tâchent d'en prévenir de bonne heure les effets. Voici l'espèce de paillasson dont ils font communément usage.

Ils choisissent trois traverses faites avec le cerceau droit d'un demi-muid; sur le plat de ces traverses, placées l'une au milieu, les deux autres à chaque extrémité, ils posent un lit fort épais de paille de seigle, maintenu par trois autres traverses qui répondent à celles de dessous, et ils attachent le tout ensemble avec du fil de fer de distance en distance. Au haut du mur garni d'espaliers se trouvent deux chevilles de bois pointues et saillantes d'environ un pied; ils y enfoncent le paillasson immédiatement au-dessous de la première traverse, et à tel éloignement du mur qu'ils jugent convenable. Il ne doit point porter sur l'arbre, dont il pourroit meurtrir les boutons ou les fleurs. En général, lorsqu'on fait usage des paillassons, on doit avoir l'attention de ne point les placer trop près ni trop loin des objets qu'ils doivent garantir. S'ils sont trop près, ils peuvent blesser ces objets, ou leur communiquer la température froide qu'ils prennent par dehors; s'ils sont trop loin, ils laissent un trop libre accès au froid, qui circule alors entre eux et les objets à garantir. Quatre à six pouces sont la distance la plus convenable dans le plus grand nombre de cas.

Quelques personnes font des paillassons pour couvrir les tablettes des fruitiers ; mais c'est une chose inutile, puisqu'une simple couche de paille remplit le même objet.

Il y a des paillassons qu'on appelle *à auvent*, qui sont supportés par une espèce de potence, et qui ont pour objet d'abriter le dessus des espaliers ; on s'en sert aussi à Montreuil. On pend quelquefois aux extrémités des potences d'autres paillassons que l'on tient inclinés à l'horizon.

Les paillassons faits sur châssis et recouverts de toile peuvent suppléer aux contrevents de bois pour les orangeries et les serres chaudes. Ils peuvent aussi être placés avec avantage devant les portes et les fenêtres de ces établissemens pour empêcher le froid d'y pénétrer.

Les nattes remplacent les paillassons dans beaucoup de circonstances. On se sert particulièrement de nattes de paille pour défendre les murailles des orangeries de toute humidité. Les nattes de typha sont employées au même usage ; on en fait aussi des brisevents pour les semis délicats, et on les établit dans quelques jardins, de distance en distance, pour y multiplier l'ombrage et tempérer les effets du soleil du midi. Les nattes faites de sparte sont les meilleures de toutes, parcequ'elles sont les moins susceptibles de laisser échapper la chaleur des serres ; et comme elles sont très peu combustibles, on peut les placer avec plus de sûreté dans le voisinage des fourneaux. Lorsque du feu tombe sur une natte de sparte, il fait un trou, mais ne se communique pas. (D.)

PAILLE. On donne ce nom aux tiges des céréales après leur maturité et la séparation des graines que contenoient leurs épis.

L'agriculture, l'économie domestique et les arts tirent un grand parti de la paille ; aussi entre-t-elle toujours pour beaucoup dans l'évaluation des produits de la terre.

Chaque espèce de paille a des qualités et des usages particuliers ; en conséquence il convient d'en parler séparément.

Le principal emploi de la paille est pour la nourriture des bestiaux ; et celle qui mérite la préférence sous ce rapport, c'est la paille de FROMENT. *Voye:* ce mot. Après elle vient celle d'avoine, puis celle d'orge. La paille de seigle est la moins bonne.

La qualité intrinsèque de la paille de froment varie suivant le climat et le sol sur lequel la plante a végété. Elle est plus sucrée au midi qu'au nord, dans un terrain sec que dans un terrain aquatique. Sa qualité relative, dans la même localité, dépend de l'année plus ou moins pluvieuse, des circonstances qui ont précédé ou accompagné la récolte, des précautions qu'on a prises pour sa conservation, etc.

La variété doit aussi avoir une grande influence sur la bonté de la paille de froment. Celle des blés à chaume solide, qu'on cultive dans le midi, est sans doute bien meilleure que celle des blés à chaume creux, qu'on y cultive aussi, et qui est la seule connue dans le nord.

On reconnoît une bonne paille à sa couleur dorée, à son odeur suave, à sa saveur sucrée. Elle perd toutes ses qualités par son exposition à la pluie, par son séjour dans des lieux humides ou peu aérés, etc. Celle des blés versés, celle qui a été trop long-temps en javelle, qu'on a serrée avant sa parfaite dessiccation, etc., diminue plus ou moins de bonté. Elle devient complètement impropre à la nourriture des bestiaux lorsqu'elle est moisie, et à plus forte raison lorsqu'elle est pourrie. *Voyez* MOISISSURE et POURRITURE.

Il est des années où toutes les pailles d'un canton sont altérées, et on a reconnu que ces années étoient celles où régnoient les épizooties les plus dangereuses. Le moindre mal que puissent faire ces pailles c'est d'être refusées par les bestiaux.

L'usage de tous les siècles et de tous les pays ne permet pas de regarder la paille comme un mauvais aliment pour les bestiaux, qui presque tous l'aiment lorsqu'elle est fraîche et bien conditionnée; mais il n'en est pas moins vrai que c'est une nourriture peu substantielle, et qu'il est prouvé par l'expérience que les chevaux, les bœufs qui travaillent, et auxquels on la donne exclusivement, s'affoiblissent au point de ne pouvoir plus rendre de services. Ce fait s'explique facilement par ceux qui savent que presque toutes les parties mucilagineuses, amilacées et sucrées, développées par la végétation, sont destinées à la formation de la graine, et que par conséquent elles sont passées dans le grain au moment de la complète maturité du froment.

Ce sont donc principalement les chevaux qui mangent beaucoup d'avoine, d'orge ou de maïs, ceux qui travaillent peu, les vaches et les moutons qu'on ne veut pas trop engraisser, qui doivent être mis à la paille. Les jeunes animaux qu'on désire amener à une belle taille n'y arriveront point si on leur donne de la paille pour base de leur nourriture, parcequ'elle ne leur fournit pas assez de principes d'accroissement.

Il est une manière de disposer la paille destinée aux bestiaux, qui la leur fait manger avec plus de plaisir, et qui par conséquent doit être employée toutes les fois que cela est possible; c'est de la stratifier, immédiatement après qu'elle est battue, avec du foin, de la luzerne, du sainfoin, du trèfle, de la vesce, etc., de la récolte précédente. On appelle le résultat de cette opération MÊLÉE (*voyez* ce mot). On doit sur-tout faire de la mêlée lorsque la paille ou le foin ne sont pas parfaitement secs, parceque l'une favorise la dessiccation de l'autre.

On a mis en question s'il ne convenoit pas mieux de hacher la paille avant de la donner aux bestiaux, que de la leur faire manger telle qu'elle sort du DÉPIQUAGE ou du BATTAGE (*voyez* ces mots). Des écrivains d'un grand talent ont pris le parti de la paille hachée, et des machines plus ou moins ingénieuses, plus ou moins compliquées, ont été inventées pour la mettre en cet état le plus promptement, le plus également et le plus économiquement possible. Beaucoup de riches propriétaires ont fait faire de ces HACHES-PAILLE (*voyez* ce mot), et s'en sont servis plus ou moins de temps; mais je ne crois pas que dans le moment actuel il y en ait plus d'une demi-douzaine en activité dans Paris. On dit qu'il y en a beaucoup en Angleterre et en Allemagne. Tout ce que je puis dire, c'est que les avantages de la paille hachée sont compensés par ses inconvéniens, dont un est très grave, c'est qu'elle dispense les bestiaux de mâcher : or la mastication, comme on sait, est une circonstance nécessaire à toute bonne digestion.

De plus, la paille hachée met en sang la bouche des jeunes chevaux qui n'y sont pas encore accoutumés.

Une opération plus facile à faire subir à la paille paroît devoir être préférée à celle de la hacher, c'est son *écrasement* au moyen d'une masse, d'un cylindre, etc. La paille qui a été DÉPIQUÉE (*voyez* ce mot), ayant été piétinée par les chevaux, est presque aussi broyée que si elle avoit été hachée, et paroît devoir avoir les mêmes avantages. Cependant Rozier, qui a fait l'expérience comparative, ne s'est pas aperçu qu'elle fût plus recherchée par les bestiaux, et qu'elle leur profitât davantage.

La chose qui paroîtroit la plus favorable à la facile mastication des bestiaux seroit de leur donner la paille légèrement humectée un ou deux jours à l'avance pour l'attendrir; mais on prétend que la paille ainsi mouillée affoiblit les chevaux, les *avachit*, pour me servir de l'expression consacrée. J'en ai cependant fait donner de telle à ceux qui ont été à ma disposition, même pendant que j'étois administrateur des messageries générales de France, et je ne me suis pas aperçu de cet effet.

Les bestiaux, et sur-tout les chevaux, ne mangent pas également tous les brins de paille qu'on leur présente. Mille causes peuvent agir dans cette circonstance, et il est superflu

9. 22

de les rechercher; il suffit d'observer que cette paille n'est pas perdue, puisqu'elle entre dans la composition de la litière, et par suite dans celle du fumier. D'ailleurs il est des bestiaux qui ne mangent pas de paille quand ils espèrent avoir du foin, encore plus de l'avoine ou autres grains. C'est au cultivateur à étudier leurs habitudes à cet égard.

Deux principales manières de conserver la paille existent : la première, c'est de la mettre comme le foin dans un grenier, soit e. masse, soit en gerbes; la seconde, d'en faire un gerbier ou une meule dans la cour de la maison. L'une et l'autre ont des avantages et des inconvéniens qui sont les mêmes que ceux qu'éprouve le Foin dans les mêmes circonstances. *Voyez* ce mot. En général, il faut faire attention qu'elle ne prenne pas une mauvaise odeur par sa proximité des écuries, des fumiers, des latrines, etc., qu'elle ne moisisse pas, parce-qu'elle a été serrée mouillée, ou parceque l'eau des pluies l'a pénétrée. Les excrémens de chats, de fouines, de poules, une poussière trop abondante suffisent souvent pour en dégoûter les bestiaux. La changer de place une ou deux fois dans le courant d'une année est toujours avantageux, lors même que le grenier seroit, comme il doit toujours l'être, aussi aéré que possible.

La paille de froment qui contient encore beaucoup de grains est d'autant meilleure pour les bestiaux, qu'il reste davantage de ces grains, comme on peut bien le penser; mais je suppose qu'elle a été parfaitement bien battue, quoique cela soit fort rare, sur-tout pour quelques variétés cultivées dans le nord de la France.

Lorsque la paille d'avoine a été coupée, comme on le fait presque par-tout, avant la maturité complète de la graine, elle est presque aussi bonne que le foin pour la nourriture des bestiaux; mais il ne faut pas qu'on l'ait laissé noircir, moisir et même pourrir sur le sol, sous prétexte de la faire JAVELLER. *Voy.* ce mot et le mot AVOINE. Il est remarquable que les cultivateurs n'ouvrent pas les yeux sur leurs vrais intérêts, et qu'ils perdent de gaieté de cœur tant de paille d'avoine par suite de cet usage. Les chevaux ont moins de goût pour elle que les vaches et les moutons. En général elle conserve ses feuilles bien plus facilement que la précédente. Ses moyens de conservation sont les mêmes. On en fait également de la mêlée.

Ordinairement la paille d'orge est la plus dure de toutes; mais comme elle est savoureuse les bestiaux ne la rebutent pas. Elle est peut-être plus qu'aucune autre dans le cas d'être mouillée avant de la leur donner. Rarement, au reste, elle entre dans le commerce ; les cultivateurs qui la recueillent la consomment ordinairement, à raison de son peu de valeur.

J'ai lieu de croire que la qualité de la paille de riz se rapproche beaucoup de celle de cette dernière. *Voyez* Riz.

Quoique plus tendre que la précédente, la paille de seigle est plus rarement donnée aux bestiaux dans les pays où elle ne se trouve pas exclusivement, parcequ'elle est la moins nourrissante de toutes. Cette qualité elle la doit à l'aridité du terrain où elle a crû, et au temps où elle est restée sur pied après la maturité de la graine qu'elle portoit. Ce dernier fait est si vrai que j'ai vu, dans la ci-devant Champagne, couper des seigles un peu avant cette époque, uniquement dans l'intention de rendre la paille mangeable Cette paille est la moins colorée, la plus luisante, la moins susceptible de s'altérer à l'air, etc. C'est celle qu'on préfère en France pour faire des chapeaux, pour garnir les chaises, pour mettre dans les paillasses, pour couvrir les maisons, faire des paillassons, des brisevents, des surtouts, des ruches, des liens et autres objets de même nature. La consommation qui s'en fait sous ces rapports est assez considérable pour qu'elle soit quelquefois, autour des grandes villes, de Paris principalement, la plus chère de toutes. Les jardiniers en ont un besoin journalier.

Pour être employée à la plupart de ces usages, la paille de seigle ne doit pas être brisée : en conséquence c'est ou en la battant en gerbe et avec précaution au moyen du fléau, ou en la battant par poignée, en frappant les épis sur les bords d'un tonneau défoncé, qu'on en sépare le grain.

Lorsque la paille de seigle, et même celle de froment, n'est pas brisée, elle s'altère difficilement : on en a cité qui avoit plus d'un siècle d'existence. La durée des couvertures de paille des maisons dans les pays où il pleut rarement est remarquable : lorsqu'on la brûle elle conserve long-temps sa forme, et se réduit difficilement en cendres. Elle contient une quantité considérable de silice, comme le prouvent les expériences de Vauquelin, de Th. de Saussure et autres.

La plus belle paille de seigle, celle qu'on préfère pour la fabrication des chapeaux, des étuis, des chaises de luxe et autres petits objets, est celle qui provient des terrains secs et sablonneux, et cependant susceptibles de la laisser s'élever à plus de quatre pieds.

Pourquoi dans toutes les parties de la France les cultivateurs, hommes et femmes, préferent-ils, pendant l'été surtout, de vilains et coûteux chapeaux de feutre, des cornettes ou autres bonnets grossiers et sans goût, à ces chapeaux légers, élégants, si faciles à faire, qui ne coûtent que quelques soirées de travail, que portent ceux des environs de Lyon et autres lieux? Il faudra donc toujours que l'homme tienne aux usages les moins dans le cas d'être approuvés par la raison, et se refuse aux améliorations les plus simples et les plus convenables !

Les chapeaux fins qui viennent d'Italie pour l'usage des femmes riches sont fabriqués avec la paille d'une variété particulière de froment, qu'on cultive à cet effet dans la Toscane : son chaume est solide, et son grain très petit.

Ceux de ces chapeaux qui sont blancs sont faits en Suisse avec le bois de deux LAURÉOLES. *Voyez* ce mot.

Il ne me reste plus actuellement à parler de la paille que comme litière et comme base de la plus grande partie des fumiers, et par conséquent des engrais qu'on emploie en France. Cette matière seroit vaste si je voulois la traiter dans toute son étendue; mais les articles LITIÈRE, FUMIER, ENGRAIS, etc., ayant pour objet de considérer la paille qui a reçu cette destination, je n'ai que peu de chose à en dire ici. Je ne fais pas de doute que non seulement les pailles de chacune des céréales citées plus haut, mais encore celles de leurs différentes variétés étant plus ou moins dures, plus ou moins susceptibles d'être décomposées, forment des litières et des fumiers d'une nature particulière ; mais les nuances ne sont pas assez sensibles pour avoir été observées. On compose de la litière avec celles de ces pailles dont on a le plus à sa disposition, ou avec celles qui sont le plus altérées.

Je ne fais pas non plus de doute que les pailles ne contenant presque plus de mucilage sont moins propres que les plantes coupées avant leur floraison à faire de l'humus, et par conséquent à rendre à la terre au-delà de ce qu'elles en ont tiré. (*Voyez* au mot HUMUS); mais les excrémens solides et liquides des animaux leur unissent des principes solubles, qui les remettent, à cet égard, probablement au-dessus de ce qu'elles pourroient être à l'époque la plus favorable de leur végétation. *Voyez* au mot ENGRAIS.

Quoi qu'il en soit, les agriculteurs doivent faire tous leurs efforts pour employer en litière le plus de paille possible. C'est toujours pour eux un mauvais calcul que de la vendre, encore plus de l'employer pour chauffer le four, faire cuire la soupe, etc. Par-tout où peuvent croître des céréales, il peut croître, sinon des arbres, au moins des arbustes propres à brûler. Les CHAUMES même (*voyez* ce mot) doivent être convertis en litière ; car ne donnant point, ou presque point de potasse par leur incinération, on ne gagne rien à les brûler sur place, comme on le fait dans tant de pays. (B.)

La *paille* devroit former, par-tout où le froment, l'orge

et l'avoine sont cultivés, la base de la nourriture des animaux d'une métairie, et par conséquent l'objet des soins particuliers du fermier, qui ne doit rien négliger pour la recueillir et la conserver dans le meilleur état, soit en la plaçant méthodiquement sous des hangars, soit en la disposant en meules à la manière des gerbiers. Le courant d'air qui l'environne alors la tient toujours fraîche, elle ne contracte point l'odeur désagréable des pailles entassées sans soin dans les granges et greniers.

Quelquefois les fourrages serrés, sans être suffisamment secs, s'échauffent amoncelés en meules, prennent feu au point de s'enflammer. Le remède à cet accident consiste à former alternativement un lit de paille et un lit de foin, ainsi successivement de bas en haut. Comme la paille ne tasse point ou presque point, l'humidité intérieure s'évapore par les interstices qui se trouvent entre les brins, permet l'accès de l'air extérieur, et établit une véritable transpiration du dedans au dehors. La paille et le fourrage trouvent un égal avantage dans cette réunion ; la première devient aussi appétissante que le foin, et celui-ci plus susceptible de conservation.

C'est sur-tout pour le trèfle qu'une pareille association présente un grand degré d'utilité. Comme cette plante renferme beaucoup de sucs, et qu'elle se fane difficilement, la paille se charge de son humidité surabondante, l'empêche de se moisir, s'approprie l'odeur du foin et la saveur du trèfle, ainsi que l'ont bien démontré deux célèbres agriculteurs, Crelté de Paluel, que la mort a enlevé au milieu de sa carrière, et mon estimable ami M. Rougier La Bergerie, aujourd'hui préfet du département de l'Yonne, que l'économie rurare réclame comme un de ses plus zélé s appuis.

Pour rendre la paille plus propre à la nourriture, la diviser d'une manière égale et prompte, empêcher les déchets, on a indiqué et décrit au mot COUPE-PAILLE, plusieurs machines qui remplissent plus ou moins avantageusement cet objet. Sans cette précaution, l'usage de la paille pourroit blesser la langue et le palais des animaux.

Nous avons fait sentir à l'article HYGIENE VÉTÉRINAIE les avantages qu'il y auroit de donner aux chevaux de travail la paille avec le foin à parties égales. On connoît ce proverbe de nos campagnes. *Cheval de foin, cheval de rien; cheval de paille, cheval de bataille.* Pourquoi faut-il que ce mélange trouve encore des obstacles dans son adoption, et que la paille de froment soit presque la seule dont on se serve dans certains cantons ? Les bestiaux cependant mangent très bien celle d'orge et celle d'avoine quand elles n'ont pas de mauvais goût et qu'elles ont été stratifiées avec le foin dans le moment de la récolte de ce dernier. Toutes ces pailles s'imprègnent fortement, au moyen de cette opération, de l'odeur et du goût du foin, et en général des plantes qui composent les prairies artificielles.

Rien de plus important que de préserver les pailles de l'accès de l'humidité. Celles qui ont été mouillées ou versées avant la rentrée de la moisson ne sont pas de garde, ni susceptibles d'être administrées comme aliment aux bestiaux ; il en est de même de celles des avoines, qu'on a eu la mauvaise habitude de javeler ; elles pourroient leur devenir funestes ; il vaut mieux les faire servir de litière. On est suffisamment dédommagé par le fumier abondant qu'on en retire.

A l'égard de la paille qui provient des fromens, dans la moisson desquels il y a eu des blés noirs ou cariés, on peut sans inconvénient l'employer à la nourriture des bestiaux ; mais il y en auroit infiniment de la porter comme fumier sur des terres destinées à produire des blés, parcequ'elle en infecteroit pour long temps les semailles : ce fumier serviroit à l'engrais d'autres productions que n'atteint point cette maladie.

Il seroit à souhaiter qu'une grande partie des pailles récoltées fussent consommées dans la métairie, et qu'on pût interdire l'usage où l'on est dans les villes de brûler celles des lits de morts, sous le prétexte qu'elle peut conserver quelques principes contagieux, qu'on les fît servir de litière aux bestiaux, plutôt que de les condamner aux flammes dans les rues très peuplées. Plusieurs grands incendies n'ont pas eu d'autre cause. Un article de police, qui enjoindroit d'apporter ces pailles dans un endroit commun ne concourroit pas moins à la salubrité publique.

Les pailles imprégnées, pendant leur séjour plus ou moins prolongé dans les étables et dans les écuries, des sécrétions des animaux, forment dans cet état le fumier long et le fumier court, dont l'effet dépend de la nature du sol. Il convient qu'il soit long pour les terrains glaiseux, parceque les brins de paille qui n'ont pas encore subi de décomposition font l'office de coin, qui diminue la cohérence des molécules terreuses, divise et soulève les couches inférieures, tandis que dans les terres moins fortes c'est le fumier le plus visqueux dont il faut faire usage, attendu qu'il peut donner du liant aux terres trop légères.

Il faut être dans une disette extrême de combustible pour se déterminer à faire servir la paille, et sur-tout le chaume, à chauffer le four. Mais que peut-on contre la loi du besoin ?

Le brûler encore sur place, ainsi qu'on l'a proposé, est un usage aussi vicieux, puisque la flamme en dissipe tous les principes, et que le peu de cendres qui en résulte est insuffisant pour agir en qualité d'engrais, ou souvent nuisible, à cause de ses effets sur les terres.

Le meilleur usage auquel on puisse le destiner, c'est de l'enterrer avec la charrue à versoir aussitôt après la récolte ; il augmenteroit d'autant mieux la masse des engrais, qu'il se rapprocheroit de l'état d'engrais. En soulevant la terre il la disposeroit à être plus facilement pénétrée par la chaleur du soleil et par l'air de l'atmosphère, moyens déterminant la fermentation putride. Ce labour auroit un autre avantage, celui d'arrêter la végétation des mauvaises herbes et de les faire périr en terre avant qu'elles ne puissent se refermer et se répandre pour les malheurs de la moisson qui succède ; si on retourne le chaume trop tard, ce double but d'utilité est absolument manqué.

Un autre usage non moins essentiel, c'est de faire servir la paille et le chaume aux toitures des glacières, des granges et autres bâtimens ruraux ; alors il faut recommander aux moissonneurs de couper les blés un peu haut, afin qu'il reste sur terre une plus grande longueur. A suivre une pratique contraire quand il s'agit de l'enterrer, c'est encore une fois ce qu'il y a de plus utile à faire pour l'amélioration du sol. On aura vu d'ailleurs au mot CHAUME. les autres avantages qui peuvent en résulter ; mais c'est le chaume de seigle qu'il est nécessaire de préférer, parceque les parties s'approchant mieux les unes des autres ne donnent aucun passage à l'air et rendent le travail plus solide.

On connoît les autres emplois que l'on fait de la paille et de la paille de seigle, comme la plus longue, la plus tenace et la plus flexible, elle sert à attacher la vigne, les jeunes arbres à faire des liens, des nattes, des paillassons, des vêtemens et ameublemens, à emballer certaines marchandises fragiles, etc. (PAR.)

PAILLÉ BLANCHE. Ce mot s'applique, dans l'est de la France, à la paille qui a été battue, et qu'on conserve pour la nourriture des bestiaux, ou autres usages qui demandent qu'elle ne soit pas altérée.

PAILLE BRULEE. On donne ce nom dans quelques cantons aux parties supérieures des tas de fumier, lesquelles ayant été lavées par les eaux, desséchées par le soleil, n'offrent qu'une paille à peine altérée. Cette paille peut être employée avec plus d'avantage que celle qui est plus avancée dans sa décomposition pour couvrir les artichauts ou les semis délicats pendant l'hiver, pour servir d'engrais dans les terrains argileux, etc. La paille brûlée est mise de côté, dans quelques fermes, pour servir de pied au nouveau tas de FUMIER. *Voyez* ce mot.

PAILLES (menues.) Balles calicinales et florales des céréales qui se sont détachées dans l'opération du battage ou du dépiquage du grain.

Ces menues pailles, après avoir été séparées du grain par le vannage, sont données aux vaches et aux moutons, qui les mangent avec plaisir, quoiqu'elles soient fort peu nourrissantes. Celles de l'avoine sont beaucoup meilleures que les autres, et en conséquence se donnent aux chevaux et aux bœufs dans beaucoup de lieux. Toutes, et sur-tout ces dernières, s'emploient aussi pour mettre dans les paillasses, principalement de l'enfance, pour emballer les matières fragiles. Ce qui n'est pas employé doit être enterré dans le fumier, et non abandonné aux vents, comme dans quelques lieux. Il ne faut rien, absolument rien perdre, dans une exploitation rurale bien conduite, de ce qui peut servir à augmenter la masse des engrais. (B.)

PAILLET. Tas de Paille.

PAILLOT. On appelle ainsi dans quelques vignobles les dos d'âne qu'on forme entre les rangées de ceps. *Voyez* Vigne.

PAIN. C'est l'aliment fondamental de tous les peuples qui cultivent en grand le froment et le seigle, parceque le pain est la préparation la plus économique et la plus commode qu'on puisse donner à ces deux grains pour en obtenir tous les effets nutritifs les plus analogues à la conformation de nos organes.

Toute matière farineuse, mêlée avec du levain et de l'eau, dont on forme une pâte molle et flexible pour la cuire peu de temps après au four ou sous les cendres, présente un composé de deux substances; la première une mie spongieuse, blanche, élastique, parsemée de trous plus ou moins grands, d'une figure inégale, ayant une légère odeur de levain. La seconde offre une croûte dure, sèche, cassante et sapide. Cette matière mérite de porter le nom de pain; voilà pour les qualités extérieures. Ses propriétés physiques sont de se ramollir à l'humidité, de se dessécher au contraire dans un lieu chaud, de se conserver un certain temps sans se moisir, et de se gonfler considérablement, trempé dans un fluide quelconque, de se broyer aisément dans la bouche, d'obéir sans peine à l'action de l'estomac et des autres viscères pour fournir la matière la plus pure et la plus saine de la digestion.

Combien se sont trompés ceux qui ont cru que le froment, pour parvenir à l'état de pain, avoit été dénaturé dans ses propriétés alimentaires! Les changemens successifs qu'il a éprouvés depuis son état naturel jusqu'à sa fermentation et sa cuisson sont autant de pas faits vers la perfection; et s'il étoit possible que le luxe eût influé sur cet objet, on pourroit dire que, pour la première fois, l'homme et la plante n'ont rien perdu aux soins de cet ennemi de l'aisance; il est même incontestablement démontré que la farine qui a acquis sous la forme panaire du volume et du poids, a augmenté aussi d'un tiers au moins du côté de la qualité substantielle; ce qui doit servir à compenser les soins que demande la préparation du pain.

L'histoire apprend qu'on commença à manger les grains entiers et crus à l'instar des autres végétaux; on les ramollit ensuite dans l'eau par la cuisson, et on en fit usage comme on fait du riz; mais leur viscosité et leur fadeur, dans cet état, engagèrent à les soumettre à une torréfaction préalable qui les rendit et plus légers et plus sapides: c'étoit déjà quelque chose; le broiement des dents, le mélange de la salive n'en furent pas moins nécessaires. Les Romains, dont la frugalité a été si essentielle à l'entretien et au succès de leurs armées, portoient dans un petit sac de la farine qu'ils délayoient dans l'eau pour s'en nourrir.

Mais l'industrie se perfectionnant à mesure que la frugalité des premiers peuples disparoissoit, on entreprit quelques recherches pour améliorer les diverses préparations du blé qui, quoique déformé, combiné avec l'eau et cuit, n'offroit pas encore un aliment ni assez commode ni assez durable, ni assez savoureux pour remplir toutes ces vues.

Que nous soyons redevables au hasard de la découverte du secret important de faire prendre à la pâte un mouvement intestin renouvelé sans cesse par la fermentation, et sans cesse arrêté par la cuisson, ou que nous y ayons été amenés insensiblement par le raisonnement et par l'observation, peu importe; c'est toujours à l'époque de cette découverte que l'homme peut se flatter de jouir de tous les avantages que le blé est en état de procurer à ses premiers besoins. C'est aussi à ce temps qu'il faut fixer la connoissance du pain levé, dont l'existence est chez quelques peuples d'une date fort ancienne, puisque Moïse remarque que les Egyptiens avoient tellement pressé les Israélites de partir, qu'il ne leur avoit pas laissé le temps de mettre le levain dans la pâte. Les Egyptiens, frappés des bonnes qualités du pain, semblent être les premiers qui aient érigé sa fabrication en art; il fut cultivé avec succès dans la Grèce, et perfectionné par les Romains, qui abandonnèrent l'usage de manger les farines sous la forme de bouillies, dont ils étoient amateurs passionnés, pour ne plus se nourrir que de pain. La réputation de cet aliment se répandit, et devint le goût dominant, non seulement de l'Europe entière, mais de beaucoup de contrées des autres parties du monde; et il est démontré, que si toutes les céréales, depuis le froment jusqu'au riz, pouvoient se prêter au mouvement de fermentation panaire, l'aliment dont il s'agit formeroit la subsistance de tous les climats et de toutes les nations.

Mais, sans nous arrêter plus long-temps à ces détails historiques, passons à l'objet purement pratique ; et comme le blé a
été jusqu'à présent considéré sous tous ses différens rapports
avec le commerce et la mouture, il ne s'agit plus que de faire
connoître de quelle manière on doit procéder à la préparation
du pain.

Nous diviserons ce que nous avons à présenter à ce sujet en trois
opérations : 1° *La préparation des levains ;* 2° *le pétrissage de la
pâte ;* 3° *la cuisson du pain.* Avant de décrire ces trois opérations
essentielles à la boulangerie, nous devons d'abord parler de
l'eau, comme l'agent principal de la fermentation ; ensuite du
sel ajouté à la pâte pour lui donner plus de corps et de sapidité ;
enfin de l'effet du son dans le pain.

De l'eau considérée comme faisant partie du pain. La qualité du pain ne dépend pas de celle de l'eau avec laquelle on
le fabrique ; le degré de chaleur qu'on lui donne, la quantité
qu'on en met, la manière de l'employer, voilà ce qui y contribue.

Toutes sortes d'eaux, pourvu qu'elles soient bonnes à boire,
peuvent donc servir indifféremment à la fabrication du pain :
l'eau de puits, l'eau de rivière, l'eau de citerne, l'eau de
source et l'eau distillée, n'ont présenté aucune différence dans
toutes les expériences qui ont été faites pour établir cette vérité, dont il est très important de se pénétrer.

Du sel dans la pâte. Dans nos départemens du midi on est
dans l'usage d'en mettre douze onces par fournée pour cent
soixante-dix livres de farine. Cette quantité est bien peu de
chose en comparaison de celle qu'on emploie dans les provinces maritimes ; cependant ces douze onces suffisent pour assaisonner le pain sans masquer son goût naturel.

Le sel a encore une autre propriété en boulangerie, c'est
de donner du corps, du ton à la pâte, et de tempérer la disposition qu'elle a de passer trop vite à la fermentation ; mais
il ne faudroit pas l'y introduire, comme cela se pratique par-
tout, au moment de délayer le levain ; car il ne produit plus
cet effet au même degré : il est donc nécessaire de ne l'ajouter
qu'à la fin du pétrissage, dissous préalablement dans l'eau.

Usage du son dans le pain. Il existe plusieurs moyens de
séparer du son tout ce qu'il peut fournir de nourrissant, et
on les a souvent proposés pour augmenter la masse du pain.

On met le soir, la veille de la cuisson, le son tremper
dans l'eau ; qui pendant la nuit pénètre toute l'écorce et détache insensiblement la matière farineuse ; le lendemain on
agite le son, que l'on comprime entre les mains pour achever
la séparation de tout ce qu'il peut contenir d'alimentaire et ne
laisser que le squelette de l'écorce. On passe l'eau ainsi char-

gée à travers une toile claire ou un tamis de crin, et alors
elle sera en état de servir au pétrissage de la pâte.

Cette méthode d'extraire, par le simple lavage à l'eau froide,
la farine qui adhère au son, ne sauroit être comparée à celle
qui consiste à le faire bouillir pour en employer après cela la
décoction au pétrissage ; méthode qu'on a présentée souvent
comme devant apporter un grand accroissement à nos subsis-
tances. Le pain qui provient de la première méthode a meilleur goût, est plus blanc, est mieux levé ; d'ailleurs le son qui
a macéré dans l'eau froide peut être employé de nouveau,
étant mélangé avec du son gras, pour les bestiaux qu'il faut
remplir et lester autant que nourrir.

Quelque utile que paroisse l'extrait du son, ainsi associé
avec le pain, on ne le propose que dans une circonstance de
cherté, où il est bon de ne pas perdre une livre de farine et
de faire servir tout ce qui est alimentaire à la subsistance des
hommes ; car autrement si les particuliers n'avoient pas de
basse-cours pour consommer leur son, ils trouveroient plus
de bénéfice à le vendre que de l'introduire dans le pain sous
différentes formes, parceque son moindre effet est d'en augmenter la masse et de diminuer son volume. Nous reviendrons
dans un moment sur ce point.

Préparation des levains. Le morceau de pâte mis de côté
de la dernière fournée est désigné ordinairement sous le nom
de *levain de chef*; il est composé de râtissures du pétrin,
auxquelles on ajoute, pour le grossir et modérer son action,
un peu de farine et d'eau froide ; d'où résulte une pâte très
ferme qu'on enveloppe d'une toile, et qu'on met dans une
corbeille au frais.

La veille où il s'agit de cuire, on prend le levain de chef
que l'on délaye le soir, le plus tard qu'il est possible, dans
de la farine avec l'eau chaude ou froide, suivant la saison :
on forme du tout une pâte consistante bien travaillée, que
l'on laisse la nuit à une des extrémités du pétrin, entourée
de farine, que l'on élève et que l'on foule, afin qu'elle ait
plus de solidité, et qu'elle contienne mieux le levain.

Les proportions du levain à employer sont déterminées par
la saison et par la nature des farines; mais, toutes choses égales d'ailleurs, il doit former le tiers du total de la pâte en été,
et la moitié pendant l'hiver, afin que la fermentation puisse
s'opérer dans le même espace de temps. Pour cet effet, il n'est
question que de l'exciter en hiver par l'emploi de l'eau chaude
et par des couvertures, de le tempérer en été par des moyens
entièrement opposés.

Dans les pays où l'on brasse, les boulangers se servent de
la levure, matière provenant de la bière en fermentation,

que l'on emploie sous forme sèche ou fluide, tantôt pour remplir l'office de levain naturel ou de pâte, et tantôt comme une puissance de plus pour accélérer les effets de ce dernier. Mais l'action de la levure varie à tout moment ; elle se gâte aussi rapidement que les substances les plus animalisées. Un coup de tonnerre, le vent du sud, quelques exhalaisons fétides, suffisent pour la corrompre en chemin ; alors elle communique de l'aigreur, de l'amertume et de la couleur au pain dans lequel elle entre comme levain : mais quelle que soit sa qualité, le pain est constamment moins bon. Si le premier jour il est passable, le lendemain il est gris, s'émiette aisément, et a une amertume qui se communique à tous les mets. La levure ne devroit donc jamais être employée que pour les petits pains de fantaisie, et ne servir que dans les ateliers où il s'agit de déterminer la fermentation des fluides dans lesquels elle entre, et d'après toutes les expériences modernes que le ferment doit contenir une matière animalisée.

En général, un levain peut être regardé comme parfait lorsqu'il a acquis le double de son volume, qu'il est bombé, qu'en appuyant un peu la main à sa surface il la repousse légèrement, qu'en le versant dans le pétrin, il y conserve sa forme et nage sur l'eau, qu'en l'ouvrant il exhale une odeur vineuse agréable.

Pétrissage de la pâte. On pratique un creux dans la farine propre à contenir le levain qu'on a délayé avec une partie de l'eau destinée au pétrissage ; quand il est parfaitement délayé, on ajoute le restant de l'eau, que l'on mêle bien exactement, de manière qu'il ne reste aucun grumeau, que tout soit divisé et bien fondu. On y ajoute ensuite le restant de la farine que l'on incorpore promptement dans la masse, on la retourne sur elle-même jusqu'à ce qu'elle acquière la consistance nécessaire.

Pour continuer le pétrissage, on pratique plusieurs cavités dans la pâte, on y verse de l'eau froide, qui, ajoutée après coup et confondue à force de travail, achève de diviser, de dissoudre et d'unir toutes les parties de la farine ; et par un mouvement vif et prompt donne à la pâte plus de légèreté et d'égalité. On la bat en la pressant par les bords, en la pliant sur elle-même, l'étendant, la coupant avec les deux mains fermées, et la laissant tomber avec effort. Plus on travaillera la pâte, plus on obtiendra de pain. L'eau qu'on y ajoute après coup, loin de la rendre plus molle, lui donne au contraire plus de ténacité et de consistance, et plus enfin le maître de la maison économisera de farine.

La pâte étant faite, on la retire du pétrin par portions pour la mettre sur une table, où elle reste en masse une demi-heure environ lorsqu'il fait froid ; car en été il faut la diviser sur-le-champ pour lui donner la forme et le volume convenables. On la tourne en rond sans trop la manier ni la fouler, parceque c'est dans cet état qu'on lui donne toutes les autres formes.

La fermentation de la pâte doit s'opérer paisiblement. Si on s'avisoit de l'interrompre, de la brusquer ou de la ralentir, il seroit difficile ensuite de recueillir tous les fruits d'un bon levain et d'un pétrissage parfaitement exécuté. Elle doit être assujettie et retenue dans des moules, afin de lui faire gagner de la hauteur plutôt que de l'étendue, et qu'elle puisse acquérir un gonflement capable d'augmenter beaucoup le volume du pain. Pour cet effet, on la met dans des paniers d'osier, garnis intérieurement d'une toile serrée, saupoudrée de petit son ; ces paniers, préférables aux sébiles et plateaux usités autrefois, sont exposés à l'air libre dans les temps chauds, enveloppés de couvertures et placés près du four lorsqu'il fait froid. Mais dans tous les temps la pâte est comme le levain ; elle demande un certain degré de chaleur à l'intérieur et à l'extérieur pour fermenter lentement.

Les signes d'après lesquels on peut reconnoître que la pâte est suffisamment levée ne sont faciles à saisir que pour la personne habituée à boulanger ; l'espèce que la pâte occupe dans le panier qui la contient, l'état affiné de sa surface qui repousse le dos de la main qui la presse sans se rompre, sont les seuls moyens qui peuvent éclaircir sur cet objet. Cependant si, malgré l'habileté ou l'attention de l'ouvrier, la pâte avoit passé, comme l'on dit, son apprêt, il vaudroit mieux, plutôt que de l'enfourner ainsi, la raccommoder comme les levains, en augmentant la masse par une nouvelle quantité de farine et d'eau froide, et la laissant un quart d'heure fermenter, toutefois en se réglant sur la capacité du four.

Cuisson du pain. Dès que la pâte réunit les caractères que nous venons d'indiquer, il faut la renverser des paniers sur la pelle saupoudrée de son, afin que le dessous se trouve en dessus et l'enfoncer promptement. Placer les pains avec adresse les uns à côté des autres, en les touchant légèrement dans la crainte qu'ils ne perdent leur forme.

Lorsque la totalité de la pâte est enfournée, on ferme le four et on l'ouvre de temps en temps pour voir comment va la cuisson ; les pains y demeurent le temps proportionné à leur volume et à leur espèce. C'est une heure et demie environ pour la pâte la plus ferme, et trois quarts d'heure pour celle qui est la plus légère ; mais en général quoiqu'il soit économique de faire de gros pains, comme ils se forment et cuisent mal, on ne doit jamais excéder le poids de douze livres.

On reconnoît que le pain est cuit lorsqu'en frappant dessous du bout du doigt il résonne avec force, et qu'à la baisure, la mie légèrement pressée, repousse comme un ressort. Mais en ôtant les pains du four il faut avoir soin de les ranger à côté les uns des autres, et ne jamais les renfermer qu'ils ne soient parfaitement refroidis.

Pain-biscuit. Le procédé pour le faire se trouve indiqué au mot BISCUIT ; c'est la nourriture fondamentale d'une classe d'hommes intéressante pour la patrie (les marins); et nous croyons avoir concouru à améliorer sa qualité en démontrant, d'après des expériences sans nombre, qu'il n'y avoit que la farine de froment qui eût le gluten et le liant propres à ce genre de préparation.

Pour le perfectionner on a proposé sérieusement de faire sécher du pain bien fermenté, de le réduire en poudre et de pétrir cette poudre avec une petite quantité d'eau pour en former des galettes de la consistance ordinaire, et les repasser ensuite au four ; mais cette proposition niaise, ridicule, ne peut jamais offrir que le résultat le plus défectueux, le plus embarrassant et le moins économique.

Le biscuit bien conditionné est, après le pain, l'aliment le plus sain dont les gens de mer puissent user; il est comparable au pain de soupe qu'on cuit fortement, et qu'on aplatit de la même manière, à dessein de l'employer de préférence aux potages, d'après les motifs que nous expliquerons quand il sera question de la préparation de cet aliment favori des Français.

Du pain bis ou de munition. Il est sans contredit l'aliment le plus substantiel et le plus analogue à la constitution physique de l'homme de guerre, celui qui, sous tous les rapports de l'état habituel, réunit le plus de conditions pour son genre de vie ; mais il importe de ne composer cette qualité de pain que de toutes les farines qui résultent des grains, après en avoir extrait une grande partie du gros et petit son.

Des recherches postérieures attestent que le son, non seulement ne nourrit point par lui-même, mais qu'il devient encore un obstacle à la bonne nutrition de cet aliment; il excite en outre l'appétit, et passe en entier tel qu'on l'a pris ; en sorte qu'il est prouvé qu'une livre de pain où il n'y a point de son substante davantage qu'une livre et un quart où il y a du son.

Cette observation, confirmée par un très grand nombre d'expériences faites par des entrepreneurs qui avoient beaucoup d'ouvriers à nourrir, les a déterminés à préférer de leur distribuer un pain moins bis et en plus petite quantité. Ce changement a réussi au gré des uns et des autres. Mais après avoir médité sur les moyens les plus efficaces d'améliorer le pain des troupes, je pense qu'il doit se rapprocher, autant que possible, de celui que consomment les habitans des pays où elles sont en garnison ; que, dans les endroits où l'on cultive indistinctement froment et seigle, on peut sans inconvénient continuer de s'en tenir à ce mélange dans les proportions adoptées par la loi ; que même, dans ceux où le seigle et l'orge sont plus communs, on pourroit faire avec ces deux grains un pain bon et salubre : mais, dans tous ces cas, il convient d'en extraire la presque totalité du son ; car l'écorce diffère essentiellement de la substance farineuse. La purée de haricots se digère toujours très bien ; le haricot entier se digère quelquefois fort mal.

Pain d'épice. Espèce de pâtisserie résultant d'un mélange de farine de seigle, de miel, et souvent de mélasse, que l'on pétrit ensemble et dont on forme une pâte d'une consistance assez ferme, qu'on divise en pains de diverses formes, et qu'on met dans un four semblable à celui du boulanger, mais chauffé à une température moins considérable. Il paroît que pour en rendre la mastication plus facile, et y maintenir de la souplesse et de la flexibilité, on y introduit de la potasse.

Le pain d'épice, qu'on remarque avec plaisir au milieu des objets de dessert les plus délicats de nos meilleures tables, est celui qui se fabrique à Reims. Ce qui lui a acquis et conservé sa réputation, c'est le choix qu'on fait dans cette ville des matières premières qui entrent dans sa composition ; c'est la bonté des procédés qu'on emploie pour le faire, comme on peut s'en convaincre dans l'excellent mémoire qu'a fourni au rédacteur de l'*Art du pain d'épicier*, inséré dans l'Encyclopédie méthodique, par M. Boudet, pharmacien en chef de l'armée d'Orient. Il seroit à souhaiter que tous les arts fussent décrits avec la même clarté et la même concision.

Le sirop de raisin se marie très bien avec la farine de seigle ; il pourroit remplacer le miel dans les pays chauds, où ce produit des abeilles est communément fort cher. Il y auroit donc en France deux sortes de pains d'épice, l'un au midi, et ce seroit le pain d'épice au sirop de raisin, et l'autre au nord, et ce seroit le pain d'épice au miel.

Des différentes espèces de pain usitées. Le froment n'est pas le seul grain dont on prépare du pain ; mais, comme l'épeautre, le seigle, l'orge, l'avoine, le maïs, le sarrasin, sont aussi réduits sous cette forme, et constituent également la nourriture principale des habitans de plusieurs cantons de la France, nous ne saurions nous dispenser de traiter en particulier de chacun des pains qu'on retire de ces grains, soit purs, soit mélangés.

Les procédés que nous venons d'exposer concernant la panification du froment doivent être les mêmes que ceux qu'il faut employer pour les autres grains, il y a seulement quelques différences à admettre dans les manipulations, que l'habitude ne tarde pas à faire connoître.

La qualité plus ou moins substantielle attribuée à ces pains ne paroît pas avoir été déterminée par des expériences positives ; on ne sait non plus sur quel fondement on prétend que le pain de froment convient aux mélancoliques, le pain de seigle aux tempéramens sanguins, le pain d'orge aux goutteux, celui de maïs aux gens attaqués de la pierre, etc. etc. Il peut bien arriver que le premier jour où l'on feroit usage de ces pains on s'aperçût de quelque altération dans l'économie animale, parceque toutes les fois que l'on change de nourriture, de quelque espèce qu'elle soit, cette économie s'en ressent : mais l'habitude en est bientôt contractée ; aussi le pain dont on continue l'usage ne conserve que sa vertu alimentaire, comme toute espèce de vin conserve sa vertu cordiale et corroborative.

Pain d'épeautre. La farine de ce grain est composée des mêmes principes que celle du froment, mais dans des proportions différentes ; aussi exige-t-elle qu'on s'écarte des manipulations ordinaires employées pour le pain de froment.

Il faut d'abord se servir de l'eau plus chaude et d'une plus grande quantité de levain, travailler davantage la pâte, y ajouter constamment du sel, ne la point laisser trop fermenter ni séjourner au four.

Moyennant ces différentes précautions le pain d'épeautre, loin d'être noir, grossier et de difficile digestion, comme l'ont avancé quelques auteurs, est blanc, léger, savoureux, et se conserve frais pendant quelques jours.

Pain méteil. Nous avons signalé, au mot MÉTEIL, l'abus de semer concurremment le froment et le seigle sur le même champ ; une autre coutume, non moins préjudiciable à l'économie, c'est de faire ce mélange à la maison, et de l'envoyer après cela au moulin, quoique la différence de la forme et de la consistance exige des changemens dans le procédé pour la perfection de leur mouture. Il faut donc les broyer séparément, conserver leur farine à part, et n'en opérer le mélange qu'au pétrin.

Le meilleur méteil pour les habitans des villes sera toujours celui qui contiendra un tiers de seigle sur deux de froment, et pour les habitans des campagnes parties égales de ces deux grains, dont on aura extrait le gros et petit son, quelle que soit la proportion respective des deux grains qui entrent dans la composition du méteil.

Le froment, que la nature semble avoir voué plus spécialement à la fabrication du pain, ne doit jamais être employé que dans l'état de levain, parcequ'il réunit le plus de conditions favorables à la fermentation panaire, et que, dans cet état, son action est infiniment plus énergique. Il seroit donc à désirer que les boulangers n'employassent jamais que des levains faits avec la farine blanche dans la composition du pain bis. Cette méthode d'ailleurs n'exige aucun soin, aucune dépense, aucun embarras de plus.

On réduit la portion de farine de froment destinée à former le pain de méteil à l'état de levain ; on y mêle ensuite celle de seigle avec de l'eau tiède suffisante pour en faire une pâte d'une certaine consistance, qu'on laisse séjourner plus longtemps au four.

Le pain de méteil tient le premier rang après le pain de froment et d'épeautre. Sans avoir une grande blancheur, il est savoureux et très nourrissant ; il participe des deux grains les plus propres à se panifier ; et si jusqu'à présent les préjugés l'ont fait regarder comme lourd, indigeste et propre seulement aux estomacs vigoureux, c'est quand il est dans un état gras et peu cuit ; mais fabriqué selon les bons principes, il se digère très aisément.

On n'a pas suffisamment apprécié le mérite de cette composition de pain, et il seroit bien à souhaiter que, même dans les cantons à froment, on ne bornât pas la culture du seigle à se procurer des liens, mais qu'on fît entrer constamment sa farine dans la fabrication du pain pour un quart, un tiers ou moitié. Ce pain a un avantage qu'on ne sauroit lui contester, c'est de rester frais long-temps sans rien perdre de l'agrément qu'il a dans sa nouveauté, avantage précieux pour les habitans des campagnes, qui n'ont pas le temps de cuire souvent.

Pain de seigle. Comme ce grain diffère du froment en ce qu'il est plus abondant en matière extractive, moins riche en amidon, et qu'il ne contient pas de substance glutineuse, les procédés qu'on doit suivre pour sa conversion en farine et en pain doivent nécessairement varier à la mouture et au pétrin.

Avant d'envoyer le seigle au moulin, il faut que ce grain soit encore plus sec que le froment, qu'il ait ressué au soleil ou au grenier, et faire en sorte que les meules soient plus rapprochées et les bluteaux plus clairs. Parfaitement moulue et blutée, la farine est douce au toucher, sa couleur est d'un blanc jaunâtre, et exhale l'odeur de violette qui caractérise sa bonté.

Pour préparer le levain de seigle, il faut employer la pâte mise en réserve de la dernière fournée, et la mêler avec la cinquième partie de la farine destinée à la fournée, ou rafraîchir ce levain avec le double environ de nouvelle farine.

Quand le levain est parvenu au point convenable, il faut exécuter le pétrissage suivant les règles prescrites, excepté pour l'eau, qu'on doit employer moins fraîche, tenir la pâte plus ferme, et y ajouter toujours du sel, non pour augmenter sa saveur, mais pour donner à la pâte plus de ténacité et de viscosité, dont elle manque naturellement.

Aussitôt que la pâte est formée et divisée, on la distribue dans des paniers qu'on expose à l'air en été, et dans un lieu chaud pendant l'hiver; et lorsqu'il s'agit de la mettre au four, il faut qu'elle soit saisie sur-le-champ par la chaleur, et dès que le pain a pris de la couleur le laisser débouché, afin que la cuisson s'achève par degrés, que le pain se ressue sans brûler, et y reste plus long-temps que le pain de froment.

Le pain de seigle, préparé comme il convient, est bon, savoureux et très nourrissant; il est, dans le nord de l'Europe, l'aliment ordinaire de presque toutes les classes, et on en trouve dans le commerce de différentes qualités.

Pain d'orge. Suivant quelques auteurs, c'étoit une nourriture assez commune dans les états les plus riches de la Grèce; mais ils ont confondu sans doute la galette avec le véritable pain; car quoique ce grain soit, après le froment, celui qui contient le plus d'amidon, la fermentation panaire y développe une saveur âcre et un état tellement compacte, que le pain d'orge est devenu de nos jours un point de comparaison pour exprimer l'aliment le plus lourd et le plus grossier.

Pour préparer le pain d'orge, il faut en tout temps se servir de l'eau chaude, et faire en sorte que le levain s'y trouve dans la proportion de la moitié de la farine employée, et que la pâte soit bien travaillée. Quant à la cuisson, il est nécessaire que le four soit moins chauffé que pour le pain de froment, et qu'il y séjourne plus long-temps.

Ce pain lourd et serré, malgré les précautions que nous venons de recommander, n'est pas toujours malsain dans ses effets. Les hommes vigoureux qui s'en nourrissent de temps immémorial sans inconvénient en sont la preuve incontestable; mais comme la farine d'orge s'assimile très bien avec celle de froment et de seigle, et que réunies elles fournissent plus que traitées séparément, on pourroit associer constamment ces trois farines ensemble à parties égales toutefois en donnant à celle du froment la forme du levain. Le pain qu'on en obtiendroit seroit non seulement pour les habitans des campagnes la nourriture la plus substantielle et la plus économique, elle procureroit encore à l'ouvrier chargé de famille, à l'homme dénué de tout secours, l'économie d'un tiers sur le prix de sa substance, en même temps qu'elle deviendroit une occasion de ménager une grande quantité de blé par un emploi plus considérable de seigle et d'orge.

Du pain de maïs. La farine de maïs est plus ou moins colorée, selon la variété du grain dont elle provient; celle du maïs blanc est d'un blanc mat, tandis que le maïs jaune conserve cette nuance.

On met dans le pétrin toute la farine destinée à la fournée; on la divise en deux portions égales, l'une est employée à préparer le levain, et l'autre à faire la pâte.

On pratique au milieu de la moitié de la farine une cavité pour y déposer le morceau de levain mis en réserve de la dernière fournée. On y verse de l'eau chaude, ayant soin de la bien mêler avec la pâte; la masse étant bien couverte, on la laisse fermenter toute la nuit.

Le lendemain matin on ajoute à la pâte le restant de la farine, un gros de sel par livre de pain, et de l'eau pour en former une pâte molle. Lorsqu'on s'aperçoit que la pâte est suffisamment levée, on la délaie de nouveau avec de l'eau froide en quantité suffisante, pour lui donner encore plus de consistance. On en remplit ensuite des terrines garnies de grandes feuilles de châtaignier ou de choux, qu'on a fait faner en les approchant du feu : les terrines étant remplies à un pouce près, on les met au four; la pâte se gonfle un peu en cuisant, ce qui augmente la croûte, qu'on laisse cuire autant qu'il est nécessaire.

Quelque temps après que la pâte est au four il faut la renverser des terrines, afin d'achever plus promptement et plus efficacement la cuisson dans tous les sens; le pain s'en détache aisément, ainsi que les feuilles.

La quantité d'eau employée au pétrissage dépend de la sécheresse du maïs et de la manière dont ce grain a été moulu. Nous observerons seulement que la pâte préparée pour le levain doit être plus ferme que celle destinée à être enfournée. L'expérience et l'habitude apprendront d'ailleurs à ne pas se tromper sur cet objet.

Le pain de maïs pur est toujours gras au toucher et compacte; les yeux en sont petits et peu nombreux. Il est la nourriture principale de plusieurs cantons de nos départemens de l'ouest. De quelque manière que nous nous y soyons pris pour en perfectionner la préparation, il se moisit d'autant plus vite que la saison est plus chaude, et que les masses sont plus considérables.

En supposant qu'on veuille fabriquer du pain composé de farine de maïs et de farine de froment, il faut toujours que celle-ci soit préalablement amenée à l'état de levain, ajouter un peu de sel à la pâte, et qu'elle séjourne un certain temps au four ; le pain qui en résulte est agréable à l'œil et au goût, assez bien levé, d'un jaune clair et toujours frais.

Pain d'avoine. L'état gras et visqueux que prend la farine d'avoine la mieux moulue, combinée avec l'eau chaude, n'est pas détruit par la fermentation panaire ; cet état ne fait même qu'augmenter encore au four pendant la cuisson ; il se développe ensuite une couleur extrêmement désagréable et une saveur amère nauséabonde, que le levain employé en diverses proportions et de plusieurs manières n'a pu parvenir à affoiblir.

Ces mauvaises qualités inhérentes à ce pain sont connues depuis long-temps, car les statuts de quelques ordres monastiques l'ordonnent comme aliment par mortification, et nos anciens romans en ont fait manger à leurs héros comme pénitence de leurs infidélités ; cependant on a droit d'être étonné que de graves auteurs aient fait l'éloge le plus pompeux du pain d'avoine ; sans doute l'usage d'un pareil aliment peut être sain, puisqu'il y a des cantons où il forme la principale nourriture de leurs habitans, et que pendant la révolution nous avons vu ceux des villes de premier ordre n'en avoir pas d'autre pour subsister sans qu'il résultât d'inconvéniens fâcheux ; mais ce pain noir, gras, compacte et de mauvais goût, n'est pas tolérable ; il revient plus cher aux malheureux qui s'en alimentent que le meilleur pain de seigle et d'orge ; ne conviendroit-il pas à ceux qui habitent les contrées assez peu favorisées pour ne produire que de l'avoine, de réduire ce grain sous une forme moins désagréable. *Voyez* GRUAU.

Pain de sarrasin. La farine de ce grain demande presque autant de travail pour être convertie en pain que celle d'orge ; il faut toujours, et comme pour les autres pains, un levain jeune et abondant, de l'eau chaude, un pétrissage vif, afin que la pâte acquière cette ténacité et ce liant qui forment le soutien de la pâte en fermentation, et la voûte du pain qui cuit.

On dépose cette pâte dans des corbeilles qu'on place au chaud afin qu'elle lève, on la met ensuite au four, en l'y laissant plus long-temps que la pâte d'orge, parcequ'elle est plus grasse, et par conséquent plus difficile à se ressuer.

Toutes les tentatives que j'ai pu faire pour améliorer la qualité du pain de sarrasin, en choisissant pour mes expériences la meilleure variété, comme en prenant tous les soins pour la moudre sans hacher son enveloppe, et en y mêlant d'autres farines, il ne m'a pas été possible d'en améliorer le résultat, ni de faire un pain qui ait plus de qualité qu'il n'en a ; ordinairement dès le lendemain de sa cuisson, il se sèche et s'émiette, aussi fait-on rarement usage de pain de sarrasin dans les endroits où il est possible de se procurer du froment ou du seigle. Nous pourrions encore indiquer d'autres espèces de pain, peu usitées il est vrai. Dans quelques cantons de nos départemens du midi on en obtient du gros et petit millet, par exemple ; mais ces deux grains, plus abondans en écorce qu'en farine, ne donnent qu'un pain lourd et fade ; il vaut mieux, quand on n'a pas d'autres ressources alimentaires, les consommer dans l'état de gruau ou de bouillie.

Des différentes espèces de pain proposées et non usitées. Il y a long-temps que je me révolte contre les écrivains qui, sans se mettre dans la position de ceux qu'ils ont la prétention d'instruire, sans examiner si ce qu'ils leur indiquent est facilement praticable, proposent tous les jours d'introduire dans le pain une foule de substances qui ne font qu'altérer sa qualité, et jeter de la défaveur sur un aliment déjà trop susceptible de variations, à raison des procédés dont on se sert et de la nature des matières y employées ; cette simple observation, successivement développée, suffira pour donner une idée des inconvéniens auxquels peuvent exposer toutes ces recettes niaises, ridicules et insignifiantes, pour ne rien dire de plus, qu'on publie de temps en temps dans les journaux et autres lieux.

Pain de riz. L'impossibilité de séparer de la farine de riz un atome de gluten et de matière extractive analogues à ce qui se trouve contenu dans le froment et le seigle, explique le défaut de succès des tentatives que j'ai essayées pour le convertir en pain. C'est donc une véritable chimère que de vouloir soumettre le riz à cette forme, puisque, mêlé en nature ou cuit en diverses proportions avec la farine de froment, il rend le pain qui en provient compacte, fade, indigeste et susceptible de durcir ; tous ceux qui ont avancé le contraire prouvent qu'ils ne connoissent nullement la théorie de la panification, qu'ils ignorent que dans toutes les contrées où l'usage du pain est inconnu, et où le riz lui est substitué, on se borne à déterminer le ramollissement et le gonflement de ce grain en l'exposant à la vapeur de l'eau bouillante, et à le manger concurremment avec les autres mets qui composent le repas de tous les jours.

On peut également conclure de cette observation que la substance farineuse qu'on retire du tronc de certains palmiers, et avec laquelle on fait, dit-on, le pain de sagou, dont on se nourrit dans les Indes orientales, n'est pas plus propre que le riz à prendre cette forme, et que l'un et l'autre doivent servir à la nourriture sans invoquer le secours de la meunerie et de la boulangerie ; il suffit de les cuire en grains ou sous forme de gruau.

Le fruit de l'*arbre à pain* peut bien, étant cuit, présenter un moyen efficace de subsistance aux habitans des Moluques, mais il n'a aucun des caractères physiques du pain; on ne le nomme ainsi, sans doute, que parcequ'il peut en tenir lieu et nourrir sans fatiguer les organes.

Pain de châtaigne. Après avoir employé et mélangé la farine de ce fruit ou semence avec celle du froment dans des proportions différentes, savoir, depuis un seizième jusqu'aux deux tiers, je n'ai pu obtenir de pains ni aussi légers ni aussi blancs que ceux résultant du même grain sans aucune addition; tous avoient une couleur de lie de vin d'autant plus foncée, que la châtaigne s'y trouvoit plus abondamment.

Il n'est pas de manipulation pratiquée en boulangerie que je n'aie mise en œuvre pour arriver à quelque succès. On trouvera dans mon traité *de la châtaigne* les raisons physiques qui s'opposent à ce que ce fruit puisse jamais se changer en un véritable pain, soit qu'on l'emploie seul ou mélangé avec des farineux pris dans les semences ou dans les racines charnues et amilacées. J'y ai également inséré le procédé usité par les Corses pour en préparer des galettes qu'ils nomment *pistiecini*, et dont ils se nourrissent une partie de l'année. Les auteurs n'ont avancé à cet égard que des assertions vagues et mensongères.

Comment les habitans des pays à châtaigne sauroient-ils songé à en faire du pain? L'opération de cuire ce fruit en vert se répète presque tous les jours dans toutes les maisons, tant des villes que des campagnes, tant chez les riches que chez les pauvres. Depuis la fin d'octobre jusque vers les derniers jours de mai, quels seroient leurs motifs de renoncer à une matière si simple et si commode de l'apprêter, elle ne leur coûte rien; ils seroient bien fous de risquer la moindre dépense pour mettre en usage une préparation qui en le dénaturant ne fourniroit qu'un aliment peu agréable et moins salutaire.

Or, puisqu'ils préfèrent la châtaigne en substance, et cuite selon l'usage, au pain, que souvent ils ont la faculté de se procurer et qu'ils laissent de côté, ils n'adopteront certainement pas le pain qu'on pourroit faire avec la châtaigne, fût-il aussi bon que le pain de seigle.

Pain de marron d'Inde. J'ai tenté de retirer de ce fruit la fécule amilacée, et de lui appliquer le procédé qu'emploient les Américains pour retirer du manioc une farine salubre, avec l'intention d'en préparer du pain dont ils se nourrissent, sous le nom de *cassave*.

Après avoir dépouillé les marrons d'Inde frais de leur écorce et de leurs membranes intérieures, je les ai divisés au moyen d'une râpe de fer-blanc, et j'en ai formé une pâte d'une consistance molle, que j'ai enfermée dans un sac de toile et soumise à la presse; il en est sorti un suc visqueux, épais, d'un blanc jaunâtre et d'une amertume insupportable. Le marc restant étoit blanc et très sec; je l'ai délayé dans une quantité d'eau en le frottant entre les mains : la liqueur laiteuse passée au tamis de crin très serré, a été reçue dans un vase où il y avoit de l'eau. J'ai obtenu enfin par le repos, par les lotions et par la décantation, une fécule douce au toucher, et qui, desséchée à une chaleur modérée, étoit blanche, sans odeur, sans saveur, ayant tous les caractères d'un véritable amidon, tandis que la partie fibreuse restée sur le tamis conservoit opiniâtrément de l'amertume. Cette amertume est tellement intense dans le fruit dont il s'agit, que douze à quinze grains de sa poudre suffisent pour la communiquer à une livre de farine de froment.

Pour panifier cet amidon j'en ai pris quatre onces et pareille quantité de pommes de terre cuites, et réduites, au sortir de la marmitte, par un rouleau, à l'état de pulpe. J'en ai formé une pâte avec suffisante quantité d'eau chaude, dans laquelle se trouvoit délayée la dose ordinaire de levain de froment ; la pâte exposée dans un lieu tempéré, mise ensuite pendant une heure au four, m'a donné un pain blanc bien levé et de bonne odeur. Différentes personnes à qui j'en ai fait goûter l'ont trouvé bon, et n'y ont remarqué d'autres défauts que d'être fade, défaut qu'on corrige facilement avec quelques grains de sel.

Ce pain de marrons d'Inde préparé sans le concours d'aucune farine, à une époque critique où se trouvoient la plupart des états de l'Europe pour la subsistance, a fait assez de sensation pour inspirer un certain intérêt. S. A. R. le prince Ferdinand de Prusse m'adressa, peu de temps après la publication que je fis du procédé, la recette d'un gâteau de marrons d'Inde exécuté à Berlin sous ses yeux, et qu'on avoit trouvé fort délicat. Cette recette consiste à mêler l'amidon de ce fruit avec des œufs, du beurre, de l'écorce de citron et de la levure de bière pour ferment.

Les différentes fécules retirées des plantes vénéneuses dont j'ai donné précédemment la nomenclature, et dans lesquelles l'aliment est, comme on dit, à côté du poison, traitées successivement de cette manière, m'ont donné des pains également bons, n'ayant aucun des caractères des végétaux d'où ils proviennent; et si, comme le rapportent les voyageurs, le pain de racine de GOUET est commun en Egypte, c'est que, selon toute apparence, cette racine est différente de celle de nos climats, dont on ne peut employer l'amidon qu'après l'avoir bien lavé. *Voyez* FÉCULE.

Pain de potiron. Lorsqu'on associe la pulpe des fruits crus ou cuits de la famille des cucurbitacés avec la farine de froment, cette pulpe, sans contenir rien de farineux, s'assimile bientôt à la pâte, se confond, à la faveur du pétrissage, de manière à ne présenter, après la cuisson, qu'un tout bien levé et parfaitement homogène.

Mais doit-on en conclure, comme on l'a fait, que ces substances ont été changées en pain, ou bien qu'en doublant la masse panacée la faculté alimentaire ait reçu un pareil accroissement?

Les fruits à pepins proposés d'être employés sous la même forme, et pour le même objet, présentent encore plus d'inconvéniens. La cuisson des pommes dans l'eau, la nécessité de les éplucher pour en séparer la peau et les pepins, de les écraser ensuite toutes chaudes et de donner à la pulpe une sorte d'homogénéité avant de la mélanger avec la farine pour subir le pétrissage, sont autant d'opérations embarrassantes qui compliquent le procédé; encore si c'étoit une ressource pour les consommer quand elles ne peuvent plus servir à autre chose ! mais l'auteur exige pour condition essentielle que ce fruit ne soit pas trop mouillé, de n'y point employer celui qui seroit meurtri ou qui auroit éprouvé un commencement d'altération. Or, je demande quelle épargne un pareil pain, que l'auteur qualifie de très économique, sans doute parcequ'on est dispensé d'y mettre de l'eau, pourroit produire à la classe indigente, quand bien même l'habitude en auroit fait un besoin sous cette forme.

Pain de pommes de terre. La possibilité entrevue de transformer les pommes de terre en pain, c'est-à-dire d'augmenter la masse de celui qu'on prépare avec la farine des différens grains, a eu de nos jours une vogue étonnante; chacun a prétendu au mérite de l'invention, et tout le monde a cru réellement que les racines ayant disparu, elles s'étoient identifiées avec la substance même de l'aliment.

Mais cette disparition n'a pas plus le droit de nous surprendre que le phénomène dont nous venons de parler. Lorsqu'on allie, par exemple, avec la farine, dans des proportions convenables, des fruits tels que le potiron, la citrouille, les pommes et les poires, toutes substances mucilagineuses seulement, elles peuvent, à l'instar de ces tubercules, s'assimiler à la pâte.

Quelques renseignemens pris dans la somme des résultats, soit du côté de l'analyse de ces matières, soit relativement au déchet qu'elles éprouvent, ou bien enfin par rapport au degré alimentaire de ce même pain comparativement, prouvent qu'il seroit déraisonnable d'exiger qu'un fruit pulpeux, une racine aqueuse, produisissent autant d'effet nutritif qu'une semence sèche qui, pour agir en qualité d'aliment, a besoin d'être mêlée intimement avec l'eau, que la panification combine au point de la rendre alimentaire.

Pain de pommes de terre mélangé. Ce n'est que dans la circonstance où il n'y auroit pas suffisamment de grains pour fournir à la consommation journalière, et que pour subsister il ne resteroit que des pommes de terre en abondance, alors il seroit essentiel d'avoir de quoi remplacer les premiers, puisqu'il faut absolument du pain à certains hommes, et que si l'aliment ne leur est pas présenté dans cet état, ils croient n'être pas nourris. On a vu, dans les années calamiteuses, des propriétaires bienfaisans faire préparer, sous les yeux de ceux qu'ils avoient intention de soulager, du très bon riz, refusé avec ce refrain : *Ce n'est pas là du pain.*

On ne doit pas, il est vrai, regarder toujours le bénéfice de changer la pomme de terre en pain comme satisfaisant seulement l'imagination. Indépendamment des circonstances énoncées, nous pensons que les habitans des campagnes qui récoltent plus de pommes de terre que de grains y trouveroient l'avantage de s'en substanter, sans donner néanmoins exclusion aux autres formes sous lesquelles ils les consomment ordinairement : ce seroit un mode de plus pour se servir de cet aliment, lorsque la gelée, la germination et la saison tardive auroient pu leur faire contracter de l'altération, sans qu'il en résulte aucun danger pour la santé. Tel qu'il a été composé jusqu'à présent, le pain de pommes de terre ne mérite nullement ce nom, puisque ce sont toujours les farines avec lesquelles on le prépare qui y dominent, et l'épargne sur les grains est réduite à peu de chose; il est donc nécessaire de chercher à mettre en usage d'autres procédés, et de les caractériser par ces distinctions :

Pain de grain mélangé avec des pommes de terre;

Pain de pommes de terre mélangé avec des grains;

Pain de pommes de terre sans mélange.

Procédé du pain de grains mélangé avec des pommes de terre. Prenez vingt-cinq livres de farine de froment, de seigle ou d'orge, selon l'usage et les ressources du canton ; délayez-y un morceau de levain quelconque, avec assez d'eau chaude pour en former une pâte extrêmement ferme, que vous laisserez fermenter comme un levain ordinaire dans un endroit tempéré.

Ayez la même quantité de pommes de terre préalablement cuites, mêlez-les toutes chaudes au levain et à un demi-quarteron de sel fondu dans un peu d'eau ; quand le mélange sera suffisamment pétri, au moyen d'un rouleau de bois, divisez par portions de deux, de quatre livres, enfournez-les, avec la précaution de chauffer moins le four et d'y laisser la pâte séjourner plus long-temps.

Procédé du pain de pommes de terre mélangé avec des grains. A vingt-cinq livres de farine amenée à l'état de levain ordinaire, on ajoute la même quantité de pommes de terre cuites réduites en pulpe, vingt-cinq livres de leur amidon et suffisamment d'eau chaude pour former du tout une masse que l'on divise, après l'avoir bien pétrie, en pain de deux et de quatre livres ; lorsque la pâte est bien levée on l'enfourne, en observant toujours que le four soit doux et qu'elle y séjourne un temps plus long.

Procédé du pain de pommes de terre sans mélange. On prend huit onces d'eau chaude dans laquelle on délaye un peu de levain ; on y ajoute une livre de pulpe de pommes de terre et autant de leur amidon ; dès que le mélange exhale une odeur légèrement vineuse, il peut servir au pétrissage de la pâte, à laquelle on ajoute un gros de sel par livre ; on la divise par demi-livre et par livre dans des paniers qu'on expose dans un endroit chaud l'espace de deux ou trois heures, après quoi on met au four selon les règles prescrites.

Le pain de pommes de terre sans mélange est donc composé de moitié amidon et moitié pulpe, d'un demi-gros de sel par livre de mélange ; l'eau qui forme le cinquième environ de la masse générale se dissipe en entier durant la cuisson ; en sorte que pour obtenir une livre de ce pain il faut trois livres et demie de pommes de terre, c'est-à-dire neuf onces d'amidon et autant de pulpe.

Pain de patates. A l'époque où j'ai publié le procédé de la panification des pommes de terre, le vœu que je formois pour que le même procédé fût appliqué dans nos colonies à la patate, a été accompli par M. Gérard, médecin au Cap-Français : ce nouveau triomphe de la chimie a été marqué dans nos colonies par des transports de la plus vive allégresse ; et ce pain, envoyé au ministre de la marine dans l'état de biscuit, a été trouvé excellent.

Depuis ce temps, Delahaye a fait aussi une heureuse application du même procédé à des substances farineuses qu'on n'avoit pas encore osé produire sous cette forme, telles que les ignames, les bananes, les giraumons, et il a obtenu le même succès.

Quoique les patates contiennent du sucre et de l'amidon, il leur manque cependant une matière extractive visqueuse, sans laquelle la fermentation panaire ne pourra jamais produire qu'un résultat médiocre ; mais, comme la pomme de terre, elles réunissent tant de bonnes qualités en substance, qu'il n'est pas nécessaire de les décomposer à grands frais pour les exposer ensuite aux tortures de la boulangerie, dans l'espérance de leur concilier les propriétés d'une nourriture agréable, saine et commode.

Avant de quitter le pain de patates, rappelons encore la proposition faite, en différens temps, pour soumettre à la même forme nos racines potagères indigènes, telles que la carotte, le panais, le navet, le chou-rave, le chou-navet, quoiqu'elles ne puissent se panifier sans le concours de la cuisson, de l'extraction de la pulpe et de la farine de froment.

Mais ces racines, examinées chimiquement, ne contiennent réellement qu'un tiers de leur poids de matière solide comparable aux grains; le surplus n'est que de l'eau de végétation, qui, dans le pétrissage de la pâte, remplit les fonctions de véhicule, dont la plus grande partie s'évapore pendant la cuisson, en ne lui laissant pour résidu dans la masse panacée qu'un extrait muqueux combiné avec la matière fibreuse. Il est facile de juger que l'économie tant vantée n'est nullement en raison du supplément.

Mais supposons que l'opération pour amener les racines à la forme qu'elles doivent avoir avant d'entrer dans la pâte ne demande ni embarras, ni fonds, ni dépenses, et que le résultat soit évidemment économique, le pain ne pourroit remplacer dans tous les temps une partie des grains avec lesquels on le fabriqueroit, puisque les racines ne sont guère à notre disposition plus de six mois, qu'il faut des emplacemens pour en conserver de grandes provisions, et que l'homme habitué à l'usage d'un pareil pain en seroit privé la moitié de l'année et forcé de passer alternativement d'une nourriture à l'autre.

Ne perdons pas de vue d'ailleurs cette vérité incontestable : les grains dans la panification augmentent du côté de l'effet nutritif; l'eau qui entre en combinaison avec eux devient elle-même alimentaire ; les racines, au contraire, possèdent tout ce qu'il faut pour devenir sans ce secours un comestible salutaire, elles portent leur assaisonnement avec elles, pourquoi les soumettre à une préparation compliquée, dispendieuse, pour n'en former qu'un produit inférieur à celui qu'elles offrent dans leur état naturel ; l'opération de les cuire est si simple, si facile, elle est pratiquée par tant de nations, qu'il seroit à craindre que les habitans qui, souvent, n'ont pour subsister que du pain et pour bonne chère que des racines potagères, ne vissent dans cette proposition un moyen plus propre à diminuer leurs ressources qu'à les augmenter.

Le *pain de haricots et des autres semences légumineuses* a été proposé avec une sorte d'appareil, pour remplacer les céréales sous forme de pain ; mais ces semences éprouvent au moulin et en boulangerie des obstacles infinis. D'abord, quel que soit leur degré de sécheresse, ces semences ne peuvent passer sous les meules sans une dessiccation préalable au four, celle du soleil étant insuffisante. On ne parvient ensuite à enlever le goût de verdeur qui les caractérise que par une longue cuisson et à grande eau. Aussi toutes les recettes de pain dans lequel on fait entrer de la vesce, des lentilles, des haricots, des pois, des fèves, ne présentent-elles que des résultats détestables, parceque l'eau nécessaire pour donner à la farine la consistance d'une pâte ne peut leur ôter cette saveur, ce goût désagréable que la fermentation développe encore davantage. Ce sont de ces petits essais analytiques de laboratoire, dont l'inutilité se manifeste bientôt dès qu'il s'agit d'en tirer des conséquences pour les ressources alimentaires de tout un canton pendant une semaine.

Pain d'écorce d'arbres. On a beau s'appuyer sur quelques exemples, en disant que certains peuples préparent du pain avec des écorces d'arbres, et en font la base de leur nourriture, nous déclarons que s'il est vrai que les Lapons, par exemple, subsistent d'un pareil pain, il faut nécessairement qu'ils y ajoutent de la farine, sans laquelle il leur seroit impossible de panifier l'écorce des jeunes branches de sapin et de bouleau, et peut-être n'ont-ils recours à un pareil aliment que dans des cas extrêmes, comme il est arrivé à quelques habitans de nos montagnes, accablés de misère et pressés par la faim, de faire entrer dans leur pain la racine de fougère, celle d'asphodèle, plus ligneuses qu'extractives, desséchées et pulvérisées. Il faut inscrire sur cette liste le pain de glands et de faînes, que dans un temps de guerre on a préparé en Westphalie.

S'ensuit-il que ces racines, ces semences et autres parties des végétaux soient propres à la panification? Jamais, non, jamais l'homme affamé n'a été conduit vers des matières plus éloignées de l'objet qu'il avoit en vue; et ce seroit l'engager dans une immense nomenclature que de nommer ici les végétaux ou leurs parties, que, dans le désordre de ses facultés, irritées par un grand besoin, il a essayés pour remplacer un moment les alimens qui lui manquoient.

On ne doit pas être étonné que les Français, amateurs nés du pain et de tout ce qui en a le caractère exterieur, aient cherché à donner cette forme à tout ce qu'ils ont sous la main. C'est lutter réellement contre la nature des choses que de s'obstiner à soumettre indistinctement les fruits, les semences, et les racines à une seule et même préparation. Choisissons celle qui leur convient le mieux; tâchons, s'il se peut, de la perfectionner, et si nous nous déterminons à amener à l'état de pain les substances qui en sont les plus éloignées par leur texture physique, par la composition de leurs principes, que ce ne soit que dans les cas de cherté et de disette, puisque souvent il est indispensable, pour satisfaire l'imagination d'une classe de consommateurs, que l'aliment principal ait sa figure accoutumée ; mais sans cette détresse, jouissons des bienfaits du riz, de la châtaigne, des semences légumineuses, des fruits pulpeux, et des racines charnues, apprêtés conformément à leur constitution physique et à la disposition de nos organes, et gardons-nous de les dénaturer à grands frais pour n'en apprêter qu'une nourriture défectueuse, peu économique et malsaine.

Au reste, ceux qui sont encore atteints de la manie de tout panifier, au lieu de se perdre dans cette immense nomenclature de matières végétales, au moyen desquelles on peut allonger le pain de froment, devroient borner leurs expériences et leurs efforts aux farineux qui n'ont pas reçu de la nature toutes les facultés panaires, et n'en servent pas moins, sous cette forme, de nourriture fondamentale à la plupart des Français ; je veux dire l'orge, le maïs, l'avoine et le sarrasin. Leurs farines, jusqu'à présent traitées d'après les principes connus, n'offrent que des masses visqueuses, grasses et compactes, au lieu d'un pain flexible œilleté et savoureux, ce qui seroit cependant de la plus grande utilité pour les pays qui ne rapportent pas de blé. Le champ est vaste pour l'homme enflammé de l'amour de ses semblables ; s'il vient à bout de rectifier les défauts connus de tous ces résultats, il aura réellement fait faire un grand pas à l'art, et acquis par conséquent des droits à la reconnoissance publique.

Réflexions générales sur le pain. L'opinion commune est que plus le pain se trouve compacte, lourd et bis, plus il nourrit, parcequ'il reste davantage dans l'estomac ; mais l'expérience prouve absolument le contraire ; et en effet, le pain qui offre le plus de volume, présentant le plus de surface, les sucs digestifs doivent en extraire plus facilement et plus abondamment les parties nutritives ; ainsi le procédé qui perfectionne sa préparation le rend encore plus nutritif et plus économique, puisque l'air et l'eau y entrent en plus grande quantité.

C'est une vérité que l'expérience confirme tous les jours, que le pain le mieux fabriqué et le plus économique n'est assurément pas celui qu'on prépare chez soi ; aussi dans la plupart des grandes villes, des bourgs, leurs habitans qui recueillent du grain préfèrent-ils de le vendre et de s'approvisionner chez le boulanger du pain de leur consommation, parcequ'ils ont appris qu'ils ne sont jamais dédommagés des soins, des embarras, des sollicitudes et de l'emploi du temps, pour n'obtenir souvent qu'un aliment défectueux.

Il seroit ridicule d'objecter que s'il n'y avoit que des boulangers pour préparer le pain, ils le feroient payer arbitrairement : ce commerce sera toujours sous la sauvegarde des lois, et le magistrat qui en est le dépositaire, instruit par les essais qu'on renouvelleroit chaque année à l'époque où l'on est dans l'usage de consommer les blés nouveaux, veillera perpétuellement à ce que cette denrée de premier besoin soit de bonne qualité, que son prix se trouve en proportion avec celui des grains et des farines, et avec les frais de la main-d'œuvre.

Nous avons pensé qu'il seroit utile en terminant cet article de rappeler sous le point de vue le plus rapproché les vérités qui s'y trouvent énoncées, d'y ajouter même celles qui ont été également présentées aux mots GRAIN et FARINE.

1° Avant d'envoyer le blé au moulin, il faut le mouiller légèrement s'il est trop sec, le faire ressuer sur le four, au contraire, s'il est par trop humide ou trop nouveau.

2° Il ne faut jamais faire moudre les différens grains ensemble ; quiconque les envoie ainsi mélangés n'a pas raison, parceque leurs formes et leurs qualités demandent que les meules soient élevées pour les uns, et tenues basses pour les autres.

3° L'estimation à la mesure du produit du grain moulu induit en erreur ; c'est toujours au poids qu'il faut se faire rendre la farine et le son, soit qu'on paie le meunier en argent, ou qu'il reçoive son salaire en nature.

4° Un quintal de bon blé parfaitement nettoyé et moulu par la mouture énonomique doit rendre soixante-quinze livres de farine, tant blanche que bise, et vingt-cinq livres de son, y compris le déchet, qui va à une livre environ ; si on en obtient davantage, le surplus n'est que du son aussi fin que la farine.

5° Les blés secs peuvent se conserver long-temps sans frais, et à l'abri de tous les inconvéniens, en les renfermant dans des sacs éloignés des murs et isolés, jusqu'au moment de les moudre et de les convertir en pain.

6° La farine se garde plus facilement que le grain, pourvu qu'elle soit sèche, séparée du son, tassée, à l'abri de l'air, de l'humidité, et renfermée dans des sacs isolés les uns des autres.

7° C'est dans la manière d'employer l'eau que consiste son principal effet ; on doit la prendre telle qu'elle est en été, et la faire tiédir en hiver ; mais il faut qu'elle soit plus chaude pour le seigle, et jamais au degré d'ébullition, quelles que soient la saison, la nature des farines, et l'espèce de pain.

Le son en substance, quelque divisé qu'on le suppose, fait du poids et non du pain ; il empêche cet aliment de prendre de l'étendue et de se conserver long-temps. Le pain le plus volumineux, à qualité et quantité égales, est celui qui remplit et nourrit le mieux.

9° Si le son est gras, et que plutôt de le vendre et de le consommer dans les basses-cours, on préfère d'en augmenter le pain, il faut avoir soin de le mettre tremper dans l'eau froide pendant la nuit, de passer cette eau chargée de farine, et de l'employer au pétrissage. Le marc, mêlé avec des herbages, peut encore servir à nourrir des bestiaux.

10° Jamais il ne faut se servir de levain vieux ; il doit toujours former le tiers de la pâte en été, et la moitié en hiver.

11° Quand on associe la farine de froment ou de seigle avec les autres grains pour en faire du pain, il est toujours utile que la première soit employée dans l'état de levain pour donner plus d'énergie au mélange.

12° Plus on se donnera de peine pour pétrir la pâte plus on obtiendra de pain, et meilleur il sera : on n'a rien de bon sans le travail.

13° Dans les temps chauds la pâte demande à être divisée et façonnée au sortir du pétrin : il faut, en hiver, la laisser en masse une heure environ avant de la tourner.

14° Il est avantageux de ne faire que des pains de douze livres : ceux qui ont un plus grand volume sont embarrassans à manier, font perdre de la place au four, et cuisent mal.

15° Quand la pâte est suffisamment levée, il faut sans différer la mettre au four, et ne l'ouvrir qu'au moment où l'on croit que le pain approche de sa cuisson.

16° Si la farine provient d'un bon blé, parfaitement moulu, et qu'elle soit purgée entièrement de son, elle absorbera deux tiers d'eau, et rendra un tiers en sus de pain. Ainsi un quintal de farine prendra soixante-six livres d'eau, et produira cent trente-trois livres de pain. Or, dans ce rapport, chaque livre de blé fournit une livre de pain.

17° Le pain de froment composé de toute farine est le plus substantiel, le plus savoureux et le plus économique : c'est enfin le vrai pain de ménage.

18° Il faut que les sacs, le pétrin, les corbeilles et les couvertures dont on se sert soient tenus bien propres, sans quoi les grains et les farines ne se conservent pas ; la pâte lève mal, et le pain contracte un goût d'aigreur désagréable.

19° Le froment, le seigle et l'orge sont les seuls grains dont on puisse faire du pain. Employés à parties égales, ils devroient être dans tous les temps l'aliment habituel des villes et des campagnes.

20° Pour que le pain de munition soit sain, substantiel et de facile digestion, il faut extraire de la farine une partie du son ; celui qui contient tout ce que le grain peut en fournir ne réunit aucune de ces qualités.

21° Il n'y a absolument que le froment qui soit susceptible

de faire de bon biscuit ; celui qui se conserve le mieux à la mer doit être parfaitement épuré de son, et renfermer un dixième de levain.

22° Le pain d'épice est un mélange de farine de seigle et de miel liquéfié au feu, d'où résulte une pâte qui, bien pétrie et cuite au four, ne subit pas le mouvement de fermentation.

23° En supposant la meilleure méthode de moudre, de pétrir et d'enfourner, l'expérience et le raisonnement prouvent qu'on aura infiniment moins d'embarras et plus de profit en vendant son grain pour acheter de la farine à la place, et que ce double avantage sera encore plus marqué, en prenant son pain chez le boulanger, qui le fabriquera toujours mieux et à moins de frais que le particulier le plus économe et le plus adroit. (PAR.)

PAIN A COUCOU. C'est l'OXALIDE OSEILLE.

PAIN D'EPICE. Pain formé avec de la farine de seigle et du miel, etc. *Voyez* le mot PAIN.

PAIN D'OISEAU. Nom vulgaire de l'ORPIN BRULANT.

PAIN DE POURCEAU. C'est le CYCLAME.

PAIN-VIN. On donne quelquefois ce nom à l'AVOINE FROMENTALE.

PAIROL. Grand chaudron de cuivre.

PAISSEAU. Synonyme d'ÉCHALAS

PAISSON. Synonyme de PATURAGE.

PAITRE. C'est conduire les bestiaux aux pâturages.

PALE. Planche qui est taillée en pointe et qui sert à former des PALISSADES. *Voyez* ce mot.

On n'emploie plus guère cette expression que dans ses dérivés *empaler*, supplice usité chez les Turcs, et palissade.

PALEJA. C'est, dans le département de la Haute-Garonne, labourer avec la bêche.

PALETTE. Nom des haricots qu'on mange en vert dans le Médoc.

PALÉTUVIER DES INDES, *Rhizophora gymnorhiza*, Lin., arbre de la troisième grandeur, qui appartient à la famille des CHÈVRI-FEUILLES, et qui croît naturellement aux Indes orientales, dans les lieux humides et sur les bords de la mer, où il est souvent baigné par ses flots. Il a dix ou douze pieds de hauteur, et une tige ordinairement tortueuse, qui est revêtue d'une écorce épaisse, brune et crevassée. Ses rameaux sont très nombreux et s'étendent en tous sens. Des rameaux inférieurs et du tronc partent des jets cylindriques et flexibles qui descendent jusqu'à terre, s'y plongent, y prennent racine et produisent de nouveaux arbres. Ces jets, par leurs bifurcations et leurs entrelacemens, forment des espèces de haies impénétrables, à peu près semblables à celles du figuier du Bengale.

Les feuilles du palétuvier ont cinq à six pouces de longueur, et de courts pétioles opposés l'un à l'autre ; elles sont fermes, lisses, très entières, d'une forme ovale, et terminées en pointe ; leur surface supérieure est verte, l'inférieure pâle et marquée d'une côte moyenne assez relevée. Les fleurs viennent, sur les côtés des branches, aux aisselles des feuilles ; elles sont d'un jaune verdâtre, solitaires et pendantes ; leur calice, qui persiste, a ses bords découpés en dix ou douze segmens ; leur corolle est formée de dix ou douze pétales oblongs, pliés en deux, renfermant chacun deux étamines ; le pistil est triangulaire et a trois stigmates.

Le fruit est une capsule ovale ; il ne contient qu'une semence qui présente un phénomène bien singulier. Dès que cette semence est mûre, la germination se manifeste aussitôt, et commence dans le fruit et sur l'arbre même. La radicule, qui se développe la première, rompt le sommet de la capsule, s'allonge et s'élève au dehors sous la forme d'une massue qui acquiert depuis quatre à cinq pouces jusqu'à un pied de longueur. Ne pouvant se soutenir dans cette position, elle se renverse. Par son poids et ses oscillations continuelles, elle parvient à détacher la semence du fruit ; elle tombe alors sur la terre et s'y enfonce par son sommet, tandis que sa base, qui tient à la semence, et qui est destinée à devenir la tige, s'élève dans une direction verticale, accompagnée des deux cotylédons, au milieu desquels paroît bientôt la plantule. L'humidité perpétuelle qui règne dans les lieux où croît le palétuvier est très propre à favoriser cette singulière germination.

Le bois de cet arbre est rougeâtre, pesant et dur. Quand il vient d'être coupé, il a une odeur sulfureuse, plus sensible encore dans l'écorce. Les Chinois emploient cette écorce à le teinture en noir. Les fruits du palétuvier contiennent une espèce de moelle que les Indiens mangent après l'avoir fait cuire dans du vin de palmier ou dans du jus de poisson.

Les voyageurs ont donné le nom de palétuvier à plusieurs arbres qui croissent en Amérique, et dont les genres ne sont pas déterminés. On connoît à Saint-Domingue quatre espèces d'arbres qui portent ce nom ; savoir, le PALÉTUVIER ROUGE ou VIOLET, qu'on trouve à l'embouchure des rivières, et qui se multiplie par les filamens qui pendent de ses branches. Il est ainsi appelé, parceque la nervure principale de ses feuilles est rougeâtre, et que l'écorce de son bois donne une couleur violette ; cette écorce sert à tanner les cuirs ; le PALÉTUVIER JAUNE, dont la feuille est divisée par une côte jaunâtre, et qui croît au bord de la mer ; le PALÉTUVIER A FEUILLES ÉPAISSES, qui ressemble au palétuvier rouge ; enfin le PALÉTU-

VIER BLANC, ou de MONTAGNE, qui vient dans les mornes, dont les fleurs sont blanches, les fruits blancs, et dont le bois blanchâtre et solide est employé pour faire des combles aux maisons. Le bois des autres palétuviers n'est bon qu'à brûler.

Il seroit difficile de cultiver les palétuviers ailleurs que dans leur pays natal ; mais, dans les contrées où ils croissent, on pourroit en tirer un grand parti pour clore et défendre les plantations, les villages et tous les établissemens bornés par des fleuves ou par la mer. (D.)

PALIETTE. Nom botanique des écailles qui entourent les fleurons ou les demi-fleurons des fleurs composées. Un récep-table couvert de paliettes est souvent indiqué comme caractère des genres de cette famille.

Les jardiniers appellent aussi de même les étamines de quelques fleurs.

PALIS. Clôture qu'on fait avec des pales, ou des perches, ou des claies, pour garantir, pendant un temps plus ou moins long, un terrain des atteintes des bestiaux, ou un troupeau de celles des loups.

PALISSADE. C'est un entourage fait avec des planches, des pieux, des perches, ou avec des arbres et arbustes taillés au croissant. Dans ce dernier cas, la palissade ne diffère de la haie que parcequ'elle a pour objet de cacher une vue dés-agréable ou inutile, et qu'elle peut être beaucoup plus élevée. Les charmilles qui bordent les allées dans les jardins ornés sont de véritables palissades. *Voyez* CHARME.

On peut faire des palissades dans le premier cas avec toute espèce de bois. Celles en planches sont trop exposées à être volées pour pouvoir être employées autre part qu'autour des habitations. On doit préférer pour fabriquer celles faites avec des pieux ou des perches le chêne et le châtaignier, comme beaucoup plus durables.

Autrefois, lorsque le bois étoit plus commun, on faisoit beaucoup de palissades ; aujourd'hui elles sont rares, par-cequ'elles sont très coûteuses. La meilleure et la plus éco-nomique est, sans contredit, celle qui se fabrique en plantant des pieux en terre, en attachant à ces pieux deux rangs de perches parallèles au terrain, et en fixant à ces perches, par le moyen du fil de fer, des échalas perpendiculaires au terrain et parallèles entre eux. La distance entre les pieux, entre les perches, entre les échalas, varie ; mais communément c'est six pieds, trois pieds et trois pouces. Les premiers et les derniers ont cinq à six pieds de haut, et sont charbonnés à leur extré-mité inférieure. Une telle palissade peut, au moyen de quelques réparations, lorsque le terrain n'est pas trop humide, durer douze ou quinze ans en bon état. Elle a l'avantage non seulement d'empêcher les hommes et les gros animaux d'entrer dans l'enceinte qu'elle forme, mais encore les lièvres et les lapins. Aussi est-ce dans les lieux abondans en gibier qu'on l'exécute le plus ordinairement.

Une haie sèche est une véritable palissade du même genre.

La beauté d'une palissade de jardin, c'est-à-dire faite comme une haie vive, consiste à être bien régulière et également épaisse dans toutes ses parties. On peut la composer avec toutes sortes d'arbres; mais généralement on n'y emploie que la charmille, l'ormille l'épine blanche, l'if et le buis, comme se prêtant mieux que les autres à la taille au croissant ou aux ciseaux, et se conservant plus ordinairement bien garnis par le pied. Elles se plantent positivement comme les HAIES. *V.* ce mot et les articles des arbres cités plus haut.

Aujourd'hui que le goût général reporte les hommes vers tout ce qui ne s'écarte pas de la nature, les palissades sont presque entièrement repoussées des jardins. On n'en voit plus que dans ceux plantés d'ancienne date. Je ne m'étendrai donc pas plus sur ce qui les concerne.

Pour qu'une palissade se conserve en bon état elle doit, dit-on, être taillée deux fois par an, c'est-à-dire à la fin de la sève du printemps et à la fin de celle d'automne. Lorsqu'on ne veut la tailler qu'une fois, il faut le faire entre les deux sèves, c'est-à-dire au milieu de l'été, ce qui est beaucoup plus dans les principes d'une bonne culture. Il est important de couper les bourgeons le plus près possible du tronçon de l'extrémité des branches, et d'éviter de couper ce tronçon, parceque dans le premier cas la palissade s'épaissiroit trop, et que dans le second elle se dégarniroit de branches. Toujours la taille rend les palissades d'un aspect désagréable jusqu'à la nouvelle pousse; car des feuilles à moitié coupées, la plupart mortes, des chicots dégarnis ne sont point de beaux objets. Ainsi dans les momens où la nature est la plus fraîche, où un ombrage épais est le plus désirable, on ne jouit qu'imparfaitement des palissades. *Voyez* le mot PALISSAGE. (B.)

PALISSADE (ARBRES EN). Arbres de ligne, formant des allées de jardins, des avenues, etc., dont on taille les branches dans le sens de la longueur de ces allées ou de ces avenues, soit des deux côtés, soit seulement en dedans, afin de leur faire former un rideau, analogue à celui des charmilles, à huit à dix pieds du sol.

Cette manière de diriger les arbres, fort à la mode autrefois, est repoussée des jardins paysagers, comme trop contraire à la nature, et tombe chaque jour de plus en plus en désuétude; cependant, comme elle a encore lieu dans les jardins ornés, je dois en dire un mot.

Les arbres de ligne, qu'on est dans l'intention de forcer à faire palissade, se plantent comme les autres. *Voyez* PLANTATION, ROUTE, AVENUE et ALLÉE. Généralement on leur coupe la tête sur la tige; mais il vaudroit mieux la couper sur les grosses branches, et de telle manière que l'éventail soit indiqué, et que la sève trouvât quelques brindilles propres à favoriser son ascension et par conséquent la pousse des bourgeons. *Voyez* SÈVE, GREFFE et BOURGEON.

La première année de la plantation on ne touche point à la tête de l'arbre; mais la seconde, entre les deux sèves, ou mieux, pendant l'hiver, on coupe avec le croissant tous les bourgeons qui se trouvent en dedans de l'allée et au dehors, le plus près possible du tronc, de sorte qu'il n'y a que ceux qui montent et ceux qui se dirigent dans le sens de la longueur de l'allée qui restent entiers. Cette opération se répète tous les ans à la même époque. Il en résulte que les arbres prennent de la hauteur, de la largeur et point d'épaisseur, et que les branches latérales de chacun d'eux se réunissent à celles des deux plus voisins. A cette époque l'arbre est formé et n'a plus besoin que d'être entretenu dans le même état par des opérations annuelles du même genre. Quelquefois on leur coupe aussi la tête à une certaine hauteur, et alors il n'y a plus de différence entre eux et les CHARMILLES (*voyez* ce mot) que parceque le bas de la tige est privé de rameaux.

Comme les arbres en BOULE (*voyez* ce mot), ceux en palissades ne font que de foibles pousses, et ne grossissent pas proportionnellement à ceux du même âge laissés avec toutes leurs branches. La cause est la même. Lorsqu'on ne taille ces arbres qu'en dedans de l'allée, l'effet est diminué, ce qui prouve la vérité de l'explication.

Les arbres qui se prêtent le mieux à la disposition en palissade sont le TILLEUL, l'ORME et le MARRONNIER D'INDE. *Voyez* ces mots. (B.)

PALISSAGE, PALISSADER. C'est fixer contre un mur les rameaux d'un arbre ou d'un arbuste, soit parcequ'ils ont besoin d'être soutenus, soit parcequ'on veut les obliger à prendre une direction différente de celle qui leur est naturelle. Ainsi on palissade un jasmin, un chèvre-feuille; on palissade un pêcher, un poirier, etc.

On effectue le palissage, soit directement, avec des petits morceaux d'étoffe qui embrassent les branches et se fixent dans le mur au moyen de clous; soit indirectement, à la faveur d'un treillage au préalable dressé contre le mur, et aux barreaux duquel on assujettit les branches avec des liens de jonc ou d'osier.

Le premier de ces palissages est à préférer parcequ'il permet de placer rigoureusement les branches des arbres dans la position qui leur est la plus convenable; tandis que dans le second on est forcé de se conformer, jusqu'à un certain point, à celle des barreaux; mais il faut pour cela que les murs soient en plâtre, ou composés de pierres fort minces liées avec un mortier sans sablon. *Voyez* LOQUE.

On distingue deux sortes de palissage, un d'hiver et un d'été. Tous deux tendent à donner à l'arbre une plus grande largeur et une moindre épaisseur, à faire naître l'abondance des fruits, à augmenter leur grosseur, leur saveur et leur coloration, et à en accélérer la maturité. Le premier est toujours accompagné de la taille, et le second, de la suppression d'une partie des bourgeons.

Une des règles fondamentales du palissage est de ne laisser que les branches obliques, et cela de manière qu'elles soient toutes également réparties sur la surface du mur, et que chacune forme un petit éventail semblable au grand. *Voyez* aux mots ESPALIER, PÊCHER, TAILLE, ARBRE FRUITIER.

C'est à Montreuil, près Paris, lieu où on palissade à la loque, qu'il faut aller pour apprendre à bien palissader un arbre. L'homme le plus indifférent pour la culture ne peut voir sans admiration les résultats du travail des jardiniers qui y habitent. Là on peut, en une semaine de pratique, acquérir plus de connoissances sur les principes de cet art que dans tous les livres qui ont été publiés pour le faire connoître.

Un arbre mal palissadé dans sa jeunesse peut difficilement, et même souvent ne peut pas du tout être rétabli dans une bonne direction sous ce rapport. C'est donc dès l'hiver de l'année de la plantation qu'il faut s'en occuper. A cette époque on évasera le plus possible, sans cependant faire trop d'efforts, les deux branches opposées les plus parallèles au mur qui se trouveront à la hauteur à laquelle on veut commencer l'éventail, et on les fixera contre le mur par deux ou un plus grand nombre de loques. Les autres seront toutes supprimées. Ces deux branches qui auront été taillées (*voyez* au mot TAILLE) pousseront la même année des bourgeons, dont plusieurs, ceux qui seront en dessus et en dessous parallèles au mur, seront de nouveau palissadés entre les deux sèves, et les autres, c'est-à-dire ceux qui seroient trop rapprochés des premiers, ceux qui seroient perpendiculaires au mur en dehors ou en dedans, seront supprimés. La même opération se renouvellera l'hiver suivant en même temps que la taille, et ainsi de même toutes les années en été et en hiver. Jamais on ne souffrira qu'une branche croise une autre branche, qu'une place soit moins garnie qu'une autre. Comme, lorsque l'arbre a été bien conduit dès l'origine, ce sont toujours des bourgeons de la dernière pousse qu'on fixe contre le mur, ils ont assez de flexibilité pour se prêter jusqu'à un certain point à la volonté de l'opérateur. Dans le cas contraire, on amène les rameaux petit à petit, par des dépalissages et des palissages de quinze en quinze jours, à s'abaisser ou à se relever selon le besoin. C'est ordinairement une chose fâcheuse, et souvent une chose dangereuse, que d'être obligé à en agir ainsi, parceque, ou la branche est exposée à se casser dans l'opération, ou à périr à sa suite.

Lorsque, dans le palissage sur un treillage, la branche n'est pas assez longue pour être fixée directement à une traverse, on l'allonge par le moyen d'un brin d'osier, de jonc, de paille, etc., qu'on attache un peu au-dessous de son extrémité et à la traverse. On appelle ce supplément ALAISE, ALLONGE, ou BRIDE.

Une branche qui a trois ans de palissage a assez pris son pli pour qu'il ne soit plus nécessaire de la fixer; cependant on doit savoir qu'elle tend continuellement à se redresser par le seul effort de la végétation, afin de calculer l'écartement forcé qu'on doit lui donner d'abord, c'est-à-dire qu'il faut lui donner un peu plus d'écartement qu'il n'est alors nécessaire, pour qu'au milieu de sa durée elle se trouve positivement à la place convenable.

On sent qu'une précision mathématique est impossible à exiger et inutile à tenter. Il faut en général contrarier le moins possible la nature, lors même que cela devient nécessaire.

Quand on palissade à la loque il est indispensable de retirer chaque hiver toutes les loques inutiles, parcequ'elles se conservent long-temps sans se pourrir, sur-tout si elles sont de drap, et qu'elles gêneroient le grossissement des branches. Cela est moins nécessaire dans le palissage sur treillage, parceque le jonc et l'osier se détruisent plus facilement. En général, les jardiniers qui ne craignent pas leur peine, ou qui sont jaloux de faire de la bonne besogne, dépalissadent chaque hiver la totalité des branches de leurs arbres pour les fixer de nouveau. Par ce moyen ils les règlent mieux.

Il n'y a pas deux opinions sur l'époque du palissage d'hiver, c'est immédiatement après la taille; mais il est des personnes qui pensent que celui d'été doit être fait, du moins pour le pêcher, long-temps après l'ébourgeonnement. M. Butret, à qui on doit un très bon ouvrage sur la conduite et la taille des arbres, dit qu'il doit se retarder le plus possible, afin de donner aux bourgeons le temps d'acquérir de la force, et d'empêcher les fruits d'être brûlés par le soleil. J'ai indiqué au mot PÊCHER une autre raison, à ce que je crois, encore plus forte, c'est celle de ne pas augmenter l'affoiblissement de l'arbre, déjà épuisé par les pertes, suite de son ébourgeonnage, en gênant la circulation de la sève par la position forcée de ses bourgeons. Roger Schabol et la presque totalité des jardiniers veulent qu'on palissade immédiatement après l'EBOURGEONNEMENT. (*Voyez* ce dernier mot), où ses motifs sont développés.

Le palissage des pêchers ne commence qu'en juillet et dure un mois à Montreuil. On commence par les jeunes qui ne portent point de fruit ; ensuite on vient aux variétés les plus précoces. D'abord ce sont les bourgeons qui servent de prolongement aux mères branches qu'on fixe les premiers, ensuite, à des intervalles plus ou moins longs, tous les autres à mesure que le besoin s'en fait sentir. Chaque jour on visite donc tous ou presque tous les arbres sous ce rapport. Il me semble que par ce moyen on évite tous les inconvéniens, et on remplit toutes les données indiquées par la théorie. *Voyez* au mot PÊCHER.

Il est encore une espèce de palissage qu'on pratiquoit beaucoup autrefois, mais qui est tombée en désuétude depuis que la taille s'est perfectionnée. C'est même cette espèce qui a donné le nom à l'opération. Elle consiste à tailler les branches d'un arbre fruitier planté contre un mur sans les attacher jamais. Cette manière de tailler rentre complètement dans celle des contre-espaliers, et sera indiquée à leur article. J'ai eu pendant plusieurs années un exemple sous les yeux dans six poiriers demi-tige, plantés par La Quintinie dans le potager de Versailles ; poiriers qu'une coupable ignorance a fait disparoître à mon grand regret, tandis que la main qui les avoient plantés et leur âge de cent soixante ans devoient les faire respecter. (B.)

PALISSE. Nom des haies dans le département des Deux-Sèvres.

PALIURE, *Paliurus*. Arbrisseau qui faisoit autrefois partie du genre des NERPRUNS (*voyez* ce mot), mais qui en constitue aujourd'hui un particulier.

Le paliure, qu'on appelle aussi *argalou*, *épine de christ*, *porte-chapeau*, s'élève à dix ou douze pieds. Sa tige est tortueuse, très rameuse ; ses branches sont fléchies en zigzag, et munies à chaque nœud de deux aiguillons inégaux, dont l'un est droit et l'autre courbé. Ses feuilles sont alternes, pétiolées, ovales, légèrement dentées, glabres, un peu obliques. Ses fleurs sont disposées en petites grappes axillaires.

Cet arbrisseau croît dans les parties méridionales de l'Europe et fleurit en été. Il paroît très propre, plus propre même qu'aucun des arbrisseaux indigènes, pour former des haies ; cependant toutes celles que j'ai vues en France et en Italie étoient on ne peut plus mauvaises, car elles n'offroient que des buissons écartés les uns des autres. Il paroît que chaque pied veut être isolé, et que le plus fort parvient toujours à enlever la nourriture au plus foible. Peut-être ce fait étoit-il produit par le défaut de soin et d'intelligence de la part des cultivateurs, c'est ce que je n'ai pu vérifier ; mais il est certain que dans les mêmes endroits il y avoit des haies composées avec d'autres espèces d'arbustes qui étoient fort bien tenues.

Le paliure se multiplie par ses semences, par ses rejetons et par ses marcottes. Il demande un terrain sec et léger. Le plus aride lui est convenable. On le cultive rarement dans le nord de la France, attendu qu'il n'est d'aucun agrément, et que ses épines le repoussent de tous les jardins. Il craint les gelées du climat de Paris. Ses semences passent pour diurétiques, et ses feuilles pour astringentes. (B.)

PALLE. *Voyez* PELLE.

PALMA-CHRISTI. Nom latin du RICIN.

PALME. Ancienne mesure de longueur usitée dans quelques cantons. *Voyez* MESURE.

PALMÉE (FEUILLE). C'est celle qui est divisée de manière à imiter une main ouverte.

PALMETTE (ARBRE EN). Thouin a donné ce nom à une disposition des arbres fruitiers en espaliers, sur-tout des poiriers, qui consiste à laisser monter la tige droite, à lui couper la tête tous les ans, et à palissader perpendiculairement à cette tige, et par conséquent parallèlement au sol, toutes ses branches latérales, depuis sa base jusqu'au sommet. Cette méthode, fort en faveur en Angleterre, et que depuis quelques années on pratique en France, exige des arbres conduits dans les pépinières comme ceux dont on veut faire des quenouilles. Cette circonstance, jointe à celle que la taille de ces arbres, lorsqu'ils sont plantés à demeure, ne diffère de celle des quenouilles qu'en ce qu'on supprime les branches du devant et du derrière de l'arbre, et qu'on palissade celles des côtés, fait que j'ai cru devoir considérer les arbres en palmette comme une sorte de QUENOUILLE ou de PYRAMIDE. *Voyez* ces mots. (B.)

PALMIERS, *Palmæ*, Lin. Arbres étrangers composant une très belle famille du même nom, qui comprend quinze à vingt genres, et dont presque toutes les espèces croissent naturellement dans les pays situés entre les tropiques ou dans leur voisinage, et sont de la plus grande utilité aux habitans de ces contrées, pour le logement, l'habillement et la nourriture.

Les palmiers ont une manière de croître qui leur est propre. Leur aspect est noble, leur port élégant. Linné les appelle les princes du règne végétal. La plupart représentent comme des colonnes naturelles d'après lesquelles on a sans doute imaginé celles des arts. Leur tige est droite et simple et ne prend jamais de branches ; elle est formée, non par l'addition de couches extérieures concentriques, comme celles des autres arbres, mais par le développement successif des feuilles qui sortent chaque année de son centre, et dont les pétioles se durcissent et se soudent ; par cette raison, elle ne croît presque point en grosseur, laquelle est égale par-tout, mais seulement en hauteur, qui varie selon les espèces, et qui est ordinairement très grande. Il y a des palmiers qui ont jusqu'à cent vingt et cent trente pieds. Dans toutes les espèces la cime de la tige est couronnée par un faisceau ou un panache de feuilles très longues et très larges, dont la disposition est particulière, et qui conservent leur verdure toute l'année. Leur nombre est à peu près toujours le même sur chaque individu, parcequ'à mesure que les anciennes se dessèchent et tombent, il en renaît de nouvelles : elles présentent dans les divers palmiers deux sortes de formes ; les unes sont faites en éventail, les autres sont composées de plusieurs folioles placées sur un pétiole commun, et pliées en deux dans toute leur longueur, avec des nervures longitudinales ou parallèles à la côte du milieu.

Les fleurs des palmiers sont en général assez petites, jaunâtres ou verdâtres, et n'ont que peu ou point d'éclat ; elles ne sont point pourvues de pédoncules particuliers, mais on les trouve réunies en grand nombre sur des pédoncules communs auxquels on donne le nom de *régime* ou *spadix*. Ces spadix naissent dans les aisselles des feuilles ; ils sont recouverts d'une enveloppe membraneuse appelée *spathe*, et qui se déchire et s'ouvre en deux ou plusieurs parties. Très peu de palmiers portent des fleurs hermaphrodites ; la plupart ont des fleurs unisexuelles. Les mâles et les femelles naissent tantôt sur deux individus, tantôt sur le même, quelquefois sur un régime, quelquefois sur deux régimes du même arbre. Dans chaque sexe on aperçoit presque toujours les rudimens du sexe qui manque. Aux fleurs femelles succède ordinairement un drupe sec, dont l'enveloppe extérieure qu'on nomme *caire* est formée de fibres nombreuses très serrées, et cache un noyau ligneux qui varie de forme et de grosseur.

Dans les pays où croissent les palmiers on fait usage de toutes leurs parties. L'heureux habitant de ces contrées y trouve du bois pour entourer son domaine et y bâtir. Avec leurs feuilles. il couvre son habitation, et forme divers tissus propres à le vêtir ; elles lui tiennent lieu de linge et de papier, il en fait des cordes, des hamacs, des sièges, des chapeaux, des parasols, des paniers, et une foule d'autres meubles ou ustensiles domestiques. Le cœur et la cime des palmiers lui fournissent une fécule et un chou nourrissants ; et de leurs spadix ou de leurs fruits cueillis à divers degrés de maturité, il retire des huiles et différentes liqueurs très agréables. Combien donc ces arbres précieux ne devroient-ils pas être multipliés par-tout où le climat peut convenir à leur culture ! Non seulement ils sont très utiles, mais il n'en est point qui puissent leur être comparés comme arbres d'ornement. Quelques habitations de Saint-Domingue étoient embellies par des doubles et triples allées de palmiers tirées au cordeau ; j'en ai vu une semblable dans la plaine du Cap, qui avoit quatre cents toises de longueur sur une largeur proportionnée. Rien n'étoit plus beau, plus imposant ; c'étoit une immense colonnade supérieure, pour l'aspect et la majesté, à tout ce que la nature ou les arts pourroient offrir en Europe.

Je vais donner une notice des palmiers les plus intéressans à avoir et à cultiver. Nous en possédons quelques uns dans nos colonies ; il seroit facile de les y naturaliser tous, et on pourroit en tirer de grands avantages ; ils contribueroient sur-tout à adoucir le sort des noirs en fournissant à une partie de leurs besoins et en leur donnant les moyens d'exercer leur industrie. Ces palmiers sont,

Le PALMIER CORYPHE, *Corypha*. Il a des feuilles palmées, des fleurs hermaphrodites, et pour fruits des baies sphériques et lisses, qui contiennent un noyau rond et osseux dont l'amande est blanche. Le *coryphe de Malabar* croît dans les lieux pierreux et montagneux ; c'est un arbre de trente à quarante pieds de hauteur, qui ne porte des fleurs qu'une seule fois en sa vie, à l'âge de trente-cinq ou quarante ans ; ces fruits sont environ quatorze mois à mûrir, et il en produit une quantité prodigieuse. Ses feuilles sont si grandes, qu'une seule peut couvrir quinze à vingt hommes ; les Indiens en couvrent leurs maisons ; ils en font des tentes, des parasols, des livres sur lesquels ils écrivent avec un style de fer. Le *coryphe palmeto*, qu'on trouve en Floride et en Géorgie sur les bords de la mer, ne s'élève qu'à vingt ou trente pieds ; sa grosseur est de dix à quinze pouces. Il a des feuilles en éventail dont les plis sont rapprochés vers le milieu et écartés vers les bords. Son bois est incorruptible et employé presque uniquement à faire des digues : le port de Charles en est construit.

Le PALMIER CHAMŒROPS, *Chamœrops*. Il croît en Espagne, en Barbarie, en Sicile, et généralement dans tous les pays qui bordent la Méditerranée. Sa hauteur est de quatre à cinq pieds; son tronc, nu à la base, écailleux dans le reste de sa longueur, est couronné par trente à quarante feuilles palmées, plissées, et divisées à leur sommet en folioles étroites ayant la forme de carène. De leur centre s'élève un spadix rameux couvert de petites fleurs jaunâtres, les unes mâles et les autres hermaphrodites. Le fruit est formé par trois petits drupes globuleux : sa pulpe se mange ; elle est douce et mielleuse. La tige de ce palmier nain contient, dans sa partie inférieure, une substance ferme et blanchâtre, qui est également bonne à manger ; c'est une espèce de fécule douce au goût et analogue à celle du sagoutier. *Voyez* ce mot. Le chamœrops vient dans les plus mauvais terrains, et se multiplie de lui-même très facilement; cependant il est peu abondant parcequ'on ne le cultive pas, et qu'on le détruit pour avoir sa fécule.

Le PALMIER AREC, *Areca*. On distingue deux espèces principales d'*arec*; celui de l'Inde, *areca cathecu*, Lin., et celui d'Amérique, *areca oleracea*, Lin., plus connu sous le nom de *chou palmiste*. Tous les deux offrent des fleurs monoïques, disposées en panicule, et renfermées dans une spathe d'une seule feuille; ces fleurs ont un calice à trois divisions, et une corolle à trois pétales; les mâles sont pourvues de six à neuf étamines, et naissent au haut de la panicule; les femelles sont placées à la base, et présentent un ovaire à trois styles. Le fruit est une espèce de noix ronde, recouverte d'un brou épais et fibreux.

L'*arec de l'Inde* est un arbre de moyenne grandeur. Sa cime est couronnée par six ou sept feuilles longues de dix pieds, composées de deux rangs de folioles étroites, lancéolées, opposées, et plissées dans leur longueur. De leur centre sort un gros bourgeon conique appelé chou, qui a une saveur acerbe et qu'on ne mange point. Les fruits ont la grosseur d'un œuf de poule ; leur écorce recouvre une chair fibreuse et succulente, que les Indiens nomment *pinangue*, et qu'ils mangent ou mâchent, mêlée avec le bétel ou le cachou ; ils font le même usage de l'amande.

L'*arec d'Amérique*, ou *chou palmiste*, a une tige très élevée, et qui se termine comme celle de l'espèce précédente. Au dessous du chou sortent quelques spathes longues de deux ou trois pieds, renflées comme un fuseau, et qui, en s'ouvrant, donnent naissance à des panicules de fleurs blanches. Les fruits sont des baies oblongues et bleues, grosses comme une olive ; ils renferment une seule amande dont on tire une huile bonne à brûler, et une espèce de fécule gommo-résineuse. Au centre de l'arbre, la partie ligneuse de l'arec est mollasse et spongieuse; à la circonférence et dans l'épaisseur de deux pouces ou environ, son bois est très compacte et très dur, et passe pour incorruptible : on en fait des tuyaux, des gouttières, des planches pour les cloisons, des lattes pour couvrir les cases, et on l'emploie à beaucoup d'autres ouvrages. On est dans l'usage de couper et de manger le chou ou bourgeon terminal qui est composé de jeunes feuilles non développées et très tendres; il a un goût délicat qui approche de celui de l'artichaut; on le fait frire ou bouillir; on le prépare à la sauce blanche, et on en fait des potages excellens. Pour l'avoir on abat l'arbre, parcequ'il meurt dès qu'on lui a ôté cette partie. On devroit, par cette raison, multiplier davantage ce palmier dans nos colonies, où, malgré son utilité, il deviendra peut-être un jour très rare. Aux îles de France et de la Réunion on fait un emploi particulier de la base élargie des pétioles qu'on y nomme *empondre*. Comme cette partie est ligneuse, qu'elle a la forme d'une cuvette, et qu'elle peut contenir une certaine quantité de liquide, on s'en sert pour faire le sel ; on la remplit pour cela d'eau de mer qu'on laisse évaporer et qu'on renouvelle jusqu'à ce que l'empondre soit rempli de cristaux.

Le PALMIER INDEL, *elate*. Il croît au Malabar : il a des fleurs unisexuelles placées sur le même individu. Sa tige s'élève à la hauteur à peu près de quatorze pieds, et pousse à son sommet un faisceau de feuilles ailées, assez grandes et épineuses à leur base. Sous les aisselles de ces feuilles pendent des fruits nombreux, d'un rouge noirâtre ou brun, et gros comme un grain de raisin; ils ressemblent pour la forme à ceux du prunier sauvage; leur écorce est lisse, mince et cassante, leur pulpe farineuse et douce. Les Indiens peu fortunés les substituent à ceux de l'areca-cathecu dans la préparation de leur bétel.

Le PALMIER CARYOTE, *caryota*. Il vient sur le continent des grandes Indes et dans les îles qui en dépendent, et il s'élève environ à quarante pieds, sur un tronc de deux à trois pieds de diamètre que couronne une cime ample, composée d'un petit nombre de feuilles extrêmement grandes et deux fois ailées. Ses spathes, en s'ouvrant, présentent des panicules rameux, longs de deux à quatre pieds, et couverts dans toute leur longueur d'un nombre considérable de fleurs sessiles, les unes mâles, les autres femelles. Les fruits sont gros comme une petite prune, et d'un pourpre foncé luisant; ils ne sont point recherchés; leur pulpe est même si caustique, que lorsqu'on la porte à bouche elle y cause des démangeaisons très cuisantes; c'est par cette raison sans doute qu'on a donné à ce palmier le nom de caryote brûlant, *car. urens*. Sa partie ligneuse se fend aisément; on en fait des planches et des solives propres à la construction des bâtimens. De la moelle de l'arbre on retire une farine semblable à celle du sagou; mais on n'y a recours que dans les temps de disette, parcequ'elle n'est pas aussi agréable.

Le PALMIER NIPE, *nipa*. C'est un petit palmier à fleurs monoïques et à feuilles ailées, qu'on trouve aux Moluques et aux Philippines, et qui ne s'élève pas au-delà de six pieds. Ses spadix médiocrement rameux portent des fleurs mâles en chaton, ayant un calice à six divisions et six étamines, et des fleurs réunies en tête, présentant un ovaire implanté dans un sillon. Ses feuilles sont longues de quatre à cinq pieds. Les Indiens en couvrent leurs maisons; ils en font des parasols et des chapeaux; ils retirent des spadix une liqueur sucrée d'autant plus estimée, que les arbres qui la fournissent croissent plus loin des bords de la mer.

Le PALMIER BACTRIS, *bactris*. Il croît dans les îles de l'Amérique, porte des fleurs unisexuelles sur le même individu, et produit des fruits qui diffèrent peu de ceux du cocotier avec lequel on confond généralement ce palmier. *Voyez* COCOTIER.

Le PALMIER ARENGE, *arenge*. Il est indigène des Moluques, s'élève à cinquante pieds, et a des feuilles ailées de quinze à dix-huit pieds de longueur. Ses spathes sont d'une seule pièce, ses spadix très rameux, ses fleurs unisexuelles; les mâles et les femelles viennent sur le même pied, et ont un calice et une corolle semblables. Les mâles sont pourvus de cinquante à soixante étamines: dans les femelles il y a un ovaire à trois styles, qui devient un fruit presque sphérique. En faisant des incisions au régime de ce palmier, on obtient pendant la moitié de l'année une liqueur qui, au moyen d'une simple évaporation, produit un sucre de la couleur et de la consistance du chocolat nouvellement fabriqué. On compose de bonnes confitures avec les amandes des jeunes fruits, et on retire du tronc un excellent sagou. Les filamens qui accompagnent les pétioles des feuilles servent à faire des cordes qui durent beaucoup.

Le PALMIER DOUME ou CUCI, *hyphœne*. Cet arbre qui parvient à la hauteur d'environ trente pieds, offre dans cette famille une exception remarquable. Sa tige, au lieu d'être nue et simple, comme dans tous les autres palmiers, se bifurque trois ou quatre fois, et porte à chaque bifurcation vingt à trente feuilles palmées, longues de neuf à dix pieds, et divisées jusqu'aux deux tiers. Il croît dans la Thébaïde ou Haute Égypte. Il étoit connu des anciens; Théophraste en a parlé sous le nom de *cuci*. Sa fructification présente une spathe simple, un spadix écailleux, des fleurs mâles ayant un calice à trois divisions, une corolle à trois pétales et six étamines, des fleurs femelles placées sur le même individu, et pourvues de trois ovaires surmontés chacun par un style à un seul stig-

mate. Le fruit est une baie lisse et ovale, contenant une pulpe
jaune, d'une saveur mielleuse et aromatique, entremêlée de
fibres au milieu desquelles est une grosse amande cornée. Les
habitans du Saïd se nourrissent quelquefois de ces fruits, qui
sont bons à manger : on en apporte au Caire un grand nombre qu'on y vend à bas prix ; ils ont la saveur du pain d'épice.
On en fait par infusion un sorbet assez semblable à celui qu'on
prépare avec la pulpe des gousses du caroubier. Cette boisson
passe pour salutaire. Dans le même pays on fait des portes
avec le tronc du doume débité en planches, et ses feuilles
sont employées à faire des tapis, des sacs, des corbeilles, des
paniers et d'autres ouvrages de vannerie.

Le PALMIER AVOIRA, *elaïs*. Il y en a plusieurs espèces ; la
plus commune est l'*avoira* ou *aouara de Guinée*, qui se trouve
actuellement dans les colonies françaises de l'Amérique, où
elle a été apportée d'Afrique à cause de son utilité. C'est, selon Aublet, le palmier le plus élevé de tous ceux qui croissent
à la Guiane. Ses feuilles, toujours terminales, ont jusqu'à dix
pieds de longueur ; elles sont ailées, et leur pétiole est garni
d'épines longues et aiguës. Ce palmier porte des fleurs unisexuelles, qui naissent, ainsi que celles du dattier et du cocotier, sur des pieds différens. Les mâles ont un calice à trois
ou six divisions, une corolle à six pétales et six étamines ; les
femelles ont un ovaire surmonté d'un style épais et à trois stigmates. Le fruit est une noix ovale enveloppée d'un brou fibreux ; sa grosseur est celle d'un œuf de pigeon : le brou contient une substance jaune et onctueuse, que les singes, les
vaches et autres animaux mangent. En la laissant macérer
quelque temps, on en tire par expression une huile dont on
fait usage dans l'apprêt des alimens, en médecine et pour brûler. De l'amande du fruit on extrait une espèce de beurre d'un
très bon goût, et qui est fort adoucissant.

Dans leur pays natal, les palmiers sont aisés à multiplier,
mais leur croissance est lente. La plupart aiment un sol meuble
et frais. Leurs racines sont très nombreuses, mais peu profondes ; on est obligé, par cette raison, de leur donner des tuteurs dans leur jeunesse, pour les défendre contre les efforts des
vents. Dans nos climats on ne peut élever ces arbres que dans
des serres où il faut les tenir perpétuellement dans une couche de tan : ils y fructifient mal et très rarement ; mais ils
produisent un bel effet au milieu des autres plantes, par
leur aspect étranger et leurs larges feuilles disposées en panaches.

Le Cocotier, le Dattier, le Rondier, le Rotang et le Sagoutier sont des palmiers dont il a été parlé à leurs lettres.
Voyez ces mots. (D.)

PALMISTE. Nom générique et vulgaire des palmiers dont la cime ou bourgeon terminal se mange et porte le nom de chou. (D.)

PALMOULE, orge à deux rangs qu'on cultive dans le département de la Haute-Garonne, et qui, sur les défrichemens, produit beaucoup plus que les autres variétés.

PALON, pelle de bois employée dans le département des Ardennes.

PAMELLE ou PAUMELLE, espèce d'orge.

PAMPLEMOUSE, espèce d'Orange. *Voyez* ce mot.

PAMPRE, bourgeon de vigne avec ses feuilles et ses fruits. On n'emploie plus guère ce nom que dans le style poétique.

PAN, ancienne mesure de longueur. *Voyez* Mesure.

PANACHE, PANACHURES. On dit que des fleurs, des fruits, des feuilles, des écorces sont panachés lorsque des lignes ou des taches plus ou moins grandes et diversement colorées coupent la couleur principale.

Les panachures sont rares dans les végétaux qui restent dans l'état sauvage; mais il n'est presque pas de fleurs, presque pas de plantes anciennement cultivées qui n'en offrent. Quelques personnes les repoussent, mais le plus grand nombre des amateurs du jardinage les recherchent; aussi sont-elles l'objet de la convoitise de tous ceux qui se livrent aux cultures de spéculation : car les plantes ou les arbres qui les offrent ne coûtent pas plus de soins et de dépenses à produire et à élever, et se vendent cependant plus cher.

Il faut certainement être prévenu par quelque idée fausse, pour nier qu'une tulipe à fleur panachée n'est pas plus agréable à l'œil qu'une tulipe à fleur rouge ou jaune, pour ne pas reconnoître qu'un houx à feuilles panachées produit un effet plus pittoresque que celui à feuilles ordinaires. Les plantes à fleurs ou à feuilles panachées peuvent être regardées comme des espèces, et réellement elles paroissent en être lorsqu'on les examine de loin. Toute panachure introduite dans une espèce véritable est donc une augmentation de richesse pour l'agriculture, un embellissement de plus pour nos jardins.

On a beaucoup disserté sur les causes des panachures des feuilles et des fleurs; l'opinion dominante veut que ce soit une altération du parenchyme produite par une maladie, et cela est vrai pour les feuilles, les pieds panachés étant toujours plus foibles et vivant moins long-temps que les autres; mais il n'en est pas de même des fleurs, ou au moins de toutes les fleurs, une tulipe des plus panachées étant souvent plus grosse et d'une plus vigoureuse végétation que celle qui ne l'est pas.

On a reconnu que les fleurs à couleur rouge étoient plus sujettes à se panacher que les autres; aussi est-ce la tulipe,

l'œillet, la renoncule et l'anémone qui présentent le plus
grand nombre de variétés sous ce rapport.

La plupart des fleurs provenant de semis ne sont pas panachées là où les premières années elles attendent quelquefois
long-temps avant de montrer une partie ou la totalité de leurs
panachures. On ne regarde un semis de tulipes comme ne
donnant plus de pieds panachés qu'après dix à douze ans
d'attente. La nature de l'espèce, le terrain, le climat, la culture, etc., influent plus ou moins sur le temps où les panachures se développent.

Les années sèches et chaudes sont plus favorables aux panachures des fleurs que les autres. Certaines panachures disparoissent quelquefois pour revenir l'année suivante, deux ou
trois ans après, ou pour ne plus revenir du tout.

Les semis des graines de fleurs panachées donnent plus abondamment du plant à fleurs de même nature que les autres. Ce
sont donc toujours les graines des plus belles espèces que les
fleuristes doivent semer de préférence pour renouveler leurs
variétés ou en produire de nouvelles.

Les panachures sont d'autant plus estimées qu'elles tranchent plus sur le fond; c'est sur-tout cette perfection qu'elles
n'acquièrent qu'au bout de plusieurs générations. *Voyez*, aux
mots Tulipe, Renoncule, Anémone et Œillet, les supplémens à cet article.

Quant aux arbres et arbustes panachés, on ne les multiplie
guère que par greffe, ou marcottes, ou boutures; cependant il
est d'observation que leurs graines produisent aussi plus fréquemment des pieds à feuilles panachées que celles de ceux
qui ne le sont pas. Au contraire des fleurs, c'est dans leur jeunesse qu'ils sont le plus panachés, et souvent ils perdent entièrement leurs panachures en vieillissant, sur-tout quand ils
sont plantés dans un sol gras et humide.

Quoique j'aie annoncé reconnoître avec tous les physiologistes que la panachure des feuilles et des écorces étoit une
véritable maladie, je n'en puis pas mieux pour cela expliquer
la cause; les faits que présentent ces sortes de panachures ont
besoin d'être encore étudiés pendant long-temps avant de
pouvoir servir à l'établissement d'une bonne théorie. On
peut se demander, par exemple, pourquoi ces panachures
sont toujours blanches, jaunes ou rouges? *Voyez* au mot
Houx, arbre qui les présente toutes, pourquoi elles sont plus
communément marginales que centrales; pourquoi elles re-
paroissent toujours chaque année au même endroit, dans les
espèces qui perdent leurs feuilles, lors même que ces espèces
ont été greffées. Les panachures, d'après l'observation de tous

les physiciens, ne donnent point, au moins les blanches, de gaz oxygène lorsqu'on les expose sous l'eau au soleil.

Les arbres et arbustes à feuilles panachées, outre leur singularité qui frappe toujours les yeux et intéresse les promeneurs, peuvent être employés dans les jardins paysagers, pour faire ressortir la couleur verte des autres arbres. Un orme à petites feuilles presque entièrement blanches produit particulièrement cet effet. Les houx panachés, sur-tout celui qui l'est de rouge, de jaune et de blanc, semble de loin présenter des fleurs au milieu de l'hiver. Il n'est question que de savoir les placer de la manière la plus avantageuse, et c'est ce qui n'appartient pas à tout le monde de faire.

Il est des plantes dont les fleurs sont naturellement panachées, telles que l'*oxalide de diverses couleurs;* d'autres où ce sont les feuilles, telles que l'*amaranthe de diverses couleurs,* l'*aucuba,* etc. Ces plantes sont hors de la catégorie de celles dont il est ici question.

On appelle panache en botanique certains groupes de fleurs ou de fruits qui ont l'apparence des plumes dont on orne les coiffures. La fleur du roseau, le fruit de la clématite, des anemones, des chardons, etc., sont dans ce cas. (B.)

PANAGE. Terme forestier, qui signifie mettre des cochons dans une forêt pour y manger le gland, la faîne, etc.

Pour beaucoup de communes et de particuliers le panage étoit autrefois un droit que la révolution a supprimé. Aujourd'hui on se rend difficile pour accorder la permission de faire usage de la faculté qu'il donnoit. J'ai fait voir, au mot CHÊNE, qu'il y avoit plus d'avantages que d'inconvéniens à mettre tous les ans, pendant un temps plus ou moins long, les cochons dans les bois.

PANAIS, *Pastinaca.* Genre de plantes de la pentandrie digynie et de la famille des ombellifères, qui renferme cinq espèces, dont une est généralement cultivée dans les jardins pour sa racine, dont on fait une grande consommation comme aliment.

Le PANAIS CULTIVÉ, *Pastinaca sativa,* a les racines fusiformes, bisannuelles; les tiges creuses, cylindriques, cannelées, rameuses à leur sommet, hautes de trois à quatre pieds. Les feuilles alternes, amplexicaules, ailées avec impaire à folioles larges, lobées ou incisées. Les fleurs petites, jaunes, et les fruits larges de deux ou trois lignes.

Cette plante croît naturellement dans les champs, le long des haies et autres lieux incultes. Je l'ai vue si abondante parmi les blés dans les parties moyennes et méridionales de la France, qu'elle nuisoit beaucoup aux produits de la récolte. Tous les bestiaux et sur-tout les cochons la mangent avec plaisir. Elle donne beaucoup de lait, et du lait d'une excellente qualité aux vaches. Une terre calcaro-argileuse, un peu humide et profonde, est celle qui lui convient le plus. Dans l'état naturel elle est naturellement velue sur toutes ses parties; dans nos jardins elle devient parfaitement glabre.

La racine du panais a une saveur sucrée et aromatique. Elle entre dans les potages, auxquels elle donne du goût. On l'assaisonne de différentes manières. Elle passe pour nourrissante et très échauffante. La médecine en fait usage comme diurétique et carminative. Autrefois on n'en laissoit point manger aux jeunes filles dont on craignoit les dispositions amoureuses. On l'ordonne aux éthiques et aux pulmoniques. En Thuringe, on la réduit en forme d'extrait par une ébullition long-temps continue et on mange cet extrait sur le pain en guise de confitures. On le dit très sucré, fort agréable et fort sain. Je ne sache pas qu'on consomme nulle part en France des panais sous cette forme.

On sème généralement le panais à demeure et à la volée, quoique quelques personnes aient conseillé de le semer en rayons pour le transplanter ensuite. En général, toutes les plantes à racines pivotantes gagnent toujours à être semées en place, et celle dont il est question, plus que bien d'autres, car sa racine a fréquemment un pied de long sur deux pouces de diamètre. C'est sur un labour très profond, au commencement ou à la fin de l'hiver, que cette opération s'exécute. A la première époque, on risque que le plant monte en graine dans le courant de l'été suivant. A la seconde, il y a lieu de craindre que ses racines ne grossissent pas assez. D'après cela on peut croire qu'il est prudent d'en semer dans les deux saisons, lorsqu'on a beaucoup de terrain à sa disposition, c'est-à-dire en automne et au printemps, mais pas plus tard que la mi-mai. La graine doit être semée très claire et le plus également possible. Une exposition chaude est toujours bonne dans ce cas.

Le plant levé s'éclaircit et se sarcle au besoin. On l'arrose dans les chaleurs de l'été, si cela est nécessaire. Les pieds qui montent en graine s'arrachent comme inutiles. Dès le mois de juillet on peut commencer à en arracher des racines pour l'usage; mais ce n'est qu'à la fin de septembre qu'elles ont acquis toute leur qualité. Pendant l'hiver on les laisse communément en terre, où elles se conservent mieux que dans la cave. On peut continuer à en manger jusqu'à ce que les tiges montent en graine, moment où leur centre devient ligneux et leur extérieur très âcre. Il faut alors réserver les plus beaux pieds pour graine, et donner le reste aux bestiaux. Il y a deux variétés de panais, mais elles sont inférieures en grosseur à l'espèce : ce sont le *panais à racines rondes*, et le *panais de*

Siam, dont la chair est plus jaune. Elles sont peu répandues.

Les panais crus dans des terres trop fortes, trop humides ou trop fumées sont d'une saveur bien inférieure aux autres. On n'en mange point de bons à Paris. C'est dans les départemens méridionaux qu'il faut aller pour pouvoir les apprécier à toute leur valeur.

Quelques agronomes ont préconisé, et avec raison, la culture en grand du panais pour l'engrais des terres et la nourriture des bestiaux. On l'emploie fréquemment en Angleterre et en Allemagne sous ces deux rapports ; mais, à part quelques essais, je ne sache pas qu'on le fasse en France. Cependant notre climat est très propre à cette plante, et les avantages que peuvent en retirer les propriétaires de fonds sont très évidens. Cette culture auroit sur-tout l'avantage de varier les assolemens. Pour la pratiquer il faut répandre six à sept livres de bonne graine par arpent sur deux labours très profonds, faits immédiatement après la récolte. Le plant lève au printemps et n'exige aucun soin. On peut en couper les feuilles en juillet pour la nourriture des vaches, des moutons et des cochons ; ensuite on met ces animaux dans le champ en septembre et octobre, et on le laboure pour y semer le blé ou autre céréale. Les restes des racines pourrissent et forment un excellent engrais. On peut également arracher ces racines pour, en les conservant à la cave, les donner aux mêmes animaux pendant l'hiver. Sous tous ces rapports, un champ de panais est très productif. Je fais des vœux pour qu'une culture aussi avantageuse soit généralement adoptée, et concoure à faire supprimer ces désastreuses jachères qui ruinent la France. Tout ce qui a été dit des avantages de la culture des CAROTTES, des BETTERAVES et des RAVES s'applique à celle des panais. Je renverrai donc aux articles de ces plantes ceux qui voudroient de plus grands détails. En tout pays et en tout temps les produits des plantes à racine pivotante sont les plus abondans et les plus assurés, et, après les graines des céréales et des légumineuses, les plus nourrissans.

Pour avoir de bonnes graines, il faut semer à part un petit carré, dans le jardin, à l'exposition du levant et du midi, et n'y laisser que les plus beaux pieds, qu'on soutiendra, s'il est nécessaire, contre les efforts des vents, par le moyen de quelques perches attachées transversalement à des piquets enfoncés sur les bords. On doit éviter, autant que possible, d'être obligé d'employer à ces objets des panais transplantés, car ils ne poussent jamais avec la même vigueur ; et de la vigueur des pieds dépend la beauté de la graine.

Ce sont les premières ombelles qui donnent la meilleure graine. Celles des dernières fleuries doit être rejetée

La graine de panais se conserve pendant deux ou trois ans en état de germination, lorsqu'on l'a cueillie au point de complète maturité, et sur-tout qu'on l'a laissée sur les pieds, suspendus à cet effet en bottes contre le mur du grenier.

On doit à la commission d'agriculture une très bonne instruction sur la culture du panais, qu'on peut lire, Feuille du Cultivateur, tome 5, page 141.

Des autres espèces de panais, deux sont employées dans le levant; l'une, le PANAIS OPOPONAX, donne la gomme résine de ce nom; l'autre, le PANAIS A FEUILLES DIVISÉES, offre des racines et des graines qui passent pour aphrodisiaques. (B.)

PANAL. Ancienne mesure de capacité. *Voyez* MESURE.

PANARIS DES MOUTONS. *Voyez* PÉSOGNE.

PANCALIER. Variété de CHOU. *Voyez* ce mot.

PANIC ou PANIS, *Panicum*, Lin. Genre de plantes de la triandrie digynie, et de la famille des graminées, qui renferme près de cent espèces connues, dont les graines de plusieurs servent à la nourriture des hommes et des oiseaux de basse-cour, et la plupart forment d'excellens fourrages pour les bestiaux.

On divise les panics en trois sections. Ceux dont les fleurs sont disposées en épis; ceux dont les fleurs sont disposées en panicules; enfin ceux dont les fleurs sont digitées. Ces derniers ont été séparés des autres par quelques auteurs pour former un nouveau genre sous le nom de DIGITAIRE. Tous sont des plantes herbacées à feuilles engaînantes et striées, qui ont beaucoup de rapport avec les HOULQUES. *Voyez* ce mot.

Dans la première division il faut remarquer,

Le PANIC CULTIVÉ, ou *petit millet à épi*, ou *millet des oiseaux*, *Panicum italicum*, Lin., qui a les racines annuelles, fortes et fibreuses; les tiges droites, noueuses, simples, de la grosseur du petit doigt et de quatre ou cinq pieds de haut; les feuilles larges, glabres, mais avec quelques poils à l'entrée de leur gaîne; les fleurs disposées en épi solitaire, recourbé, long souvent d'un pied, composé d'épillets globuleux, entourés d'une enveloppe de poils roides, tantôt plus courte, tantôt plus longue qu'eux. On en connoit deux variétés, une à épis nus, et l'autre à épis barbus. Ces deux variétés en présentent encore chacune deux autres; savoir, à graines d'un blanc jaunâtre, ou à graine d'un brun pourpré.

Cette plante est originaire de l'Inde; mais elle est cultivée en Italie, et même dans toute l'Europe méridionale et tempérée. Elle craint beaucoup les gelées, et doit par conséquent être semée fort tard au printemps. Un sol léger, mais substantiel, est celui qui lui convient; elle ne pousse que peu de tiges, dont les épis sont très courts et très grêles, dans les terres arides, et elle pourrit dans celles qui sont trop humides. Deux labours très profonds et une forte quantité de fumier avant le dernier sont nécessaires à sa bonne réussite. La terre doit être ameublie le plus possible. Il est très avantageux de choisir un temps disposé à la pluie pour faire les semailles, car la graine est fort dure et demande beaucoup d'humidité pour germer. J'ai vu des champs entiers manquer par cette cause.

On répand la graine ou à la volée ou par rangée. Dans le premier cas elle doit être très distante pour pouvoir serfouir, ou biner et chausser le pied du plant, opérations indispensables, lorsqu'on veut avoir une belle récolte. Dans le second cas, qui est préférable, on laisse un intervalle d'un pied entre les rangées, et on sème plus épais, quoique cependant pas trop.

Le plant levé est sarclé, biné et éclairci, lorsqu'il a trois à quatre pouces de haut; deux mois après, c'est-à-dire quand il commence à entrer en fleur, on le chausse, ou butte, comme le MAïs. (*Voyez* ce mot.) Cette dernière opération est fondée sur ce que cette graminée, encore plus que les autres, a beaucoup de nœuds dans le bas de sa tige et pousse des racines de tous, dès qu'ils sont entourrés de terre; or, plus une plante a de racines et plus elle végète avec force. On obtient encore, en exécutant cette opération, l'avantage de garantir le pied d'une trop forte sécheresse et d'une trop grande humidité. Le plus souvent il s'élève deux, trois et plus de tiges de la même racine. Comme les épis de ce panic, lorsqu'il est cultivé dans une bonne terre et que la saison lui a été favorable, sont quelquefois très longs et très gros, il arrive souvent qu'ils font plier ou casser la tige par leur pesanteur, sur-tout pendant les orages, et alors, étant privés d'une partie ou de la totalité de leur nourriture, ainsi que des influences du soleil, les grains qu'ils contiennent ne parviennent pas à maturité. Afin de prévenir cet accident on pique des pieux de distance en distance dans le champ, dans la direction des rangées et on y attache des deux côtés des perches légères, de manière que chaque rangée est maintenue entre deux de ces perches à la hauteur des épis.

Le changement de couleur de la plante indique qu'elle approche de sa maturité. La graine est mûre lorsque les épis sont d'un beau jaune paille. On coupe alors ces épis à un pied de leur base, et on en forme des paquets qu'on suspend dans un grenier pour perfectionner leur maturité. Si on retardoit trop leur récolte, on perdroit beaucoup de graines. On bat ces graines avec le fléau, ou en les froissant entre les mains, et on les nettoie comme le blé.

Il est extrêmement difficile de garantir les graines de panic, encore sur pied, de la voracité des moineaux, des pinçons et autres petits oiseaux qui en sont très friands, autrement qu'en faisant garder le champ par un enfant.

On cultive beaucoup ce panic dans les parties moyennes de l'Europe, c'est-à-dire dans les environs du quarante-cinquième degré pour la nourriture des hommes et des oiseaux de basse-cour. Plus au midi on préfère le sorgho, qui donne des grains plus gros. *Voyez* HOULQUE. Dans le climat de Paris on ne le sème guère que pour la nourriture des serins et autres oiseaux granivores chanteurs, parceque les gelées tardives du printemps ou hâtives de l'automne lui sont souvent funestes.

La graine de panic, après l'avoir débarrassée de ses balles florales, soit entre deux meules, soit dans un mortier, se mange cuite avec du lait ou du bouillon. On la fait aussi souvent entrer dans la confection du pain. C'est un manger très sain et très nourrissant. J'en ai souvent usé dans ma jeunesse sur les bords de la Saône, où on la cultive en grand. Toutes les volailles, sur-tout les pigeons, l'aiment beaucoup, et elle les engraisse promptement. On en donne aussi quelquefois aux cochons.

Les feuilles du panic fraîches ou sèches sont un excellent fourrage pour tous les bestiaux qui le recherchent avec passion. Ses tiges servent à chauffer le four.

Le PANIC MILLET, *Panicum milliaceum*, Lin., a une racine annuelle, fibreuse, blanchâtre; des tiges simples, noueuses, hautes de quatre à cinq pieds; des feuilles grandes et velues sur leur gaîne; des fleurs très nombreuses et disposées en panicule terminale lâche et recourbée. Il est originaire de l'Inde, comme le précédent, et se cultive ainsi que lui et absolument de la même manière dans les parties moyennes et méridionales de l'Europe. Sa graine passe pour plus sucrée et plus délicate que la sienne. On la distingue par sa forme plus allongée, car d'ailleurs elle varie aussi dans ses couleurs. Les volailles l'aiment également.

On a discuté la question de savoir laquelle de ces deux plantes méritoit d'être cultivée de préférence, et il semble que les raisons émises en faveur de la dernière ont prévalu, cependant il ne faut pas renoncer à la culture de la première qui a aussi des avantages en sa faveur. Dans certains endroits on préfère l'une, dans d'autres on les sème toutes deux indifféremment. Quoique leur récolte soit généralement regardée comme du second ordre, elle est cependant d'une grande ressource dans quelques cas. Elles passent pour beaucoup effriter la terre, mais n'en peuvent pas moins entrer dans la rotation d'un bon assolement. Aux environs de Paris les champs qui en sont semés pour l'usage des petits oiseaux rapportent ordinairement trois ou quatre fois plus que ceux en blé.

Le PANIC VERT a les racines annuelles ; les tiges grêles, simples, hautes d'un pied ; les feuilles glabres et striées, l'épi cylindrique, recourbé lors de sa maturité et composé d'épillets pourvus d'involucres longs et velus. Il croît naturellement dans les jardins, les champs voisins des villages et autres terres humides et de bonne nature des parties méridionales et moyennes de l'Europe. Il fleurit au milieu du printemps. C'est dans beaucoup de lieux une peste pour les jardins. Ses graines, lorsqu'elles approchent de leur maturité, s'attachent aux habits des hommes et au poil des animaux, au moyen de leurs involucres, d'une manière très désagréable. Les bestiaux aiment beaucoup ses feuilles, et les volailles ses graines. Ces dernières restent souvent plusieurs années en terre sans germer, ce qui rend la destruction de la plante fort difficile. Ce n'est qu'au moyen de sarclages fort exacts et long-temps continués, avant la floraison, qu'on peut espérer d'y parvenir.

Le PANIC ERGOT DE COQ a les racines annuelles ; les tiges hautes de huit à dix pouces ; les feuilles glabres ; les épis composés, alternes, rapprochés deux par deux et formés d'épillets dont les fleurs sont pourvues d'une arête hérissée. Il croît dans toute l'Europe, dans les mêmes lieux que le précédent, et ses fleurs s'attachent aussi aux habits des passans, mais moins obstinément. Ce que je viens de dire lui convient généralement.

Le PANIC SANGUIN, *Panicum sanguinale*, Lin., a les racines annuelles ; les tiges grêles, couchées à leur base ; les feuilles velues ; les épis composés de trois à six épillets linéaires et terminaux de couleur rouge. Il croît dans l'Europe australe, même aux environs de Paris, aux mêmes lieux que le précédent. Sa fane est un excellent fourrage.

Le PANIC DACTYLE, *Panicum dactylon*, Lin., a les racines vivaces, noueuses ; les tiges rampantes ; les feuilles velues ; les épis composés de deux ou trois épillets linéaires, terminaux, velus et violets. Il croît dans toute l'Europe le long des chemins, dans les terrains sablonneux, sur-tout dans ceux qui sont quelquefois inondés. La faculté dont jouissent ses tiges de prendre racine à chacun de leurs nœuds, fait qu'un seul pied couvre quelquefois une étendue considérable. Ce sont ses racines qu'on emploie en médecine sous le nom de *chiendent pied de poule*, mais qui passent pour inférieures en vertus à celles du *froment rampant*. En Pologne on mange ses graines en bouillie. Les bestiaux, et sur-tout les moutons, mangent ses feuilles. (B.)

PANICAUT, *Eryngium*. Genre de plantes de la pentandrie digynie et de la famille des ombellifères, qui renferme plus de quarante espèces, dont une est si commune dans les campagnes, que les cultivateurs ne peuvent se dispenser d'apprendre à la connoître, et dont deux ou trois autres peuvent servir à l'ornement des jardins paysagers. Voyez une excellente Monographie de ce genre, publiée par M. La Roche, chez Deterville.

Le PANICAUT COMMUN, *Eryngium campestre*, Lin., a les racines vivaces, charnues; les tiges herbacées, rameuses, droites, hautes d'un pied ou deux; les feuilles radicales longuement pétiolées, et les caulinaires alternes, sessiles, et même décurrentes; les unes et les autres coriaces, fortement nerveuses, deux fois pinnées, à folioles trifides et dentées par des épines d'une direction variable; les fleurs blanches et leurs têtes pourvues d'un involucre de huit à dix folioles épineuses. Il croît dans les terrains incultes, le long des chemins, et fleurit à la fin de l'été. Souvent il est si abondant dans certains lieux qu'il nuit aux pâturages des bestiaux, et qu'il tourmente beaucoup les hommes qui les traversent. Ses feuilles ont une odeur légèrement aromatique, et passent pour diurétiques et emménagogues. Sa racine est apéritive.

Les bestiaux ne touchent pas à cette plante, et ses nombreuses et robustes épines ne permettent pas de l'employer comme litière. Il est bon cependant d'en tirer parti dans les cantons où elle est très abondante, et on le pourra en en chauffant le four, ou en la brûlant dans des fosses, avant sa floraison, pour en retirer la potasse.

Cette plante n'est pas sans élégance et peut tenir sa place dans les jardins paysagers, dans les parties les plus arides et les plus brûlées par le soleil.

Le PANICAUT AMÉTHISTE a les feuilles radicales trifides et toutes ses parties colorées en bleu clair. Il croît dans les parties chaudes de l'Europe.

Le PANICAUT DES ALPES a les feuilles radicales en cœur et l'involucre pinné et cilié. Il se trouve sur les Alpes.

La première de ces espèces par sa couleur, et la seconde par l'élégance de son port, sont très propres à orner les jardins paysagers, et on ne doit pas se refuser à y en placer quelques pieds. On les multiplie de graines. (TH.)

PANICULE. Elle diffère de l'épi, en ce que les fleurs qui la composent, disposées sur un axe assez long, sont supportées séparément, ou plusieurs ensemble, sur des pédoncules allongés qui vont s'attacher sur cet axe : ainsi la panicule sera plus ou moins lâche, selon que les pédoncules seront plus ou moins longs. Il y a des panicules serrées qui de loin imitent des épis; telle est la panicule du panais; d'autres fleurs formées par des pédoncules étagés et verticillés comme dans l'avôine : d'autres enfin sont composées de rameaux disposés symétriquement, ainsi qu'on le voit dans le lilas. La panicule ne diffère essentiellement de la grappe que par sa situation ; la grappe pend en bas, tandis que l'axe d'une panicule s'élève vers le ciel. (R).

PANIER. Ustensile de ménage et de jardinage fait ordinairement d'osier ou de jonc, dont on se sert pour récolter et transporter les fruits et les légumes, et qu'on emploie aussi à beaucoup d'autres usages. Son nom lui vient de ce qu'autrefois il servoit principalement à y mettre du pain.

Il y a des paniers de toutes les formes et grandeurs, ronds, carrés, oblongs, plats, plus ou moins profonds, à ouverture large ou étroite, à compartimens, à claire-voie ou pleins, à anses et à poignées. Leur fabrication appartient à l'art du vannier. On y emploie de l'osier blanc ou vert, rond ou fendu. On fend communément l'osier en trois brins, quelquefois en deux ou en quatre. Pour le fendre en trois, on se sert d'un instrument appelé *fendoir*, qui est un morceau de buis ou d'autre bois dur de sept à huit pouces de long, avec une espèce de tête partagée en trois, dont chaque pièce est taillée en pointe de diamant. On amorce d'abord le gros bout de l'osier, c'est-à-dire qu'on l'ouvre en trois parties ; puis on y insinue la tête de l'outil, et on le conduit avec un mouvement demi-circulaire jusqu'à la dernière pointe de l'osier. Celui qu'on sépare en deux ou en quatre se fend avec un couteau.

Lorsque l'osier est sec, avant de l'employer, on l'arrose légèrement et on le met dans une cave jusqu'à ce qu'il ait acquis la flexibilité nécessaire pour être travaillé. S'il est fraîchement coupé, cette opération devient inutile.

Les paniers sont des ustensiles peu solides et qui ne durent pas long-temps ; mais ils sont d'un prix médiocre, et par cette raison on peut les renouveler plus souvent. Pour les conserver quand on ne s'en sert pas, il faut les tenir à couvert et dans un lieu sec. On suspend ceux à anse à des chevilles de fer ou de bois, et on met les autres sur des planches ou tablettes.

Parmi les diverses espèces de paniers dont l'usage est le plus commun, on distingue les suivans ; savoir, le *panier à crochet*, grand ou petit, servant à faire la cueillette ou la récolte des fruits dans les vergers. Quand on récolte les fruits, il faut prendre garde de les meurtrir et de trop appuyer les doigts sur leur surface, parcequ'alors les vaisseaux s'oblitèrent, la sève s'altère, et ils perdent leur fraîcheur et leur bon goût : on doit les poser doucement dans le panier, qui ne doit pas avoir trop de profondeur.

Le *panier à pêches*, qui est très petit, plat et ovale ; on y dispose les pêches au nombre de huit ou dix tout au plus, et c'est dans ces paniers mêmes qu'elles sont exposées en vente sur les boutiques des fruitiers.

Le *panier à champignons*, appelé à Paris *maniveau*. C'est une espèce de mesure qui sert à transporter et à vendre les champignons des couches.

Le *panier de vendangeur*. Il doit être à anse, à fond plein et d'une texture très serrée ; on ne doit pas le choisir d'une trop grande capacité, pour éviter que les raisins ne se tassent et que le suc ne coule à pure perte.

Le *panier en corbeille* demi-circulaire et étroite, pour la cueillette de la fleur d'orange. Dans quelques pays, en faisant la récolte de la fleur d'orange, on ne cueille que les pétales, dans lesquels réside presque tout le parfum. Cela se fait après la fécondation du fruit. Par ce moyen on a la fleur et le fruit qui mûrit très bien ; il est pourtant vraisemblable que la fleur d'orange ainsi cueillie a moins d'arome. Cette cueillette doit se faire avec beaucoup de précaution, pour ne pas blesser le jeune embryon.

Le *panier à claire-voie* employé pour les transports des racines, des plantes vivaces dans des voyages d'une cinquantaine de jours, et pendant l'automne et le printemps.

Le *panier à laitière*, c'est un panier carré dont les laitières se servent pour transporter leurs pots de lait.

Le *panier à cheval*. On donne ce nom à de grands paniers plus longs que larges et fort profonds, que les chevaux ou autres bêtes de somme portent attachés aux deux côtés de leur bât, et qui servent à transporter de la terre, du fumier, des pots de fleurs, des arbustes et beaucoup d'autres choses.

Le *panier de messager* ou *de coquetier*, semblable à peu près au précédent, mais plus large, et porté de la même manière. Il sert principalement au transport de la volaille et des gros légumes.

Le *panier bourriche*. On y enferme le gibier dont on fait des envois. Ce panier est propre au transport des boutures de plantes grasses, dans une voiture à l'abri de la pluie.

Le *panier à huîtres*. Il est de forme ovale et oblongue, assez court, plus large en haut qu'en bas. Outre son usage pour le transport des huîtres, on s'en sert aussi pour garantir en hiver les plantes qui craignent la gelée. On le renverse alors et on le couvre de feuilles sèches ou de terre. *Voy.* MANNEQUIN.

Le *panier à bouteilles*. Il est carré, très peu élevé, à anse, à fond plein, et distribué dans son intérieur en plusieurs cases de grandeur à pouvoir recevoir une bouteille. On peut employer ce panier au transport des oignons de fleurs.

Il y a beaucoup d'autres sortes de paniers. On en a pour

amasser les pierres, pour éplucher les gazons, pour récolter les racines, pour conserver les greffes, etc.

Certains peuples de l'Afrique, et que nous nommons sauvages, fabriquent des paniers avec des roseaux si déliés et d'une texture si serrée qu'ils peuvent servir à contenir de l'eau. (D)

PANOUIL. Epi de grain de maïs dans le département de Lot-et-Garonne.

PANSEMENT DES ANIMAUX. Ce mot a différentes acceptions dans la médecine des animaux ; il sert à désigner les soins qu'on leur donne, à la suite des opérations, contusions, blessures, fractures, plaies, applications de vésicatoires, cautères, sétons, etc.

Pour faire les différens pansemens, nécessités par les circonstances, il faut des étoupes, des ligatures, des bandages, et des médicamens, suivant l'exigence des cas ; on doit aussi être muni des liens, entraves et attaches nécessaires pour fixer les animaux qu'on a à panser.

Nous croyons ne devoir donner ici que des généralités sur cette acception du mot pansement, parceque c'est le sens que tout le monde y attache, celui dans lequel il est généralement, connu et que d'ailleurs le manuel des pansemens, qui varie à chaque maladie, se trouve naturellement décrit à la suite de chacune d'elles.

Il n'en est pas de même lorsque ce mot est employé en hygiène ; son acception est différente, le sens en est moins connu ; dans ce cas on en rend l'idée par l'expression de *pansement de la main*. Cette sorte d'opération est l'action d'étriller, bouchonner, brosser, peigner, éponger les animaux et enfin les tenir dans la plus grande propreté.

Ceux auxquels on donne ces soins sont le cheval, le mulet et le bœuf ; pour ce dernier on se contente dans beaucoup d'endroits et principalement dans le midi de l'étriller avec des cardes à carder la laine, et non avec l'étrille, comme cela se fait pour le cheval.

On ne sait pourquoi on ne panse pas l'âne ; il n'est pas douteux que le pansement de la main lui seroit aussi avantageux qu'au cheval.

Dans les départemens du Lot, du Lot-et-Garonne et du Tarn on appelle panser les animaux leur donner à manger ; on dit qu'ils sont bien pansés pour dire qu'on leur a bien rempli le ventre (la panse.)

Le pansement de la main facilite la transpiration, et contribue à rétablir cette sécrétion lorsqu'elle est supprimée ; il délasse de la fatigue, il enlève la crasse qui couvre les tégumens, et en bouche les pores ; il prévient les maladies de la peau, dont il maintient la souplesse; il unit le poil; enfin il est d'un grand secours pour l'entretien de la santé. On peut consulter sur ses bons effets M. Bourgelat dans son Traité de la conformation extérieure du cheval, page 222.

Le pansement de la main se fait avec divers instrumens, qui sont l'étrille, l'époussette, la brosse, le peigne, l'éponge, le couteau de chaleur, le bouchon, et mieux encore des poignées de paille qu'on a soin de renouveler plusieurs fois dans la durée du pansement.

Dans les maladies il est des cas dans lesquels on doit s'abstenir de se servir de l'étrille et se borner à frotter le corps avec le bouchon ou la brosse; comme aussi il est des circonstances pendant lesquelles l'un et l'autre doivent être interdits.

Lorsqu'une crise s'opère il ne faut pas la troubler; le pansement, qui peut la faciliter lorsqu'il est fait en temps utile, peut aussi changer les dispositions de la nature et en arrêter la marche s'il est fait à contre-temps; ce sera donc avant et après les crises qu'il faudra bouchonner, brosser ou frotter le corps avec des poignées de paille.

C'est une erreur de croire qu'il ne faut pas panser les chevaux qui sont au vert, l'expérience a démontré que ce préjugé ne sert qu'à favoriser la paresse.

Nous croyons devoir décrire ici la manière dont se fait le pansement de la main dans l'état de santé; ce que nous en dirons est plus particulièrement applicable au cheval.

Il faut mettre au cheval un bridon, ou filet d'écurie, ou ce qui vaut mieux et qui est plus commode, une cavecine (1), le conduire hors de sa place pour agir plus facilement et éviter, s'il y a plusieurs chevaux dans l'écurie, que la poussière de l'un ne vole sur l'autre; si le temps est favorable on fera le pansement dehors.

Le palefrenier se place derrière le cheval, saisit la queue d'une main, et avec l'autre il fait agir l'étrille, en commençant par la croupe et passant successivement des jambes de derrière au corps, au ventre, à l'encolure et aux jambes de devant; il faut qu'il ait l'attention de ne passer que très légèrement sur les parties où la peau est mince et peu garnie de poils, et sur celles sur lesquelles les os sont saillans et simplement recouverts par le tégument; il doit aussi de temps à autre frapper l'étrille contre quelque corps, afin d'en faire tomber la crasse. Un palefrenier doit être ambidextre et pouvoir étriller et brosser alternativement de l'une et l'autre main.

_____

(1) La cavecine est une sorte de caveçon, dont le *sur-nez* est en cuir au lieu d'être en fer, et qui, n'ayant pas de frontal, rend plus facile le brossement de la tête.

A l'étrille doit succéder l'époussette. On nomme de ce nom une pièce de grosse serge ou de gros drap d'environ trois quarts de mètre, avec laquelle on épousse tout le corps du cheval, afin d'en enlever la poussière que l'étrille a fait sortir. On s'en sert aussi pour frotter toutes les parties sur lesquelles l'étrille n'a pas dû agir, telles que la tête, l'espace qui est entre les jambes de devant, le fourreau et l'entre-deux des cuisses, on se sert aussi pour le même usage d'une queue de cheval fixée au bout d'un manche d'environ trente-cinq centimètres de long.

Vient ensuite le bouchon que l'on humecte légèrement au besoin et avec lequel on frotte à plusieurs reprises toutes les parties du corps et principalement celles sur lesquelles on n'a pas dû porter l'étrille ; on peut aussi faire ce frottement avec des poignées de paille. Ce moyen est préférable au bouchon.

Cette partie du pansement faite, on prend la brosse que l'on passe sur tout le corps, d'abord à contre-poil et ensuite dans le sens du poil ; à chaque coup de brosse que l'on donne il faut la frotter sur les dents de l'étrille, afin de la dégraisser et en faire sortir la crasse.

On frotte les paturons avec une petite brosse longue et étroite que l'on nomme *passe-partout*.

Après s'être ainsi servi de l'étrille, de l'époussette, du bouchon et de la brosse, on peigne la crinière, le toupet et la queue ; cela doit se faire avec précaution et en évitant d'arracher les crins ; c'est sur-tout ceux de la queue qui, plus longs et ordinairement plus mêlés, sont plus faciles à casser et à arracher ; on évite ces inconvéniens en commençant à peigner par le bas de la queue. Pour bien nettoyer cette partie on prend un seau par l'anse, on le tient élevé de manière à ce que la queue y trempe ; puis on frotte les crins entre les deux mains jusqu'à ce qu'on en ait enlevé toute la crasse. On est quelquefois obligé de mettre de l'huile pour faciliter le glissement du peigne lorsque les crins sont trop mêlés.

En peignant on doit avoir l'éponge à la main et la passer sur les crins à fur et mesure que le peigne agit ; cette opération doit se faire des deux côtés, c'est-à-dire qu'on doit faire passer les crins alternativement de gauche à droite et de droite à gauche pour nettoyer également les deux côtés.

On lavera avec l'éponge, à demi imbibée, le tour des yeux, les naseaux, les genoux, le fourreau, la pointe des jarrets et le fondement.

Le pansement ainsi fait on passe de nouveau l'époussette sur tout le corps, puis on couvre l'animal et on le remet à l'écurie. (DESPLAS.)

PAOUMOULLE. Espèce d'orge à deux rangs qu'on cultive dans le département du Var.

PAPAYER. *Carica*. Lin. Arbre fruitier exotique, d'une grandeur commune, qu'on cultive aux Antilles et dans les deux Indes, et qu'on croit originaire des contrées chaudes du continent de l'Amérique. Il appartient à la famille des cucurbitacées. Il a des fleurs unisexuelles, dont les mâles et les femelles viennent sur différens pieds ; et il produit des fruits bons à manger, confits dans le vinaigre et au sucre.

Le papayer a un port et un feuillage qui lui sont propres ; il est sur-tout remarquable par ses fruits, dont la forme et la grosseur approchent de celles d'un petit melon. Sa hauteur est de dix-huit à vingt pieds. Sa racine est pivotante et blanchâtre. Sa tige a peu de consistance ; elle est nue dans presque toute sa longueur, et revêtue d'une écorce épaisse, molle et verdâtre. A son sommet elle porte des feuilles très amples, dont les surfaces offrent deux verts différens, l'un foncé, l'autre pâle. Ces feuilles, qui ont de longs pétioles, sont disposées alternativement, et divisées en lobes profonds et irrégulièrement découpés.

Les fleurs du papayer sont blanches et d'une odeur suave ; elles viennent aux aisselles des feuilles. Dans l'individu mâle, elles forment des grappes longues et pendantes. Dans le papayer femelle elles sont en petit nombre, et soutenues par un pédoncule épais et fort court. Les fleurs mâles ont une corolle monopétale en entonnoir, contenant dix étamines. Dans les fleurs femelles il y a un petit calice qui persiste, une corolle à cinq pétales, et un ovaire surmonté de cinq courts styles à stigmates frangés. Le fruit varie dans sa forme ; tantôt il est ovale et rond, tantôt il est angulaire et aplati aux deux extrémités ; quelquefois il a une forme pyramidale. Son écorce est jaunâtre, sa pulpe jaune, succulente, d'une saveur douce et d'une odeur aromatique. On mange rarement ce fruit cru. Quelques personnes le préparent au vinaigre lorsqu'il est jeune ; à sa maturité, on le confit tout entier dans le sucre avec des oranges et des petits citrons qui lui communiquent leur parfum ; sa chair est alors délicate et très agréable au goût. Préparé ainsi, il se conserve long-temps et peut être transporté en Europe.

On peut faire des cordages avec l'écorce du papayer. Dans quelques pays on se sert de ses feuilles pour savonner le linge ; et on fait des pipes avec ses tiges, qui sont naturellement creuses.

En Amérique, les papayers fructifient à l'âge de dix-huit mois ou de deux ans ; mais leur existence est courte. Après un petit nombre d'années, leur sommité est sujette à se pourrir, et alors elle fait périr le reste de la plante. En Europe, on ne peut avoir ces arbres qu'en serre-chaude. On les élève facilement au moyen des graines apportées des Indes occidentales, car celles qui murissent dans nos climats sont rarement fécondes. On les sème au commencement du printemps sur une couche chaude. Quand les jeunes plantes sont parvenues à la hauteur de deux pouces ou à peu près, on les transplante chacune séparément dans des pots remplis d'une terre douce, légère et marneuse. On les préserve du soleil, jusqu'à ce qu'elles aient formé de nouvelles racines : après quoi on les traite avec le même soin que les autres plantes tendres qui nous viennent des mêmes pays. Comme leurs tiges sont succulentes et remplies d'un jus laiteux, il ne faut pas trop les arroser ; car l'humidité les fait souvent périr. Si elles sont bien conduites, elles parviendront en trois ans à leur hauteur naturelle, et produiront des fleurs et des fruits. (D.)

PAPILIONACÉES. Famille de plantes, dont la fleur ressemble à un papillon qui vole. C'est la même que celle qui est connue sous le nom de légumineuse à raison de l'espèce de son fruit. *Voyez* au mot LÉGUMINEUSE.

PAPILLON. *Papilio.* On appelle généralement de ce nom dans les campagnes, non seulement les véritables papillons, mais encore les SPHINX, les SÉSIES, les ZYGAÈNES, les HÉPIALES, les BOMBICES, les NOCTUELLES, les PHALÈNES, les PYRALES, les TEIGNES, les ALUCITES, les PTEROPHORES et autres genres depuis peu séparés, qui font partie de l'ordre des lépidoptères (*glossata*, Fab.), en caractérisant ces derniers par l'épithète de *papillons de nuit*.

Les chenilles ou larves de presque tous les insectes des genres précités, vivant aux dépens des plantes, il n'est point de ces genres qui ne renferment des espèces plus ou moins nuisibles à l'agriculture, et qu'il est par conséquent important de faire connoître aux cultivateurs, pour qu'ils puissent mettre quelques obstacles à leurs ravages : c'est ce que j'ai entrepris aux articles de ces genres. Ici donc, il ne doit être question que des papillons proprement dits, ou papillons de jour.

Quoique le genre des papillons soit parmi ceux des lépidoptères, le plus nombreux en espèces, puisqu'on en trouve plus de douze cents décrits dans Fabricius et autres auteurs, c'est celui dont les cultivateurs ont le moins à se plaindre, ou parceque les chenilles de ces espèces vivent presque toutes aux dépens de plantes peu importantes pour eux, ou parceque le nombre de ces chenilles n'est jamais assez considérable pour occasionner des pertes sensibles.

Cet article sera en conséquence moins long ici qu'il le seroit dans un ouvrage d'histoire naturelle, voulant me réduire à parler des espèces nuisibles d'Europe, et de celles qui, quoique

non nuisibles, sont si communes, qu'il n'est pas permis d'igno=
rer leur nom.

Comme presque tous les autres insectes, les papillons proviennent d'un œuf dont il naît une chenille qui vit aux dépens des feuilles, change plusieurs fois de peau, et se transforme
en nymphe, d'où sort l'insecte parfait. Toutes ces modifications,
si étonnantes aux yeux de l'observateur, s'opèrent souvent dans
l'intervalle de moins de deux mois, mais durent, dans la plupart des espèces, une année entière. Je ne ferai qu'indiquer
leur mode particulier de transformation du petit nombre d'espèces dont je me propose de parler, ayant développé les généralités au mot CHENILLE, mot auquel je renvoie le lecteur.

Sous l'état d'insectes parfaits, les papillons ne nuisent en
aucune manière aux cultivateurs; ils ne vivent que du miel
qu'ils sucent dans le calice des fleurs : mais, quoique innocens,
quoique embellissant même nos campagnes pendant l'été, c'est
principalement à eux qu'ils doivent faire la guerre (aux espèces nuisibles); car la mort d'une seule femelle est une vic-
toire, ces insectes pondant un très grand nombre d'œufs.

Une partie des papillons passent l'hiver sous l'état d'œuf,
une autre sous celui de chenille, une autre sous celui de chrysalide, enfin une autre sous celui d'insecte parfait. Cette dernière est la moins considérable; elle se réduit en France à
trois ou quatre espèces.

La nature a donné aux papillons femelles l'instinct de déposer leurs œufs exactement sur la plante dont les feuilles sont
propres à nourrir les chenilles qui doivent en sortir, quoique
cette plante soit quelquefois très petite et peu commune, et de
n'en déposer sur chacune que la quantité qu'elle peut nourrir.
En général, les sociétés nombreuses sont rares parmi les chenilles de ce genre, c'est ce qui fait qu'elles sont moins remarquées. Ces chenilles sont tantôt velues, tantôt glabres, quelques unes ont au-dessus du cou une fente par laquelle elles
font sortir, lorsqu'on les inquiète, un corps charnu, rouge et
fourchu. Aucune ne fait de coque proprement dite. La plupart
des chrysalides se suspendent, par la partie postérieure de leur
corps, contre les arbres, les murs et autres objets; quelques
unes sont renfermées dans des espèces de cornets qu'ont formés leurs chenilles avec les feuilles, etc.

Le PAPILLON GRAND PORTE-QUEUE, ou *papillon du fenouil*,
Papilio machaon, Fab., a les ailes jaunes, avec les nervures
et les bords noirâtres, tachées ou annulées de jaune, d'un peu
de bleu, avec une tache orangé aux postérieures, qui sont en
outre dentées et ont un prolongement en forme de queue. Il a
trois ou quatre pouces d'envergure, est commun dans toute
l'Europe, et paroît à la fin du printemps. Sa chenille vit soli-

tairement sur le fenouil, la carotte, le persil, le séséli et autres plantes ombellifères. Elle est rase, d'un beau vert, avec des anneaux noirs ponctués de rouge. Elle fait sortir de son col deux cornes fauves, à base commune. Étant de la grosseur du petit doigt, elle doit consommer beaucoup; et en effet elle se fait remarquer par ses ravages; mais comme il n'y en a jamais que deux ou trois individus sur chaque pied, il est rare qu'on s'en plaigne. Sa chrysalide se suspend par la queue et par le milieu de son corps.

Il y a deux générations par an, dans les pays chauds principalement.

Le PAPILLON GRANDE TORTUE, *Papilio polychloros*, Fab., a les ailes anguleuses, fauves, tachées et bordées de noir. Son envergure est de trois pouces et plus. Sa chenille est irrégulièrement colorée en brun et en jaune, velue et ornée de six ou sept épines branchues sur chaque anneau. Elle vit en société, sous une toile commune, sur l'orme et les arbres fruitiers, auxquels elle cause quelquefois de grands dommages au commencement de l'été. On doit lui faire la chasse dans les vergers; ce qui n'est pas difficile, puisque d'un seul coup on peut en tuer des centaines. Sa chrysalide est anguleuse et dorée ou argentée. Elle se suspend solitairement aux branches des arbres. Le papillon paroît au commencement de l'automne : il est généralement très commun.

Le PAPILLON PETITE TORTUE, *Papilio urticæ*, Fab., ressemble beaucoup au précédent pour les couleurs; mais ses taches sont différemment disposées, et son envergure n'est que de deux pouces. Sa chenille est noirâtre, avec des traits plus clairs, velue et armée de six ou sept épines sur chaque anneau. Elle vit exclusivement sur l'ortie, où elle se file une tente pour pouvoir passer à l'abri de la pluie les premières semaines de sa vie. Souvent elle est si multipliée qu'elle dévore toutes les orties d'un canton; et elle deviendroit certainement nuisible, si on entreprenoit la culture en grand de cette plante, comme je crois qu'il est de l'intérêt de l'agriculture de le faire, soit comme fourrage, soit comme plante propre à fournir de la filasse. Lorsque ces chenilles sont parvenues à leur grosseur, elles vont chercher un mur ou un arbre pour s'y suspendre et s'y changer en chrysalide, presque de même forme et de même couleur que celle de la précédente. Il se fait deux générations par an, et ce sont les insectes parfaits de la dernière qui passent l'hiver dans des trous d'arbres, dans des fentes de mur, pour reproduire l'espèce au printemps suivant. Il est extrêmement commun.

Le PAPILLON VULCAIN, *Papilio atlanta*, Fab., a les ailes anguleuses, noires, avec une bande irrégulière, d'un beau rouge couleur de feu, et quelques taches blanches. Il a deux pouces et plus d'envergure. Sa chenille est noire, avec des lignes jaunes de chaque côté, et a cinq ou six épines composées sur chaque anneau. On la trouve pendant tout l'été sur l'ortie, dont elle roule quelques feuilles pour se cacher. Sa chrysalide est grise, avec des taches d'or, et se suspend aux murs.

Cette belle espèce est très commune.

Le papillon belle-dame, *Papilio cardui*, Fab., a les ailes dentelées, brunes ; les supérieures avec des taches blanches vers leur pointe, et des taches fauves à leur base ; les inférieures avec l'extrémité fauve et quelques taches brunes. Il a deux pouces d'envergure. Sa chenille est d'un brun clair avec des raies jaunes, et de quatre à six épines sur chaque anneau. Elle vit sur les chardons, dont elle plie les feuilles pour se cacher.

Cette espèce est très commune en automne.

Le papillon nacré, *Papilio aglaia*, Fab., a les ailes arrondies, fauves, avec des taches et des raies noires en dessus. En dessous les postérieures ont environ vingt taches argentées. Il a deux pouces d'envergure.

Ce papillon est commun dans les bois. Sa chenille vit sur la violette-pensée.

Le papillon collier argenté a les ailes fauves, très fortement tachées de noir, et les postérieures en dessous d'un pourpre brun, avec des taches argentées, dont une à la base, et une bande jaune. Il a un pouce et demi d'envergure. Il est également commun dans les bois, et vit sur la violette.

Il y a encore plusieurs papillons voisins de ces deux-ci, qu'on trouve dans les bois au milieu du printemps. On les appelle nacrés, parceque le fauve domine dans leurs couleurs, et qu'ils ont pour la plupart des taches argentées en dessous de leurs ailes postérieures.

Le papillon tircis, *Papilio ægeria*, Fab., a les ailes brunes, avec des taches d'un jaune fauve, un œil sur les supérieures, et trois ou quatre sur les inférieures. Il a un pouce et demi d'envergure. Sa chenille vit sur les graminées.

Ce papillon se trouve dans les bois, sous l'ombre des arbres. C'est le plus commun de cinq à six espèces qui choisissent ces mêmes endroits pour demeure, et qui tous sont remarquables par les yeux dont leurs ailes sont ornées.

Le papillon amarillis, *Papilio pilosellae*, Fab., a les ailes fauves en dessus, avec une large bande brune sur les bords, un œil à deux prunelles sur les supérieures, et deux sur les postérieures. Il a un pouce d'envergure. Il est très commun dans les taillis, sur-tout dans ceux qui sont en terrain sec et aride. Sa chenille vit sur les graminées.

Le papillon pocris, *Papilio pamphilus*, Fab., est fauve, avec le bord des ailes brun ; les supérieures avec un œil, et les postérieures avec trois à quatre yeux dans une bande blanchâtre. Il a six à sept lignes d'envergure, et est extrêmement commun dans les bois. Sa chenille vit sur les graminées.

Le papillon demi-deuil est d'un blanc jaunâtre, avec des lignes, des taches presque carrées et une bande postérieure noire. Les ailes supérieures avec un, et les inférieures avec cinq ou six yeux. Son envergure est d'un pouce et demi. Il est extrêmement commun l'été dans les taillis dont le terrain est sec et aride. Sa chenille vit sur les graminées.

Le papillon citron, *Papilio rhamni*. Fab., est jaune citron, a un angle curviligne et un point fauve à chaque aile. Son envergure est de deux lignes. Il se fait remarquer dès les premiers jours du printemps par la beauté de ses couleurs et la vivacité de son vol. Sa chenille vit sur la bourgène.

Le papillon souci, *Papilio hyale*, Fab., est d'un jaune souci avec un point noir, l'extrémité noire, tachée de jaune et le bord rougeâtre. Il a deux pouces d'envergure, et se trouve très abondamment en automne dans les pâturages, le long des chemins. Le papillon soufre, également commun, n'en diffère presque que par la nuance plus jaune de sa couleur.

Le papillon gazé, *Papilio cratœgi*, Fab., a les ailes blanches, demi-transparentes, avec de grosses nervures et une petite lisière noirâtre. Il a plus de deux pouces d'envergure. Sa chenille, couverte de poils jaunes et de poils blancs, est noirâtre, avec des lignes noires. Elle vit en société sur l'aubépine, le poirier, le prunier, etc., et file une tente de soie sous laquelle elle se réfugie dans sa jeunesse, et pendant la pluie. Elle est souvent extrêmement abondante, et peut causer alors de grands ravages ; mais il est facile de s'en débarrasser. Sa chrysalide est anguleuse, et se suspend aux branches des arbres.

Le grand papillon blanc du chou, *Papilio brassicæ*, Fab., a les ailes blanches, avec deux taches et l'angle extérieur et supérieur noirs. Il a deux pouces d'envergure. Sa chenille est rayée de jaune et de bleuâtre, avec des points noirs tuberculeux, du centre de chacun desquels part un poil. Elle vit sur le chou, la rave, et autres plantes de ce genre dont elle dévore les feuilles. C'est de toutes les chenilles des papillons celle qui fait le plus de tort à l'agriculture. Quoiqu'elle ne vive pas en société, elle se trouve quelquefois en si grande abondance dans une plantation de choux, qu'elle la détruit en totalité, n'y laisse que les nervures des feuilles, et empêche d'en faire usage. Comme elle se cache pendant le jour entre les feuilles, souvent même dans la terre, il est assez difficile de s'en débarrasser.

Ce n'est que le matin et le soir, où, la lanterne à la main, on peut espérer d'en tuer beaucoup. Un plus efficace moyen de diminuer ses ravages, c'est de faire la chasse aux papillons femelles, lorsque vers midi ils viennent pour déposer leurs œufs. Un petit sac de gaze ou de toile attaché à un cercle et emmanché à un bâton de quatre pieds suffit pour les prendre toutes très promptement lorsqu'on en a l'habitude. Une seule femelle fait jusqu'à trois cents œufs en trois ou quatre jours; ainsi on voit quel avantage on peut retirer de ce mode de destruction. Il seroit sans doute à désirer que l'autorité publique intervînt pour généraliser au printemps une mesure aussi salutaire. Tout autre moyen indiqué contre ces ennemis acharnés de ce légume est dangereux pour les autres productions des jardins, comme de mettre des poules dans la plantation, ou inutile, comme d'arroser les choux avec une infusion de tabac, de feuilles du sureau, etc.

Cette chenille va souvent, loin du chou qui l'a nourrie, chercher un arbre ou un mur contre lequel elle puisse se suspendre et se changer en chrysalide, qu'on reconnoît à sa forme anguleuse, et à sa couleur jaune verdâtre, tachée de noir. Dans cet état, on peut aussi en détruire beaucoup en visitant de temps en temps les murs de son jardin, et en les écrasant.

Le papillon du chou est extrêmement commun par-tout. Il fait deux ou trois pontes par an, et les insectes parfaits, résultans de la dernière, passent l'hiver dans quelque trou pour renouveler l'espèce au printemps. Le nombre de ceux qui échappent aux animaux qui s'en nourrissent, et aux variations de la saison, est peu considérable. Aussi est-ce aux premiers jours de leur sortie, avant qu'ils n'aient déposé leurs œufs, qu'il est le plus fructueux de leur faire la chasse ci-dessus.

Le PETIT PAPILLON BLANC DU CHOU ressemble beaucoup au précédent; mais ses ailes ont moins de noir, et souvent n'en ont qu'une légère indication à leur pointe. Son envergure n'est que d'un pouce et demi. Il est aussi extrêmement commun par toute l'Europe. Sa chenille est verte, avec trois raies plus pâles, ou jaunâtre. Elle vit sur le chou, dont elle dévore les feuilles avec encore plus de sécurité que la précédente, parceque, outre que sa couleur empêche de la voir, elle se cache jusqu'au cœur, au moyen de galeries qu'elle perce à travers les feuilles. Elle dévore aussi plusieurs autres plantes de la même famille, et la capucine. Tout ce que j'ai dit de relatif à la destruction précédente s'applique à celle-ci.

Le PAPILLON ARGUS BLEU est d'un bleu de ciel d'azur dans les mâles, et d'un brun foncé dans les femelles. En dessous, les uns et les autres sont gris bleuâtre, avec des points noirs entourés de blanc, et une ligne transverse de points fauves aux postérieures. Il n'a guère plus qu'un pouce d'envergure. On le trouve pendant tout l'été, souvent en grande quantité, dans toute l'Europe. Il aime à se poser sur la terre mouillée, autour des mares. Sa chenille vit sur le sainfoin, la luzerne, et autres plantes de la famille des légumineuses.

Plusieurs autres espèces ont été confondues avec celle-ci par Geoffroy et autres.

Le PAPILLON ARGUS BRONZÉ, *Papilio phlœas*, Fab., a les ailes supérieures d'un fauve foncé brillant, avec les bords et quelques taches carrées noires; les inférieures noires, avec l'extrémité fauve, bordée de noir. Ces dernières sont grises en dessous. Il n'a que six à huit lignes d'envergure.

Le PAPILLON BANDE NOIRE, *Papilio comma*, Fab., est d'un fauve brun avec une tache longitudinale noire au milieu des antérieures, dans le mâle. La femelle est tachée, ou mieux, vergetée de brun. Il a huit lignes d'envergure. Il porte les ailes supérieures relevées, tandis que les inférieures sont presque parallèles à l'horizon, ce qui le fait appeler l'*estropié*, ainsi que plusieurs autres qui ont la même habitude. Il est extrêmement commun en été dans toute l'Europe. Sa chenille vit sur les graminées.

Le PAPILLON PLEIN CHANT, *Papilio fritillum*, a les ailes noires tachées de blanc. Son envergure est de six à huit lignes. Il est très commun. Sa chenille vit sur les cardes, dont elle plie les feuilles. (B.)

PAPINGAIE. Sorte de concombre de la Chine. *Voyez* CONCOMBRE.

PAQUERETTE, *Bellis*. Plante à racines vivaces, fibreuses; à feuilles toutes radicales, pétiolées, spatulées, très entières, tantôt glabres, tantôt légèrement velues, formant une rosette sur la terre; à hampes grêles, hautes de trois à quatre pouces au plus, portant une seule fleur à leur sommet, qui forme, avec deux ou trois autres, un genre dans la syngénésie superflue et dans la famille des corymbifères.

Cette plante, plus connue sous le nom de *petite marguerite*, se trouve par toute l'Europe dans les prés, les pâturages frais, le long des chemins, etc. Elle est excessivement commune dans certains lieux, et immédiatement après la fonte des neiges, elle commence et continue, jusqu'aux gelées, à orner les gazons de ses jolies fleurs jaunes dans leur disque, et blanches, quelquefois lavées de rouge à leur circonférence; son aspect réjouit alors l'imagination fatiguée de la triste monotonie de l'hiver. Aucun animal ne la mange; de sorte qu'on doit la regarder comme nuisible aux prairies, puisqu'elle tient la place de fourrage utile, et que chaque pied consomme au moins trois à quatre ponces de terrain. Un agronome soigneux doit donc l'y détruire, soit avec la pioche, aux premiers jours du printemps, soit en labourant et semant de la nouvelle herbe.

Cette plante a doublé et varié dans ses couleurs par la culture. Rien de plus brillant qu'un gazon ou une bordure, s'il est composé de ces variétés distribuées avec intelligence. Les principales sont les *blanches*, les *blanches mêlées de rose*, les *rouges de toutes les nuances*. Parmi ces dernières il y en a de fistuleuses et de prolifères. On ne sauroit trop les multiplier, soit dans les parterres, soit dans les jardins paysagers. Tout terrain leur est bon, mais elles réussissent mieux dans celui qui est bien engraissé et à une exposition chaude. On les multiplie par le déchirement des vieux pieds en automne. Elles poussent avec tant de vigueur, que chaque année on peut, sans inconvénient, leur faire subir cette opération ; cependant, comme elles gagnent à être en touffes d'un grand diamètre, il est bon de les laisser en place deux ou trois ans.

On dit cette plante astringente, détersive et légèrement purgative. B.)

PARADIS. Variété de pommier, anciennement trouvée dans un semis, et qu'on multiplie de marcottes pour greffer les arbres Nains. *Voyez* ce mot. Cette variété, dont le fruit est très précoce, est encore plus foible que celle appelée *doucin*. Les arbres nains durent peu en comparaison des plein-vents, mais ils se mettent à fruit dès la seconde ou la troisième année, et leurs fruits sont plus gros et meilleurs que ceux produits par des arbres plus vigoureux ; aussi sont-ils fort recherchés des amateurs. Un véritable ami de son pays doit cependant désirer qu'on en restreigne un peu la culture, car la multiplication des arbres à plein-vent diminue d'autant, et, quoi qu'on en dise, elle est plus avantageuse à la société en général. *Voyez* au mot Pommier et Arbre fruitier. (B.)

PARAGE. C'est dans quelques localités la première façon qu'on donne aux vignes après la vendange.

PARALYSIE. Médecine vétérinaire. Dans cette maladie, les muscles ne peuvent point se contracter et faire mouvoir les parties auxquelles ils sont attachés. Cette immobilité n'est pas accompagnée de dureté, de tension et de sensibilité, comme dans les maladies spasmodiques, mais de relâchement, de peu de sensibilité, qui quelquefois même est entièrement abolie.

Le siège de la paralysie réside dans les nerfs qui vont aux muscles affectés, ou dans la moelle épinière, ou dans la moelle allongée, ou dans le cerveau. Tout ce qui peut interrompre l'action réciproque des nerfs propres aux muscles sur le cerveau, ou du cerveau sur les nerfs des muscles, produit cette maladie. Qu'un animal, par exemple, reçoive un violent coup sur l'épine du dos, mais avec forte commotion, aussitôt les parties postérieures du corps deviennent foibles et insensibles.

Les praticiens distinguent la paralysie en plusieurs espèces : cette disposition ne nous paroît pas être d'une grande conséquence quant aux animaux, ces espèces ne différant les unes des autres que pour la quantité des muscles affectés, et les remèdes qu'il faut employer pour les combattre étant tirés de la même classe, il suffit seulement de les administrer à une dose plus forte lorsqu'il y a un grand nombre de muscles affectés.

Les coups, les chutes, la mauvaise nourriture, la vieillesse, la pléthore, l'humidité des pâturages et des étables, le long séjour des animaux dans des écuries malpropres, voilà quels sont les principes de la paralysie : plus le nombre des muscles qu'elle attaquera sera grand, plus il sera difficile d'y remédier. Une expérience journalière nous apprend qu'elle est toujours incurable lorsqu'elle affecte les muscles de la moitié du corps, et qu'elle fait promptement mourir l'animal quand elle s'empare du plus grand nombre des muscles.

La paralysie provient-elle d'un coup à une ou à plusieurs jambes, appliquez sur-le-champ, sur la partie et sur les muscles paralysés, des étoupes imbibées d'eau-de-vie, et des cataplasmes faits de feuilles de rue et de vin. Ne saignez l'animal que lorsqu'il y a inflammation à la partie. Donnez deux breuvages par jour, au bœuf et au cheval, d'une chopine de bon vin, et pour toute nourriture de l'eau blanchie avec de la farine de froment, aiguisée de sel marin. Administrez des lavemens composés d'une infusion de feuilles de sauge. Si, huit à dix jours après l'usage de ce traitement, vous n'apercevez aucun changement heureux, appliquez le feu sur la partie, c'est le dernier remède à tenter.

Cette maladie dépend-elle d'un fourrage marécageux, malsain? nourrissez l'animal de foin de bonne qualité, et employez les autres remèdes ci-dessus indiqués.

Le plus souvent la paralysie provient de la pléthore : dans ce cas, saignez l'animal à la veine jugulaire ; réitérez même la saignée plusieurs fois ; bornez-vous à l'usage de l'eau blanche nitreuse pour boisson ; donnez un peu de foin et de bonne qualité ; n'oubliez point les lavemens émolliens aiguisés avec le sel marin, ni les bains d'eau douce et d'eau minérale, si vous pouvez vous en procurer.

L'électricité de M. Vitet, si vantée pour les maladies paralytiques et spasmodiques, peut être employée avec succès dans cette maladie, lorsqu'elle vient de l'humidité des écuries basses, peu aérées et malsaines, si on a l'intention de proportionner la force de l'électricité à l'intensité de la maladie. Les habitans de la campagne se trouvant rarement à portée de profiter d'un pareil moyen, et n'étant pas du tout instruits sur la manière de le diriger, nous leur conseillons, au contraire, d'avoir recours au cautère actuel; ce remède leur réussira à merveille, si on l'applique profondément dans les parties affectées, et sur-tout si l'on a eu soin de placer l'animal dans une écurie propre, sèche et bien aérée. 'R.)

PARAPHIMOSIS. C'est le resserrement du prépuce, ensorte que la tête du membre ne peut rentrer, que cette partie reste en dehors, et se gonfle par l'effet de la compression qu'elle éprouve. Comme dans les animaux domestiques il n'y a guère que le cheval et le chien qui y soient sujets, que dans le premier de ces animaux la cause est toujours locale, et qu'elle ne peut être attribuée au virus vénérien, comme cela arrive dans l'homme, le traitement en est simple : des bains, des boissons rafraîchissantes et une saignée triomphent ordinairement de cette maladie; cependant on a quelquefois été obligé d'inciser le prépuce pour faire cesser l'étranglement.

Dans le chien, cette maladie est quelquefois simple, et alors on peut suivre le même traitement que pour le cheval, en le proportionnant à la force du sujet. Si elle est compliquée du virus vénérien, comme il arrive souvent, on sent que le traitement doit porter principalement sur la maladie dont celle-ci n'est qu'un des symptômes. (DESPLAS.)

PARAPHRÉNÉSIE. Inflammation du diaphragme. *Voyez* PLEURÉSIE.

PARAPLUIE. On donne ce nom, dans les jardins, à des abris destinés à garantir de la pluie les plantes grasses et autres qui la craignent. Ce sont ou des pots renversés et supportés sur des piquets, ou des planches en forme de toit supportées par quatre pieds, ou des chapiteaux de tôle ouverts d'un coté et percés sur les autres. *Voyez*, pl. 47 du sixième vol. des Annales du Muséum, la figure que Thouin a donnée de ce dernier.

On ne fait guère usage des parapluies que dans les jardins de botanique. Ils sont suppléés dans les autres par les PAILLASSONS, les CHASSIS, etc. *Voyez* ces mots et le mot ABRI.

PARASITES. Plantes qui vivent aux dépens des autres. On applique la même qualification, par extension impropre, à celles qui sont supposées nuire, ou nuisent réellement à l'accroissement de celles qui se cultivent. Ainsi la *cuscute*, le *gui*, l'*orobanche*, sont de véritables parasites, parcequ'elles sont implantées dans la substance même des plantes sur lesquelles elles croissent, mais les *lichens*, les *mousses*, ne le sont pas réellement, encore moins les plantes qui croissent parmi les légumes, les blés, et autres cultures, les *mauvaises herbes enfin*, pour employer une expression aussi peu exacte.

Nos connoissances physiologiques sur la nature des végétaux ne nous permettent pas encore de donner une explication com plètement satisfaisante de la manière de végéter des véritables parasites ; mais il n'y a pas de doute que la sève, ou le suc propre des plantes, est employée à leur nutrition, puisqu'on remarque des tubercules suçans aux empatemens qui leur servent de racines, et que les branches des arbres sur lesquelles il y a des parasites souffrent d'abord, et finissent enfin par périr.

Les pays intertropicaux sont plus abondans en plantes parasites ; elles y intéressent davantage les cultivateurs qu'en Europe, attendu qu'il y en a plusieurs qui sont extrêmement agréables, et quelques unes fort utiles, entre autres la VANILLE, dont les fruits font l'objet d'un commerce très important. (B.)

PARASOL (fleurs en). Synonyme de fleurs en OMBELLE. *Voyez* ce mot.

On donne aussi ce nom à des abris portatifs en osier, en paille ou autres matières qu'on place sur les plantes qui craignent les effets d'un soleil trop ardent, sur celles qu'on vient de transplanter, et sur les semis des espèces très délicates. *Voyez* ABRI et PARAPLUIE.

PARATONNERRE. Lorsque Francklin eut reconnu l'identité de l'ÉLECTRICITÉ avec le TONNERRE (*voyez* ces deux mots); il ne lui fut plus difficile d'en conclure que, si les pointes métalliques soutiroient l'électricité que nous produisions artificiellement, elles devoient également soutirer celle qui se formoit naturellement dans les nuages, et que par conséquent on pourroit en épuiser ces derniers, comme on en épuisoit une batterie chargée au moyen d'un disque de verre tournant et frottant contre des coussins de cuir. L'expérience ne tarda pas à le convaincre de la justesse de sa manière de voir. Ayant fait élever un mât terminé par une pointe métallique, cette pointe offrit le premier jour d'orage, pendant la nuit, une aigrette lumineuse, et le corps du mât offrit un courant considérable de matière électrique qui se dispersoit dans la terre d'une manière insensible; ce qui indiquoit évidemment que les nuages qui étoient au-dessus perdoient de la même manière celle qu'ils avoient accumulée.

D'un autre côté, l'observation de tous les siècles avoit prouvé que la foudre tomboit de préférence sur les rochers les plus saillans, sur les arbres les plus grands, sur les édifices les plus élevés.

Il y avoit donc certitude qu'en plaçant des mâts terminés par des pointes métalliques sur les édifices les plus apparens d'une ville, on garantiroit cette ville des dangers qui sont si fréquemment la suite de la chute du tonnerre.

Depuis cette époque, les maisons des gens riches et éclairés, ensuite la plupart de celles qui renferment des établissemens publics, principalement les magasins à poudre de Philadelphie, Londres, Paris et autres grandes villes d'Amérique et d'Europe, où on se pique de quelque instruction, sont munies de ces mâts, qu'on a appelé des paratonnerres. Beaucoup de propriétaires de châteaux ou de manufactures isolées au milieu des campagnes en ont également fait élever pour se créer une sécurité contre les accidens du même genre.

L'expérience de plus d'un demi siècle ne permet plus de douter aujourd'hui de l'efficacité de ce moyen ; aussi les paratonnerres se multiplient-ils de jour en jour davantage. Si quelquefois ils ont paru ne pas remplir leur objet, c'est qu'ils étoient ou trop petits ou en trop petit nombre pour soutirer promptement la totalité de la matière électrique accumulée dans les nuages qui passoient au-dessus d'eux.

Il n'est plus qu'une sorte d'application des paratonnerres qui ne soit pas encore suffisamment pratiquée. C'est celle qui auroit pour principal objet de garantir certaines localités des grêles, suites fréquentes des orages, qui les désolent annuellement.

On sait en effet que les grêles d'été sont toujours produites par le refroidissement subit d'un nuage qui perd instantanément la matière électrique dont il étoit surchargé. *Voyez* aux mots ORAGE, GRÊLE et TONNERRE. Or, en soutirant tout doucement cette matière électrique, on évitera donc, non seulement la chute ou le bruit du tonnerre, mais encore la formation, et par conséquent la chute de la grêle.

Pour construire un paratonnerre avec économie, il faut prendre une perche d'un bois solide et léger, de trois à quatre pouces de diamètre et la plus élevée possible, l'armer à son sommet d'une pointe de cuivre doré d'un à deux pieds de long, et la fixer, le plus solidement possible, dans la faîtière du toit, au milieu, si le bâtiment est carré ; aux deux extrémités, s'il est oblong, et s'il est très long, de distance en distance.

Si on veut augmenter les chances de sécurité, on attachera une verge de fer, ou même un fil de fer ou de laiton à la base de la pointe ; on la fera suivre la perche, sans la toucher, ensuite la direction des toits, puis des murs, également sans les toucher, et on la conduira se perdre dans un puits ou autre cavité, aux approches de l'ouverture de laquelle il sera mis obstacle. La matière du tonnerre, par l'affinité qu'elle a pour les substances métalliques, sur-tout le fer, suivra de préférence cette verge ou ce fil de métal, et ira se disperser dans la terre.

J'ai dit que la perche devoit être la plus élevée possible, parceque plus elle l'est, et plus elle soutire promptement et abondamment l'électricité. Mais l'économie d'une part, et la nécessité d'empêcher qu'elle soit renversée ou cassée par le

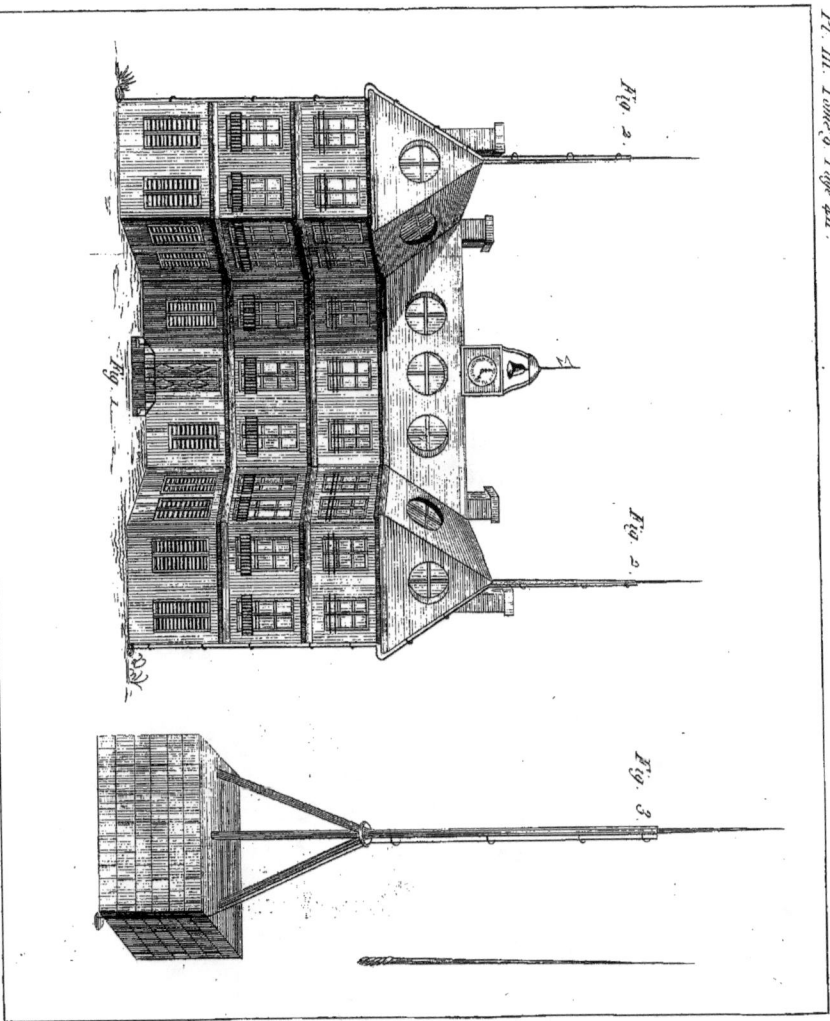

Pl. III. Tome 9 Page 421.

Paratonnerres

Fig. 1.

Fig. 2.

Fig. 2.

Fig. 3.

Prevost del. et sculp.

vent, oblige à la réduire le plus souvent à douze ou quinze
pieds, et à ne la jamais faire plus haute que vingt-cinq à trente,
ce qui, suffit lorsque le bâtiment sur lequel elle est plantée
n'est pas dominé par d'autres, ou par des arbres.

Les amis de l'humanité doivent faire des vœux pour que
les paratonnerres se multiplient dans les campagnes, et que
les cultivateurs n'écoutent pas les suggestions de l'ignorance,
lorsqu'elles s'y opposent, comme il y en a eu tant d'exemples.

Voyez pl. 3, fig. 1, une maison garnie de deux paratonnerres
et de leurs verges de fer qui se perdent chacun dans un trou
creusé à l'angle correspondant de cette maison; fig. 2, la pointe
isolée; fig. 3, un paratonnerre isolé sur un mât, et également
accompagné de sa verge de fer. C'est ce dernier qu'on peut
spécialement appliquer à garantir certaines localités des ravages
de la grêle. (B).

PARC. Lieu entouré de murs et planté de bois, qui accompagne souvent les maisons de campagne des personnes opulentes,
et qui sert principalement à renfermer du gibier, sur-tout des
bêtes fauves.

L'avantage des parcs c'est d'empêcher le gibier de se porter
sur les fonds des autres, de l'avoir toujours sous sa main, de
le défendre et contre la dent des loups et des renards, et contre
les entreprises des braconniers.

On a beaucoup crié contre les parcs; mais je crois que le
respect qu'on doit avoir pour la libre disposition des propriétés
ne permet pas qu'on les proscrive. Ils produisent du bois dans
leurs massifs, ils produisent de l'herbe dans leurs allées et ne
faut-il pas du bois et de l'herbe par-tout? Sera-ce vingt,
trente, cinquante, cent, deux cents arpens même, non cultivés en céréales qui amèneront la disette dans un canton? Il
faut l'avouer, ce ne sont pas réellement les parcs contre lesquels on s'élevoit avant la révolution, c'étoit contre leurs propriétaires, seigneurs insolens et tyranniques pour la plupart.
Aujourd'hui que les droits féodaux n'existent plus, on doit
moins envier les agrémens particuliers que des gens riches
peuvent retirer d'une portion de terrain ainsi disposée. Je
dirai donc: Ne gênez pas leur volonté à cet égard, ni par des
lois positives, ni par l'effet de l'opinion publique.

Dans les pays où les seigneurs jouissent encore exclusivement
du droit de chasse, on doit même regarder comme avantageux
pour l'agriculture que ces seigneurs aient des parcs, parcequ'ils sont par leur propre intérêt déterminés à y renfermer
les sangliers, les cerfs, les daims, qui certainement sont le
gibier qui fait le plus de tort aux cultivateurs.

Il est difficile de donner des règles pour la formation ou la plantation d'un parc. Autrefois, lorsque les forêts appartenant à des particuliers étoient plus nombreuses, on bâtissoit son château au bord ou dans une de ces forêts, afin de pouvoir établir plus économiquement le parc, qui devoit toujours y être joint, et qui remplaçoit le jardin, qui à cette époque n'étoit consacré qu'à la production des légumes; ainsi le parc étoit le lieu où les hommes prenoient le plus habituellement le plaisir de la chasse, et où les femmes trouvoient presque exclusivement celui de la promenade. Alors le parc étoit régulier ou irrégulier, selon le terrain ou l'étendue de la propriété; mais toujours les bois en faisoient la masse, et la plupart du temps on les laissoit croître en futaies pour leur donner plus de majesté, et par-là augmenter l'importance du maître. Les allées étoient droites, soit pour pouvoir mieux voir le gibier lorsqu'il passoit d'un massif dans un autre, soit par le désir de prolonger les points de vue du château, soit enfin par l'idée attachée à leur longueur. Celle qui se trouvoit en face du château étoit de beaucoup plus large que les autres, et toujours plantée de chaque côté d'un ou de deux rangs d'arbres; les principales d'entre les autres l'étoient aussi le plus souvent.

La plantation d'un parc ne diffère pas de celle d'un bois; ainsi je renverrai à cet article ceux qui voudront en connoître le mode. On en aménage les coupes positivement d'après des intentions semblables. Aujourd'hui on les laisse plus généralement en taillis, non seulement parceque le bois étant devenu plus cher, on est excité à les couper plus souvent pour s'en faire un revenu, mais encore parcequ'on a remarqué que le gibier fauve, c'est-à-dire les cerfs, les daims, les lièvres, etc., se plaisoient davantage dans les taillis, parcequ'ils y trouvoient une nourriture plus abondante et meilleure, et qu'il étoit plus facile d'y tirer les faisans, les perdrix, les bécasses et autre gibier à plume.

Les murs des parcs se construisent comme ceux des clôtures rurales. On leur donne huit à dix, quelquefois même douze pieds de haut, pour rendre plus difficile l'entrée des braconniers ou des voleurs de bois, et la sortie des cerfs qui sautent quelquefois par-dessus ceux qui sont moins élevés.

On croit généralement que le gibier est moins bon dans les parcs que dans les vastes forêts ouvertes et qu'il n'y multiplie pas autant. Cela vient de ce qu'il ne peut pas y choisir aussi bien sa nourriture; que la sécurité habituelle dans laquelle il vit l'empêche de faire autant d'exercice; et, qu'étant plus rapproché, les combats qui ont lieu entre les mâles sont plus nuisibles à la reproduction; que les petits sont plus facilement tués par ceux de ces mâles chez qui le besoin de la jouissance se fait fortement sentir.

Les parcs se peuplent des animaux pris dans les bois. Les faisans seuls demandent des soins particuliers dans leur jeunesse. On est obligé souvent d'y nourrir le gibier pendant les hivers abondans en neige.

D'après l'observation faite ci-devant, il est bon de ne laisser dans les parcs que le nombre des mâles strictement nécessaires aux femelles qui s'y trouvent, et en conséquence ce sont toujours eux qu'on y chasse de préférence.

Il est quelques pays, sur-tout en Angleterre, où les parcs sont devenus des établissemens véritablement agricoles, c'est-à-dire qu'on a substitué au gibier des vaches ou des chevaux, qui, y vivant en liberté, acquièrent, les unes un lait plus savoureux, les autres une forme plus agréable et une vigueur plus grande. Certainement cet emploi des parcs donne des produits avec lesquels on peut se procurer des jouissances bien autrement variées que celles de la chasse, et il est à désirer qu'il devienne plus général.

Aujourd'hui les hommes de goût font de leurs parcs des jardins paysagers, c'est-à-dire des jardins où on trouve dans une enceinte plus ou moins considérable tout ce qu'on voit dans un grand pays, des fermes, des rivières, des lacs, des montagnes, des plaines, des fabriques de toutes espèces. *Voyez* au mot JARDIN PAYSAGER. (B.)

PARCS ET PARCAGE DES MOUTONS. L'espace dans lequel est contenu un troupeau de bêtes à laine au dehors et sans abri, se nomme *parc*.

On en distingue de deux sortes, l'un *domestique* ou *d'hiver*, et l'autre *des champs* ou *d'été*.

Il n'y a guère que des propriétaires curieux de s'instruire, qui, à l'exemple de M. Daubenton, aient leurs troupeaux, ou une partie de leurs troupeaux, en hiver, dans des parcs totalement à découvert. Ils les ont formés avec les claies qui servent pour les parcs des champs, les uns au milieu des cours de la ferme, profitant des murs des bâtimens; les autres dans des endroits isolés et exposés à toutes les injures de l'air.

Beaucoup de cultivateurs, après avoir renfermé leurs troupeaux dans les bergeries pendant l'hiver, les font coucher au printemps, en attendant le temps du parc des champs, au milieu de leur cour sur le fumier, ayant soin de leur fournir tous les jours de la litière fraîche, et les contenant entre des claies. Cette manière de les loger les soulage de la chaleur excessive des bergeries et les accoutume à l'air.

La construction d'un tel parc est simple et n'exige point de frais. Il suffit d'attacher à côté les unes des autres quelques claies, et de mettre dans l'enceinte les râteliers et les auges pour placer la nourriture.

Si l'on vouloit établir un parc domestique particulier, et entouré de murs au lieu de claies, il faudroit que ce fût d'après les principes de M. Daubenton.

Les meilleures expositions sont celles du midi, du sud-ouest et du sud-est, parceque les murs du parc mettent le troupeau à l'abri des vents froids, vents qui fatiguent les moutons. Des bêtes à laine qui seroient répandues dans la campagne, comme les animaux sauvages, y trouveroient des abris ; il faut donc placer leur parc dans le lieu le plus abrité de la basse-cour. Il faut aussi que le terrain du parc soit en pente, afin que les eaux des pluies aient de l'écoulement.

M. Daubenton n'a donné aux murs de son parc que sept pieds de hauteur ; il ne les a fait construire qu'en pierres sèches, et cependant des loups qui en ont approché n'ont pu y entrer. Chacun peut les construire avec les matériaux du pays qu'il habite, en pierres, en pisay, en torchis ou en planches, etc. L'étendue que M. Daubenton a donnée au sien étoit telle, que chaque bête avoit dix pieds carrés. Il falloit cette étendue pour que les brebis pleines et les agneaux nouveaux-nés ne fussent point exposés à être blessés.

On attache, dans le parc domestique, les râteliers simples aux murs ou aux claies ; on place au milieu les râteliers doubles, et on met les auges sous les râteliers.

Tant qu'il y a du fumier dans le parc domestique, il faut de la litière renouvelée, pour empêcher les bêtes à laine de se salir. Si on n'avoit plus de litière à leur donner, il faudroit tous les jours balayer le parc et en enlever les ordures ; on pourroit même le sabler.

Le parc des champs ou d'été, est celui qui est employé pour le *parcage*. On appelle ainsi une opération rurale par laquelle on enferme un troupeau dans une enceinte, non couverte, qu'on transporte dans différens champs, et dans différentes places de ces champs, pendant plusieurs mois de l'année, pour les fertiliser par l'urine et la fiente des animaux.

Cet usage tient le milieu entre la vie sauvage et le séjour habituel dans les bergeries.

L'enceinte du parc des champs est différemment formée, suivant les pays. La meilleure est toujours la plus simple et la plus économique. Dans certaines provinces, où les loups sont rares et le pays à découvert, cette enceinte est un filet à larges mailles, soutenu de distance en distance par des piquets. On se sert de cordes de spart pour filet dans les provinces maritimes, où cette plante est commune. Les mailles, suivant Rosier, ont huit à dix pouces de largeur et de longueur. Les cordes dont elles sont faites sont de la grosseur du petit doigt. Le filet, qui ordinairement est tout d'une pièce, a trois à quatre pieds de hauteur, sur une longueur proportionnée au nombre de bêtes qu'il doit enfermer. Une corde passe dans toutes les mailles du bas, et une dans toutes celles du haut; elles servent à attacher le filet aux piquets.

Le berger d'abord dresse son parc, en enfonçant les piquets avec une massue à des distances égales; il tourne autour la corde, qui passe librement dans les mailles, et étend ainsi son filet en traçant un carré allongé. Le lendemain, ou deux jours après, il le place plus loin, jusqu'à ce qu'il ait parqué la totalité du champ.

Si les cordes sont de spart, comme elles sont très légères, le berger porte sans peine tout le filet. Tant qu'il est dans le même champ il n'a besoin que de le traîner. Le berger couche dans sa CABANE (*voyez* ce mot) si le pays est froid; dans les provinces du midi, il se contente d'un hamac, à tissu plus serré que le filet, et garni de paille. Il est soutenu par quatre piquets, à un pied au-dessus du niveau du champ.

J'ai dit plus haut que, pour contenir leurs troupeaux la nuit, les bergers espagnols ont des filets de spart, et qu'au lieu de cabane ils portent avec eux une tente sous laquelle ils couchent.

Ces filets seroient insuffisans dans les pays où il y a à craindre des loups, ou d'autres animaux dangereux, et des hommes même. Alors, et cet usage est le plus ordinaire, on forme l'enceinte avec des claies, disposées de manière à représenter un carré plus ou moins parfait, et soutenues par des crosses.

Les claies ne se ressemblent pas dans différens pays. Le plus souvent on les fabrique avec des baguettes de coudrier, ou d'un autre bois léger et pliant, entrelacées et croisées en sens contraire, sur des montans plus gros de même bois. Dans quelques endroits on assemble et on cloue des voliges sur des montans. Dans d'autres ce sont des barreaux de bois arrondis, d'un pouce de diamètre, fixés entre des barres plates, bien assujetties. *Voyez* CLAIE.

On donne à chaque claie quatre pieds et demi à cinq pieds de hauteur, sur sept, huit et neuf pieds de longueur. Il faut laisser aux claies de coudrier entrelacé, ou de voliges, trois ouvertures d'un demi-pied carré, dans leur partie supérieure, une à chaque extrémité et une au milieu; celles des extrémités servent pour passer et attacher les crosses; à la faveur de celle du milieu, le berger transporte facilement la claie. On appelle ces ouvertures *voies* ou *éperneaux*.

Dans les claies de barreaux de bois arrondis, il n'y a point de voies aux extrémités où elles sont inutiles, parcequ'on passe les crosses entre les barreaux qui sont distans les uns des autres de trois pouces. Mais, vers le milieu de la claie, deux de ces barreaux, s'écartant par degrés, sont à la partie supérieure distans l'un de l'autre de six pouces. C'est par-là que le berger la prend pour la transporter. Les meilleures claies sont celles qui sont à barreaux de bois. Elles ne donnent point de prise au vent qui passe au travers. Il n'y a que dans les grands ouragans où quelquefois, mais rarement, elles ont de la peine à résister. Les claies de coudrier entrelacé et celles des voliges sont très sujettes à cet inconvénient. Elles sont en outre désavantageuses, en ce que, dans les mauvais temps, les bêtes à laine, pour se mettre à l'abri, s'approchent toutes de celles qui sont du côté du vent, et ne fument pas l'espace qui en est éloigné.

On fait les claies à barreaux de bon chêne ou de châtaignier, afin qu'elles soient de durée. Souvent les barres plates sont de châtaignier, et les barreaux de chêne. Les crosses sont des bâtons de cinq à neuf pieds, traversés à un bout de deux chevilles de bois, de dix pouces de longueur, écartées l'une de l'autre de six pouces, et percées à l'autre bout d'une mortaise à jour, propre à recevoir une cheville de bois ou de fer, qu'on enfonce dans la terre avec un maillet. Les crosses sont les arc-boutans des claies. Les meilleures sont d'orme ou de bouleau ou de châtaignier; on en fait aussi de chêne; mais il faut que ce soit du bois de pied, afin qu'il ne fende pas.

On peut se servir, pour assujettir les crosses, de clefs de bois dans les terrains faciles à percer. Mais celles de fer sont préférables dans les terrains pierreux.

La cabane du berger, appelée *baraque* dans beaucoup d'endroits, doit être regardée comme une partie essentielle du parc; on la garnit d'un lit assez grand pour coucher le berger et son aide, d'une tablette pour poser leurs hardes, provisions et instrumens, et des petites commodités qu'il est possible de procurer dans un espace aussi borné. *Voyez* CABANE.

La cabane du berger se place toujours auprès du parc sur un des côtés, et non à un angle, de manière que la porte regarde le parc. A mesure que le parc avance, le berger, ou seul, ou avec son aide, la roulent. Quand le terrain est difficile, on a recours à un cheval.

M. Daubenton, attentif à tout dans son ouvrage, propose de faire une petite loge portative pour les chiens; mais cela auroit un grand inconvénient. Les chiens couchés dans leurs loges deviendront paresseux. Le loup les surprendra plus facilement. Les bergers qui veulent en tirer tout le parti possible les laissent coucher sur terre; un rien les réveille. Lorsqu'il fait des orages ou de grandes pluies, ils se mettent à couvert sous la cabane, où ils trouvent seulement une botte de paille.

Avant qu'on commence à parquer une pièce de terre, on la laboure deux fois, afin de la mettre en état de recevoir les urines et la fiente des animaux. Si les labours se font à plat, le berger peut facilement y dresser son parc et placer ses claies de toutes faces; mais si c'est dans des pays à planches bombées, on dresse de deux côtés les claies, selon la longueur et dans les raies des sillons; pour asseoir celles qui doivent occuper les travers, la charrue y creuse un double sillon; elle peut en tracer beaucoup en un jour.

Pour disposer son parc, le berger mesure le terrain avec une perche, ou avec ses pas. Le plus ordinairement c'est avec ses pas. Il en faut trois par chaque claie. Les gens de la campagne sont aussi sûrs de cette manière de mesurer qué s'ils employoient une toise.

L'étendue d'un parc est proportionnée au nombre des bêtes qu'on y renferme, à leur taille et à leur espèce, à l'abondance de la nourriture qu'elles y trouvent, à la saison de l'année, et enfin à la nature du sol à parquer.

Plus le nombre des bêtes est considérable, plus on doit employer de claies, il faut que les bêtes ne soient pas trop à l'aise dans le parc; il faut aussi qu'elles n'y soient pas gênées.

De grandes bêtes, telles que les flamandes, à nombre égal, exigent un plus grand parc que des bérichonnes, des solognotes, des bocagères.

On observera que les brebis, dont la fiente n'est pas sèche, et qui urinent fréquemment, parquent mieux que les moutons; la différence est d'un vingt-sixième; leur enceinte par conséquent doit être un peu plus étendue. Les bergers connoissent bien cette différence; ils savent qu'en général les brebis mangent davantage; elles ont le ventre et les estomacs plus amples que les moutons. La constitution physique de ces derniers exige une attention particulière de la part du berger, quand il veut les faire passer d'un parc dans un autre. Les brebis, dès qu'on les fait lever, fientent et urinent; les moutons sont plus long-temps à se vider. Il ne faut donc pas les presser d'en sortir, après les avoir fait lever, si le parc qu'ils quittent n'est pas suffisamment fumé.

Lorsqu'on parc, au printemps, ou dans des pays remplis d'herbes aqueuses, les bêtes à laine rendent plus d'excrémens; alors on resserre moins leur parc.

Enfin si le sol sur lequel on parque a précédemment été bien amendé, ou se trouve de bonne qualité, ou a été long-temps en repos, on parque moins fortement que dans des terrains maigres, ou qu'on n'a pas laissé reposer.

Des expériences directes ont prouvé que les brebis, seulement en se couchant, engraissoient la terre au moyen de leur

Suin. *Voyez* ce mot. Les pluies qui lavent ce suin doivent produire cet effet d'une manière plus marquée.

Le berger, intelligent et docile, conduit par un maître, bon cultivateur, ne manque pas d'avoir égard à toutes ces circonstances.

Je ne puis donner un aperçu et les proportions d'un parc, que je ne spécifie un cas moyen qui serve de règle et de base. Supposons un troupeau de médiocre taille, dans un pays où les terres ne sont pas de première qualité, où elles se reposent tous les trois ans, et où on les amende tous les trois ans. Le parcage s'y fait sur les jachères avant que de semer du froment.

Pour former un parc il faudra soixante et une claies, de huit pieds de longueur sur quatre de hauteur. On les disposera de manière qu'il y en ait vingt d'un côté et vingt de l'autre, sept à chaque extrémité, et sept au milieu, pour couper le parc en deux parties égales, dont chacune aura dix claies sur sept ; par ce moyen, ni la totalité du parc, ni chaque division ne formera un carré parfait.

Les parties des claies, employées pour la jonction de l'une à l'autre, les réduisent à sept pieds.

Cette quantité de claies est nécessaire pour un troupeau composé de quatre cent cinquante bêtes ; savoir, trois cents, tant brebis que moutons, et cent cinquante agneaux, ou quatre cents brebis seulement. Les bergers qui n'ont pas soixante et une claies sont obligés, au milieu de la nuit, d'en transporter pour renouveler leur parc ; ce qui est très incommode. Les claies d'un parc durent long-temps ; la dépense première en étant une fois faite, il ne s'agit plus que de l'entretien.

Le berger, en arrivant le soir, avant le serein, dans les pays humides, fait entrer son troupeau dans une des deux divisions. A minuit, ou un peu plus tôt, ou un peu plus tard, selon l'heure où il est arrivé, il ouvre deux ou trois claies de la traverse du milieu, et chasse son troupeau dans la seconde division, pour y séjourner le même temps. Ordinairement c'est de quatre à cinq heures. J'observerai qu'autant qu'il est possible les crosses des claies doivent être mises hors du parc ; car lorsqu'elles sont en dedans, les bêtes à laine peuvent les renverser dans un moment d'effroi, ou en se frottant ; ce qui leur arrive souvent. Le berger même est obligé quelquefois de retourner, par cette raison, les crosses de la traverse du milieu, quand il fait passer son troupeau, la nuit, d'une division dans l'autre.

Dans les jours longs, il revient au parc, selon la chaleur, à neuf ou dix heures, en étant sorti le matin, dans les pays humides, après que la rosée a été dissipée ; car dans les pays secs la rosée et le serein ne sont point à craindre; ils sont même recherchés. Alors il met son troupeau dans une division pareille à une de celles de la nuit; ou bien il dispose tellement ses claies, qu'il ne forme qu'un seul parc étroit de la longueur des deux divisions réunies de la nuit, mais n'embrassant que l'étendue du terrain semblable à une des divisions. Il lui en donne quelquefois plus qu'il n'en faudroit, pour que l'espèce soit égale à une des divisions de nuit; c'est seulement quand le troupeau doit y rester plus long-temps.

Quelquefois même, après avoir complété deux parcs égaux dans la nuit, il en commence un troisième, sans que cela l'empêche de faire ensuite un parc complet au milieu du jour.

Au mois d'octobre, temps où les jours sont courts, le berger ne revient pas au parc au milieu du jour; mais il rentre de bonne heure le soir, et sort tard le matin. Dans cette saison, il fait deux changemens de parc la nuit; c'est-à-dire que, changeant deux fois de parc, après avoir fumé le premier, il parque autant de terrain que s'il revenoit le jour.

Chaque changement de parc, dans quelques pays, s'appelle *un coup de parc.*

Il y a des bergers qui, lorsqu'ils font un troisième parc, à cinq heures du matin, n'environnent pas leur troupeau de claies. Les chiens le retiennent dans l'espace marqué. A cette heure ils n'ont plus à craindre les loups. Cette manière de parquer, qui s'appelle *parquer en blanc*, me paroît très vicieuse, parceque les bêtes, tourmentées par les chiens, ne se tiennent pas en place à des distances égales.

Une fois le parc établi dans un champ, pour parquer successivement toutes les parties du champ, le berger, à chaque changement, transporte les claies. Chacune de celles qui sont à barreaux de bois pèse de quinze à vingt livres. Il lui est plus commode de les porter sur ses épaules, en passant son bras à travers la voie du milieu. Quelquefois il en porte deux, une à chaque épaule, et les crosses à la main. Un des côtés du parc lui sert pour le second. Il n'a besoin que d'aligner, mesurer et garnir de claies les trois autres. Parvenu au bout du champ, après avoir placé des parcs à la file les uns des autres, il en fait un nouveau à côté du dernier, et il suit une seconde file, en revenant jusqu'au bout d'où il est parti, et ainsi de suite, jusqu'à ce que la totalité du champ soit parquée.

Dans les pays où les loups sont communs, indépendamment des claies qui forment les parcs, on tend en avant des filets; les loups, sans les apercevoir, se jettent dedans, se débattent et avertissent les chiens.

Autant qu'on le peut, on doit disposer le parc du levant au

couchant ; si on est obligé de le diriger du nord au midi, on a soin, lors du parcage du milieu du jour, de faire entrer le troupeau par le midi, afin que, n'ayant pas le soleil dans le nez, il avance plus aisément à l'autre extrémité du parc.

On peut faire parquer en hiver, dit M. Daubenton, sur les terrains secs, tant que le berger peut supporter le froid dans sa cabane. Alors les bêtes à laine trouvant peu de nourriture aux champs, on ne fait qu'un parc en une nuit. Il est plus utile de les ramener au hangar, ou à la bergerie, pour engraisser les litières. D'ailleurs, dans cette saison, dès que le froid commence à être cuisant, elles s'amassent par pelotons, se rapprochent et se serrent pour s'échauffer. Elles ne fument que quelques parties éparses du parc.

Il y a plus d'avantages de parquer avec un grand troupeau qu'avec un petit. Les frais du berger sont les mêmes. On économise le transport des fumiers, qui devroient remplacer le parcage. L'engrais du parcage est préférable à celui du fumier de bergerie. C'est l'urine et la transpiration, beaucoup plus que la fiente, qui amendent les terres. Il ne s'agit que de savoir si le pays peut nourrir abondamment les bêtes à laine.

Après le parcage, on laboure une fois la terre dans les pays où la charrue ne la renverse pas entièrement, mais la remue seulement ; car il est nécessaire de labourer deux fois, si la charrue la renverse, afin que la seconde de ces deux façons rapproche l'engrais de la surface.

Le parcage sur les prairies naturelles et artificielles réussit bien ; mais il faut qu'elles soient sèches, si on ne veut pas exposer les bêtes à laine à la pourriture. La luzerne, le trèfle, le fromental, le ray-grass, la coquiole, la pimprenelle, le pastel, etc., s'accommodent bien du parcage.

C'est une assez bonne méthode que de parquer sur des champs de froment ensemencés et levés. Les bêtes à laine mangent les feuilles du froment, et affaissent le terrain, en l'imprégnant de leur fiente et de leur urine. J'ai vu et je vois encore cette méthode réussir ; mais il ne faut l'employer que dans des terres légères, auxquelles on ne sauroit trop procurer de compacité. Dans des terres fortes, elle produiroit un mauvais effet.

L'engrais du parcage est sensible les deux premières années. Le froment qu'on met d'abord dans le champ parqué, et le grain qui lui succède, viennent mieux que s'il étoit engraissé par tout autre fumier. Dans les pays de grandes exploitations, les fermiers ne font pas parquer deux fois de suite la même terre, parceque, ne pouvant parquer qu'une petite partie de leur sol, ils veulent faire jouir tour à tour toutes leurs terres du même avantage.

On ne doit point entreprendre de parquer avant qu'il y ait aux champs une suffisante quantité de pâturages. La circonstance du parc augmente du double l'appétit des bêtes à laine. Selon le plus ou moins de ressources d'un pays, on a des raisons d'accélérer ou de retarder le parcage. Tel fermier ne parque que trois mois de l'année, commençant à la récolte des seigles, et finissant à la Toussaint. Tel autre peut parquer quatre ou cinq mois, parcequ'il a des dragées, ou bisailles d'hiver, qu'il peut faire manger, au mois de mai, sur place, à son troupeau.

La rigueur de l'hiver, dans quelques unes des provinces septentrionales de France, la difficulté des pâturages, et la nécessité de consommer les fourrages, empêchent d'y parquer de bonne heure. Ne pourroit-on pas, dans ces provinces, au milieu du printemps, ramener deux fois par jour les troupeaux à la bergerie, pour y prendre leur repas, et les mener coucher au parc?

Dans les provinces méridionales, on commence le parcage dès le mois d'avril. L'époque la plus ordinaire, dans les pays cultivés, est la Saint-Jean. Le retour du parc, ou le déparc a lieu, dès les premières pluies abondantes d'automne, dans les pays à terres glaiseuses, qui retiennent l'eau, et se délayent au point de ne former qu'une boue. On le prolonge jusqu'aux froids cuisans, si les terrains sont pierreux ou sablonneux. Le terme le plus commun de ce retour est la Saint-Martin.

M. Carlier assure que, dans certains pays montueux, les troupeaux sont tout le jour renfermés dans leur parc, où on leur porte à manger. On y gagne sans doute le transport des fumiers. Mais c'est une question de savoir si la nourriture qu'on cueille et qu'on présente aux bêtes à laine leur est plus profitable que si on leur abandonnoit les pâturages pour les brouter sur pied. Je ne connois aucune expérience sur cela. On croit qu'il est nécessaire que celles qu'on ne veut que nourrir marchent et fassent de l'exercice. Celles qu'on engraisse pour les boucheries n'ont pas besoin d'en faire.

Les troupeaux qui parquent, au lieu d'appartenir à un seul maître, appartiennent quelquefois à différens particuliers, membres d'une communauté. Quelques uns ont plus de bêtes que la quantité respective de leurs terres. D'autres ont, par proportion, plus de tènemens que de bétail. Ceux-ci possèdent un petit troupeau sans être cultivateurs. Ceux-là jouissent de plusieurs portions d'héritages, et n'ont pas de troupeau pour les amender. Le cultivateur qui est plus riche en bétail qu'en fonds de terre cède une partie de ses droits à ses consorts, moyennant une rétribution ou une compensation d'intérêt. Celui qui cultive des terres sans troupeau paye une somme par nuit à la communauté, au berger, ou à des marchands de moutons, ou à des bouchers, qui ne gardent leurs bêtes qu'un temps de l'année.

Avant d'entrer au parc, le berger, soit de ferme, soit de communauté, reçoit en compte les bêtes qu'on lui livre. S'il périt quelque bête par accident, il est obligé d'en représenter la peau, ou de payer la valeur de l'animal. On ne prend pas cette précaution quand on a un berger ancien et connu.

Pendant le parcage, la conduite des bêtes à laine aux champs se règle comme dans le reste de l'année.

Le berger doit alors redoubler d'attentions. Toutes ces vues se portent sur l'égalité du parcage, d'après les intentions et les instructions de son maître. Par les temps humides, on s'aperçoit facilement qu'un terrain est parqué inégalement, parceque la fiente est entièrement à découvert ; mais s'il fait sec, la poussière en cache une partie, et masque la négligence du berger, qui ne se découvre que quand le froment a une certaine force.

Le repos du berger est nécessairement interrompu aux heures de changer le parc. L'habitude le rompt à ce genre d'exercice, comme elle rompt les marins au quart. Il connoît l'heure aux étoiles, et dans les temps obscurs, à une certaine *estime*, qu'il acquiert par l'usage.

Si les chiens, par leurs abois, annoncent la présence de quelque loup, ou d'un chien enragé, ou d'un voleur ; si un orage et des coups de tonnerre jettent la frayeur dans le troupeau, le berger ouvre la porte de sa cabane, tire un coup de fusil, ou fait entendre sa voix, selon la circonstance qui excite sa vigilance.

La prudence exige quelquefois qu'il emmène son troupeau à la ferme, ou qu'il gagne les hauteurs, aux premiers indices d'un orage considérable, sur-tout si, parquant au pied des coteaux, il craint d'être submergé par l'eau des torrens, ou si l'aspect des nuées lui présage de la grêle.

Le parcage n'est établi que dans quelques parties de la France. Il est difficile d'en connoître l'origine. Je sais que, dans un canton très fertile, où il est généralement adopté maintenant, il n'est introduit que depuis trente ans. Je l'ai vu successivement gagner de ferme en ferme. Les avantages qu'il procure détermineront sans doute les autres parties de la France à suivre cet exemple. Il suffit que quelqu'un commence. Ses succès vaudront mieux que tous les conseils. Quelques circonstantes locales ne permettent pas, sans doute, toujours d'employer ce moyen d'engraisser les terres, par exemple, lorsqu'un pays est partagé en petites possessions, ou lorsqu'on est dans l'usage de conduire, en été, les troupeaux dans les montagnes ; encore pourroit-on parquer quelques mois auparavant, et quelques mois après.

On distingue facilement les terres parquées, de celles qui sont fumées d'une autre manière, à la beauté et à l'égalité des productions. Le parcage évitant le transport des fumiers, convient, par cette raison, aux terres éloignées des fermes et des métairies.

Le betail qui parque se porte mieux que s'il rentroit le soir à la bergerie. Sa laine acquiert de la qualité et de la beauté. Toutes ces considérations doivent engager les cultivateurs qui ont des troupeaux assez considérables à parquer aussi long-temps qu'ils le pourront, et les communautés à reunir leurs bêtes à laine, afin de former un bon parc. (Tes.)

PARCOURS. Vaine pature. On entend généralement par parcours le droit qu'ont certaines paroisses ou communautés de faire paître, après les récoltes enlevées, leurs bestiaux sur les terres de leurs voisins. La vaine pâture est le même droit, mais seulement exercé par les habitans de la commune dans toute son étendue, à l'exception des terrains clos, suivant les ordonnances.

Habitans des campagnes, dans un livre qui vous est consacré, je dois vous rappeler vos véritables intérêts, quand ces intérêts sont par vous méconnus : une erreur détruite peut vous être plus utile qu'une découverte nouvelle. J'oserai donc vous dire qu'il n'est aucune classe parmi vous, parmi ceux qui doivent au travail de chaque journée la subsistance de chaque jour, pour qui le parcours ne soit un grand mal ; c'est de vous, hommes utiles, c'est sur-tout de vos intérêts, de celui de vos familles que je vais m'occuper en traitant cette importante question.

Que pouvez-vous, que devez-vous désirer pour votre bonheur? du travail pour vous et vos enfans; un salaire qui, après avoir satisfait à vos besoins dans les jours de travail, puisse encore honorer, protéger votre vieillesse contre les infirmités de la nature, des denrées en abondance et à bon compte, afin que vous soyez bien nourris, bien logés, bien vêtus avec les fruits de votre travail.

Eh bien! le parcours, la vaine pâture (trop bien nommée) vous enlève tous ces avantages ; en voici la preuve.

Tout le monde sait aujourd'hui que, pour avoir de bons produits agricoles (même dans le meilleur sol), il faut varier la culture, parceque la terre ne veut pas produire toujours du blé sur le même sol, qu'il faut substituer au blé des prairies artificielles, des racines ou légumes propres aux bestiaux, des choux, des raves, des pommes-de-terre, des colzas, des pois, des vesces, etc., suivant le sol et le climat qu'il faut toujours consulter. C'est là ce que nous appelons alterner les cultures, opération sans laquelle les meilleures terres ne donnent que de minces produits, avec laquelle les sols les plus médiocres donnent d'abondantes récoltes.

Ce n'est point là une vaine théorie; tous les départemens qui alternent leurs cultures, tels que ceux qui comprennent l'ancienne Flandre, les Pays-Bas français et autrichiens, l'Artois, plusieurs parties des ci-devant provinces de Normandie, du Vexin, de l'Ile-de-France, obtiennent des produits plus abondans dans les terres les plus médiocres, nourrissent plus de bétail et ont plus d'engrais que vous n'en obtenez dans les sols les plus fertiles; ce sont des faits incontestables et sur lesquels vous pouvez consulter tous ceux qui ont parcouru les départemens que j'ai désignés.

Mais pour varier ainsi la culture, il faut beaucoup de bras et de travail; là, le travail ne manque jamais, il procure un bon salaire; avec ce salaire on obtient à bon marché tout ce qui est utile et nécessaire à la vie, nourriture, logement, vêtement, aisance honnête et sans luxe, parceque l'abondance amène toujours avec elle le bon marché. Habitans des campagnes, voilà ce que vous verriez tracé sur tout le sol français, si vous pouviez le parcourir; par-tout vous verriez la gêne ou la misère désoler les pays de vaine pâture, l'aisance et le travail où le parcours n'a pas lieu; et ne croyez pas que la nourriture momentanée de quelques chétives têtes de bétail, à peine nourries, parceque tout le monde veut en avoir, compense ces avantages. Vous vivez mal, vous et vos bestiaux, tandis qu'ailleurs, même sans bestiaux, le cultivateur, le journalier ne manquent de rien, parceque, je le répète, il trouve du travail pendant toute l'année, un salaire honnête, et abondance de blé, vin, lait, beurre, vêtemens, fourrages, etc.

Cultivateurs, consultez vos véritables intérêts, et vous vous réunirez aux fermiers et aux propriétaires pour voter l'abolition du parcours ou vaine pâture, qui ne peut être utile que sur quelques montagnes qu'il seroit imprudent de labourer, ou dans les landes ou bruyères qu'il n'est pas encore possible de rendre à la culture.

Je sais que d'après les dispositions de la loi du 28 septembre 1791, sur la police rurale, section 4e, chacun peut se soustraire au parcours ou vaine pâture en faisant clore son terrain; mais les clôtures ne sont pas toujours sans inconvéniens. *Voyez* l'article CLÔTURE. Qui ne sait d'ailleurs que dans les pays de parcours, les clôtures sont toujours détruites, soit par l'intérêt personnel mal entendu, soit par les bestiaux qui vaguent au dehors.

Alors, plus de possibilité d'alterner, plus de progrès à espérer pour l'agriculture, qui resteroit ainsi la même pendant des siècles, tandis qu'ailleurs elle donne de riches produits et enrichit le propriétaire, le fermier, le cultivateur.

Sans doute le gouvernement entendra la voix de tous les cultivateurs dignes de ce nom; le parcours sera proscrit par le Code rural si impatiemment attendu. Mais dans un ouvrage consacré à leurs véritables intérêts, j'ai dû prouver que la disposition de la loi qui proscriroit le parcours seroit un bienfait pour ceux mêmes qui croient que le parcours leur est utile. (Chas.)

PARELLE. Espèce de lichen qu'on emploie dans la teinture.

C'est aussi un des noms vulgaires de la patience des marais.

PARENCHYME. Substance ordinairement verte, renfermée dans un tissu de fibres ou de membranes anastomosées de toutes manières, qui constitue la plus grande partie des feuilles, des fleurs, des fruits, des écorces des plantes, et qui, par conséquent, joue un rôle de première importance dans l'organisation végétale.

C'est à Grew et à Malpighi qu'on doit les premières recherches de quelque valeur sur la matière que j'entreprends de traiter. Depuis, notre Duhamel, de Saussure le père, Bohemær, Hill, Comparetti, Sennebier, Mirebel et quelques autres ont jeté un grand jour sur elle.

Quelques physiologistes ne distinguent pas le parenchyme du tissu cellulaire; et en effet, sa composition est la même; mais on peut cependant réserver ce dernier nom à ce que d'autres appellent tissu tubulaire, c'est-à-dire à ces sortes d'utricules qui se remarquent dans la longueur des tiges, et qui servent à la circulation de la sève.

Le parenchyme se compare à un canevas dont les fils transversaux seroient une suite de petits utricules qui se touchent et qui sont liés entre eux. (Tissu membraneux de Mirebel. *Voyez* Fibre), et les fils longitudinaux des vaisseaux d'égale épaisseur; cependant la plupart des tissus cellulaires présentent des hexagones.

Il y a des différences de grosseur, de forme, d'écartement dans les utricules; il y en a dans leurs rapports avec les fibres longitudinales, non seulement dans les plantes différentes, et dans différentes parties de la même plante, mais encore dans les mêmes parties de la même plante à différens âges, ou dans la même plante croissant dans des lieux différens; de sorte que toutes les figures qu'on en voit dans les auteurs, quoique exactes, n'apprennent rien de positif.

Duhamel et de Saussure ont observé (au moyen d'un fort microscope) une immense quantité de petits vaisseaux qui s'anastomosoient aux grands; de sorte que le parenchyme est beaucoup plus composé qu'il ne le paroît d'abord. Ces vaisseaux ne peuvent pas être suivis par la dissection; ce n'est qu'avec le secours de la macération dans l'eau qu'on peut les apercevoir.

Il n'y a pas de doute que le parenchyme ne se lie avec l'écorce et la moelle, qu'il n'ait une action puissante sur la formation et la circulation de la sève, la décomposition des gaz, etc. etc.

On voit dans le parenchyme des organes particuliers, tels que des glandes, des vésicules remplies de suc propre, ou d'air atmosphérique, ou de gaz. C'est dans lui que la lumière se combine avec les sucs propres.

Mirebel regarde les cavités du parenchyme comme formées par des membranes qui se dédoublent plus ou moins. Son opinion est très probable, sur-tout lorsqu'on considère, avec Tournefort et autres, ces membranes comme composées elles-mêmes d'autres utricules.

L'influence du parenchyme sur la graine germante est plus considérable que sur la plante adulte. Il compose la presque totalité de la plupart des graines.

S'il n'étoit pas des plantes qui, comme celles qu'on appelle grasses, sont, quoique petites, beaucoup plus abondantes en parenchyme, proportion gardée, que la plupart des grands arbres, on pourroit croire que la vigueur de la végétation est proportionnelle à sa quantité; car il est de fait que, plus une plante est jeune, et plus elle contient de parenchyme, toujours proportion gardée, et plus elle augmente rapidement en hauteur et en grosseur.

C'est dans les fruits, ensuite dans les fleurs, puis dans les feuilles, enfin dans l'écorce, que le parenchyme est le plus abondant; mais, je le répète, il se trouve par-tout dans les plantes. Il forme tous les vaisseaux, depuis l'extrémité de la plus longue racine jusqu'au bouton le plus éloigné de la terre.

C'est principalement sur le parenchyme que se portent les effets de la culture. Il s'augmente dans un bon sol, et transforme une petite plante, telle que le chou des champs, qui pèse au plus deux onces, en ces choux cabus, qu'on a souvent vus peser trente livres, et qui en pèsent communément moitié. Des causes inconnues font qu'il se fixe sur une partie plutôt que sur une autre; et ce qui étoit d'abord dû au hasard se reproduit par la voie des semences. La même plante nous en fournit des exemples. Ainsi dans le chou-navet, il se porte sur les racines ; dans le chou-rave, sur la tige ; dans le chou-cabu, sur les feuilles ; dans le chou à grosses côtes, sur le pétiole ; dans le chou-fleur, sur les fleurs ; dans le brocoli, sur les pédoncules.

Il n'est pas de cultivateur qui n'ait observé sur les feuilles attaquées par les chenilles mineuses, et sur celles qui avoient été mutilées par quelque cause que ce soit, que le parenchyme ne se reproduit jamais en elles ; mais il n'en est pas de même relativement à celui de l'écorce, qui se régénère avec la plus grande vitesse, et sans laisser de cicatrice. (*Voyez* au mot Écorce et au mot Bourrelet.) Il y a lieu de croire, d'après ce fait, que le cambium, matière encore peu connue, mais qui mérite d'être étudiée, et qui concourt si évidemment à la reproduction de l'écorce, est la liqueur, distincte de la sève, qui abreuve tous les parenchymes, et qui y est plus ou moins abondante, plus ou moins épaisse, quelquefois même presque solide, selon les espèces, les saisons et les lieux.

Il est nécessaire de remarquer que la partie réticulaire, c'est-à-dire le tissu cellulaire, est la partie la moins altérable des plantes. On sait, en effet, qu'une feuille qui a perdu son parenchyme par un séjour de quelques semaines dans l'eau s'y conserve ensuite des années entières en état de réseau, brave l'action des acides et de l'alcohol. C'est ce même tissu qui, dans les bois et autres parties des plantes pétrifiées, forme les canaux qu'on croit être ceux de la sève ; de sorte que, dans ce cas, il y a eu changement total, c'est-à-dire que ce qui étoit vide est devenu pierre, et ce qui étoit solide est devenu creux.

Quant aux usages du parenchyme, je ne puis mieux faire que de copier le morceau suivant :

« Le parenchyme contribue à la cohésion des végétaux et à leur stabilité, en liant les fibres, les vaisseaux, les enveloppes des organes, qui seroient isolés et sans concert s'il n'existoit pas. Il établit une correspondance générale entre les parties, et leur fournit les moyens de résister aux efforts qui pourroient les rompre.

« C'est dans le parenchyme que se prépare le gaz oxygène fourni par les plantes au soleil, comme je l'ai fait voir en écorchant des feuilles de joubarbe, que j'exposois alors au soleil, et qui continuèrent à donner ce gaz, tandis que l'épiderme enlevé n'en rendit pas dans les mêmes circonstances.

« La lumière teint le parenchyme des feuilles et de l'écorce en vert, en favorisant la décomposition de l'acide carbonique

que la sève y conduit, et en précipitant le carbone dans les mailles de cet organe, comme je le ferai voir.

« Le parenchyme contient de l'air; on peut l'extraire avec la pompe pneumatique, soit que les fluides qui le pénètrent l'amènent avec eux, soit qu'ils le sucent avec l'acide carbonique dissous dans l'eau, soit que la décomposition de l'acide carbonique, et peut-être celle de l'eau, en soit la source. Le parenchyme de l'écorce et celui des feuilles produisent à cet égard les mêmes effets; mais le parenchyme des pétales, des fruits et des racines ne fournit point, ou presque point d'air au soleil; ce qui annonceroit une différence dans leur organisation, à moins que ces parenchymes ne contiennent point d'acide carbonique propre à être décomposé par la lumière. Les plantes étiolées, exposées à la lumière, ne donnent point d'air.

« La couleur des pétales dépend quelquefois du parenchyme qui en peint les nuances. Il élabore de même les sucs utiles aux diverses parties des plantes; celui de la fleur fournit les élémens du nectar, du fluide éthéré, des étamines, de l'humeur huileuse du pistil; celui des fruits prépare les sucs nourriciers des graines; aussi ces organes tombent lorsque la fécondation est opérée, ou que les graines sont mûres. Ces faits confirment la différence que j'ai déjà établie entre les parenchymes; celui qui est peint en rouge ne peut être le même que celui qui est vert; le parenchyme de l'écorce ne peut être celui des feuilles, et encore moins celui des pétales et des fruits; mais nos sens ne peuvent apprécier ces différences. J'applique ceci aux parenchymes des diverses espèces de plantes; et c'est sur-tout dans cet organe, si influent, qu'il faut chercher une des grandes causes de la différence de leurs propriétés.

« Les fluides renfermés par le parenchyme y sont en mouvement; les vaisseaux de la plante se terminent dans le tissu cellulaire; mais les fluides qu'ils charrient y pourriroient, s'ils étoient stagnans, ou se dessècheroient s'ils n'étoient pas renouvelés. Ce mouvement des fluides favorise leur mélange, le jeu des affinités de leurs parties, leur élaboration; c'est pour produire ce mouvement que tous les vaisseaux communiquent entre eux; aussi les plantes qui croissent le plus vite, les jeunes qui se développent avec le plus de rapidité, les nouvelles pousses, etc., sont pourvues d'une plus grande quantité de parenchyme. Enfin la formation des bourrelets prouve ce mouvement des fluides dans cet organe; ils ne peuvent se développer que par l'arrivée des sucs nourriciers, et leur renouvellement prévient une fermentation trop forte, et qui seroit toujours fatale.

« L'expérience apprend que l'acide carbonique se décompose dans le parenchyme; que c'est dans cet organe que le gaz oxygène se sépare , et que le carbone se dépose ; qu'il prépare l'excrétion et la secrétion d'eau et de matières plus solides, qui se font journellement avec l'esprit recteur ; enfin la partie constituante des fruits , leur changement de couleur d'odeur , de goût, annoncent des changemens dans les sucs qui n'auroient pu s'opérer que par l'élaboration produite dans ce parenchyme ; car le pétiole de leurs feuilles et le pédoncule des fruits ne leur porte jamais que le même fluide.

« Les plaies des plantes ne se réparent que par le parenchyme , qui peut seul s'étendre, se gonfler, se prolonger, former un bourrelet, qui devient le dépôt du suc propre à développer l'écorce, le liber, le bois, comme les boutons, les racines, et par conséquent leurs germes.

« C'est ainsi que le parenchyme répandu dans toute la plante y agit par-tout, y combine par-tout, se lie par-tout avec tous les vaisseaux et tous les organes. En un mot, on peut le dire, il est la source de la vie de la plante et le principal laboratoire de toutes ses opérations alimentaires. »

Il reste sans doute, même après ce morceau d'un des plus savans physiologistes, beaucoup de choses à désirer relativement à l'histoire du parenchyme ; mais cet article suffira pour mettre le lecteur au niveau des connoissances actuelles sur ce qui le concerne, et ma tâche est remplie. (B)

PARFUM. Matière sèche ou liquide, qui, s'évaporant d'une manière quelconque, exhale, suivant la nature de ses principes, une odeur ou douce, ou forte, ou aromatique, etc. On ne cesse de recommander de parfumer les étables, les bergeries, d'y brûler des plantes aromatiques. Qu'arrive-t-il ? C'est que la fumée de ces plantes, de ces parfums, se mêle aux miasmes, les enveloppe et ne les détruit pas. Le vrai parfum est celui qui les détruit : la flamme les absorbe et les consume, et le courant d'air les entraîne. Un peu de nitre que l'on fait détonner sur une tuile, ou dans tel vaisseau qu'on le voudra, les neutralise ainsi que les vapeurs du vinaigre qu'on fait bouillir sur un petit feu. Le meilleur parfum est la propreté poussée au scrupule, le grand courant d'air et les grands lavages à l'eau simple et l'eau en évaporation. La recette la plus compliquée paroît aux yeux du vulgaire la meilleure et la plus utile, parcequ'elle suppose une grande efficacité, attendu l'accumulation des drogues ; et précisément c'est toujours celle qui réussit le moins. *Voyez* les mots BERGERIE, ECURIE, ETABLE.

PARIETAIRE , *Parietaria*. Plante à racines vivaces, fibreuses ; à tiges cylindriques, rameuses, rougeâtres ; à feuilles alternes, pétiolées, lancéolées, ovales, très entières, à fleurs petites, ramassées en paquets aux aisselles des feuilles supérieures , qui, avec une douzaine d'autres, forme un genre dans la polygamie monœcie, et dans la famille des urticées. Elle se trouve en très grande abondance dans toute l'Europe sur les vieux murs, le long des haies, dans tous les lieux ombragés voisins des habitations. On la regarde comme émolliente et diurétique, et on l'emploie fréquemment à l'extérieur et à l'intérieur, sur-tout en lavement. Elle contient souvent du nitre en nature ; mais il y a lieu de croire qu'il n'est qu'accidentel, car les pieds crus loin des murs n'en présentent point.

Les bestiaux ne mangent point cette plante ; de sorte qu'on ne peut en tirer parti sous les rapports agricoles, dans les lieux où elle est commune, et ces lieux sont très nombreux, qu'en l'arrachant pour la porter sur ce fumier et augmenter par-là la masse des engrais. (B.)

PARISETTE, *Paris.* Plante à racine horizontale, articulée, vivace, à tige unique, cylindrique, haute de huit à dix pouces ; à feuilles ovales, aiguës, presque sessiles, glabres, verticillées au nombre de quatre vers le sommet de la tige ; à fleurs uniques au sommet de la tige, de couleur rouge terne, qui forme un genre dans l'octandrie monogynie, et dans la famille des asparagoïdes.

On trouve la parisette dans les bois gras et humides. Elle fleurit en été. Ses fruits sont recherchés par plusieurs oiseaux et par les renards, d'où lui est venu le nom de *raisin de renard,* qu'elle porte vulgairement. Toutes ses parties ont une odeur désagréable. Sa racine est vomitive, et ses feuilles céphaliques, résolutives et anodines, lorsqu'on les applique sur les bubons et autres tumeurs. On les a regardées anciennement comme un filtre amoureux très puissant.

Cette plante qui ne manque pas d'élégance, malgré la couleur désagréable de ses fleurs, peut être employée à la décoration des jardins paysagers sous les massifs, c'est-à-dire là où peu d'autres plantes se plaisent. (B.)

PAROIS. C'est, dans le langage forestier, les arbres de LISIÈRE. *Voyez* ce mot.

PARRÉ. On donne ce nom dans le département de la Meurthe à de la paille placée dans les rues de villages, dans les lieux où les eaux s'égouttent, etc., et destinée à être ensuite réunie aux fumiers.

PART. (ACCOUCHEMENT DES ANIMAUX.) On appelle *part* la sortie ou l'expulsion du fœtus d'un animal hors du ventre de sa mère.

Le part est naturel ou contre nature, laborieux ou facile, prématuré ou à terme.

Le part naturel est celui qui a lieu dans l'ordre de la nature et au terme fixé par elle : ce terme n'est pas le même dans tous les animaux domestiques ; il varie suivant les espèces.

Il est de onze mois dans la jument, de neuf mois dans la vache, de cinq dans la brebis et la chèvre, de soixante-trois jours dans la chienne, et de cinquante ou cinquante-six jours dans la chatte. Au reste, ce terme varie souvent de quelques jours dans chacune des espèces dont nous venons de parler. Il y a tout lieu de croire que ces variations viennent de l'état de domesticité dans lequel se trouvent les animaux, soit par leur genre de travail, soit par leur tenue, soit enfin par plusieurs autres causes qui les éloignent du vœu de la nature.

Nous avons dit que le part naturel est celui qui se fait dans l'ordre de la nature, c'est-à-dire celui dans lequel le fœtus se présente d'une manière favorable à sa sortie ; ce part peut être laborieux quoique dans l'ordre de la nature.

Le fœtus peut se présenter favorablement de plusieurs manières, soit qu'il présente la tête avec les deux jambes de devant, soit qu'il présente la tête seule, soit enfin qu'il montre les deux jambes de derrière ensemble.

Si la tête et les jambes de devant se présentent ensemble, les épaules s'aplatissent, s'effacent pour ainsi dire, et offrent moins d'obstacles au passage : ce qui est le contraire lorsque la tête se présente seule ; les épaules forment quelquefois un point de résistance qui fatigue beaucoup la mère, quoiqu'il ne soit pas invincible : si les deux extrémités postérieures se montrent ensemble, la situation du fœtus peut être regardée comme favorable ; ainsi, lorsqu'un fœtus se présente de l'une de ces trois manières, il faut se dispenser de toute manœuvre, la nature fait presque toujours les frais de ces sortes d'accouchemens dans les animaux.

On peut cependant aider la mère au moment où elle fait des efforts, en tirant avec précaution et ménagement sur les parties qui sortent ; mais dès que les efforts cessent, il faut aussi cesser d'agir.

Il peut arriver que, par quelque cause inhérente à la mère, le part soit laborieux ; par exemple, un amas d'excrémens dans le rectum, ce qui arrive quelquefois dans la jument, une disposition inflammatoire dans les mères irritables, une foiblesse générale, peuvent rendre la sortie du fœtus difficile.

On remédie à la première de ces causes en vidant l'intestin avec la main et en donnant quelques lavemens. Une saignée fait quelquefois cesser la seconde comme par enchantement, et les fortifians, tel que le vin donné en quantité relative à l'espèce sur laquelle on agit, c'est-à-dire à la dose d'une bouteille pour la jument et la vache, d'une verrée pour la brebis et la chèvre, et une demi-verrée pour la grosse chienne, et moins pour celles qui sont petites, de même que pour la chatte.

Le part facile est celui dans lequel le travail se fait sans aucun secours, et par les seules ressources de la nature ; ce genre d'accouchement est heureusement le plus fréquent dans les femelles des animaux.

Nous avons à parler du part contre nature et de ses différens modes.

Le part contre nature est celui dans lequel le fœtus se présente dans une position qui s'oppose à sa sortie, 1° si la tête paroit avec une seule jambe de devant ; 2° si les deux jambes de devant se montrent sans la tête, et qu'elles soient assez sorties pour faire soupçonner que la tête est renversée ; 3° si une de ces jambes est tournée vers la partie supérieure de la vulve, et qu'on puisse craindre que dans une forte contraction elle vienne se faire jour à travers le rectum, et que le déchirement, qui en est quelquefois la suite, ait lieu de manière à réunir les deux ouvertures ; 4° si le fœtus montre la croupe ; enfin si une des jambes de derrière se montre seule.

Pour rémédier à ces inconvéniens il faut chercher à mettre le fœtus dans l'une des trois positions dont nous avons parlé dans le part naturel ; on doit choisir celle qui est la plus voisine du cas dans lequel on se trouve ; c'est-à-dire que si le fœtus présente la croupe, il faut de préférence amener les extrémités postérieures et agir dans le même sens pour toutes les autres circonstances.

Ainsi, dans le premier cas, on ramènera la jambe restée avec la congénère et la tête ;

Dans le second, on rentrera, autant que possible, les jambes pour avoir plus de facilité à amener la tête au dehors ;

Dans le troisième, on abaissera la jambe et on la dirigera vers l'orifice de la vulve ;

Dans le quatrième, on repoussera le fœtus le plus que l'on pourra, et l'on saisira les jambes de derrière pour les placer en face de l'ouverture, et même les y acheminer s'il est possible ;

Dans le cinquième, on amènera la jambe de derrière avec celle qui s'est déjà montrée.

Nous avons dit qu'il falloit chercher à rentrer, autant que possible, les parties sorties ; nous croyons devoir prévenir que cela est quelquefois très difficile, et qu'il arrive souvent qu'on ne peut y parvenir qu'après avoir attendu ou facilité le relâchement par la saignée et les lavemens.

Pour replacer le fœtus et mettre chacune de ses parties dans la position qui est favorable à son expulsion, on introduit la main dans la matrice ; nous observons qu'il faut, 1° s'oindre les mains de quelques corps gras ; 2° prendre garde de déchirer avec les ongles ; 3° agir avec ménagement et précaution, et se borner à seconder la nature sans chercher à la vaincre.

Le placenta, arrière-faix, délivre, ou secondine, suit le plus ordinairement le fœtus : cela a lieu sur-tout dans les accouchemens faciles, il n'en est pas toujours de même dans le part contre nature ; l'arrière-faix n'est quelquefois détaché qu'à moitié, et il n'en sort qu'une partie ; il faut bien se garder de tirer avec force sur cette portion sortie ; on doit attendre que le tout soit détaché. Et si par hasard on croit nécessaire d'en hâter le travail, il faut introduire la main dans la matrice, glisser légèrement les doigts entre elle et le placenta, et chercher à le décoller doucement et peu à peu ; le mieux est d'attendre.

On doit faire des injections aromatiques avec du vin miellé, ou même avec l'infusion de fleurs de sureau aiguisée d'eau-de-vie.

Il arrive quelquefois que, par suite des différens accidens dont nous venons de parler, la matrice se renverse ; ce cas exige un traitement particulier et manuel qu'il seroit trop long de rapporter ici. *Voyez* RENVERSEMENT DE LA MATRICE.

Les soins à donner aux mères dans le part naturel sont la propreté, une nourriture saine, telle que, pour les herbivores, les boissons d'eau blanchie avec la farine, le bon foin et l'avoine donnés en quantité déterminée par la force et la grosseur des espèces, et le tempérament des différens sujets de chacune de ces espèces. Pour les carnivores les soupes à la viande, la pâtée, etc., etc.

Dans le part contre nature, le travail ayant été plus pénible que dans le part naturel, le simple régime diététique ne suffit pas toujours, on est quelquefois obligé d'avoir recours à des breuvages fortifians et de faire, comme nous l'avons déjà dit, des injections aromatiques dont on augmente l'activité suivant le degré de putridité, ce que l'on juge à l'état du pouls et à la mauvaise odeur qui s'exhale de la matrice.

Les femelles de tous les carnivores mangent le délivre. J'ai vu une jument le manger également. Cela arrive quelquefois aussi dans les vaches.

Il y a tout lieu de croire que l'état de domesticité a détruit en partie cette habitude dans les herbivores, tandis qu'elle a été bien conservée dans les carnivores ; ces derniers animaux, plus abandonnés à la nature dans cette circonstance, en remplissent les devoirs sans trouble. Il n'en est pas de même pour la jument, la vache et la brebis ; ces espèces, d'un produit plus avantageux pour l'homme, excitent davantage son attention, et par suite de cet intérêt, les personnes qui les soignent dans ces momens ont grand soin de s'opposer à ce qu'elles mangent le délivre, qu'un vain préjugé fait regarder comme malfaisant.

Le part prématuré, ou contre nature, est celui qui arrive avant le terme : c'est l'avortement ; il a lieu dans tous les temps de la gestation ; il donne naissance à des fœtus ou morts ou expirans. Cet accident a des signes précurseurs ; le gonflement de la vulve, un écoulement par cette partie d'une matière sanieuse et sanguinolente ; la tristesse, le dégoût, la foiblesse et la petitesse du pouls. Il est dû à plusieurs causes ; les plus ordinaires sont les coups, les heurts, les sauts, les courses violentes, le passage précipité par des portes trop étroites, la frayeur, les coups de tonnerre, les boissons trop froides à certaines époques de la gestation, enfin tout ce qui peut troubler l'économie animale, déterminer un changement subit et une violente secousse. Il faut consulter le mémoire de M. Flandrin sur l'avortement, dans les instructions vétérinaires, volume de 1795, depuis la page 103 jusqu'à 156, et page 157 du même volume ; l'instruction de M. Chabert sur les soins à donner aux vaches après le part. *Voyez* aussi le mot AVORTEMENT DES ANIMAUX pag. 143 du tom. second de cet ouvrage. (DESP.)

PARTERRE. Jardin, ou partie d'un jardin, voisin de l'habitation du maître, décoré par des compartimens tracés, soit avec du buis, soit par des découpures de gazon, soit avec des fleurs, soit enfin par de petites allées couvertes de sable, ou d'une même couleur, ou de couleurs différentes.

On peut appeler de *convention* la beauté d'un parterre, puisqu'il doit tout à l'art et presque rien à la nature, qui y est toujours tenue resserrée et captive. Aussi la décoration et le plan du parterre tiennent au génie de celui qui en trace le dessin. Si, du premier étage du château des tuileries, on examine le parterre des jardins de ce château, dont le plan a été donné par Le Nostre, on est forcé de convenir que tout y est grand, noble, dessiné de main de maître, et que la couleur et la forme des gazons contrastent agréablement avec celle du sol et des buis : en un mot, on peut citer ce parterre comme parfait dans son genre. Cependant, s'il falloit aujourd'hui en tracer un nouveau, on ne suivroit pas cet ancien et beau modèle : pourquoi cette différence ? C'est qu'un parterre n'est pas dans l'ordre de la nature, mais seulement dans l'ordre idéal ; et cet ordre varie suivant le goût du siècle ; par exemple, le gazon a remplacé le buis, et il aura à son tour le même sort.

Le premier mérite d'un parterre, dans quelque genre qu'il soit, est le dessin ; et ce dessin doit varier, quant à sa masse et à ses distributions, suivant l'étendue du local, de ses points de vue ; enfin suivant la nature et l'arrangement des objets qui l'environnent. Il est fait pour l'habitation, il doit donc lui être presque entièrement sacrifié ; et le grand art tient à le marier adroitement avec les accessoires.

Tout ce qui tient à l'art est nécessairement méthodique : dès-lors on a distingué cinq sortes de parterres ; le parterre de *broderies*, de *compartimens*, à l'*anglaise*, le parterre des *pièces coupées* ou *découpées*, enfin les parterres *d'eau*.

Les parterres de broderie tirent leur nom de l'imitation de la broderie que forment les traits de buis dont ils sont plantés.

Les parterres de compartimens sont ainsi appelés à cause que le dessin se répète par symétrie de plusieurs côtés ; ils sont mêlés de pièces de broderie et de gazon qui forment un compartiment.

Ceux à l'anglaise, plus simples, ne sont remplis que de grands tapis de gazon d'une pièce, ou un peu coupés, entourés ordinairement d'une plate-bande de fleurs. La mode qui en vient d'Angleterre lui a fait donner ce nom.

Les parterres de pièces coupées ou découpées sont différens de tous les autres, en ce que les plates-bandes de fleurs qui les composent sont coupées par symétrie, sans gazon ni broderie, et que le sentier qui les entoure sert à se promener, sans rien gâter, au milieu de ces parterres.

A l'égard des parterres d'eau, leurs compartimens sont formés par plusieurs bassins de différentes figures, ornés de jets et de bouillons d'eau ; ce qui les rend très agréables à la vue ; mais ils sont peu de mode aujourd'hui.

Les parterres de broderie et de compartimens décorent les places les plus proches d'un bâtiment. Ceux à l'anglaise les accompagnent, ou se pratiquent au milieu d'une salle de verdure, dans un bosquet ou dans une orangerie. Ces derniers s'appellent parterre *d'orangerie*.

Les parterres de pièces coupées ou découpées servent encore à élever des fleurs, d'où ils prennent le nom de parterres *fleuristes*. Telles sont les distinctions caractérisées dans les parterres de Le Nostre, et décrits par Leblond.

La largeur des parterres doit être au moins égale à celle des bâtimens, et les parterres à compartimens sont carrés : on s'écarte quelquefois de cette règle. Ceux à l'anglaise flattent plus le coup d'œil quand leur forme est allongée. De quelque genre qu'ils soient, il convient, avant de les tracer, 1° d'en dresser le plan sur le pied divisé par carreaux ou par triangles, plus ou moins nombreux, plus ou moins rapprochés, suivant la grandeur du dessin. Ces carreaux sont exactement proportionnés entre eux, et réduits sur une échelle, par exemple, du pied au pouce, du pouce à la ligne, de manière que l'ensemble des carreaux représente très au juste l'étendue du parterre, soit un carré qui forme quatre triangles, qui, réuni à trois autres carrés, fournira trente-deux triangles. Cette opération suppose un arpentement exact et préliminaire du sol, afin de faire ensuite l'application du dessin sur le sol. 2° Le terrain demande à être parfaitement nivelé et râtelé de frais, afin que la terre reçoive et conserve les impressions des coups de cordeau. Supposé que chaque carreau du dessin représente une largeur et une longueur de deux pieds réels. On divise tout le sol au moyen d'un cordeau, par autant de carreaux de deux pieds en tout sens, et à chaque angle on place un petit piquet ou jalon. Si dans le dessin il y a des divisions, des coupures, etc., on place dans ce point des jalons plus élevés; enfin, après la division générale en carreaux ou en triangles, le parterriste commence à tracer suivant le plan qu'il doit exécuter, c'est-à-dire qu'il applique à chaque carreau du sol la partie du dessin qui y correspond. De cette dernière manière il ne peut pas se tromper, et il est sûr de conserver la régularité. (R.)

Les parterres sont aujourd'hui complètement tombés de mode. On n'en construit plus nulle part. Cependant on conserve les anciens. Il faut donc savoir les entretenir. Or, cet entretien consiste seulement dans le ratissage des allées au moins quatre fois par an; dans la taille des buis au moins une fois; dans celle des arbres qui l'entourent et des arbustes qui sont plantés dans les plates-bandes; dans le labourage de ces plates-bandes et la plantation des fleurs qui doivent les embellir. On trouvera aux mots Ratissage, Buis, Taille, Plates-bandes les indications nécessaires pour remplir cet objet. (B.)

PAS. Mesure indiquée par le pas d'un homme de moyenne taille qui marche naturellement. On fait souvent usage de cette mesure en agriculture, lorsqu'il ne s'agit que d'approximations. On estime qu'un pas a deux pieds et demi. Le pas géométrique est double, par conséquent de cinq pieds. *Voyez* Mesure. (B.)

PAS-D'ANE. Instrument destiné à tenir ouverte de force la bouche des animaux domestiques, lorsqu'il s'agit d'y faire quelque opération douloureuse.

Les vétérinaires ne peuvent pas se passer d'un pas-d'âne, mais les cultivateurs sont trop rarement dans le cas d'en faire personnellement usage pour qu'il soit nécessaire qu'ils en aient. (B.)

PAS-D'ANE. *Voyez* Tussilage.

PASSA-TOUTA. Poire excellente et très tardive qui nous vient d'Italie. Elle est encore très rare dans les jardins de Paris.

PASSE-PARTOUT. Sorte de crible à trous ronds qu'on

emploie, au lieu du VAN, dans quelques cantons de France.

PASSE-PIERRE. *Voyez* BACCILE.

PASSE-RAGE, *Lepidium*. Genre de plantes de la tétradynamie siliculeuse, et de la famille des crucifères, qui réunit une trentaine d'espèces dont trois ou quatre sont cultivées pour l'usage de la table ou de la médecine, et sont par conséquent dans le cas d'être mentionnées ici.

La PASSE-RAGE A LARGES FEUILLES a les racines vivaces, les tiges cylindriques, rameuses, hautes de deux à trois pieds; les feuilles pétiolées, ovales, lancéolées, dentées, longues d'un demi-pied, et les fleurs blanches. On la trouve par toute l'Europe sur le bord des rivières, autour des villages dont le sol est humide et fertile. Elle fleurit au milieu de l'été. Sa saveur est âcre et aromatique. Dans quelques endroits elle sert d'assaisonnement aux mets, et de fourniture aux salades. Dans d'autres on l'emploie comme antiscorbutique, apéritive, incisive et emménagogue. On l'a crue propre à guérir de la rage, mais on n'en fait plus usage sous ce rapport. Tous les bestiaux la mangent. Je l'ai vue si abondante dans quelques endroits que je suis surpris qu'on n'en tire pas parti, soit pour la nourriture des bestiaux, soit pour augmenter la masse des fumiers. Elle a un assez bel aspect pour mériter d'être placée dans quelque recoin des jardins paysagers. On la multiplie très facilement de graines ou par séparation des racines.

La PASSE-RAGE CULTIVÉE a les racines annuelles; les tiges hautes d'un pied, rameuses; les feuilles oblongues et multifides; les fleurs blanches et à quatre étamines seulement. Elle est originaire de Perse, où Olivier l'a trouvée dans l'état sauvage. On la cultive dans beaucoup de jardins pour l'usage de la cuisine, sous les noms de *nasitor*, *cresson des jardins*, CRESSON ALENOIS. *Voyez* ce dernier mot. (B.)

PASSE-ROSE. *Voyez* ALCÉE.

PASSE-VELOURS, *Celosia*. Genre de plantes de la pentandrie monogynie, et de la famille des amaranthoïdes, qui renferment une trentaine d'espèces, dont deux sont assez fréquemment cultivées dans les jardins, quoique très sensibles au froid, à raison de l'éclat de leurs épis de fleurs, et de sa persistance à la suite de leur dessiccation.

Le PASSE-VELOURS CRÊTE DE COQ a les racines annuelles, les tiges cannelées, hautes d'un à deux pieds, les feuilles alternes, ovales-oblongues, les fleurs disposées en épis oblongs, souvent aplatis comme une crête de coq. Il est originaire d'Asie, et fleurit à la fin de l'été. Sa couleur varie en pourpre, en blanc, en panaché, en jaune, etc. Sa fleur se conserve pendant plus de deux mois.

Le PASSE-VELOURS ÉCARLATE a les racines annuelles, les tiges striées, hautes de deux à trois pieds, les feuilles alternes, ovales, dentées, les fleurs disposées en épis, quelquefois en crête, et toujours d'un beau rouge. Il vient de la Chine, et fleurit en même temps que le précédent.

Ces deux plantes exigent une grande chaleur. Il faut les semer sur couche, et même les tenir en pots dans les climats au nord de Paris. Les jardiniers des environs de cette ville en sèment la graine sur couche au commencement d'avril, et lorsque le plant qui en provient a acquis trois à quatre pouces de haut, on le transplante à demeure dans un terrain bien fumé et bien exposé. Il est prudent de le couvrir, pendant la nuit, d'un pot renversé, crainte des gelées, auxquelles, je le répète, il est fort sensible. Il est même mieux, en général, de le repiquer dans des pots; et c'est ce qu'on fait le plus souvent dans les jardins qui ont des gradins, où ces plantes brillent plus que dans les parterres, parcequ'on peut plus aisément faire contraster leurs couleurs avec celles des autres plantes. Elles resteront sous châssis ou dans la serre jusqu'à l'époque où elles seront prêtes à entrer en fleur.

Dans les parties méridionales de l'Europe, où on cultive beaucoup ces plantes, parceque là elles sont presque comme dans leur pays natal: après les avoir fait lever sur couche pour les avancer on les repique en pleine terre, dans un sol léger et amendé, et on les arrose fréquemment pendant les chaleurs de l'été.

La graine se recueille sur les plus beaux pieds, et sur ceux qui entrent les premiers en fleur.

On peut conserver les épis de fleurs dans toute leur beauté, pour en jouir pendant l'hiver, en les faisant dessécher avant la maturité des graines, et en les tenant dans un lieu sec. (B.)

PASSIS. On donne ce nom aux vers-à-soie foibles, et dont l'accroissement est moins rapide que celui des autres. Souvent ils meurent étouffés par les autres; souvent on les jette aux poules. On peut les sauver pour la plupart, en les mettant séparément et en leur donnant une nourriture abondante et choisie. *Voyez* au mot VER-A-SOIE.

PASTEL ou GUÈDE, *Isatis*. Plante d'un genre de la tétradynamie siliqueuse et de la famille des crucifères, qu'on cultive en grand dans quelques parties de la France, à raison de ses feuilles, qui, convenablement préparées, fournissent une couleur bleue très solide à la peinture.

Le pastel a la racine pivotante, fusiforme, bisannuelle, assez grosse et très pourvue de fibrilles; la tige haute de trois à quatre pieds, velue, très rameuse à son sommet; les feuilles alternes, presque glabres; les inférieures pétiolées, lancéolées et fort grandes; les supérieures amplexicaules et sagittées; les fleurs jaunes disposées en panicules à l'extrémité des tiges et des rameaux, et chacune composée d'un calice de quatre folioles, d'une corolle de quatre pétales, de six étamines, dont deux plus courtes; d'un ovaire supérieur surmonté d'un style à stigmate épais. Le fruit est une silicule en cœur allongé, monosperme, à deux valves carinées.

Cette plante croît naturellement dans plusieurs contrées de l'Europe, et principalement sur le bord de la mer Baltique. Elle ne craint point les plus fortes gelées.

Autrefois on cultivoit plus abondamment le pastel qu'aujourd'hui. Avant la découverte de l'Amérique elle étoit la seule plante dont on pût obtenir une teinture bleue solide. L'introduction de l'indigo dans nos fabriques l'en a presque expulsée; je dis presque, parcequ'on y a reconnu que son union avec l'indigo augmentoit la fixité et l'intensité de la couleur que cette dernière fécule donne aux laines, et qu'en conséquence on l'y emploie toujours, mais en petite quantité.

La cause qui a fait préférer l'indigo au pastel, vulgairement appelé *guède* ou *guesde*, *vouède*, malgré son infériorité, c'est qu'il est bien plus riche en parties colorantes, et que, quoique venant de loin, et produit par des mains esclaves, c'est-à-dire étant beaucoup plus cher, il est cependant d'un usage plus économique.

Quoi qu'il en soit, cette plante ne mérite pas moins toute l'attention des cultivateurs français, non seulement sous le rapport cité plus haut, mais encore comme propre à nourrir les bestiaux pendant tout l'été, et même pendant tout l'hiver, c'est-à-dire à une époque où les alimens verts leur sont le plus nécessaires.

C'est dans les environs de Toulouse, dans ceux d'Avignon, non loin de Caen et de Valenciennes, qu'on cultive le plus le pastel : celui des contrées énumérées les premières est plus recherché, comme contenant davantage de parties colorantes, avantage qu'il doit uniquement à la chaleur du climat.

Une terre substantielle et profonde est celle qui convient exclusivement au pastel destiné à la teinture, parceque plus ses feuilles sont grandes et nombreuses, et plus il y a de bénéfice à en tirer; il faut de plus qu'elle ne soit pas trop argileuse et trop humide, parceque, dans le premier cas, les racines ne pénètreroient pas assez facilement, et que dans le second les feuilles pourriroient. Celui qu'on sème dans l'intention d'en nourrir les bestiaux doit l'être dans la plus médiocre, car il y auroit de la perte à faire autrement. En Angleterre on lui consacre toujours, au rapport d'Arthur-Young, de vieux prés qu'on veut rompre, et dont des *cultivateurs voyageurs*, ce sont ses expressions, payent par an, pour deux ans, une rente triple de la rente ordinaire ; ce qui démontre suffisamment les avantages de cette culture.

Il y a deux variétés de pastel, l'une plus petite, plus velue, à graine jaune ; l'autre plus grande, presque glabre et à graine violette. C'est cette dernière qui mérite la préférence, non seulement à raison de sa grandeur, mais encore parceque la poussière est moins retenue par les feuilles, et que la pâte qu'on en fabrique est moins impure.

On doit, par un ou deux labours profonds, faits avant et pendant l'hiver, préluder à celui qui précède immédiatement les semailles.

Si on veut tirer tout le parti possible de la culture du pastel, il ne faut pas épargner le fumier, et le fumier bien consommé, avant ce dernier labour.

Il est bon de diviser le terrain en planches bombées, de trois à quatre pieds de large, et de donner, par des rigoles convenablement disposées, de l'écoulement aux eaux, si on a lieu de craindre leur abondance.

C'est au mois de février qu'on sème ordinairement le pastel. Sa graine doit être répandue très clair, car chaque pied occupe beaucoup d'espace (dix-huit à vingt pouces de diamètre). Dans quelques endroits on le sème en rayons, et cette pratique est dans le cas d'être recommandée.

Lorsque le pastel est levé et qu'il a déjà acquis une certaine force, c'est-à-dire vers le mois d'avril, plus tôt ou plus tard, selon le climat, il convient de le débarrasser des pieds qui sont foibles et trop rapprochés des autres, et de lui donner un binage.

Les feuilles du pastel commencent à mûrir en juin. Elles sont bonnes à cueillir lorsqu'elles ne peuvent plus se soutenir droites et qu'elles jaunissent. Il est très important de faire cette opération par un temps sec, non seulement pour qu'elle s'exécute plus facilement, et que les feuilles soient moins chargées de terre, mais encore par une autre raison qui sera développée plus bas.

La récolte du pastel se fait de deux manières ; ou on arrache les feuilles avec la main en les tordant, ou on les coupe avec une faucille ou une faux. Ces deux manières ont des avantages et des inconvéniens qui probablement se compensent. Il me semble que si, comme l'assurent les cultivateurs, et comme la théorie l'indique, la maturité est nécessaire pour obtenir une abondante et une bonne fécule, il faudroit n'ôter que les feuilles qui se sont affaissées sous leur propre poids, qui ont commencé à jaunir, c'est-à-dire les plus basses, et laisser celles du centre jusqu'à ce qu'elles soient à leur tour parvenues à maturité. Il est possible que ce soit à cette vicieuse pratique

que soit due la mauvaise nature et la petite quantité de fécule que donnent nos pâtes de pastel. Je hasarde cette idée en faisant des vœux pour qu'on prouve, par des expériences positives, sa justesse ou sa fausseté, car, quoique j'aie vu des cultures de pastel, je manque de données positives sur beaucoup de cas qui les concernent.

On fait ainsi, pendant l'été, trois et quelquefois quatre coupes de pastel, suivant que le sol est plus fertile et la saison plus favorable.

Les pieds de pastel destinés à donner de la graine ne sont dépouillés que deux fois de leurs feuilles; mais j'observe qu'il vaudroit beaucoup mieux ne pas les en dépouiller du tout, d'après le principe que les graines sont d'autant meilleures, que les pieds qui les fournissent sont plus vigoureux, et que les pieds qui résultent de cette graine sont d'autant plus vigoureux qu'elle est meilleure, c'est-à-dire plus grosse, mieux nourrie comme disent les jardiniers.

La première récolte est la meilleure, soit pour la quantité, soit pour la qualité. On devroit en mettre à part les produits. Les suivantes vont toujours en se détériorant.

Entre chaque récolte il seroit bon de donner un binage, mais on se contente ordinairement d'un simple sarclage.

On doit à Wedebius un ouvrage sur la culture du pastel en Thuringe, et il nous apprend que là on lave les feuilles immédiatement après la récolte. Je ne sache pas qu'on le fasse nulle part en France, quelque utile que soit cette opération.

Comme les feuilles de pastel sont très aqueuses, il est difficile de les garder en masse pendant plusieurs jours, surtout s'il fait chaud, sans qu'elles s'altèrent; aussi est-on dans l'usage de les porter de suite au moulin, c'est-à-dire un ou deux jours après leur récolte; car il est bon qu'elles aient perdu un peu de leur eau de végétation, qu'elles soient fanées. Pendant ce temps on les étend sur une terre unie, ou mieux, sur une pelouse, et on les retourne souvent.

Le moulin dont il vient d'être parlé est un moulin à huile. On triture sous sa meule les feuilles de pastel, de manière à les réduire en une pâte homogène. Ce sont les cultivateurs qui font aussi ou font faire cette opération.

Lorsque toutes les feuilles de la récolte sont réduites en pâte, on compose de cette pâte, bien pressée avec les pieds et les mains, sous un hangar, et quelquefois, mais à tort, à l'air libre, des piles plus ou moins grosses, et dont on unit la surface le mieux possible. Là elle fermente, la fécule bleue se développe, il se forme à la surface une croûte noire, très dure, qui empêche les élémens gazeux de s'évaporer trop rapidement, et qui en conséquence, lorsqu'elle se fendille, ce qui arrive toujours, est rétabli sans retard avec de la pâte prise dans un autre petit tas réservé à cet effet.

Il faut ordinairement quinze jours (deux ou trois plus ou moins, selon la chaleur de la saison), pour que la pâte ait produit tout son effet. On reconnoît qu'elle a cessé de fermenter à la diminution de son odeur ammoniacale d'hydrogène phosphuré, qui dans les premiers jours affecte si péniblement l'odorat et les yeux. Alors on brise la pile, on mélange la croûte avec la pâte, et on forme du tout, à force d'en comprimer des portions avec les mains, des boules du poids d'une livre, auxquelles on donne ensuite une forme allongée dans un moule. C'est dans cet état qu'après avoir été desséché, on livre le pastel au commerce.

La dessiccation du pastel en boule se fait naturellement dans des greniers. Si la saison étoit humide, il seroit bon de le mettre dans des étuves. Il pourrit si elle n'est pas promptement amenée à un point convenable. En Thuringe on l'accélère au moyen de soufflets.

On dit que les boules de pastel, qu'on appelle dans quelques endroits *florée* et *cocagne*, augmentent toujours en qualité pendant l'espace de dix ans, c'est-à-dire que le développement de la matière féculente continue de s'y faire.

Je dois signaler ces cultivateurs de pastel, la honte de leur état et de leur patrie, qui par l'espérance d'une petite augmentation de revenu mêlent de la terre, des feuilles et autres matières, avec leur pâte, au moment de la former en boule, et portent ainsi un discrédit désastreux sur le commerce de cette denrée en France. C'est bien dans ce cas que le gouvernement devroit infliger des punitions sévères ; car ce n'est pas seulement une commune, un département, qui souffrent de cette friponnerie, c'est la France toute entière

Une fécule pure, comme celle de l'indigo, doit avoir des avantages marqués sur une fécule aussi mélangée de matières étrangères que l'est celle du pastel dans la pâte fabriquée, ainsi qu'il vient d'être dit ; aussi s'est-on occupé des moyens de débarrasser cette dernière de ses parties extractives, fibreuses et autres. Arthur et Dambourney, en France, ont fait des essais qui leur ont réussi ; mais c'est en Allemagne qu'on s'est occupé avec le plus de fruit de cet objet. Voici le procédé que M. Gren a publié.

Après avoir lavé les feuilles de pastel, on les met dans une cuve oblongue aux trois quarts pleine d'eau, et on les y assujettit avec des pièces de bois. La fermentation ne tarde pas à se manifester à la surface de l'eau (qui doit recouvrir la totalité des feuilles), par une écume bleuâtre. Lorsqu'elle est arrivée à un certain degré on soutire l'eau, qui est alors teinte en vert foncé; on la passe à travers un linge; on lave le reste des feuilles, et l'eau qui a servi, après avoir été également passée, est réunie à l'autre. Cela fait, on verse dans cette eau de l'eau de chaux, dans la proportion de deux ou trois livres (selon sa force), par dix livres de feuilles employées, et on agite fortement pendant quelque temps. La fécule se dépose par le repos, et on soutire l'eau qui la surmonte. Cette fécule est ensuite mise-dans des filtres de toile (chausses d'Hippocrate), et quand elle y a perdu son eau surabondante, on la lave en lui en donnant de nouvelle jusqu'à ce que la dernière sorte claire, puis on la coupe en morceaux et on la fait sécher à l'ombre.

Si on ne met pas assez d'eau de chaux on a moins de fécule; si on en met trop cette fécule est d'une qualité inférieure.

En général cette opération, comme celle de la fabrication de l'indigo demande à être suivie avec soin pour réussir complètement. Une fermentation incomplète, et une fermentation trop prolongée sont également à éviter. *Voyez* Elémens de l'art de la teinture, par Bertholet.

La graine de pastel conserve pendant deux ans sa faculté germinative, mais la plus nouvelle est toujours la meilleure. On la conserve, aussi long-temps que possible, attachée aux tiges mêmes qu'on a coupées au moment de sa maturité, et transportées dans un grenier défendu des ravages des rats et des souris.

Les excrémens de souris, soit dit en passant, qui ont mangé des graines bleues de pastel, sont bleus eux-mêmes; ils peuvent être employés avec succès à la peinture en détrempe, si, du moins, on ne m'a pas trompé.

C'est à M. Bohadsch (Feuille du Cultivateur) qu'on doit le premier l'éveil sur l'utilité du pastel pour la nourriture des bestiaux. Je ne sache pas qu'on l'emploie nulle part en France sous ce rapport.

On a vu plus haut combien cette plante donnoit de récoltes pendant le cours de l'été, et elle peut donner la moitié autant pendant l'hiver et les premiers jours du printemps. Elle a l'avantage en effet de se conserver en état de végétation même sous la neige. M. Bohadsch assure qu'elle plaît beaucoup aux animaux dès qu'ils y ont été accoutumés. Elle vient assez bien, comme je l'ai déjà dit, dans les sols médiocres pour mériter d'y être cultivée sous ce rapport. On peut alors la semer épais et couper ses feuilles et ses tiges avec la faux. Si on ne laisse pas monter ces dernières en graines, les racines peuvent se conserver cinq à six ans, en fournissant perpétuellement des feuilles et bonifier encore le terrain. *V.* ASSOLEMENT,

Je fais des vœux pour que les conseils de M. Bohadsch soient suivis par mes concitoyens ; car je ne doute pas que si les animaux s'accoutument aussi facilement qu'il le dit aux feuilles de cette plante, il n'y ait un avantage immense à la cultiver pour fourrage. (B.)

PASTENADE. *Voyez* PANAIS.

PASTÈQUE. *Cucurbita citrullus.* (*Pateca anguria.*) Plante cucurbitacée, qui, à raison du léger rebord qu'on voit à sa graine, appartient au genre des COURGES, et même à la division des *péponins*, par ses graines arrondies, et ses fleurs jaunes, et ses fruits marqués de bandes pâles, mais qui peut constituer un sous-genre très distinct par ses feuilles fermes, roides, droites, profondément découpées, ses graines fortement colorées, ses fruits orbiculaires, entièrement et régulièrement couverts de taches rondes et étoilées. On peut aussi remarquer dans sa fleur que la corolle, moins évasée que celle des calebasses, est moins grande, moins campanulée, plus profondément découpée que dans les pépons, et en outre d'un jaune moins foncé. La pulpe est en général très aqueuse; il y a des variétés si fondantes, qu'on les vide par un seul trou, en aspirant la pulpe liquéfiée, qui forme une délicieuse boisson rafraîchissante : ce sont les melons d'eau, dont l'usage est très fréquent en Italie, en Espagne et dans le midi de la France, ainsi que dans plusieurs contrées d'Amérique.

On en indique quatre ou cinq variétés principales,

A graines noires et pulpe rouge ;

A graines noires, pulpe jaune ;

Graine et pulpe rouge, de deux sortes, à fruit plus et moins gros ;

Enfin graines rouges et pulpe, non pas jaune, mais blanche et transparente, pleine d'eau sans saveur et sans odeur. Le fruit de cent à cent vingt centimètres au plus, vert, à taches jaunâtres. Le Berriays prétend cette petite race venue d'Amérique : c'est la seule que l'on élève à Paris.

Lefulpin citoit une espèce à pulpe ferme, tellement élastique, que le fruit rebondissoit comme un ballon.

Parkinson en cite de même une d'Amérique à pulpe ferme. Quant à la grosseur, on lit dans Prosper Alpin qu'il en avoit vu en Egypte dont une seule faisoit la charge d'un homme, et trois ou quatre celle d'un cheval; chose à vérifier.

Il paroît que c'est par le *pastèque jaune*, en le comparant au citron, que furent faits dans l'origine les noms de *citreolum*, et de *citrullum*, encore usité dans les pharmacies, aussi-bien que celui de *concombre-citrin*. Le nom de citrouille a depuis été transporté à des *pépons*; et celui de *melon d'eau* donné aux pastèques fondantes. Dans le département de la Charente on mange les pastèques à chair ferme, sous le nom de concombre, et fricassées de même. Quant au nom *pastèque*, il n'a point de rapport avec l'idée *pâte* ; mais aux noms indiens *batheca*, *patheca*, *albatheca*.

Les pastèques ne demandent, dans les pays méridionaux, pas plus de soins que les concombres et pépons ; mais, comme elles ne réussissent pas sans une chaleur soutenue, on n'entreprend guère d'en élever ailleurs.

Quant à la petite pastèque élevée à Paris, ce fruit insipide n'a de mérite que confit avec le cédrat et autres fruits de ce genre, dont il prend très bien le goût et le parfum. On ne cherche donc à la faire mûrir que dans le temps où ces fruits nous arrivent. Ainsi c'est en mars ou avril qu'on sème sa graine sur couche, soit à demeure, soit pour repiquer le plant sur couche, ou même en pleine terre, dans des fosses remplies de terreau ou de très bonne terre composée. Une première taille au plus lui ayant fait multiplier ses rameaux, qu'on laisse ensuite courir en liberté, sans les arrêter ni supprimer aucun des fruits qui nouent. Ils ne demandent d'autre soin que d'être mouillés au besoin. (Duch.)

PASTEUR. Ce mot est synonyme de PATRE et de BERGER, mais il ne s'emploie guère que dans le style relevé.

PASTISSON. Ce mot, aussi-bien que le provençal *pastissou*, et comme le mot *pâté*, dont on se sert aussi, désigne la forme très contractée, mais très symétrique de fruits cucurbitacés, nommés aussi par la même raison BONNET D'ÉLECTEUR, BONNET DE PRÊTRE, COURONNE IMPÉRIALE, ARTICHAUTS DE JÉRUSALEM. *Voyez* PÉPON. (Duch.)

PATATE. Racine du LISERON de ce nom, et par confusion la POMME DE TERRE. *Voyez* ces deux mots.

Le liseron patate, ou batate, est une de ces plantes que leur importance, comme fournisssant un aliment agréable, sain et abondant, fait cultiver dans toutes les parties du monde où elles peuvent croître ; aussi quoique certainement originaire de l'Inde, peut-on douter de sa véritable patrie en la voyant si commune en Afrique et en Amérique.

Etant depuis bien des siècles l'objet d'une culture très étendue et très soignée, la patate a dû fournir des variétés sans nombre. C'est principalement dans l'Inde qu'il faut les chercher, car le peu d'années qui se sont écoulées depuis qu'elle a été transportée en Amérique n'ont pas encore pu beaucoup modifier la variété ou les variétés que le hasard fit préférer pour cette transportation. On trouve dans les ouvrages de botanique un assez grand nombre de ces variétés, qu'il seroit possible de considérer comme des espèces, tant elles s'écartent de celles que nous connoissons le mieux, c'est-à-dire de celles cultivées en Amérique.

Parmi ces variétés je n'ai eu occasion d'en observer que trois pendant mon séjour en Caroline, la rouge, la jaune et la blanche. Je bornerai à ce nombre celles dont je parlerai, parceque ce sont les plus communes, et celles qui sont les plus connues en France.

La rouge est la plus précoce, la jaune la plus farineuse et la plus sucrée, la blanche la plus grosse. On les distingue même à leurs feuilles, dont le vert se nuance dans des tons concordans avec ces couleurs.

C'est dans la division des liserons rampans que se trouve la patate. Ses tiges s'étendent quelquefois à deux ou trois mètres, et peuvent prendre racine à tous les petits renflemens qui se trouvent en opposition avec l'insertion du pétiole de leurs feuilles : ces feuilles sont alternes, hastées, glabres, et varient sans fin de forme et de grandeur. La racine est toujours fusiforme, c'est-à-dire allongée et amincie par les deux bouts, mais d'ailleurs variant également en forme et en grosseur ; souvent elle est courbée. J'en ai vu en Caroline, pays sabloneux et humide, qui avoient près d'un pied de long sur quatre pouces et plus de diamètre. Sa peau est mince, très lisse et n'offre pas d'yeux comme celle de la pomme de terre : on doit la regarder comme un simple renflement d'une partie de la racine ; car ce n'est que de l'extrémité la plus voisine de la surface de la terre qu'elle pousse des tiges nouvelles lorsqu'on la transplante ; aussi en tant de morceaux qu'on la coupe, il n'y en a qu'un qui puisse servir à la reproduction. En général on préfère, en Caroline, réserver les plus petites pour la transplantation, et on en a toujours assez pour être dispensé (par des vues d'économie) de couper la tête des grosses. Cette tête et le bout opposé sont composés de filandres ligneuses, épaisses, prolongement des racines proprement dites. Ce sont ces filandres qui, par leur épanouissement, leur affoiblissement et entrecroisement constituent le réseau dans lequel se forme ou se dépose la matière féculente qui constitue le corps de la patate, et qui la rend si nourrissante.

Il résulte de l'analyse faite par M. Parmentier en 1780, que cette matière féculente contient du sucre, de l'amidon et une matière extractive ; mais que ces principes varient selon l'âge, le terrain et la variété. Peu de plantes sont plus soumises, relativement à leur saveur, aux influences de la culture ou des saisons. Un terrain fumé lui donne un mauvais goût ; une année pluvieuse lui ôte toute espèce de goût, un printemps froid la rend grasse, etc.

La patate, je le répète, est un excellent manger ; les gour-

mets doivent la faire simplement cuire sous la cendre ou dans
l'eau (mieux à la vapeur de l'eau); car il m'a paru qu'elle
perdoit toujours une grande partie de sa bonté lorsqu'on lui
donnoit un assaisonnement quelconque. La consommation
qu'on en fait dans les colonies de l'Amérique est immense.
Pendant près de huit mois par an, elle fournit, en concurrence avec le maïs, presque toute la nourriture des noirs esclaves de la Caroline. Jamais elle ne cause de mal, parcequ'elle
remplit promptement l'estomac par son volume, et qu'elle se
digère facilement. C'est le seul mets que j'ai regretté après
mon départ de ce pays. On peut dire qu'elle est agréable, lors
même qu'elle est pourrie, puisque alors elle a l'odeur de la
frangipane.

La quantité de sucre que renferme la patate, sur-tout la
jaune, la rend très propre, lorsqu'elle a été pilée et délayée
dans une certaine quantité d'eau, à subir la fermentation vineuse, aussi les sauvages, qui en ont adopté la culture, à raison
de sa facilité, la font-ils entrer dans la composition de leur
boisson, et en extraient-ils une eau-de-vie qu'ils aiment avec
passion.

A ces avantages de la racine de la patate il faut joindre
ceux des tiges et des feuilles (fanes) qui se mangent en guise
d'épinards, et sont d'un meilleur goût, et dont les vaches, les
chevaux, les cochons, etc., sont extrémement friands. A Saint-
Domingue, il étoit même des quartiers où on en plantoit uniquement pour fourrage. En Caroline, on a bien soin de les
couper pour cet objet; mais j'ai vérifié que cette opération
étoit nuisible à la grosseur et à la saveur des tubercules; en
conséquence je l'avois supprimée dans le jardin de botanique
du gouvernement français, où cette culture avoit lieu, un peu
en grand, pour la nourriture des noirs qui y étoient attachés.
Les principes de ce fait sont connus.

Un sol très léger est le seul qui convienne à la patate. Il
vaut beaucoup mieux la cultiver dans un pur sable, que dans
une bonne terre, parceque dans le premier, si elle n'est pas
grosse, elle est très abondante, très hâtive et très sucrée, et
que dans le dernier elle s'épuise à pousser des tiges et des
feuilles, et n'arrive que fort tard à maturité.

La culture de la patate en Caroline est très simple et fort
bien entendue. On ne la place que dans les parties sablonneuses des habitations, et ces parties ne manquent pas, le pays, hors
les marais (swamp) étant tout de sable. Au mois de février, on
gratte la terre à la profondeur de trois pouces, avec une
large houe, et on en forme des ados larges et hauts d'un
pied, et écartés de trois pieds; au sommet de ces ados, toujours parallèles, ou à peu près, on place, à la distance de deux

pieds les uns des autres, une petite patate, ou le bout supérieur d'une grosse. En mars, lorsque la patate a un peu poussé, on donne un binage, c'est-à-dire qu'on enlève avec la houe la surface des ados pour tuer les mauvaises herbes qui y ont cru, et qu'on ramène sur ces mêmes ados la terre de leurs intervalles, et ce de manière à les exhausser de trois à quatre pouces. Un mois plus tard, on coupe toutes les tiges rez terre, et on donne, ou on ne donne pas, car les procédés varient, un nouveau binage. Je le conseillerai toujours. La plus grande partie des tiges est portée aux bestiaux, qui les mangent de suite, et souvent en un seul jour. L'autre partie est plantée sur des ados semblables aux premiers et établis quelques jours auparavant. C'est cette plantation qui est destinée à donner la grande récolte de patate, la récolte d'hiver; aussi lui consacre-t-on le double et même le triple de terrain de ce qu'on emploie en février.

La seule chose que je blâme, comme je l'ai déjà observé, dans la culture de la patate en Caroline, c'est la suppression complète des tiges, et par conséquent des feuilles. Je voudrois qu'on en laissât au moins trois sur chaque pied.

La manière de planter les tiges, qui sont de véritables boutures (quoique beaucoup aient déjà poussé de petites racines du renflement opposé au pétiole de leurs feuilles) consiste à les faire entrer et sortir deux fois de terre, afin qu'elles se conservent fraîches aussi long-temps que possible, car il arrive souvent que la chaleur du climat les dessèche avant qu'elles aient eu le temps de prendre des racines. Elles présentent donc ... arcs d'environ un pied de large.

En juin, on commence à manger les patates de la première plantation, et en juillet on les arrache toutes, après les avoir encore quelques jours avant dépouillées de leurs feuilles.

A la seconde de ces époques, ou un peu plus tard, on donne un binage aux patates de la deuxième plantation.

C'est ordinairement en septembre qu'on coupe les tiges qu'elle a produites, et qu'on commence à manger de ses tubercules. En octobre on les arrache pour les conserver en tas dans la maison.

Les patates de la première récolte doivent être mangées dans l'espace d'un mois, parcequ'elles ne tardent pas à rentrer en végétation. Celles de la seconde se gardent jusqu'après l'hiver, c'est-à-dire jusqu'en mars ou avril.

La bonté de la patate et la facilité de sa culture ont dû déterminer très anciennement des essais pour la naturaliser en Europe. Depuis plus d'un siècle on la cultive en grand dans les parties les plus chaudes du Portugal et de l'Espagne. On cite un petit village près de Malaga qui en fait annuellement un commerce de plus de 50,000 fr. Il en a été entrepris à différentes époques des plantations en France, qui ont toujours réussi, mais qu'on a toujours abandonné, je ne sais pourquoi. J'en ai anciennement mangé provenant de cultures exécutées en pleine terre à Toulon, à Montpellier, à Toulouse, à Bordeaux. Aujourd'hui on en plante en grand, tous les ans, dans les landes de Bordeaux, aux environs de Dax, où le climat et le sol lui sont convenables. Les tentatives faites par Thouin, il y a déjà une trentaine d'années, au jardin du Muséum, et renouvelées depuis avec succès par lui et par d'autres cultivateurs des environs de Paris, prouvent que sous le ciel de la capitale même on peut manger des patates, je ne dirai pas excellentes, si je les compare à celles dont je faisois ma nourriture en Caroline, mais au moins suffisamment bonnes pour en faire connoître le goût à ceux qui n'ont pas voyagé dans les colonies intertropicales. Louis XV, qui les mangeoit avec plaisir, en fit aussi cultiver dans ses jardins pendant plusieurs années.

Voici la copie du procédé indiqué par Thouin, et publié par Parmentier dans le nouveau Dictionnaire d'Histoire naturelle en 1803.

« *Patates sur couche.* Dès la fin de février, on établit une couche de fumier de cheval mélangé de litière et de fumier court, de l'épaisseur d'environ deux pieds : on la couvre d'un lit composé de terre franche, de terreau de couche consommé et de sable gras par égale partie, et bien mélangés ensemble ; ensuite on place un châssis par dessus, dont les vitraux doivent être distans de la terre d'environ quinze pouces. Lorsque la chaleur de la couche est tombée à environ vingt degrés, on plante les racines de patate, et on les recouvre seulement d'environ deux pouces de terre, en les espaçant, sur deux lignes, à environ deux pouces de distance les unes des autres en tous sens.

« Il faut que la terre de la couche soit plus sèche qu'humide pour faire cette plantation, et choisir, autant qu'il est possible, un beau jour. On recouvrira ensuite ces châssis de leurs vitraux. Les racines ne doivent être arrosées que lorsqu'on s'aperçoit qu'elles commencent à pousser, et très légèrement dans les premiers temps. Toutes les fois que le soleil se montre sur l'horizon, et que la chaleur se trouve être sous le châssis au-dessus de douze degrés, on donnera de l'air en soulevant le châssis ; mais il faut avoir soin de le fermer et même de le couvrir de paillassons pendant la nuit pour conserver les douze à quinze degrés de chaleur qui sont nécessaires à la végétation de cette plante. Des réchauds à la couche sont quelquefois nécessaires pour entretenir cette chaleur. Les racines de patates, ainsi cultivées, ne tardent pas à pousser leurs tiges ; elles s'allongent de quatre à six pouces dans l'espace d'un mois, et vers la mi-mai on doit s'occuper de les marcotter. Cette opération est simple ; elle consiste à courber les branches et à les fixer, avec de petits morceaux de bois, à environ trois pouces en terre, et à environ huit pouces de leur souche ; bientôt elles reprennent racine et forment de nouvelles branches qui couvrent toute la surface du châssis. Lorsque la chaleur de l'été est déterminée, et que les nuits sont devenues chaudes, on peut retirer les vitraux de dessus les châssis, et laisser les plantes en plein air ; il convient alors de les arroser à la volée matin et soir et abondamment.

« A l'époque où les marcottes sont reprises, on les sèvre de leur mère en les coupant avec la serpette. On pince, à trois ou quatre yeux hors de terre, la marcotte pour l'obliger à pousser des branches ; et lorsque ces branches ont atteint cinq à six pouces de longueur, on les arrête, puis on les butte dans les deux tiers de leur hauteur avec de la terre semblable à celle qui recouvre la couche, et on répète cette opération autant de fois que les branches s'allongent de six pouces jusqu'au commencement de septembre ; passé cette époque on doit laisser pousser les plantes en liberté. Pendant tout ce temps on doit les arroser souvent et les garantir de la fraîcheur des nuits. Tant qu'il ne surviendra pas de gelées, les racines de patates profiteront et augmenteront de volume ; mais sitôt que le froid se fera sentir, il convient de les arracher. »

Par ce procédé de culture, Thouin a obtenu quelques tubercules de cinq pouces de long sur trois de diamètre, et en très grand nombre de plus petits, lesquels se sont trouvés de fort bonne qualité.

Patates en pleine terre. On a également tenté de cultiver des patates en pleine terre aux environs de Paris dès le règne de Louis XV, ainsi que je l'ai su du jardinier de Choisy, Gondouin, et du jardinier de Trianon, Richard ; car ce monarque trouvoit qu'elles étoient meilleures, et je n'ai pas de peine à le croire, que celles venues sur couche. Pour cela on choisissoit une excellente exposition, et, après avoir préparé le terrain par un mélange de sable et de terreau, on y transplantoit, au mois de mai, les pieds, jusqu'alors élevés dans des pots, sous des châssis à ananas, ou dans des serres. Des couvertures pendant la nuit, des arrosemens pendant la chaleur, et des binages légers mais fréquens suffisoient à la réussite. Depuis peu elles ont été cultivées avec succès à Saint-Cloud, en employant la méthode des buttes. Cette méthode est bonne et peut être suivie ; mais celle des ados, usitée en Caroline, et qui n'en diffère pas en principe, est encore meilleure, en ce qu'elle permet un plus grand développement aux racines.

Au reste, je suis persuadé que jamais la culture des patates dans les jardins de Paris ne pourra devenir une culture utile, c'est-à-dire que la vente des produits ne pourra couvrir les frais de la culture, qu'on les mette sur couche, ou qu'on les place même en pleine terre. Il faut donc la regarder comme un simple amusement, ou comme un objet de luxe.

Parmentier, à qui on doit de si importans travaux sur les alimens susceptibles d'être transformés en pain, n'a pas pu se livrer à des essais de ce genre sur la patate : cependant il a provoqué ses nombreux élèves, et on lui a envoyé de Saint-Domingue du pain de patate jugé très bon ; mais il observe que, comme les pommes de terre, elles réunissent tant de qualités qu'il n'est pas nécessaire de les décomposer à grands frais pour les soumettre ensuite aux tortures de la boulangerie. Je pense comme lui à cet égard. (B.)

Naturalisation de la patate. Il paroît que les Espagnols sont le premier peuple qui soit parvenu à naturaliser la patate dans quelques cantons de leurs côtes maritimes.

Cette plante n'a plus qu'un pas à faire pour l'être dans nos pays méridionaux, et de proche en proche vers l'ouest.

Dans le Cours complet d'agriculture, au mot PATATE, Rosier, son auteur, exprimoit le vœu qu'un jour la culture fût admise sur le sol de la France, et pour cet effet il conseilloit de faire venir d'Espagne des tubercules et de la graine, de planter les uns et de semer les autres. J'ai mis à profit ce conseil de mon ami, en tirant directement de Malaga des patates que j'ai confiées à MM. Broussonnet et Puymaurin, qui se sont empressés d'en tenter la naturalisation au jardin de botanique de Montpellier, et à celui de la ci-devant académie de Toulouse.

Déjà elles commençoient à donner les plus heureuses espérances, lorsque le froid de 1788, qui dans ces contrées a été de neuf degrés, est venu les anéantir. M. Puymaurin ne s'est pas découragé ; il s'est procuré des patates d'Espagne, qui ont couvert jusqu'à un quart d'arpent des environs de Toulouse. Il en a distribué à différens particuliers, et même à des créoles, qui, les ayant trouvées comparables à celles d'Amérique, ont demandé à les cultiver. Il y a lieu de croire que ses efforts soutenus ne seront pas sans succès ; nous en avons pour garant son amour bien connu pour l'utilité publique.

D'après quelques renseignemens, il est plus que probable que la patate prospéreroit dans plusieurs de nos pays méridionaux, tels que la Corse, la Provence et le Roussillon, où il règne assez ordinairement une continuité de chaleur non interrompue de quinze degrés, pendant six mois, qu'il seroit difficile d'avoir dans toute la France ; mais peut-être la rendra-t-on moins délicate pour le froid en choisissant des abris ;

en préférant d'abord pour la plantation les racines déjà accli-
matées dans le royaume de Valence, parceque la température
de ce lieu est moins différente de la nôtre que celle des autres
parties du nord ; en choisissant dans leurs variétés celles qui
sont hâtives, en les cultivant de proche en proche, et les
amenant du midi au nord jusqu'au climat qu'elles peuvent
supporter. C'est par ce procédé qu'aujourd'hui on est parvenu
à multiplier, dans la Pensylvanie, la patate rouge de Saint-
Domingue, au point qu'elle est plus commune que la pomme
de terre de Philadelphie. Nous avons d'ailleurs beaucoup
d'exemples de plantes qui se sont accommodées de climats
moins chauds que leur climat naturel, ou du moins qui y ont
donné des productions avantageuses.

Quelques défauts de réussite ne devroient pas décourager
ceux qui tenteroient cette culture. Il seroit possible que les
patates provenant des premiers essais, pour les acclimater,
fussent plus mucilagineuses que farineuses, et ne continssent
d'abord le sucre et l'amidon que dans un état purement muqueux, et tels qu'ils se trouvent l'un et l'autre dans les végétaux
avant leur parfaite maturité. Mais nous pensons que ces deux
produits dans les générations successives acquerront la con-
crescibilité et les qualités essentielles qui appartiennent à leur
organisation ; c'est alors qu'on pourroit assurer positivement
que la naturalisation est achevée ; il ne s'agiroit plus ensuite
que d'empêcher la dégénération par tous les moyens connus.

Quelle heureuse perspective pour les voyageurs, qui, à
l'exemple des Commerson, des Dombey, des Michaux, ap-
porteroient des contrées lointaines leurs productions les plus
essentielles, et qui affronteroient tous les dangers pour ajouter
à nos acquisitions et accroître les ressources de la patrie ! Leurs
noms, offerts à la vénération des peuples, seroient inscrits à
côté de ceux des Desclieux et des Poivre, des Maillard du
Mesle, des Lefèvre d'Albon, des Lescallier, à qui nos colonies
sont redevables de la culture du café, du muscadier, du gi-
roflier et du cannelier. Combien de végétaux sauvages, cultivés sur le sol du nouveau monde, dont on pourroit enrichir
notre hémisphère ! Tant de plantes qui figurent aujourd'hui
dans nos champs et dans nos potagers y ont si parfaitement
réussi ! La pomme de terre, le topinambour, le maïs, ne sont-
ils pas maintenant aussi vigoureux, aussi productifs en France
que dans leur pays natal ?

Mais ces naturalisations doivent être circonscrites : il faut
les borner aux plantes dans lesquelles l'homme et les animaux
peuvent trouver une nourriture salutaire ; il faut les distinguer
de celles qu'on propose tous les jours, sans trop faire attention
aux conséquences fâcheuses qui pourroient en être la suite.

Quand bien même les tentatives essayées jusqu'à présent pour acclimater parmi nous la canne à sucre, le coton et l'indigo, auroient obtenu quelques succès, il seroit peut-être d'une sage politique d'y renoncer ; ne faut-il pas se ménager des moyens d'échange contre les produits de notre sol et de notre industrie ? D'ailleurs, tout en cherchant à naturaliser de nouvelles productions, n'a-t-on pas à craindre que nous perdions de vue celles qui conviennent le mieux au sol et aux différentes températures de la France ? En accordant plus d'extension à leur culture, nous serons dispensés d'acheter de nos voisins, pour des sommes considérables, ce qu'il nous est si facile de préparer au milieu de nos foyers.

Il n'existe pas un coin de terre, de celle même frappée de stérilité, qui ne puisse nourrir son arbre ou sa plante ; il ne s'agit que de choisir l'espèce qui lui convienne le mieux. Que de richesses nous retirerions de notre sol, si nous ne lui donnions constamment que ce qu'il peut faire prospérer ! Il seroit facile de ne pas se tromper en ce genre sans recourir à des essais toujours instructifs, mais souvent impraticables ; il suffiroit d'arrêter les regards sur la topographie rurale d'un pays, d'observer les productions libres de la nature, et de considérer ensuite celles que la main de l'homme dirige : ce parallèle démontreroit bientôt quels sont les végétaux qu'il faut y cultiver de préférence. Ainsi, tel canton s'adonneroit aux plantes à huile, à toile, à cordage, et propres à la teinture ; tel autre aux graines, aux vignes, aux bois. Il n'y en auroit point qui ne pût fournir du fourrage et des racines potagères ; alors cette masse de ressources acquerroit les qualités que le concours des circonstances les plus favorables peuvent y réunir ; les échanges que les habitans feroient entre eux multiplieroient leurs rapports commerciaux et resserreroient davantage les liens de l'amitié.

Il y a tant de plantes dont le sort est de croître sans culture, qu'on regrette toujours de ne pas les voir couvrir une étendue de terrains perdus pour nos besoins réels. Pourquoi, par exemple, ne s'occuperoit-on pas à multiplier dans les fossés, sur les revers et les ados des chemins, le long des rivières, des ruisseaux et des canaux, dans tous les lieux aquatiques, les végétaux utiles, d'un port agréable, en imitant la nature, qui répand leurs graines dans les circonstances les plus opportunes ? Tels sont le gland de terre, ou la gesse, l'orobe tubéreux, le souchet rond, les macres, ou châtaignes d'eau, la reine des prés, les salicaires, les menthes, les origans, les serpolets, les genêts : les uns portent des bouquets de fleurs fort agréables, et leurs feuilles sont un excellent fourrage ; les autres ont des semences et des racines farineuses.

Il y en a beaucoup qu'il seroit également facile de répandre dans les bois ; on embelliroit les taillis avec des orchis, qui, pour la plupart, portent des épis de fleurs fort odorantes ; les allées vertes seroient garnies de fromental et des autres graminées sauvages ; on ne construiroit les clôtures en haies qu'avec des arbrisseaux à baies dont on pourroit retirer une boisson vineuse, une matière colorante, ou une nourriture succulente pour la volaille. C'est ainsi qu'en réunissant l'agréable à l'utile on se ménageroit des ressources même dans les plantes qui croissent, fleurissent et grainent spontanément, et sur lesquelles l'homme n'a pour ainsi dire aucun des droits que donne le travail. (Par.)

PATIENCE, *Rumex*, Lin. Groupe de plantes qui fait partie du genre des oseilles dans les ouvrages de la plupart des botanistes, mais qui s'en éloigne par les calices qui sont ici souvent glanduleux, et par les feuilles qui ne sont jamais acides. *Voyez* au mot Oseille. On en compte une trentaine d'espèces, la plupart d'Europe, et dont plusieurs sont employées en médecine. Les plus importantes à connoître sont,

La patience des jardins, *Rumex patientia*, Lin., qui a les racines vivaces, pivotantes, grosses comme le bras, jaunes en dedans ; les tiges cylindriques, cannelées, fistuleuses, rameuses, hautes de trois à quatre pieds et plus ; les feuilles alternes ; les radicales pétiolées, en cœur, lancéolées, plissées en leurs bords, un peu coriaces, souvent longues d'un pied ; les supérieures alternes et sessiles ; les fleurs hermaphrodites, rougeâtres ou jaunâtres, et disposées en épis à l'extrémité des tiges et des rameaux. Les valvules des fruits entières, une seule granuleuse. Elle croît dans les parties méridionales de l'Europe et se cultive dans les jardins sous le nom de *rhubarbe des moines*. Sa racine a une saveur âcre et amère. On l'emploie fréquemment en médecine comme stomachique, astringente et légèrement purgative. Elle demande un bon fond et un peu de fraîcheur. On la multiplie par ses graines qui lèvent très facilement, soit naturellement, soit lorsqu'on les sème avant l'hiver. Elle n'aime point à être transplantée, ou mieux, elle ne devient jamais aussi belle lorsqu'elle a été transplantée. On doit n'arracher sa racine que la troisième année, pour qu'elle jouisse de ses propriétés avec toute l'intensité possible.

La patience sauvage, *Rumex acutus*, Lin., a les racines vivaces, pivotantes ; les tiges hautes de deux pieds et cannelées ; les feuilles radicales, pétiolées et en cœur aigu ; les caulinaires sessiles et lancéolées ; les fleurs d'un blanc sale, et disposées en épi terminal ; des fruits à valvules dentées et granulifères. Elle croît dans toute l'Europe dans les terrains gras et frais. Les bestiaux la mangent dans sa jeunesse. Elle fleurit au milieu de l'été. Ses propriétés sont les mêmes que celles de la précédente. Souvent elle est si abondante qu'il est de l'intérêt des cultivateurs de la faire couper pour augmenter leurs fumiers.

La PATIENCE VULGAIRE, *Rumex octusifolius*, Lin., ne diffère presque de la précédente que par ses feuilles qui sont obtuses. Elle croît dans les lieux secs, sur le bord des chemins, le long des haies et est fort commune.

La PATIENCE DES MARAIS, *Rumex aquaticus*, Lin., a les racines vivaces, pivotantes; les tiges cannelées, hautes de deux ou trois pieds; les feuilles radicales, pétiolées, cordiformes, aiguës, roides, lisses, longues de plus d'un pied; les caulinaires sessiles et lancéolées; les fleurs jaunâtres disposées en épis à l'extrémité des tiges et des rameaux; les valvules des graines entières et sans glandes. Elle croît dans toute l'Europe sur le bord des eaux et dans l'eau même. Elle fleurit en été. Les chevaux l'aiment avec passion, mais les vaches n'y touchent pas. Sa racine a une saveur âpre et amère. Ses feuilles et ses tiges sont légèrement acides. On emploie la première comme astringente, détersive, stomachique, les secondes comme rafraîchissantes et antiscorbutiques.

Cette plante couvre souvent des espaces considérables dans les marais, et peut utilement être employée à faire de la litière.

On mange les feuilles de cette patience dans quelques endroits sous le nom de *parelle* qu'elle porte vulgairement.

Les autres espèces de patience sont moins communes et rentrent dans celles-ci par leurs propriétés. (B.)

PATIS. Synonyme de terrain vague en pâture perpétuelle.

PATRE. Tantôt on donne ce nom au gardien de tous les bestiaux d'une commune ou d'un particulier, tantôt à celui qui garde seulement les vaches et les bœufs. Le gardien des moutons s'appelle plus généralement BERGER, quoique ce mot s'applique aussi au pâtre.

PATTE. Les fleuristes donnent ce nom aux racines de la RENONCULE DES JARDINS.

PATTE D'OIE. On appelle ainsi, dans les jardins le lieu où aboutissent plusieurs allées ou avenues. Si les allées occupoient toute la circonférence de ce lieu ce seroit une ÉTOILE. *Voyez* ce mot. On donne aussi vulgairement ce nom à une espèce d'ANSERINE. *Voyez* ce mot.

PATURAGE, PATURE. Le premier désigne le lieu où l'animal pâture, et le second, ce qu'il mange.

Les pâturages sont ou en *communaux* et appartiennent à une ou plusieurs communes, dès-lors ils sont dans le plus mauvais état possible. *Voyez* COMMUNAUX; ou bien le pâturage n'appartient qu'à un seul individu, alors c'est la faute du propriétaire s'il est dégradé.

Toute grande métairie, tout domaine un peu considérable doit avoir un pâturage consacré à son bétail ; il y couche pendant l'été, il y pâture pendant les heures qu'il ne travaille pas.

Un bon pâturage exige une certaine étendue et proportionnée à la quantité des bêtes qu'il doit nourrir. Le propriétaire intelligent divise son sol en plusieurs parties fermées par des HAIES vives ou mortes (*voyez* ce mot), parties sur lesquelles le bétail passe successivement. Il résulte de ces divisions que, pendant le temps que l'herbe de l'une est broutée, celle des autres repousse, et que l'animal trouve toujours une pâture nouvelle et abondante. Si le local n'est pas divisé, l'animal consomme dans un jour, et détruit par son piétinement, plus d'herbes qu'il n'en auroit mangé dans une semaine. Si l'on trouve qu'il soit trop long de faire venir des haies, on peut les suppléer par des fossés dont la terre est jetée sur chacun des bords, et ensemencée sur-le-champ en graines choisies et propres aux prairies.

Le bon cultivateur n'oublie jamais de planter au milieu de chaque division, ou dans telle autre de ses parties, un certain nombre d'arbres, afin que le bétail puisse, sous leur ombre, se reposer des travaux de la journée, et braver la chaleur du jour. Ces retraites sont indispensables dans les provinces du midi. On voit en effet le bétail abandonner l'herbe la plus attrayante, et rechercher un ombrage dont il a besoin pour ruminer paisiblement.

Les divisions de pâturages sont de la plus grande nécessité lorsqu'on élève des poulains et des chevaux. Sans cette précaution ils s'attachent à l'herbe la plus tendre, et tant qu'ils en trouvent, ils dédaignent l'autre qui devient à la fin trop dure.

Aussitôt que les animaux ont fini de manger toute l'herbe d'une de ces divisions, on les fait passer dans une autre, et si on a la facilité d'arroser, l'eau sera donnée aussitôt après leur sortie, et aussi souvent que le besoin l'exigera, et ainsi de suite pour chaque division. On est assuré, en suivant cette méthode, d'avoir sans cesse d'excellens pâturages.

Il est avantageux, lorsque le local le permet, de placer les pâturages près de la métairie, afin que l'œil du maître veille plus facilement sur la conduite, la tenue et la nourriture de son bétail. D'ailleurs il faut compter pour beaucoup le temps prodigieux que les valets perdent chaque jour pour les conduire au pâturage et les en ramener, sur-tout lorsque le champ où l'on a labouré en est éloigné. Un autre avantage qui en résulte est d'avoir près de la métairie un lieu commode et sûr pour y faire passer les nuits d'été au bétail qui a le plus grand besoin de se rafraîchir et de se délasser des fatigues de la journée. Par cette position les loups et les voleurs sont moins à craindre.

Les excrémens des animaux, multipliés et placés près à près, ruinent insensiblement les meilleurs pâturages. Une bouse de bœuf recouvre une surface circulaire de huit à dix pouces de diamètre; il en est ainsi du crottin du cheval; l'herbe recouverte par eux, privée des bienfaits de la lumière du soleil et du contact immédiat de l'air, pâlit, s'étiole et pourrit; mais ses racines ne meurent pas. Lorsque la pluie ou tel autre météore a décomposé ces excrémens, alors l'herbe repousse avec plus de vigueur; mais quel temps passé en pure perte jusqu'à cette époque! Il est donc nécessaire qu'un valet soit chargé d'éparpiller chaque jour le crottin du cheval, et lorsque la fiente du bœuf est sèche, qu'elle forme une croûte, de la rompre, de la diviser par petites parcelles, et de les étendre au loin sur la surface.

Le bétail ne prospère jamais dans les pâturages humides, aqueux, ou marécageux. Il y trouve une herbe aigre et peu nourrissante, une herbe nécessairement chargée d'une forte rosée, chaque matin et chaque soir, qui la fait rouiller; d'ailleur cette humidité sans cesse renaissante, que l'animal éprouve, relâche ses muscles, diminue l'activité de ses viscères, le rend mou, paresseux, parcequ'il n'a plus la force d'être actif, et le dispose à contracter une infinité de maladies, si elle n'en est pas la cause immédiate. Un simple coup d'œil jeté sur le bétail qui vit dans des communes marécageuses et humides prouve mieux cette assertion que tout ce que l'on pourroit dire.

La fraîcheur des forêts, le peu de lumière qui éclaire leur intérieur, en rendent l'herbe peu nourrissante, et de qualité au moins médiocre; le bétail la mange, il est vrai, mais uniquement parcequ'il n'en trouve pas d'autre. Le premier besoin est de lester son estomac; mais si dans cette forêt il se trouve des vides, l'animal ira de lui-même, attiré par une herbe plus nourrissante ou plus saine, et par la même raison il courra à celle qui tapisse les lisières de cette forêt. On auroit tort de s'imaginer que les plantes graminées qui végètent sous ces ombrages soient spécifiquement les mêmes que celles de nos prairies. La nature les a placées où elles doivent croître, et si on les transporte d'un lieu à un autre, elles y végèteront mal, et par conséquent elles donneront une mauvaise ou une médiocre nourriture, suivant leurs qualités.

Un très grand nombre de propriétaires destine au pâturage des pièces peu productives. Certes, c'est manquer le but; le bœuf et la vache aiment l'herbe fraîche; une trop longue nourriture au sec leur est nuisible. Après avoir brouté pendant quelques jours, quelle nourriture les animaux trouveront-ils? aucune, sur-tout pendant la chaleur. Le sol de ce pâturage auroit produit du seigle, de l'avoine, et la récolte de l'un ou de l'autre auroit été plus lucrative.

On est heureux, lorsqu'au milieu de quelques grands fleuves ou de quelques rivières on a des îles un peu boisées et chargées d'herbes, sur-tout lorsque le sol n'est pas marécageux. Le bétail y trouve une nourriture abondante et saine. L'animal est forcé de faire le trajet à la nage, et ce bain répété deux fois dans la journée vaut mieux pour lui que l'étrille du valet de l'écurie, et que le pansement le mieux soigné. C'est ainsi que, sur les bords du Rhône, de la Loire, etc., le bétail est conduit le soir pendant l'été; c'est ainsi qu'il passe dans l'île tous les jours exempts de travail, et qu'à la rigueur il n'auroit pas, dans la nuit, besoin de gardiens si on ne craignoit les voleurs.

Le plus ancien bœuf de la métairie est ordinairement le conducteur du troupeau, et son exemple sert à diriger tous les autres; c'est lui qui, le premier, se jette à l'eau, les autres suivent son exemple. Si le plus timide reste sur le bord, il beugle lorsqu'il se voit seul, les autres beuglent de l'autre côté et l'appellent; enfin sa timidité cesse, et bientôt après il rejoint ses camarades. L'expérience du premier jour suffit à son éducation. Lorsque l'on veut rappeler le troupeau, le bouvier vient sur le bord de la rivière; mais afin d'attendre moins long-temps, de loin il fait entendre les sons rauques de son cornet à bouquin. Cet instrument n'est qu'une grande corne de bœuf, percée à sa pointe, et par laquelle le bouvier souffle. Cette espèce de cor peut être encore faite avec une corne de bélier. Aussitôt que les bœufs en entendent le son, ils se rendent aux bords de la rivière, la traversent, et viennent paisiblement se remettre sous la conduite du bouvier. On a souvent vu le bœuf ancien, celui qui s'est constitué le chef, presser les pas tardifs de ceux qui ne reviennent pas avec les autres, et les forcer à coups de cornes à traverser la rivière.

Dans les pays élevés, comme les montagnes de l'Auvergne, du Lyonnais, de la Bourgogne, de la Comté, des Cévennes, des grandes chaînes des Alpes, des Pyrénées, etc., on sacrifie les hauteurs au pâturage du bétail; mais il faut observer qu'elles sont destinées, ou à celui qu'on élève, ou à celui qu'on se propose d'engraisser. Est-il plus avantageux de mettre en pâture les vaches à lait, et les bœufs à l'engrais, ou de les nourrir dans l'étable? Cette question, très importante, a été discutée avec l'étendue qu'elle exige aux articles VACHE et ENGRAIS. Je pense que celui qu'on élève ne sauroit avoir trop de liberté, afin d'assouplir davantage ses membres, et d'augmenter sa force par l'exercice; car il ne s'agit pas ici d'obtenir plus de lait, ou un engrais plus ferme et plus prompt.

Les bœufs destinés ou déjà soumis au labourage ont le plus grand besoin de pâturage, non pour faire de l'exercice, puisqu'ils en font un assez pénible en labourant chaque jour, mais pour trouver une herbe fraîche, et sur-tout pour sortir de leurs étables sales, infectes, et où l'air est étouffé, et de plus de moitié putride lorsqu'elles sont tenues ou resserrées suivant la coutume ordinaire. On pourroit cependant, à l'exemple de quelques cultivateurs intelligens, tenir le bétail, pendant le jour en été, dans un lieu ombragé, et exposé au courant d'air, y pratiquer des râteliers que l'on rempliroit à plusieurs reprises d'herbes fraîches. L'économie du fourrage seroit très grande, et l'animal s'en trouveroit mieux. On objectera sans doute la peine de faucher ou de ramasser chaque jour l'herbe nécessaire, tandis qu'en pâturant l'animal la consomme sur les lieux; mais on ne compte pas, 1° la meilleure santé de l'animal; 2° le dégât très considérable qu'il fait de cette herbe.

Le cultivateur prévoyant pense de bonne heure à se procurer des pâturages d'hiver; à cet effet, après que les blés ont été coupés et leurs champs labourés, il sème des navets, des turneps, des carottes, etc., enfin de toute espèce de grains, rebut de l'aire, pour les faire manger au bétail pendant les jours que la rigueur de la saison lui permet de sortir de l'étable; mais une fois que la douce haleine du printemps ranime la végétation, que chaque tige commence à s'élever, qu'elle se dispose à monter en graine, l'entrée du champ est interdite; et lorsqu'elle commence à fleurir, un fort coup de charrue l'enfouit, et ces plantes rendent avec usure à la terre les sucs qu'elles ont reçus, et deviennent par leur décomposition un engrais excellent. *Voyez* les mots ALTERNER, SUBSTITUTION DE CULTURE. C'est ainsi que l'on est parvenu insensiblement à enrichir des champs, et qu'on est étonné aujourd'hui des récoltes qu'ils fournissent. (R.)

Tout pâturage s'épuise ainsi que tout autre terrain; il est donc bon de le renouveler tous les six, huit, dix ans, selon sa nature mauvaise, bonne ou excellente, par une culture d'avoine, de blé et de pommes de terre, ou de fèves de marais; après quoi, on le rétablit en semant, la quatrième année, la poussière des greniers à foin, avec de la luzerne, du sainfoin, du trèfle et de l'avoine. Pendant ce temps on établit le pâturage sur une prairie artificielle ou un pré naturel qu'on laboure de même ensuite.

Il est dans les pâturages des plantes que les bestiaux repoussent, et qui par conséquent restent entières. Il faut, lorsqu'on a ôté ces bestiaux d'une enceinte, parceque toute la bonne herbe en est consommée, les faire arracher avec la pioche, et de suite mettre en place quelques graines de sainfoin ou de luzerne.

Une meilleure manière de tirer parti d'un pâturage, c'est d'y mettre d'abord les chevaux, ensuite les bœufs et les vaches, puis les moutons. Alors très peu d'herbe reste sur pied, chacun de ces sortes d'animaux en préférant de différentes, et les derniers pincent jusqu'à la racine les brins qui ont été coupés par les premiers à un ou deux pouces de terre. Cette tonte complète, loin de nuire à la repousse, lui est favorable, ainsi que le prouve le raisonnement et l'expérience.

Dans quelques parties de la France où on n'a pas de pâturages, et où on sent cependant la nécessité de donner de l'herbe fraîche aux bestiaux au commencement du printemps, on les met dans les prairies pour qu'ils en paissent la première pousse. C'est ce qu'on appelle *déprimer les prés*. Cette pratique est extrêmement vicieuse en ce qu'elle arrête le premier élan de la végétation de l'herbe, empêche cette herbe de s'élever autant qu'elle l'auroit fait, retarde sa coupe et la rend par conséquent plus dure et moins savoureuse.

Dans un bien plus grand nombre de lieux, je dirois presque le tiers de la France, on met les bestiaux en pâture dans les prés, depuis l'époque de la coupe des foins jusqu'au printemps de l'année suivante. Cette méthode est également vicieuse, en ce que le terrain piétiné pendant six mois se tasse, se durcit au point de ne pouvoir plus laisser aux racines la possibilité de se prolonger. Aussi, quels prés que ceux ainsi conduits? L'herbe y est toujours courte, toujours rare. Ils ne rendent pas la moitié de ce qu'ils rendroient s'ils n'avoient pas été pâturés.

« Il suffit, dit Rougier La Bergerie, à qui ont doit un très bon mémoire sur le pâturage, inséré dans le tome premier des Annales d'agriculture, d'avoir observé la manière d'agir des bœufs, des vaches, des chevaux que l'on met pour la première fois dans un pâturage, même de vaste étendue, pour voir qu'ils y errent, en font le tour, vont et viennent, et ne se mettent réellement à paître qu'après avoir bien reconnu le terrain qui leur est destiné; qu'ils parcourent, en paissant, des espaces d'autant plus considérables que leur appétit diminue, parcequ'ils cherchent les herbes qui leur plaisent davantage; que tous les jours, après avoir tenu les uns et les autres toute l'étendue du pâturage, après avoir foulé une grande partie de l'herbe et sali l'autre de leurs fientes, ils se couchent et ne touchent que trois à quatre jours après à l'herbe de la place sur laquelle ils ont reposé. »

Si on doit mettre des bestiaux en pâture dans des prés, ce

ne doit jamais être que dans ceux qu'on est dans l'intention de
rompre (labourer) un ou deux ans après pour les régénérer ;
mais encore alors il faut les diviser par des claies ou des barrières mobiles , ou attacher chaque animal à un piquet, de manière qu'il ne puisse paître chaque jour que dans un cercle plus
ou moins vaste. C'est ce dernier moyen qu'emploient les petits
propriétaires, que les grands devroient également employer,
lorsqu'ils craignent la dépense des enclos temporaires.

La conclusion de cet article, c'est qu'à chaque propriété
rurale d'une certaine étendue il doit toujours y avoir un plus
ou moins grand terrain de bonne nature , et divisé en un plus
ou moins grand nombre de portions, uniquement destiné au
pâturage des bestiaux, et que ce sont les vieilles prairies, naturelles ou artificielles, qui doivent être bientôt rompues, qu'il
est le plus avantageux de consacrer à cet objet. *Voyez* au mot
PRAIRIES. (B.)

PATURIN, *Poa.* Genre de plantes de la triandrie digynie
et de la famille des graminées , qui renferme plus de quatre-
vingts espèces, dont la plupart sont propres à l'Europe, et fournissent un excellent fourrage aux animaux domestiques.

Les pâturins les plus communs, et par conséquent les plus
utiles à connoître, sont,

Le PATURIN DES PRÉS, qui a les racines vivaces ; les tiges
droites, cylindriques, hautes de deux pieds ; les feuilles étroites, glabres ; les fleurs disposées, l'extrémité des tiges, en
panicule lâche, composée d'épillets à cinq fleurs glabres. Il
croît en Europe dans les prés, les pâturages, le long des chemins, etc., et fleurit au milieu du printemps. C'est une des
graminées les plus communes dans les terrains gras et humides, et une des meilleures pour la nourriture des bestiaux,
qui la recherchent tous, principalement les vaches et les chevaux. Le foin dans lequel elle domine, est appelé *foin fin*, et
se vend toujours plus cher. Un bon agronome doit donc la
multiplier autant que possible dans ses prés, lorsqu'ils sont en
bon fond, c'est-à-dire ni trop secs ni trop aquatiques ; et il le
peut facilement en faisant ramasser la graine à la main dans
des lieux réservés pour cela lors de la fauchaison, et en la
semant séparément. La seconde année il retirera d'un boisseau
douze ou quinze boisseaux, ce qui lui fournira de quoi améliorer
ses prés ou même les ensemencer entièrement, comme on le
fait dans beaucoup de lieux en Angleterre. Je ne décide point
entre les deux méthodes, parceque les prés d'une seule espèce
de graminée sont sujets à des inconvéniens qui seront mentionnés à leur article.

Cette même plante forme aussi de fort agréables gazons
dans les jardins ; mais, lorsqu'elle est seule, elle ne garnit pas

suffisamment le sol, parceque ses feuilles ne rampent point. Il faut la mêler avec l'IVRAIE VIVACE, *ray-grass des Anglais.* Ce mélange a de plus l'avantage de durer plus long-temps que lorsqu'il n'y a qu'une seule de ces deux graminées, et il n'est point trop apparent; car la largeur et la couleur des feuilles ne diffèrent pas beaucoup.

Il est à désirer que les cultivateurs français portent leur attention sur cette plante, jusqu'à présent abandonnée, dans toutes leurs prairies, aux soins de la nature.

Le PATURIN A FEUILLES ÉTROITES se trouve dans les prés secs. Beaucoup de botanistes le regardent comme une variété du précédent. Il n'a que quatre fleurs à chaque épillet, et ces fleurs sont velues. Ce que j'ai dit du précédent s'applique à lui en grande partie; mais comme il fournit beaucoup moins de fourrage, il est moins important de le cultiver. Il en est de même du PATURIN TRIVIAL qui croît dans les pâturages humides, et qui n'a que trois fleurs aux épillets.

Le PATURIN ANNUEL a les racines annuelles; les tiges comprimées, obliques, hautes de cinq à six pouces; les feuilles courtes et larges; les épillets disposés en panicule diffuse, ouverte, droite, et contenant ordinairement quatre fleurs. Il se trouve dans les chemins, les allées, les cours; dans tous les lieux gras et frais où la terre est nue. C'est sur-tout dans les lieux fréquentés, dans l'intérieur des villes, des villages, qu'il est le plus commun. Les touffes qu'il forme sont ordinairement fort grosses. Il fait souvent le désespoir des cultivateurs, car il infeste les allées des jardins, les cours des maisons, et il semble que plus on l'arrache et plus il se multiplie. On juge principalement de sa grande disposition à se reproduire dans les cours pavées à chaux et à ciment qu'on est obligé de nettoyer deux ou trois fois par an si on ne veut pas qu'elles soient aussi couvertes d'herbes qu'un pré. Plus on le foule aux pieds, pourvu que ce ne soit pas journellement, et plus il semble prendre de la vigueur. Il est en fleur pendant tout l'été. Ses graines subsistent dans la terre, sans germer, plusieurs années consécutives, lorsqu'elles y sont trop profondément enfouies. Tous les bestiaux l'aiment avec tant de passion, que s'il étoit plus élevé ce seroit le fourrage annuel le plus important à cultiver. Il est très précieux pour garnir les parties nues des gazons des jardins, parcequ'il pousse vite et que ses feuilles sont étalées sur la terre comme celles de l'ivrai vivace, dont elles diffèrent cependant que par un vert beaucoup plus clair.

Le PATURIN D'ABYSSINIE a les racines annuelles; les tiges grêles, noueuses, rameuses, couchées à leur base; la panicule capillaire, penchée, lâche et composée d'épillets linéaires de quatre feuilles. Il est originaire de l'Abyssinie, où on le cultive pour sa graine, qui se mange malgré sa petitesse, sous le nom de *teff*. Je le cite parceque la rapidité de sa croissance est dans le cas de le rendre, dans les parties méridionales de la France, comme dans son pays natal, d'une importance majeure pour l'agriculture. On peut manger au bout de quarante jours le produit d'un semis, et on en peut faire trois dans une année, lorsque la saison est favorable. Comme on le cultive au jardin du Muséum d'histoire naturelle de Paris, on pourra tous les ans s'en procurer des graines en les demandant d'avance au professeur Thouin.

Le PATURIN AQUATIQUE a les racines vivaces ; les tiges cylindriques, hautes de cinq à six lignes ; les panicules grandes, diffuses, penchées, composées d'épillets striés ayant chacun cinq ou six fleurs. Il se trouve dans les eaux peu profondes et pures, sur le bord des étangs, des rivières, des ruisseaux, des marais, etc. C'est une plante d'un très bel aspect, qui peut contribuer à embellir les lacs des jardins paysagers. Les bestiaux la recherchent quand elle est jeune, mais ils la dédaignent après qu'elle a passé fleur ou qu'elle est desséchée. On peut la cultiver avec avantage, sur-tout dans les eaux de source, qui, ayant une température plus élevée, favorisent la végétation des plantes qui y croissent à une époque ou les frimas l'empêchent de se développer ailleurs. Je connois une fondrière, ainsi formée par une source, qui à la fin de l'hiver étoit couverte de cette plante, et qu'on fut obligé d'entourer d'une barrière, parceque chaque année, à cette époque, il s'y noyoit toujours quelques bœufs ou quelques vaches. Dans l'île d'Ely, en Angleterre, on en forme des prairies. Lors même qu'on ne tireroit pas parti de cette plante pour la nourriture des bestiaux, on devroit encore la cultiver, parceque rien de plus utile ne peut la remplacer dans les lieux qui lui conviennent, et qu'elle fournit une grande abondance de fanes, dont on compose de la litière d'une excellente nature. On peut d'ailleurs toujours la couper deux fois au printemps pour fourrage vert, et une fois à la fin de l'été, pour ce dernier objet. On la multiplie très facilement par ses graines, lorsqu'on peut les garantir des oiseaux, qui en sont très friands, (ce qui indique la possibilité d'en faire usage pour la nourriture de l'homme ou des volailles), ou par déchirement des racines. On doit sur-tout toujours la placer dans des lieux bas sujets aux inondations et où l'eau séjourne pendant quelque temps, parceque peu d'autres élèvent plus rapidement le sol, soit par la destruction de ses racines, de ses tiges et de ses feuilles, soit en arrêtant les terres ou les sables qui sont entraînés par les eaux. Elle concourt aussi puissamment dans certains lieux à la formation de la tourbe.

Les PATURINS COMPRIMÉ, qui a la tige aplatie, et BULBEUX, qui a la racine globuleuse, viennent sur les vieux murs, les rochers et autres lieux secs et arides, sont même assez communs. Il en est de même du PATURIN A CRÊTE, qui forme des touffes très denses dans les lieux sablonneux. Les bestiaux ne recherchent pas ces deux dernières espèces. (TH.)

PATURON. MÉDECINE VÉTÉRINAIRE. On appelle ainsi dans le cheval cette partie située entre le BOULET et la COURONNE. *Voyez* ces mots.

Il faut en observer, 1° l'épaisseur qui doit être proportionnée à celle des autres portions de l'extrémité dont il fait partie; 2° la longueur; le paturon ne doit être ni trop court, ni trop long. Dans le premier cas, le cheval est dit *court-jointé*; dans le second, il est dit *long-jointé*; l'un et l'autre sont toujours héréditaires. Le cheval court-jointé devient aisément droit sur ses membres; il se boute ou se boulette (*voyez* BOULET) plus facilement que les autres, sur-tout si le maréchal lui laisse les talons hauts, et s'il n'a pas soin de les lui abattre. D'ailleurs, la brièveté de cette partie ne permettant pas qu'elle soit pliante et assez flexible, la réaction est toujours dure dans ces sortes de chevaux qui ne sont point regardés par cette raison comme propres au manège. Le cheval long-jointé plie trop au contraire; la partie postérieure du boulet porte presqu'à terre quand il marche; il a rarement de la force, à moins que celle des tendons ne s'oppose à l'excès de la flexibilité, et ne supplée à ce défaut de conformation.

Le paturon est sujet à des luxations et à des entorses, comme le boulet et comme toutes les autres articulations de l'animal. *Voyez* LUXATION, ENTORSE. Cette partie est de plus exposée à des atteintes, c'est-à-dire aux coups qu'il se donne ou qu'il reçoit des autres chevaux, qui, trop près de lui, heurtent son paturon et marchent sur lui. *Voyez* ATTEINTE. On donne le nom de FORME (*voyez* ce mot) à une tumeur dure et calleuse qui survient quelquefois entre le boulet et la couronne à l'un des côtés, ou aux deux côtés du paturon; elle peut attaquer le derrière comme le devant; on peut aussi la ranger parmi les maladies héréditaires, et plus elle est près de la couronne, plus elle est dangereuse. Le paturon est encore sujet aux POIREAUX (*voyez* ce mot), qui semblent être d'une autre espèce que ceux qui naissent sur les autres parties du corps. Ils viennent ordinairement à la suite des eaux (*voyez* EAUX AUX JAMBES), et ils rendent continuellement une sérosité âcre, d'une odeur très désagréable.

Du reste, on prétend que le paturon de derrière est un peu plus long et plus étroit que celui du devant. Cet os présente les mêmes éminences et les mêmes cavités que celui de

la jambe de devant, mais avec cette différence seulement que
l'os du boulet de la jambe de derrière est plus long que celui
de la jambe de devant, et que son corps est plus grêle. (H.)

PAU. Echalas de vigne haute dans le Médoc. Pieu dans
d'autres endroits. *Voyez* ces mots.

PAUMELLE. Variété d'orge cultivée dans le département
de l'Escaut. *Voyez* Orge.

PAUPIÈRES. Médecine vétérinaire. Les paupières sont
une espèce de voile ou de rideau placé transversalement au-
dessus et au-dessous de la convexité antérieure du globe de
l'œil des animaux ; on en distingue deux, une supérieure et
une inférieure. Il entre seulement dans notre plan de nous
arrêter à la description des maladies qui affectent ces parties.

Les paupières ont leurs maladies particulières, souvent in-
dépendantes de celles qui affectent le globe de l'œil, et les
autres parties qui les avoisinent. Ces maladies sont l'enflure des
paupières, le relâchement des paupières et la jonction des
paupières.

Plusieurs causes peuvent donner naissance à l'enflure des
paupières, les coups reçus, la piqûre des insectes, le frottement contre le râtelier ou la mangeoire.

Elle provient encore d'une cause interne, d'un vice des
humeurs, d'un défaut de ressort dans les vaisseaux, de tumeur du phlegmon, de l'Inflammation, de l'Érésypèle,
de l'Œdème, et du Squirre. *Voyez* ces mots.

La tumeur est-elle produite par l'inflammation, ayez recours aux remèdes généraux indiqués à ce mot, et appliquez
les cataplasmes émolliens de feuilles de mauve, de pariétaire,
de bouillon blanc, etc. La tumeur dégénère-t-elle en abcès,
traitez-la avec les remèdes qui sont convenables. *Voyez*
Abcès. Perce-t-elle en dedans des paupières ; ne mettez rien
dans la plaie, bassinez-la seulement, et appliquez-y des
compresses trempées dans du vin miellé, que vous contien-
drez par le bandage en ∞ de chiffre.

La tumeur au contraire paroît-elle participer de l'érésypèle,
ce que l'on reconnoît par le gonflement des paupières et des
salières, l'enflure des joues, etc. ; bornez-vous à l'usage du
traitement extérieur de l'érésypèle. Est-elle œdémateuse, appliquez-y des compresses trempées dans de l'eau-de-vie camphrée, etc. *Voyez* le mot Œdème pour le surplus du traitement. Enfin l'enflure est-elle squirreuse, et ne s'abcède-t-elle
pas ; ouvrez simplement la tumeur avec le bistouri, appliquez dessus la pierre à cautère, et traitez-la ensuite comme
un ulcère simple. *Voyez* Ulcère.

La jonction des paupières arrive pour l'ordinaire à la suite de
quelques coups, ou par l'abondance des larmes produites par

l'épaississement de la chassie, de cette humeur blanchâtre, épaisse, quelquefois jaunâtre, qui coule du grand angle de l'œil.

Il est rare cependant que les paupières se joignent entièrement sans pouvoir les séparer : il suffit de les bassiner avec de l'eau tiède.

La paupière supérieure peut être relâchée par quelques coups, ou par quelque frottement, ou par une paralysie. Le relâchement vient-il de causes externes; employez les forts résolutifs, tels que l'esprit-de-vin camphré dont vous imbiberez des compresses. Provient-il au contraire de paralysie ; coupez la paupière, afin de découvrir la prunelle, et que les rayons du soleil puissent y pénétrer; évitez sur-tout de toucher les angles dans la section. L'opération faite, pansez seulement avec des compresses de vin miellé ; la plaie guérit dans quelques jours. (R.)

PAVIE. Espèce de Pêche et de Maronnier. *Voyez* ces deux mots.

PAVILLON. Construction plus ou moins vaste, plus ou moins ornée, qui se place souvent dans les jardins et qui sert de refuge aux promeneurs en cas de pluie, ou simplement de point de repos.

Ordinairement les pavillons se bâtissent sur des hauteurs, ou dans un des angles des murs extérieurs, afin que de leur intérieur on puisse jouir d'une vue étendue; quelquefois cependant, sur-tout dans les jardins paysagers, ils se mettent dans des réduits, sur le bord des eaux.

Lorsque les pavillons ont de l'élégance sans luxe, qu'ils indiquent par un motif facile à saisir, que leur présence concourt à l'agrément de l'ensemble, qu'ils ne sont pas multipliés outre mesure, ils doivent être regardés comme un moyen certain d'embellissement. Ils contrastent avec les chaumières et autres fabriques en apparence moins soignées.

Comme leur construction sort de l'objet de cet ouvrage, que leurs formes, leurs dimensions, la nature des matériaux qui s'y emploient, varient selon le caprice des propriétaires et les localités, je ne m'étendrai pas plus longuement sur ce qui les concerne. (B.)

PAVILLON. M. Bénard, de Versailles, a donné ce nom à une sorte de châssis ou de grande cloche fort économique et propre à être mis sur une couche à melon, dont il est l'inventeur.

La partie basse (*a*) est formée par une réunion de deux châssis carrés; l'inférieur d'environ treize décimètres quatre pieds), le supérieur de neuf seulement. Ce dernier, élevé au-dessus de l'autre d'environ cinq décimètres (treize pouces);

les deux assemblés par de petites tringles de fer, propres à
recevoir les vitres.

La partie supérieure (*b*) formée d'un châssis de bois, portant également quatre tringles de fer aux angles, et quatre au
milieu, reunis en un seul point (*c*) où est attaché un gros
anneau : la pente de cette partie supérieure moins roide,
comme on l'observe dans les toits brisés des pavillons d'architecture : elle n'est que de trois décimètres sur huit de la demi-
largeur.

Dans les momens où la végétation accrue exigeroit plus
de chaleur totale, une hausse en bois peut être placée entre
les deux portions, de manière à élever la supérieure d'un dé-
cimètre au moins : une autre en bas soulèveroit au besoin le
tout de plus de deux décimètres.

De cette seule disposition des vitrages résulte une masse de
lumière très précieuse pour la végétation. La proximité des
vitres est un autre avantage, d'autant plus important que l'on
sait que les plantes sous verre s'étiolent, c'est-à-dire s'affoiblissent en s'allongeant à l'excès, pour aller toucher au verre,
près duquel l'influence solaire est toujours la plus active : enfin la pente du verre, et son inclination en trois directions
différentes, augmentent de plus en plus l'effet de la chaleur
du soleil.

Des voliges, appliquées successivement, soit du côté du
nord, soit du côté du soleil, garantissent du froid ou préser-
vent de la trop grande chaleur, et peuvent être employées
ensemble dans les nuits d'hiver.

On peut donc, avec de simples pavillons vitrés, faire un
grand nombre d'élèves de plantes délicates, et sur-tout des
melons et des cantaloups les plus précieux ; ou hâter des cultures ordinaires, comme fraisiers, haricots verts, et les plants
de choux hâtifs et de diverses fleurs. On peut même pour ces
divers usages en construire de moins grands : mais l'étendue
de la terre préservée de l'humidité froide des pluies est un
avantage qu'il ne faut pas oublier ; et les pavillons de treize
décimètres, en carré, pouvant être facilement remués par un
seul homme, ou cultivés jusque dans leur milieu, cette grandeur paroît la plus convenable.

Tout ceci n'est encore que la moitié du mérite des pavillons
de primeurs. On sent qu'ils peuvent être placés sur une couche
sourde, et accompagnés de réchauds ; et leurs voliges recouvertes et entourées de fumier au besoin. Mais on sait que la
chaleur du fumier est souvent difficile à acquérir, et encore
plus difficile à maintenir.

La chaleur du feu des fourneaux a le même inconvénient,
à cause de leur étendue dans les serres chaudes, même les

moins vastes. Un second défaut des serres chaudes est l'éloignement du verre dans lequel se trouvent les plantes : un troisième, la masse d'air qu'il faut échauffer en pure perte ; sans compter la masse non moins importante des matériaux, froids par eux-mêmes, dont les murailles sont composées : enfin la stabilité des serres est un des plus grands obstacles à l'emploi qu'on en feroit dans la culture. Ce sont uniquement des avances de propriétaire, et de propriétaire fastueux, ou d'un nombre extrêmement petit de cultivateurs assez industrieux pour tirer de leurs primeurs un produit qui, s'il ne les enrichit pas, les indemnise au moins de la dépense qu'entraîne ce moyen, le seul connu jusqu'ici.

Or tous ces inconvéniens semblent évités par les pavillons de primeurs, auxquels M. Bénard a su adapter un moyen de chaleur procurée par un combustible aussi commode qu'économique. Deux petits fourneaux, dans l'un desquels (*h*) on place une forte terrine remplie de fèces d'huile, ou deux dans un besoin extrême ; un second fourneau (*g*) supérieur, où s'établit une autre terrine, au moment d'allumer : un tuyau de fer (*f*) placé au bas du pavillon, pour en échauffer le bois et la terre, par la fumée qui y passe : la circulation de cette fumée assurée par le second fourneau, dans lequel l'extrémité du tuyau reçoit, en le traversant, une chaleur locale, dont l'effet infaillible est la raréfaction de l'air dans tout le tuyau : un coffre en bois (*j*) pour recouvrir cette construction légère : un tuyau de poêle (*i*) terminé, s'il est besoin par un T, pour faire sortir la fumée devenue inutile ; voilà tout l'appareil. La consommation d'environ un kilogramme d'huile par nuit, valant 12 à 15 centimes, voilà toute la dépense. Celle de 500, ou 600 francs, au plus, pour construire deux pavillons à feu et quatre sans feu, nécessaires pour mettre au large les plants élevés dans les premiers, doit, suivant l'aperçu de M. Bénard, dont l'expérience en fait de serres chaudes rend le témoignage décisif, produire autant d'effet qu'une serre qui auroit coûté 3 à 4000 fr., et qui dépenseroit plusieurs cordes de bois. *Voyez* les figures au mot Puits.

PAVOT, *Papaver.* Genre de plantes de la polyandrie monogynie et de la famille des papavéracées, qui renferme neuf à dix espèces, dont une est extrêmement commune dans les champs, et une autre est l'objet d'une culture d'une importance majeure. Toutes deux sont d'un grand usage en médecine.

Le PAVOT ROUGE OU COQUELICOT, *Papaver rhœas*, Lin., a les racines annuelles, pivotantes ; la tige droite, rameuse, velue, haute d'un à deux pieds ; les feuilles alternes, pinnatifides, longues, velues, incisées et dentées ; les fleurs grandes, d'un rouge vif avec une tache noirâtre à leur centre, solitaires à l'extrémité des tiges et des rameaux ; les capsules ovales. Il croît par toute l'Europe dans les champs, et fleurit pendant tout l'été. Il est des lieux où il est si commun, que de loin les blés paroissent être recouverts d'un tapis écarlate ; l'éclat qu'ils réfléchissent, lorsque le soleil brille, ne peut se décrire.

Lorsque le coquelicot ne se montre qu'en petite quantité dans les champs, il n'est pas nuisible, parcequ'il est desséché avant la moisson, et que sa graine ne reste jamais dans le blé qui a été vanné et criblé ; mais lorsqu'il s'y trouve avec l'abondance citée plus haut, il s'oppose nécessairement à la croissance du blé et autres céréales. Aussi le sarcle-t-on généralement dans les lieux où l'on met quelque importance à avoir des champs nets ; mais cette opération, qui est coûteuse, se renouvelle tous les ans, et parcequ'il échappe toujours quelques pieds qui suffisent à la reproduction, et parceque la graine se conserve dans la terre pendant plusieurs années. Il n'est personne, dans les pays où la pratique des jachères est encore en vigueur, qui n'ait souvent vu des champs en repos labourés pendant que le coquelicot étoit en fleur, en être de nouveau couverts en automne, époque où il n'y en a plus dans les champs qui ont porté du blé, et ce parceque les graines qu'ils receloient avoient été ramenées à la surface. Le véritable moyen de détruire cette plante c'est la culture alterne, c'est-à-dire celle qui à du blé substitue des prairies artificielles qui durent plusieurs années, ou des plantes qui exigent plusieurs binages d'été, telles que les fèves, les pommes de terre, les haricots, le maïs, etc. En effet, elle ne croît pas dans les terrains qui sont en prairies, et elle est détruite complètement dans ceux qui sont binés, de sorte qu'au bout de quelques années il n'en reste plus de graines dans la terre.

Cette plante, si nuisible dans les champs, se cultive dans les jardins pour l'agrément. Non seulement elle y double, mais encore elle y varie beaucoup dans ses couleurs. Comme elle brille même lorsqu'elle est simple et d'une couleur uniforme, on doit croire qu'elle produit un grand effet lorsqu'elle est double et que ses nuances sont heureusement mélangées. Je dis heureusement, parcequ'il ne dépend pas du jardinier de disposer des couleurs, une plante rouge donnant souvent des graines qui fournissent des pieds blancs, violets, etc. Il peut tout au plus arracher, lorsqu'ils commencent à fleurir, les pieds dont les couleurs prédominent trop ou qui sont désavantageusement placés. Ceux dont les fleurs sont doubles conservent encore quelques étamines ou sont fécondés par ceux qui sont sémi-doubles, de sorte qu'ils donnent presque toujours de la graine comme les autres.

On doit ne semer le coquelicot des jardins que dans un sol bien amendé et bien préparé. L'automne est la saison la plus favorable pour avoir de beaux pieds ; mais il est bon d'en semer aussi à différentes époques du printemps, afin de jouir plus long-temps des fleurs. Les plates-bandes des parterres sont les lieux où il fait le mieux. On l'y place en touffes ou en rangées. Il n'aime point à être transplanté, c'est-à-dire qu'il ne vient jamais si beau lorsqu'on lui a fait subir cette opération.

Le PAVOT SOMNIFÈRE, ou le PAVOT BLANC et ROUGE, ou le GRAND PAVOT, ou le PAVOT DES JARDINS, *Papaver somniferum*, L., a les racines annuelles, pivotantes ; les tiges cylindriques, noueuses, rameuses, glabres, hautes de trois à quatre pieds ; les feuilles alternes, amplexicaules, ovales, oblongues, plus ou moins découpées, dentées et plissées, épaisses, glabres, souvent longues de huit à dix pouces ; les fleurs de trois à quatre pouces de diamètre, et solitaires à l'extrémité des tiges et des rameaux ; les capsules globuleuses et glabres.

Cette belle espèce est originaire des parties méridionales de l'Europe, et fleurit au commencement de l'été.

On nomme cette plante le pavot des jardins, parcequ'on l'y cultive fréquemment et abondamment ; son port est très beau ; ses fleurs varient dans toutes les nuances, à partir du blanc, du rose le plus tendre jusqu'au rouge le plus vif et le plus foncé. Il ne manque plus que d'avoir des pavots à fleurs jaunes, bleues et vertes, pour rassembler à la fois toutes les couleurs. Avant l'épanouissement, les boutons à fleurs sont inclinés contre terre ; mais aussitôt que leur calice s'ouvre, que leurs pétales se développent, ils se redressent, afin de mieux offrir à la vue l'éclat des couleurs de la fleur et la beauté de sa forme. Chaque fleur dure peu ; le jour la voit naître et ordinairement se flétrir ; mais on est dédommagé de cette courte jouissance par le développement successif des autres fleurs portées sur la même tige. Aucune plante ne décore mieux ni plus agréablement un grand parterre ou de vastes plates-bandes.

Le pavot semé dans les champs offre à peu près la même variété de couleurs, mais ses fleurs sont simples. Qu'il est agréable, à cette époque, de voyager en Picardie, en Flandre, etc. ! Les campagnes paroissent transformées en riches parterres. (B.)

Culture des pavots dans les jardins. Les pavots craignent peu le froid ; ce qui donne la facilité de les semer en deux saisons. La terre la plus douce et la plus substantielle est celle qui leur convient le mieux, et ils deviennent superbes dans une terre préparée comme pour les renoncules. On doit se ressouvenir, en semant les pavots, que c'est à force de soins, et par là quantité de bonne nourriture, qu'ils ont successivement passé des champs dans les jardins; que si on néglige un des moyens par lesquels ils sont parvenus à cette grande perfection, ils dégénèreront peu à peu, et reviendront, à la longue, à leur état sauvage. *Voyez* les mots DÉGÉNÉRATION, ESPÈCE.

Si on sème avant l'hiver, si la rigueur du froid ne porte aucun préjudice au semis, il est démontré que les fleurs seront beaucoup plus belles que celles produites par les semis de février, ou de mars, ou d'avril, suivant le climat : la première époque du semis est au milieu de septembre ou en octobre.

Comme la graine de pavot est très fine, comme les oiseaux à bec long, ainsi qu'une infinité d'insectes en sont très friands, on doit semer un peu épais, et sarcler ensuite à mesure que les pieds se trouvent trop rapprochés. Les CLOPORTES (*voyez* ce mot) sont des destructeurs acharnés sur la plantule lorsqu'elle sort de terre; et eux seuls suffisent pour dévaster un semis. Leurs ravages sont moins à craindre dans les semailles faites après l'hiver.

La graine extrêmement fine ne demande pas à être enterrée, mais simplement recouverte. On doit semer en place, parceque les pavots ne souffrent pas la transplantation, à moins qu'on ne les enlève avec toute la terre attachée à leurs racines, de manière qu'ils ne s'aperçoivent pas avoir changé de place. L'espace à laisser d'un pied à l'autre des grands pavots est de dix-huit à vingt-quatre pouces, et celui de dix à douze pouces entre chaque coquelicot; peu de jardiniers observent cette distance, et ils ont tort. Le volume de la plante et le nombre de ses tiges, proportion gardée, est toujours en raison de l'espace qu'on laisse.

Les fréquens petits binages produisent deux bons effets : le premier, de tenir le sol sans cesse travaillé, et le second, de détruire les herbes parasites et de supprimer les pieds des pavots surnuméraires. Cette suppression successive doit avoir lieu jusqu'à ce que la plante occupe la place que l'on désire; lorsqu'elle est assurée, lorsque la tige commence à s'élancer du milieu des feuilles radicales, c'est alors l'époque à laquelle on doit donner le dernier binage, et s'occuper de la suppression totale des pieds surnuméraires que l'on conservoit dans la crainte de quelques accidens.

On est assuré, si on se conforme à cette culture, et si l'on arrose suivant le besoin, d'avoir des plantes de la plus belle venue, des fleurs superbes et de la graine excellente pour les nouveaux semis.

Le véritable amateur suit ses plates-bandes; il visite chaque pied lorsqu'il est en fleur, et il marque les plus beaux afin d'être conservés pour graine. Ceux dont les couleurs ne sont pas bien caractérisées, dont les formes ne sont pas agréables, sont impitoyablement sacrifiés dès que la fleur est passée. Insensiblement les feuilles, les tiges et les capsules jaunissent et se dessèchent ; ce qui annonce la maturité de la graine. Alors, inclinant doucement les capsules, il en fait tomber la graine sur une feuille de papier, comme la plus parfaite, et il abandonne celle qui reste attachée contre les parois de la capsule. Il suppose, avec raison, que la première graine mûre est la plus parfaite. L'expérience m'a prouvé que cette graine, tenue fermée dans du papier, se conserve pendant trois ans, et qu'après ce laps de temps elle est très bonne à semer. Cependant on doit préférer la graine de l'année, et ne recourir à une plus vieille que dans le cas où le semis de la première auroit été perdu par une cause quelconque : on doit encore observer que les capsules des pavots à fleurs doubles sont au moins de moitié plus petites que celles des pavots à fleurs simples et contiennent moins de semences. Ces capsules ont perdu ce que les pétales ont absorbé pour leur multiplication.

Culture des pavots dans les champs. Elle a deux objets : l'un de produire la graine destinée à donner l'huile appelée d'œillet ou d'œillette, et l'autre de fournir les têtes de pavots employées en médecine.

La racine de pavot est pivotante ; la plante aime donc les terrains qui ont du fond, et dont la terre a été soulevée jusqu'à une certaine profondeur. La végétation de la plante est rapide dès qu'elle commence à être animée par la chaleur ; elle aime donc une terre fertilisée par l'engrais, afin que le pavot ne manque pas de nourriture à l'instant où il en a le plus de besoin.

On opposera à de telles assertions que le coquelicot croît dans les champs les plus mauvais, parmi les blés ; que le pavot somnifère végète sur les lieux les plus âpres des pays méridionaux de l'Europe : cela est très vrai ; mais ici il s'agit de se procurer une récolte abondante et la différence qui se trouve aujourd'hui entre le pavot cultivé et le pavot naturel est extrême ; il est donc clair qu'on doit travailler relativement au but que l'on se propose, et de la manière indiquée par l'état de la racine et par la constitution de la plante.

Le pavot peut devenir une des plantes les plus utiles, lorsqu'il s'agit d'ALTERNER et de supprimer les années de JACHÈRES ou de REPOS. *Voyez* ces mots. Plus on approche des provinces du midi et plus les semailles doivent être hâtives, parceque les chaleurs de mai et de juin pressent trop la végétation ; et il en est des pavots semés en février ou mars, comme des blés marsais, qui ne sont jamais aussi gros, aussi nourris que les blés hivernaux. Il est donc avantageux, dans ces pays, de semer de bonne heure, c'est-à-dire en septembre ou en octobre. Au contraire, dans les provinces du nord de la France on ne peut attendre sans autant de risques les mois de février ou de mars; mais l'œillette qui y sera semée avant l'hiver en vaudra beaucoup mieux. On ne craint pas que les troupeaux endommagent cette plante.

Lorsque l'on veut semer en septembre ou en octobre, on donne deux labours croisés aussitôt que la récolte des grains est sortie des champs. Il est avantageux d'en brûler le chaume avant de labourer, non à cause du médiocre engrais produit par l'incinération, mais afin de faciliter le labourage, et pour que ce chaume, qui n'aura pas eu le temps de pourrir avant le mois de septembre ou d'octobre, ne s'oppose pas au nivellement des terres au moment de semer. Autant qu'il est possible, on choisit pour labourer un temps où la terre ne soit ni trop sèche, ni trop humectée, afin que la charrue ne la soulève pas en mottes. Si la nécessité y contraint, on laissera pendant quelques jours la terre, trop humectée et tirée des sillons, se ressuyer, et des enfans et des femmes armés de petites masses à longs manches en briseront ensuite les mottes; les mêmes femmes et les mêmes enfans suivront la charrue, et répèteront la même opération si la terre est trop sèche. Le point essentiel est de diviser la terre le plus que l'on pourra, et, s'il se peut, de la rendre meuble comme celle d'un jardin.

Avant de semer on passe la Herse (voyez ce mot) à plusieurs reprises différentes, jusqu'à ce que la terre soit bien unie; ensuite on forme une nouvelle herse avec des fagots, avec des épines, afin que toute la surface soit bien unie. On sème ensuite à la volée et clair; enfin on passe et repasse la herse de fagots. Lorsqu'après le semis il survient une pluie douce, la graine s'enfonce d'elle-même, et on est assuré qu'elle lèvera dans peu de jours.

Il est impossible, en semant, de disposer les graines comme on le feroit dans un jardin; ainsi, dès que les plantes commencent à prendre une certaine consistance, on supprime de gros en gros, en sarclant, les plants trop confus. Après l'hiver on serfouit et on sarcle plus rigoureusement; enfin, par un petit et dernier sarclage et binage, au moment de l'élancement des tiges, on ne laisse que les pieds nécessaires à une distance à peu près de quinze à dix-huit pouces. Il ne s'agit pas ici, comme dans les jardins, d'atteindre à la sublime perfection de la fleur; il faut songer à multiplier le produit de la récolte, et par conséquent à ne laisser entre chaque plante que l'espace nécessaire, afin de ne pas trop en diminuer le nombre.

Au moment de la récolte le propriétaire arrive sur son champ suivi de tous les valets, femmes et enfans de la métairie, qui apportent avec eux des draps en nombre proportionné à celui des pavots. Commençant par un bout du champ, on étend un drap au pied des plantes, on les incline, on les secoue sur ce drap, afin de faire tomber dessus toute la graine qui est mûre. Après cette première opération, un valet arrache la plante de terre, et il observe de la tenir toujours très droite, afin qu'il ne tombe aucune graine. De plusieurs plantes réunies il en forme des faisceaux et les place droits sur le champ appuyés les uns contre les autres. Deux ou trois jours après la récolte entière, on étend de nouveau des draps au pied des faisceaux accumulés, et sur ces draps on secoue de nouveau les têtes et on brise les capsules ; enfin, la métairie suffisamment fournie de bois de chauffage, de bois pour le service du four, on met le feu aux faisceaux.

Quelques propriétaires, afin de hâter la récolte, inclinent les tiges sur les draps, en coupent les sommités, et les emportent à la métairie. Les tiges restent sur le champ, et le feu les réduit bientôt en cendres, si on n'aime mieux les arracher, les emporter, et les conserver pour la litière du bétail.

De quelque manière qu'on fasse la récolte, le point essentiel est d'empêcher qu'il ne reste aucun débris de la capsule mêlée avec la graine ; parceque, portés au moulin, ils absorberoient en pure perte une quantité d'huile assez considérable ; afin de prévenir cet inconvénient, on se sert de cribles percés de petits trous, qui permettent à la graine de passer, et les débris restent dans le crible.

La graine du pavot demande les mêmes soins pour sa conservation, et pour l'empêcher de fermenter, que celle du Colsat (*Voyez* ce mot), et on la porte au moulin dès qu'elle est sèche.

La culture du pavot blanc, ou pavot à grosse tête oblongue, ne diffère pas de celle du pavot des champs ; on s'y est adonné dans quelques unes de nos provinces méridionales, non dans la vue d'en retirer de l'huile, mais uniquement afin d'en cueillir les têtes et y conserver la graine. Les cultivateurs n'attendent pas que les têtes soient complètement mûres ; ils les coupent un peu avant l'ouverture des soupapes placées au-dessous de la couronne, et par lesquelles les graines s'échapperoient. On assemble plusieurs têtes auxquelles on a laissé trois ou quatre pouces de tiges, afin de pouvoir les lier et les suspendre facilement dans un lieu à l'ombre, et exposées à un grand courant d'air. Lorsque leur dessiccation est complète, lorsque la coque a acquis une couleur d'un blanc sale, tous les paquets sont rangés et renfermés dans des caisses. C'est ainsi qu'ils sont expédiés en foire de Beaucaire, et qu'ils y sont vendus comme pavots blancs du Levant. Cet accessoire du commerce ne laisse pas d'être considérable.

Qui croiroit qu'une huile si saine et si douce que celle fournie par les graines de pavot, que l'huile d'*œillette*, car c'est le nom qu'elle porte dans le commerce, ait été pendant un laps de temps considérable, et malgré des rapports de la faculté de médecine en sa faveur, prohibée en France. Des règlemens de police obligeoient les épiciers de Paris de la mélanger avec de l'essence de térébenthine, pour empêcher qu'on en fît usage comme aliment; mais, malgré les dangers d'être pris en faute, ils n'en vendoient pas moins, soit pure, soit mêlée avec de l'huile d'olive sous ce dernier nom, et par-là faisoient des gains illicites très considérables.

La masse d'objections faites contre cette huile se réduit à deux chefs; 1° c'est du pavot qu'on retire l'opium; l'opium est un puissant narcotique : donc l'huile qu'on extrait de la graine est narcotique; 2° l'huile de pavot est dessiccative, et en raison de cette propriété elle ne doit être employée que dans la peinture.

1° La graine et l'huile de pavot ne contiennent pas un atome de substance somnifère ou narcotique, ce qui est confirmé par l'expérience de tous les temps et de tous les lieux, faite soit sur les hommes, soit sur les animaux. Les Romains se servoient de cette huile pour les préparations des gâteaux qu'on mettoit sur table au second service; ils faisoient une espèce de gâteau avec le miel, la farine et la graine de pavot (1). L'usage de l'un et de l'autre étoit si commun, que Virgile donne pour épithète au pavot le nom de *vescum*. Mathiole, Dioscoride, et après eux toutes les pharmacopées connues, désignent très clairement que les graines ne participent en rien à la qualité narcotique des capsules. En Italie, et à Gênes sur-tout, on fait de petites dragées avec les graines de pavot, et les dames les aiment et en mangent beaucoup. Les oiseleurs de Paris préparent avec ces semences une pâte dont ils nourrissent les rossignols. Dans les pays où la culture du pavot est établie en grand, le marc qui reste après l'expression de l'huile sert de nourriture aux vaches, aux cochons et aux oiseaux de basse-cour; cependant ce seroit sans contredit dans ce marc que devroit résider la plus grande quantité de substance somni-

---

(1) On fait encore, aux environs de Saint-Quantin, des gâteaux de cette sorte, dont j'ai beaucoup mangé dans ma jeunesse, et dont le souvenir me fait venir l'eau à la bouche. C'est un mets des plus délicats; mais il n'est excellent que pendant vingt-quatre heures. (B.)

fère : les hommes et les animaux ne sont donc pas incommodés par la graine ; le sont-ils par l'huile ? pas davantage. C'est d'Allemagne que la culture de cette plante est insensiblement parvenue dans la Flandre autrichienne, et de là dans les provinces du nord du royaume, et l'huile qu'on en retire est presque la seule employée dans les alimens. Or, si cette huile n'est pas nuisible en Allemagne, dans la Flandre, etc., elle ne l'est donc pas pour avoir traversé les barrières de Paris ; elle ne l'est donc pas dans le reste de la France où l'on ignoroit les lois prohibitives. Conclure de ce que les médecins proscrivent les têtes de pavot comme narcotiques, que l'huile qu'on retire des semences l'est aussi, c'est donc une preuve complète d'ignorance et du peu de connoissance que l'on a des plantes et des substances différentes contenues dans chaque partie. La fleur de violette est adoucissante ; sa semence est hydragogue et même est émétique : donc on devroit proscrire la fleur de violette dans tous les cas où il convient d'adoucir.

Ces raisonnemens sont de la même force, et c'est jouer sur le mot. Citons encore un exemple à la portée des personnes même les moins instruites. Qu'elles prennent une orange au point de sa maturité, elles verront que l'écorce jaune contient une huile essentielle, si elles en prennent une partie, et qu'elles la pressent entre les deux doigts, afin de la faire jaillir contre une glace de miroir ; si elles goûtent cette huile, elles la trouveront forte, caustique et très âcre. Cette première écorce enlevée, on en trouve une seconde, blanche, sans saveur et sans odeur. Sous ces deux enveloppes réside la substance pulpeuse du fruit, remplie d'un suc abondant, doux, sucré et parfumé ; enfin dans le centre, des pepins très amers. Cependant toutes ces parties se touchent, sont contiguës, et néanmoins elles ont des saveurs, des odeurs et des propriétés diamétralement opposées. Il est donc rigoureusement démontré qu'il est absurde de juger de la qualité d'une plante par la propriété d'une seule de ses parties.

Il est à peu près reconnu que de toutes les huiles, celle d'olive est la moins seccative ; mais si elle étoit, par cette raison, la seule susceptible de servir à la préparation des alimens, elle coûteroit au moins cent sous la livre en France, et le double dans les royaumes du nord. Heureusement les huiles de pavots, de colsat, de navette ; de cameline, de noix, etc., fournissent au moins les trois quarts de la consommation qui a lieu en Europe. Le peuple même des parties élevées des provinces de Languedoc et de Provence ne connoît guère que l'huile de noix ; celui du Dauphiné, du Lyonnais, du Forez, du Beaujolais, de la Bourgogne, de l'Orléanais, de la Saintonge, de l'Angoumois, de la Guienne, etc., etc., n'emploie en général que celle-là. Toutes les provinces du nord du royaume fournissent à leurs habitans les huiles tirées des graines ; l'Allemagne entière n'en connoît pas d'autre, et cependant ces huiles sont seccatives et par-tout employées pour les couleurs. L'estomac et les entrailles de cette multitude innombrable d'habitans ne sont pas desséchés, et personne au monde, excepté à Paris, ne s'est avisé de dire que leur usage fût nuisible et dangereux.

Les gens intéressés à la prohibition de ces huiles oublient d'ajouter que, pour rendre ces huiles seccatives, on les fait cuire à feu lent et pendant long-temps, qu'on ajoute à ces huiles, pendant leur cuisson, un nouet contenant de la litharge en quantité proportionnée à celle de l'huile : voilà ce qui les rend seccatives, et en forme une espèce de vernis.

L'exemple de tous les peuples de l'Europe prouve donc la salubrité des huiles qu'on ne peut retirer que des substances émulsives ; enfin que, quoiqu'elles puissent devenir seccatives par art, et dès-lors propres à l'emploi des couleurs, elles n'en sont pas moins saines, et suppléent parfaitement, quant au fond, l'huile d'olive ; elles sont moins délicates, il est vrai, que l'huile fine de Provence ; mais l'huile de pavot, par dessus toutes les autres, mérite la préférence.

J'ai insisté sur les qualités douces et salutaires de l'huile de pavot, afin de détruire une erreur malheureusement trop enracinée et trop générale.

Propriétés médicinales des coquelicots et des pavots. Les fleurs et les têtes de coquelicot sont en usage en médecine : fraîches, elles ont une odeur virulente ; sèches, elles sont sans odeur. Les fleurs sont réputées anodines, diaphorétiques, pectorales, adoucissantes ; les capsules produisent l'effet de celles de pavot, mais avec moins d'activité : les semences donnent une huile aussi douce, aussi saine que l'huile de pavot, mais la capsule ne grossit jamais assez pour que cette plante mérite d'être cultivée. L'eau distillée de la fleur du coquelicot, et que l'on vend dans les boutiques, n'a d'autre propriété que celle de l'eau simple, de l'eau de rivière, etc. Le sirop préparé avec ses fleurs n'a pas de vertus supérieures à l'infusion des fleurs édulcorées avec le sucre : les graines sont simplement émulsives, et n'ont aucune vertu assoupissante.

Le pavot à graines blanches ou noires produit le même effet : le préjugé préfère celui à graines blanches. Les feuilles, les capsules et les tiges servent à la préparation de l'Opium. *Voy.* ce mot. Toute la plante est âcre, amère, résineuse, et son odeur et sa saveur sont nauséabondes : les semences au contraire sont inodores et insipides ; elles nourrissent légèrement et sont adoucissantes. L'huile qu'on en retire par expression est employée en médecine aux mêmes usages que l'huile d'olive, ainsi que dans les préparations pharmaceutiques. La capsule qui renferme les graines est narcotique et antispasmodique ; ses effets sont moins sensibles et moins dangereux que ceux de l'opium : le sirop produit le même effet ; il est appelé *sirop diacode ;* sa dose est depuis demi-once jusqu'à trois onces.

On doit à M. d'Herbouville un Mémoire intéressant sur cette plante, dont il entreprit la culture en grand dans les environs de Rouen. (R.)

PAVOT CORNU. *Voyez* CHÉLIDOINE.

PEAU. Membrane qui revêt le corps de tous les animaux. Elle est composée du derme, du tissu réticulaire et de l'épiderme. Cette dernière partie est la plus extérieure. La peau des végétaux est proprement l'écorce qui a aussi une ÉPIDERME. *Voyez* ce mot.

La peau des animaux et l'écorce des végétaux sont percées d'une multitude inombrable de pores et parsemées d'une grande quantité de glandes, qui sont les organes de la transpiration, de plusieurs excrétions, et de l'absorption de certains gaz.

La gélatine et la fibrine servent de composans à la peau des animaux.

Lorsqu'on dissout la gélatine dans l'eau, reste la fibrine, que l'art du chamoiseur rend, au moyen de l'huile, flexible au point de pouvoir être employée, sous le même nom de peau, à l'habillement de l'homme et à un grand nombre d'usages. C'est avec la peau chamoisée qu'on fabrique les gants, les culottes de peau, le buffle. En remplaçant dans la peau du bœuf la gélatine par du suif, il en résulte les cuirs hongroyés qui servent à faire les soupentes des carrosses, les harnois des chevaux, etc.

Si les peaux restent garnies de leurs poils dans cette opération, il en résulte ce qu'on appelle les *fourrures,* qui sont d'autant plus précieuses que le poil est plus fin et plus abondant, que la couleur est plus agréable, enfin qu'elles sont plus rares. Ce sont aussi de ces peaux qu'on extrait le poil qui entre dans la composition des chapeaux.

Lorsqu'on rend insoluble la gélatine, au moyen du tannin, on obtient, selon qu'on emploie des peaux de bœufs, de veaux, de moutons, de chèvres, le cuir fort pour semelle de souliers, le cuir doux pour empeignes de souliers, et autres usages, la basanne, le chagrin, etc. ; enfin, tout ce qu'on connoît sous le nom de cuir, et dont l'usage est si étendu.

Lorsqu'on fait simplement sécher et ensuite préparer les peaux d'âne, de mouton, de chèvre, de cochon, etc., on a les différentes espèces de parchemins pour tambour, pour écriture, etc.

Enfin, lorsqu'on extrait la gélatine des peaux en les faisant bouillir dans l'eau, on obtient la colle-forte, matière dont beaucoup d'arts ne peuvent pas se passer.

Entrer dans le détail des opérations, que les arts du chamoiseur, du pelletier, de l'hongroyeur, du fourreur, du tanneur, du mégissier, du peaussier, du corroyeur, du parcheminier, du maroquinier, du fabricant de colle-forte, etc., font subir aux peaux des divers animaux, pour les rendre propres à la multitude de services auxquels elles sont journellement employées, seroit sortir des bornes de cet ouvrage. Je renvoie, en conséquence, aux arts et métiers de l'académie, et à l'excellent traité qui fait partie de l'Encyclopédie méthodique, traité rédigé par mon savant et vertueux ami Roland de La Platière, avant que les évènemens de la révolution l'eussent porté, pour son malheur, au ministère de l'intérieur.

Aucun des arts précités ne peut être exercé avec succès par les agriculteurs, parcequ'ils exigent des connoissances pratiques fort étendues, et une suite d'opérations qui les détourneroient nécessairement de celles de leur culture. Il n'y a que les peuples peu avancés dans l'organisation sociale qui se permettent de cumuler la pratique de ces arts avec le labourage.

Mais si, en France, un cultivateur ne peut pas, sans nuire sous plusieurs rapports à ses intérêts, s'occuper de la préparation des peaux que sa chasse, la mort naturelle ou commandée de ses animaux domestiques, mettent entre ses mains, il doit employer tous les moyens possibles pour les conserver dans le meilleur état, afin de s'en défaire avantageusement.

En conséquence, tout habitant des campagnes propriétaire d'un animal mort doit l'écorcher ou le faire écorcher avec soin, c'est-à-dire en y mettant assez de patience pour que les extrémités mêmes ne soient pas coupées. Ensuite il la lavera à grande eau et à différentes reprises, et la fera sécher à l'ombre le plus rapidement que faire se pourra. Si c'est pendant l'été, et que la peau soit épaisse, il la saupoudrera de sel, afin d'empêcher la putréfaction d'y exercer ses ravages. Une peau bien séchée peut attendre l'acquéreur des années entières lorsqu'on la conserve dans un endroit exempt d'humidité, dans un grenier, par exemple; cependant il est bon de s'en défaire le plus promptement possible, parceque divers insectes des genres dermeste, ptine, phalène, teigne, etc., les dévorent.

Que de peaux de chevaux, d'ânes, de vaches, de veaux, de lièvres, de lapins, de cochons, de chiens, de chats, etc, se perdent annuellement dans les lieux éloignés des grandes villes, seulement parcequ'on ne se donne pas la peine de les disposer à se conserver, et qu'on ne fait aucune démarche pour s'en débarrasser en temps utile?

Les peaux destinées aux fourrures et à la chapellerie sont moins bonnes pendant l'été que pendant l'hiver, 1° parcequ'elles sont alors moins garnies de poils; 2° parceque ce poil s'arrache bien plus facilement. *Voyez* au mot MUE. Il faut donc, autant que possible, réserver pour l'hiver tous les animaux qui fournissent des fourrures ou du poil. *Voyez* aux mots LIÈVRE, LAPIN, LOUTRE, MARTRE, CHAT, FOUINE, OURS, RENARD, LOUP, CHIEN, CASTOR, BLAIREAU, MOUTON, etc.

La peau, dans les animaux domestiques, est sujette à plusieurs maladies qui seront traitées à leur article. *Voyez* aux mots GALE, DARTRE, etc.

C'est par la peau, comme je l'ai dit plus haut, que se fait la transpiration insensible, la plus considérable des sécrétions, celle dont la suppression cause les plus grands ravages dans l'économie animale. Il est donc d'une grande importance pour la santé des animaux domestiques d'entretenir leur peau dans le plus grand état de propreté; de là l'usage de les faire baigner souvent, d'étriller tous les jours, non seulement les chevaux, mais encore les mules, les ânes, les bœufs, les vaches, etc. *Voyez* PANSEMENT. (B.)

PEBROUN. C'est le PIMENT dans le département du Var.

PÊCHE. *Voyez* PÊCHER.

PÊCHER. Espèce du genre amandier, originaire de Perse, et cultivée en Europe, depuis un grand nombre de siècles, à raison de son fruit qui, sans contredit, tient le premier rang sur nos tables, où il flatte autant la vue, le toucher et l'odorat, que le goût.

Une petite stature; des branches peu nombreuses; des feuilles alternes, lancéolées, dentées; des fleurs violet-pâle, solitaires dans les aisselles des feuilles; des fruits arrondis, sillonnés d'un côté, renfermant, au centre d'une pulpe plus ou moins épaisse, un noyau ovale aigu, légèrement aplati, profondément creusé de sillons irréguliers, sont les caractères auxquels on distingue le pêcher des autres espèces de son genre. Ajoutez qu'il porte presque exclusivement son fruit sur de petites branches latérales, ou brindilles, et qu'il perce fort rarement des bourgeons sur son vieux bois.

Les variétés du pêcher sont extrêmement nombreuses et augmentent chaque année, car, ainsi que je l'ai observé, il est rare que leurs semences rendent exactement celle qui les a fournies. Cependant il est quelques unes de ces variétés qui sont, sous ce rapport, moins inconstantes que d'autres, ainsi que je le dirai plus bas.

La nature du climat fixe deux modes de culture du pêcher. Dans les départemens méridionaux on l'abandonne presque à lui-même et on a des fruits peu volumineux, peu juteux, mais parfumés à l'excès. Dans les départemens septentrionaux on est obligé de le palisser contre des murs, de le tailler, etc.; et les fruits qu'il donne sont très gros, très aqueux, mais médiocrement parfumés. Je vais parler successivement de ces deux cultures.

On doit à mon confrère Olivier, l'entomologiste, de connoître le pêcher sauvage, dont il a apporté de Perse des noyaux qui ont levé au Jardin du Muséum; et à mon confrère Thouin d'avoir décrit dans les Annales du Muséum l'arbre qui en est résulté et les fruits qu'il a donnés. Je mange tous les ans de ces fruits, et je puis assurer que rien n'indique en eux qu'ils aient pu être un poison comme on le prétend dans quelques ouvrages. Ils diffèrent peu pour la grosseur, la couleur et la saveur de l'avant-pêche blanche, mais ils sont plus tardifs. J'ai mangé cent fois des pêches cultivées qui lui étoient inférieures en bonté.

Le climat de Paris est trop froid, ou, pour mieux dire, trop variable au printemps, pour la culture du pêcher en plein vent. C'est vers le quarante-septième degré qu'elle s'arrête. Déjà à Dijon il a besoin d'abris, et ne se voit que dans les jardins ou dans les vignes les mieux exposées. Là on le greffe très rarement, c'est-à-dire qu'on l'abandonne presque entièrement à lui-même pendant tout le cours de sa vie, qui ne s'étend pas au-delà de quinze à vingt ans. Peu de pieds parviennent à plus de six à huit pouces de diamètre. Là on en trouve presque autant de variétés qu'il y a de pieds, ainsi que je l'ai observé dans ma jeunesse. A côté d'un arbre qui fournit des pêches de deux pouces de diamètre, très parfumées, très sucrées, on en trouve un dont les fruits n'ont pas la moitié de cette grosseur, n'offrent qu'une chair amère, une peau épaisse, etc. J'ai souvent regretté, depuis que j'ai quitté ce pays, de n'avoir pas fait une collection des bonnes variétés, ainsi produites par le hasard, pour les apporter aux environs de Paris et les y améliorer par la greffe et la culture.

Plus au midi, aux environs d'Aix, de Montpellier, en Italie et en Espagne, les pêches à chair ferme, les pavies sont plus estimées, quoiqu'à mon avis moins estimables; et on les cultive en conséquence plus abondamment que les autres. Elles y offrent également des variétés sans nombre, mais presque toutes supérieures à celles qu'on cultive dans les environs de Paris, parceque cette race demande une chaleur plus considérable et de plus longue durée pour arriver à maturité. J'ai mangé à Vérone, ville où le jardinage est dans l'enfance, des pavies auprès desquels le pavie de pomponne , que sa grosseur fait si souvent remarquer sur nos tables, n'auroit paru qu'un avorton.

Dans tous ces lieux les pêches se mangent au moment de leur maturité, quelques unes se sèchent, se mettent dans l'eau-de-vie , et se transforment en confiture , marmelade , etc. ; mais on ne tire aucun parti de celles qui restent au-delà de la consommation annuelle.

Il est probable que dans quelques endroits de la France méridionale on fait des plantations régulières de pêchers , mais je ne me rappelle pas en avoir vu de telles. Par-tout je les ai trouvé isolés , c'est-à-dire plantés irrégulièrement dans les vignes, les champs, les jardins, les vergers, et leur pied ne recevant d'autres façons que celles exigées pour les autres cultures. Je parlerai plus bas des soins qu'exigent leur tronc et leur tête.

Le pêcher a été transporté dès les premiers temps de la découverte dans l'Amérique septentrionale ; mais c'est principalement pour en tirer de l'eau-de-vie qu'on l'y cultive en si grande quantité. Un colon qui forme une nouvelle habitation commence par défricher ce qui est nécessaire pour fournir à la nourriture de sa famille en blé ou en maïs , et ensuite par planter deux ou trois acres en noyaux de pêcher, nombre qu'il augmente ensuite selon ses besoins et les profits qu'il peut espérer de la vente de l'eau-de-vie qu'il retirera de ses pêches. Les pieds sont espacés de vingt-cinq à trente pieds, et l'intervalle est cultivé en plantes annuelles ou en prairies artificielles. Dans ce dernier cas on laboure deux fois par an le pied de chaque arbre.

Ces pêchers, aux branches desquelles on ne touche pas , commencent à donner du fruit la troisième ou la quatrième année , et à cette époque on les élague du pied pour leur donner une tige de six à huit pieds de haut. A leur huitième année, ils sont dans toute leur force et fournissent immensément de pêches qui, comme en Europe, varient presque autant qu'il y a de pieds. Les deux tiers de ces pêches tombent avant leur maturité, et servent de nourriture aux chevaux et aux vaches, qui en sont friands à un point dont on ne se fait pas d'idée. Les cerfs s'exposent aux plus grands risques pour s'en régaler ; et tels colons comptent tellement sur leur goût pour elles, que, dès qu'ils ont reconnu leurs traces, ils sont sûrs de les tuer s'ils veulent prendre la peine de les attendre à l'affût. Celles de ces pêches qui arrivent à maturité sont pilées dans des auges de bois, et au bout de quelques jours, plus ou moins selon la chaleur de la saison, distillées en masse. C'est l'eau-de-vie qu'elles produisent, eau-de-vie dont je ne vanterai pas la bonté , parcequ'elle est généralement mal faite, qui sert de boisson à toute la population de l'intérieur des terres, c'est-à-dire à celle qui n'a pas assez d'argent pour se procurer de l'eau-de-vie de vin. Elle est l'objet d'un produit annuel très considérable. Aussi ai-je vu sur les derrières des Carolines des habitations dont les deux tiers des terres défrichées étoient plantées en pêchers.

Michaux fils m'a appris que dans la Pensylvanie, et à l'ouest des Alleghanis, on perdoit tous les pêchers par le fait d'un ver qui s'introduisoit dans ses racines, et qu'on seroit peut-être forcé d'en abandonner la culture. Ce ver est certainement la larve d'un insecte; mais on ignore lequel. La première chose à faire eût été cependant de chercher à le connoître.

Une terre sèche et légère est celle qui convient le mieux au pêcher. Dans celle qui est grasse et humide il pousse beaucoup en bois et donne peu de fruits, et des fruits de mauvaise qualité. Dans les pays chauds toute exposition lui est bonne; mais dans les tempérés, il lui en faut une méridionale, à moins qu'il ne soit palissadé, auquel cas celle du nord seule est repoussée.

Comme toutes les graines huileuses, le noyau du pêcher demande à être semé peu après qu'il a été séparé de sa pulpe, ou conservé dans la terre jusqu'au printemps. *Voyez* au mot GERMOIR. Quoique très épais, il s'imprègne facilement d'humidité et lève promptement. Dans une terre de nature favorable, il donne, la première année, des jets d'un à deux pieds de haut, pourvus d'un pivot presque aussi long. On ne doit pas toucher à ces jets avant l'hiver suivant, époque où on coupe à deux ou trois yeux leurs rameaux les plus inférieurs. L'année d'après on répète cette opération en s'élevant davantage (*voyez* TAILLE EN CROCHET), et enfin, à la troisième ou quatrième, vers la fin de la première sève, on coupe toutes ces branches mutilées rez tronc. Alors ce tronc doit avoir quatre, cinq à six pieds de haut, et l'arbre est fait. Il ne s'agit plus, tout le reste de sa vie, que de retrancher, pendant l'hiver, les branches mortes ou mourantes, d'empêcher les GOURMANDS (*voyez* ce mot) de prendre le dessus, et quelquefois d'en profiter pour renouveler entièrement sa tête. Du reste il faut bien se garder, comme je l'ai vu faire à des vignerons ignorans, de l'évider, c'est-à-dire de retrancher ses petites branches intérieures, parceque c'est presque exclusivement sur elles que naissent les fruits.

Il n'y a, au dire de Duhamel, que trois variétés de pêches qui réussissent bien en plein vent dans le climat de Paris; ce sont *la bourdine*, *la persique* et *la chevreuse*; cependant j'en ai mangé de passables appartenant à d'autres variétés.

Un pêcher en plein vent, de quinze à vingt ans, est presque

par-tout un arbre décrépit. Il vaut mieux le renouveler que de s'obstiner à vouloir le conserver.

Plus qu'aucun autre arbre fruitier, le pêcher est dans le cas de périr en partie ou en totalité, à toutes les époques de l'année, et presque subitement, sans aucune cause apparente. Cette circonstance fait le désespoir des jardiniers jaloux de plaire à leur maître, parceque souvent on les accuse de ce dont ils ne sont pas coupables. On a disserté assez longuement pour établir les circonstances qui donnoient lieu à ce fait, mais il n'a été rien dit qui réponde à tous les cas. C'est à la gomme qu'on l'attribue le plus généralement; cependant il est bien des arbres, sur-tout parmi les jeunes, qui périssent sans en avoir en surabondance. Il m'a paru que c'étoit principalement dans les racines qu'il falloit chercher les remèdes ; mais le mal est presque toujours fait lorsqu'on s'en aperçoit. J'indiquerai au reste, à la fin de cet article, les diverses maladies qui affectent le pêcher.

Le bois du pêcher est un des plus beaux, parmi ceux qui peuvent croître en France, que l'ébenisterie puisse employer. Son grain est fin et prend un beau poli. Sa couleur est d'un beau rouge brun entremêlée de brun plus clair. Le contact de l'air, loin de l'altérer, ajoute encore à son éclat. Il faut le débiter en feuilles pendant qu'il est vert, et ne l'employer que très sec pour le tour, parcequ'il est sujet à se gercer. Il pèse sec à raison de cinquante-deux livres six onces six gros par pied cube selon Varennes de Fenilles.

Les fleurs du pêcher se développent en même temps que les feuilles. Leur belle couleur et leur grand nombre donnent aux arbres, qui en sont chargés, un magnifique aspect. A cela, il faut ajouter qu'elles paroissent des premières au printemps, c'est-à-dire à l'époque où on est le plus avide, par suite d'une longue privation, des jouissances qu'elles donnent. Aussi beaucoup de personnes estiment-elles presque autant les pêchers en fleurs que les pêchers en fruit. L'art du jardinage a donc dû saisir les variétés à fleurs doubles et semi-doubles que le hasard a fait naître et les multiplier par la greffe. Les premières, comme subsistant plus long-temps (*voyez* Fleurs doubles), ont dû être préférées dans les jardins de simple agrément; les secondes, comme propres à donner du fruit, ont dû l'être dans les jardins fruitiers. C'est isolément au milieu des gazons, dans les corbeilles, ou les places cultivées en fleurs annuelles, à quelque distance des massifs les plus voisins de la maison, que se placent les variétés à fleurs doubles, parmi lesquelles on doit choisir celles à pétales les plus larges, celles qui sont greffées à hauteur d'homme et qui forment le mieux la boule. Ces arbres ne subsistent que peu d'années, mais ils dédommagent amplement des dépenses qu'ils ont occasionnées.

Parmi l'immensité de pêches qui sont produites par les semis, il s'en est trouvé quelques unes bien supérieures aux autres par leur saveur, leur grosseur, leur couleur, leur consistance, etc. Ces variétés, perpétuées par la greffe, se sont encore améliorées. Si dans chaque climat, plus propre à cet arbre que celui de Paris, on le cultivoit avec autant d'intelligence et de soin qu'autour de cette ville, on pourroit sans doute augmenter sans fin la liste de ces variétés perfectionnées par la main des jardiniers ; mais il n'en est rien. Ce sont donc seulement les pêches des jardins de Paris, si bien décrites et figurées par Duhamel, dont je puis offrir la nomenclature. On en compte plus de cinquante fort distinctes, parmi lesquelles plusieurs ont été introduites depuis Duhamel.

On peut facilement placer un chiffre ou un nom sur la peau d'une pêche en rouge, en la couvrant d'un linge dans lequel ce chiffre ou ce nom se trouve découpé en blanc, ou en blanc en posant sur sa surface et en y fixant les lettres enlevées de ce linge. Ce petit secret peut avoir une application agréable dans beaucoup de cas.

On range sous quatre divisions les pêches cultivées aux environs de Paris ; savoir,

1° Les PÊCHES PROPREMENT DITES, dont la peau est velue et dont la chair fondante se détache facilement de la peau et du noyau ;

2° Les PAVIES, dont la peau est velue, mais dont la chair, ferme, ne quitte ni la peau, ni le noyau.

3° Les PÊCHES VIOLETTES, dont la peau est violette, lisse et sans duvet, et dont la chair fondante quitte le noyau ;

4° Les BRUGNONS, qui ont la peau violette, lisse et sans duvet, et dont le noyau est adhérent à la chair ;

Je vais décrire sommairement dans l'ordre de leur maturité, pour le climat de Paris, les diverses variétés qui entrent dans ces quatre divisions. Cet ordre varie un peu selon la nature du sol, l'exposition, l'âge des arbres, etc. ; mais avec un peu de pratique on peut facilement le reconnoître partout.

Pêches proprement dites.

L'AVANT-PÊCHE BLANCHE, Duhamel, *pl.* 2, a les fruits de la grosseur d'une noix, tantôt ronds, tantôt allongés ; sa peau est rarement colorée. Sa chair est blanche, succulente, musquée, rarement pâteuse. C'est la plus précoce de toutes, mûrissant quelquefois dès le commencement de juillet. Il est bon d'en mettre aux trois expositions , afin d'en avoir successivement de mûres.

L'arbre donne peu de bois.

L'AVANT-PÊCHE ROUGE, OU AVANT-PÊCHE DE TROYES , Duhamel, *pl.* 3, a douze ou quinze lignes de diamètre. Elle est ronde, fort colorée en rouge du côté du soleil, jaune du côté de l'ombre. Sa chair est blanche, quelquefois un peu rougeâtre, fondante, sucrée, musquée , cependant moins relevée que la précédente. Elle ne mûrit qu'à la fin de juillet.

L'arbre pousse peu de bois et donne beaucoup de fruit.

La PETITE MIGNONNE, OU DOUBLE DE TROYES, Duhamel, *pl.* 4, est une fois plus grosse que la précédente, tantôt ronde , tantôt ovale. Sa peau est très colorée en rouge du côté du soleil et d'un blanc jaunâtre tiqueté de rouge du côté de l'ombre. Sa chair est blanche, ferme, vineuse, très agréable au goût. Sa maturité se complète au commencement d'août.

L'arbre charge beaucoup.

L'AVANT-PÊCHE JAUNE OU ROSSANNE est moins grosse que la précédente. Sa couleur est la même en dehors, mais elle est jaune dorée en dedans, excepté auprès du noyau où elle est rougeâtre. Elle est fondante, douce, sucrée. Son noyau est rouge.

La MADELEINE BLANCHE, Duhamel, *pl.* 6, a deux pouces de diamètre. Sa couleur à l'extérieur est un blanc jaunâtre, vergeté de rouge du côté du soleil; à l'intérieur elle est blanche avec quelques filets jaunes. Sa chair est fondante , sucrée , musquée. Elle mûrit au milieu d'août.

Cette variété est très sensible aux gelées du printemps, et doit être soignée si on veut en obtenir constamment et abondamment du fruit.

Il y a une sous-variété plus petite et moins musquée qu'on cultive peu. C'est la *petite madeleine blanche.*

L'ALBERGE JAUNE , OU PÊCHE JAUNE , OU ROSAMONT , Duhamel, *pl.* 5 , a environ deux pouces de diamètre. Sa peau est rouge foncé du côté du soleil et jaune du côté de l'ombre. Elle se détache difficilement. Sa chair est d'un jaune vif et rouge sous la peau et autour du noyau, sucrée, vineuse, souvent pâteuse. Elle mûrit vers la fin d'août.

L'arbre est médiocrement vigoureux.

La GROSSE MIGNONNE, OU VELOUTÉE DE MERLET, Duhamel , *pl.* 10, a plus de deux pouces de diamètre. Elle est d'un rouge brun foncé du côté du soleil et d'un vert jaunâtre du côté de l'ombre. Sa chair est fondante, sucrée, relevée , blanche, excepté sous la peau et autour du noyau où elle est rougeâtre. Elle mûrit à la fin d'août. C'est une des plus cultivées à Montreuil.

L'arbre est vigoureux et donne beaucoup de fruit. Ses fleurs sont les plus grandes de toutes.

La POURPRÉE HATIVE OU VINEUSE, Duhamel, *pl.* 11, est un peu plus petite que la précédente. Sa peau est rouge même à l'ombre; sa chair est blanche, excepté sous la peau et autour du noyau où elle est rouge. Elle est succulente, vineuse, quelquefois aigrelette.

L'arbre qui la produit est vigoureux, fertile et peu difficile sur l'exposition.

La CHEVREUSE HATIVE, OU BELLE CHEVREUSE, Duhamel, *pl.* 13, est de la grosseur de la grosse mignonne. Sa peau est colorée en rouge vif du côté du soleil, et souvent tuberculeuse vers la queue. Sa chair est blanche, fondante, sucrée, mais un peu moins délicate que celle des madeleines. Elle mûrit à la fin d'août.

L'arbre est vigoureux et donne beaucoup de fruit. Il offre une sous-variété qu'on appelle pêcher d'Italie qui est plus tardif, et dont les fruits sont plus gros, moins colorés et moins savoureux.

La GALANDE, OU BELLE-GARDE, OU NOIRE DE MONTREUIL, Duhamel, *pl.* 20, est de la grosseur de la précédente. Sa peau est d'un rouge pourpre qui tire sur le noir du côté du soleil. Sa chair est rouge auprès du noyau, ferme, sucrée et de très bon goût. C'est une des meilleures et des plus cultivées à Montreuil. Elle mûrit à la fin d'août.

L'arbre est délicat et doit être ménagé. La cloque le tourmente souvent.

L'INCOMPARABLE EN BEAUTÉ a plus de deux pouces de diamètre. Sa chair est ferme et vineuse. Son noyau est renflé. Elle mûrit en même temps que la précédente. On ne la cultive pas autant qu'elle mérite de l'être.

L'arbre charge beaucoup.

La VINEUSE DE FROMENTIN est fort grosse, d'un rouge très foncé du côté du soleil. Sa chair se détache facilement du noyau, et est très vineuse.

L'arbre est très vigoureux et s'accommode facilement de tous les terrains.

La BELLE CHARTREUSE est ovale et a deux pouces de diamètre. Sa peau est d'un rouge clair du côté du soleil et jaune du côté de l'ombre. Sa chair est jaunâtre, excepté sous la peau et autour du noyau, peu fondante, mais sucrée et assez agréable. Elle mûrit au commencement de septembre.

La CHANCELIÈRE se rapproche infiniment de la précédente. Sa chair est plus fondante et plus sucrée. Elle mûrit un peu plus tard.

La BELLE BEAUCE est grosse et excellente. Sa peau est fine

et d'un rouge presque écarlate. Elle mûrit en même temps que la précédente.

L'arbre est très vigoureux.

La MADELEINE ROUGE, ou MADELEINE DE COURSON, Duhamel, *pl.* 7, est un peu plus grosse que la précédente, d'un beau rouge du côté du soleil; sa chair est blanche avec quelques veines rouges près le noyau; son eau est sucrée et d'un goût relevé. C'est une des meilleures variétés; mais elle fournit peu, l'arbre portant fortement au bois. Elle mûrit à la mi-septembre.

La PÊCHE MALTE se rapproche beaucoup de la madeleine blanche. Sa peau est rouge marbré du côté du soleil et vert clair du côté de l'ombre; sa chair est blanche, musquée et très agréable. L'arbre est vigoureux et fécond.

La BOURDINE, ou NARBONNE, ou BELLE DE TILLEMONT, est ovale, a environ deux pouces de diamètre; sa peau est très colorée du côté du soleil; sa chair est fondante, vineuse, d'un goût excellent, blanche, excepté autour du noyau où elle est très rouge. C'est une des plus belles et des meilleures. Elle mûrit vers la mi-septembre.

L'arbre est grand, vigoureux et très productif. En le plaçant au couchant il donne des fruits jusqu'à la fin d'octobre.

L'ADMIRABLE, Duhamel, *pl.* 21, a deux pouces et demi de diamètre. Sa couleur est rouge vif du côté du soleil et jaune paille du côté de l'ombre; sa chair est blanche, excepté autour du noyau où elle est rouge pâle, ferme, fondante, sucrée, vineuse, enfin extrèmement agréable au goût. Elle mûrit à la mi-septembre. C'est une des meilleures variétés, n'étant pas sujette à être pâteuse. L'arbre est grand, vigoureux, très productif, mais difficile à conduire.

Le TETON DE VENUS, Duhamel, *pl.* 23, a deux pouces et demi de diamètre, et une grosse saillie à la tête. Il se colore très légèrement en rouge du côté du soleil et est d'un jaune paille du côté de l'ombre. Sa chair est blanche, excepté autour du noyau où elle est rosée, fondante, parfumée, enfin d'une saveur agréable. Il mûrit à la fin de septembre. L'arbre est vigoureux.

La ROYALE, Duhamel, *pl.* 24, se rapproche de la précédente; elle est plus colorée, plus sucrée qu'elle. Son noyau est sujet à s'ouvrir et à la gâter. Elle mûrit à la fin de septembre. L'arbre est vigoureux.

Ces deux dernières pêches sont regardées par quelques cultivateurs comme ne devant pas être distinguées de la bourdine.

La BELLE DE VITRI, ou ADMIRABLE TARDIVE, est de la grosseur des précédentes. Sa peau est colorée d'un rouge marbré du côté du soleil et verdâtre du côté de l'ombre. Sa chair est d'un blanc jaunâtre, veiné de rouge autour du noyau, ferme, succulente et très agréable au goût. Elle mûrit à la fin de septembre. Elle gagne à être cueillie quelques jours avant d'être mangée.

L'arbre est fertile, mais délicat. Il demande l'exposition du midi.

Le TEINT DOUX, Duhamel, pl. 27, a deux pouces de diamètre. Sa peau est d'un rouge tendre du côté du soleil et verte du côté de l'ombre. Sa chair est blanche, parsemée de veines rouges auprès du noyau, sucrée d'une saveur très délicate. Son noyau se fend souvent, et la fait BOUFFER (voyez ce mot), ce qui diminue beaucoup sa bonté. Elle mûrit vers la fin de septembre.

La NIVETTE, OU LA VELOUTÉE, Duhamel, pl. 28, est un peu plus petite que la précédente. Sa peau est colorée en rouge marbré du côté du soleil et en vert jaunâtre du côté de l'ombre. Sa chair est ferme, succulente, sucrée, relevée, quelquefois un peu âcre, blanche verdâtre, excepté auprès du noyau, où elle a des veines rouges. Elle mûrit à la fin de septembre : pour être bonne il faut qu'elle ait été cueillie quelques jours d'avance.

L'arbre est vigoureux et donne beaucoup de fruits.

Le PÊCHER A FLEURS SEMI-DOUBLES, Duhamel, pl. 30, a les fleurs semi-doubles. Ses fruits sont souvent irréguliers, d'un pouce et demi de diamètre, fauves du côté du soleil, d'un vert jaunâtre du côté de l'ombre ; leur chair est blanche et d'un goût assez agréable. Cet arbre ne se multiplie guère que pour l'agrément, comme je le dirai plus bas.

La POURPRÉE TARDIVE, Duhamel, pl. 9, a deux pouces et demi de diamètre ; est d'un rouge vif du côté du soleil, jaune paille du côté de l'ombre. Sa chair est très rouge auprès du noyau, succulente, douce et d'un goût relevé. Elle mûrit au commencement d'octobre.

L'arbre est vigoureux.

La CHEVREUSE TARDIVE, Duhamel, pl. 14, est de la grosseur de la précédente, mais un peu plus allongée. Sa peau est fortement colorée en rouge du côté du soleil et un peu verdâtre du côté de l'ombre. Sa chair est blanche, excepté auprès du noyau, d'une saveur très agréable, mais elle mûrit rarement assez dans le climat de Paris.

L'arbre est vigoureux et charge considérablement. On le cultive beaucoup à Montreuil.

L'ABRICOTÉE, OU ADMIRABLE JAUNE, Duhamel, pl. 22, a près de trois pouces de diamètre. Sa peau est rougeâtre du côté du soleil, jaune du côté de l'ombre. Sa chair est ferme, ayant un peu du goût de l'abricot, jaune, excepté auprès du noyau et sous la peau, parfumée. Elle mûrit vers la mi-octobre. Les fruits qui restent les derniers sur l'arbre sont les meilleurs.

L'arbre est fort et charge beaucoup.

La CARDINALE, OU BETTERAVE, OU DRUSELLE, OU SANGUINOLE, Duhamel, *pl.* 31, varie beaucoup relativement à la grosseur du fruit, ce qui fait qu'elle porte tant de noms. Sa peau est par-tout teinte d'un rouge obscur et très chargée de duvet. Sa chair est rouge, sèche et peu agréable. Elle mûrit à la fin d'octobre. On la mange en compote.

L'arbre est foible, mais très productif.

La PERSIQUE, Duhamel, *pl.* 29, a plus de deux pouces de diamètre ; elle est ovale et souvent chargée de verrues. Sa peau est d'un beau rouge du côté du soleil. Sa chair est ferme, blanche, très agréable, quelquefois légèrement aigrelette. Son noyau s'ouvre fréquemment. Quoiqu'une des plus tardives elle est excellente. On assure qu'elle se reproduit de semences.

L'arbre est vigoureux et très productif.

La PÊCHE DE PAU, OU PÊCHE D'ITALIE est très grosse. Sa chair est d'un blanc verdâtre, fondante et agréable. Le noyau se fend souvent dans le fruit. Elle mûrit rarement dans le climat de Paris et ne doit pas y être cultivée. On en distingue deux sous-variétés, la ronde et l'ovale.

Les pavies.

Le PAVIE BLANC, OU PAVIE MADELEINE, OU PÊCHE POMME a plus de deux pouces de diamètre. Sa peau est toute blanche excepté du côté du soleil où elle est marbrée de rouge. Sa chair est ferme, blanche, succulente, adhérente au noyau, auprès duquel elle a quelques veines rouges. Il mûrit au commencement de septembre.

J'ai été dans le cas de manger dans les parties méridionales de la France et en Italie des sous-variétés sans fin de ce pavie, qu'on y cultive de préférence en plein vent, et qu'on n'y reproduit jamais que par le semis de ses noyaux.

Le PERSAIS D'ANGOUMOIS, OU PAVIE ALBERGE, OU PAVIE SAINTE-CATHERINE, est rouge, mais plus du côté du soleil. Sa chair est jaune, rouge auprès du noyau, fondante et excellente. Il mûrit vers la fin de septembre.

Le PAVIE JAUNE a le fruit très gros, aplati comme l'abricot. Sa chair est un peu sèche, mais excellente. Il mûrit au commencement d'octobre. Les *pavies jaunes de Casers* et de *Toulon* n'en sont que des nuances.

Le PAVIE DE POMPONNE, OU PAVIE CAMUS, PAVIE ROUGE, a quelquefois plus de quatre pouces de diamètre. Sa couleur est rouge du côté du soleil et verte du côté de l'ombre. Sa chair est blanche, excepté sous la peau et contre le noyau où elle est rouge, dure et cependant succulente, musquée, sucrée, très agréable. Il mûrit au commencement d'octobre et offre plusieurs sous-variétés.

L'arbre est très vigoureux.

Le PAVIE DE PAMIERS (Calvel) a jusqu'à huit pouces de diamètre; du reste paroît peu différer du précédent. Il mûrit à Paris vers la fin de septembre.

On l'appelle *qersego* dans son pays natal, où il est excellent.

Tous les pavies, comme je l'ai déjà observé, réussissent mieux dans les parties méridionales de la France qu'aux environs de Paris, parcequ'ils demandent une grande chaleur et une chaleur long-temps continuée pour arriver à parfaite maturité, et par conséquent acquérir toute la bonté dont ils sont suceptibles.

Pêches violettes.

La PÊCHE CERISE, Duhamel, *pl.* 15, a au plus un pouce et demi de diamètre. Sa peau est d'un rouge cerise du côté du soleil et jaune de cire du côté de l'ombre. Sa chair est d'un blanc jaunâtre avec quelques lignes rouges, fondante et d'un assez bon goût dans les terrains secs et chauds. Elle mûrit au commencement de septembre. Miller la place parmi les brugnons.

L'arbre est d'une médiocre stature, mais fructifie beaucoup.

La PETITE VIOLETTE HÂTIVE, Duhamel, *pl.* 16, n° 2, n'est guère plus grosse que la précédente. Sa peau est d'un rouge violet du côté du soleil et d'un blanc jaunâtre du côté de l'ombre. Sa chair est blanc jaunâtre, avec un peu de rouge près du noyau, fondante, sucrée, vineuse, très parfumée. C'est une des meilleures pêches. Elle mûrit au commencement de septembre.

La violette d'Angervillers n'en diffère que par un peu plus de précocité.

La GROSSE VIOLETTE HÂTIVE, Duhamel, *pl.* 16, n° 1, a deux pouces de diamètre. Sa peau est de même couleur que celle de la précédente. Sa chair est blanche, fondante, mais peu vineuse. Elle mûrit un peu plus tard que la petite violette.

L'arbre est vigoureux et charge beaucoup.

La VIOLETTE TARDIVE, ou VIOLETTE MARBRÉE, PANACHÉE, est plus allongée, mais de même grosseur que la précédente. Sa peau est tachetée ou marbrée de taches rouges du côté du soleil, verdâtre du côté de l'ombre. Sa chair est d'un blanc jaunâtre, rouge auprès du noyau, très vineuse dans les années sèches et chaudes. Lorsque l'automne est froide elle ne mûrit pas et ne peut se manger alors qu'en compotte. Quelques personnes la placent parmi les brugnons.

L'arbre est très vigoureux et produit beaucoup.

La VIOLETTE TRÈS TARDIVE, OU PÊCHE NOIX, BRUGNON BRUN, ressemble à la précédente, mais le côté du soleil est rouge comme une pomme d'api, et le côté de l'ombre est vert comme le brou de noix. Sa chair est verdâtre. Elle ne mûrit qu'à la fin d'octobre, et souvent ne mûrit pas, par conséquent elle mérite peu d'être cultivée.

La JAUNE LISSE, OU LISSÉE JAUNE, OU MONERIN, a les fruits moins gros que les précédentes, la peau jaune un peu fouettée de rouge du côté du soleil, la chair jaune et ferme, sucrée, très agréable quand les automnes sont chaudes. On peut la conserver une quinzaine de jours après l'avoir cueillie, c'est-à-dire jusqu'aux premiers jours de novembre.

L'arbre est vigoureux.

Les brugnons.

Le BRUGNON VIOLET MUSQUÉ OU MUSCATE D'HIVER, Duhamel, *pl.* 18, a deux pouces de diamètre. Sa peau est d'un fort beau rouge violet du côté du soleil, et d'un blanc jaunâtre du côté de l'ombre ; le passage de ces deux couleurs est tacheté. Sa chair est jaunâtre, excepté près le noyau où elle est très rouge, ferme, sucrée, musquée, vineuse. Il mûrit à la fin de septembre. On doit, pour le manger aussi bon que possible, le cueillir quelques jours d'avance.

L'arbre est vigoureux et charge beaucoup ; mais il a besoin d'être placé dans la meilleure exposition. Il appartient plutôt aux contrées méridionales qu'aux septentrionales.

Le BRUGNON JAUNE est assez gros et se colore en jaune à l'époque de la maturité, sur-tout du côté du soleil. Sa chair est fondante, sucrée, acidule, fort agréable, et adhère foiblement au noyau. Il mûrit en même temps que le précédent.

Il en est des brugnons comme des pavies, c'est-à-dire qu'ils fournissent beaucoup de variétés dans les parties méridionales de l'Europe, variétés qu'on ne perpétue pas par la greffe, et qui ne sont point connues à Paris.

Les variétés de pêches qui se cultivent aujourd'hui, et qui n'étoient pas connues de Duhamel, sont le MENFRIN, la BELLE BEAUTÉ, la FROMENTIÈRE, l'INCOMPARABLE BEAUTÉ, la CARDINALE DE FURSTEMBERG, la DARDNOT, la TRANSPARENTE RONDE, la NOUVELLE HATIVE RONDE, le PAVIE BLANC.

Quant au pêcher amande, il peut être indifféremment placé parmi les amandiers puisque la moitié de ses fruits ont la pulpe sèche comme ceux de ces derniers ; aucun d'eux n'est bon à manger. Le seul parti qu'on puisse en tirer ce seroit pour greffer les autres variétés étant la plus vigoureuse de toutes.

Il est des pêches qui se plaisent dans un grain de terre et à une exposition particulière. Leur perfection tient donc à la localité. M'étendre sur cet objet eût entraîné trop de longueur. C'est à chaque cultivateur à fixer, par l'expérience, ses idées sous ce rapport. Il en est de même de la connoissance des variétés par la seule inspection de l'arbre, soit nu, soit couvert de fleurs, soit garni de feuilles et de fruits non encore en maturité. Ce que Duhamel a fait à cet égard est très bon pour les jardins de Paris, mais ne l'est pas pour ceux de Lyon, pour ceux de Montpellier, etc. A Paris même un arbre greffé en plein vent est déjà si différent de celui conduit en espalier, que les plus exercés cultivateurs de Montreuil hésitent de le nommer. Quelque détaillée que soit une description, elle laissera souvent le théoricien dans l'incertitude, et un jardinier habile en saura toujours plus que lui à cet égard.

Parmi les variétés citées plus haut il en est quelques unes qui sont préférables aux autres, et sur lesquelles par conséquent les amateurs doivent principalement porter leur choix. Ce sont l'*avant-pêche blanche*, la *petite mignonne*, la *pourprée hâtive*, la *grosse mignonne*, la *madeleine rouge*, la *galande* ou *belle garde*, l'*admirable*, la *bourdine*, le *teton de Vénus*, la *nivette*, la *persique*, la *pavie de Pomponne*, et le *brugnon*. Il est même des cultivateurs de Montreuil qui se réduisent à moitié de ce nombre, et qui trouvent le moyen d'avoir des pêches, pendant toute la saison, en variant les expositions de leurs arbres. Les variétés qu'ils préfèrent dans ce cas sont la *petite mignonne*, la *pourprée hâtive*, la *grosse mignonne*, la *galande*, l'*admirable*, la *bourdine* et le *teton de Vénus*.

Quoique, dans les départemens méridionaux et intermédiaires de l'Empire, on multiplie presque exclusivement le pêcher par le semis de ses noyaux, il est extrêmement rare qu'on le fasse dans les pépinières des environs de Paris. Duhamel et ceux qui ont écrit depuis lui sur la culture du pêcher ont recherché pourquoi. Ils l'ont attribué à la gomme; mais l'expérience a prouvé que ce ne pouvoit pas être, puisque de tous les arbres c'est l'amandier qui y est le plus sujet, et c'est sur lui que se greffent le plus de pêchers. D'ailleurs j'ai vu greffer des pêchers sur eux-mêmes sans difficulté. Je crois donc que la véritable cause est, 1° qu'à Paris, où les pêches se dispersent par la vente, on peut difficilement se procurer des noyaux en suffisante quantité pour satisfaire aux besoins des pépinières, et qu'on ne peut greffer que la seconde année le plant qu'ils produisent; 2° que les amandes se vendent fort bon marché en gros, et que les sujets qui en résultent sont greffables la même année, ce qui fait gagner une saison aux pépiniéristes; 3° que les pruniers, sur lesquels on en greffe aussi, sont plus propres qu'eux aux terrains frais et argileux,

et qu'on se les procure en aussi grande quantité qu'on désire.
Quant aux abricotiers, la cause en est encore plus sensible,
puisque la lenteur de leur végétation ne permet guère de les
greffer avant la troisième et même la quatrième année. *Voyez*
aux mots AMANDIER, PRUNIER et ABRICOTIER.

Quoi qu'il en soit, je crois que les amateurs, c'est-à-dire
ceux qui ne spéculent pas sur le temps, et à qui il ne faut pas
une immense quantité de sujets, doivent faire greffer des pêchers sur eux-mêmes et sur abricotier, parcequ'il est possible
que la nature de leur terrain soit plus favorable à la croissance
de ces deux arbres qu'à celle des amandiers et des pruniers.

Les amandes à coque dure, donnant des arbres plus vigoureux, doivent être préférées. Les pieds greffés sur celles à coque
tendre sont de peu de durée.

Les pieds provenus d'amandes amères ne conviennent que
pour quelques variétés, telles que la *bourdine*, la *madeleine
rouge*, la *royale*, la *grosse* et la *petite violette*, et la *violette
tardive*, d'après l'observation de M. Hervy.

Il en est de même de la greffe de l'abricotier sur prunier.
L'expérience a prouvé qu'elle réussissoit mieux sur les variétés
appelées *gros et petit damas noir*, *gros et petit St.-Julien*. C'est
en conséquence presque exclusivement sur elles qu'on le fait
dans les pépinières des environs de Paris; cependant M. Hervy
a observé que toutes les pêches lisses et les chevreuses ne réus-
sissoient pas sur le petit damas.

La greffe en écusson et à œil dormant est la seule pratiquée
dans les mêmes pépinières, et ce parceque c'est celle sur laquelle la gomme a le moins de prise. Comme les arbres qui
doivent en résulter sont tous destinés à former des espaliers,
c'est à six ou huit pouces de terre que se place cette greffe.
Voyez au mot GREFFE.

Du reste, ces arbres se conduisent comme les autres dans
les pépinières, jusqu'à ce qu'ils soient dans le cas d'en être
tirés. Je renvoie en conséquence au mot PÉPINIÈRE pour tout
ce qui y a rapport.

La plantation des pêchers, qu'ils soient greffés sur amandier ou sur prunier, ne diffère pas de celle des autres arbres
en espaliers. *Voyez* au mot ESPALIER et au mot PLANTATION.
Seulement il faut, comme je l'ai déjà annoncé, mettre les premiers dans les terres sèches et légères, et à l'exposition du
midi ou au plus de l'orient, et les seconds dans les terres argileuses et fraîches, à toutes expositions, mais principalement
au couchant, quoique notre maître Duhamel ait prétendu,
d'après son expérience, que cela étoit indifférent.

Dans les terres maigres, sèches et argileuses, les pêches
sont sujettes à devenir pâteuses; la plupart, faute de sève

suffisante, tombent avant leur maturité, les arbres s'épuisent par la gomme. Dans les terres trop grasses et trop humides, elles sont insipides ou d'une aigreur désagréable. On ne doit donc pas tenter de planter des pêchers dans ces deux sortes de terres.

Une précaution que Duhamel recommande particulièrement, c'est de ne point mutiler les racines, de les conserver les plus longues possibles, et ce fondé sur ce que leurs plaies, à raison de la gomme qui en transsude, se ferment difficilement. Presque toujours les arbres morts la première ou la seconde année de la plantation avoient, d'après son observation, péri par cette cause.

Je dois encore dire que généralement on plante les pêchers trop près les uns des autres; aussi à peine sont-ils arrivés à leur cinquième année qu'ils se gènent réciproquement, qu'on est obligé de ravaler très près les mères branches, de sorte que quand ils se dégarnissent du centre, ils ne sont plus bons qu'à mettre au feu. Trente pieds est la distance qui leur convient généralement dans les bonnes terres. Ils doivent seuls remplir la totalité du mur qui leur est destiné. La manie de faire passer au-dessus d'eux un cordon de vigne leur est sur-tout très dommageable. Leur tige, lorsqu'ils sont en plein midi, doit être garantie du soleil d'été, qui dessèche leur écorce et les fait périr, par deux douves formant un angle saillant, et non en les entourant de paille ou de bouse de vache, ce qui présente des inconvéniens plus graves que ceux auxquels on veut parer.

La saison de planter les pêchers est depuis la fin d'octobre jusqu'au commencement de mars, c'est-à-dire pendant tout l'hiver.

La formation et la conduite du pêcher, selon la pratique de Montreuil, la seule que la raison et l'expérience indiquent comme devant être adoptée, a été indiquée à l'article ESPALIER. J'y renvoie le lecteur. Ainsi, je suppose ici que le pêcher est arrivé à sa cinquième année, et qu'il n'y a plus qu'à l'entretenir en bon état de rapport et de santé jusqu'à ce qu'il soit sur le retour, c'est-à-dire qu'il faille l'arracher.

Actuellement je prends pour guide M. Butret, à qui on doit un excellent ouvrage classique sur la taille des arbres. Le pêcher, comme je l'ai déjà annoncé, a ses branches à fruit fort distinctes de ses arbres à bois.

« Les branches à bois acquièrent la même année sur les jeunes arbres trois à six pieds de longueur, et la grosseur du doigt et plus. Elles deviennent promptement grises comme le vieux bois.

« Les branches à fruit parviennent rarement à plus de deux

pieds de long, et leur grosseur est celle d'un bon tuyau de plume. Leur couleur est rouge du côté du soleil, et verte du côté de l'ombre. On en compte de quatre sortes, 1° celles dont les boutons sont triples, c'est-à-dire offrent un œil à bois entre deux boutons à fruit; 2° celle qui a les yeux doubles, l'un donnant du fruit, et l'autre du bois; 3 celles à boutons simples, le plus souvent à fleur; 4° enfin des brindilles d'un, deux et trois pouces, garnies à leur sommet de plusieurs boutons à fleur, au centre desquels en est un à bois.

« On distingue fort aisément ces différens boutons, où yeux, dès la fin d'août. Ceux à bois sont pointus, ceux à fruit sont arrondis et plus gros. Les uns et les autres sont chacun accompagnés d'une feuille qui est sa mère nourrice, et qui tombe lorsqu'il est formé.

« Le fruit du pêcher ne vient ordinairement beau que lorsqu'il est accompagné d'un bourgeon à bois qui sert à lui fournir les sucs abondans dont il a besoin pour acquérir cette chair qui le rend si délicieux. Ce principe très important, qui caractérise la nature du pêcher, indique manifestement le temps de la taille et la manière de la faire.

« Suivant ce principe, tout bouton à fleur qui n'est pas accompagné d'un bouton à bois est stérile. Ses fleurs, quoique aussi belles que les autres, tombent sans nouer, ou si elles nouent, le fruit ne tarde pas à tomber, et les branches restent nues.

« La taille ne doit donc se faire que lorsqu'on voit le bouton à bois commencer à se développer, afin de la diriger sur les boutons à fleur, accompagnés de boutons à bois, parceque l'hiver occasionne souvent la perte de ces derniers. Mais c'est un abus que d'attendre, comme on se le permet si souvent, que les boutons à fleurs soient complètement développés pour l'exécuter, puisqu'alors il s'ensuit une grande déperdition de sève sans aucune utilité.

« Les branches à fruit du pêcher, lorsqu'elles ont une fois rapporté du fruit, n'en donnent plus; il faut donc les renouveler tous les ans.

« Ces deux principes déterminent le mode de l'opération de la taille.

« Les branches à bois sont les premières qui se présentent : elles doivent porter les branches à fruits, et doivent en être garnies dans toute leur longueur. Puisqu'il faut renouveler tous les ans les branches à fruit, il faut donc espacer les branches à bois de manière à pouvoir placer les nouveaux bourgeons qui doivent porter les fruits l'année suivante, et étendre ces branches à bois le plus qu'il est possible, afin d'avoir de beaux arbres et beaucoup de fruit.

« Comme les murs ont une hauteur déterminée, et que les bourgeons montans sont ceux qui s'élèvent le plus, on doit faire faire une saillie au chaperon de ces murs, pour que la diminution d'air et de lumière retarde un peu la végétation. Ensuite, au palissage, on les incline au-dessous du chaperou au lieu de les couper, ce qui feroit avorter tous les yeux inférieurs; mais à la taille on ravale ces bourgeons, devenus des branches, sur les branches inférieures, ce qui est alors sans inconvénient.

« La taille des branches à fruit est également déterminée par les raisons physiques tirées de leur nature et de leur manière de fructifier. La première et la seconde sorte seront taillées également de deux yeux jusqu'à quatre, selon leur force, en observant que ces yeux soient toujours accompagnés d'un œil à bois, absolument nécessaire, comme il a été dit, pour la fécondation du fruit. Lorsque ces branches se trouvent privées de bons yeux dans le bas, on sent bien qu'il faudra alors allonger la taille, inconvénient dont on préviendra le défaut au palissage.

« La troisième sorte de branches à fruit n'ayant que des boutons à fleur ne peuvent rapporter de fruits, elles doivent donc être retranchées, ou, si elles étoient nécessaires pour remplir un vide, il faudroit voir si elles auroient un œil à bois dans le bas, et tailler dessus ce qui pourroit donner une bonne branche à fruit pour l'année suivante. Ordinairement elles ont un œil à bois à l'extrémité, et c'est toujours le cas de les supprimer, parcequ'elles resteroient dégarnies dans toute leur longueur, ce qui feroit un vide. Les jardiniers ignorans se trompent très souvent dans ce cas; croyant avoir du fruit de ces branches, ils les taillent sur un bouton à fleur, mais il n'en résulte qu'une branche nue.

« La quatrième sorte de branches à fruit ayant peu de longueur ne doit pas être taillée, le bourgeon à bois qui en sort étant suffisant pour nourrir ses fruits, qui manquent rarement, et deviennent même très beaux. Ainsi on laisse ce précieux bourgeon par-tout où il se trouve, sauf à le supprimer après la maturité du fruit, lorsqu'il est sur le devant des branches à bois.

« Lorsque les branches à fruit se trouvent être en même temps des branches de remplacement, et qu'on en aura laissé deux dans le bas pour cet objet, on ravalera sur la plus basse; ce seroit une défectuosité de tailler sur les deux.

« Il est fort commun, même aux environs de Paris, de voir les jardiniers faire tout le contraire de ce qui vient d'être prescrit, c'est-à-dire qu'ils taillent fort court les branches à bois, et très long les branches à fruit. Il en résulte que, si l'année est favorable, ils ont beaucoup de fruit et peu de bois, que l'année suivante ils n'en ont point, et qu'ensuite les arbres se dégarnissent, sont couverts de chicots, de chancres, sont affectés de gomme, de cloque, etc.

« Il est reconnu que dans la taille des arbres en général, et du pêcher en particulier, l'ignorance fait tout le mal dont on accuse la nature. »

Ce qu'on vient de lire prouve sans doute que la courbure des branches, qui, dans les autres arbres fruitiers, met à fruit des branches qui n'y auroient jamais été, ne fait que transformer en branche à fruit une branche à bois qui, l'année suivante, eût donné douze ou quinze branches à fruit. Ainsi par cette pratique, pour une petite jouissance anticipée, on se prive d'une abondance réelle. (*Voyez* COURBURE.) Mais il faut bien distinguer les effets de cette courbure de ceux résultans de l'inclinaison des branches, effets presque sans inconvéniens, et concordans également, et avec les principes d'une saine théorie, et avec le résultat de la pratique des cultivateurs de Montreuil.

Je finis ici ce qui a rapport à la taille du pêcher, parceque ce qui me reste à dire se trouvera aux mots ESPALIER et TAILLE. Là le principe de l'équilibre des deux côtés de l'arbre, de ses deux membres principaux, sera développé, et le moyen de le remplir indiqué en détail. Aucune des petites circonstances qui accompagnent l'opération de la taille ne sera oubliée. Malgré cela, je n'en conseillerai pas moins aux amateurs qui se trouveront dans la possibilité de voir travailler les cultivateurs de Montreuil, sur-tout M. Mériel, le plus instruit d'entre eux, d'aller à leur école; ils en apprendront plus en une douzaine de leçons prises aux différentes époques de l'année, que par la lecture de tous les ouvrages qui ont été imprimés sur la taille et la conduite du pêcher en espalier

Plus que les autres arbres, les pêchers poussent des gourmands, qui, lorsqu'on les laisse croître, absorbent toute la sève et finissent par faire périr les branches qui sont au-dessus d'eux. On doit donc les arrêter ou les modérer à quelque époque de l'année qu'ils se développent; mais cependant il est des cas où ces jardiniers doivent les conserver avec soin pour renouveler l'arbre. *Voyez* au mot GOURMAND.

Après la taille, les pêchers développent rapidement leurs fleurs, leurs feuilles, leurs bourgeons et leurs fruits. Pendant cet intervalle on a à craindre les gelées qui non seulement occasionnent la perte de la récolte de l'année, mais souvent, lorsqu'elles sont intenses, celle de la suivante, et même des deux suivantes, en désorganisant les boutons à bois. Cette susceptibilité de la gelée, lorsqu'ils sont en fleurs, est le plus

grave inconvénient qu'ils aient. On les garantit de ses désastreux effets au moyen de paillassons, ou seulement de toiles,
qu'on étend par divers moyens, à deux ou trois pouces d'eux,
et qu'on ôte pendant les temps chauds, sur-tout lorsque le soleil
brille.

Les cultivateurs de Montreuil disposent différemment leurs
paillassons. Ils font sceller sous le chaperon de leurs murs des
échalas faisant saillie d'un pied et demi, et placés à la distance
d'un pied et huit pouces, sur lesquels ils attachent leurs paillassons avec de l'osier, dès le mois de février jusqu'à la mi-mai.
Comme il y a plus d'un pied d'intervalle entre ces paillassons
et les pêchers, ils n'empêchent pas de tailler, de suivre la
pousse et la floraison des arbres, de détruire les limaçons les
chenilles et autres insectes destructeurs. On entr'ouvre seulement ces paillassons pendant les jours dont il a été parlé plus
haut. Ce sont moins les gelées fortes que les gelées humides
que redoutent ces cultivateurs. *Voyez* au mot GELÉE.

On juge que la récolte est perdue à la couleur noire que
prend le pistil. Une pluie long-temps continuée, ou une pluie
forte produisent les mêmes résultats, du moins quant à la
récolte de l'année, en empêchant la fécondation de s'effectuer,
soit par le défaut de dispersion de la poussière fécondante des
anthères, soit par son entraînement. Les paillassons ou les
toiles sont encore nécessaires dans ce cas. *Voyez* PLUIE,
FÉCONDATION et COULURE.

Quelquefois un froid léger, mais permanent, ou un vent
sec long-temps continu, produisent les mêmes effets que la
pluie, c'est-à-dire empêchent la fécondation : il est encore
possible de garantir les pêchers de leur action par les mêmes
moyens. *Voyez* FROID et VENT.

La saison est-elle arrivée à une époque où les gelées n'ont
plus lieu, où les fruits sont noués et annoncent la plus abondante récolte, les cultivateurs ont encore à craindre et une extrême sécheresse, et une extrême humidité, qui toutes deux
font également tomber leurs fruits par des causes opposées.
Voyez SÉCHERESSE et HUMIDITÉ.

Pendant tout cet intervalle de dangers, et par conséquent
d'inquiétude, les cultivateurs ne touchent pas aux pêchers;
ce n'est que dans le courant de mai, c'est-à-dire lorsque les
bourgeons ont acquis dix à douze pouces de long, qu'ils s'occupent de l'opération qu'on appelle l'ébourgeonnement.

Ici je dois encore, pour l'avantage du lecteur, m'appuyer
de l'expérience de M. Butret.

« L'ébourgeonnement est la suppression des bourgeons superflus. On ôte tous ceux qui ont poussé devant et derrière
les branches à bois ; ceux placés sur les côtés et qui sont inuti-

les au regarni de l'arbre sont également retranchés ; surtout il faut faire attention que les bourgeons à bois conservés soient terminés par une pousse vigoureuse, afin de former par la suite de bonnes branches à bois, sur-tout si cette branche est le prolongement d'un membre ou d'une branche mère. Si le dernier œil de la taille avoit manqué, ou n'avoit donné que de foibles pousses, il faudroit ravaler sur le bourgeon inférieur le plus fort.

« A l'égard des branches à fruit, il faut supprimer toutes celles qui n'en portent pas, ravaler sur le bourgeon inférieur la partie supérieure de la branche qui n'en a qu'au bas, et supprimer ceux de ces bourgeons qui sont inférieurs au fruit, excepté un ou deux des plus bas qu'on réserve pour les remplacemens. » Si une branche sans fruit avoit de pareils bourgeons, il faudroit également, et par la même raison, la ravaler sur l'avant-dernier.

L'ébourgeonnage donne lieu à une grande déperdition de sève, et affoiblit toujours l'arbre ; mais bientôt les plaies se cicatrisent, et il prolonge ses pousses avec plus de vigueur qu'auparavant. S'il faisoit sec au moment où on l'effectue, il seroit bon de l'arroser. J'ai vu des pêchers ébourgeonnés outre mesure, ou en saison contraire, perdre tous leurs fruits deux ou trois jours après ; j'en ai vu même mourir des suites de cette opération. *Voyez* au mot ÉBOURGEONNER.

Le palissage est le complément de l'ébourgeonnage : la plupart des jardiniers les exécutent en même temps ; c'est un grave abus, car l'arbre est assez fatigué par les pertes résultans de la première de ces opérations, pour ne pas devoir éviter de gêner encore la circulation de sa sève en donnant une direction forcée à ses bourgeons ; aussi M. Butret conseille-t-il de le retarder le plus possible, c'est-à-dire jusqu'à la pousse d'août. « La végétation, dit ce cultivateur, a besoin de n'être pas dérangée pendant qu'elle travaille à perfectionner l'amande du fruit ; perfectionnement qui est le véritable but de la nature, et c'est au mois de juin, plus tôt ou plus tard, qu'il s'opère. Cependant les jeunes pêchers qui n'ont point ou très peu de fruit, poussant vivement dès la première sève, doivent être palissadés de bonne heure, pour les débarrasser des bourgeons inutiles ou mal placés, pour pouvoir plier et disposer facilement les autres, et encore pour empêcher qu'ils ne soient rompus par les grands vents. Cette dernière raison doit engager à palissader plus tôt, sur les arbres faits, les forts bourgeons des branches à bois, sur-tout ceux qui continuent les membres et les mères. »

Pour un espalier bien dirigé, le palissage dure un mois, parcequ'il ne se fait qu'à mesure du besoin. On commence pár les variétés les plus hâtives, et, on y révient à diverses reprises. On trouvera au mot PALISSAGE les principes et le mode d'après lesquels il doit être effectué.

Quoiqu'il tombe toujours naturellement beaucoup de fruits aux pêchers, cependant il en reste presque toujours trop, ce qui nuit à la grosseur et à la qualité de ceux qui restent, ainsi qu'à la végétation des bourgeons. Il est donc bon, lors du palissage, de supprimer ceux qui sont triples, doubles, et même les uniques lorsqu'ils sont mal placés. Il est impossible de donner des indications sur ceux qu'il convient de laisser, c'est au discernement du jardinier à en juger par l'aspect.

Un autre soin bien important est de découvrir ces fruits avant leur maturité, pour leur donner un beau coloris et toute la saveur dont ils sont susceptibles; pour cet effet on coupe les feuilles qui les ombragent avec une serpette, mais petit à petit, de manière que l'opération ne soit complète que quinze jours avant la maturité pour les variétés rouges. Lorsqu'on les arrache, ce qu'on ne fait que trop souvent, on nuit beaucoup aux boutons. Quant aux pêches d'automne, on les découvre plus tôt, c'est-à-dire dès le commencement de septembre, à raison de la diminution de force des rayons du soleil à l'époque de leur maturité.

La cueillette des pêches ne doit pas se faire violemment, encore moins être précédée d'un coup de pouce, ainsi que le pratiquent les jardiniers ordinaires. Il faut les empoigner avec les cinq doigts, et les tirer doucement; elles viennent facilement quand elles sont arrivées au point convenable. Au reste, les personnes exercées reconnoissent avec certitude celles qui sont mûres à une certaine teinte jaune qui perce à travers leur coloris.

Il est bon de brosser légèrement les pêches proprement dites avec une vergette, pour enlever leur duvet, qui est désagréable à la bouche et nuit à leur beauté.

Une opération essentielle, qui ne se pratique guère qu'à Montreuil, est celle que les intelligens cultivateurs de ce village appellent le REMPLACEMENT. Elle se fait immédiatement après la cueillette des fruits, et consiste à ravaler les branches à fruits sur les deux ou l'un des beux bourgeons inférieurs conservés lors de l'ébourgeonnage. Ses suites sont que ces bourgeons acquièrent des forces pendant le reste de la saison, et fournissent une plus grande quantité de fruits que si on avoit attendu le moment de la taille pour faire ce retranchement.

On est généralement dans l'usage de donner chaque hiver un labour aux plates-bandes des espaliers de pêchers, et deux ou trois binages pendant l'été. Le plus souvent ces plates-bandes sont cultivées en légumes. Les cultivateurs de Montreuil ont supprimé et les labours et les cultures. Ils se contentent de ratisser leurs plates-bandes lorsqu'ils y voient de l'herbe, et s'en trouvent bien. Je crois que par leur méthode, la terre conservant une humidité constante, leurs arbres suivent un cours de végétation plus régulier; mais je ne blâmerai pas cependant ceux qui utilisent leurs plates-bandes par des cultures de primeur et autres.

Comme tous les autres arbres, le pêcher épuise la terre des sucs qui lui sont propres, et dépérit si on ne lui donne pas ou de la nouvelle terre ou des engrais. Il faut donc, tous les trois, quatre, cinq ou six ans, suivant la nature plus ou moins fertile du sol, couvrir la plate-bande, en automne, de trois à quatre pouces de bon fumier, et l'enterrer de suite et non après la taille. *Voyez* au mot FUMIER. Tout fumier qui a mauvaise odeur doit être rejeté, comme pouvant développer une saveur désagréable dans le fruit. Cette considération, prise à la rigueur, fait que quelques amateurs préfèrent renouveler la terre au pied de leurs pêchers. Pour cela ils en enlèvent, (pendant les jours doux de l'hiver, et sans endommager les racines) une masse aussi profonde que possible, et la remplacent par celle des carrés de leurs jardins. Cette pratique, quoique coûteuse, est dans le cas d'être approuvée.

J'ai dit, au commencement de cet article, que le pêcher en plein vent vivoit rarement plus de quinze à vingt ans. Celui en espalier vit communément le double. On a discuté la cause de ce fait, qui est en contradiction avec ceux du même genre qu'offrent les autres espèces d'arbres fruitiers. Je crois qu'on peut l'expliquer, par la tendance qu'ont les arbres en plein vent de se dégarnir de branches, et par conséquent de FEUILLES. *Voyez* ce dernier mot. En effet, les fortes ou nombreuses racines de ce dernier, ne recevant en automne qu'une quantité de sève proportionnée au nombre de ses feuilles, ne peuvent en fournir suffisamment au printemps pour la pousse des bourgeons qui sont très élevés, tandis qu'un espalier bien conduit a toujours la même quantité de branches et de feuilles, moins de racines et des tiges moins élevées.

Les deux maladies les plus dangereuses du pêcher sont la GOMME et la CLOQUE. La première est plutôt effet que cause. On la prévient ou on la guérit en augmentant la vigueur de l'arbre, soit par des tailles plus courtes, soit par des suppressions de fruit, soit par des engrais, et même simplement des arrosemens. La cause de la seconde n'est pas encore connue. Le seul remède avoué par l'expérience est aussi dangereux que le mal. C'est la suppression de toutes les feuilles, ou même de toutes les branches affectées *Voyez* au mot CLOQUE. *Voyez* aussi les mots JAUNISSE, BLANC et BRULURE.

Je renverrai aux ouvrages de Roger Schabol ceux qui mettent quelque importance à ces opérations médicales et chirurgicales, que conseille ce célèbre auteur ; opérations souvent très ingénieuses, et fondées sur de bons principes, mais dont on peut le plus souvent se dispenser. D'ailleurs la plupart se trouveront décrites sous leur nom propre.

La gomme du pêcher, comme celle du cerisier, se gonfle, mais ne se dissout pas dans l'eau. On la recherche peu dans les arts. *Voyez* Gomme.

L'huile qu'on tire de ses amandes a toutes les qualités de celle des amandes, proprement dites, et peut lui être substituée. Je ne sache pas que nulle part on en fasse usage, en grand, sous ce rapport.

Les feuilles du pêcher passent pour purgatives, vermifuges et fébrifuges. On en fait assez souvent usage en médecine, mais moins que des fleurs qui ont les mêmes propriétés, à un plus foible degré.

Les pêches se mangent presque toujours crues. Elles sont meilleures quelques heures après avoir été détachées de l'arbre, parceque le principe sucré s'y est développé. On les mange aussi, sur-tout celles d'automne et les pavies, cuites et assaisonnées avec du sucre et des aromates. Quelques personnes en conservent dans l'eau-de-vie, presque saturée de sucre. La pire manière de les manger, c'est après les avoir fait dessécher au soleil ou au four. Il est cependant des lieux où on en consomme beaucoup de cette manière. (B.)

PEDICELLE et PEDICULE. *Voyez* au mot Pédoncule.

PEDONCULE. Les botanistes donnent ce nom à ce qu'on appelle vulgairement la queue des fleurs et des fruits, c'est-à-dire à cette partie qui les attache à la branche de l'arbre qui les nourrit.

Il y a des pédoncules simples qui ne portent qu'une fleur ou qu'un fruit, il en est de composés ou ramifiés qui en portent plusieurs. On distingue les pédoncules partiels d'un pédoncule composé par la dénomination de Pédicelle ou Pédicule.

Le lieu de l'insertion des pédoncules est très important à considérer. *Voyez* au mot Plante.

PEINTADE. *Voyez* Pintade.

PEL. Nom employé dans le département de la Haute-Garonne comme synonyme de poil, maladie des cochons.

PELARD (BOIS). Bois écorcé sur pied.

PELLE. On donne ce nom à la bêche dans quelques cantons.

PELLE. Instrument de fer ou de bois qu'on emploie à beaucoup d'usages dans les divers travaux des champs, et dont on se sert plus particulièrement pour remuer les terres et les

grains. Quand il est de bois, il est toujours fait d'une seule
pièce. C'est une espèce de palette carrée, plus ou moins large,
un peu creusée en dedans, convexe en dehors, amincie à
l'une de ses extrémités et surmontée à l'autre d'un manche
rond ayant environ quatre pieds de longueur.

La plupart des pelles sont de bois d'aune ou de hêtre; elles
ont ordinairement quinze pouces de longueur sur dix de largeur. Lorsqu'on fait des buttes, des terrasses, des fossés, cet
instrument accompagne toujours la brouette. C'est avec l'un et
l'autre que se font tous les mouvemens et transports, tous les
déblais et remblais des terres. La pelle qui sert à remuer les
blés sur l'aire ou dans les greniers est un peu plus concave que
la pelle ordinaire. (D.)

PELLICULE. Petite peau extrêmement mince et déliée qui
recouvre une autre peau; elle est aux feuilles, aux fleurs, aux
fruits, aux tiges herbacées, ce que l'épiderme est à l'homme;
dans les arbres elle se trouve sous l'écorce raboteuse. La pellicule des plantes et de leurs parties est criblée d'un aussi
grand nombre de pores que la peau de l'homme, par lesquels
s'opère la transpiration insensible, la plus considérable des
évacuations de tout être qui respire. On doit juger par-là combien il est important de n'employer aucune substance graisseuse et huileuse sur les plantes, d'où résulte l'abus de tous
les topiques de ce genre. (R.)

PELOTTE DE NEIGE. *Voyez* OBIER STÉRILE.

PELOU. Epi de maïs dépouillé de son grain dans le département de Lot-et-Garonne.

PELOUSE. Lieu privé d'arbres ou de buissons, et complètement couvert d'herbe courte et de petites plantes. L'idée attachée au mot se confond souvent avec celle de GAZON et de
PATURAGE, mais à tort. Une pelouse diffère d'un gazon en ce
qu'elle est toujours en terrain sec et qu'elle renferme, outre
des graminées, des plantes d'un très grand nombre d'espèces
qui ne s'élèvent pas plus de cinq à six pouces. Quelques unes
de ces plantes, comme les CISTES, les POLYGALAS, les THYMS,
sont même un peu ligneuses. Toutes fleurissent dans la saison
et jettent sur les pelouses un charme que n'ont point les gazons.
Souvent et même presque toujours une pelouse est un pâturage ; mais cependant elle se distingue du pâturage proprement dit, parcequ'elle est en terrain sec, et que les bestiaux y trouvant une nourriture peu abondante ne la fréquen-
tent que de loin en loin. Ce sont les brebis qui, pouvant pincer
l'herbe la plus courte et y trouvant en abondance les diverses
espèces du genre FÉTUQUE (*voyez* ce mot), paroissent être le
plus particulièrement destinées à y vivre. Loin de leur nuire, les
troupeaux les embellissent en en tenant toujours l'herbe rase.

Une pelouse orne beaucoup un paysage et un jardin paysager ; mais elle est généralement d'un mince produit, et elle peut être le plus souvent transformée avec profit en bois ou en prairie artificielle. (Th.)

PELUCHE. Ensemble des pétales ou bequillons, qui, dans l'anémone des jardins, remplace les pistils. *Voyez* Anemone.

PENSEE. Espèce de Violette. *Voyez* ce mot.

PEPIE. Maladie des volailles, qui a son siège à l'extrémité de la langue. Comme il en a été question à l'article de ces maladies, il n'en sera pas parlé ici.

PÉPIN. On donne ce nom, en botanique, exclusivement aux graines des pommes, ou fruits pommacés. En agriculture on l'étend à beaucoup d'autres graines appartenant à des baies, des drupes, etc. Ainsi, c'est mal à propos qu'on dit un pepin de raisin, de groseille, d'épine vinette, de rosier, etc.

Ce n'est pas sans raison que les véritables pepins ont été entourés par la nature d'une pulpe aqueuse fort épaisse ; aussi sont-ils du nombre des graines qui mûrissent encore long-temps après la chute de l'arbre du fruit dans lequel ils sont renfermés, et perdent le plus promptement leur faculté germinative lorsqu'on les fait dessécher. Un agriculteur soigneux les laisse donc dans la pomme, jusqu'à ce que cette pomme commence à se pourrir, et il les sème ensuite sur-le-champ. Lorsqu'un voyageur est dans le cas d'en envoyer de loin, il faut qu'il les stratifie dans du bois pourri, de la mousse humide ou de la terre. Ils demandent à être peu entourés et placés dans un sol humide ou fréquemment arrosé. C'est pour n'avoir pas employé toutes ces précautions que tant d'espèces de la famille des pommacées, et de celle des rosacées, qui y tient de si près, manquent à nos collections.

Tous les pepins renferment une amande dont il est facile d'obtenir de l'huile, et qu'on peut employer à la nourriture de la volaille ; mais rarement on en tire parti sous ces rapports. (B.)

PÉPINIÈRE. C'est ainsi qu'on appelle un espace de terrain uniquement employé à semer des graines d'arbres et à élever, pendant ses premières années, le plant qui en est provenu.

Il est probable que les pépinières ont été connues des premiers peuples agricoles ; mais il ne paroît pas, d'après les documens historiques, que leur culture fût une science, ni leur produit un objet de commerce, même à l'époque de la grande prospérité des Grecs et des Romains.

Nos pères n'avoient aucune idée des avantages des pépinières. Quand ils vouloient planter un bois, ils semoient les graines sur place ; lorsqu'il falloit le regarnir, ils arrachoient du plant dans un lieu pour le planter autre part. Leurs vergers s'entretenoient ou par le moyen de sauvageons qu'ils alloient chercher dans les forêts, qu'ils mettoient d'abord en place, et qu'ils greffoient quelques années après, ou par les rejetons qui sortoient naturellement de leurs arbres fruitiers et qu'ils traitoient de même.

On n'a commencé, à l'exemple des chartreux de Paris, à établir des pépinières marchandes autour des grandes villes de France que vers la fin du dix-septième siècle. Ce n'est que depuis lors qu'on trouve abondance et bon marché, 1° des meilleures variétés d'arbres à fruits, jadis si difficiles à se procurer; 2° des arbres et arbustes étrangers, autrefois si rares; 3° du plant d'arbres forestiers, que la plupart des non propriétaires ne pouvoient se procurer que par des délits. D'ailleurs, un homme qui se livre à une seule branche d'industrie, qui réfléchit pendant toute l'année sur ce qu'il a fait, sur ce qu'il fait et sur ce qui lui reste à faire, qui est excité par son propre intérêt à faire toujours mieux, doit avoir un immense avantage sur celui qui s'en occupe seulement pendant de courts instans pris sur d'autres occupations, et qui n'y met qu'autant d'importance qu'il faut pour ne pas s'exposer à des reproches.

Le nombre des pépinières est aujourd'hui extrêmement considérable. Elles sont l'objet d'un commerce de grande importance. Aussi le goût des plantations s'étend-il de jour en jour, et si ce goût ne se refroidit pas, bientôt les arbres isolés seront assez nombreux pour contre-balancer les inquiétans effets de la destruction de nos forêts. Le gouvernement les encourage autant que les circonstances le permettent, soit directement, soit indirectement.

Une plaine, ou le bas d'un coteau, l'un et l'autre mis à l'abri des vents froids et des vents violens par des abris naturels, sont les lieux à préférer pour former une pépinière. Le terrain doit être d'une fertilité moyenne, ni trop sec, ni trop humide, et au moins de deux pieds de profondeur.

Ce n'est point un paradoxe qui me fait indiquer un terrain médiocre comme plus convenable qu'un bon, c'est parceque la théorie et l'expérience prouvent qu'il est plus avantageux, 1° parceque lorsqu'un arbre se trouve, pendant les premières années de son existence, dans la situation la plus favorable possible; ses vaisseaux prennent une amplitude proportionnée à l'abondance de sève qu'il reçoit, et que si cette situation change en mal, ces mêmes vaisseaux, ne recevant plus la même quantité de sève, ne peuvent plus s'en remplir, ni porter par conséquent toute la nourriture nécessaire aux extrémités des rameaux. Aussi, lorsqu'on change un arbre d'un bon terrain dans un mauvais, languit-il toujours, et finit-il souvent par mourir à la fin de la première année ou de la suivante, tandis que celui qui est arraché dans un sol médiocre réussit également, soit qu'on le plante dans un bon ou dans un mauvais.

Malgré l'évidence de ce que je viens de rapporter, la plupart des spéculateurs recherchent les meilleurs terrains, parceque la plupart des acquéreurs se laissent séduire par la belle apparence des arbres qui y ont crû, et ignorent qu'elle est pour eux l'indice d'une mort presque certaine. Un homme sage comparera donc la nature de son sol avec celui de la pépinière d'où il se propose de tirer des arbres, et il se défiera des pousses vigoureuses et des larges feuilles des plants qu'on lui présentera.

Tout local destiné à recevoir une pépinière sera d'abord clos de MURS, de HAIES, ou de larges FOSSÉS (*voyez*, aux articles qui les concernent, les avantages et les inconvéniens de ces trois sortes de clôtures). Ensuite il sera défoncé de deux pieds au moins de profondeur, débarrassé des pierres, du chiendent, du liseron et autres racines vivaces qui pourroient s'y trouver. Plus le sol aura été remué, émietté, changé de place, et mieux les arbres prospèreront ; en conséquence le défoncement à la pioche sera, s'il est possible, préféré à tous les autres, parcequ'il remplit parfaitement cet objet. *Voy.* au mot DÉFONCEMENT.

Comme si la terre végétale étoit trop enterrée, elle ne pourroit pas servir à la nourriture des semis et des plus jeunes plants, il ne faut pas faire le défoncement trop profond lorsqu'elle a peu d'épaisseur. La nature de la terre, qui est immédiatement sous elle, doit guider dans ce cas pour lequel il est difficile d'établir des principes généraux.

Dans les mauvais terrains on peut faire mettre du fumier, des vases d'étang ou de marais, des gazons et autres engrais, y apporter des marnes, des bonnes terres, etc. Un sol trop sablonneux doit être amélioré avec de l'argile, et un sol trop argileux avec du sable. Mais ces transports sont ordinairement trop coûteux pour être exécutés.

L'opération du défoncement doit être faite avant l'hiver après lequel on se propose d'effectuer les semis et plantations, afin que les terres du fond, ramenées sur la surface, aient le temps de s'émietter aux pluies, aux gelées, aux neiges, et de s'imprégner du gaz atmosphérique et principalement du carbone, plus abondant en cette saison que dans les autres.

Ces diverses opérations terminées, on partage le terrain en carrés plus ou moins grands par des allées droites et parallèles, auxquelles on peut donner de six à douze pieds de large, et qu'on élève ou creuse selon que le terrain est sec ou humide. Ces carrés, qu'on ne doit pas craindre de multiplier, à raison de l'air et de la lumière dont les plantes ont besoin pour végéter convenablement, sont ensuite subdivisés en planches de six pieds de large séparées par des sentiers d'un pied.

Dans les pépinières où on se propose d'élever des arbres forestiers ou des arbres fruitiers, pour qui on ne craint ni le froid ni le chaud, il n'y a plus qu'à semer ou planter; mais dans celles destinées à cultiver des arbres étrangers, plus ou moins délicats, il faut auparavant construire des abris pour garantir le jeune plant, ou de la gelée, ou des rayons brûlans du soleil. *Voyez* au mot ABRI.

On divise les pépinières en quatre sortes, à raison de la différence des travaux qu'elles exigent, quoiqu'on ne puisse pas, même en théorie, établir une ligne de démarcation précise entre elles, et qu'elles soient presque toujours confondues dans la pratique; ces pépinières sont celles des ARBRES FORESTIERS, des ARBRES FRUITIERS, des ARBRES D'AGRÉMENT et des ARBRES VERTS. J'en traiterai séparément, et j'éviterai d'entrer dans des détails d'application pour ne pas faire de répétition. On trouvera sous chaque nom de genre, dans le corps de cet ouvrage, tout ce qu'il convient de savoir relativement à la culture particulière des espèces.

PÉPINIÈRE D'ARBRES FORESTIERS. C'est principalement au moyen des semis qu'on forme les pépinières forestières. Les chênes, les frênes, les charmes, les érables, les bouleaux, les hêtres, les châtaigniers, les cormiers, les coudriers, etc., se multiplient difficilement d'une autre manière. Il en est qui, comme le platane, le tilleul, le buis, sont plutôt multipliés par marcottes, et qui comme les peupliers, les saules, les aunes, sont généralement le produit de boutures; mais il faut le dire, les arbres provenant de marcottes ou de boutures ne viennent jamais aussi beaux et ne durent jamais aussi long-temps que ceux fournis par les semences.

Un des points des plus importans pour celui qui dirige une pépinière de cette sorte, c'est de se procurer de la graine mûre à point et la plus belle possible. Il ne doit s'en rapporter qu'à lui pour cet objet. *Voyez* le mot GRAINE.

Quelques graines d'arbres exigent d'être semées aussitôt qu'elles sont tombées de l'arbre, d'autres peuvent attendre le printemps. Il faut les connoître. En général il seroit bon de suivre l'indication de la nature, pour cela de les semer avant l'hiver; mais comme elles sont la plupart du goût des oiseaux, des rats et autres animaux, celles qui sont trop recherchées, trop faciles à trouver, à raison de leur grosseur, comme les châtaignes, les glands, les faînes, ne doivent pas l'être. On a imaginé un moyen très avantageux à employer dans ce cas. C'est de mettre ces graines, ce qu'on appelle en JAUGE ou au GERMOIR. *Voyez* ces mots.

On emploie trois modes pour semer les graines, 1° à la volée; 2° en rayon; 3° au plantoir. Les deux premières se pratiquent pour les graines fines. La dernière pour celles qui sont très grosses, comme les noix, les châtaignes, les amandes. *Voyez* au mot Semis.

Comme l'air est indispensable à la germination des graines, il faut qu'elles soient d'autant moins enterrées qu'elles sont plus fines. Il en est même plusieurs qui ne veulent pas l'être du tout, comme celles du bouleau, de l'orme. Plusieurs ne lèvent que la seconde année, quoique semées immédiatement après leur récolte, telles que celles de l'aubépine, du sorbier, etc. Il faut le savoir.

Il y a plusieurs graines qui mûrissent assez tôt pour pouvoir être semées et donner du plant la même année; l'orme, les érables rouges et cotonneux se trouvent principalement dans ce cas.

Plusieurs petits quadrupèdes et plusieurs oiseaux se jettent sur les semis et dévorent les graines, même lorsqu'elles commencent à sortir de terre. Une surveillance active ou des pièges, ou le poison, sont donc nécessaires.

Des arrosemens pendant les grandes chaleurs deviennent toujours avantageux pour assurer la germination des graines et l'accroissement du plant, mais on ne peut les donner aux pépinières d'arbres forestiers sans des dépenses considérables, et il y a quelques inconvéniens à les trop multiplier, ainsi que je l'ai fait remarquer au commencement de cet article. *Voyez* le mot Arrosement.

Le plant levé demande d'être sarclé et quelquefois éclairci pendant l'été. Il se vend souvent l'hiver suivant, soit pour planter immédiatement des bois, soit pour regarnir les pépinières des environs des grandes villes qui, à raison de la cherté du terrain, préfèrent s'en pourvoir au loin.

Deux opinions prédominent parmi les pépiniéristes sur la marche qu'il faut suivre lorsque les plants sont arrivés au premier hiver. Les uns pensent qu'il est utile de les repiquer à cette époque. Les autres qu'il faut encore attendre un an pour les espèces les plus hâtives, et deux pour les autres. L'observation prouve que les arbres repiqués dans leur première jeunesse profitent mieux que ceux qui le sont plus tard; mais comme cette première transplantation ne dispense pas d'une seconde, la nécessité d'économiser doit souvent forcer d'attendre. La transplantation en Rigole est un terme moyen fort usité dans les grandes pépinières. *Voyez* ce mot et le mot Jauge.

Lorsqu'il s'agit de faire des grandes plantations de bois, on prend généralement du plant de deux ou trois ans, parceque plus jeune il pourroit difficilement résister aux grandes sécheresses, et plus vieux il reprendroit plus difficilement. Dailleurs en suivant ce principe on conserve la plupart des pivots, ce qui est très important, ainsi que je le dirai plus bas. Au reste, la rapidité ou la difficulté du débit contrarie souvent ce principe dans les pépinières marchandes, qui gagnent toujours à vendre le plus tôt possible le plant des arbres dont il est facile de se procurer de la graine.

On doit procéder avec méthode à l'opération d'arracher le plant, car c'est d'elle que dépend le plus souvent sa reprise, en conséquence il faut faire, à l'extrémité de la planche qui le contient, une fosse aussi profonde que la longueur de ses racines, et miner le terrain pour l'enlever successivement sans endommager ces dernières. Malheureusement on n'agit pas toujours ainsi. Pour aller plus vite on arrache à la bêche, à la fourche, et souvent même seulement à la main; aussi la plupart de ces plants sont-ils remis en terre sans pivot, ce qui est un grand inconvénient lorsqu'ils sont destinés à former un bois. *Voyez* au mot Pivot.

La plupart des pépiniéristes coupent la tête et les principales racines du plant avant de le replanter. Ils appellent cette opération habiller. J'ai discuté à ce mot les avantages et les inconvéniens qu'il y a à les imiter. J'y renvoie le lecteur.

La nature du sol, l'espèce de l'arbre et le temps probable qu'il y restera, doivent servir de base pour fixer la distance à laquelle les plants doivent être espacés dans les pépinières. On sent en effet qu'ils doivent être plus éloignés dans une terre maigre que dans une terre fertile, moins s'ils doivent n'y rester que trois ans que s'ils doivent y rester six. Les peupliers d'Italie ne tiennent pas autant de place que les ormes, à raison de la disposition de leurs branches. En principe général il faut garder un juste milieu; car, lorsque les plants sont trop écartés, leur cime ne conserve pas à leur pied cette fraîcheur qui leur est si avantageuse, ils filent moins régulièrement; et, lorsqu'ils sont trop serrés, ils s'étiolent et s'enlèvent réciproquement la subsistance. Je ne fixerai donc pas cette distance; je dirai seulement qu'elle ne doit pas être moindre d'un pied ni plus considérable que deux en terrain de moyenne qualité.

On plante le plant de trois manières; savoir,

1° En le mettant dans une fosse de quatre pouces de large sur six à huit de profondeur et aussi longue que besoin est;

2° En creusant une suite de trous de même grandeur;

3° En faisant usage du plantoir.

La première, qu'on appelle mettre en jauge ou en rigole, ne s'emploie guère que lorsque le plant est très foible, comme je l'ai déjà observé plus haut.

La seconde est la plus souvent employée et la plus avantageuse. Elle se fait avec la pioche et demande quelque habitude
pour ouvrir le trou, empêcher les terres de retomber, placer
le plant droit et à la profondeur convenable, étendre régulie-
rement les racines, les recouvrir de terre, le tout bien et vite.
Il faudroit plusieurs pages pour détailler ce qui a rapport à
cette opération, une des plus importantes et des plus négligées
de l'art du pépiniériste. C'est en voyant faire, ou mieux, en
faisant soi-même qu'on apprend ce que c'est que le tour de
main si simple et si difficile à décrire. Je renvoie au mot
PLANTATION et me contente d'observer ici que le plant ne
doit être ni trop ni trop peu enterré, que ses racines doivent
être étendues le plus possible sans être mises en position forcée, que la terre doit être légèrement tassée avec le pied ou
le dos de la pioche et non trépignée avec force comme on ne le
fait que trop souvent. Un bon ouvrier dans un sol meuble doit
planter ainsi cinq à six cents plants dans une journée.

Un alignement rigoureux est toujours avantageux dans les
plantations; ainsi on emploie le cordeau pour les guider.

La troisième manière de planter doit être réservée pour les
boutures, encore n'est-ce que par principe d'économie; car
l'action du plantoir durcit la terre en la tassant, et la rend par
conséquent moins propre à donner passage aux racines du
jeune plant. D'ailleurs elle ne fournit que rarement un trou
assez grand pour donner à ces mêmes racines tout le développement convenable.

Comme la dépense ne permet pas l'usage des arrosemens
dans les pépinières forestières, on ne doit y entreprendre une
plantation qu'autant qu'on juge le sol suffisamment humide,
ou qu'on peut espérer des pluies prochaines. Celle en terrain
sec sera toujours meilleure, si elle est faite avant; et celle en
terrain humide, si elle est faite après l'hiver.

Une attention importante à avoir lorsqu'on enlève du plant
pour le placer dans un autre endroit de la pépinière, c'est de
mettre obstacle au dessèchement de ses racines; car quelquefois, dans certaines constitutions de l'atmosphère, moins d'une
heure suffit pour les frapper de mort. En conséquence il est
prudent de n'arracher le plant qu'à mesure du besoin, ou lorsqu'il en reste, au moment de la suspension du travail, de le
mettre en jauge, c'est-à-dire de le couvrir momentanément de
terre. Cette action de l'air sur les racines s'appelle HALE.
Voyez ce mot.

Il faut encore plus empêcher l'effet des gelées sur ces mêmes
racines. Il est des arbres qui, quoique très robustes, y sont extrêmement sensibles, l'orme par exemple.

La direction des lignes de plant n'est pas indifférente. Il en est de même du placement de telle ou telle espèce. On doit au moins faire en sorte que les intervalles soient enfilés par le vent dominant, et que les espèces les plus vigoureuses n'étouffent pas celles dont la croissance est moins rapide ou la nature plus foible. Quant à la position du plant, relativement à celle qu'il avoit dans la planche du semis, elle ne mérite pas, à raison de son peu d'influence, d'être prise en considération.

La première année, le plant doit être biné au moins deux fois pendant l'été, et labouré à la bêche au moins une fois pendant l'hiver ; je dis au moins, parceque les sols argileux gagnent à l'être davantage, et qu'il est des circonstances, telles qu'une pluie battante, immédiatement après un binage, une longue succession de pluies, etc., où on est forcé de les multiplier. En principe, il faut tenir la surface de la terre meuble et dépourvue de mauvaises herbes. C'est dans les pépinières principalement que l'adage *labourer vaut fumer* a sa véritable application. Ces binages et ces labours doivent être faits de manière que les racines ne soient pas blessées, déchaussées, etc. On choisira pour les entreprendre une époque où la terre ne soit ni trop sèche ni trop mouillée, afin qu'elle se divise plus facilement.

Les plants, pendant le cours de cette année, qu'ils aient ou n'aient pas eu la tête coupée, ont poussé un grand nombre de branches latérales qui les ont fait buissonner. L'année suivante il faut, lorsqu'on veut faire des arbres d'alignemens, les supprimer en partie : c'est ce qu'on appelle TAILLER EN CROCHET. Cette opération, une des plus belles de l'art du pépiniériste, ne sera pas faite par une main inepte, car elle doit être réfléchie. Souvent il y a deux jets qui rivalisent ; il faut savoir distinguer celui qu'il est le plus avantageux de réserver, et couper l'autre rez tronc. Toutes les grosses branches seront également coupées rez tronc, et les autres à deux et même trois yeux. La raison de cette différence est que les grosses branches absorbent trop de sève et que les petites poussent des rameaux latéraux qui multiplient les feuilles, de sorte que la tige principale profite et de la sève qui se seroit perdue, et de celle qui se produit. *Voyez* les mots SÈVE et FEUILLE.

L'opération de la taille en crochet doit se faire pendant l'hiver ; mais quelques pépiniéristes la font en été entre les deux sèves, sans doute abusivement, puisqu'ils perdent le bénéfice d'une plus grande quantité de feuilles.

Pendant le cours de cette année, les labours doivent être aussi fréquens que pendant la première. Quelques pépiniéristes cependant, par fausse économie, n'en font que deux.

Souvent le plant n'a pas poussé avec vigueur la première année, soit à raison de la mauvaise nature du terrain, de la sécheresse de l'été, etc. Quelquefois le plant a été gelé par ses extrémités. Dans tous ces cas, il n'est pas possible d'en faire de beaux arbres en le mettant sur un brin ; on doit le récéper, c'est-à-dire le couper rez terre, pour lui faire pousser de nouveaux bourgeons, qui, à raison de la force acquise par la racine, s'élèvent du premier jet à une hauteur considérable, et sont très droits.

Quelques espèces d'arbres se prêtent plus facilement que d'autres à cette opération. On gagne toujours à la faire subir à l'orme. Le chêne et autres espèces de bois dur, les érables, les frênes et autres arbres à rameaux opposés ne doivent y être assujettis qu'à la dernière extrémité.

Ce récépage, qui a lieu pendant l'hiver, doit se faire avec précaution, pour ne pas trop ébranler les racines, et de manière que la plaie soit orientée au nord pour diminuer les inconvéniens d'un dessèchement trop rapide. Lorsque le premier feu de la sève est passé, au mois de juin par exemple pour le climat de Paris, on détache de chaque pied la plupart des bourgeons, ou mieux, on ne laisse que les deux les plus forts et les mieux opposés. Un mois plus tard on supprime le plus foible des deux. C'est alors que le conservé prend une amplitude et une élévation telle, qu'il devient souvent plus gros, plus élevé, et qu'il est toujours plus droit que la tige qu'il remplace : de sorte que, quoiqu'on semble perdre une année en agissant ainsi, on se trouve cependant presque toujours plus avancé pour la vente.

L'année suivante les plants sont taillés en crochet, et traités comme il a été dit plus haut.

Lorsqu'au lieu de conduire ainsi les jeunes plants, on les élague tous les ans, ils ne prennent pas de corps, s'élèvent bien moins rapidement, et se courbent par l'effet du poids de leurs feuilles. Cette méthode des élagages, si contraire au principe que les arbres vivent autant par leurs feuilles que par leurs racines, n'a plus lieu dans aucune pépinière marchande, parceque celui qui persisteroit à la suivre seroit immanquablement ruiné, puisqu'il ne pourroit vendre ses arbres que deux ou trois ans plus tard, et qu'ils seroient de plus inférieurs à ceux traités comme je viens de l'indiquer. Ce n'est donc que lorsque les arbres sont assez gros pour être vendus, que leur tête est bien formée, qu'il faut penser à les élaguer, pour leur donner une tige unie. Alors les inconvéniens ci-dessus sont moins sensibles à raison du nombre des branches de la tête, et ils disparoissent devant l'utilité dont sont, pour beaucoup de services, les arbres, dégarnis de branches dans le bas. On fait cette opération entre les deux sèves.

C'est à la même époque qu'on régularise la tête de ces arbres. Pour cela on arrête, en cassant ou tordant l'extrémité, le prolongement des bourgeons qui poussent plus vite que les autres ; on supprime avec la serpette les rameaux qui s'enchevrètent avec les autres, se rabougrissent, etc.

On arrive, par ces moyens, à mettre les arbres en état de sortir de la pépinière bien plus tôt que s'ils avoient été abandonnés à eux-mêmes, et à avoir des arbres rarement difformes et d'une grande égalité de vigueur, ce qui est important dans beaucoup de cas, par exemple quand on plante une avenue, une route, etc.

L'âge auquel les arbres peuvent être extraits de la pépinière pour être plantés à demeure varie de manière qu'il n'est pas possible d'établir de règle pour le fixer. En effet, chaque espèce d'arbre a une progression de croissance différente de celle des autres. Dans un bon terrain les arbres croissent plus rapidement. Une ou deux années favorables de suite produisent le même résultat dans un mauvais terrain. Telle année le besoin d'arbres se fait sentir ; telle autre il ne se présente pas d'acquéreur : en général c'est entre quatre et six ans. Tous les motifs se réunissent pour engager le pépiniériste à vendre le plus tôt possible, après que ses arbres sont formés, c'est-à-dire la quatrième ou la cinquième année pour le plus grand nombre ; mais l'acquéreur a quelquefois intérêt d'attendre un ou deux ans de plus, sur-tout quand il veut planter une avenue ; et plus souvent son ignorance le porte à croire qu'il y a, pour sa plus prompte jouissance, un avantage de les prendre les plus vieux possibles.

On prend, en arrachant les arbres de la pépinière, les précautions les plus grandes pour conserver les racines aussi entières que possible. C'est une opération sur laquelle l'acquéreur ne peut trop veiller ; car les ouvriers, pour aller vite, la font ordinairement fort mal. Les leviers qu'on emploie dans quelques endroits sont très avantageux lorsque le plant est fort, en ce qu'ils enlèvent souvent la motte et conservent les racines inférieures les plus importantes de toutes.

Certaines espèces d'arbres reprennent facilement de marcottes, d'autres de boutures ; et les arbres qui résultent de cette méthode de multiplication sont plus tôt formés que les autres. Les pépiniéristes ont donc de l'avantage à la préférer, quoique les arbres qui en résultent aient une moindre durée que ceux provenant de semence.

Le tilleul et le platane étant presque les seuls arbres de la classe qui m'occupe en ce moment qu'on puisse multiplier par marcottes, je renverrai à l'article des pépinières d'arbres d'agrément pour en parler.

La nombreuse famille des peupliers et des saules est principalement celle qu'on multiplie par boutures dans des pépinières forestières. Le platane peut lui être adjoint. Les détails dans lesquels on est entré à l'article des Boutures me dispense de parler ici de leurs différentes sortes et de la manière de les faire. Je voudrois seulement observer que l'usage où l'on est de leur couper la tête est nuisible; et, en effet, si les arbres vivent autant par leurs feuilles que par leurs racines, et si ces dernières sont produites dans une bouture par la sève descendante, comme on ne peut se refuser de le croire, c'est folie que de diminuer la production du nombre de ces feuilles, en ne laissant que deux ou trois yeux hors de terre. Il n'y a qu'un cas où cela puisse être avantageux, c'est lorsqu'on plante une très grosse bouture, un plançon de saule, par exemple, parcequ'il y a assez de sève dans la tige pour fairepousser des racines, et qu'il n'y auroit pas assez de racines poussées la première année pour nourrir un grand nombre de branches.

On met les boutures en terre, soit en faisant un trou à l'aide d'un plantoir, soit dans une fosse creusée à la bêche ou à la pioche, soit dans une tranchée plus ou poins prolongée. L'emploi du plantoir a des inconvéniens à raison du tassement de la terre. *Voy.* au mot PLANTOIR. L'emploi des deux autres moyens est plus coûteux; mais ils ont l'avantage d'ameublir la terre et de permettre de coucher la partie inférieure des boutures. *Voyez* aux mots BOUTURE et BOURRELET.

On fait aussi des boutures de racines *Voyez* ce mot.

Quoique d'après la théorie toute espèce de plante doive prendre racines, il n'y a cependant généralement que celles dont l'organisation est molle et aqueuse qui réussissent en pleine terre.

Les bois durs, à quelques exceptions près, tel que le BUIS, ont besoin, pour reprendre, d'une grande chaleur et d'une grande humidité, parcequ'ils se dessèchent avant d'avoir poussé des racines.

On fait généralement à la fin de l'hiver les boutures des peupliers et des saules, et on les place de préférence dans un terrain frais à la distance de quinze à vingt pouces. Une fois reprises on conduit le plant comme il a été dit plus haut.

Toujours il est bon, lorsqu'on fait une plantation de plant, de quelque espèce que ce soit; de réserver un nombre de pieds proportionné à son étendue, pour regarnir les places où il y en auroit de manqué l'année qui suit celle de la plantation. Plus tard cette mesure devient superflue, le plant étant assez fort pour étouffer celui qu'on mettroit dans ses intervalles.

PÉPINIÈRE DES ARBRES FRUITIERS. Les travaux qu'exigent les pépinières d'arbres fruitiers étant plus compliqués que ceux de celles dont il vient d'être question, j'ai dû n'en parler qu'après, malgré l'importance plus grande qu'on leur donne généralement.

Nos pères, ainsi que je l'ai déjà fait remarquer, n'employoient pour renouveler le peu d'arbres à fruits qu'ils cultivoient que des jeunes plants crus naturellement dans les forêts, et presque toujours mis de suite en place, et greffés à un âge avancé. Dans quelques parties de la France on agit encore de même; mais on a renoncé depuis long-temps à cette méthode dans toutes les pépinières, non seulement par l'impossibilité de trouver la quantité de plants nécessaire, mais encore à cause de la mauvaise qualité de ce plant, qui, le plus souvent, est provenu de rejetons, est d'âge différent, est mal enraciné, etc. Aujourd'hui donc celui qui le remplace est le produit du semis des graines des arbres crus dans les forêts. C'est celui qu'on doit exclusivement appeler SAUVAGEON.

La graine des arbres déjà améliorés, ou mieux, altérés par la culture, donne du plant plus foible, plus susceptible de variations; mais les greffes qu'on leur confie offrent des fruits plus beaux et plus agréables au goût. On a dû, par cette dernière considération, les préférer dans les pépinières. C'est ce plant qu'on appelle FRANC dans les pépinières. Ordinairement on y sème des graines de poires et de pommes à cidre, c'est-à-dire de variétés peu perfectionnées, à raison de la difficulté qu'il y a de se procurer abondamment des pepins de beurré, de doyenné, de rainette, de calville et autres excellentes variétés; de sorte que réellement on greffe le plus souvent sur des sujets intermédiaires entre les sauvageons et les francs, ce qui n'est pas un mal relativement à la beauté et à la durée des arbres.

L'expérience a de plus prouvé que les greffes faites sur quelques espèces du même genre, ou sur quelques variétés de la même espèce, donnoient des fruits plus promptement, plus beaux, meilleurs, plus hâtifs, ou plus tardifs; et ces circonstances ont dû décider à employer fréquemment ces espèces ou variétés.

Cinq sortes de variétés, qui se lient par une infinité de nuances, sont principalement distinguées dans les pépinières. Ce sont les *arbres de tiges* ou *de plein vent*, les *demi-tiges*, les *pyramides*, les *quenouilles* et les *nains*; et dans chacune de ces sortes les *hâtifs* et les *tardifs*.

On peut réduire à dix les espèces d'arbres fruitiers qu'on cultive ordinairement dans les pépinières des environs de Paris; savoir, au *pommier*, au *poirier*, au *cognassier*, au *cerisier*, à l'*amandier*, à l'*abricotier*, au *pêcher*, au *noyer*, et au *châtaignier*, auxquels on peut joindre le *noisetier*, le *néflier*, le *cormier*, la *vigne*, le *figuier*, le *mûrier*, le *framboisier*, et les *groseillers*; mais lorsqu'on détaille leurs variétés, qui sont les espèces des jardiniers, on en trouve plus de six cents.

Le noyer, le châtaignier, le cormier, le néflier, le noisetier, lorsqu'on ne les greffe pas, ce qui a le plus souvent lieu, se cultivent positivement comme les arbres forestiers. La conduite de la vigne est complètement décrite à l'article qui la concerne. Celle du framboisier et du groseiller rentre dans celle des arbres d'agrément de la seconde classe, et celle du figuier et du mûrier dans celle des arbres d'agrément de la cinquième classe.

Je ne dois donc discuter ici que la culture des huit premières espèces qui portent plus particulièrement dans le langage commun le nom d'arbres fruitiers.

Deux divisions bien tranchées existent dans ces arbres.

La première renferme les arbres à pepins ; savoir, le pommier, le poirier, le cognassier. La seconde les arbres à noyaux, tels que le prunier, le cerisier, l'abricotier, l'amandier et le pêcher. Il est indispensable de parler séparément de la culture de ces deux séries, à raison des différences qu'elles offrent.

On se procure des sujets pour la greffe des arbres à pepins par semis de graines, par marcottes et par boutures.

J'ai parlé plus haut de l'avantage qu'il y avoit de semer des graines de sauvageons ou de francs très perfectionnées, et de l'usage où on est généralement de préférer, à raison du bon marché, de la graine de pommes ou de poires à cidre, qui fournissoient des sujets intermédiaires entre ces deux extrêmes. Je me contenterai donc d'observer ici qu'il faut, dans tous ces cas, choisir la graine la plus mûre et la plus nourrie, la conserver dans le fruit ou dans la pulpe, ou au GERMOIR (*voy.* ce mot), et ensuite la semer très clair, immédiatement après l'hiver, soit à la volée, soit en rayon, dans une terre bien meuble. Elle demande à n'être recouverte que d'un doigt de terre bien fine.

Comme le terrain est précieux aux environs de Paris et la main-d'œuvre chère, la plupart des pépiniéristes trouvent de l'économie à tirer leur plant, à deux ans, d'Orléans, de Caen, etc., où il existe de leurs confrères qui spéculent principalement sur la vente de ce plant.

Il est important, ainsi que ce que j'ai dit précédemment a dû le faire prévoir, de ne pas confondre, comme on le fait trop souvent, les sujets provenant des diverses espèces de graines, puisque chaque variété greffée avec la même doit donner un arbre d'autant plus rustique que cette variété se rapprochera plus du sauvageon, et fournira du fruit d'autant plus beau et plus savoureux qu'il s'en éloignera davantage.

Certains arbres très affoiblis par une longue suite de multiplications par marcottes ou par boutures donnent des fruits sans pepins et sans noyaux. Cet inconvénient devient un avantage dans quelques cas, par exemple, dans les nèfles, les raisins, les épines-vinettes. En conséquence, les pépiniéristes

doivent faire tous leurs efforts pour fixer ces variétés. Quelquefois ils n'y réussissent pas d'abord, c'est-à-dire que telle greffe,
telle marcotte, telle bouture, prise sur un individu sans pepins en donne pendant les premières années de l'arbre nouveau auquel elle donne naissance ; mais en vieillissant il revient à son type.

La première année le plant provenant du semis de pepins
n'a besoin que de sarclages et de quelques arrosemens pendant les chaleurs de l'été. Il faut bien se garder d'imiter les pépiniéristes qui l'arrosent outre mesure, qui le *poussent à l'eau*,
comme ils disent, parceque celui qui est ainsi traité, quoique
plus vigoureux en apparence, est réellement plus foible, puisque dès qu'on cesse de l'abreuver, ou qu'on le transplante, il
languit et finit par périr.

Il est des pépiniéristes qui laissent le plant en terre pendant
deux ans ; mais il est plus conforme aux principes de le repiquer à un an. Cependant dans ce cas, comme dans bien d'autres, il faut se conformer aux circonstances dans lesquelles on
se trouve, et ces circonstances varient sans fin.

C'est pendant l'hiver qu'on repique le plant des arbres à
pepins, tantôt plus tôt, tantôt plus tard, selon la nature du
plant, celle du terrain, l'état de l'atmosphère, la série des
travaux, etc. Les combinaisons de mille et mille causes qui
agissent directement ou indirectement dans ce cas ne permettent pas de fixer rigoureusement cette opération, ainsi que
la plupart de celles qui ont rapport à l'agriculture. Je dirai
donc seulement qu'on peut la faire depuis l'époque où la
chute des feuilles a indiqué le ralentissement de l'action de
la sève jusqu'à celle où le grossissement des boutons annonce
son renouvellement. Seulement il faut choisir un temps doux
et humide.

Ainsi que je l'ai dit plus haut, les plantations hâtives sont
préférables dans un sol sec, et les tardives dans un sol humide.
En général, les premières sont préférables, parceque la terre
a le temps de se tasser autour des racines.

Pour arracher le plant des arbres fruitiers, il faut prendre
les mêmes précautions que pour arracher celui des arbres
forestiers. Le pivot est coupé sans miséricorde par tous les
jardiniers ; mais il seroit cependant bon qu'ils conservassent
au moins celui des pieds qui sont destinés à fournir des arbres
de plein vent, afin que ces arbres jouissent à un plus haut
degré de la faculté de résister aux orages. Il suffit d'avoir vécu
dans les pays à cidre, où tous les arbres d'un canton sont quelquefois renversés en quelques instans, au grand détriment des
cultivateurs, pour pouvoir citer des faits en faveur de l'utilité
du Pivot. *Voyez* ce mot.

Les racines du plant des arbres fruitiers sont rigoureusement HABILLÉES (*voyez* ce mot) ; mais sa tige est rarement coupée lorsqu'on le plante. On réserve cette opération pour la seconde année , encore ne la pratique-t-on que sur les pieds qui ont poussé d'une manière irrégulière. Cependant lorsque le plant a plus de deux ans il est souvent avantageux de lui couper la tige, ainsi que je l'ai indiqué plus haut , et par les mêmes motifs.

On place ordinairement le plant des arbres fruitiers à la distance de 15 à 20 pouces, et ce conformément aux principes théoriques et pratiques développés à l'occasion des arbres forestiers. La raison pour laquelle on l'espace moins c'est qu'il ne doit pas rester aussi long-temps en place.

Pendant l'année qui suit le repiquage on donne deux ou trois binages et un labour. C'est à la sève d'août de la même année qu'on greffe tous les sujets dont on veut faire des nains ou des demi-tiges. Ceux qu'on réserve pour faire des arbres de plein vent, et qu'on appelle *égrains* dans quelques lieux, ne sont greffés qu'à la quatrième année et quelquefois plus tard. On gagne à greffer la première année, après le repiquage, plutôt que la seconde, parceque la greffe s'identifie plus intimement avec le sujet, et que lorsqu'elle manque on peut la recommencer l'année suivante. Il est cependant des pépiniéristes qui attendent toujours la seconde année, par la raison que leurs pères le faisoient ainsi.

Avant le développement de la sève du printemps de la seconde année, on visite toutes les greffes et on coupe la tête du sujet, à un pouce au-dessus, inclinant la plaie du côté qui lui est opposé. Les sujets des greffes qui ont manqué, s'ils sont d'une belle venue, sont réservés pour des égrains, sinon ils sont greffés en fente, entre deux terres (ou très près de terre) ou greffés en écusson à l'automne suivant.

Au milieu de l'été on assure les bourgeons, qui ont quelquefois deux à trois pieds de haut, contre les efforts des vents , en les attachant à des TUTEURS (*voyez* ce mot) , au moyen de liens de jonc ou de paille ; l'osier ne vaut rien, comme trop peu flexible.

Quelques pépiniéristes pour économiser les tuteurs , qui en effet sont une dépense considérable, laissent un chicot de trois à quatre pouces au-dessus de la greffe et y assujettissent le bourgeon au moyen d'un lien fort lâche. Cette pratique remplit en partie le but, c'est-à-dire qu'elle empêche le bourgeon de se décoller et lui fait prendre une direction verticale, mais elle ne le redresse pas s'il est tortu.

Dès que la greffe a acquis quelques lignes de longueur , on enlève tous les bourgeons qui ont poussé au-dessous d'elle et une partie de ceux qui ont poussé au-dessus. La totalité ne doit être enlevée qu'au milieu de juin, attendu qu'ils attirent la sève vers la greffe. Combien de millions de greffes périssent tous les ans pour avoir ébourgeonné trop tôt et trop rigoureusement les sujets sur lesquels elles étoient insérées !

Deux binages au moins doivent être donnés à la terre pendant l'été, le second immédiatement après le placement des tuteurs, et pendant l'hiver un bon labour.

Si quelques greffes poussent trop de bourgeons latéraux, on en supprime quelques uns ; mais cependant comme cette opération peut avoir des suites dangereuses, on ne peut la conseiller généralement.

L'hiver suivant on coupe le chicot du sujet, on taille en crochet les branches latérales de la greffe et on renouvelle ses attaches au tuteur.

Il est des arbres fruitiers dont la greffe réussit mieux en fente qu'en écusson sur telle variété en espèce que sur telle autre, qui se décollent plus facilement, etc. ; d'autres qui exigent d'être greffés à œil poussant. Toutes ces variations seront mentionnées aux articles qui les concernent.

Les arbres nains exigeant une foiblesse de constitution qui ne se trouve pas dans les francs et encore moins dans les véritables sauvageons, on est parvenu à se procurer les moyens de les avoir tels dans les poiriers et les pommiers, en greffant les premiers sur le COGNASSIER, espèce plus petite, et les seconds sur DOUCIN et encore mieux sur PARADIS, variétés plus petites conservées pour cet objet par une suite de multiplication par rejetons, par marcottes et par boutures. *Voyez* MARCOTTE, qui est celle de ces multiplications qu'on emploie le plus fréquemment dans les pépinières.

Comme les fruits à noyau se greffent généralement les uns sur les autres, et qu'il en est qui se plaisent dans des terrains de nature opposée, il faut qu'un pépiniériste en greffe sur les uns et sur les autres pour satisfaire à toutes les demandes Ainsi ses pêchers et ses abricotiers seront les uns sur amandier à la destination des terrains secs et sablonneux, les autres sur prunier à celle des terrains humides et argileux.

Les travaux qu'exigent les arbres fruitiers la seconde année de la pousse de leur greffe varient selon la nature de ces arbres et leur destination. Dès cette seconde année on peut vendre les amandiers, les pêchers, les abricotiers et quelques nains sur paradis. Les pommiers pour quenouilles s'arrêtent à quatre pieds, et ceux pour plein vent à sept ou huit. Il en est de même des poiriers. Quand les greffes sont destinées à former des quenouilles, on réserve avec le plus grand soin leurs pousses latérales ; mais quand elles sont destinées à former des tiges, on les enlève à l'âge et à l'époque de l'année qui a été indiquée plus haut pour la formation des arbres forestiers.

Les égrains, dont j'ai déjà parlé, se conduisent à cet égard comme les arbres greffés. Les uns se greffent dans la pépinière à cinq ou six ans, les autres sont mis en place à trois ou quatre ans, et ensuite greffés plus tôt ou plus tard selon que le propriétaire le juge à propos. Il y a à cet égard une grande divergence d'opinions parmi les cultivateurs, les uns prétendant que les greffes réussissent mieux sur les jeunes arbres, et les autres que les arbres greffés vieux durent plus long-temps. Je tiens qu'il est avantageux de greffer les arbres nains dans leur jeunesse; mais aussi l'expérience semble autoriser à croire que, pour ceux destinés à former de véritables plein-vents, la greffe à huit ou dix pieds de terre est préférable à celle faite à deux à trois pouces.

Les sujets provenant de rejetons ou de marcottes étant plus foibles et plus disposés à tracer, on doit préférer ceux résultans du semis des graines des arbres à fruits; cependant la facilité de se procurer des rejetons de cerisiers, de pruniers, fait qu'on les emploie souvent.

Il est beaucoup de connoissances de détail indispensables à un pépiniériste que je ne développerai pas ici, parcequ'elles seront indiquées à l'article de chaque arbre. Ainsi je dirai au mot AMANDIER que la greffe en fente réussit rarement sur lui, parceque la grande quantité de gomme qui transsude de son écorce, lorsqu'elle est fendue, empêche sa soudure; au mot PÊCHER et au mot ABRICOTIER, que certaines variétés se reproduisent du semis de leurs graines; au mot CERISIER, que la greffe sur Sainte-Lucie convient aux arbres destinés à être plantés dans un sol aride et calcaire; au mot PRUNIER, que quelques variétés se greffent avec plus de succès sur le damas que sur le Saint-Julien; au mot POIRIER, que telle variété ne réussit pas sur le cognassier, etc., etc. Un pépiniériste doit faire en sorte que ses arbres fruitiers sortent de ses mains à deux, trois, quatre et cinq ans au plus; cependant comme la vente n'est pas toujours aussi active qu'il peut le désirer, que d'ailleurs des personnes pensent que plus les arbres qu'elles achèteront seront vieux et plus tôt elles en obtiendront du fruit; il est souvent forcé et quelquefois déterminé, par son propre intérêt, à en conserver plus long-temps, même à en former, c'est-à-dire disposer en espalier, en contr'espalier, en quenouilles, etc.

Les arbres dont la greffe a manqué et auxquels on a coupé une ou plusieurs fois la tête doivent être rejetés, parcequ'ils ne deviennent jamais beaux, et vivent moins long-temps, à raison de ce qu'il s'est formé des bourrelets dans lesquels la sève circule avec difficulté. Un acquéreur doit donc les rejeter. Il s'en vend cependant tous les ans des quantités considérables, parceque les pépiniéristes ne veulent pas perdre une valeur déjà acquise. Il est presque toujours possible de faire concorder leur intérêt avec celui de l'acquéreur, en greffant, entre deux terres, en fente, les sujets dont la greffe a manqué plus d'une fois. En général, on peut reprocher aux pépiniéristes de ne pas assez souvent greffer entre deux terres, méthode qui a l'avantage de donner des arbres qui, prenant souvent des racines de leur bourrelet, deviennent francs de pied et gagnent par conséquent de la force et de la vigueur.

PÉPINIÈRE D'ARBRES D'AGRÉMENT. Les travaux qu'exigent les pépinières de cette sorte sont bien plus compliqués que ceux des précédens, parceque presque chaque arbre, arbrisseau et arbuste provenant d'un climat, d'un sol, d'une exposition différente, demande une culture particulière, et qu'on manque des données nécessaires pour se diriger lorsque tel arbre ou tel arbuste est cultivé pour la première fois ; ce n'est qu'autant que le pépiniériste est dirigé non seulement par des connoissances étendues et générales, mais encore par un esprit observateur, qu'il peut déterminer, par quelques données vagues, ce qu'il convient de faire, et changer de méthode avant qu'il n'y ait plus de ressources.

C'est principalement dans une pépinière d'arbres et d'arbustes d'agrément que les abris sont indispensables ; il en faut de grands et de petits, de fixes, de mobiles, contre le froid et contre le chaud ; en général, il est bon qu'elle soit exactement orientée, entourée de murs élevés, et qu'il passe dans son intérieur un courant d'eau, accompagné de bassins exposés au soleil, pour les arrosemens. L'eau de puits, outre sa plus grande dépense d'extraction, ayant l'inconvénient d'être pendant l'été à une température inférieure à celle de l'air, et contenant souvent des sels terreux nuisibles aux plantes.

Il est des graines d'arbres qui demandent à être semées à une exposition chaude, d'autres qui préfèrent celle du nord. Celle du levant convient à beaucoup, et la pire est celle du couchant.

Un pépiniériste éclairé dispose son terrain de manière à ne perdre aucun des avantages qu'il peut offrir ; en conséquence, le pied de ses murs formera une planche d'une largeur proportionnée à leur hauteur, laquelle sera partagée en petits carrés à bords relevés, pour recevoir les semences. Outre cela, si sa culture est fort étendue, il sera encore obligé de faire des abris au milieu de son enceinte avec des arbres ou des paillassons. *Voyez* aux mots ABRI, PAILLASSON et CLOCHE.

On compte, au moment actuel, plus de deux mille espèces

d'arbres, d'arbrisseaux et d'arbustes cultivés en pleine terre, avec plus ou moins de succès dans les pépinières d'arbres d'agrément, et ce nombre augmente tous les jours. Comme il est impossible d'entrer ici dans le détail du genre particulier de culture que demande chacune d'elles, je renvoie aux différens articles qui les concernent ceux des lecteurs qui voudront être complètement instruits sur ce qui les regarde.

Ces arbres et arbustes peuvent être rangés sous sept divisions générales, relativement au mode de culture qu'ils exigent.

1° Ceux du pays qui, comme le frêne, l'érable-sycomore, les peupliers, l'aubépine, les rosiers, etc., sont destinés, les uns à entrer tels qu'ils sont dans les bosquets, et les autres à servir de sujets pour la greffe des espèces étrangères ou de leurs propres variétés.

2° Ceux des pays étrangers qui sont depuis long-temps acclimatés, et dont la culture ne diffère pas de celle des précédens; par exemple, le marronnier d'Inde, le robinier, le lilas, le syringa, etc., qui servent à l'ornement de nos jardins, soit directement, soit indirectement, c'est-à-dire, dans ce dernier cas, en recevant la greffe d'espèces encore plus précieuses.

3° Ceux qui sont naturels à la Sibérie et autres contrées orientales, tels que les baguaudiers, les caragans, les spirées, les tragacants.

4° Ceux de l'Amérique septentrionale, ou des hautes montagnes de l'Europe, lesquels demandent de l'ombre et de la terre de bruyère. On range parmi eux les rosages, les kalmies, les andromèdes, les clethra, les airelles.

5° Ceux des parties méridionales de l'Europe et quelques autres de diverses parties du monde, qui gèlent l'hiver, mais qui peuvent être cependant cultivés en pleine terre, tels que les chênes verts, l'olivier, le myrte, le filaria, l'arbousier, les cistes, etc.

6° Ceux du Cap de Bonne-Espérance, de la Nouvelle Hollande, du nord de la Chine, du Japon, dont la nature exige de la terre de bruyère et de la chaleur. Dans cette division se trouvent les bruyères, les protées, les banksies, les metrosideros, les melaleuques, etc.

7° Ceux d'entre les tropiques qui doivent être tenus pendant la plus grande partie de l'année dans une serre chaude, tels que les goyaviers, les cafés, etc.

Une même culture, ou une culture peu différente de celle des pépinières forestières, peut être donnée aux arbres et arbustes des deux premières divisions; ainsi on sème leurs graines à la volée ou en rayons sur des planches préparées par des labours. On repique le plant qu'elles ont produit la seconde ou la troisième année; on les met sur un brin ou on les recèpe lorsque cela devient nécessaire : je dis lorsque cela devient nécessaire, parcequ'il est quelques espèces, comme le lilas, le syringa qu'on conserve plus volontiers en buisson, et d'autres qui souffrent difficilement cette opération, comme les noyers, les marronniers, etc.

Comme je l'ai déjà fait remarquer, une partie des arbres et arbustes de ces deux divisions sert immédiatement à l'ornement des jardins, et l'autre n'y est employée qu'après avoir reçu une greffe qui les transforme en une espèce ou une variété plus rare. Par exemple, on met sur le sycomore les érables d'Amérique et les variétés de ceux du pays; on place sur le frêne commun les frênes étrangers; sur l'aubépine les vingt espèces d'épines, les sorbiers, les amelanchiers, les poiriers, etc.; sur le marronnier d'Inde, les trois espèces de pavies.

Il est, dans la culture de ces sortes d'arbres, des connoissances de détail que je ne puis rappeler ici, mais qu'on trouvera aux articles de chaque arbre. Je dirai au mot chêne, que cet arbre ne se greffe qu'à l'anglaise; au mot érable, que le platanoïde n'est pas propre à recevoir la greffe des autres espèces du même genre, à raison du suc laiteux qu'il contient; au mot sorbier, que lorsqu'on veut donner à l'hybride une tête naturellement sphérique, il faut le greffer sur l'aubépine. *Voyez* aussi au mot GREFFE les précautions particulières qu'il convient de prendre, dans certains cas, pour assurer la réussite de cette opération.

Quelques arbustes se multiplient avec un égal succès par semences et par rejetons. Les pépiniéristes préfèrent le second de ces moyens, comme ayant des résultats plus prompts. Il en est d'autres, comme le chicot, l'aylante, le laurier sassafras, le redoul, etc., qui ne donnent presque jamais de graines dans le climat de Paris, et qui se reproduisent rarement par rejetons ou marcottes : on les multiplie par racines, c'est-à-dire qu'on enlève quelques racines aux vieux pieds, et qu'après les avoir coupés en tronçons plus ou moins longs, on les met en terre pour donner de nouveaux pieds. Ces racines donnent le plus souvent des tiges dès la première année, mais quelquefois ce n'est qu'à la seconde, à moins qu'on ne les place d'abord dans des terrines sous un châssis. Dans tous les cas, il faut que ces racines n'aient ni trop d'humidité, ni trop de sécheresse, car elles périroient infailliblement. Il en est d'autres enfin, comme le redoul, les galés, etc., qui réussissent mieux quand on emploie leur collet, que quand on fait usage de leurs tiges ou de leurs racines. On éclate alors avec la main, la bêche ou la pioche, les divisions de ce collet pour les planter séparément. *Voyez* au mot ECLAT.

Les arbres et arbustes développent quelquefois dans leur

état naturel, et bien plus souvent quand ils sont cultivés, des variétés dont quelques unes les rendent plus agréables, d'autres plus remarquables, d'autres plus propres à certaines destinations. Par exemple, 1° une graine semée dans un excellent terrain produit des variétés dont les feuilles sont démesurément grandes, dont les fleurs sont doubles; ce sont des variétés par excès de nourriture; 2° lorsqu'une graine est semée dans un très mauvais terrain, elle produit quelquefois un pied dont la tige, les feuilles ou les fleurs sont plus petites; ce sont trois variétés par défaut de nourriture; 3° lorsqu'un arbre souffre dans sa tige, dans ses feuilles, dans ses fleurs, la première se contourne, les secondes passent en partie au blanc ou au jaune, les troisièmes prennent une couleur différente ou une forme bizarre. Ce sont cinq variétés par maladie. Les amateurs de culture ont mis de tout temps, et mettent encore aujourd'hui plus que jamais une grande importance à ces variétés; le pépiniériste a dû en conséquence les rechercher, et ce, d'autant plus qu'elles ne lui coûtent guère plus à multiplier, et que cependant il les vend beaucoup plus cher que les espèces dont elles émanent. Quelquefois il arrive que les graines d'une variété la reproduisent, mais en général elles donnent le type de l'espèce. C'est donc par la greffe, les marcottes, les boutures qu'on les multiplie. On a remarqué que les greffes sur-tout fixoient les variétés, c'est-à-dire que, si on enlève un œil sur un pied d'orme panaché naturellement, il fournira certainement une pousse panachée, tandis que le pied cessera de l'être l'année suivante. C'est en saisissant ainsi des variétés, comme à la volée, qu'on est parvenu à doubler, tripler, quadrupler, quintupler quelques espèces : le houx en présente même sept à huit.

Ce sont les arbres et arbustes de la troisième et de la quatrième classe qui exercent le plus les pépiniéristes. Tous supportent nos hivers en pleine terre; mais tous ont besoin de soins dans leur enfance. C'est principalement pour eux qu'il est nécessaire de former des abris, de composer ou choisir des terres particulières.

La plupart des plantes sont organisées pour croître dans un sol particulier; cependant quelques unes se prêtent plus facilement que d'autres au changement à cet égard. Par exemple le saule, qui est un arbre aquatique, pousse passablement bien dans un lieu sec; mais jamais on ne pourra élever une bruyère sur un terrain argileux. La connoissance des faits de ce genre, appliquée à toutes les espèces d'arbres et d'arbustes qu'on cultive pour l'agrément, forme la partie la plus importante et la plus difficile de la science des pépiniéristes. Peu d'entre eux s'astreignent il est vrai à suivre rigoureusement l'indication de la nature ; mais ils en approchent assez pour que la plus grande masse possible d'espèces puisse entrer dans leur culture. Ils appellent *rebelles*, et abandonnent comme *ingrates*, celles de ces espèces qui ne se prêtent pas à cet égard au vœu de leur paresse et de leur ignorance.

Deux sortes de terres sont généralement employées pour cultiver les articles dont il est ici question, la terre franche et la terre de bruyère. *Voyez* TERRE et BRUYÈRE. La première, plus substantielle, plus compacte, sert à placer les arbres ou arbustes vigoureux. La seconde, peu substantielle et très perméable aux racines, est préférable pour les espèces délicates et pour les semis. Toutes les graines des arbres et arbustes dont il est ici question doivent donc être semées dans la terre de bruyère, la plupart au nord, soit en pleine terre, soit en terrines, quelques unes dans un endroit où l'air se renouvelle fort lentement. D'autres enfin exigent d'être placées dans des terrines, sur des couches à châssis plus ou moins chaudes. On doit les arroser fréquemment et légèrement. Souvent il est bon de les couvrir d'une foible couche de mousse qui conserve l'humidité dont elles ont constamment besoin ; il le seroit même toujours, si on n'avoit pas à craindre la pourriture des jeunes plants et les ravages des insectes que cette mousse attire. *Voyez* pour le surplus au mot ARROSEMENT.

Les plants levés sont sarclés, même serfouis, et laissés en place un ou deux ans pour qu'ils y acquièrent de la force. Lorsqu'on juge qu'ils sont en état de supporter la transplantation, on les arrache pour les repiquer dans une terre de bruyère neuve, à une distance de quelques pouces les uns des autres, en leur conservant toutes les racines et toutes les branches. Dans ce nouveau local, qui est également ombragé, elles n'ont besoin que d'arrosement dans les grandes sécheresses, et de deux ou trois serfouissages par an.

Ordinairement c'est à la troisième ou quatrième année qu'on enlève ces plants pour les vendre ou les placer, les uns dans une terre et une exposition quelconque, mais qui ne soit cependant pas trop en opposition avec celle qu'ils quittent ; les autres toujours dans une terre de bruyère, et à l'exposition du nord, à une distance les uns des autres proportionnée à la grandeur qu'ils sont susceptibles d'atteindre. Là on jouit de leurs agrémens, et on n'est astreint qu'aux labours ordinaires à tout jardin.

Quelques pépiniéristes ne mettent pas aussi promptement leur plant en place. A trois ans ils le repiquent à un pied de distance, et l'y laissent deux autres années se fortifier avant de le vendre, ou de le planter définitivement. C'est le résultat de calculs fondés, et sur la nature du plant et sur les chances de la vente, qui les guide dans ce cas.

On appelle *plate-bande de terre de bruyère* le lieu destiné à recevoir une plantation de ce genre. Les pépiniéristes sont obligés d'avoir de ces plates-bandes comme l'amateur, parceque beaucoup des espèces qui s'y placent se multiplient plus rapidement de marcottes et de rejetons que de graines, et qu'il est de son intérêt de produire le plus dans le moins de temps possible. *Voyez* au mot Plate-bande.

Les graines des arbres et arbustes dont il est question ici, venant des pays chauds, il est indispensable de les semer sur couche avec ou sans châssis, pour assurer leur germination. *Voyez* aux mots Couche et Semis.

Lorsque le plant a acquis une certaine force, il est repiqué, soit en pot, soit en pleine terre, ainsi qu'il a été dit au mot Repiquage, jusqu'à ce qu'il soit arrivé à une grandeur suffisante pour être mis en place. Lorsqu'il est fait en pleine terre, il se conduit positivement comme il a été indiqué plus haut. Lorsqu'il est fait dans des pots, il demande des précautions particulières.

On doit choisir pour exécuter cette opération un temps couvert, mouiller légèrement la terre, diviser la motte avec un couteau, ou à la main, placer chaque pied de plant dans un nouveau pot à moitié rempli de terre, en achevant de le remplir; arroser légèrement d'abord, ensuite copieusement, et déposer dans un lieu abrité des rayons du soleil, et même du hâle. *Voyez* au mot Rempotage.

Comme toute plante resserrée dans un pot consomme rapidement la portion nutritive de la petite quantité de terre qui la remplit, il faut lui donner, autant que possible, de la nouvelle terre tous les ans, et en varier la composition selon la nature et l'âge de la plante. Tantôt on renouvelle la terre toute entière, tantôt la moitié, le quart seulement.

Il est peu d'arbres et d'arbustes de cette division qui soient susceptibles de reprendre de bouture; mais la majeure partie se multiplie très facilement de Marcottes et de Rejetons. *Voyez* ces deux mots.

Faire trop de marcottes à un arbre foible est fort dangereux, parceque la sève, contrariée dans sa marche, suspend son mouvement d'ascension. Il n'est pas rare de voir des pépiniéristes avides perdre, par ce moyen, des sujets précieux sur lesquels ils fondoient les plus brillantes spéculations.

Ceux des arbres et arbustes de la cinquième division, qui appartiennent aux parties méridionales de l'Europe, de l'Asie, de l'Afrique et de l'Amérique, et qui par conséquent craignent les gelées du climat de Paris, demandent des soins particuliers

aux approches de l'hiver et au commencement du printemps.
Ainsi il faut les couvrir avec de la fougère, des feuilles sèches
ou de la paille, quelquefois avec des châssis, des caisses, etc.
Voyez au mot COUVERTURE.

Beaucoup des mêmes arbres et arbustes ne donnent point
de graines dans le climat de Paris, et se multiplient difficilement de marcottes, et encore moins de boutures, mais on en
greffe quelques uns sur des espèces du même genre plus rus-
tiques. On est presque toujours obligé de se fournir de graines
dans le pays natal; aussi sont-ils rares dans les pépinières, dont
leur mauvaise tournure habituelle les repousse d'ailleurs. Il
n'y a presque que l'oranger qui soit parmi eux généralement
recherché.

Les bénéfices que procurent aux pépiniéristes les arbres et
arbustes de la sixième division compensent le peu d'avantage
qu'ils retirent de ceux de celle-ci.

PÉPINIÈRE D'ARBRES VERTS OU RÉSINEUX. Je n'entends ici par
arbres verts que les espèces du genre SAPIN, PIN, THUYA,
CYPRÈS, GENEVRIER et IF, formant la famille des conifères.
Voyez ces différens mots. Généralement on les cultive en concurrence avec les autres arbres et arbustes de pleine terre, et
ils pourroient être compris parmi ceux qui composent la quatrième division des arbres et arbustes précédens.

Les graines des arbres verts mûrissent, les unes à la fin de
l'été, comme les sapinettes; les autres en automne, comme le pin
weymouth; d'autres en hiver, comme le sapin; enfin, d'autres au printemps, comme celles du pin sylvestre. Elles sont
du nombre de celles qui peuvent se garder pendant plusieurs
années sans perdre leur faculté germinative. C'est en les exposant au soleil, sur des toiles, qu'on détermine les cônes qui
les renferment à les laisser tomber. On les sème au printemps,
dans une terre bien préparée et exposée au nord, et on les
recouvre de quelques lignes de terre de bruyère. De légers
arrosemens pendant les chaleurs de l'été sont fort utiles, soit
à leur germination, soit à la végétation du plant qui en provient; mais ils ne doivent pas être prodigués.

Excepté celles des genevriers et de l'if, les graines des arbres verts lèvent la première année de leur mise en terre.

Il est des pépiniéristes qui lèvent leur plant dès qu'il a un
ou deux pouces de haut pour le repiquer dans un autre endroit, en l'espaçant de deux ou trois pouces. Cette pratique,
qu'on croit devoir empêcher ce plant de se fondre, peut être
adoptée pour les espèces rares, mais elle est trop minutieuse
pour être généralement conseillée. Le plus grand nombre ne
le repique qu'au printemps de l'année suivante, en espaçant
ce plant de six à huit pouces.

On donne deux ou trois binages par an au plant repiqué, et même quelques arrosemens pendant les chaleurs de l'été, si la sécheresse naturelle du sol le rend nécessaire. Au bout de deux ans il est encore changé de place, mais alors il a acquis assez de force pour être planté au soleil, et dans toutes sortes de terres. Deux à trois pieds est la distance qu'il faut alors lui donner.

Rarement la transplantation des arbres verts réussit quand elle est faite à une autre époque que celle où la sève entre en mouvement, c'est-à-dire au printemps ou à la fin de l'été, à moins qu'on ne les enlève avec la motte. Plus que celle d'aucune espèce d'arbre, elle a besoin d'être faite avec précaution. Une seule maîtresse racine cassée, ou le chevelu mis en terre dans une position forcée, suffit pour empêcher la reprise du pied le plus vigoureux. Ces racines craignent le hâle au point que moins d'une heure d'exposition à un air sec les frappe immanquablement de mort. Aussi, quand on désire transporter au loin du plant, faut-il avoir soin de se pourvoir de pots ou de paniers dans lesquels on puisse les mettre avec leur motte, ou lorsque cette motte s'est brisée, plonger à diverses reprises leurs racines dans une boue faite avec une partie de terre franche, deux de bouse de vache, et une d'eau. Non seulement il faut éviter de leur couper des racines, mais même des branches; car, à quelque époque de leur vie que ce soit, la serpette ne les touche pas impunément. Ils veulent rester indépendans; et certes quand on compare leurs belles tiges, leurs élégantes têtes à celles des autres arbres soumis à la taille, on ne peut qu'applaudir à leur résistance.

On ne sort les arbres verts du local de leur troisième transplantation qu'à l'époque où ils quittent la pépinière. L'âge le plus favorable pour les mettre définitivement en place est quatre, cinq et six ans; cependant, quand le lieu qui leur est destiné est garanti, il est plus sûr de les planter à deux ou trois ans. Un pin de plus de cinq ans réussit rarement à la transplantation, à moins de précautions trop coûteuses pour être conseillées.

Beaucoup de pépiniéristes, à raison de cette difficulté de faire reprendre les arbres verts d'un certain âge, se déterminent à les repiquer toujours dans des pots qu'ils enterrent, au moyen de quoi ils peuvent les livrer à toutes les époques de l'année. Il n'est pas nécessaire que le pot soit très grand, parceque les racines savent en sortir pour aller chercher leur nourriture en pleine terre, et que celles qui restent dans le pot suffisent pour assurer sa reprise. Des expériences qui me sont personnelles militent en faveur de cette méthode.

La voie des semis est presque la seule par laquelle on multiplie les arbres verts ; cependant il en est quelques uns, tels que le pin de Canada, le cyprès de la Louisiane, les thuyas, l'if, etc., qui reprennent assez bien de bouture lorsqu'on les fait en temps convenable et dans une terre propice. D'autres, tels que le génevrier de Phénicie, le pin de Weymouth, le cèdre du Liban, le baumier, etc., peuvent, au milieu du cours de leur sève, être greffés sur des espèces plus communes de leur genre. Cette greffe se fait en écusson lorsque les bourgeons sont en pleine activité de végétation, et exige qu'on empêche l'affluence de la résine sur l'œil par l'enlèvement d'un segment de l'écorce au-dessus de lui.

OBSERVATIONS GÉNÉRALES. La plupart des maladies, excepté celles qui sont la suite de la vieillesse, attaquent les arbres dans les pépinières. *Voyez* au mot MALADIE DES ARBRES. Il en est de même des insectes ; mais il en est quelques uns dont les ravages s'y font sentir bien plus vivement, telles que la COURTILIÈRE et la larve du HANNETON ; la première bouleversant les semis, et la seconde rongeant l'écorce des racines du plant. J'ai indiqué aux articles de ces insectes les moyens employés par les pépiniéristes pour en diminuer le nombre.

Les ESCARGOTS et les LIMACES causent aussi beaucoup de dommages dans les pépinières. Il en est de même des MULOTS, des CAMPAGNOLS et autres animaux du genre des rats. Je renvoie également à leurs articles.

L'établissement des grandes pépinières marchandes, et de leurs subdivisions, a donné un grand essor au commerce des arbres et arbustes. Aujourd'hui on spécule sur leur formation comme sur leur produit, c'est-à-dire que des capitalistes ou des jardiniers actifs et industrieux établissent des pépinières dont ils vendent les arbres par grosses parties à des marchands qui les placent avec bénéfice chez les propriétaires des fonds de terre. Malheureusement le peu de délicatesse de quelques pépiniéristes, et leur avidité pour le gain, jettent sur ces établissemens en général un discrédit qui leur nuit beaucoup. *Voyez* au mot PÉPINIÉRISTE.

Les arbres des pépinières, dont la destination est éloignée, doivent être emballés soigneusement. J'ai donné au mot EMBALLAGE les indications nécessaires pour exécuter cette opération avec succès.

En général, tous les articles de petite culture, tant en théorie qu'en pratique, faisant partie de cet ouvrage, sont des supplémens à celui-ci. Ce n'est donc qu'après les avoir parcourus qu'on pourra se former une idée complète des principes et de la manutention des pépinières. Il nous manque encore un traité complet des pépinières, quoique plusieurs ouvrages portent ce titre. Ce qu'on vient de lire n'est qu'un aperçu qu'il faudroit développer considérablement pour remplir le but tel que je le conçois. (B.)

PÉPINIÉRISTE. Jardinier qui se restreint à élever des arbres fruitiers ou des arbres et arbustes étrangers, pour les vendre lorsqu'ils sont assez forts pour être transplantés à demeure.

Il y a peu d'années que cette subdivision de l'art du jardinage est opérée. Les chartreux de Paris paroissent en avoir donné l'exemple, non que leur intention fût d'abord d'en faire une spéculation de commerce ; mais cultivant beaucoup d'arbres fruitiers pour satisfaire aux besoins de leurs différentes maisons, ils obtinrent un superflu qu'ils ont d'abord donné et ensuite vendu. Bientôt à leur imitation, et pour satisfaire aux demandes toujours croissantes des nombreux amateurs des jardins qui naquirent pendant les dernières années du règne de Louis XIV, des garçons jardiniers des chartreux formèrent des pépinières à Vitry. Ce sont proprement les premières qui aient été établies dans des intentions commerciales. Les grands bénéfices qu'obtinrent quelques uns de ces pépiniéristes firent qu'ils se multiplièrent, qu'ils se perfectionnèrent, et que les arbres à fruits tombèrent à moitié prix et même au-delà.

Vers le milieu du règne de Louis XV un nouvel ordre d'amateurs de plantes se montra. Ce sont ceux qui recherchent les arbres et arbustes étrangers pour l'agrément. D'abord le jardin du roi, à Trianon, le jardin du roi, à Paris, devenu celui du Muséum, et ceux de quelques riches particuliers, tels que MM. Duhamel, de Jeansen, Tschousdy, La Galissonière, Le Monier, de Noailles, Trochereau et autres, satisfirent aux besoins ; mais le goût croissant, le roi créa ses pépinières de Versailles et du Roule, et plusieurs jardiniers fleuristes se livrèrent spécialement, et comme spéculation de commerce, à la culture des arbres et arbustes étrangers. La révolution, loin de nuire au développement de ce nouveau genre d'industrie, l'a beaucoup augmenté.

Cels, d'amateur devenu marchand, y a porté ses grandes connoissances, son enthousiasme pour la culture, et sa bonne foi ; son fils, actuellement établi sur un autre local, barrière d'Enfer, marche sur ses traces. Villemorin, en succédant au commerce de graines de son père, a succédé à son honnêteté et à sa fidélité dans les expéditions. Desmet, en transportant son établissement à Saint-Denis, l'a beaucoup augmenté. A ces anciens, se sont, depuis la révolution, adjoints beaucoup d'autres qui ne leur cèdent point en mérite et en probité. Ils fourmillent à Versailles, et en général dans tous les cantons des environs de Paris. Ils se sont multipliés à Orléans. Il y en a auprès de la plupart des grandes villes.

Outre cela le gouvernement entretient à Paris la pépinière d'arbres et d'arbustes étrangers du Roule et celle d'arbres fruitiers du Luxembourg. Il a autorisé l'établissement d'une douzaine de pépinières départementales.

De plus, l'Empereur possède de vastes pépinières en tous genres à Versailles, et l'administration forestière en établit, qui un jour sans doute seront encore plus considérables, à quelques lieues de Paris.

Mais comment parler des pépiniéristes qui ont rendu des services à la science agricole, et ne pas faire mention de celui qui depuis cinquante ans ne cesse de les favoriser, de les encourager, de les éclairer, de mon savant et si estimable maître, collaborateur, collègue, et ami André Thouin; de celui qui par ses voyages leur a fourni tant d'objets nouveaux pour alimenter leurs établissemens, de Michaux père, qui après avoir passé trois ans en Perse, quinze ans dans l'Amérique septentrionale, est mort il y a deux ans au lit d'honneur d'un botaniste voyageur, c'est-à-dire à Madagascar.

La science agricole et le simple goût pour la culture ont donc en ce moment de quoi s'exercer.

C'est aux pépiniéristes actuels à soutenir le grand essor qu'a pris l'état qu'ils ont embrassé par la bonne foi et l'exactitude dans leurs opérations commerciales. Malheureusement on se plaint du peu de délicatesse de quelques uns, ce qui jette sur leur état un discrédit qui nuit beaucoup à sa prospérité. On trouve trop souvent qu'on a été trompé, soit dans l'espèce, soit dans la qualité des arbres, pour croire que ce soit toujours l'effet d'un malentendu ou d'une erreur, comme le prétendent ordinairement ceux à qui on en fait le reproche. Il en est, dit-on, d'assez déhontés pour réunir dans une même livraison tous les genres de friponneries possibles, c'est-à-dire qu'ils fournissent des arbres crus sur un terrain trop gras ou trop arrosé, greffés sur des sujets différens de ceux annoncés, portant des fruits autres que ceux demandés, d'une forme vicieuse, d'une nature foible, dont les racines ont été étronçonnées, exposées au hâle exprès pour empêcher leur reprise, n'étant pas au nombre indiqué par la facture, etc. (B.)

PEPON, *Cucurbita pepo*. Nous avons annoncé, à l'art. COURGE, que la plus nombreuse des trois sous-divisions de ce genre est celle des PÉPONS ou PÉPONINS, lesquels diffèrent des calebasses par leurs fleurs en cloche de couleur jaune, leurs graines ovales et leurs feuilles plus anguleuses, et généralement plus rudes, et des PASTÈQUES par leurs fleurs beaucoup plus grandes, leurs graines fortes et pâles, et leurs feuilles non découpées.

Les PÉPONINS sont eux-mêmes de trois sortes, entre lesquelles la MELONNÉE et le POTIRON semblent former de véritables espèces; nous parlerons même de ce dernier dans un article séparé. Elles ne sont cependant caractérisées que par des distinctions assez peu prononcées, tandis que dans celles du PÉPON proprement dit, l'analogie se trouve prouvée, entre un grand nombre de races toutes faciles à confondre, à raison de leurs métis intermédiaires, mais dont plusieurs se présentent avec des caractères très saillans. On en jugera par le détail des races et variétés.

Je ne crois pas devoir rappeler ici l'énoncé de toutes les variations que j'ai observées pendant quatre années successives, de 1770 à 1774. On le trouvera dans l'Encyclopédie méthodique, partie botanique et partie agriculture, avec des renvois aux figures coloriées, qui, de la grande bibliothèque impériale ont été transportées dans celle du Muséum d'histoire naturelle. Ces résultats me semblent seuls convenir à un cours d'agriculture. Quant aux races principales tranchées, et qui ont assez de constance lorsqu'elles sont isolées, je ne parlerai seulement pas de celles qui sont utiles, les autres intéressent par leurs formes ou leurs couleurs; ce sont des fruits de parure qui ont autant de droits que les fleurs à l'attention des amateurs de l'agriculture.

Le PÉPON proprement dit, *Cucurbita pepo* (*Pepo polymorphus.*) Le caractère de cette espèce semble n'être que son inconstance même; et elle rend difficile de le décrire. La grandeur des fleurs, leur forme régulièrement conique, la direction très peu inclinée des feuilles, leur couleur foncée, leur substance sèche et cassante dans le parenchyme, très aqueuse dans les côtes et nervures, d'où résulte leur âpreté, ainsi que de la structure des poils roides et tuméfiés à la base dont elles sont parsemées; voilà tout ce qu'on peut observer de véritablement général entre les races diverses que je dois indiquer.

Ajoutons quelques observations, qui se trouveront communes à plusieurs d'entre elles.

1° Les fruits dont le vert est le plus noir sont ceux qui en mûrissant acquièrent la nuance de jaune la plus foncée.

2° Loin de se colorer au soleil, l'épiderme de ces fruits devient presque transparent; et le jaune sale des fibres boiseuses les rend d'une pâleur extrême du côté où ils en sont frappés.

3° La privation absolue de lumière blanchit cependant, suivant son effet ordinaire, les parties qui touchent à la terre: mais c'est autour de cette tache que le vert est le plus foncé, et qu'il se conserve le plus long-temps; et quand le fruit reçoit quelque blessure, il en arrive de même aux lèvres de la cicatrice.

4°Quoique les altérations de couleur non accidentelles, mais organiques, n'aient pas de causes aussi connues, on y observe cependant divers rapports très constans. Lorsque le fruit est panaché, c'est toujours dans son milieu, et moins près de la tête que de la queue (pédoncule), il reste cependant vers la queue une sertissure verte ; et si le panache réduit beaucoup la sertissure de la tête, celle de la queue l'est encore plus; enfin le dernier degré d'affoiblissement est que le fruit soit entièrement jaune.

5° Le plus souvent la zone décolorée se trouve coupée par une ou plusieurs bandes que joignent les deux calottes des extrémités, ou seulement entamée par des pointes en regard, lesquelles se rapportent aux placentas des graines, et en indiquent extérieurement le nombre; de sorte que les parties externes les moins colorées, lesquelles sont aussi assez souvent sensiblement plus minces, se rapportent aux parties internes les moins pulpeuses, et en quelque sorte les moins organiques.

6° C'est par une suite de ce rapport du dedans au dehors que la calotte colorée la plus grande est celle de la tête d'où pendent les graines, et par où elles reçoivent dans la fécondation leur vitalité.

7° Outre ces grandes pointes, qui sont en rapport avec l'intérieur du fruit, les zones vertes, sur-tout dans les gros fruits, en ont qui dépendent de la structure extérieure de la fleur et de ses supports, d'où leurs terminaisons gaudronnées à dix, douze et même quatorze dents, en nombre double des divisions de la fleur, marquant ainsi le passage des vaisseaux nourriciers, qui se dirigent des angles du pédoncule aux languettes du calice et aux principales nervures des divisions.

8° Il en est de même des bandes colorées, qui alternent toujours, fortes et foibles.

9° Ces bandes tranchent indifféremment en clair ou en foncé : quelquefois les bandes claires sont foncées aux deux extrémités : les bandes vert-bouteille de certains pastissons naissent blanc de lait sur fond vert ; et cette nuance lactée devient rapidement vert noir, au moment où le vert pâle du fond passe au jaune de maturité ; phénomène qui prépare à voir persister le blanc de lait dans des cougourdettes où le vert, au lieu de se changer en jaune, ne pâlit que légèrement lors de la parfaite maturité.

10° Les mouchetures ne sont que des fragmens des bandes et des zones des panaches, plus ou moins grandes, plus ou moins liées, plus ou moins nombreuses : elles sont toujours quadrangulaires, tantôt en rectangles couchés ou allongés, tantôt moins régulières, mais jamais arrondies, encore moins étoilées.

11° Un dernier effet du passage de ces vaisseaux nourriciers des fleurs sous la peau du jeune fruit est l'inégalité de son accroissement, d'où résulte au fruit mûr la perte de sa forme ronde pour acquérir des côtes elles-mêmes fort inégales, ou même des cornes organiques très symétrisées, dans la végétation contractée des pastissons.

12° Une autre déviation d'accroissement consiste dans les protubérances nommées ordinairement *verrues*, mais qui seroient mieux désignées par le nom de *bosselures*, et dont les unes, larges par le pied et peu élevées, imitent les boutons passagés provenus sur la peau par accidens; dont les autres, plus hautes et étranglées par le pied, prennent la forme de loupes, s'amoncellent quelquefois les unes sur les autres, comme si elles manquoient de place. Cette difformité indique un véritable état de maladie; les fruits dans lesquels elle est portée à l'excès n'ont aucune bonne graine.

13° Sans être bosselés, quelques pépons se trouvent simplement ondés; ce sont ceux qui ont la coque la moins dure, et cependant la pulpe aqueuse. Dans les pastissons la chair est sèche et ferme, et leur peau qui est très fine est en même temps fort unie.

14° Un dernier accident enfin qui se rencontre, mais très rarement, dans les pépons et seulement par parties, c'est ce qu'on nomme *la broderie* dans le melon, sorte d'excroissance écailleuse d'un gris-rougeâtre, qui ne tient qu'à la peau, et seroit mieux comparée aux verrues que les précédentes. Il paroît qu'elle résulte de légères gerçures qui se font à l'épiderme; lorsqu'elles pénètrent plus profondément, elles présentent seulement l'apparence d'une cicatrice ou plaie mal fermée.

Passons à l'examen rapide des différences qui se trouvent entre les six races principales et leurs variétés les plus remarquables.

1. LA COUGOURDETTE, *Cucurbita pyxidaris*, les coloquintes-poires (*Pepo pyxidaris.*) Race franche, qui mériteroit mieux qu'aucune autre d'être déclarée espèce, comme fort constante et même peu susceptible de fécondations métisses.

Plante grêle, feuilles fort découpées, fleurs les plus petites de toutes, ainsi que les graines dont la forme allongée se rapporte à celle du fruit dont la forme et la grosseur sont celles d'une poire ou d'un œuf; la coque épaisse et solide; la pulpe fraîche d'abord, ensuite fibreuse et friable, très blanche, et dans la variété dominante, la peau d'un vert-brun, marqué de bandes et de mouchetures d'un blanc de lait.

Elle se montre plus ou moins grosse, suivant la culture. J'en

ai vu participer à l'aplatissement des coloquinelles, aux bosselures des barbarines, ou à la substance des giraumons. Ceux
qui perdent leur vert ne sont pas jaunes, mais gris-blanc, et
c'est probablement de cette sous-variété dont Linnée fit son *Cucurbita ovifera*.

2. La coloquinelle et l'orangin, *Cucurbita colocyntha*; les
fausses coloquintes et la fausse orange (*Pepo colocyntha*.) « Des
feuilles médiocrement découpées, d'une longueur égale à celle
de leur pétiole, et aussi à l'écartement des nœuds; les fleurs mâles
et femelles également distribuées sur toute la plante, qui en acquiert une grande fécondité; le fruit, de forme sphérique, d'un
diamètre seulement double de celui de la fleur. Ce fruit fort régulièrement à trois loges, abondant en graines assez grosses; la
pulpe jaunâtre, fibreuse, pourvue d'un peu d'amertume, se desséchant facilement, et acquérant alors une odeur un peu musqué-
quée; la peau formant une coque assez solide, d'un vert-noir dans
sa fraîcheur et dans sa maturité, d'un jaune orangé très vif. Tels
sont les caractères qui semblent désigner l'orangin comme la
race la plus près de l'état primitif du pépon. »

Cette race est en même temps assez constante. On la voit
seulement quelquefois à fruits plus gros et moins colorés;
d'autres se conservant vert foncé, ou même pâle; mais par
l'effet des fécondations croisées, j'en ai vu naître les métis les
plus sensiblement participant des citrouilles, ou de certains
pastissons.

Si l'on veut moins circonscrire la race de l'orangin, toutes
les coloquinelles n'en sont que des variétés. Dans toutes, coque
assez mince, sujette aux panaches et aux bandes claires, quelquefois laitées; la pulpe assez mince et sèche, hors dans quelques unes, ou plus fraîche et plus épaisse; elle semble retracer
ce qu'ont pu être les pastissons avant les contractions qui les
affectent aujourd'hui.

3. La barbarine, *Cucurbita verucosa*, la coloquinte bar-
baresque (*Pepo verrucosus*); avec une coque aussi dure que
les cougourdettes, les barbarines ont une grande disposition
aux bosselures, et qui est fort analogue au défaut de couleur
de ces fruits, qui sont la plupart entièrement jaunes ou panachés, et quelquefois marqués de bandes vertes. Parmi les
plus petites, il s'en trouve à coque excessivement dure et couleur de bois. Les plus communes sont médiocres en grosseur, de
forme ovale, quelques unes orbiculaires, d'autres allongées en
concombre: il en est qui réunissent à de fortes bosselures quelques travaux de broderie. Et d'autres, pâles et surchargées de
bosselures stériles, quant aux graines, avoient la chair aqueuse
et bonne à manger en friture.

Les barbarines ont été du nombre des pépons que j'ai vus le

plus varier et se confondre, tant avec les coloquinelles qu'avec les giraumons et les pastissons. J'ai dû l'attribuer aux fécondations croisées, et soupçonner qu'il s'en fait fréquemment dans les jardins où on élève des pépons de ces diverses races.

4. Le TURBANET, *Cucurbita pileiformis*, le TURBAN, *Pepo pileiformis*. Cette race intéressante a le feuillage moyen et les rameaux courans semblables à ceux des barbarines et moindres que ceux des giraumons. Dans sa structure propre, le fruit orbiculaire, à côtes peu ressenties et de la grosseur d'un beau melon, est à coque peu épaisse, mais assez ferme ; la pulpe très solide, assez juteuse cependant, et fondante comme celle du potiron. Dans sa parfaite maturité, sa couleur est un jaune de concombre rougeâtre, précédemment vert sombre et marqué de bandes et taches comme les giraumons. Mais ce qu'il a de particulier et de fort étrange, c'est l'extension que prend très souvent le disque de sa fleur, et le bourrelet qui sépare cette sommité de la partie inférieure du fruit. La partie inférieure conserve ses rapports avec l'organisation corticale et ses divisions sur le nombre cinq ; la supérieure, ou, si l'on veut, l'interne, développe la sienne sur le nombre trois et plus souvent de quatre, et restant toujours plus petite, mais ordinairement fort saillante et à côtes ou plutôt à cornes prononcées. Il semble ainsi que ce soient deux fruits différens, dont le moindre auroit été implanté au milieu du plus gros, et c'est ainsi qu'il prend la forme d'une sorte de chapeau ou plutôt de *turban*, et qu'il en a pris le nom. Il arrive cependant assez souvent que cette portion interne prend moins de développement, et qu'alors l'inférieure en prenant d'autant plus, le support de la fleur n'est plus qu'une sorte de tonsure plus ou moins large, mais toujours un peu creusée et entourée de la cicatrice saillante qui la sépare de la portion calicinale. J'ai vu soupçonner dans ces changemens une fécondation métisse du potiron : je n'en ai nulle certitude.

5. Le GIRAUMONT, *Cucurbita oblonga* (*Pepo oblongus*). J'ai préféré pour cette race le nom de *giraumont* à celui de citrouille, parcequ'il a un sens trop indéterminé. L'un et l'autre nom trouve cependant son emploi. Les giraumons se distinguent des citrouilles par une pulpe ordinairement plus pâle et toujours plus fine ; il paroît aussi qu'ils ont les feuilles plus profondément découpées que celles des citrouilles, qui ne sont souvent qu'anguleuses. Ces différences légères devant céder à celles que le fruit fournit, je vais présenter les dix variétés principales sous lesquelles je les ai vues se montrer, en observant en général que toutes sont bien plus fortes dans toutes leurs parties que les races précédentes, disproportion qui ne doit pas s'opposer

sans doute à ce qu'on ne les reconnoisse pour être de même espèce. Cette identité, indiquée par la quantité de métis intermédiaires qu'on en voit naître, n'a rien de plus étonnant que celle de l'espèce du chien qui sans doute n'est pas moins polymorphe.

1° La CITROUILLE VERTE, à peau tendre, fort luisante, chair très colorée : elle varie à peau jaune.

2° La CITROUILLE GRISE, ou vert pâle, de forme ovale un peu en poire.

3° La CITROUILLE BLANCHE ou décolorée est si molle qu'elle s'affaisse sous son propre poids, ce qui altère sa forme de poire. La graine de celle-ci m'avoit été envoyée d'Erlang par M. Schreber ; et je l'ai vue se reproduire avec assez de constance.

4° La CITROUILLE JAUNE, d'égale grosseur par les deux bouts, la plus commune à Paris avant que le potiron l'ait fait abandonner.

C'est probablement à l'une de ces citrouilles que doit se rapporter la race hâtive nommée courge de la Saint-Jean dans les provinces méridionales, suivant Sauvages et Rozier.

5° Les GIRAUMONS VERTS, bosselés, énormes en grosseur et égaux par les deux bouts comme la plupart des citrouilles.

6° Le GIRAUMONT NOIR, nommé aussi *concombre noir*, c'est-à-dire vert extrèmement foncé, à peau fort lisse et pulpe ferme ; ordinairement effilé du côté de la queue, quelquefois de forme inverse, c'est-à-dire effilé vers la tête. On dit ces races constantes lorsqu'elles sont isolées : élevées en collections, je les ai vues produire des giraumons vert pâle, ou à bandes, et d'autres tout jaunes ; mais il est à remarquer que la difformité de la tête moins grosse que la queue se renouveloit dans les fruits noirs, tandis que les jaunes étoient égaux par les deux bouts ou effilés par la queue, ce qui montre combien les différences les plus légères se reproduisent volontiers, et multiplient les races lorsque les fécondations croisées les font rentrer les unes dans les autres.

7° Je note ici des GIRAUMONS NOIRS RONDS, qui, à raison de leur forme, méritoient bien de porter le nom de *giraumont*, qui signifie proprement *mont* ou plutôt *rocher tournant*. Le plus gros, qui égaloit un potiron, avoit l'impression de sa fleur très étendue et tracée avec une exactitude remarquable, mais à plat et non en creux comme on l'a vu au turbanet. Je citerai l'effet d'une fécondation croisée avec réciprocité entre ce fruit si remarquable et la citrouille blanche ci-dessus, dont les graines, prises dans un seul fruit de chacun de ces deux individus voisins, ont produit d'une part des fruits fort semblables à ceux de la plante mère, et d'autre part des fruits plus ou moins métis de divers autres pépons, notamment des deux ici indiqués.

8° Les GIRAUMONS OU CITROUILLES A BANDES, nommés depuis long-temps *concombres de Malte* ou *de Barbarie*, et par d'autres *citrouilles iroquoises*, présentent dans mes collections des jeux multipliés de forme et de couleur.

9° Les GIRAUMONS BLANCS, c'est-à-dire d'un jaune pâle, cités sous le nom de *concombres d'hiver*, qui doivent être regardés comme le dernier degré de décoloration et qui sont en effet des plus petits.

10° Enfin, le GIRAUMONT VERT TENDRE, à bandes et mouchetures, soit en foncé, soit en pâle, variété peu constante, mais intéressante lorsqu'elle reparoît ; cette pâleur indique ordinairement ceux dont la pulpe est la plus délicate à manger.

6. Le PASTISSON, *Cucurbita melopepo*. Bonnet d'électeur, bonnet de prêtre, couronne impériale, pâté, pastisson des Provençaux, artichaut d'Espagne, artichaut de Jérusalem (*Pepo contractus.*)

L'état de contraction qui affecte ces plantes se dénote dans toutes leurs parties, et cette maladie héréditaire se perpétue depuis plusieurs siècles plus ou moins constamment, mais se reproduit toujours par le soin de resemer assidument les fruits qui plaisent le plus par la régularité de leur déformation. Peau fine comme les coloquinelles, mais nullement dure : pulpe très ferme, très pâle, assez sèche ; ce qui fait qu'ils se gardent très long-temps, quoique la queue (le pédoncule) s'en détache très facilement ; cinq lobes ou au moins quatre ; quelques uns ronds, piriformes ou turbinés ; mais dans les races franches, il semble que, serrée par les nervures du calice, sa pulpe boursouflée s'échappe dans les intervalles, forme ainsi tantôt dix côtes élevées vers le milieu, tantôt des proéminences dirigées vers la tête ou vers la queue qu'elles entourent en couronne. D'autrefois le fruit étranglé par le milieu se renfle en champignon non épanoui, ou même entièrement aplati en bouclier ; il est seulement gaudronné avec plus ou moins de régularité. Toutes formes semblables dans tous les fruits du même pied, et souvent de ceux qui en proviennent.

Une partie des graines de ces fruits contractées sont elles-mêmes bossues, toutes fort courtes, presque rondes, suivant la proportion qui a lieu dans tous les pépons dont les graines les plus allongées sont celles des fruits longs.

Dès le commencement de la végétation la plante se montre affectée de cette contraction par le rapprochement de ses rameaux, lesquels, plus fermes, s'élèvent au lieu de ramper, ne s'abattant sur terre qu'entraînés enfin par le poids des fruits. De là résulte un allongement du double et plus dans les pédicules des fleurs mâles et sur-tout dans les pétioles des feuilles, lesquels ne pouvant plus se soutenir éprouvent plusieurs courbures, et enfin la forme des feuilles se trouve fort allongée et les angles y sont moins sentis.

L'état des vrilles est ce qui a droit de paroître le plus extraordinaire. Subsistant dans plusieurs, quoique sans fonction, comme l'a bien dit Linnée, elles sont seulement très diminuées de grandeur : dans les individus les plus contractés on n'en trouve que de très courts rudimens ; dans d'autres, au contraire, ils sont remplacés par de petites feuilles à queue tortillée, dont la pointe recourbée se termine par un petit bout de vrille, deux ou trois filets et quelquefois un seul.

A l'égard des variétés ou races subalternes des pastissons, si aux différences dans la forme totale du fruit, dans la proéminence et la direction des cornes, on ajoute la présence ou l'absence des bandes et mouchetures, on sent que le nombre en devient considérable : le nombre des métis que j'ai été dans le cas d'observer l'a été encore plus ; les uns tenoient évidemment des cougourdettes, des coloquinelles ou autres races. On en peut voir le détail avec renvoi aux figures dans l'Encyclopédie méthodique, partie d'agriculture, où elle a été insérée par M. Thouin. Je distingue ici seulement deux races métisses que j'ai vues se renouveler, mais qui existoient précédemment à mes observations.

1° Les PASTISSONS BARBARINS. Ils courent beaucoup moins que les barbarines ci-dessus décrites, et leurs fruits à coque dure et bosselés ont la pulpe plus ou moins fibreuse. J'en ai vu en forme de *bouteille*, d'autres seulement *allongés*. Lorsque la pulpe est moins fibreuse, elle est assez fine et bonne à manger.

2° Le PASTISSON GIRAUMONÉ. J'ai vu ce métis naître des graines d'un *pastisson couronné* à bandes vertes : dans la première génération il s'est reproduit trois fois très franc, indication presque certaine que la plante mère avoit vécu isolée ; il avoit foiblement joué dans un quatrième de forme simplement aplatie, et plus dans un autre assez gros et ovale, mais toujours à bandes et mouchetures. Dans les générations suivantes, comme les fruits avoient crû dans des collections complètes, où les giraumons ne manquoient pas, j'eus moitié des fruits métis des barbarines à coque dure, bosselures et formes diverses, mais tous de moyenne grosseur, tandis qu'une autre moitié avoit pris des giraumons leur grosseur et leur forme, aussi-bien qu'une pulpe analogue ; se gardent long-temps et sont meilleurs à manger qu'aucun giraumont, conservant d'ailleurs au dehors les mêmes bandes et mouchetures dans

tous, et dans plusieurs de notables commencemens de protubérances vers le milieu, aux endroits où il est ordinaire de
trouver des cornes dans les pastissons. Quant à la croissance
de la plante, elle n'étoit dans quelques individus nullement
contractée, mais filant comme dans les giraumons, tandis que
la plupart conservant la végétation resserrée des pastissons
méritoient le nom de *sept-en-toise*, que leur mérite cette précieuse fécondité, et qui, formant race, a été célébrée dans
le *Nouveau Laquintynic de Leberriays*, sous les noms très
impropres de *potiron d'Espagne*, ou *concombre de carême*.

La MELONNÉE, *Cucurbita moschata*, annoncée ci-dessus
comme paroissant former une espèce distincte du potiron, et
désignée dans les Antilles par nos créoles sous le nom de
citrouille melonnée, comme dans l'Europe méridionale sous
celui de *citrouille musquée*. Les melonnées ne diffèrent des
pépons que par un ensemble de caractères assez petits en eux-
mêmes ; « la forme ovale de ses graines, la grandeur de ses
fleurs, leur évasement en entonnoir, leur couleur jaune, la
disposition de leurs branches, la figure anguleuse de leurs
feuilles les rapprochent véritablement des pépons ; mais la
mollesse de ces mêmes feuilles, leur duvet doux et serré, la
pâleur des fleurs au dehors, leur étranglement vers le bas du
calice, l'allongement des pointes vertes extérieures du calice
et le goût musqué de la pulpe du fruit, leur donnent beaucoup
d'analogie avec l'espèce de la calebasse ; cependant cette pulpe
est plus ferme que celle des trompettes, et elles tiennent en
cela des pastissons. »

Cette espèce ambiguë peu déterminée jusqu'ici se subdi-
vise, comme celle des pépons, en diverses races qui se sub-
divisent en plusieurs variétés, soit par rapport à la forme du
fruit aplati, sphérique, ovale, cylindrique, en massue et
en pilon, plus ou moins gros, et à côtes plus ou moins ressenties, soit par rapport à la couleur d'un vert plus ou moins
foncé au dehors, et intérieurement depuis le jaune soufré le
plus pâle jusqu'au rouge orangé.

Je suis au reste obligé d'avertir que les melonnées ne réus-
sant la plupart, comme les pastèques, qu'avec le secours des
couches chaudes aux environs de Paris, je n'ai pas été à
portée de les examiner complètement, encore moins de faire
les expériences par lesquelles j'aurois désiré étendre les observations que m'a fournies l'étude des pépons.

Voyez le POTIRON à sa lettre alphabétique. (G. DES.)

PERCE-FEUILLE. Espèce du genre BUPLEVRE, *Buplevrum
rotundifolium*. Lin. *Voyez* ce mot.

PERCE-MOUSSE. Nom vulgaire du POLITRICHE COMMUN.

PERCE-NEIGE. *Voyez* NIVÉOLLE et GALANTHINE.

PERCE-OREILLE. Espèce de Forficule. *Voyez ce mot.*

PERCE-PIERRE. *Voyez* Baccile.

PERCHE , *Perca.* Poisson d'eau douce, que sa facile multi-plication et la bonté de sa chair rendent précieux pour les propriétaires d'étangs. Sa couleur est un jaune doré avec environ six bandes noires, et les nageoires inférieures rouges. Sa grandeur moyenne est d'un pied ; mais on en voit fréquemment de deux, et on en cite de beaucoup plus grosses.

Une eau profonde et pure est celle qui convient le mieux à la perche ; cependant elle s'accommode assez bien des étangs les plus vaseux. On reconnoît celle qui est sortie de ces derniers à sa couleur terne. Elle fraie dès sa troisième année, et pendant les mois de mars, avril et mai, du moins dans le climat de Paris, car le froid influe sur cette opération. On a trouvé dans une femelle neuf cent quatre-vingt-douze mille œufs, et elle étoit de moyenne taille. Ces œufs sont déposés sur les pierres, au bord des eaux, et autant que possible dans les endroits où l'eau est la plus courante. Jeune, elle est la proie d'un grand nombre d'ennemis ; mais quand elle est parvenue à l'âge d'engendrer, elle n'en craint presque plus parmi les autres poissons, sa première nageoire dorsale et les aiguillons de ses anales étant un moyen redoutable de défense.

C'est de petits poissons, de vers et d'insectes que vivent les perches. Elles causent une grande destruction de frai dans les étangs ; mais cela ne doit pas empêcher d'y en mettre, car, ainsi que je l'ai observé au mot Etang , une trop grande quantité de ce frai affame les gros poissons, et nuit par conséquent à leur croissance. D'ailleurs une carpe de l'année précédente est déjà hors de leurs atteintes.

Quoique les perches aient la vie moins dure que la carpe, elles peuvent cependant facilement être transportées d'un étang à un autre, même sans eau, c'est-à-dire dans de l'herbe fraîche. C'est le commencement de l'hiver qu'on doit choisir pour faire cette opération.

La chair des perches est blanche, ferme, et d'un goût exquis, lorsqu'elles ont vécu dans les eaux des lacs et des grandes rivières ; elle est grise, molle et fade, lorsqu'elles ont été pêchées dans les rivières ou dans les étangs bourbeux. Les meilleures que j'ai mangées sortoient des grands lacs de la Suisse, dont l'eau est si limpide.

On prend les perches à la ligne et dans toutes sortes de filets. (B.)

PERCHE. Ancienne mesure de longueur. *V.* au mot Mesure.

PERCHE. Brin de bois droit, long et menu. C'est un meuble nécessaire dans toute exploitation rurale. Ce n'est que dans les bois fourrés et en bon fond qu'on peut en trouver facilement ou abondamment. Pour bien remplir son objet, il faut qu'une perche soit en même temps très solide et très légère. Le charme et le châtaignier sont les bois qui remplissent le mieux ces deux conditions. (B).

PERCHIS. On nomme ainsi un bois de dix à quinze ans, c'est-à-dire celui qui est composé de perches. Un tel bois est souvent plus avantageux à couper que lorsqu'il est devenu plus fort. *Voyez* EXPLOITATION DES BOIS.

PERDRIX, *Perdix*. Genre d'oiseaux dont on connoît plusieurs espèces en France, et dont il est nécessaire de parler ici, tant à cause du dommage qu'il cause au laboureur, qu'à raison de la chasse dont il est l'objet.

La PERDRIX GRISE, qui est grise, variée de roux et de noir, avec une tache nue et de couleur rouge sous chaque œil, la poitrine brune et la queue fauve. La femelle est plus pâle dans toutes ses parties que le mâle, et n'a pas la poitrine brune. C'est la plus commune dans la majeure partie de la France. Sa longueur est d'environ treize pouces. Sa ponte est de quinze à vingt œufs d'un gris verdâtre. Elle vit en famille pendant les deux tiers de l'année et s'accouple dès les premiers jours du printemps.

La PERDRIX ROUGE a les pattes et le bec rouges, la gorge blanche, entourée d'un cercle noir ponctué de blanc. Son dos est d'un brun roux, son ventre d'un roux clair et ses côtés gris avec des taches rousses. Sa grandeur est plus considérable que celle de la précédente. Ses œufs sont blancs. Elle vit en société peu nombreuse, principalement dans les lieux rocailleux et exposés au midi. Elle s'accouple au milieu du printemps.

Il y a encore la BARTAVELLE, OU GROSSE PERDRIX ROUGE, qui ne se trouve que dans les parties montueuses des départemens méridionaux; la PETITE PERDRIX GRISE, OU PERDRIX DE DAMAS, qui est de passage, et ne se rencontre que momentanément.

Le FRANCOLIN et la CAILLE appartiennent encore à ce genre.

Je ne parlerai ici que de la perdrix grise, que son abondance et son séjour constant dans les plaines rendent nuisible et utile aux cultivateurs, et la seule par conséquent qu'ils connoissent généralement.

Avant la révolution, lorsque les seigneurs avoient seuls le droit de chasse, les perdrix étoient pour certains cantons un fléau pire que la grêle. Leur nombre étoit si considérable aux environs de Paris, par exemple, qu'il falloit semer trois à quatre fois plus de blé qu'il n'étoit nécessaire, et qu'on en récoltoit moitié moins de celui qui avoit levé. Non seulement, en effet, les perdrix mangent le grain destiné à la reproduction, mais elles mangent le blé en herbe, et le grain avant sa maturité, et depuis sa maturité jusqu'à sa rentrée dans la grange. J'ai entendu dire à plusieurs fermiers qu'on évaluoit à deux boisseaux par an le dommage que causoit chaque perdrix : or, à 24 francs le setier, c'est 6 francs. Or, une perdrix se vend, terme moyen, 15 à 20 sous, et les vieilles encore moins. Qu'on juge après cela des résultats de la multiplication des perdrix !

Mais, il faut le dire, les perdrix rendent quelques services aux cultivateurs, en mangeant les graines des mauvaises herbes qui infestent leurs champs. Elles aiment sur-tout beaucoup celles de la SANVE, ou MOUTARDE DES CHAMPS, ainsi que j'en ai acquis plusieurs fois la preuve en ouvrant leur jabot immédiatement après les avoir tuées.

La conséquence de ces deux faits, c'est qu'il faut également éviter la trop grande abondance et la trop grande rareté des perdrix. Trois ou quatre compagnies par chaque cent arpens suffisent au plaisir de la chasse, et on doit s'y tenir quand on pense raisonnablement.

Comme il peut venir à l'idée de quelque cultivateur d'élever des perdrix en domesticité, il est bon qu'il sache que cela devient presque impossible tant elles ont d'amour pour la liberté ; mais qu'il est très facile de les accoutumer à vivre près des habitations, dans des enclos, où on peut en tuer ou en prendre à volonté. Pour cela il faut faire couver des œufs, enlevés à leur mère, par des poules, et laisser les petits avec elles jusqu'à ce qu'ils soient prêts à s'envoler ; alors on leur coupe les grandes plumes des ailes, et on les met dans le lieu où on désire qu'ils s'habituent à rester, et on leur y donne à manger matin et soir. Il est nécessaire qu'il y ait des buissons dans ce lieu, afin qu'ils puissent s'y cacher pendant la chaleur du jour, et s'y mettre à l'abri, en tout temps, contre les oiseaux de proie. Une perdrix à qui on a enlevé ses premiers œufs fait une seconde couvée, même une troisième ; de sorte que l'on peut ainsi doubler ou tripler le nombre des petits qui naturellement auroient dû être produits chaque année. C'est ce que savoient fort bien les officiers des chasses du roi et des grands seigneurs de l'ancien régime, et ce qu'ils pratiquoient souvent au grand détriment de l'agriculture.

On appelle *perdreaux* les petits de la perdrix tant qu'ils ne sont pas en tout semblables à leurs père et mère, c'est-à-dire jusque vers le milieu d'octobre. Ils sont beaucoup plus estimés qu'eux, à raison de la moindre dureté et de la plus grande délicatesse de leur chair. On ne doit commencer à les tuer que vers le milieu d'août dans le climat de Paris. Un bon chasseur les prive d'abord de leurs père et mère, afin qu'ils ne profitent pas de leur expérience pour échapper à la mort qu'il leur destine plus tard, et qu'ils ne quittent pas le canton où ils sont nés.

. On chasse les perdrix au fusil sans chien ou avec chien. On les prend avec différentes sortes de filets et de pièges.

Lorsque plusieurs chasseurs s'entendent ils peuvent tuer en automne beaucoup de perdrix en marchant lentement dans les champs, en battant les buissons où elles se sont retirées, mieux encore en les faisant envoler du côté où ils sont en embuscade par le moyen de personnes qui, après avoir fait un grand détour, reviennent vers eux.

On peut aussi courir après elles caché sous une hutte ambulante couverte de branches fraîchement cueillies, et les tirer arrêté. Pendant l'hiver, lorsque la neige couvre les campagnes, les braconniers se revêtent d'une chemise blanche, et tuent quelquefois une compagnie entière, lorsque, la nuit, elle est rassemblée en un tas serré.

. Au moyen de l'appeau, qui imite le cri de rappel des perdrix, on peut les attirer dans le lieu où on est caché. Ce moyen est sur-tout certain, lorsqu'au printemps les perdrix sont appareillées; mais comme alors on ne tue que des femelles, et que le nombre des mâles est toujours plus considérable, cette sorte de chasse n'appartient qu'aux braconniers.

En général, tous les soirs avant de se coucher, et tous les matins avant de se lever, les perdrix font ce cri de rappel, lors même que la bande entière est rassemblée. Ce cri est toujours suivi d'un vol plus ou moins long, et c'est là où elles se posent, qu'elles dorment, ou qu'elles commencent à quêter leur nourriture.

J'ai dit plus haut que le nombre des mâles étoit plus considérable que celui des femelles. Pour que ceux qui n'ont point de femelles ne troublent pas ceux qui en ont (ils se battent à outrance), il faut les tuer de préférence. On les reconnoît, quand ils sont en bandes, à leur démarche plus altière et à leur couleur plus foncée. Au commencement de la pariade, c'est toujours le mâle qui part le premier, et lorsqu'il y a des petits c'est toujours la femelle. Cependant, le moyen le plus certain de débarrasser un canton de tous les mâles non appariés, c'est d'employer la chanterelle, c'est-à-dire une femelle en cage, qui, par son cri, les attire auprès d'une embuscade.

Un chien couchant ou d'arrêt qui guette les perdrix à l'odeur de leurs traces, qui indique le lieu où elles se sont arrêtées en s'arrêtant lui-même, qui les empêche de s'envoler en les tenant dans l'inquiétude, facilite singulièrement la chasse aux perdrix. Cette chasse au chien couchant, qu'on peut faire seul ou accompagné de deux ou trois personnes, est la plus agréable.

Les heures où on l'exécute avec un plus grand avantage sont, en automne, depuis dix heures jusqu'à midi, et depuis deux jusqu'à quatre, les perdrix étant pendant le reste de la journée à la recherche de leur nourriture. Après la moisson, c'est dans les luzernes, les navettes et autres récoltes tardives qu'il faut les chercher; ensuite c'est dans les vignes; pendant l'hiver, c'est dans les haies, dans les buissons, les taillis, etc.

Les filets dont on se sert pour prendre les perdrix sont,

1° Le *tramail* simple ou maillé, filet très long, peu élevé, tendu perpendiculairement, et dans lequel elles s'embarrassent, ce qui donne moyen au chasseur caché dans le voisinage d'accourir et de les prendre. Pour rendre cette chasse plus certaine ou plus fructueuse, on se sert du rabat des hommes ou des chiens, de l'appeau, de la chanterelle, etc.

2° La *tonnelle*, qui est une espèce de sac terminé en pointe ou en forme de nasse, et de deux à trois pieds d'ouverture sur douze à quinze de long. On la tient ouverte au moyen d'un demi-cerceau, ou seulement de deux piquets. On augmente, si on peut employer cette expression, son ouverture au moyen de deux filets simples aussi longs que possible, et d'un pied de haut, qui forment un angle très ouvert et convergent aux côtés de cette ouverture. Ce filet est tendu à l'extrémité d'un champ, et on chasse vers lui les perdrix par des moyens très doux, c'est-à-dire de manière à les engager à se sauver en marchant plutôt qu'en volant. Arrivées contre les filets latéraux, et arrêtées par eux, elles se dirigent vers l'ouverture du filet, s'y enfoncent et arrivent à l'extrémité, où elles ne peuvent plus se retourner, et où on les prend. Ce filet est peu en usage.

3° Le *traîneau*. C'est un long et large filet monté dans sa largeur sur deux perches, et dans sa longueur traînant d'un côté et soutenu de l'autre par une corde. Deux hommes, un de chaque bout, le portent à quelque distance de terre pendant la nuit en se promenant lentement dans les champs. La partie postérieure de ce filet qui traîne fait lever les perdrix sur lesquelles on laisse tomber aussitôt le filet. On en prend ainsi beaucoup de la même manière, dans les lieux où elles ne sont pas rares, immédiatement après la moisson et pendant que la neige couvre la terre.

4° On emploie encore un long filet triangulaire, attaché sur deux perches légères, et qu'un seul homme porte devant lui. Dans ce cas c'est le jour, et avec un chien d'arrêt, qu'on chasse. Ce filet s'appelle *tirasse*.

Les diverses espèces de *collets*, *lacets* ou *nœuds coulans*, s'appliquent utilement à la chasse aux perdrix. Le moyen le plus commun de les employer, c'est d'en fixer tout le long de baguettes de trois pieds, et de placer ces baguettes de distance en distance sur des fourches en travers des raies, de manière que la moitié des collets traîne à terre, et que l'autre soit élevée de deux à trois pouces. Les perdrix, qui vaguent plus volontiers le long de ces raies qu'ailleurs, se prennent par le cou ou par les pieds.

Pendant l'hiver on forme des carrés ou des polygones avec ces baguettes autour d'un endroit où on a ôté la neige, et qu'on a parsemé, ainsi que les environs, de criblures de blé. Les perdrix, tourmentées de la faim, voyant un endroit dégarni de neige, y accourent de toutes parts, et encouragées par le grain qu'elles rencontrent, se jettent dans les lacets et s'y prennent.

En tout temps, et encore principalement dans l'hiver, on peut prendre les perdrix avec des trébuchets de plusieurs sortes. Le plus avantageux de tous est celui qui est fait avec un filet lâche de trois pieds carré, monté sur un cadre de bois un peu lourd. On le tend au moyen d'un quatre en chiffre, dont la pièce horizontale est garnie d'une ou deux traverses. Les perdrix, attirées sous ce filet par le grain qu'on y a mis en abondance, et dont on a semé quelque peu dans les environs, le font tomber sur elles et se trouvent prises. Deux ficelles en croix supportent le filet à la hauteur du cadre.

J'ai tué ou pris des perdrix de toutes ces manières en France et en Amérique, ainsi je parle avec connoissance de cause.

Les œufs de perdrix sont recherchés de quelques personnes comme aliment. (B.)

PÉRIANTHE. Nom commun à toutes les sortes de CALICES. *Voyez* ce mot.

PÉRICARPE. On donne ce nom, en botanique, à l'enveloppe des graines, quelle que soit sa nature.

Les espèces les plus communes de péricarpes sont la NOIX, le DRUPE, la POMME, la BAIE, la CAPSULE, la GOUSSE, ou LÉGUME, la SILIQUE, la FOLLICULE. *Voyez* ces mots et PLANTE.

Les graines sont appelées nues lorsqu'elles n'ont point de péricarpe.

Les graines, dans les péricarpes secs, sont toujours attachées à sa paroi par un filament particulier qu'on appelle le CORDON OMBILICAL.

Si je voulois entrer dans tous les détails d'organisation que présentent les diverses espèces de péricarpes, je pourrois m'étendre beaucoup; mais, en consultant les mots cités plus haut et celui GRAINES, le botaniste et l'agriculteur y trouveront ce qu'il leur est nécessaire de savoir, je renvoie donc à ces articles.

PERIPNEUMONIE. MÉDECINE VÉTÉRINAIRE. Les animaux, ainsi que les hommes, sont sujets à cette maladie. Elle est fréquemment épizootique ; elle fait les plus grands ravages sur les bêtes à cornes dans certains cantons. Nous allons donner la description des diverses espèces de péripneumonies qui attaquent les animaux, et la manière de les traiter.

De la péripneumonie vraie, ou *fluxion de poitrine*. La péripneumonie vraie, qui attaque les bœufs (connue en Franche-Comté sous le nom de *murie*), doit son origine à la trop grande quantité de sang et à l'engorgement plus ou moins prompt de l'artère bronchiale ou de l'artère pulmonaire, ce qui donne lieu de distinguer deux espèces de péripneumonies vraies; celle qui a son siège dans l'artère pulmonaire est la plus dangereuse, parceque le sang venant à y séjourner, il gêne considérablement le passage de celui qui vient à chaque pulsation du ventricule droit dans l'artère pulmonaire, et de là dans les lobes du poumon, d'où il doit retourner dans le ventricule gauche; ce qui met à chaque instant la vie du bœuf et du cheval qui en sont atteints dans un danger imminent. La péripneumonie, qui a son foyer dans l'artère bronchiale, quoique moins dangereuse que la précédente, peut donner la mort aux animaux qui en sont attaqués, toutes les fois que cette espèce de péripneumonie vraie ne prend pas la voie d'une résolution douce et bénigne ; car toutes les autres terminaisons de l'inflammation des lobes du poumon, savoir, la suppuration, la gangrène et le squirre, sont mortelles, ou laissent du moins après elles des maladies chroniques très opiniâtres. Ces deux espèces de péripneumonies vraies ont donc chacune un siège particulier ; cependant elles peuvent avoir lieu en même temps, parceque, non seulement les deux artères sont par-tout très voisines, mais elles s'unissent souvent par de fréquentes anastomoses.

Les causes qui peuvent donner naissance à ces deux sortes de péripneumonies inflammatoires sont un air trop humide, trop sec, trop chaud, trop froid, trop grossier, un air chargé d'exhalaisons caustiques, astringentes, coagulantes, un chyle formé de fourrages de mauvaise qualité, un travail excessif, etc. Toutes ces causes peuvent produire ces deux espèces de péripneumonies vraies.

En effet, si l'air que les bestiaux respirent dans leurs étables ou dans les parcours est trop humide, il affoiblira les fibres des vaisseaux du poumon, ils opposeront moins de résistance à l'impulsion des liqueurs ; il sera à craindre que les vaisseaux trop relâchés ne donnent entrée à un fluide trop grossier pour pouvoir ensuite traverser leurs filières, sur-tout si la chaleur de l'air se trouve jointe à l'humidité.

Si l'air est trop sec, il dessèche la face interne de la trachée-artère et des bronches, ces parties deviennent moins flexibles, elles se dilatent plus difficilement dans les temps de l'inspiration ; les orifices des tuyaux exhalans, qui s'ouvrent dans les cellules pulmonaires, éprouvent les mêmes affections; de sorte que ces impressions peuvent devenir funestes au poumon en y formant des obstructions.

Si l'air est trop chaud, il dissipe en général ce qu'il y a de plus fluide dans le corps de l'animal, et dispose le sang à un épaississement considérable ; d'ailleurs les effets de la trop grande chaleur de l'air sont à peu près les mêmes que ceux de la sécheresse, et si l'humidité s'unit à la chaleur, l'air peut en pareil cas devenir nuisible, en occasionnant un trop grand relâchement dans les vaisseaux du poumon.

Si l'air est trop froid il rapproche et unit les molécules du sang, et comme celui qui circule dans le poumon se trouve presque exposé immédiatement à l'action de cet air froid, il est à craindre qu'il ne le coagule, sur-tout si après un travail violent l'animal en sueur respire tout à coup un air trop froid.

Si l'air est trop pesant, il peut nuire au poumon, en augmentant ou en diminuant son mouvement de contraction et de dilatation.

Si l'air que les animaux respirent est chargé des exhalaisons qui émanent des êtres qui existent, et de celles de ceux qui se décomposent, qu'elles soient d'une nature caustique, astringente, ou coagulante, elles peuvent enflammer le poumon.

Si le chyle provient des fourrages trop secs, et qui n'ait pas été assez détrempé par les boissons, parvenu dans la veine axillaire gauche, porté avec le sang veineux dans le ventricule droit du cœur, il peut s'arrêter en passant dans l'artère pulmonaire, et causer la péripneumonie vraie.

L'inaction dans laquelle les bestiaux restent pendant quatre et quelquefois cinq mois dans les étables concourt souvent, avec les molécules grossières et visqueuses des fourrages qu'on leur donne, à produire la péripneumonie vraie.

L'augmentation progressive du sang rend l'exercice du poumon plus violent, dissipe les parties aqueuses des humeurs, dispose le sang à un épaississement inflammatoire, d'où il résulte des engorgemens et la péripneumonie.

Si le mouvement du sang est fort accéléré, le poumon est plus susceptible d'engorgemens et d'obstructions que les autres viscères; parceque la masse toute entière des liquides n'emploie à parcourir le poumon que le même temps qu'elle met à circuler dans toutes les autres parties du corps prises ensemble.

Si l'on soumet les animaux à des travaux qui excèdent

leurs forces, les vaisseaux pulmonaires se rétrécissent dans le temps du travail par la vive pression de l'air ; le sang traverse nécessairement le poumon avec plus de peine, bientôt il n'y a plus que la partie la plus fine de ce liquide qui puisse franchir les vaisseaux resserrés ; la plus grossière s'accumule et produit une mort subite ou la péripneumonie.

Si parmi les causes désignées il en est qui donnent naissance à la péripneumonie vraie, cette maladie produira des effets différens selon les parties du poumon qu'elle occupera, soit qu'elle ait son siège dans l'artère bronchiale ou dans l'artère pulmonaire, soit qu'elle n'occupe qu'un lobe du poumon, ou qu'elle les occupe tous les deux. Dans les progrès de l'inflammation qu'elle occasionne le sang croupit, les vaisseaux se dilatent, la partie la plus fluide s'exprime et transsude, tandis que la plus grossière demeure et s'accumule. Mais quoique le développement de ces deux espèces de péripneumonies se manifeste par tous les signes propres à toutes les espèces d'inflammations, elles produisent néanmoins des effets différens ; car l'artère bronchiale est uniquement occupée à porter la vie et la nourriture au poumon ; de là la lésion des fonctions de cette artère doit se rapporter au poumon seulement, et doit être considérée comme n'affectant simplement qu'une partie particulière du corps de l'animal. Il n'en est pas de même lorsque la péripneumonie a son siège dans l'artère pulmonaire ; alors ce n'est pas seulement le poumon qui souffre, puisqu'une telle inflammation s'oppose encore à la liberté du passage du sang du ventricule droit du cœur au ventricule gauche, liberté à laquelle est essentiellement attachée la vie de l'animal. Dans pareil cas, « le sang ne circule qu'avec peine ; il s'amasse entre le ventricule droit et les extrémités de l'artère pulmonaire, le poumon devient pesant, livide, incapable d'expansion ; le ventricule gauche ne reçoit presque plus de sang, la foiblesse est extrême, le pouls petit, mou, inégal ; la respiration difficile, chaude, fréquente, et petite avec toux. » En appliquant alternativement l'oreille sur les parties latérales de la poitrine, on entend une sorte de bruit désagréable dans cette cavité, qui dépend ou de l'air emprisonné dans la mucosité, qui cherche à se dégager, ou bien de l'aridité des vésicules du poumon qui, venant à se dilater dans le temps de l'inspiration, frottent les unes contre les autres, à peu près de la même manière que le feroient deux morceaux de cuir sec. Le sang s'accumule et séjourne au-devant de l'oreillette droite ; les veines jugulaires prennent un volume plus considérable et s'engorgent ; la conjonctive s'enflamme, le globe de l'œil semble sortir de la cavité orbitaire ; la bouche est brûlante. » C'est un mauvais signe si l'animal rend par les urines les breuvages qu'on lui donne d'abord après qu'on les lui a administrés. Au commencement de la péripneumonie le pouls est grand, vide et très fréquent ; mais aux approches de la mort, il devient petit, défaillant et extrêmement accéléré. A cette extrémité le cœur fait de fréquens petits battemens, qui ne sont proprement que des pulsations ; il passe quelque peu de sang du ventricule droit au ventricule gauche à travers les lobes du poumon, jusqu'à ce qu'enfin il s'en soit amassé une quantité suffisante dans le cœur, pour déterminer ce muscle à une contractirn forte et vigoureuse ; c'est ce qui fait que le pouls bat de temps en temps une ou deux fois avec force, et devient bientôt de rechef mou, petit, souvent intermittent. Cette irrégularité du pouls est un signe qui annonce la mort prochaine de l'animal. Les bœufs qui sont atteints de ces deux espèces de péripneumonies, lorsqu'ils touchent au dernier période de la maladie, ne se couchent point, et si l'extrême foiblesse qu'ils éprouvent les oblige à se coucher, ils se relèvent tout à coup, et tiennent autant que leur peu de forces le leur permet, l'encolure, la tête élevée et le nez au vent pour respirer plus facilement ; enfin, si le délire et les anxiétés terribles qu'ils éprouvent ne les frappent pas de mort, l'horripilation, le froid des oreilles et des extrémités, la foiblesse, l'accélération extrême et l'intermittence du pouls, ne tardent pas à se manifester et annoncer au vétérinaire' instruit que la mort est prochaine.

La résolution seroit l'unique terminaison à laquelle on pourroit s'attendre dans l'occasion présente ; mais il faudroit que la matière de l'obstruction ne fût pas devenue trop solide, et que l'obstruction elle-même fût peu considérable, pour qu'un véhicule délayant fût capable d'entraîner l'obstacle : or aucune de ces conditions ne se trouve lorsque la péripneumonie est violente ; il y en a plutôt de toutes contraires. D'ailleurs tout ce qui entre d'aqueux dans le corps du bœuf atteint de cette espèce de péripneumonie, sous quelque forme que ce puisse être, comme bains, boissons, vapeurs, lavemens, etc., est pompé par les veines, et porté en conséquence au ventricule droit du cœur ; mais ce même véhicule aqueux ne pouvant se mêler avec le sang stagnant, qui occupe et engorge la plus grande partie des vaisseaux du poumon, il passe tout entier dans le ventricule gauche et ne sert par conséquent qu'à entretenir ainsi un foible reste de vie prête à s'éteindre : de plus, une résolution douce et bénigne exige un mouvement calme et modéré dans les liqueurs ; ici les boissons ne pourroient que l'accélérer, parcequ'elles rendent plus grande la masse du liquide qui doit traverser le poumon, ce qui ne peut qu'en augmenter le mouvement, en passant dans le même espace de temps dans le peu de vaisseaux qui sont demeurés libres. Les saignées abondantes, remède le plus efficace de tous dans les maladies inflammatoires, est ici d'un foible secours, puisqu'on enlève par la saignée le peu de sang qui pouvoit encore passer par le poumon, et qui étoit le soutien de la vie, et de plus, à quelque degré qu'on diminue la masse des fluides, ce qui reste n'en est pas moins obligé de circuler par le poumon. La saignée révulsive, dont on tire un si grand parti dans les autres inflammations, ne peut avoir lieu dans le cas présent, ni même la rétropulsion de la matière inflammatoire des ramifications dans les troncs; car l'état de plénitude des deux branches de l'artère pulmonaire s'oppose à ce dernier effet, lorsque l'un et l'autre lobe du poumon sont pris en même temps d'une violente inflammation; de même que les valvules du cœur empêchent que le sang contenu dans le tronc commun à ces deux branches principales ne rétrograde. Le bain de vapeur, à raison du relâchement qu'il procure aux vaisseaux enflammés, est regardé à juste titre comme un remède sur lequel on peut beaucoup compter. Lorsque la péripneumonie est curable, il peut à peine être d'aucun usage dans les circonstances actuelles, parceque l'inquiétude et l'agitation des bœufs atteints de cette maladie sont si grandes, qu'il faut user des précautions les plus sages pour les soumettre à l'inspiration. Il n'y a donc quelque espérance de guérir les animaux qui sont atteints de la péripneumonie vraie, que lorsqu'il n'y a qu'une petite partie d'un seul lobe qui soit affectée, et que les causes de la maladie ne sont pas bien considérables. Or, pour connoître si les deux lobes du poumon d'un bœuf attaqué de la péripneumonie sont enflammés tous les deux, ou s'il n'y en a qu'un seul, on applique alternativement l'oreille sur les parties latérales de la poitrine de cet animal; si le bruit qui a lieu dans cette cavité se fait entendre de deux côtés, ces deux lobes sont enflammés; mais si on ne l'entend que d'un côté, l'inflammation n'occupe alors que le lobe de ce même côté; et enfin si ce bruit est peu considérable, il n'y a qu'une petite partie de ce lobe qui soit affectée. C'est dans ce cas qu'il reste une espérance fondée de guérison; mais il ne faut pas oublier que cette espérance n'est jamais sûre, puisque l'inflammation du poumon, lors même qu'elle est bornée à un petit espace, peut s'étendre de proche en proche, et enflammer les deux lobes du poumon. Comme cette maladie peut se terminer par la résolution ou par la suppuration, ou par le squirre, par la gangrène, nous renvoyons ce qui nous reste à dire, concernant le pronostic de chacune des différentes terminaisons de la péripneumonie, aux articles dans lesquels on va faire leur description particulière.

Que la péripneumonie vraie ait son siège dans l'artère bronchiale, ou dans l'artère pulmonaire, elle peut se terminer de deux manières. En effet, si la matière fébrile est domtée de telle sorte qu'elle recouvre sa mobilité, et qu'ensuite elle soit chassée du corps par quelque évacuation insensible, ou qu'elle s'assimile si parfaitement avec les humeurs saines, qu'elle puisse circuler avec elles dans les vaisseaux sans troubler en aucune façon l'égalité de leurs cours, c'est là ce qu'on appelle résolution douce et bénigne. Une telle terminaison seroit sans doute infiniment à désirer dans la péripneumonie, parcequ'alors le sang épaissi et stagnant, venant à reprendre sa fluidité et son mouvement, dissiperoit aussitôt l'inflammation du poumon ; mais cette terminaison si désirable n'est pas toujours possible, attendu que la résolution exige entre autres conditions *que le mouvement des humeurs soit modéré, que la matière obstruante soit peu étendue, et les canaux mobiles.* Cette terminaison ne peut avoir lieu principalement que dans les animaux d'une construction lâche, et sur-tout quand l'inflammation n'occupe que l'artère bronchiale ; parcequ'alors l'artère pulmonaire offre encore au sang un chemin assez libre et assez spacieux pour qu'on n'ait pas lieu de craindre que la circulation doive s'accélérer beaucoup dans les vaisseaux qui sont demeurés libres. Cette terminaison peut encore avoir lieu lorsque l'inflammation n'attaque qu'une petite partie de l'artère pulmonaire, parcequ'en ce cas les fréquentes anastomoses par lesquelles les ramifications de cette artère communiquent avec les bronchiales permettent encore au sang de traverser le poumon avec assez de facilité.

Quant à l'autre manière dont la péripneumonie finit par la santé, soit que le siège de cette maladie soit dans l'artère bronchiale, ou dans l'artère pulmonaire, si la maladie morbifique vient à être domtée par la force de la fièvre, jusqu'au point de recouvrer assez de mobilité pour passer dans les vaisseaux aériens, alors la péripneumonie sera dans le cas de se terminer par l'expectoration.

Il nous reste à examiner les qualités que doit avoir l'expectoration pour pouvoir fonder sur elle l'espérance de la guérison.

1° Il faut qu'elle paroisse dès le commencement de la maladie, parceque si elle ne se montre qu'au bout de quelques jours, il y a lieu de craindre que l'inflammation ne suppure ; une fois la suppuration décidée, il est évident que ce n'est pas par la santé que la péripneumonie doit finir, mais qu'elle a dégénéré en une autre maladie, je veux dire en vomique du poumon. (*Voyez* Pulmonie des bœufs.)

2°. L'expectoration doit se faire librement, et l'humeur doit être expulsée au dehors par la toux, sans beaucoup de peine ; car, lorsque la toux est sèche et violente, elle cause de très grandes irritations au poumon, et de plus elle indique que la matière obstruante n'est point encore disposée à l'expulsion, et que les vaisseaux sanguins, que l'inflammation distend et tuméfie, resserrent et compriment les vésicules aériennes.

3° L'humeur que l'animal expectore dans la péripneumonie doit sortir en abondance, et cela afin que la matière morbifique s'évacue entièrement : car, si l'expectoration est peu copieuse, elle indique que la nature fait des efforts impuissans pour se délivrer, ce qui est de très mauvaise augure dans toutes les évacuations critiques.

4° La matière expectorée est de très bon augure, si dans le commencement de la maladie elle paroît sous une couleur jaune mélangée d'un peu de sang clair, pourvu que cette teinte rouge disparoisse promptement ; si la consistance de cette matière est un peu épaisse, elle annonce, conjointement avec la couleur jaune, qu'il y a un commencement de coction dans la matière morbifique.

5° On est dans le cas d'augurer favorablement de la péripneumonie qui prend la voie de l'expectoration, lorsque l'humeur expulsée se change promptement en une matière blanche, égale et sans acrimonie ; une telle expectoration indique évidemment la coction entière et parfaite de la matière morbifique.

6° Il ne faut donc pas perdre de vue, lorsqu'on veut s'assurer si l'excrétion est salutaire à l'animal malade, qu'elle doit enlever ce qui s'opposoit à la liberté du cours des humeurs dans le poumon, et conséquemment faire diminuer en même temps tous les symptômes qui dépendoient de cet obstacle. La respiration que l'engorgement du poumon, et la difficulté de son expansion rendoit pénible, doit devenir plus aisée. La petitesse et la mollesse du pouls, qu'on observe souvent dans cette maladie, viennent de ce que le ventricule gauche du cœur, recevant moins de sang qu'à l'ordinaire, à raison de la difficulté avec laquelle les humeurs traversent le poumon, en pousse une moindre quantité dans l'aorte et dans les différentes ramifications de cette artère. Si donc on parvient à rétablir la liberté de la circulation dans le poumon, il faut que le pouls devienne plus ample et plus plein : or, si tous ces changemens favorables se manifestent pendant ou après l'expectoration, nous sommes assurés que la cause matérielle du mal a été expulsée par cette voie.

7° L'expectoration n'est pas la seule voie par laquelle la cause matérielle de la péripneumonie fondue et redevenue mobile peut être évacuée ; car il peut arriver que cette matière morbifique passe des extrémités artérielles dans les veines correspondantes, et qu'en se mêlant au torrent des humeurs qui circulent, elle soit chassée hors du corps par différens excrétoires, lorsqu'elle a subi, pendant le cours de la maladie, des altérations qui ne lui permettent plus de rouler dans les vaisseaux avec les humeurs saines sans apporter du trouble dans les fonctions ; c'est alors qu'elle peut être expulsée par l'anus avec les gros excrémens, ou par l'urètre, avec les urines. Dans le premier cas, le flux de ventre doit être doux et modéré. Dans le second cas, les urines doivent être épaisses, blanches, et couler abondamment.

8° Si la matière inflammatoire n'a pu se terminer par une douce résolution, ni être évacuée par l'expectoration ou par les urines, ou avec les gros excrémens, ni être entraînée par la suppuration ; mais si au contraire elle s'est fixée dans les vaisseaux, par son séjour elle fait corps avec eux, et dégénère insensiblement en une tumeur squirreuse. (*Voyez* SQUIRRE.)

9° Enfin, s'il n'est survenu ni évacuation critique, ni métastase, et que l'on ait pu réussir à calmer la violence de la péripneumonie par toutes les tentatives indiquées dans le traitement de cette maladie, le poumon est sur le point de tomber en GANGRÈNE. (*Voyez* ce mot.)

Soit que le siège de la péripneumonie vraie se trouve dans l'artère bronchiale, ou dans l'artère pulmonaire, si cette maladie peut se guérir par une résolution douce et bénigne, on doit maintenir, autant qu'il est possible, dans les fluides et dans les solides, les mêmes dispositions qui s'y trouvent, et ne pas entreprendre de faire aucun changement considérable à l'état actuel de la maladie, soit en réitérant les saignées, soit en prodiguant inconsidérément d'autres secours. Il se trouve effectivement dans le sang une disposition inflammatoire ; mais elle est si légère qu'elle peut facilement se résoudre : il est vrai encore que les vaisseaux sont obstrués, mais ils cèdent très aisément, et laissent bientôt passer à travers leurs dernières extrémités la matière de l'obstruction ; de là l'indication curative doit se borner aux conditions nécessaires à cette espèce de résolution que le médecin vétérinaire trouve déjà dans le sujet malade ; il tâchera donc de résoudre l'inflammation, en rendant au sang épaissi sa fluidité, et le mouvement à celui qui est en stagnation. Pour y parvenir, il fera passer, au moyen de l'inspiratoire, par l'inspiration, non seulement dans les naseaux, dans la gorge, mais encore dans la trachée-artère, et dans les lobes du poumon, un air chargé de particules émollientes qui s'évaporeront de l'eau douce, ou des décoctions des fleurs de tussilage, de bouillon blanc, de violette, de sureau, ou des feuilles et fleurs de mauve, de guimauve, de pariétaire, etc. qu'on aura placées dans cet instrument. Ces remèdes locaux porteront dans les bronches un véhicule délayant propre à fondre la viscosité inflammatoire qui obstrue les vaisseaux pulmonaires qui s'ouvrent dans les canaux aériens; les bains des extrémités antérieures et même des postérieures, et les lavemens composés de ces décoctions émollientes, en humectant le tissu des solides, les vaisseaux absorbans porteront dans le sang des molécules délayantes et calmantes, et ils causeront à ces parties un relâchement qui les mettra en état de recevoir et de retenir plus de liquide : par ce moyen on parviendra à diminuer, autant qu'il sera possible de le faire, le mouvement et la quantité des humeurs qui se portoient au poumon.

Jusqu'au temps où la résolution de la maladie est décidée, on ne doit donner au bœuf malade, pour tout aliment, que des boissons légèrement nourrissantes, parceque la terminaison de cette espèce de péripneumonie arrive dès les premiers jours de la maladie, lorsqu'elle doit avoir lieu. On se bornera donc à lui donner de légères décoctions d'orge, d'avoine, et de blé de froment, ou de celles de carotte, de rave, de navet, de courge, d'avoine, ou enfin celles des semences de foin, de sainfoin et de luzerne. Il est d'autant plus important que le chyle qui résulte de ces alimens liquides soit très fluide et peu abondant, que s'il étoit épais, visqueux, ou en trop grande abondance, étant porté de la veine axillaire dans le poumon, il passeroit difficilement à travers les extrémités les plus étroites de ces vaisseaux, et seroit capable de surcharger ce viscère. Les médicamens nitreux, miellés, les décoctions douces et savonneuses des racines de mauve, de guimauve, le rob de sureau, peuvent être d'un grand secours; mais la simple décoction d'orge avec le nitre et l'oxymel peut satisfaire seule à l'indication que nous avons à remplir.

Les remèdes que nous venons d'indiquer pour le traitement de la péripneumonie, qui se termine par une résolution douce et bénigne, sont les seuls qui conviennent, lorsque cette maladie prend la voie de l'expectoration. C'est par leur moyen que la matière morbifique se fond, reprend sa mobilité, et qu'elle dégage et rend libres les canaux qui doivent lui donner issue; ainsi les décoctions émollientes et légèrement détersives satisfont parfaitement à tout ce qu'on se propose dans pareille occasion. On peut encore mettre en usage les décoctions des feuilles d'aigremoine, de pariétaire, de pissenlit, la semence d'orge, celles de pavot blanc et de fenouil, grossièrement triturées, et la racine de réglisse. La péripneumonie qui finit de cette manière se termine dans un temps assez court, pourvu qu'on ne trouble point cette évacuation salutaire, en pratiquant des saignées, ou en administrant des purgatifs ou des sudorifiques, qui ne manquent jamais de supprimer l'expectoration.

Si dans la péripneumonie le médecin vétérinaire s'aperçoit que le bœuf soit atteint d'un cours de ventre qui lui facilite la respiration, et rende son pouls plus ample et plus plein, il pourra en conclure que c'est une seconde voie par laquelle la matière morbifique s'échappe du corps de l'animal : pour favoriser cette évacuation critique, il emploiera les mêmes remèdes et le même régime qu'on vient de prescrire dans les deux terminaisons précédentes ; mais outre cela il aura soin de lubrifier et de relâcher les voies vers lesquelles la nature dirige la matière morbifique, en administrant des lavemens adoucissans faits avec les décoctions des feuilles et racines de mauve, de guimauve, de petit-lait, ou d'eau douce avec le miel, afin d'évacuer les excrémens grossiers qui séjournent dans les derniers intestins, et de rendre glissant tout le canal intestinal. On mettra sur le dos de l'animal malade une couverture assez grande pour concentrer les vapeurs des décoctions émollientes, qu'on fera placer dans un seau sous son ventre, dans l'espérance de déterminer la matière morbifique vers l'endroit où elle tend déjà à se porter d'elle-même. Il faut observer seulement, dans cette opération, de retirer le seau de dessous le ventre du malade avant que la décoction qu'il contient soit refroidie, et ensuite de lui bouchonner fortement le dos, les reins, la croupe, les extrémités postérieures et le ventre, avant de changer sa couverture et sa litière ; à l'égard des purgatifs forts et irritans, ils seroient ici plus dangereux qu'utiles, par la raison qu'on n'a besoin que d'un cours de ventre doux et modéré, et non d'une diarrhée violente, de laquelle il n'y a rien de bon à attendre ; mais on peut faciliter l'évacuation de l'humeur morbifique en donnant en breuvage les décoctions des racines de mauve ou de guimauve, et plus efficacement encore, en administrant de deux jours l'un, depuis une demi-livre jusqu'à une livre, l'huile fraîchement extraite de la semence de lin.

Mais s'il arrive que la nature se délivre de la matière morbifique, en l'expulsant par le canal de l'urètre avec les urines, non seulement les moyens curatifs doivent être les mêmes que ci-devant, mais il faut aider la nature à produire cette évacuation par le couloir qu'elle a choisi. Pour cet effet, on fera boire au bœuf d'heure en heure une demi-bouteille de décoction apéritive et légèrement diurétique, composée avec de l'orge, des racines de chiendent, de petit houx, de persil et de fenouil.

Jusqu'ici nous avons indiqué le traitement qu'il est à propos de pratiquer quand la péripneumonie tend à une douce résolution ou qu'elle se dispose à s'échapper du corps par l'expectoration, ou par l'anus ou par le canal de l'urètre. Il s'agit actuellement de prescrire les moyens que l'on peut tenter lorsque les signes de cette maladie n'annoncent pas qu'elle puisse se résoudre à l'aide des secours que nous venons de désigner. La péripneumonie, étant une maladie inflammatoire, est susceptible de toutes les terminaisons de l'inflammation : mais comme le siège du mal se trouve dans un viscère qui est de première nécessité pour la vie, il n'y a que la résolution qui soit à désirer ; car la suppuration est ici fort dangereuse, la gangrène presque toujours mortelle, et les suites du squirre d'une cure très difficile. Il arrive même quelquefois qu'à mesure que l'inflammation fait des progrès, elle gêne tellement l'action du poumon, que les animaux suffoquent avant que la suppuration soit survenue. Si donc l'inflammation est récente, grande, sèche, qu'elle se trouve dans un animal robuste, et qui se portoit bien auparavant, il faut se hâter de lui tirer du sang et même copieusement ; car comme cette terrible maladie menace à tout moment d'une suffocation, on doit sans doute lui opposer sans perdre de temps les remèdes les plus énergiques et des secours proportionnés à sa violence. Néanmoins on doit arrêter le sang dès qu'on s'aperçoit que le malade respire plus librement, sauf à réitérer la saignée, si l'augmentation des symptômes l'exige.

L'effet de la saignée est de modérer la trop grande impétuosité de la circulation du sang, de diminuer la masse du liquide qui doit traverser le poumon, et de dépouiller les humeurs de leur partie la plus grossière ; de là, la nécessité de pratiquer de très grandes ouvertures en saignant, et enfin, en désemplissant les vaisseaux, les délayans qu'on veut y conduire sous la forme de bains, de lavemens, de breuvages, etc., peuvent y pénétrer plus facilement. L'application des vésicatoires sur les parties latérales du thorax, celles des ventouses sèches ou avec scarifications, peuvent procurer quelques soulagemens au poumon, en attirant sur les parties où ces remèdes locaux sont appliqués les humeurs qui, sans cela, se porteroient à la partie malade. D'ailleurs on doit faire usage dans cette circonstance, des mêmes remèdes qu'on a indiqués pour la cure de la péripneumonie qui se termine par une résolution douce et bénigne. Pour modérer l'activité de la fièvre, si elle est trop violente, on pourra ajouter, aux décoctions qu'on a prescrites, les fleurs de pavot rouge ; mais il faut soigneusement éviter les narcotiques, sur-tout dans la vigueur de la maladie, car de tels remèdes seroient beaucoup plus dangereux qu'utiles, parceque, leur usage rendant les animaux moins sensibles à la douleur qui résulte de la difficulté du passage du sang à travers le poumon, ils courroient risque de suffoquer, au lieu que quand ils restent éveillés, l'agitation excessive qu'ils éprouvent, et les efforts qu'ils font pour respirer, les en empêchent. Autant qu'il est possible, on ne doit leur faire avaler que peu de breuvage à la fois, afin que la plénitude de leurs estomacs ne rende pas le mal plus considérable, et que l'augmentation de la masse des humeurs, à laquelle donneroit lieu une trop grande quantité de boisson administrée tout à coup, n'aggrave point l'état d'engorgement dans lequel le poumon se trouve. Mais il est bon que toutes les décoctions et les boissons légèrement nourrissantes qu'on leur donne soient chaudes, parceque la chaleur augmente leur vertu délayante, et en passant par l'œsophage elles produisent l'effet d'une douce fomentation sur les parties qui environnent ce canal.

Le régime qui convient dans le cas présent est le même que celui qu'on a indiqué pour la péripneumonie qui se termine par une douce résolution. On peut y ajouter la décoction des racines de scorsonère, de barbe de bouc, de chicorée sauvage, parceque ces plantes ont la propriété de fondre et d'atténuer la viscosité inflammatoire; il suffit donc de donner aux animaux malades une nourriture légère et délayante, parceque si la maladie peut céder aux différens moyens qui viennent d'être détaillés, elle n'est jamais de longue durée.

Péripneumonie putride symptomatique. Cette espèce de péripneumonie est souvent épizootique; le printemps est la saison où les bestiaux en sont communément attaqués. Elle s'annonce par le frisson, le tremblement, la toux, et par une fièvre aiguë qui redouble deux fois par jour alternativement avec froid, chaleur et oppression de poitrine. La langue et la bouche sont malpropres, il s'en exhale une odeur fétide, ainsi que des urines et des gros excrémens. Plusieurs des animaux qui en sont atteints ont des sueurs abondantes, opiniâtres; leur pouls est constamment plein, fréquent, un peu mou. Pour s'assurer plus amplement si la péripneumonie est putride, on mettra dans un vase de l'urine du bœuf, dès qu'on l'en soupçonnera affecté; si elle se corrompt facilement, si le sang qu'on lui tirera par la saignée éprouve peu de temps après le même changement, et si les cadavres des animaux qui avoient péri de cette maladie ont répandu une puanteur insupportable, ces petites expériences ne contribueront pas peu à caractériser la péripneumonie putride que nous avons à traiter, en nous prouvant son existence par la promptitude avec laquelle les urines et le sang, qui, dans cette maladie sont privés de la chaleur vitale, tombent en pourriture, pour peu qu'ils aient de disposition à l'alcalescence.

Les bœufs doués d'un tempérament sanguin, ceux dont la rumination est troublée par une cause quelconque, ceux enfin qui mangent trop, m'ont paru être les plus sujets à la péripneumonie putride. Les périodes septénaires et demi-septénaires sont plus remarquables dans cette maladie que dans les autres ; sa durée est de quatorze à vingt jours et plus.

L'oppression répond à la violence du mal, on sent quelquefois des soubresauts dans les tendons ; l'accablement est proportionné au degré de la maladie. Le ventre est toujours gonflé et météorisé. Le cours de ventre séreux, qui a lieu dans le cours de la maladie, est très à craindre ; s'il survient dans le déclin, il est utile. On peut juger de même des sueurs excessives qui paroissent avant le temps de la dépuration ; on redoute moins les fétides. L'éruption des tumeurs est quelquefois avantageuse.

La péripneumonie putride, toujours dangereuse, approche quelquefois de si près, par la violence de ses symptômes, de la péripneumonie maligne, qu'il est facile de les confondre. Cependant si la putride ne dégénère pas, elle dure moins de temps, et l'affection des nerfs et du cerveau, inséparable de la maligne, n'est dans celle-ci que passagère ; d'ailleurs, la dépuration, qui se fait rarement et très difficilement dans la maligne, est ordinaire à la putride, dans laquelle on peut faire un bon usage de la doctrine des crises, si par des remèdes faits à contre-temps on ne croise pas les efforts de la nature qui y tendent. Les bonnes se font par les urines et par la sueur, rarement par l'hémorragie : les urines se chargent et déposent du douzième au quatorzième jour, et l'on voit alors diminuer les accidens. Les sueurs salutaires paroissent vers le même temps ou quelquefois plus tard, ainsi que l'hémorragie. La dépuration par l'expectoration n'est pas rare ; mais c'est sans raison qu'on la croit alors purulente, de même que le sédiment blanchâtre des urines.

Cure. On ne peut guère se passer, dans cette maladie, de la saignée ; on est même quelquefois obligé de la réitérer, pour prévenir les engorgemens et les inflammations qui peuvent survenir, lorsque le temps des saignées est passé ; mais on ne doit pas, sans une nécessité indispensable, pousser les saignées plus loin, dans la crainte d'affoiblir l'action des organes, si nécessaire à l'expulsion de la matière morbifique. On se contente dans les premiers temps de tenir le ventre libre par de légers laxatifs ou par des lavemens ; et c'est la meilleure manière de se mettre à couvert des accidens qui menacent la tête et la poitrine. Les purgatifs ne conviennent que dans le temps de la dépuration : il arrive cependant quelquefois qu'on peut et qu'on est même obligé de s'écarter de cette règle, qui doit toujours aller de concert avec les mouvemens de la nature. Les délayans et les tempérans, les rafraîchissans et les nitreux, et sur-tout la crème de tartre, qui, donnée à petites doses, peut tenir le ventre libre, sont ici très recommandés et méritent de l'être; je n'en excepte point les antiputrides, quoique suggérés par une hypothèse, parceque je les crois très propres à s'opposer à l'alcalescence des humeurs. Le quinquina est souvent utile à la fin de cette péripneumonie, comme un fortifiant qui vient au secours des organes affoiblis par la violence de la maladie et non comme antiseptique. Les cordiaux et les diaphorétiques sont de quelques secours, lorsque la nature languissante a besoin d'être soutenue dans le temps de la coction; mais il est assez rare qu'on en ait besoin. Le camphre est le calmant le plus approprié à cette maladie. Si enfin la poitrine est très embarrassée, on tâche de la soulager par l'application des vésicatoires sur les deux parties latérales de cette cavité.

Péripneumonie bilieuse. Les *symptômes* de cette maladie s'annoncent par une respiration plus ou moins laborieuse, par un pouls ordinairement vif, dur et précipité : mais après quelque temps, il est foible et irrégulier avec beaucoup d'accablement. La langue et les lèvres des bêtes à cornes qui en sont atteintes sont jaunes, noires, ou sèches; les matières expectorées, les urines et les déjections qui se font par l'anus sont couleur de citron et écumeuses. On doit tâcher de les entretenir; car la bile est dans quelques sujets si âcre et si caustique, qu'elle brûle le fondement. En effet, il n'est pas difficile de concevoir que si cette liqueur caustique ne s'évacue point, la maladie en devient plus terrible et plus meurtrière : non seulement elle enflamme les poumons, le péricarde et le cœur, mais elle peut encore enflammer le cerveau et les estomacs, ce qu'on connoît en appliquant la main sur le front, sur la région épigastrique, et à la froideur des extrémités. La plupart des animaux malades sont si tourmentés qu'ils changent à chaque instant de position et de place; alors le ventre est tendu et souvent toute l'habitude du corps est couverte d'une sueur infructueuse.

Les *causes.* Parmi les animaux dont il est question, les jeunes sont plus sujets à la péripneumonie que ceux qui sont plus avancés en âge, ceux qui ont le tempérament sec et bilieux; la saison et les travaux excessifs peuvent encore occasionner cette maladie.

La *résolution.* Le cours de ventre, vers le quatrième ou le septième jour, est presque la seule *évacuation* qu'on puisse regarder comme *critique*; les urines cependant déposent quelquefois : on doit peu attendre des sueurs : le délire; la difficulté d'avaler, l'engorgement des parotides et des jugulaires; l'urine noire et sanglante; le cours de ventre prématuré, etc., sont toujours de mauvais augure. Ces animaux périssent de cette maladie le troisième ou le quatrième jour, rarement le septième. La *péripneumonie bilieuse* est moins dangereuse pour les animaux de trois ans ou au-dessous que pour ceux qui sont au-dessus de cet âge.

L'*ouverture des cadavres* nous fournit aussi beaucoup d'observations : on trouve dans le poumon des suppurations, des pourritures, des épanchemens sanieux et purulens, tant dans la cavité du péricarde que dans la grande capacité : le péricarde diversement affecté, souvent collé à la surface du cœur, ou en suppuration ; le cœur flétri et desséché ; ce viscère d'une grosseur moustrueuse, ses ventricules et ses oreillettes remplis d'un sang couenneux, jaunâtre et très adhérent à leurs sinuosités. On a vu dans l'abdomen le foie enflammé, purulent et tombant en pourriture, ce viscère, d'une couleur de safran, tant à la surface qu'à l'intérieur, d'un volume prodigieux, et repoussant quelquefois le diaphragme bien avant dans la cavité de la poitrine ; squirreux, dur, sec et flétri ; des adhérences plus ou moins fortes avec les parties voisines ; la vésicule gorgée de bile noirâtre, quelquefois entièrement vide et desséchée ; des concrétions dans sa cavité ; on a observé que la bile qui transpiroit de ce réservoir avoit fait tomber en pourriture les parties voisines qui en étoient teintes. On a trouvé les reins et les autres viscères, quoique plus rarement, dans le même état, et des épanchemens de la même nature dans la cavité du bas-ventre. Le sang des veines hépatiques, de celle du cerveau, etc., etc., a paru noir et ressemblant à de la poix. On a enfin remarqué des taches gangreneuses sur différentes parties.

La *cure* exige de fréquentes saignées dès le principe de la maladie ; il est rare qu'il faille les réitérer au-delà du second jour, à moins qu'il ne survienne une plus grande inflammation. Elle exige des tisanes rafraîchissantes et adoucissantes, avec les fleurs de mauve, de guimauve, une décoction d'orge avec la réglisse et les semences froides ; des purgatifs légers que l'on donnera dans la rémission de la fièvre, et qui seront composés d'une décoction de casse avec la mauve et une forte décoction de semence de lin. Pour entretenir l'expectoration, on donnera le soir une décoction de fleur de coquelicot. On n'emploiera pour les lavemens, qui sont très nécessaires dans cette maladie, que les remèdes les plus adoucissans : les décoctions de graine de lin, le petit-lait, l'eau tiède à laquelle on ajoutera quelques cuillerées d'huile d'amande douce récente, pourront satisfaire à cette indication. On complétera le traitement comme dans la péripneumonie vraie.

Péripneumonie maligne. La péripneumonie maligne diffère

de la bilieuse, en ce qu'elle ne se termine jamais avant le vingtième jour, et presque toujours plus tard, outre qu'elle est ordinairement épizootique et contagieuse. Cette maladie meurtrière a son principal siège dans les nerfs et le cerveau ; car les affections cérébrales qui l'accompagnent ne sont point passagères ni symptomatiques ; mais elles la suivent essentiellement tant que l'oppression de la poitrine persiste.

Causes. La mauvaise qualité des fourrages, l'excès du travail, les exhalaisons qui s'élèvent des eaux croupissantes, le long séjour des excrémens qu'on laisse corrompre dans les étables des bêtes à cornes, et qui infectent l'air qu'elles respirent, ou passent dans leur sang avec les alimens ; la malpropreté, l'oubli du pansement de la main, etc., sont autant de causes qui peuvent donner naissance à la péripneumonie maligne.

Symptômes. Neuf à dix jours avant que cette maladie se déclare, les animaux qui doivent en être frappés sont comme engourdis, foibles, languissans et sans appétit. Le mal, après avoir ainsi couvé, se manifeste ensuite d'une manière moins équivoque par la toux, par la difficulté de respirer, par l'horripilation, par un frisson plus ou moins long, suivi de la fréquence du pouls et d'une chaleur d'abord assez modérée, et se présentant sous un aspect fort doux, ce qui peut tromper les médecins vétérinaires les plus attentifs, s'ils ne sont avertis par l'épizootie. La respiration difficile, l'assoupissement, l'accablement, le délire quelquefois accompagné de mugissemens lugubres, l'engourdissement, les tremblemens et les convulsions en sont les symptômes les plus familiers. Le pouls dans cette maladie est languissant, foible, irrégulier et inégal, quelquefois naturel et véhément. On sent, en le touchant, un tremblement ou des soubresauts dans les tendons. La respiration est plus ou moins gênée ; le ventre est plus ou moins tendu ; les urines sont quelquefois trop abondantes ou supprimées et retenues dans la vessie ; les sueurs, presque toujours infructueuses, sont irrégulières, fétides, froides, etc. Il sort de la bouche une bave limoneuse dans les premiers temps, mais dans le cours du mal l'intérieur des lèvres et la bouche paroissent brûlés et grillés ; les déjections sont fétides. Il paroît encore, dans la péripneumonie maligne, des parotides qui suppurent difficilement, des charbons ou de petites tumeurs charbonneuses. Il n'est pas aisé de fixer la durée de cette maladie, tant à cause de l'incertitude de son commencement et même de sa fin, qu'on sait être très équivoques, que parceque sa longueur peut être en raison inverse de sa violence ; cependant on peut assurer qu'elle ne se termine jamais avant le vingtième ou le vingt-unième jour, qu'elle va communément à quarante et même à soixante jours. Son déclin est ordinairement fort long et périlleux ; il faut même remarquer que, quand la fièvre conserve, dans ces derniers temps, un certain degré de force, on doit s'attendre à un dépôt. Si l'on prétend que la maladie en question peut se terminer en six ou sept jours, on prend alors la péripneumonie bilieuse pour la maligne. J'ai même remarqué que les animaux qui guérissoient le vingtième jour étoient les plus sujets aux rechutes assez fréquentes dans cette maladie, dont la convalescence est toujours longue et pénible.

Le *pronostic* de la *péripneumonie maligne* ne peut être que fâcheux ; l'expectoration est avantageuse, ainsi que cette espèce de gale dont l'intérieur des lèvres se trouve couvert vers le déclin du mal. La chaleur modérée, le pouls et les urines approchant de l'état naturel ne doivent point rassurer ; car on voit périr très promptement les animaux malades avec la plus belle espérance. Le cours de ventre est à craindre ; les déjections lientériques, les noires, les sanglantes, celles qui ont une odeur cadavéreuse, ne présagent rien de bon. Il est inutile de dire que l'assoupissement, le délire accompagné de mugissemens lugubres sont toujours des symptômes fâcheux. Quelques animaux périssent le septième jour, d'autres, en plus grand nombre, vers le douzième ou le quinzième ; mais cela arrive rarement après quarante jours, à moins que les suites n'en soient mortelles. Les crises, dans la péripneumonie maligne, sont très rares ; il s'en fait souvent vers le septième jour une imparfaite : cependant les sueurs, le cours de ventre et les parotides diminuent quelquefois l'embarras de la poitrine, sur-tout lorsque ces dernières se terminent par la résolution. Les abcès peuvent être aussi critiques ; mais ceux qui se forment intérieurement deviennent souvent mortels par la seule circonstance du lieu qu'ils occupent. Nous avons dit qu'on ne pouvoit guère fonder un bon présage sur la bonne qualité des urines, cependant il arrive quelquefois qu'elles déposent avec diminution des accidens, mais la maladie ne laisse pas de suivre son cours.

L'ouverture des cadavres est ici le plus souvent infructueuse, soit parcequ'on la fait trop à la hâte, soit parceque les désordres qui causent cette maladie ne sont pas toujours manifestes : cependant on voit souvent les poumons couverts de taches livides et gangreneuses ; ils sont quelquefois dans un état de pourriture qui ne leur permet pas de résister au tact : je les ai trouvés tels dans plusieurs sujets. Le cœur m'a paru, mais rarement, enflammé, couvert de pustules, et même gangreneux. Le sang qu'on trouve dans le cœur et les gros vaisseaux semble être dans un état de dissolution ; cependant je l'ai vu quelquefois très épais et formant ce qu'on appelle des concrétions polypeuses. Les viscères du bas-ventre contiennent quelquefois des fourmilières de vers; on y voit des marques de sphacèle, principalement dans les intestins qui sont toujours boursoufflés et quelquefois percés avec épanchement des matières fécales. La vésicule du fiel est très souvent pleine d'une bile noirâtre et verdâtre qui croupit aussi dans les estomacs et les intestins. Les cadavres pour la plupart enflent prodigieusement; ils se corrompent bientôt, et se mettent quelquefois en lambeaux sous les doigts : on a alors, comme on le pense bien, beaucoup de peine à en approcher; on y court même quelque danger, et l'examen qu'on en fait avec beaucoup de répugnance ne peut être que superficiel.

Cure. La première marche cachée et équivoque de la péripneumonie maligne prive ordinairement les animaux qui en sont frappés des plus grands secours, parcequ'on ne les donne que lorsqu'elle se manifeste clairement, et cela après qu'elle a fait intérieurement de grands progrès. On a appris par l'expérience, dans les épizooties, à la faveur desquelles il est plus aisé de la reconnoître, que les simples remèdes généraux, la diète la plus sévère, l'eau prise pour toute nourriture, ou même le seul changement d'air, peuvent éloigner cette maladie, ou en détruire le germe qui n'a pas eu le temps de se développer. Le traitement de la péripneumonie maligne doit être varié, parcequ'elle prend bien des formes, et qu'elle est accompagnée d'un très grand nombre de symptômes qui demandent souvent une conduite particulière, outre que les épizooties ne se ressemblent point. On peut dire en général que la saignée ne lui convient pas : cependant il est des circonstances qui la demandent; mais on doit toujours en user, et même dans les cas d'inflammation, de douleur violente, de transport et d'oppression, avec beaucoup de réserve. Les laxatifs, tels que la casse avec la crème de tartre, ou avec le tamarin, doivent être souvent employés; mais on ne doit en faire usage qu'après les sept premiers jours; ils ne conviennent ni dans le commencement des éruptions, ni lorsqu'il y a une disposition inflammatoire dans les poumons ou dans l'abdomen : à l'égard des purgatifs ordinaires, il faut se réserver pour le déclin de la maladie, où ils sont très nécessaires. Les lavemens émolliens, très propres à seconder les remèdes dont nous venons de parler, sont utiles dans tout le cours de la maladie. Les breuvages délayans, les tempérans et les nitreux sont les remèdes les plus familiers et les moins à craindre. On se sert encore avec succès des absorbans et des vermifuges, lorsque l'état des premières voies les demande. On connoît assez l'efficacité des acidules et des antiseptiques, si propres à corriger la putridité qu'on redoute avec tant de raison. Les calmans, si l'on

en excepte le camphre et le sel sédatif, sont ici toujours suspects ; le quinquina est souvent nécessaire vers le déclin de la
maladie, non comme antiputride, mais comme fortifiant, ou
comme un stimulant propre à remédier à la gangrène qui accompagne souvent le mal dont nous parlons. Les vésicatoires
appliqué sur l'apophise transverse de la nuque aux parties latérales de la poitrine et aux cuisses produisent le plus grand bien ;
il faut entretenir l'écoulement par de nouvelles applications ou
par d'autres moyens ; ils ne réussissent pas lorsque la bile joue
un rôle dans cette maladie ; à cette circonstance près, ils sont
utiles lorsque les éruptions sont rentrées, et sur-tout lorsque la
matière morbifique se jette sur quelque viscère ; on emploie
encore dans ce cas des ventouses scarifiées. Il est très important de purifier l'air dans les étables et d'y maintenir la propreté.

Fausse péripneumonie. La fausse péripneumonie existe indépendamment de toute autre maladie ; elle est quelquefois
si semblable à la vraie péripneumonie, que le seul état du pouls
peut les distinguer : c'est un engorgement du poumon qui ne
tient point de l'inflammation ; il est occasionné par une pituite
âcre et visqueuse qui engorge les vaisseaux de cet organe.
Elle n'attaque guère que les animaux avancés en âge, les
infirmes et ceux qui sont d'un tempérament flegmatique, sur-
tout dans l'hiver et pendant les temps humides.

Symptômes. Au commencement de la maladie l'animal
éprouve des alternatives de froid et de chaud ; sa langue est
souvent chargée ; il tombe dans l'assoupissement ; l'oppression,
la toux en sont les principaux signes ; l'expectoration est ordinairement blanche, gluante, écumeuse, rarement sanguinolente ; la fièvre ne répond pas à l'état de la poitrine, et le
pouls est quelquefois lent et petit, d'autres fois petit et vite.

La terminaison de cette maladie est incertaine, parceque
son commencement est rarement bien marqué ; elle paroît
cependant avoir à peu près le cours de la vraie péripneumonie,
et se terminer comme elle, quelquefois en trois ou quatre
jours. L'assoupissement, les anxiétés et la froideur des extrémités, sont dans cette maladie des signes très alarmans : elle
est d'autant plus fâcheuse, qu'on ne connoît guère le danger
que lorsqu'il n'est plus temps d'y remédier ; la plupart même
des animaux malades périssent dans le temps qu'on s'y attend
le moins. Elle est assez commune dans les lieux bas et marécageux.

L'ouverture des animaux morts de cette maladie nous montre le poumon boursoufflé et œdémateux ; les bronches obstruées
par une morve plus ou moins épaisse, des taches gangreneuses,

des épanchemens séreux, tant dans la capacité de la poitrine que dans le péricarde.

Cure. Cette maladie demande un prompt secours : la saignée y est rarement nécessaire, quoique le degré d'oppression semble souvent le demander : elle peut, à la vérité, procurer un soulagement passager, mais elle rend la maladie plus grave et affoiblit beaucoup le malade. Les laxatifs et les lavemens purgatifs réitérés sont toujours employés avec succès. On doit faire encore un grand usage des délayans qui peuvent remédier à la trop grande viscosité de l'humeur bronchique. C'est dans la même vue qu'on donne aussi des pectoraux, soit béchiques, soit incisifs, comme l'eau miellée, l'hysope, le lierre terrestre, les décoctions d'orge édulcorées avec le miel, celles de racines de fenouil et de réglisse ; on peut les aciduler avec le suc de citron, ou le vinaigre. On n'estime pas moins les diurétiques et les apéritifs ; tels sont l'aunée, le nitre, les savons, l'oximel scillitique, l'esprit de corne de cerf, et tant d'autres qui, pénétrant, comme on le croit, les plus petits vaisseaux, agissent sur les sucs grossiers qui les obstruent. Les vésicatoires et les ventouses scarifiées produisent ordinairement de bons effets. (R.)

PÉRISPERME. Partie de certaines graines qui est toujours distincte de l'embryon. Sa nature varie beaucoup. Aussi le caractérise-t-on souvent en disant que c'est ce qui n'est ni cotylédons, ni embryon. Il est corné dans les rubiacées, farineux dans les graminées, mucilagineux dans les liserons, etc. Quelquefois il paroît servir comme les cotylédons à la nourriture des jeunes plantes qui se développent par la germination, quelquefois il n'offre aucun but d'utilité apparente. *Voyez* GRAINE.

PEROT. Dans quelques lieux on donne ce nom aux BALIVEAUX de deux âges. *Voyez* ce mot.

PERPENDICULAIRE. Ce qui est *d'aplomb* ou *vertical* ; ces trois mots ont la même signification. On nomme perpendiculaire ou verticale la tige des arbres ; les BRANCHES, les GOURMANDS (*consultez* ces mots) affectent autant qu'ils le peuvent la ligne verticale, et c'est précisément pour cela qu'ils épuisent les arbres ou les branches qui les portent, et qu'ils demandent à être supprimés ou dirigés sur la ligne oblique. Alors ils se mettent à fruit et ils sont d'une ressource infinie dans la main d'un habile jardinier. D'ailleurs c'est sur les gourmands bien ménagés que porte presque toute la taille des PÊCHERS. *Voyez* ce mot. Pourquoi les tiges des arbres s'élèvent-elles perpendiculairement ? Pourquoi les mêmes graines qui germent suivent-elles la même loi ? Nous tâcherons de résoudre ces problèmes au mot TIGE. (R.)

PERSICAIRE. Plante du genre des Rénouées. *Voyez* ce mot.

PERSIL, *Apium*. Genre de plantes de la pentandrie digynie et de la famille des ombellifères, qui renferme deux espèces, toutes deux d'un grand usage dans les alimens et en médecine, et que par conséquent on cultive dans tous les jardins.

L'une de ces espèces, le persil commun, *Apium petroselinum*, Lin., a les folioles des feuilles caulinaires linéaires.

L'autre, le persil céleri, *Apium graveolens*, Lin., a les folioles des feuilles caulinaires cunéiformes.

Il sera question de cette dernière au mot Céleri.

La racine du persil commun est fusiforme, pivotante, blanchâtre, ordinairement de la grosseur du pouce, mais quelquefois beaucoup plus grosse. Elle ne subsiste ordinairement que deux ans. Sa tige s'élève à deux ou trois pieds, est très rameuse, très striée et noueuse. Ses feuilles sont alternes, amplexicaules, deux fois ailées, à folioles radicales, ovales et incisées, à folioles caulinaires, linéaires et entières. Ses fleurs sont blanchâtres.

Cette plante, qu'on croit originaire de Sardaigne, se cultive de temps immémorial dans les jardins. Toutes ses parties sont odorantes, un peu âcres et échauffantes. On les regarde comme apéritives, résolutives, diaphorétiques, diurétiques et vulnéraires. On dit qu'elles tuent les perroquets et quelques autres oiseaux. Ses semences sont plus actives que les racines, et celles-ci plus que les feuilles. On fait un fréquent usage des unes et des autres dans les maladies des hommes et des animaux; mais c'est cependant comme plante alimentaire, ou mieux, comme plante condimenteuse qu'on la cultive si abondamment dans toute l'Europe. En effet il n'est pas de sauces, pas de salades, pas de mets enfin à la préparation desquels il ne serve. Oter le persil d'entre les mains d'un cuisinier, c'est presque le mettre dans l'impossibilité d'exercer son art.

Toutes sortes de terres conviennent au persil, quoique par sa nature il en demande une fraîche et légère; c'est à-dire qu'il s'accommode de toutes au besoin. Il faut seulement les labourer profondément et n'y en mettre une seconde fois qu'au bout de plusieurs années. Les fumiers trop gras nuisent à son odeur et à sa saveur, et en général il faut lui en donner avec parcimonie. Il craint les fortes gelées; cependant on a remarqué qu'il se conservoit mieux contre un mur au nord que contre un mur au midi; en conséquence il faut en semer à la première de ces expositions pour en avoir pendant l'hiver et à la dernière pour en avoir de bonne heure au printemps.

On peut semer le persil en tous temps, hors les gelées, mais c'est en général au printemps qu'on le fait. Tantôt c'est à la volée, tantôt en rayons. La graine ne doit pas être enterrée de plus d'un demi-pouce. Elle ne lève qu'au bout de quarante jours, et quelquefois plus lorsque la terre est sèche. Une fois levé il ne demande qu'à être sarclé dans le besoin et arrosé si l'été est trop chaud. Dans les petits jardins on le sème presque toujours en bordure, parcequ'il retient les terres par ses grosses et longues racines, et qu'il indique fort bien la division du terrain en planches par sa couleur foncée.

On peut commencer à couper des feuilles au persil dès qu'il en a cinq ou six. En général on fait cette opération par le moyen d'un couteau, mais on doit préférer d'employer l'ongle, surtout dans sa jeunesse, parceque lorsque le collet des racines est abattu, le pied meurt. Cette coupe dure jusqu'aux gelées et recommence au mois d'avril pour se continuer jusqu'à ce qu'il soit passé fleur, époque qui a lieu plus tôt ou plus tard, mais généralement en juin. Lorsqu'on a soin de couper ses tiges avant qu'elles fleurissent, on peut prolonger son existence et le faire durer pendant trois ans.

Le persil présente plusieurs variétés, dont les principales sont, 1° le *persil fin*, dont les folioles des feuilles radicales sont linéaires; 2° le *persil frisé*, dont les folioles sont larges et crispées; 3° le *persil à larges feuilles*, dont les folioles sont deux fois plus grandes; 4° le *persil à feuilles panachées*, dont les folioles présentent des taches jaunâtres ou blanchâtres; 5° le *persil à grosses racines*.

La seconde de ces variétés est la plus agréable, et la dernière la plus utile. En effet, cette dernière, outre ses feuilles, donne encore ses racines qu'on mange positivement comme le céleri-rave, dont elles ne diffèrent que par plus de saveur et d'odeur. On en fait peu d'usage en France; mais dans plusieurs parties de l'Allemagne, et principalement en Saxe, on la voit dans tous les jardins. Elle doit être semée plus clair que le céleri ordinaire, car il faut de l'espace à ses racines qui ont ordinairement plus d'un pouce de diamètre et une longueur de six à huit au moins.

Les racines de ce persil s'arrachent à l'approche des gelées pour être déposées dans du sable, avec les betteraves et autres racines susceptibles des effets de la gelée. Si on les laissoit passer l'hiver en place elles deviendroient ligneuses et par conséquent moins propres à être mangées.

Les racines du persil commun sont également dans le cas d'être mangées quand on les arrache avant le premier hiver; mais alors elles sont rarement épaisses comme le petit doigt. On les consomme principalement en friture. Elles échauffent prodigieusement ceux qui en font un usage répété. On les donne aux cochons. Les vaches les refusent souvent, ainsi que les feuilles; d'autres fois elles les recherchent.

La difficulté qu'on éprouve à se procurer du persil pendant l'hiver a fait imaginer d'en dessécher les feuilles et de les conserver dans des sacs de papier. Lorsqu'on veut s'en servir on les met tremper quelques instans dans l'eau.

La graine de persil doit être prise sur les ombelles les plus nourries, c'est-à-dire celles qui se sont développées les premières. Sa maturité doit être aussi complète que possible. Elle ne se conserve pas au-delà de trois ans en état de germination. On ne laisse pas que d'en faire usage en médecine. (B.)

PERSIL D'ANE. On donne ce nom au CERFEUIL SAUVAGE.

PERSIL DE MACÉDOINE. C'est le BUBON.

PERSIL DE MARAIS. C'est le SÉLIN DES MARAIS.

PERSONÉES. Famille de plantes qui offre pour caractère un calice divisé irrégulièrement; une corolle monopétale également divisée irrégulièrement, et souvent bilabiée; quatre étamines, dont deux plus courtes (quelquefois seulement deux); un ovaire supérieur à style unique; une capsule biloculaire.

Les plantes de cette famille ont les feuilles alternes ou opposées, quelquefois verticillées, et les fleurs accompagnées de bractées. Très peu d'entre elles sont cultivées, et c'est seulement pour l'agrément. Quelques unes servent à la médecine. Les seuls genres que les cultivateurs aient quelque intérêt de connoître sont le budlège, le muflier, la linaire, la digitale, la gratiole et la scrophulaire; ces deux dernières fournissent des remèdes pour les bestiaux. (B.)

PERSPECTIVE. Voyez JARDIN PAYSAGER.

www.ingramcontent.com/pod-product-compliance
Lightning Source LLC
Chambersburg PA
CBHW031735210326
41599CB00018B/2592